Warum wir vergessen

Monika Pritzel
Hans J. Markowitsch

# Warum wir vergessen

Psychologische, natur- und kulturwissenschaftliche Erkenntnisse

Monika Pritzel
Fachbereich Psychologie
Universität Koblenz Landau
Landau
Deutschland

Hans J. Markowitsch
Physiologische Psychologie
Universität Bielefeld
Bielefeld
Deutschland

ISBN 978-3-662-54136-4    ISBN 978-3-662-54137-1  (eBook)
DOI 10.1007/978-3-662-54137-1

Die Deutsche Nationalbibliothek verzeichnet diese Publikation in der Deutschen Nationalbibliografie; detaillierte bibliografische Daten sind im Internet über http://dnb.d-nb.de abrufbar.

© Springer-Verlag GmbH Deutschland 2017
Das Werk einschließlich aller seiner Teile ist urheberrechtlich geschützt. Jede Verwertung, die nicht ausdrücklich vom Urheberrechtsgesetz zugelassen ist, bedarf der vorherigen Zustimmung des Verlags. Das gilt insbesondere für Vervielfältigungen, Bearbeitungen, Übersetzungen, Mikroverfilmungen und die Einspeicherung und Verarbeitung in elektronischen Systemen.
Die Wiedergabe von Gebrauchsnamen, Handelsnamen, Warenbezeichnungen usw. in diesem Werk berechtigt auch ohne besondere Kennzeichnung nicht zu der Annahme, dass solche Namen im Sinne der Warenzeichen- und Markenschutz-Gesetzgebung als frei zu betrachten wären und daher von jedermann benutzt werden dürften.
Der Verlag, die Autoren und die Herausgeber gehen davon aus, dass die Angaben und Informationen in diesem Werk zum Zeitpunkt der Veröffentlichung vollständig und korrekt sind. Weder der Verlag, noch die Autoren oder die Herausgeber übernehmen, ausdrücklich oder implizit, Gewähr für den Inhalt des Werkes, etwaige Fehler oder Äußerungen. Der Verlag bleibt im Hinblick auf geografische Zuordnungen und Gebietsbezeichnungen in veröffentlichten Karten und Institutionsadressen neutral.

Planung: Marion Krämer

Gedruckt auf säurefreiem und chlorfrei gebleichtem Papier

Springer ist Teil von Springer Nature
Die eingetragene Gesellschaft ist Springer-Verlag GmbH Deutschland
Die Anschrift der Gesellschaft ist: Heidelberger Platz 3, 14197 Berlin, Germany

# Danksagung

Dieses Buch verdankt sein Zustandekommen in erster Linie einer langen Reihe von Diskussionen über das Phänomen des Vergessens, die Frau F. Vidal, Frau A. Schröder und die Erstautorin in den letzten Jahren führten. Dadurch wurde die Vielfältigkeit der Problemstellungen offenkundig und entstand in Grundzügen der Aufbau des nun vorliegenden Textes. Frau Schröder und Frau Vidal sei an dieser Stelle deshalb ganz herzlich für ihr Engagement, ihre Zeit, die sie in dieses Projekt investierten, und ihre kritischen Kommentare gedankt.

Danken möchten wir auch Frau Kauertz für ihre kompetente Hilfe beim Erstellen des Buches. Ebenso vom Verlag Frau Zimmerschied für die sehr sorgfältige Durcharbeitung und Korrektur des Manuskripts und Frau Marion Krämer für die exzellente Betreuung.

# Inhaltsverzeichnis

## I Das Phänomen des Vergessens im Kontext der Zeit

**1 Die Vielfalt der Möglichkeiten des Vergessens** .................................. 3
1.1 Wie alles anfing – Beispiele aus der Entstehungsgeschichte verschiedener Hypothesen über die Einbindung des Vergessenen in die Idee des Erinnerten .......... 4
1.2 Vergessen als Preis einer variablen Spurenbildung ..................................... 5
1.3 Die Transportbedingungen gespeicherter Inhalte wirken auf deren Textur zurück ...... 6
1.3.1 Jeder erneute Abruf verändert das Abzurufende ....................................... 7
1.3.2 Vergessen von bereits im Gedächtnis abgelegten Inhalten ............................. 8
1.3.3 Vergessen und die Idee der Schichtung von Seelenvermögen ........................... 11
1.3.4 Vergessen und die Idee des ewigen Fließens .......................................... 12
1.3.5 Vergessen im Schnittbereich von Geistes- und Naturwissenschaft ...................... 13
1.3.6 Vergessen heute – eine Leerstelle in verschiedenen Formen des individuellen und kollektiven Gedächtnisses? ............................................................ 14
1.3.7 Versuch der „Sichtbarmachung" einiger Leerstellen in traditionellen Forschungsansätzen ...................................................................... 16
1.4 **Vergessen und Erinnern** ............................................................. 18
1.4.1 Das Vergessen formt das Erinnern .................................................... 18
1.4.2 Vergessen als systemimmanente Verzerrung der Erinnerung ............................ 19
1.4.3 Vergessen ist mit bestimmten inneren und äußeren Wirkfaktoren verknüpft ........... 20
1.4.4 Vergessen muss nicht endgültig sein .................................................. 21
1.4.5 Vergessen als eine Möglichkeit des Selbsterhalts .................................... 22
1.4.6 Vergessen: Konstruktion statt Rekonstruktion der Vergangenheit ...................... 23
1.4.7 Vergessen als Preis für multivariate Synchronisation verschiedener Rahmenerzählungen .... 24
1.5 **Vergessen und Gedächtnis** ........................................................... 25
1.5.1 Die implizite Umkehrbewegung, die im Verb steckt, steht sinnbildlich für die Schwierigkeit der Akzeptanz einer aktiven, organisierenden Bedeutung des Vergessens .... 25
1.5.2 Vergessen in stabilen Subtraktions- und Kehrwertmodellen ........................... 26
1.5.3 Vergessen in variablen Gleichgewichtsmodellen ...................................... 26
1.5.4 Vergessen in dynamischen Systemen ................................................... 28
Literatur ................................................................................... 29

**2 Zum Begriff der Zeit: Explizit oder implizit, objektiv oder subjektiv?** .......... 33
2.1 Vom Umgang mit dem Zeitbegriff in der experimentell ausgerichteten Psychologie ............................................................................. 35
2.2 Vom Umgang mit der Zeit in Geistes- und Kulturwissenschaft ......................... 38
2.3 Vom Begriff des Vergessens in den Naturwissenschaften .............................. 40
2.3.1 Vergessen als „Erbe" einer strukturgebundenen Auseinandersetzung mit der Umwelt in der Vergangenheit ............................................................ 42
2.3.2 Verschiedene naturwissenschaftliche Zeitbegriffe und Vergessen ..................... 43
2.3.3 Vergessen: Ein zeitgebundenes Passungsproblem? ..................................... 45
Literatur ................................................................................... 47

## II Vergessen in den Neurowissenschaften

**3 Vergessen im klinisch-neurowissenschaftlichen Bereich** ........................ 53
3.1 Amnesie. ................................................................................ 54
3.2 Erinnerungsverluste und Erinnerungsverfälschungen in hirngesunden
und psychiatrisch unauffälligen Personen ............................................ 56
3.2.1 Induzierte Fehlerinnerungen. ........................................................ 57
3.2.2 Fehlerinnerungen und Gehirn. ....................................................... 57
3.2.3 Lügen ................................................................................... 58
3.2.4 Weitere Vergessensphänomene ..................................................... 59
3.2.5 Hypermnesie. .......................................................................... 61
3.2.6 Schlussfolgerungen ................................................................... 63
3.3 Vergessen aufgrund organischer Hirnschäden. ..................................... 63
3.3.1 Schlaganfälle .......................................................................... 65
3.3.2 Korsakow-Syndrom. .................................................................. 66
3.3.3 Epilepsie, Encephalitis und medialer Temporallappen ........................... 67
3.3.4 Hypoxie ................................................................................ 68
3.3.5 Degenerative und stoffwechselbedingte Hirnkrankheiten ....................... 70
3.3.6 Schädel-Hirn-Traumata, leichte Schädel-Hirn-Verletzungen .................... 70
3.4 **Vergessen bei psychogenen (dissoziativen) Amnesien und ähnlichen**
**Erkrankungen**. ......................................................................... 72
3.4.1 Fall AZ .................................................................................. 73
3.4.2 Fall BY .................................................................................. 74
3.4.3 Fall CX .................................................................................. 74
3.4.4 Fall DW ................................................................................. 75
3.4.5 Fall EV .................................................................................. 75
3.4.6 Fall FU, GT und HS ................................................................... 76
3.4.7 Fall IR ................................................................................... 77
3.4.8 Fall JQ und KP ........................................................................ 77
3.4.9 Schlussfolgerungen aus diesen und ähnlichen Fallbeschreibungen. .......... 78
3.4.10 Vergessen, Verdrängen, Blockieren ................................................ 78
Literatur. ................................................................................ 80

## III Kulturelle, soziale und geschichtliche Bezüge

**4 Erinnerung trotz kollektiven Vergessens: Vom „eigentlich" unmöglichen**
**Fortleben gemeinschaftlicher Erinnerungen an die kosmogene Welt der**
**„Dreamtime" bei Nachfahren von Ureinwohnern im heutigen Australien** ... 103
4.1 „Myth is a living thing": Vergessen und die Untiefen der Erinnerung. .......... 107
4.1.1 Akzeptanz des Vergessens als Teil wissenschaftlicher Akzeptanz indigener Mythen. ....... 108
4.1.2 Vergessen in der Unbestimmtheit von Raum und Zeit ............................ 109
4.1.3 Vergessen angesichts verschiedener Kommunikationsstrategien. .............. 111
4.1.4 Verschweigen als Mittel des Erhalts von Inhalten .................................. 112
4.1.5 Vergessen und Verschweigen von verschiedenen Räumen und Zeiten ........ 113
4.2 **Vergessen und die Dynamik der Rekonstruktion einer „Traumzeit"** ......... 114

| | | |
|---|---|---|
| 4.2.1 | Die Unmöglichkeit des Vergessens – oder: Der Erhalt „traumzeitlicher" Ordnung im vorübergehend Verborgenen | 116 |
| 4.2.2 | Ordnungsprinzipien einer kognitionswissenschaftlichen Aufschlüsselung „traumzeitlicher" Erinnerungen | 117 |
| 4.2.3 | Immunisierung des Individualgedächtnisses gegen ein Vergessen von Traumzeitlegenden | 118 |
| 4.2.4 | Vergessen ist immer auch ein Bestandteil kollektiven Erinnerns | 119 |
| 4.2.5 | Die Bedeutung von Merkzeichen für die Rekonstruktion selbstwertstabilisierender „Traumzeitlegenden" wandelt sich | 121 |
| 4.2.6 | Löschungsresistente und kopiergenaue Verhaltensweisen dienen als Mittel gegen das Vergessen | 122 |
| 4.2.7 | Vergessen als Preis der Gemengelage vielfältiger Sicherungssysteme für Traumzeitmythen | 124 |
| 4.2.8 | Von *memories* zu *mentalities*: Kann man ein Weltbild überhaupt „vergessen"? | 125 |
| | Literatur | 129 |
| **5** | **Vergessen in konfliktreichen Schnittbereichen kollektiven Erinnerns am Beispiel mittelalterlichen Weistums** | **133** |
| 5.1 | Weistümer: Vergessen induzierender Regelwerke der Vermittlung zwischen Herrschaft und bäuerlicher Bevölkerung | 135 |
| 5.1.1 | Vergessen zwischen Literalität und Oralität | 135 |
| 5.1.2 | Möglichkeit des Vergessens im Umgang mit dem Inhalt eines Hofweistums | 136 |
| 5.2 | **Vergessen als Ausdruck eines bestehenden Konfliktpotenzials** | 138 |
| 5.2.1 | Vergessen – Folge eines ritualisierten Zusammenspiels von Herrschaft und Gehöfer | 138 |
| 5.2.2 | Das Verbot zu „vergessen" verändert das Erinnerte | 140 |
| 5.2.3 | Vergessen – eine Folge des alltäglichen Zusammenspiels von Herrschaft und Hörigen | 141 |
| 5.2.4 | Vergessen als Schlüssel für eine konfliktarme Interpretation der Gegenwart | 144 |
| | Literatur | 146 |

## IV  Vergessen und Körperbezug

| | | |
|---|---|---|
| **6** | **Vergessen: Der Wandel im neurowissenschaftlichen Verständnis eines vielschichtigen Phänomens** | **151** |
| 6.1 | **Möglichkeiten neurobiologischer Erklärungsversuche des Vergessens** | 153 |
| 6.1.1 | Modifikation neuronaler Kommunikation | 155 |
| 6.1.2 | Vergessen als „natürlicher Teil" mnestischer Vorgänge im immerwährenden Zusammenspiel von verschiedenen Subsystemen der Informationssicherung: Impliziter Rückgriff auf geisteswissenschaftliche Denkmuster | 156 |
| 6.1.3 | Vergessen als eine Art Kollateralschaden bei einer überdauernden Umwidmung von Informationen oder Re-Programmierung des Epigenoms | 157 |
| 6.1.4 | Vergessen als missglückter Zugriff auf eine bestehende „Kopie" bzw. „kontraproduktive" Änderung beim Versuch einer Reproduktion mnestischer Änderungen? | 158 |
| 6.1.5 | Vergessen unter dem Aspekt einer Differenzierung neuronaler und nichtneuronaler Mechanismen | 159 |
| 6.1.6 | Vergessen verstanden als Irrfahrt einer mentalen Zeitreise | 160 |
| 6.1.7 | „Remember to forget!" – mögliche neuronale Korrelate aktiven Vergessens | 161 |
| | Literatur | 162 |

| 7 | **Umgang mit Fragen des Vergessens in physiologischen nichtneuronalen Systemen** . . . . . . . . . . . . . . . . . . . . . . . . . . . . . . . . . . . . . . . . . . . . . . . . . . . . . . . . . . . . . . . 167 |
|---|---|
| 7.1 | Vergessen – ein Phänomen, das den ganzen Menschen betrifft? . . . . . . . . . . . . . . . . . . . . 168 |
| 7.1.1 | Die Analyseebenen eines naturwissenschaftlich verstandenen Vergessens im Gehirn wirken auf das Verständnis des Phänomens zurück . . . . . . . . . . . . . . . . . . . . . . . . . . . . 170 |
| 7.2 | Die Bedeutung des Gehirns für Vorgänge des Vergessens im Gesamtgefüge des Körpers . . . . . . . . . . . . . . . . . . . . . . . . . . . . . . . . . . . . . . . . . . . . . . . . . . . . . . . . . . . 172 |
| 7.2.1 | Erfahrungen und körperliche Empfindungen sind nur teilweise deckungsgleich . . . . . . . . . 173 |
| 7.3 | Vergessen innerhalb des Möglichkeitsraumes „geheimen" körperlichen Geschehens . . . . . . . . . . . . . . . . . . . . . . . . . . . . . . . . . . . . . . . . . . . . . . . . . . . . . . . . . . . 176 |
| 7.3.1 | Bekannte Grenzen im zeitlichen Zusammenspiel zwischen körperlichem und geistigem Vergessen . . . . . . . . . . . . . . . . . . . . . . . . . . . . . . . . . . . . . . . . . . . . . . . . . 177 |
| 7.3.2 | Gibt es „alternative Formen" des Vergessens? . . . . . . . . . . . . . . . . . . . . . . . . . . . . . . . . . . . . 178 |
|  | Literatur . . . . . . . . . . . . . . . . . . . . . . . . . . . . . . . . . . . . . . . . . . . . . . . . . . . . . . . . . . . . . . . . . . . . 181 |
| 8 | **Epigenetische Korrelate des Vergessens** . . . . . . . . . . . . . . . . . . . . . . . . . . . . . . . . . . . . . 185 |
| 8.1 | Zelluläres Gedächtnis, zelluläres Vergessen: Eigengesetzlichkeiten eines (molekular-)genetisch begründeten Programms, das Daten abrufbereit zur Verfügung halten oder aktiv zum „Schweigen" bringen kann . . . . . . . . . . . . . . . . . . . . 188 |
| 8.1.1 | Vergessen: Eine Problemstellung (auch) auf Ebene der *soft inheritance*? . . . . . . . . . . . . . . . 188 |
| 8.1.2 | Plastizität der Genregulierung und ihre mögliche Beziehung zu Verhaltensänderungen, die mit Vergessen in Zusammenhang stehen . . . . . . . . . . . . . . . . 190 |
| 8.1.3 | Die Bedeutung der Genexpression für Vorgänge des Vergessens . . . . . . . . . . . . . . . . . . . . . 193 |
| 8.2 | Wirkkräfte jenseits des genetischen Codes: Mögliche Bedeutung epigenetischer Wirkmechanismen für das Vergessen . . . . . . . . . . . . . . . . . . . . . . . . . . . . . . . . . . . . . . . . . 197 |
| 8.2.1 | Chromatinmarkierungen bedingen eine Veränderung der Ablesemöglichkeit frei liegender Gene . . . . . . . . . . . . . . . . . . . . . . . . . . . . . . . . . . . . . . . . . . . . . . . . . . . . . . . . . . 199 |
| 8.2.2 | Acetylierung und Methylierung und die sie steuernden Enzyme . . . . . . . . . . . . . . . . . . . . . 201 |
|  | Literatur . . . . . . . . . . . . . . . . . . . . . . . . . . . . . . . . . . . . . . . . . . . . . . . . . . . . . . . . . . . . . . . . . . . . 205 |
| 9 | **Vergessen im Immunsystem: Eine Frage der Passung interagierender Systeme** . . . . . . . . . . . . . . . . . . . . . . . . . . . . . . . . . . . . . . . . . . . . . . . . . . . . . . . . . . . . . . . . 207 |
| 9.1 | Grenzen traditioneller Erklärungsversuche alltäglichen Vergessens: Immunbiologie und geisteswissenschaftlich orientiertes Denken . . . . . . . . . . . . . . . . . . . . 208 |
| 9.2 | Möglichkeiten einer gemeinsamen inhaltlichen Ausgestaltung des Vergessensbegriffs . . . . . . . . . . . . . . . . . . . . . . . . . . . . . . . . . . . . . . . . . . . . . . . . . . . . . . . 210 |
| 9.3 | Grundprinzipien von Gedächtnis und Vergessen innerhalb des Immunsystems . . . . . . . . 212 |
|  | Literatur . . . . . . . . . . . . . . . . . . . . . . . . . . . . . . . . . . . . . . . . . . . . . . . . . . . . . . . . . . . . . . . . . . . . 216 |
| 10 | **Schlussbetrachtung: Plädoyer für ein neues Verständnis des Vergessens** . . . . 219 |
| 10.1 | Die Vielgestaltigkeit des Vergessens eröffnet eine Vielfalt möglicher Fragen und Antworten . . . . . . . . . . . . . . . . . . . . . . . . . . . . . . . . . . . . . . . . . . . . . . . . . . . . . . . . . . . 221 |
| 10.2 | Ungeklärte Schnittstellen: Mit „Vergessen" umschreibt man jeweils nur ansatzweise, was währenddessen geschieht . . . . . . . . . . . . . . . . . . . . . . . . . . . . . . . . . . . . 224 |
|  | Literatur . . . . . . . . . . . . . . . . . . . . . . . . . . . . . . . . . . . . . . . . . . . . . . . . . . . . . . . . . . . . . . . . . . . . 227 |

| | | |
|---|---|---|
| **11** | **Erklärung ausgewählter Fachbegriffe** ........................................... 229 | |
| | Literatur ................................................................................... 274 | |
| | **Serviceteil** ............................................................................... 275 | |
| | Stichwortverzeichnis ................................................................... 276 | |

# Das Phänomen des Vergessens im Kontext der Zeit

Kapitel 1  Die Vielfalt der Möglichkeiten des Vergessens – 3

Kapitel 2  Zum Begriff der Zeit: Explizit oder implizit, objektiv oder subjektiv? – 33

# Die Vielfalt der Möglichkeiten des Vergessens

© Springer-Verlag GmbH Deutschland 2017
M. Pritzel, H.J. Markowitsch, *Warum wir vergessen*,
DOI 10.1007/978-3-662-54137-1_1

**Zusammenfassung**

In diesem Kapitel werden sowohl altbekanntes, weil seit vielen Jahrhunderten weitergegebenes Wissen über Vorgänge des Vergessens als auch neuere Erkenntnisse aus Kultur- und Naturwissenschaft zusammengetragen, um den Möglichkeitsraum für die Betrachtung des Phänomens zu erweitern, aus dem in den nachfolgenden Kapiteln geschöpft wird. Die Vielfalt denkbarer Betrachtungsweisen des Vergessens ist beachtlich. Je nachdem, ob man in stabilen oder dynamisch sich verändernden Kenngrößen zu denken gewohnt ist, ob die Gesamtheit dessen, was zu vergessen möglich ist, als Ganzes oder als in Schichten aufgebaut gedacht ist oder ob man den Vorgang physiologisch und damit als feinkörnig fragmentiert auffasst, ändert sich auch die Betrachtungsweise des Vergessens.

## 1.1 Wie alles anfing – Beispiele aus der Entstehungsgeschichte verschiedener Hypothesen über die Einbindung des Vergessenen in die Idee des Erinnerten

Bereits ein kurzer Blick in einige der bekanntesten historischen Überblicksarbeiten und Originalbeiträge zur Bedeutung des ▶ Gedächtnisses (vgl. hierzu Aretin; 1810; Blum 1969; Carruthers 1990; Draaisma 2000; Haverkamp und Lachmann 1993; Hajdu 1936/1967; Hutton 1993, S. 15; Yates 1990) zeigt, dass sich die gegenwärtige Diskussion über die vielfältigen Versuche, einem Vergessen zu widerstehen, in eine lange und vielfältig ausgestaltete ▶ Tradition einfügt. Man greift daraus heute lediglich die Aspekte heraus, die sich mit der gegenwärtigen wissenschaftstheoretischen Grundüberzeugung am besten vereinbaren lassen. Angesichts der langen Ahnenreihe von Gelehrten der Gedächtniskunst erstaunt es somit auch nicht, dass traditionelle metaphorische Umschreibungen (angelehnt an Draaisma 2000), die auf Vorstellungen eines Gedächtnisvermögens (▶ Vermögen) bauen, auch in moderne Modellannahmen über Arbeitsweise und Organisation mnestischer Prozesse einfließen (Sanguineti 2007): Sie sind zum einen für jedermann anschaulich und stehen zum anderen für eine duale Codierung von Sachverhalten, die sich auch leicht in das gedankliche Gefüge der Gegenwart einbinden lassen (Black 1962).

Kern eines solchen Denkens ist folglich die Analogiebildung, d. h. die Entsprechung zweier Verhältnisse, wodurch etwas, das man in einer wörtlichen Entsprechung nicht zu beschreiben vermag, durch eine Umschreibung oder Umformung ausgedrückt wird. Man kann auch sagen, eine Metapher veranschaulicht Inhalte, die man ohne sie nicht „sehen" könnte. Auf die „Kunst des Vergessens" bezogen, wird damit bereits ein grundsätzliches Problem deutlich, denn dieser Begriff kommt in keiner Metaphorik vor, da man ihn weder im konkreten noch im übertragenen Sinne „sehen" kann. Verkürzt auf den heutigen, im sozial- und naturwissenschaftlichen Bereich üblichen Begriff des Modells als Darstellung einer Transformation oder Interaktion wissenschaftlicher Kennwerte ist dieses Problem ebenfalls nicht zu lösen. Nicht existente Werte können zwar als allmähliche Minderung oder gar als plötzlicher Abfall tatsächlich erhobener Maße dargestellt werden. Sie weisen aber dadurch gleichzeitig auf eine Leerstelle im Abbildungssystem hin. Unter naturwissenschaftlichen Gesichtspunkten gesehen steht ein Vergessen somit für eine mit zunehmender Entropie verbundene „Unordnung", die innerhalb eines cartesischen Koordinatensystems nicht mehr darstellbar ist.

Durch Metaphern wird darüber hinaus nicht nur generell o. g. Vorgang des „Hinübertragens" von einem in einen anderen Gegenstandsbereich, sondern auch der Vorgang des Behaltens selbst zum Ausdruck gebracht. So verstanden dienten sie über Jahrhunderte hinweg nicht nur als Verbindungselemente von Bildhaftigkeit und Sprache, sondern waren wie kaum ein anderes Mittel geeignet, das Konstrukt des Gedächtnisses selbst begreiflich zu machen. Das Gedächtnis selbst lässt sich ja nicht beobachten, sondern es wird nur durch die Bildung von beobachtbaren bzw.

messbaren Indikatoren der empirischen Forschung überhaupt zugänglich. Früher dienten dazu als Sinnbild u. a. die sog. Gefäßmetaphorik oder die Wachstafelmetaphorik. Im ersten Fall stellte man sich vor, dass das zu Merkende zur zeit- und inhaltsstabilen Konservierung in ein dreidimensionales Speichersystem gefüllt würde. Früher dachte man sich diesen Behälter als Krug, heute z. B. als künstliches oder neuronales Netzwerk einer Substruktur. Im zweiten Fall dominiert der Gedanke des Eingravierens von bestimmten Inhalten in ein zweidimensionales Speichersystem, einstmals in Form o. g. Wachstäfelchens, heute z. B. in Form eines Computereintrags.

Somit wird – ebenfalls seit jeher – auch oben angesprochene Doppelbedeutung des Begriffs *Memoria* hervorgehoben, denn man verstand darunter ursprünglich sowohl das „Konstrukt des Gedächtnisses", wie wir heute sagen würden, als auch die schriftlich fixierte Gedächtnisstütze selbst, also das ausgelagerte Faktengedächtnis. Letzteres sollte als *aide mémoire* Ideen aus der Welt der Gedanken in die Welt der Schrift „hinübertragen" und dort konservieren. Damit war der Grundstein für unsere heutige Vorstellung eines individuellen bzw. eines kulturellen Gedächtnisses (▶ Gedächtnissysteme) gelegt.

Bezogen auf das Leitthema dieses Buches, das Vergessen, bleibt indes die Frage, was wir heute mit antiken Metaphern anfangen könnten, wo sie offensichtlich das nicht abzubilden vermögen, um das es hier geht. Dass die alten Vorstellungen nicht gänzlich ausgedient haben, sondern immer wieder neu an sich ändernde Gegebenheiten angepasst wurden, soll am Beispiel ausgewählter Dreh- und Angelpunkte der Wachstafelmetaphorik kurz dargestellt werden. Die dabei auftretenden Problemstellungen sind nämlich mit den heutigen so eng und vielfältig verknüpft, dass man sagen könnte: Verfügten wir nicht über die damit verbundene alte Idee eines ▶ Engramms, müssten wir ein solches Gravursystem „neu erfinden", um die Vorstellungen von Flüchtigkeit bzw. Dauer gegenwärtiger Gedächtnisinhalte angemessen zu beschreiben.

## 1.2 Vergessen als Preis einer variablen Spurenbildung

Den aus der antiken Gedächtniskunst des Eingravierens in Wachstäfelchen abgeleiteten Vergleich gedächtnisbildender Möglichkeiten als Beispiel nehmend, kann man u. a. zeigen, dass Größe, Beschaffenheit und Alter eines mehr oder weniger großen mehrdimensionalen Abbildungssystems *an sich* – heute bezogen auf ausgewählte Substrukturen des Gehirns – ebenso von Bedeutung sind wie psychische Variablen. Gemeint sind mit Letzteren u. a. Intensität und Genauigkeit, mit der Informationen darauf eingraviert werden. Heute wie früher spricht man nicht nur dem Ausmaß, d. h. dem Umfang einer Wachstafel bzw. der schieren Größe einer neuronalen Abbildungsstruktur, eine maßgebliche Bedeutung für das ins Gedächtnis Einzuprägende zu. Auch der „Reinheit" der Substanz, heute verstanden als strukturelle Eindeutigkeit, gilt das Interesse der Forschenden. Hinzu kommt das Problem nach dessen überdauernder Konsistenz – ehemals der des Wachses, heute eines neuronalen Netzwerks. Bis in die Gegenwart hinein gibt somit ein altes gedankliches Bild Anlass zur Vorstellung, dass sich innerhalb bestimmter Grenzen Menschen unterschiedlich viel (sensorisches) Material unterschiedlicher Komplexität mit verschiedener Detailgenauigkeit einprägen und unterschiedlich lange behalten können.

Bereits die aristotelische auf diese Wachsmetapher bauende Gedächtnistheorie, von Aristoteles (2004) in *De memoria et reminiscentia* beschrieben, nahm nicht nur auf den „Normalfall" des Gedächtnisumfangs und dessen zeitlich-räumliche Verlässlichkeit Bezug, sondern griff bereits weitere, heute noch diskutierte Problemstellungen auf. Insbesondere waren seiner Ansicht nach Alter und Gesundheitszustand des Individuums bei der Gedächtnisbildung zu berücksichtigen, denn beide wirkten auf den „Wachsabdruck", das *eikon*, zurück. Je älter und deshalb härter diese Masse sei, so Aristoteles, desto oberflächlicher würde letztlich der zurückbleibende Eindruck sein und entsprechend nur geringe Spuren hinterlassen. Vieles würde also allein deshalb vergessen werden, weil aus den verbliebenen Abdrücken kein schlüssiges Ganzes mehr gebildet werden könne. Je jünger und deshalb weicher das Wachs aber sei, desto eher drohte jedoch das eingeprägte *eikon* wieder zu zerfließen, was ebenfalls zu raschem Vergessen führte, da die Spuren unleserlich würden. Im Extremfall schließlich, d. h. bei einer das Gedächtnis betreffenden Krankheit, liege ein in jeder Hinsicht unbrauchbares Wachs vor. Es sei entweder allzu hart oder allzu weich, weshalb man in keiner der beiden „Wachszustände" mit einem verlässlichen *eikon* rechnen könne; eine Gedächtnisbildung sei somit unausweichlich mit Fehlern behaftet (Aristoteles 2011).

Diese Analogie weiterführend, könnte man sich z. B. auch fragen, was man damals erwartet hätte, wenn z. B. die Wachstafel zerbrochen wäre, wenn sich die Schrift *an sich* als kaum leserlich herausgestellt hätte oder wenn unbekannte Zeichen benutzt worden wären. Auch dann wäre es von heute aus gesehen möglich gewesen, verschiedene Störungsbilder im neurologischen und klinischen Bereich anschaulich zu umschreiben. Das Vergessene allerdings lediglich als „Fehler" oder als „Störung" zu bezeichnen, hilft nicht zu verstehen, was dabei geschieht, denn auch im „Unleserlichen" und „Zerfließenden" stecken letztlich ähnlich viel Energie wie im Deutlichen und lange Erkennbaren, heute ausgedrückt als überdauernde neuronale Repräsentation. Das heißt, die jeweils wirksamen Kräfte können nicht in einem Fall sang- und klanglos „zerfallen" und im anderen bestehen bleiben. Sie können bestenfalls in eine Form transformiert werden, die – eine positivistische Wissenschaftsauffassung zugrunde legend – messtechnisch als nicht erfassbar gilt.

## 1.3 Die Transportbedingungen gespeicherter Inhalte wirken auf deren Textur zurück

Ähnlich wie heute ein „Gedächtnismodell" eine neurowissenschaftliche Überprüfung bestehen muss, um allgemein anerkannt zu werden, hatte auch in der Antike eine Metapher keinesfalls für sich allein Bestand. Die als Wachsabdruck gedachten „gespeicherten Sinneseindrücke" mussten gemäß der damals gängigen Auffassung den Erfordernissen einer Verknüpfung mentaler und physiologischer Vorgänge entsprechen können, sonst hätte die Metapher ihren Sinn verfehlt. Damals galt es z. B., das im Gedächtnis Eingeschriebene in die sog. Pneumalehre, eine außerordentlich zählebige Doktrin eines pulsierenden Lebensprinzips, zu integrieren. Die damit zum Ausdruck kommende Auffassung baute, ähnlich wie die heutige Hirnforschung auch, auf das Prinzip eines innerkörperlichen Transports bestimmter Überträgerstoffe. Diese Substanzen als Träger der Übermittlung geistiger Werte anerkennend, vermochte die Vorstellung eines physikalischen Substrats mentaler Ereignisse in Form kleinster, quasi ätherischer, pulsierender Partikel jahrhundertelang zu überdauern. Somit wurde akzeptiert, dass alles Einzugravierende einer gewissen Bewegung ausgesetzt war, die durch diesen „pulsierenden Transport" des in der Außenwelt Registrierten zu einem bestimmten Ort im körperlichen Innenraum verursacht wurde. Dieser Vorgang des Bewegtwerdens wiederum war ohne Verzerrung oder Verformung der gedachten Trägersubstanz mentaler Ereignisse kaum denkbar, und demzufolge konnte das subjektiv im Gedächtnis Behaltene mit den jeweiligen „Fakten in der Außenwelt" auch nicht identisch sein.

Die damit angesprochene, seit der Antike geläufige Vorstellung einer „Beförderung eines empfindlichen mentalen Gutes" nicht durch spiritistische, sondern durch physische Bewegung legt vielmehr nahe, dass dadurch auch gewisse, systemimmanente Grenzen einer erreichbaren Abbildqualität zum Ausdruck kommen müssen. Hierbei repräsentiert die Realität von Abermillionen Gehirnzellen ihrerseits jedoch nichts „Reales", „Bildhaftes", sondern codiert lediglich die Beziehung des Menschen zu seiner Umwelt neuronal (▶ Neuronen). Der klassische (Wachs-)„Abdruck", heute verstanden als „neuronale Repräsentation", wurde als Problem somit im Wesentlichen aus dem

## 1.3 · Die Transportbedingungen gespeicherter Inhalte wirken auf deren Textur zurück

Bereich des Bildhaften in eine mathematische darstellbare Beziehung überführt. Indem z. B. durch Donald Hebb (1949) die Idee verbreitet wurde, dass sich, bedingt durch Lernverhalten, die Funktionsarchitektur des Gehirns so ändern kann, dass sie eine *modifizierte Textur bestimmter Erregungsmuster* zu speichern vermag, wandelte sich die Vorstellung des Eingravierens in eine formbare Masse in die uns heute geläufige Vorstellung eines Engramms. Und jedes Engramm, also jeder neuronale „Abdruck", verstanden als überdauernde Codierung eines Ereignisses, zeichnet sich dieser Auffassung nach durch eine veränderte Wichtung, Aktivierungsfunktion und Konnektivität zwischen ► Synapsen in selbstreflexiven Netzwerken aus.

Gleichwohl bleibt es nach wie vor schwierig, mittels Engrammbildung, sei es in der klassischen Form von Wachstäfelchen oder als (Erregungs-)Muster einer bestimmten *neuronalen Textur*, vergessensrelevante Vorgänge zunächst einmal „wirklich" zu erfassen: Es müssen ja zu jedem beliebigen Zeitpunkt Millionen davon raumzeitlich verschränkt aktiv sein! Welche davon als „Gedächtnisspuren" handlungsleitend werden bzw. ins Bewusstsein dringen und warum es gerade diese und keine anderen sind, ist ebenso wenig geklärt wie die Frage der Transformation quantitativ erfassbarer neuronaler Erregungsmuster in qualitativ unterschiedliche Erfahrungsgegenstände. Die letztgenannte Beschreibungsebene kann nun einmal nicht aus den messbaren Charakteristika der Entladungen von Neuronen abgeleitet, ein Vergessen des Individuums nicht mit den dafür notwendigen physiologischen Voraussetzungen gleichgesetzt werden (mereologischer Trugschluss). So kann man z. B lediglich vermuten, dass sich zu einem bestimmten Zeitpunkt die meisten Engramme in einem inaktiven Zustand befinden, d. h. zwar potenziell auf ► Erinnerungen ansprechen könnten, im Augenblick der Gegenwart jedoch „nicht abgerufen" werden. Als „vergessen" kann man die durch sie gespeicherten Informationen deshalb aber nicht bezeichnen.

Auf die Problematik, dass Erinnerungen zwar noch auf Hirnebene existent sind, aber sich einem aktuellen Zugriff entziehen, wies schon Semon (1904) hin, der die Begriffe von ► Ekphorie und ► zustandsabhängige Erinnerung (*state-dependent retrieval*) einführt hatte, die später Endel Tulving (z. B. Tulving und Thompson 1973; Tulving 2005) in seinen Werken einer Allgemeinheit zugänglich machte (*encoding specificity principle*).

Neuerdings gibt es Kritik am *encoding specificity principle*: Naime (2002) schlug stattdessen vor, dass die Unverwechselbarkeit von Hinweisreizen (*cue distinctiveness*) relevant für das Wiedererinnern sei. Es genüge, wenn ein einzelnes, distinktes Reizmerkmal gleichartig zwischen der Einspeicher- und der Abrufbedingung sei. Seine Hypothese wurde von Goh und Lu (2012) einer experimentellen Überprüfung unterzogen und grundsätzlich bestätigt.

### 1.3.1 Jeder erneute Abruf verändert das Abzurufende

Da heute, ähnlich wie in den Jahrhunderten zuvor, nicht nur die Dauer bzw. Flüchtigkeit codierter Ereignisse zur Diskussion steht, sondern auch deren mögliche Veränderung durch jeden erneuten Abruf – früher verstanden als sog. Palimpsest (gr. *Palin* = wieder, gr. *Psaein* = reiben, abschaben), als Vorgang des Überschreibens bereits benutzter Wachstafeln –, stellt sich die Frage, was das nach vielen Überschreibungen noch Abrufbare letztlich darstellt.

Zu denken ist hier auch an ein Engramm von etwas, das – nicht notwendigerweise absichtsvoll – zu irgendeinem früheren Zeitpunkt gebildet wurde, dessen verbliebene „Spur" aber zum Zeitpunkt des Abrufs deshalb aufgenommen wird, weil sie gerade dann als passende Texturkonfiguration in einen sinnhaften Kontext eingebunden werden kann, dort „re-repräsentiert" wird. Auf diese Weise erhält somit der ursprüngliche Inhalt des Erinnerten jedes Mal auch eine neue zusätzliche Codifizierung.

Ein Engramm kann folglich, ähnlich wie dies durch die Vorstellung des Palimpsests bereits in der Antike zum Ausdruck gebracht worden war, nicht als ein „Abbild" oder ein „Abdruck" von etwas, also als eine Art originalgetreuer Repräsentation eines Ereignisses, betrachtet werden, sondern eher als eine Art *hochaffiner Andockkomplex* eines sich dynamisch verändernden Netzwerks (das sich vom Zeitpunkt der Einspeisung bis zu dem der Erinnerung durchaus auch ohne bewussten Zugriff verändern kann). Manche Autoren, insbesondere diejenigen, die der Psychoanalyse nahestehen, gehen hier noch einen Schritt weiter, indem sie, wie z. B. Derrida (1998), annehmen, dass Erinnerung nicht allein aufgrund *einer* sich möglicherweise verändernden „Spur", sondern durch die „Vergegenwärtigung und Verschmelzung verschiedener Spuren" gebildet werde. Insofern stelle sich dann jeder Gedächtnisinhalt als eine Repräsentation „multipler Repräsentation" bewusster bzw. unbewusst bleibender Spuren dar.

Dies wiederum macht es noch schwieriger, ein Vergessen, verstanden als eine nicht realisierte neuronale ▶ Bindung, zu begreifen. Man erfasst ja nicht einmal, wie und warum etwas tatsächlich vergegenwärtigt werden konnte! Zumindest sieht man sich durch die neuronale Repräsentation geistiger Inhalte einer Reihe von Problemen gegenüber: Die Variabilität in der Bestimmung von Verhaltensweisen und die ▶ Plastizität und Dynamik der Gehirnorganisation in Rechnung stellend, bedeutet Repräsentation ja gerade nicht etwas materiell klar Umrissenes, im wahrsten Sinne des Wortes „Beschreibbares", sondern meint die hochkomplexe neuronale Texturveränderung. Deren Variabilität wird durch eine bestimmte Wahrscheinlichkeit eingegrenzt, mit der zu bestimmten Zeiten und an bestimmten Orten wiederum bestimmte neuronale Hirnaktivitäten eher zu beobachten sind als an anderen. Fragen des Vergessens verlieren sich so auf der einen Seite zwar leicht im Geflecht von Abertausenden Neuronen, die durch ihr spezifisches Aktivitätsprofil die gedächtnisvermittelnde Textur als solche überhaupt erkennbar werden lassen. Auf der anderen Seite aber kann es ohne die Möglichkeit einer neuronalen Hervorhebung einer bestimmten raumzeitlichen Textur kein spezifisches Gedächtnis für etwas geben. Dazu aber *muss* ein Teil davon ausgegliedert werden, *muss* unbeachtet abseits bleiben.

## 1.3.2 Vergessen von bereits im Gedächtnis abgelegten Inhalten

Auch wenn die klassische Wachstafelmetapher über viele Jahrhunderte hinweg mehr oder weniger angemessen die Idee stützte, dass dadurch geistigen Inhalten eine zeitüberdauernde Abbildungsmöglichkeit verliehen würde, blieb ein wichtiger Problemkomplex offen: Wie sollte man beispielsweise bereits im Gedächtnis Vorhandenes in einem bestimmten Augenblick der Gegenwart als solches erkennen können? Und was zeichnete unterschiedliche Entwürfe der Erinnerung aus, sodass diese auch in ihrer zeitlichen Abfolge rekonstruiert werden können? Mittels dieser Metapher ließ sich nämlich der Unterschied zwischen einer potenziellen und der tatsächlichen Möglichkeit des Erinnerns, also des bewussten Zugangs zu bestimmten mnestischen Inhalten, nicht abbilden, ohne in einen endlosen Regress der Bildung einer Wachstafel von einer Wachstafel, von einer Wachstafel etc. zu geraten.

Das damit angesprochene Problem ist auch heute nicht abschließend geklärt. Wie etwa soll man – weiter oben wurde es bereits kurz angesprochen – angemessen zum Ausdruck bringen, dass das in einem bestimmten Augenblick Nichterinnerte, aber potenziell Erinnerbare, keineswegs vergessen ist? Derzeit versucht man diese Fragestellung, wenn schon nicht zu lösen, so zumindest einzugrenzen, indem man zunächst zwischen der Erinnerung als einem „Wiederverinnerlichen" eines bewusst zugänglichen autobiografisch-episodischen Gedächtnisinhalts (◘ Abb. 1.1) und dem Wiederhervorholen von nichtautobiografischem Material unterscheidet (Markowitsch 2009, 2013a). Denn während man Letzteres als einen bekannten geistigen Inhalt

## 1.3 · Die Transportbedingungen gespeicherter Inhalte wirken auf deren Textur zurück

auch ohne Bildung eines autonoetischen Bewusstseins[1] darüber „wiedererkennt", gelingt dies im ersten Fall nicht. Und somit beschränkt sich der Begriff des Erinnerns im Wesentlichen auf autobiografische Inhalte.

Solcherart definierte Erinnerungen – werden sie nun absichtlich abgerufen oder aber drängen sie sich unbeabsichtigt ins Bewusstsein – können wiederum auf zweierlei Weise fehlerhaft sein: Man kann sich bewusst sein, davon oder dabei (irgend-)etwas vergessen zu haben, oder aber man ist sich des Vergessenen nicht bewusst, glaubt das fehlerhaft Konstruierte entspreche den Tatsachen. In letzterem Fall spricht man von Erinnerungstäuschungen. Diese kommen, wie in ▶ Teil II näher ausgeführt, z. B. dadurch zustande, dass Veränderungen in ▶ Wahrnehmung und/oder ▶ Aufmerksamkeit eine bestimmte subjektive Einstellung bzw. Erwartung hervorrufen und damit auch die bewusste Erinnerungsfähigkeit beeinflussen (Markowitsch 2013a). Da keine Möglichkeit besteht, den jeweils momentanen Bewusstseinsstatus seinerseits zu hinterfragen, bilden „Wahrheit" und „Irrtum", Erinnern und Vergessen einen unauflösbaren Gesamtkomplex (Werner et al. 2012), aus dem weder unbewusst bleibende Erinnerungen noch mögliche Fehleinschätzungen herauszulösen sind. Da ungeachtet möglicher Erinnerungstäuschungen im Laufe des Lebens die Anzahl mnestischer Ereignisse, derer man sich potenziell erinnern können sollte, ohnehin ganz natürlicherweise ansteigt, gestaltet sich die Abrufsituation *an sich* auch immer komplizierter. Naheliegenderweise wird deshalb früher wie heute eine Art geordneter Lagerhaltung der Wissensbestände für unabdingbar gehalten. Dies geschieht gegenwärtig z. B. in Form der Annahme gesonderter Gedächtnistypen für Namen, Gesichter, Geräusche, Farben, Formen etc., die mit einem Gedächtnis für Räume zusammengeführt werden, um aus der daraus gebildeten Reihenfolge unter Umständen auch die Zeit, in der etwas stattfand, abzuleiten (▶ Kap. 2).

Noch bis weit ins Mittelalter hinein schien etwa für eine solche Zugriffsmöglichkeit auf einen bereits vorhandenen Gedächtnisinhalt in Form des „geordneten Lagers" bekannter mnestischer Sachverhalte als eine Metapher u. a. die des Vogelkäfigs geeignet (Wenzel 1995). Man stellte sich etwa vor, im „geistigen Käfig" des jeweiligen Besitzers würden im Laufe der Zeit die unterschiedlichsten Vögel gehalten. Manche davon würde man nie mehr in *natura* sehen, andere relativ oft. Für wieder andere, die im Freien durchaus vorkamen, würde sich kein Prototyp im Käfig befinden. Auch das Umgekehrte schien möglich: Es könnten sich durchaus Vögel im Käfig aufhalten, die zwar dort, nicht aber in *natura* zu finden wären. Der angesprochene Abgleich von äußeren Gegebenheiten und käfiginternen Lagerbeständen schien durch diese Vorstellung insofern gut möglich, als dadurch Fehlermöglichkeiten eingegrenzt werden konnten. Irrtümer entstanden z. B. durch das „Übersehen" von bereits im „Käfig befindlicher Vögel" oder eine fälschliche Zuordnung äußerer Gegebenheiten zu „nicht vorhandenen Vögeln" im Käfig.

Wie man gerade an Letzterem sieht, ist die scheinbare Erinnerung an Inhalte, die sich nicht oder nur teilweise an tatsächlichen Ereignissen orientieren, wo Wunsch und Fantasie die Herrschaft über das Gedächtnis zu übernehmen scheinen, bereits eine sehr alte, hier durch die Käfigmetapher versinnbildlichte Fragestellung. In der heutigen Psychologie ist diese nicht nur wegen Erinnerungstäuschungen (*false memories*) von praktisch-therapeutischer Bedeutung. Anhand solcher „Irrtümer" kann man z. B. auch verdeutlichen, dass der Übergang von einer gedachten *Rekonstruktion* von Gegenständen des Gedächtnisses zu deren *Konstruktion*, also neu gebildeten Inhalten, die sich in das Gefüge der gelebten eigenen „Geschichte" ähnlich sinnstiftend wie ein realer Gedächtnisinhalt einfügen, fließend zu denken ist.

---

[1] Sich seiner selbst in dem Sinne bewusst sein, dass man um seine eigene Person weiß (Markowitsch 2003, 2013a).

**Kapitel 1 · Die Vielfalt der Möglichkeiten des Vergessens**

| | Autonoetisch | Noetisch | | Anoetisch | |
|---|---|---|---|---|---|
| | EPISODISCHES GEDÄCHTNIS | WISSENS-SYSTEM | PERZEPTUELLES GEDÄCHTNIS | PRIMING (BAHNUNG) | PROZEDURALES GEDÄCHTNIS |
| | Mein erstes Treffen mit Lena / Mein erster Ausritt mit Silberpfeil | Ca = Calcium / Essen ist eine Stadt im Ruhrgebiet | | | |
| Encodierung | Limbisches System (stark), präfrontaler Cortex | Limbisches System (schwach), präfrontaler Cortex | Cerebraler Cortex (uni- und polymodale Regionen) | Cerebraler Cortex (uni- und polymodale Regionen) | Basalganglien, Cerebellum, prämotorische Areale |
| Konsolidierung und Ablagerung | Limbisches Strukturen, cerebraler Cortex (vorwiegend Assoziationsareale) | Limbisches Strukturen, (gering), cerebraler Cortex (vorwiegend Assoziationsareale) | Cerebraler Cortex (uni- und polymodale Regionen) | Cerebraler Cortex (uni- und polymodale Regionen) | Basalganglien, Cerebellum, prämotorische Areale |
| Abruf | Temporofrontaler Cortex (rechts), limbische Strukturen | Temporofrontaler Cortex (links) | Cerebraler Cortex (uni- und polymodale Regionen) | Cerebraler Cortex (uni- und polymodale Regionen) | Basalganglien, Cerebellum, prämotorische Areale |

## 1.3.3 Vergessen und die Idee der Schichtung von Seelenvermögen

Für Denker der Antike, z. B. Aristoteles, waren Fragen, die die Kapazität des Gedächtnisses betrafen, im Rahmen der Vielgestaltigkeit seelischen Seins und Werdens angesiedelt. Dieser Gestaltungsrahmen ließ, sofern bestimmte Gesetze geachtet wurden – in diesem Zusammenhang relevant ist u. a. die „Harmonie der Gegensätze" –, Fragen nach einzelnen Vermögen zu. *Memoria* war eines davon. Dieses Vermögen wurde gemäß der aristotelischen Dreigliederung der ▶ Seele in einen vegetativen (Ernährung), einen animalischen (Begierde, Sinnesempfinden) und einen denkenden Teil Letzterem zugeschrieben und galt damit auch dem obersten und vornehmsten Seelenteil zugehörig. Nur diese – die denkende Seele (heute würden wir hier vermutlich von Bewusstsein sprechen) – war nach Aristoteles dem Menschen vorbehalten, denn sie war durch die *fünf Sinne* mittels einem ihnen übergeordneten Gemeinsinn (*sensus communis*) auf eine Weise verknüpft, die jede bewusste Erinnerung mit einem Bewusstsein für ▶ Zeit verband. Folglich, so Aristoteles, hätten auch nur diejenigen Wesen die Möglichkeit, sich bestimmte Gedächtnisinhalte bewusst oder unbewusst präsent zu machen, sich „wieder zu erinnern" (*anamnesis*), die über eine Zeitempfindung verfügten. Es galt also: ohne Zeit kein Gedächtnis, ohne Gedächtnis keine Zeit! Jedes Vergessen – und das gilt bis heute – steht somit mit einer Veränderung des Bewusstseins für das Gegenwärtige und Vergangene in Beziehung.

Die aristotelische Vorstellung, dass zur Seele (gr. *psyche*; lat. *anima*) neben dem die Welt durch (Nach-)Denken erfassenden Anteil (*anima rationalis*) immer auch das Passiv-Empfindsame (*anima sensitiva*) und Aktiv-Triebhafte (*anima vegetativa*) dazugehörte, wurde im Laufe der Zeit in die Vorstellung einer *Schichtung* bzw. *Abstufung* in eher „niedrige" bzw. eher „höhere" Seelenkräfte umgewidmet. In der Psychologie rückte dieser Gedanke zusammen mit anderen als überdauernd angesehen Grundwahrheiten erst durch deren zunehmend naturwissenschaftliche Ausrichtung in den Hintergrund. Implizit jedoch ist das fachliche Denken von solch alten Vorstellungen bis heute geprägt. So etwa in Form einer gedachten Schichtung des „Bewusstseins", die auch in der experimentellen Psychologie ein Vor- und ein Unterbewusstsein mit einschließt. Hier wird alles Nichtbewusste – diesem Vor- oder Unterbewusstsein zugerechnete – jenseits des rational Erkennbaren angesiedelt. Damit bleibt die Möglichkeit offen, dass Nichterinnertes durchaus in solchen vor- oder unbewussten Schichten lokalisiert sein könnte, insbesondere, da der Begriff des Bewusstseins in den Randbedingungen hin zum Vor- und Unterbewussten unscharf geblieben ist. Somit besteht immer die Chance – und genau dieser Fall tritt

---

◼ **Abb. 1.1** Die fünf für die langfristige Informationsverarbeitung des Menschen wichtigsten Gedächtnissysteme. Das *episodisch-autobiografische Gedächtnissystem* (hier verkürzt *episodisches Gedächtnis* genannt) ist kontextspezifisch im Hinblick auf Zeit und Ort. Es erlaubt mentale Zeitreisen. Man definiert es als die Schnittmenge von autonoetischem Bewusstsein, dem sich erfahrenden Selbst und subjektivem Zeitempfinden. Beispiele sind die eigene Abiturfeier oder die Besteigung des Kilimandscharo im Urlaub vor 37 Jahren. Das *Wissenssystem* ist kontextfrei und bildet allgemeine Fakten ab (Schulwissen, Weltwissen). Es wird auch (aus der amerikanischen Tradition des Begriffs herrührend) als semantisches Gedächtnis bezeichnet. Das *perzeptuelle Gedächtnis* ist präsemantisch, d. h., es wird angenommen, dass die Identifikation und Differenzierung von Objekten (z. B. Apfel gegenüber Birne oder Pfirsich) sprachfrei erfolgen (also beispielsweise auch Patienten mit semantischer Demenz noch gelingen könnte). Das perzeptuelle Gedächtnis bezieht sich auf Familiarität und ein Gefühl von Bekanntheit. *Priming* (Bahnung) meint die höhere Wahrscheinlichkeit, zuvor wahrgenommene Reize wiederzuerkennen. Das *prozedurale Gedächtnis* umfasst vor allem motorische Fähigkeiten, schließt jedoch auch sensorische und kognitive Fertigkeiten („Routinen") ein. Die Systeme sind unterteilt in solche, die ohne bewusstes Reflektieren („unbewusst") arbeiten, was als *anoetisch* bezeichnet wird, solche, die bewusstes Überlegen erfordern (*noetisch*) und in das als *autonoetisch* bezeichnete episodische Gedächtnissystem, das einen persönlich-biographischen Bezug zur Information und Selbstreflexion erfordert. Der *untere Teil* der Abbildung gibt die zugehörigen Hirnregionen wieder, die mit den verschiedenen Abschnitten der Informationsverarbeitung zu tun haben

auch ein (vgl. Lucchelli et al. 1995) –, dass scheinbar Vergessenes erneut zum Gegenstand der Erinnerung werden kann.

Experimentell untersuchen lässt sich dies allerdings kaum, denn seitens der Neurowissenschaft, die für die Erschaffung eines einheitlichen und gleichzeitig dynamischen inneren Porträts der erlebbaren, bewussten Wirklichkeit verantwortlich gemacht wird, besteht keine Möglichkeit herauszufinden, was es jenseits des so geschaffenen Modells noch an „Wirklichkeiten" geben könnte. Der nicht aufzulösende Gegensatz zwischen einer gedachten neuronalen Dynamik und erfahrbarer Stabilität des Ich-Bewusstseins bleibt als solcher bestehen. Das bedeutet, wir sind auch dann überzeugt, die äußere reale Wirklichkeit zu erfahren, wenn wir „tatsächlich" ein sehr schlechtes Gedächtnis haben und das meiste vergessen. Dass dieser „Fluss bewussten Erlebens" durch das Zusammenspiel von Erinnern und Vergessen laufend neu geformt bzw. umgeformt wird, bis mit der Zeit Erlebtes und Erdachtes zu einem neuen Ganzen verschmilzt, können wir nicht erfahren. Denn sich selbst auf eine Weise zu hinterfragen, die die Konstruktionspläne zur Generierung der von uns erlebten Wirklichkeit offenlegt und gegen die nicht bewusst werdende Wirklichkeit abgrenzt, ist der Schichtenlogik folgend unmöglich.

### 1.3.4 Vergessen und die Idee des ewigen Fließens

Die oben angesprochene Idee des Flusses resultiert, wie die Stufung der Seelenkräfte auch, aus einem Fundus an bestehendem Vorwissen, den griechische Gelehrte noch vor Sokrates zusammengetragen haben. Für Thales, den Begründer vorsokratischer griechischer Philosophie und einer der bedeutendsten Denker seiner Zeit schlechthin, stand z. B. die Suche nach einer *Grundwirklichkeit* im Vordergrund und ließ ihn nach etwas suchen, das sowohl wandlungsfähig wie bewegungsfähig war und das in der Lebenswelt verschiedene Gestalten annehmen konnte (für ihn war es das Wasser). Diese Suche sollte in einem gedanklich nachvollziehbaren Grundprinzip münden, das nichts dem Übernatürlichen überließ, sondern in „ewigen Gesetzen" *einen Kreislauf ewigen Entstehens und Vergehens* zeitigte.[2]

Ähnlich wie Thales hat auch Heraklit (geb. um 500 v. Chr.) durch seine Idee von der Bedeutung des Wandels philosophische Denker über viele Jahrhunderte beeinflusst – unter ihnen etwa Georg Wilhelm Friedrich Hegel, Friedrich Nietzsche und Martin Heidegger. Die menschlichen Grundbedingungen des Seins, so Heraklit, ließen sich am ehesten begreifen, indem dieses Sein als eine Art Fluss aufgefasst würde, ein Fluss, dessen Charakteristikum *nicht das einzelne Wasserteilchen*, sondern das Fließen, also der *beständige Wandel des Ganzen*, sei. Dann nämlich setzte sich auch bei scheinbarer Stabilität des Flusses *an sich* jedes invariant erscheinende Etwas aus gegensätzlichen spannungserzeugenden Eigenschaften zusammen, dem Stabilen des Fließens. Heraklits Ansicht nach ist es deren *Harmonie im gleichbleibenden Fluss der Veränderung*, welche die dadurch erzeugte Spannung letztlich im Gleichgewicht halte. Es ist diese „verborgene" – weil in beständigem Fluss begriffene – Natur unvereinbarer Gegensatzpaare, wie etwa Erinnern und Vergessen, und es sind deren Wesenszüge in *Veränderung und Einheit*, in denen Heraklit nach einer logischen (gr. *Logos* = Sinn, Vernunft) Erklärung, also einer, die der *Vernunft zugänglich* ist, sucht.

Physiologisch gesehen steht dieser „Fluss bewussten Erlebens" heute zwar außer Frage, ist aber bislang nur bedingt nachzuvollziehen. Denn wie eine sich ständig wandelnde globale neuronale Synchronisation vonstattengehen könnte, die aus dem Spannungsverhältnis von Erinnern

---

2 In einen solchen gedachten *Kreislauf des Werdens und Vergehen* ordnete noch die Psychologie bis ins 20. Jahrhundert hinein Phänomene des Erinnerns und Vergessens ein, ehe die Idee von Wachstum und Verfall geistiger Fähigkeit von der Idee konkurrierender Netzwerke abgelöst wurde.

und Vergessen eine stabile Einheit des mentalen Ich formt, ist nur im Ansatz erklärt. Offen bleibt z. B. das Problem der ▶ Bindung zwischen den verschiedenen Konstituenten, z. B. Wahrnehmung, Aufmerksamkeit, Emotion und Gedächtnis bei ständig wandelndem Ganzen des Erinnerten (Fujiwara und Markowitsch 2006). Ein neurowissenschaftlicher „Masterplan", der das Problem einer Zusammenführung nach übergeordneten Gesichtspunkten lösen könnte, der vorgibt, was vergessen werden soll, hat im heutigen naturwissenschaftlichen Denken keinen Platz. Hier dominiert die Annahme, das Ich-Bewusstsein eines Menschen in Erinnern und Vergessen sei Gegenstand der ▶ Selbstorganisation seines Gehirns. Physiologisch betrachtet bleibt also nichts anderes übrig, als anzunehmen, dass sich die Konstituenten dieses Erregungsflusses durch wiederholten Abruf immer wieder auf sich selbst abbilden und so zu ihrem eigenen, sich gewissermaßen „selbst organisierenden" Kontext werden.

### 1.3.5 Vergessen im Schnittbereich von Geistes- und Naturwissenschaft

Im Falle des Vergessens erweist sich eine *Transformation* von universal erscheinenden Erkenntnissen der Geisteswissenschaft in Gesetzmäßigkeiten der Neurowissenschaft bzw. in alltagstaugliche Regeln des Umgangs mit möglichen physiologischen bzw. anatomischen Korrelaten somit als ziemlich verzwickt. Ohne eine Einbeziehung bestimmter Vorgänge im Gehirn lassen sich Phänomene des Vergessens nicht denken, denn es muss ja, dem oben erwähnten Energieerhaltungsgesetz folgend, beiden Vorgängen eine gewisse, mit dem Lernvorgang in Beziehung stehende Energie innewohnen. Dass diese, statt einer bislang nicht bekannten Transformation des Gelernten zu unterliegen, im Falle des Vergessens plötzlich in sich zusammenfallen, sich ins Nichts auflösen sollte, widerspräche diesem Prinzip. Denn auch wenn mögliche Änderungen neuronaler Aktivität durch gängige Methoden der Neurowissenschaft oft nicht zu ermitteln sind,[3] ist daraus nicht zu schließen, dass es keine Wirkkraft gibt. Diese zu erfassen, ist insofern schwierig, als der damit bezeichnete Vorgang nicht in positivistisches Gedankengut transformierbar ist. Vergessen ist im Konstrukt des Gedächtnisses als nicht weiter empirisch behandelbares „Überbleibsel" vielmehr bereits als „Schwund" eingeschlossen. Denn dass sich niemand „alles" merken kann, gilt als Allgemeinplatz, auch wenn sich manche Menschen in Teilbereichen durch ein außerordentlich gutes Gedächtnis auszeichnen. Deren Fähigkeit, so die generelle Überzeugung, zeige aber lediglich, dass Ausnahmen die Regel bestätigten. Hat man es schließlich mit Menschen zu tun, die auf ausgewählten Gebieten so gut wie keine solchen undefinierbaren „Überbleibsel" aufweisen, die bestimmte Inhalte förmlich aufzusaugen scheinen, zahllose Kalenderdaten oder ganze Telefonbücher auswendig wissen, so bezeichnet man diese an einer ▶ Hypermnesie leidenden Personen als *Savants*. Gemeint sind Menschen mit *Inselbegabungen*, die nur scheinbar „wissend" sind, tatsächlich aber häufig trotz exzeptioneller Merkfähigkeit als geistig beeinträchtigte Menschen kaum ein selbstbestimmtes Leben zu führen vermögen. Als auffällig gelten auch Personen, die mehr Gedächtnisinhalte aufzuweisen scheinen, als objektiv besehen je in das System „Gehirn" hineingegeben wurden, die also im Sinne einer Überinklusion *false memories* bilden (▶ Teil II). (Derartige Phänomene finden sich zum Teil auch bei Patienten mit bestimmten Hirnschädigungen; z. B. Borsutzky et al. 2010).

Das bedeutet, auch wenn beim Vergessen, sei es nun „normal" oder in die eine oder andere Richtung „exzessiv", im Gehirn etwas vor sich gehen muss, so wird dieser Vorgang im Unterschied zu konkret fassbaren Kenngrößen des Gedächtnisses nicht als eine bestimmte *modellbasierte Realität* ermittelt, sondern als dessen normale bzw. abnormale Fehlerquote ausgegeben.

---

3   So etwa bei der Gedächtnisbildung als einer überdauernd erhöhten (oder erniedrigten) Aktivität von Nervenzellen (Langzeitpotenzierung, Langzeitdepression).

Man mag aufgrund der jedem experimentellen Vorgehen innewohnenden Grenzen deshalb lediglich erahnen, dass die Menge der damit im Zusammenhang stehenden vergessenen Inhalte um ein Vielfaches größer sein kann als die der jeweils vorgegebenen Anzahl an „Gedächtnisitems". Indem man die als „vergessen" bezeichneten Inhalte allein in Abhängigkeit von der kleinen Zahl selektiv behaltener Gegenstände erfasst, ergibt sich nur ein sehr lückenhaftes Bild dessen, was *warum* und *weshalb, wie* und *wann* vergessen wurde. Man könnte auch sagen, gerade weil man sich den traditionellen „Glaubenssätzen" der Naturwissenschaft folgend hierbei nur der Differenz zwischen dem als möglich definierten und als tatsächlich protokollierten Inhalt des im Gedächtnis Behaltenen widmet, eröffnen sich auch nur ganz bestimmte Erklärungsmöglichkeiten. Diese werden in ▶ Teil II ausführlich besprochen.

Zu den Fragen, die hierbei im naturwissenschaftlichen Sinne verstanden offenbleiben, gehören z. B. solche nach den Regeln von Lernen, Gedächtnis und Vergessen bei Spezies, die einen ständigen Wandel oder eine nahezu vollkommene Metamorphose durchlaufen. Warum „erinnert" sich z. B. ein Schmetterling an das, was er als Raupe gelernt hat, obwohl der dafür als zuständig erachtete Teil des ▶ Nervensystems fast vollständig umgebaut wurde? Und warum erinnern wir uns an bestimmte Gerüche, obwohl die primären Sinneszellen im olfaktorischen System ein Leben lang etwa alle sechs Wochen ausgetauscht werden? Sprich, um zu erklären, warum sich die Bedingungen nicht nur in uns, sondern ggf. auch um uns ständig ändern bzw. von üblichen Normvorstellungen abweichen können und warum wir und andere Spezies dennoch nicht mehr oder weniger *alles vergessen*, sondern trotz oder bei aller Plastizität noch über Subsysteme verfügen, die unter Umständen genau codieren, was zu vergessen ist, bedarf es entsprechend komplexer Modelle der Naturwissenschaft. Auf diese wird in ▶ Teil IV genauer eingegangen.

### 1.3.6 Vergessen heute – eine Leerstelle in verschiedenen Formen des individuellen und kollektiven Gedächtnisses?

Unserer heutigen Alltagsauffassung gemäß bezeichnet alles Vergessene meist eine Art „Leerstelle" in der Erinnerung; es steht für Erlebtes, Gehörtes, Gelesenes, Gekonntes, Gedachtes und Gefühltes etc., das man sich – aus welchen Gründen auch immer – zumindest im gewünschten Augenblick nicht zu vergegenwärtigen vermag. In diesem Sinne verstanden beschäftigten sich auch schon die Philosophen in der Antike mit der Problematik des Vergessens, sehen es als Teil des Erinnerungsprozesses, der mit dem Lebenswandel des oder der Menschen in Beziehung steht. So soll auf der einen Seite das natürliche Gedächtnis durch ausreichend Schlaf, Schutz vor Hitze und Kälte, die Vermeidung von heftigen Affekten und eine ausgewogene Ernährung gefördert werden, der Mensch also weniger vergessen. Auf der anderen Seite kommt die Anwendung bestimmter Techniken zum Tragen, die helfen sollen, zu einem guten Gedächtnis zu gelangen bzw. ein Vergessen zu vermeiden (Neuber 2001).

Vorstellungen wie diese, einschließlich der eher pejorativen Wertung von Vergessen, prägen den Alltagsdiskurs bis heute. Angesichts der vielen Möglichkeiten der Beeinflussung von gelernten Inhalten sind die Möglichkeiten, etwas zu vergessen, entsprechend schier unerschöpflich – das Phänomen begleitet uns auf Schritt und Tritt. Wir wissen von uns oder anderen, dass man von einem „auf der Zunge liegenden", aber momentan nicht zugänglichen Begriff bis hin zu *wesentlichen Teilen der eigenen Biografie* schlichtweg alles vergessen kann (Markowitsch 2002, 2013b). Wir wissen auch, dass sich ein Vergessen im Sinne eines „Schade, es ist mir entfallen!" vom Typ eines „Unmöglich, wenn das so gewesen wäre, dann wüsste ich das!" unter Umständen weit mehr unterscheidet als lediglich durch einen Zerfallsprozess hypothetischer gedächtnisrelevanter, also

## 1.3 · Die Transportbedingungen gespeicherter Inhalte wirken auf deren Textur zurück

mnestischer,[4] Kennwerte. Je nach Bewertung des Vergessenen – war es ein Arzttermin oder der Hochzeitstag? – kann auch das Selbstbild einer Person aus den Fugen geraten. Denn dieses steht stellvertretend für die Gesamtheit des (un-)bewussten Erlebens in einem sich ständig weiterentwickelnden Geflecht aus gelebter „emotional aufgeladener Raumzeit". Und in diesem nicht näher beschreibbaren Gebilde, das unsere Psyche prägt, gibt es viele Möglichkeiten, das Unbestimmbare, Aufgegebene, Abgedrängte – sprich das „Vergessene" – vorübergehend oder dauerhaft „ohne Wissen" des Bewusstseins zu deponieren und darunter zu leiden.

So gingen z. B. Pierre Janet, Josef Breuer und Sigmund Freud als Pioniere der Untersuchung ▶ dissoziativer Störungen, also von Krankheitsbildern, in denen Personen Teile ihrer Erinnerung und damit ihrer Persönlichkeit abspalten (= nicht bewusst erinnern), ursprünglich von verschiedenen psychologischen Mechanismen, z. B. Spaltung, ▶ Unterdrückung und ▶ Verdrängung aus. Diese wurden von ihnen als kurzfristig wirksame protektive „psychologische Reaktionen" anlässlich psychotraumatischer Ereignisse aufgefasst. Heute geschieht dies u. a. in Form eines geleiteten Wiedererinnerns an traumatische Erlebnisse im Rahmen einer In-sensu-Konfrontation oder durch Aufdecken des Verdrängten in Form von Deutungen und freien ▶ Assoziationen wie in der gegenwärtigen Psychoanalyse.

Auch jenseits suppressiver oder auch destruktiver Modalitäten des Vergessens – letztere stehen z. B. bei hirnorganischen Verletzungen und Krankheiten (▶ Teil II) wie der Alzheimer-Krankheit im Vordergrund – sind bemerkenswerte Veränderungen von Erinnerungsinhalten zu beobachten. So beeinflussen z. B. schwere depressive Episoden Bewertung und Abruf der Lebenslauferinnerungen dergestalt, dass z. B. fröhliche Ereignisse aus der Lebensvergangenheit weitgehend in den Hintergrund treten, wohingegen traurig stimmende Episoden im Vordergrund stehen (zustandsabhängige Erinnerung).

Selbst wenn keine psychopathologischen Phänomene dafür verantwortlich gemacht werden, scheint der Prozess des Vergessens für unseren Selbstwert, für unsere psychische Stabilität und Gesundheit von zentraler Bedeutung zu sein, d. h., sowohl ein Zuviel (▶ Amnesie) als auch ein Zuwenig (▶ Hypermnesie) kann als Belastung empfunden werden. Das bedeutet, nicht nur das oben angesprochene *Wie*, sondern auch das *Was* unseres Vergessens bzw. Nichtvergessens ist für unser Wohlbefinden von Bedeutung.

Wie also könnte man sich ein Vergessen angesichts dieses irritierenden Überflusses von Möglichkeiten, nicht zuletzt den oben angesprochenen tiefgreifenden Bedeutungen, am ehesten vorstellen? Früher wie heute sind sich Wissenschaftler über die Fakultäten hinweg darin einig, dass die Essenz des im Gedächtnis Verankerten, also das, was zum Inbegriff jener Erinnerungsprodukts gerinnt, ohne eine Auswahl bzw. eine „Konzentration auf das Wesentliche" nicht funktionieren kann. Zu den Inhalten, auf die wir uns wie selbstverständlich zur vorausschauenden Gestaltung der Zukunft berufen, gehören damit sowohl Vorgänge des Gedächtnisses als auch solche des Vergessens. Beides, im Gedächtnis Behaltenes und Vergessenes, scheint – innerhalb systemisch vorgegebener Rahmenbedingungen – zum ebenso dynamischen wie plausiblen Etwas zu verschmelzen, das wir als Erinnerung bezeichnen.

Ähnlich verhält es sich mit tradiertem Wissen, das von vielen Menschen geteilt wird (▶ Teil III), dem kollektiven, das kulturelle und kommunikative einschließende Gedächtnis (▶ Gedächtnissysteme). Hier dominiert heute die Vorstellung, dass dessen Funktionsweise den individuellen Prozessen von Erinnern und Vergessen in bestimmten Grenzen vergleichbar ist. Als einer der Hauptverfechter und Vorläufer der heute gängigen kulturwissenschaftlichen Theorien

---

4 Das Adjektiv „mnestisch" ist vom Eigennamen der Tochter von Zeus und dessen Frau Mnemosyne abgeleitet. *Mneme* wurde zur Namensgeberin der Gedächtniskunst und damit eines Ausdrucks, der bis heute in verschiedenen Begriffen, z. B. Amnesie, Mnemotechnik, aber auch Amnestie etc., Verwendung findet.

über ein kollektiv zu verstehendes Gedächtnis gilt Maurice Halbwachs. Seiner Ansicht nach ist der Mensch als soziales Wesen z. B. auch in seinen Gedächtnisleistungen nicht anders als an das kulturelle Umfeld gebunden zu denken. Folgt man seiner Argumentationsweise, so müsste die Lektüre psychologischer Abhandlungen, in denen von einem Individualgedächtnis, das den Menschen als isoliertes Wesen betrachtet, die Rede ist, nur erstaunen. Dort, so scheint es Halbwachs (1985, S. 20), sei es zu einem tieferen Verständnis unserer geistigen Optionen nötig, „sich auf das Individuum zu beschränken und zunächst alle Bindungen zu durchtrennen, die es an die Gesellschaft von seinesgleichen fesseln". Diesem Ansatz hält er eine soziologisch ausgerichtete Theorie des Gedächtnisses entgegen, in der er das kollektive Gedächtnis als eigene Entität mit eigenen Regeln herausstellt und das individuelle als durch das kollektive ermöglicht betrachtet. Das so verstandene kollektive Gedächtnis hat seiner Ansicht nach insbesondere die Funktion, Traditionszusammenhänge herzustellen, wodurch es entscheidend für die Identitätsbildung innerhalb der Gesellschaft wird.

Während Halbwachs, der aus einer kulturanthropologischen Perspektive die Bedeutung von Familie, religiösen Gruppen und gesellschaftlichen Klassen als grundlegende Instanzen für das kollektive Gedächtnis betonte, sich der Alltagskommunikation widmete, sind spätere Wissenschaftler hier einen Schritt weiter gegangen. Jan Assmann (1999, S. 47 ff.) z. B. hat mit dem Hinweis, Halbwachs habe die Formen der objektivierten Kultur ausgelassen, gerade diese in seinen eigenen Untersuchungen vom Begriff des kollektiven Gedächtnisses mit einbezogen, so z. B. Texte, Bilder, Riten, Bauwerke, Denkmäler, Städte und Landschaften. Damit schließt er u. a. an Forschungen an, die sich mit der Verbindung von Schrift und Gedächtnis beschäftigt haben, wie etwa Havelock (1990) oder später Derrida (1972). Wenn der Charakter von Kulturen durch die Formen der Speicher- und Übertragungsmedien geprägt wird, dann, so kann man mit Jan Assmann folgern, ist Schrift und weitergedacht Medialität überhaupt nur Medium dessen, was erinnert wurde. Er zieht dabei z. B. als eine der Gründungslegenden für das kulturelle Gedächtnis Israels Vergessen des Gottesbundes (Deuteronomium) heran und erklärt mithilfe dieser Legende, dass veränderte Rahmenbedingungen zum Grund für das Vergessen werden, sie gefährden quasi die Möglichkeiten der Erinnerung (▶ Teil III).

Wo immer man also mit Erklärungen ansetzen will, auf der individuellen oder der kollektiven Ebene, man befindet sich immer schon inmitten eines zunächst unauflöslich erscheinenden Problemkomplexes!

### 1.3.7 Versuch der „Sichtbarmachung" einiger Leerstellen in traditionellen Forschungsansätzen

Ausgehend von traditionellen Ansätzen aus Geistes-, Natur- und Kulturwissenschaften wollen wir die Art des Vergessens erkunden, indem wir die Verschränkungen zwischen Individuum und Kultur im Hinblick auf Vergessen und Erinnern aufdecken und zugleich Differenzen herauszustellen versuchen. Es wird z. B. danach zu fragen sein, in welcher Beziehung der Verlust von Gedächtnisträgern in der Gesellschaft durch Verfall oder auch durch Zerstörung zu einem individuellen Gedächtnisverlust steht, der ebenfalls durch Zerstörung, hier durch pathologische Prozesse, verursacht wurde. Setzt man ferner individuelles Vergessen und Erinnern in Beziehung zu kulturellen Speichersystemen, dann werden insbesondere die neuen interaktiven Medien zu einer großen Herausforderung. Für die Soziologin Elena Esposito ist das kulturelle Gedächtnis z. B. ein Referenzsystem der Gesellschaft und entsprechend des Luhmann'schen Systemgedankens (Luhmann 2011) abhängig von den Technologien der Kommunikation, d. h., es erzeugt

Redundanz und Varietät, testet Kohärenz und ermöglicht ständig zwischen Erinnerung und Vergessen zu unterscheiden.

Jede Veränderung dieser Formen des Gedächtnisses impliziert folglich auch eine veränderte Beziehung zwischen Vergessen und Erinnern. „Die modernen ‚Technologien des Gedächtnisses' unterscheiden sich grundlegend von den auf Rhetorik basierenden vorangegangenen, weil sie nicht mehr direkt der Aufbewahrung von Inhalten (der Erinnerung), sondern lediglich der Festlegung von Verweiszeichen und Verbindungen zwischen Inhalten dienen, die nun vergessen werden sollen" (Esposito 2002, S. 184). Es geht immer weniger um das Bewahren von Inhalten und immer mehr um die Formen der Verknüpfung. Damit deutet sich eine Verbindung der Kulturwissenschaft zu neurowissenschaftlichen Erklärungen an, die darauf abheben, individuelle Erinnerung nicht als Speicherabruf zu beschreiben, sondern als einen konstruktiven Prozess. Denn wenn dieser für das individuelle Gedächtnis deutlich geworden ist, muss man sich fragen, wie in einem kollektiv verstandenen Gedächtnis der moderne Lebenskontext auf die Konstruktion des Vergangenen mitwirkt, wie Vergangenheit neu zur Performanz gebracht wird. In diesem Zusammenhang kann man auch auf die veränderte Art des „Erinnerns" im Zeitalter der Suchmaschinen verweisen, wo es eher um das Finden im Netz als um die aktive eigene Generierung geht (Sparrow et al. 2011).

Dass die damit angesprochene wissenschaftstheoretische Verortung des Phänomens nicht nur eine Neben-, sondern *die* Hauptrolle schlechthin spielt, kann man sich z. B. vergegenwärtigen, indem man versucht nachzuvollziehen, wie *vergemeinschaftete Vergessensvorgänge* (re-)individualisiert werden können. Hier steht gewissermaßen die *kulturelle Verhandlungsgeschichte*, die letztlich darüber entscheidet, ob etwas vergessen werden darf, soll oder muss, gegen ein persönliches Vergessen, das auch in der Summe vieler Gedächtnisträger nicht notwendigerweise ein kollektiv zu nennendes ergibt. Denn während z. B. ein kollektives Vergessen dadurch zu erklären versucht wird, dass bestimmte *Personen oder Personengruppen* wesentlich darüber bestimmen können, wessen Version von etwas öffentlich Gehör geschenkt wird oder nicht oder wer die Geschichte wovon aufzuschreiben autorisiert wird und wer nicht etc., verzichtet man bei Theorien zum individuellen Vergessen meist auf einen das Unerwünschte oder Unnötige aussondernden *Masterplan*. Dieser nämlich bedürfte seinerseits wiederum der ständigen Erinnerung daran!

Das „aus sich heraus entstandene Vergessen" auf der einen Seite und das „von oben Gelenkte" auf der anderen sind jedoch auf theoretischer Ebene kaum ineinander überführbar, zumindest lässt der Versuch einer Transformation in die eine oder andere Richtung zahlreiche Fragen offen. Deutlich wird dadurch aber, dass es nicht *das eine Vergessen* geben kann; den einen „Aus-Schalter", durch dessen Betätigung alle Fragen zufriedenstellend gelöst würden, gibt es nicht. Vielmehr gibt jede Grundannahme über das Vergessen den Referenzrahmen für mögliche Erklärungen vor, grenzt sie ein und grenzt damit auch anderes aus. Wie – und damit auch wann und weshalb – man „vergisst", hängt folglich immer mit davon ab, *nach welchen Prinzipien das Modell funktioniert*, das man zur Erklärung des Vergessens benutzt: Ob man ein eher *statisches* Speichermodell, z. B. in Form eines Resonanz- oder Überschreibungsmodells, zugrunde legt, ein im Fluss befindliches *dynamisches* Modell bevorzugt oder der Idee *verteilter Netze* den Vorzug gibt, jedes Mal wird anders „vergessen".

Zu allen diesen Ansätzen bietet auch die Neurowissenschaft Modelle. So gibt es die Idee, dass einzelne Nervenzellen („Großmutterzellen") einzelne Informationsanteile speichern (Gross 2002), dass es Konzeptzellen gäbe, die für entsprechende Oberbegriffe („Raubtiere") zuständig sind (Quiroga 2012), statistische und holistische Ansätze (John 1972; Pribram 1971; Deacon 1989) und solche, die eine Mittelstellung zwischen den Extremen einnehmen (Markowitsch 1985, 2013a; Mesulam 2000).

## 1.4 Vergessen und Erinnern

### 1.4.1 Das Vergessen formt das Erinnern

Der Begriff der Erinnerung wird im geistes- und sozialwissenschaftlichen Bereich jeweils unterschiedlich verwendet, weshalb auch das Vergessen in ganz unterschiedliche Sinnzusammenhänge eingebunden bzw. überführt wird (vgl. z. B. Klein et al. 2011; Krämer 2000; Esposito 2011; Dimbath und Wehling 2011; Lachmann 1990; Mayer-Schönfelder 2010). Seit der Antike steht Memoria somit für das Gedächtnis und meint, auch wenn Jan Assmann den Begriff sehr viel später erst herausarbeitet, immer zugleich das individuelle und das kulturelle Gedächtnis. Seit der Antike geht es geisteswissenschaftlicher Forschung immer um die Formen dieser Verschränkung, wie aber Gedächtnisfunktionen bewertet und gedeutet werden, ist abhängig vom Wissenschaftsverständnis der jeweils eigenen Disziplin und von der Zeit. Im Laufe der Geschichte variieren zwar die Vorstellungen über die physiologische Beschaffenheit des Gedächtnisses und die aufgrund dieser natürlichen Struktur möglichen Techniken, auffällig aber bleibt die Konstanz des Gedankens, dass individuelles und kulturelles Gedächtnis auf vergleichbare Art und Weise funktionieren und sich aus der analogen Funktionsweise die Techniken für das individuelle Gedächtnis ableiten lassen. In der Antike ist das Gedächtnis z. B. ein Seelenvermögen, bei Platon etwa ein Prinzip, das den Kosmos und den Körper in Bewegung hält; die Seele trägt das schon immer existente Wissen, daher kann der Mensch nur erinnern. Auch bei Aristoteles ist es ein Seelenvermögen, aber bei ihm kann die Seele auch bewahren, was ihr durch Vermittlung der Sinne eingeprägt wurde; so kann das Gedächtnis überhaupt Zeit wahrnehmen.

Platons Ideen finden wir bei Augustinus wieder, und dieser entwickelt damit Gedanken zum Lernen, die auch heute relevant sind. Er rät z. B., dass die Schüler nicht einfach auswendig rezitieren sollen, sondern die Gegenstände der biblischen Geschichte nacherzählen, und zwar in einzelnen Blöcken, damit sie besser erinnert werden. Im heutigen sozial- und naturwissenschaftlichen Sprachgebrauch würde diese Auffassung am ehesten in etwa der *genetisch determinierten Prädisposition zu einer „strukturellen Koppelung"*[5] entsprechen, nicht aber dem, was man in diesen Disziplinen gegenwärtiger Ansicht nach unter Erinnern versteht, nämlich eine situationsgebundene Auswahl autobiografischer Gedächtnisinhalte (Pohl 2007, S. 211). Diese unterscheiden sich von den sie bildenden Gedächtnisleistungen, mittels derer das Einzelne, z. B. Fakten und Daten, abgespeichert wird, dadurch, dass sie daraus die Auswahl treffen, die sich im jeweiligen Jetzt ergibt. Entsprechend werden sie auch immer wieder „passend zum gelebten Augenblick" neu zusammengestellt.

Während in der Naturphilosophie bzw. der Naturwissenschaft in diesem Zusammenhang weder von einem positiven Vergessen die Rede war noch ist, bietet die Geisteswissenschaft hier ein differenzierteres Bild. Ein explizites Lob des Vergessens spricht z. B. Friedrich Nietzsche (1874) in seinem Werk *Unzeitgemässe Betrachtungen. Zweites Stück: Vom Nutzen und Nachtheil der Historie für das Leben* aus, das auch als Versuch einer ersten Ästhetik des Vergessens gelesen werden kann. Für ihn wird aktives Vergessen möglich und ethisch vertretbar, wenn es als ästhetische Handlung zum Regulativ gegenüber einer Geschichtsschreibung wird, die der plastischen Kraft des Menschen, „Neues zu schaffen", sonst entgegenstehen würde.

---

5   Im Sinne Luhmanns (2000)) verstanden bedeutet dies, dass innerhalb des Gegenstandbereichs, in dem ein Individuum Kontakt mit der Umwelt aufnimmt oder aufnehmen kann, auch systemrelevante Informationen gespeichert werden können.

Hier findet sich die philosophische Begründung, dass das Vergessene im Erinnerten so gesehen durchaus die *zukunftsweisende, weil erfahrungsgeleitete Zusammenstellung von Ereignissen aus der (individuellen) Vergangenheit* mitbestimmen kann. Würde man es hingegen als ein allmähliches „Versiegen und Verblassen" verstehen, so wäre jedes noch so „zeitlose" Wissen einem undifferenzierten Verfall preisgegeben. Dagegen sprechen z. B. kulturanthropologische Befunde, etwa solche über das sogenannte „Traumzeitwissen" australischer Ureinwohner (Pritzel 2006, 2009). Auf das Individuum bezogen wird je nach Ausrichtung der damit befassten Wissenschaftler die erinnerungsstrukturierende Kraft „vergessener" Inhalten unterschiedlich beurteilt. Im Sinne Freuds etwa könnten die dafür nötigen „Umgruppierungen von Inhalten" in Form von Verdrängung, Unterdrückung oder Deckerinnerungen geschehen (Laplanche und Pontalis 1972).

Interessanterweise änderte Freud selbst, mehr noch aber seine Tochter Anna und seine Schüler sowie die ihm nachfolgenden Neoanalytiker, die Wertigkeit der radikalen Aufdeckung alles „falsch" Vergessenen. Wenn auch der Mechanismus in den Prozessen von Verdrängung und Unterdrückung weiterhin als Umdeutung (z. B. in der Veränderung des latenten Trauminhalts in einen manifesten Trauminhalt) im Dienste einer Angstabwehr aufrechterhalten wurde, gewinnen diese Prozesse eine positive Bedeutung: Im Dienste des Ich stellen sie *den* Mechanismus dar, der eine für das Individuum erträgliche Integration von Wünschen und Bedürfnissen mit den Normen und Werten der Gesellschaft ermöglicht. So gesehen sind sie notwendige Bedingung zur Aufrechterhaltung psychischer Stabilität.

Andere Therapierichtungen als die Psychoanalyse und ihre Ableger haben sich in der Regel mehr oder weniger vehement gegen die Vorstellung einer dem Individuum innewohnenden unbewussten Kraft, die das willentliche Handeln unablässig steuert und verhindert, dass störende Erinnerungen das jetzige und zukünftige Handeln beeinträchtigen, gewandt. Andererseits kann die in der kognitiven Verhaltenstherapie häufig eingesetzte Disputation von „Oberplänen", d. h. stabilen, zeitlich überdauernden Grundüberzeugungen, ebenfalls als eine Möglichkeit gesehen werden, „vergessene" Anlässe oder subjektive Eindrücke vergangener Ereignisse neu zu konstruieren. Auch die Schemata der kognitiven Verhaltenstherapie, z. B. nach Beck (1975, 2004), sowie die Schematherapie nach Young et al. (2008) werden als die biografischen Erinnerungen eines Patienten, die sein Fühlen, Denken und Handeln maßgeblich beeinflussen, begriffen. Diese Schemata zu verändern, z. B. indem der Therapeut alternative Erklärungen für vergangenes Geschehen liefert, also der biografischen Erinnerung des Patienten neue Deutungsmuster offeriert und an der „Realität" prüft, ist – mit anderen Methoden, aber zum gleichen Zweck wie die Psychoanalyse – Vergessens- und Erinnerungsarbeit.

Freud selbst hat sein Konzept der Verdrängung im Laufe der Zeit geändert, was aus heutiger Sicht zu einigen begrifflichen Verwirrungen führt (Langnickel und Markowitsch 2006, 2010). So verwendet er den Begriff Verdrängung im Verlauf seiner Arbeiten und Schriften zunehmend als Oberbegriff für alle Arten von unbewussten Abwehrmechanismen, während er in den Frühschriften noch von einer intentionalen Verdrängung sprach. In seiner Schrift *Hemmung, Symptom und Angst* schlägt Freud (1926) daher selbst vor, Verdrängung durch die Bezeichnung Abwehr zu ersetzen und mit Verdrängung nur noch eine motivierte Amnesie oder ein Vergessen aus bestimmten – der Person bewussten – Gründen zu bezeichnen.

## 1.4.2 Vergessen als systemimmanente Verzerrung der Erinnerung

Überzeugte Empiriker unter den Sozialwissenschaftlern können einer Gleichsetzung des Vergessens mit etwas, das – aus welchen Gründen auch immer – aus dem bewussten Handeln ins Unbewusste „ausgelagert" wurde, nur wenig abgewinnen. Nicht nur, dass sie aufgrund ihrer wissenschaftstheoretischen Grundüberzeugung der Lehre Freuds, die dazu das Bewusstsein in verschiedene Schichten zu differenzieren versucht, skeptisch gegenüberstehen. Sie betrachten grundsätzlich alles, was letztlich auf die oben angesprochene Anamnesislehre[6] Platons zurückzugehen scheint, mit Vorbehalten. Stattdessen wird, u. a auch von Psychologen, mehrheitlich die Auffassung vertreten, jede Form von autobiografischer Kenntnis komme ausschließlich durch das *individuell Erfahrene* zustande.

Indem man sich auf Problemstellungen konzentriert, die einer empirischen Untersuchung zugänglich sind, ist naheliegend, dass dann auch die Bindung der Erinnerung an ein sog. explizites ▶ Gedächtnis,[7] also eines, das des Bewusstseins bedarf, besonders hervorgehoben wird. Gleichwohl lässt sich das Nichtbewusste, hier als das „Unbeabsichtigte" bezeichnet, nicht vollkommen ausklammern. Erinnerung umfasst nämlich auch im sozialwissenschaftlichen Sinn verstanden sowohl den absichtlichen, bewussten Abruf eines *Gedächtnisinhalts* als auch den, der sich „unbeabsichtigt" ins Bewusstsein drängt.

Die so entstandene Gemengelage aus bewusst Zugänglichem und nicht bewusst sich Einschiebendem in der Erinnerung an zurückliegende Ereignisse lässt entsprechend unterschiedliche Möglichkeiten des Vergessens zu. Ein „einfaches Vergessen" im Sinne eines Verblassens von Erinnerungen würde als Erklärung z. B. nicht genügen, es gälte ja nur für bewusste Vorgänge. Hier tritt der Begriff der *Erinnerungstäuschung* auf den Plan. Man spricht nun z. B. die Abweichung von tatsächlichen und erinnerten Gegebenheiten einer Überschätzung der Güte des eigenen Urteils zu (Hell et al. 1993). Solcherart kognitive Täuschungen, so glaubt man, kämen u. a. dadurch zustande, dass die menschliche Informationsverarbeitung Restriktionen unterliege, die primär auf nichtmnestische, also nicht durch Gedächtnisvariablen bedingte, Variablen zurückzuführen sei, z. B. auf zwischenzeitliche Veränderungen in der Wahrnehmung und/oder der Aufmerksamkeit und/oder auf einen Wandel in der subjektiven Einstellung oder Erwartungshaltung. Aufgrund der Tatsache jedoch, dass man Erinnerung nur mittels der „kognitiven Werkzeuge" der jeweiligen Gegenwart bewerkstelligen könne, die ihrerseits die Vorbedingungen für mögliche Verzerrungen bereits beinhalteten, sei die entstandene Täuschung nicht als solche zu erkennen.

### 1.4.3 Vergessen ist mit bestimmten inneren und äußeren Wirkfaktoren verknüpft

Die bereits angesprochene Bindung des Erinnerns an ein *autonoetisches Bewusstsein* (das Wissen um das eigene Ich betreffend; Markowitsch 2003, 2013a) zum Zeitpunkt des Abrufs steht somit außer Frage, denn erinnert werden können nur mit der jeweiligen Person im Zusammenhang stehende (autobiografische) Ereignisse.[8] Hinzu kommen physiologische Faktoren, die auf Vorgänge des Vergessens zurückwirken können, hier in der Gestalt einer „Pille des Vergessens", die den Abruf bereits gespeicherter negativer Erinnerungen zu unterdrücken vermögen. Diese

---

6   Jedes Erkennen von etwas wird als ein Wiedererinnern von etwas aufgefasst, das „der Seele des Menschen" bereits bekannt ist, das sie „gewusst" hat.

7   Zu einem expliziten Gedächtnis gehört u. a. das *episodisch-autobiografische Gedächtnis,* also das Wissen über die persönliche Vergangenheit, festgemacht an der Erinnerung von zeitlich-räumlich definierten individuellen bedeutsamen Ereignissen, eingebunden in ein Kenntnissystem, das Allgemein- bzw. Weltwissen, das Wissen um allgemeine Zusammenhänge und – zumindest beim hirngesunden Menschen – das semantisch-grammatikalische Wissen enthält. (vgl. auch Glossar)

8   „Erinnerungen" an nicht autobiografisches Material fallen unter den englischen Fachbegriff der *recognition*, nicht der *recollection* (Klein 2015).

Wirkung wird z. B. Propranolol zugeschrieben. Die Substanz, ein Beta-Blocker, unterdrücke, so heißt es, die Wirkung von Noradrenalin und wirke dadurch emotionalen Gedächtnisinhalten entgegen (Pitman et al. 2002; Miller 2004).

Mit durch o. g. Möglichkeiten von nicht gedächtnisgebundenen Einflussfaktoren kann ein Vergessen auch als Produkt einer bestimmten Konstellation von Persönlichkeits- und Umfeldvariablen aufgefasst werden, was zu falschen Erinnerungen (*false memories*) Anlass gibt (Werner et al. 2012; Borsutzky et al. 2010). Vergessen als Ausdruck der Schwäche der zugrunde liegenden mnestischen Fähigkeiten aufzufassen, genügt also nicht.

„Falsche Erinnerungen" sind die Bezeichnung für das Phänomen, dass sich Personen sicher an ein Ereignis oder an Personen zu erinnern glauben, die sie nie so erlebt oder getroffen haben können. Experimentelle Untersuchungen, z. B. zu Zeugenaussagen über Verkehrsunfälle (Loftus 1975), konnten zeigen, wie Erinnern und Vergessen durch die Art der Fragetechnik, insbesondere aber durch den Kontext und die emotionale Betroffenheit beeinflusst werden können. Ab den 1990er Jahren aber fanden *false memories* besondere Beachtung, als sich Patientinnen an zahlreiche Missbrauchserfahrungen im Rahmen ihrer Psychotherapien „erinnerten".

Gleichwohl ist fraglich, ob es überhaupt die mit *false memory* unterstellte Differenz zwischen einer „echten", d. h. realitätswahren, Erinnerung, und einer falschen Erinnerung geben kann. Gefragt werden könnte auch, ob die Erinnerungen von Holocaust-Opfern wirklich faktenidentisch, also „wahr", sein müssen, wenn es doch darum geht, die unerträglichen Erlebnisse durch Sprache „fassbar" zu machen. Hier kann man auch Reemtsmas (1997) Beschreibung seiner Entführung anführen, die er in der dritten Person abfasste.

Da ferner, wie bei o. g. „Täuschungen", die entsprechende Leerstelle ggf. nicht zu umschreiben, geschweige denn zu benennen ist,[9] kann es zum Erkennen des Vergessenen durchaus eines Korrektivs von außen bedürfen. Will heißen: Vergessenes wird ggf. durch *äußere Wirkfaktoren* überhaupt erst bewusst gemacht, Erinnertes auf diese Weise ggf. lediglich korrigiert. Ähnlich, wie es beim Erinnern der Fall ist (z. B. *state-dependent retrieval*), ist auch ein Vergessen nicht von bestimmten äußeren Wirkfaktoren und deren Rezeption durch das Individuum zu trennen (z. B. *socially shared forgetting*).

### 1.4.4 Vergessen muss nicht endgültig sein

Obige Frage nach dem „Vergessenen" als einem stillen Mitgestalter des Erinnerten nochmals aufgreifend, scheinen sich bislang nur wenige miteinander in Beziehung stehende Erklärungsmöglichkeiten anzubieten: Etwas Vergessenes kann durch unterschiedliche, auch nichtmnestisch bedingte Verarbeitungsprozesse bedingt sein. Beispielhaft genannt wurden Verdrängung oder Täuschung. Was diese beiden Vorgänge jenseits ihrer unterschiedlichen theoretischen Grundvoraussetzungen hinweg gemeinsam haben, scheint zunächst lediglich das Unvermögen zu sein, Vergessenes durch Nachdenken allein einzugrenzen oder als solches zu erkennen. Wenn aber, wie im ersten Fall, „Vergessen" als ein *aktiver, jedoch unbewusst bleibender Vorgang* des (vorübergehenden) „Auslagerns ins Unbewusste" verstanden wird, geht darin implizit mit ein, dass durch die „Auslagerung" bewusste, geistige Kräfte gebunden evtl. sogar „blockiert" werden (Markowitsch 2002; Markowitsch et al. 1999a). Das „Vergessene" wirkt somit auf das Erinnerte zurück, indem es dessen Randbedingungen beeinflusst. Außerdem ist dieses Zusammenspiel von bewusst zugänglichen und nicht bewusst zugänglichen Inhalten nicht statisch zu denken, die Grenzen können sich vielmehr zeitlebens verschieben.

---

9    Ähnliches erlebt man z. B. bei Wahrnehmungstäuschung, die man ebenfalls nicht als solche erkennen kann.

Wenn Vergessen, wie bei Täuschungen, als eine, für das mentale System selbst ebenfalls nicht bewusst erkennbare, *adaptive Strategie* bei unsicherer Datenlage verstanden wird, sieht man es mit anderen Augen. Zunächst einmal geht man davon aus, dass unbewusst bleibende, über verschiedene Gehirnregionen verteilte neuronale Aktivitäten ein ganz bestimmtes bewusst werdendes Erregungsmuster überhaupt erst kreieren (▶ Teil IV). Diesem, meist als plastisch bezeichneten, bewusst werdenden Aktivitätsnetz wird ferner nicht die Möglichkeit zugesprochen, etwas zu vergessen, zu unterdrücken oder auszulagern. Als Ergebnis eines *Bottom-up-Prozesses* ist es lediglich Produkt, nicht aber Produzent möglicher Phänomene, etwa der Erinnerungstäuschung. Aus „eigenem willentlichen Entschluss" kann ein bestimmter Teil der Information jedenfalls nicht ignoriert oder fallen gelassen werden (vgl. aber die Arbeiten von Anderson zur aktiven Suppression von Material, z. B. Anderson und Hanslmayr 2014; Hulbert et al. 2016; Murray et al. 2015; Wimber et al. 2015). Es können lediglich aufgrund der jeweils innewohnenden Kennwerte manche „Informationen" mehr gewichtet, sprich wahrscheinlicher, aufgerufen werden als andere. Etwas Vergessenes, so könnte man argumentieren, wird somit als etwas behandelt, das in einer bestimmten Situation unterhalb der Schwelle des bewusst Erkennbaren blieb. Wie es ggf. auf das Erinnerte zurückwirken könnte, wird von der jeweiligen Vorstellung bestimmt, die man von systeminterner Signalverarbeitung hat – ob man z. B. Netze mit bzw. ohne Rückkoppelung, sog. Feedforward- bzw. Feedback-Netze, betrachtet, ob man diese als ein- oder mehrschichtig ansieht oder eine Änderung der Topologie für möglich hält. Von diesen und ähnlichen Vorgaben hängt ab, ob bestimmte Schwellenwerte ggf. neu justiert werden und man mehr oder weniger „vergisst".

In beiden Auffassungen – der eines aktiven Vergessens aus Sicht der ersten Person und der passiven dinglich begründeten Beobachterperspektive – wohnt somit die Möglichkeit inne, dass aufgrund einer immerwährenden Dynamik der jeweils beteiligten Wirkkräfte etwas Vergessenes durchaus zu einem bestimmten Zeitpunkt bewusst abrufbar sein kann.

### 1.4.5 Vergessen als eine Möglichkeit des Selbsterhalts

Ungeachtet solcher, man könnte sagen, Detailfragen nach Triebkräften, Wirksamkeit und Bewertung, nach Gewichtung und Interaktion möglicher, für das Vergessen relevanter Faktoren, gilt ein Sich-Erinnern-Können früher wie heute vielen Menschen, Laien wie Fachleuten, als Königsweg zur Selbsterkenntnis, Selbstbehauptung und Selbstzufriedenheit und weiteren, das Selbstwertgefühl unterstützenden mentalen Fähigkeiten. Letzteres wurde weiter oben bereits angesprochen. Wenn es also lediglich darum ginge, die Verlässlichkeit des Sich-Erinnern-Könnens als einen der tragenden Pfeiler unseres Selbstwertgefühls zu charakterisieren, dann könnte man „Leerstellen der Vergangenheit", das Vergessen, entsprechend als eine Art *„Problemzone" im Umgang des Individuums mit der Umwelt* be- und gleichzeitig abschreiben: Durch Vergessen würden Zweifel an der Selbsterfahrung genährt, die ihrerseits wiederum durch Erfahrungen mit der Außenwelt weiter gespeist würden. Damit wäre ein destruktiver, die Psyche destabilisierender Kreislauf in Gang gesetzt.

Es ist aber ebenso denkbar, Vergessenes wertneutral als etwas zu behandeln, das nicht erinnerungswürdig ist, das im Augenblick des Betrachtens schlichtweg „außen vor" bleibt, ohne sich darüber auszulassen, dass oder ob etwas ggf. „auf immer" verschwunden ist oder darüber zu sinnieren, wie sehr die Wahrnehmung der Gegenwart dadurch verzerrt werden könnte.

Diese Betrachtungsweise hat sich die Evolutionsbiologie zu eigen gemacht, denn für sie ist das Untersuchungsobjekt „Mensch", also sein Gehirn und/oder sein Verhalten, nichts weiter als eine *Variante des Tierischen*. So gesehen ist das Erinnerungsvermögen in erster Linie auch ein *Teil der übergeordneten Fähigkeit zu überleben*. Und in diesem Fall braucht es neben einem am Überleben orientierten Erinnern auch ein ebenso „vorausschauendes Vergessen", und zwar ganz ohne jegliche Asymmetrie in der Wertschätzung des Ersteren zu Lasten des Letzteren. Was jeweils vergessen bzw. erinnert wird, dient vielmehr dem evolutionsbiologisch definierten Ziel, „der Gegenwart standzuhalten", um weiter bestehen zu können

Der Gedanke, dass aus zufallsbedingter, schierer Vergesslichkeit heraus, gewissermaßen aufgrund vieler kleinerer oder größerer systembedingter Täuschungs- oder Verdrängungsprozesse, ein bestimmter „evolutionärer Fortschritt" verlangsamt, verhindert oder gänzlich umgewidmet werden könnte, passt nicht in die Vorstellungswelt der Entwicklungsbiologie. Arten bzw. Individuen mit diesen Problemen hätten angesichts eines Denkens in Kennwerten der Anpassungsleistung, hier im Vergleich zu weniger täuschungsanfälligen bzw. von weniger Verdrängung geplagten Arten bzw. Artgenossen, nur eine geringe Überlebenschance. Als entscheidend wird vielmehr die überlebenssichernde Schlüssigkeit eines Vergangenheitskonstrukts in einer bestimmten Gegenwart gewertet. Und dazu trügen dann beim Erinnern daran sowohl das Gedächtnis als auch das Vergessen bei.

### 1.4.6 Vergessen: Konstruktion statt Rekonstruktion der Vergangenheit

Dessen ungeachtet entstammen Erinnern und Vergessen natürlicherweise immer unterschiedlichen Gegenstandsbereichen des Möglichkeitsraumes der individuellen Gegenwart: Das Vergessene – und damit kommen wir auf den bereits oben angesprochenen Unterschied zwischen beiden zurück – bleibt, anders als das Erinnerte, dem Individuum *verbal und damit bewusst unzugänglich*. Vergessene Inhalte werden Dritten gegenüber „bestenfalls" umschrieben, „schlimmstenfalls" in Abrede gestellt. Das aber bedeutet: Obwohl eine bestimmte, durch unvoreingenommene Beobachter unter Umständen durchaus überprüfbare *externe Realität der Vergangenheit* im Bewusstsein des Betroffenen ausgespart bleibt, wird durch diesen das jeweils erkennbar Gewesene zu einem *neuen Vergangenheitskonstrukt* zusammengefügt.

Sehr wahrscheinlich repräsentiert auch das jeweils Erinnerte, obwohl es sich per definitionem auf sprachlich reproduzierbare Inhalte vergangener Ereignisse bezieht, keinesfalls eine bestimmte *externe Realität der Vergangenheit*. Denn „abgebildet" wird, um für den Moment bei der Bildmetapher zu bleiben, auch hier lediglich das, was durch wiederholte Abrufvorgänge, der sog. *reentrance*, in gedachte neuronale Schaltkreise, in Worte gekleidet werden kann.

Kennzeichnend für den Unterschied zwischen Erinnern und Vergessen ist damit nicht, dass in einem Fall ein „wirklichkeitsgetreuer" Zugang zu einer Episode in der Vergangenheit gefunden und im anderen Fall verpasst wurde. Der Übergang ist vielmehr fließend, denn abgesehen von den gedachten Endpunkten des Gegensatzpaares eines „alles gewusst" auf der einen Seite und eines „alles vergessen" auf der anderen, sind so viele Zwischenformen des scheinbar Erinnerten und des Doch-nicht-Vergessenen denkbar, wie sie der Möglichkeitsraum der Gegenwart eines Individuums bietet: Es kann meinen zu wissen, zu glauben, zu hoffen, zu fürchten oder zu wünschen, es habe sich an etwas erinnert, tatsächlich aber sitzt es einer Täuschung auf. Oder es vermutet, fürchtet oder hofft, etwas vergessen zu haben, tatsächlich aber erscheint eine bestimmte Episode plötzlich erneut vor dem geistigen Auge, wie aufgetaucht aus der Versenkung des vergessen Geglaubten. In jedem Fall – beim Erinnern wie auch beim Vergessen – wird das aktuell zugängliche Erinnerungsprodukt in das Vergangenheitskonstrukt der Gegenwart eingefügt, und in jedem Fall verändern sich dadurch bestimmte Referenzwerte in der Verortung des „Istzustands" in der Gegenwart. (vgl. Krämer, 2000)

Das so entstandene „Erinnerungsprodukt" ist aber nicht notwendigerweise „besser", weil an einer vergangenen Realität orientiert, oder „weniger gut", weil dabei das Vergessene außen vor blieb. Darin zumindest sind sich Wissenschaftler unterschiedlicher Disziplinen überraschend einig. Die weiter oben kurz erwähnten Evolutionsbiologen z. B. argumentieren, je weniger Brüche ein selbstwertbezogenes Konstrukt aufweise, je „stabiler" es also sei, desto eher sei es zur Bewältigung der Zukunft geeignet, verglichen mit einem, das durch viele Ungereimtheiten gekennzeichnet sei.

Auch Kognitionswissenschaftler stellen die Bedeutung von dessen Kohärenz in den Vordergrund. Jedes Erinnerungskonstrukt hätte – da es ohnehin wieder und wieder re-konstruiert würde –, bessere Chancen, als solches erhalten zu bleiben, je weniger Lücken es von Anfang an aufweise. Sich zu erinnern, hieße so gesehen, auch jenseits der Forderung nach einer adäquaten evolutionsbiologisch verstandenen Anpassungsleistung, ein entwicklungs-, weil zukunftsfähiges, schlüssiges Konzept der eigenen Vergangenheit zu konstruieren.

Ob dieses – möglicher Spielarten des Vergessens wegen – jeweils einer externen Bewertung des „Wahrhaftigen" und „Realen" standhalten könnte oder brauchte, ist vermutlich zunächst zweitrangig, da es sich um einen Vorgang handelt, der ausschließlich vermittels des Ich-Bewusstseins des Augenblicks verhandelt wird. Deshalb bestimmt/bestimmen eher dessen Grenzbereich/e zum Nicht- oder Unbewussten und die durch (Re-)Kombination sich ständig verändernden Rahmenbedingungen in der Verortung des Jetzt das jeweilige Rekonstruktionsprodukt als das, was einmal „wirklich war".

### 1.4.7 Vergessen als Preis für multivariate Synchronisation verschiedener Rahmenerzählungen

Möchte man also erfahren, *wie* im Falle des Vergessens „Leerstellen der Erinnerung" verstandesmäßig erfasst werden, könnte es helfen, nach der Zeit zu fragen, Denn Erinnerungen *stehen*, wie Leonhard (1966, S. 155) es einmal ausdrückte, im Unterschied z. B. zu Träumen oder Illusionen, immer „in der Zeit". Auch Tulving (2005) verbindet Erinnerungen immer mit mentalen ▶ Zeitreisen (◘ Abb. 1.1; Markowitsch 2005). Man kann also versuchen auszukundschaften, wie Zeiträume, seien es nun „Leerzeiten" des Vergessenen, „normale Phasen" des unauffälligen Alltagslebens oder „übervolle" Fragmente im Augenblick des Erinnerns, gewichtet und verbunden werden (▶ Kap. 2).

Ein an naturgegebenen oder künstlichen Vorgaben (Jahreszeiten, Uhren etc.) „geeichtes", subjektives Zeitempfinden ist jedoch stets gleichermaßen *Produkt wie Instrument* des Erinnerungsvermögens, mittels dessen Vergangenes zu rekonstruieren versucht wird: Ohne Erinnerung gäbe es kein subjektives Zeitbewusstsein, ohne dieses keine Vergangenheit. In dieser gedanklichen Zwickmühle die Leerstellen des Vergessens zu entdecken, ist somit vermutlich keinesfalls einfacher, als das nicht bewusst Aufbewahrte in den Tiefen des Unterbewusstseins aufspüren zu wollen. In beiden Fällen, dem eher ganzheitlich verstehenden und dem eher naturwissenschaftlich erklärenden Zugang zu den „Leerstellen" sind außerdem bestimmte „Transformationsleistungen" zu erbringen, die nahelegen, dass ein Verständnis des Vergessens beide Zugänge braucht. Und dies nicht, weil etwas umfassend ergründen zu wollen, immer sinnvoller erscheint, als nur einzelne Häppchen zu servieren, sondern weil das eine, das Bewusstsein, ohne das andere, die Bestimmung des Jetztzustands, nicht möglich ist.

Was die angesprochene Übertragung angeht, so entstehen z. B. aufgrund der notwendigen Anpassung einer subjektiven und einer objektiven Zeit immer sog. Verschränkungen systemischer und individueller Zeitstrukturen (Rosa 2005, S. 29), die einem Vergessen Vorschub leisten können, etwa durch die bekannte Erfahrung, dass Zeit individuell verschieden ist und unterschiedlich schnell vergeht und durch eine bewusste Anpassung an die vorgegebenen objektiven, linearen Zeitstrukturen entsprechend gestaucht oder gedehnt werden muss. Die Zeitmessung dessen, was wir unter einem Unterbewusstsein verstehen, mag des Weiteren durchaus viel größere Zeiträume zu einer Gegenwart zusammenfassen, als dies im „momentanen Bewusstsein" einer Person geschieht. Etwas kann also lange her sein, ohne dass es vorbei ist, oder es kann vorbei sein, kaum dass es zu Ende ist, je nachdem ob es primär unbewusst oder primär bewusst „gespeichert" wird. Um aus Wahrnehmung und Vorstellung, aus Gedächtnisfetzen und -lücken etc., kurzum aus allen Eindrücken im Jetzt, eine Erinnerung zu bilden, bedarf es einer beständigen Umwandlung der als dynamisch verstandenen unbewusst und bewusst erlebter vergangener „Gegenwarten" in die des gegenwärtigen Augenblicks.

Die jeweils gebildeten Zusammenhänge entstehen somit erst durch die Rückschau unter den jeweils gegebenen Rahmenbedingungen; sie sind nicht von sich aus vorgegeben. Es ist vielmehr die rückwirkende Betrachtung in der Gegenwart eines bestimmten Augenblicks, die notwendige Komprimierung sukzessiver Ereignisse zu simultanen, die neue gedankliche Nachbarschaften und damit neue Deutungsmuster anbietet. Jeder dieser verdichtenden Rückschauen auf Geschehnisse der Vergangenheit ist dadurch gleichzeitig auch eine Art Momentaufnahme, die vergangene „Zeit-Räume" mit der Dynamik körperlich-geistigen Veränderung und einer sich wandelnden Umwelt in Beziehung setzt. Vergessen kann so gesehen als eine Art Preis für diese multivariate Synchronisation aufgefasst werden.

## 1.5 Vergessen und Gedächtnis

### 1.5.1 Die implizite Umkehrbewegung, die im Verb steckt, steht sinnbildlich für die Schwierigkeit der Akzeptanz einer aktiven, organisierenden Bedeutung des Vergessens

Durch den Begriff des Vergessens erfährt, wie Weinrich (2005) in seinem Buch *Lethe. Kunst und Kritik des Vergessens* ausführte, etwas, das eigentlich zur Kenntnis gelangen sollte („-gessen" von *to get*), durch die Vorsilbe „ver" („ver-gessen", *for-get*) eine Umkehrbewegung ins Unbestimmte, es wird zum „Weg-Erhalten" von etwas. Dadurch gerät etwas einer Person zueigen Gedachtes in eine gedanklich nicht frei zugängliche, dem Bewusstsein verschlossene Sphäre. Da aber mögliche „Aktivitäten des Nichtbewussten" nicht als solche erfahren werden können, wird auch ein Vergessen als etwas empfunden, das einem widerfährt, nicht aber als Tätigkeit betrachtet. Diese Ablenkung des konkret zu Verrichtenden – hier zu Memorierenden – in die Unbestimmtheit des mental nicht zu Fassenden lässt einer Vielzahl an Möglichkeiten Raum, um das Vergessen zu charakterisieren, Möglichkeiten, die sich nicht aus dem Inhalt des Vermittelten erschließen. Zumindest ist durch eine „einfache Umkehr" des Gedächtnisbegriffs ein Vergessen nicht zu fassen, da die Vorsilbe „ver" etwas Greifbares in etwas undefiniert Zerronnenes umwandelt und in der Vielgestaltigkeit des Letzteren auch eine Fülle möglicher Umkehrbewegungen des Ersteren inbegriffen ist.

Untersuchungen zum abstrakten Wie des Vergessens erweisen sich somit als ungleich schwieriger als solche zum konkreten Wie des Gedächtnisses. Etwas, das „nicht ist", ergründen zu wollen, etwas, das in Raum und Zeit, wenn, dann nur indirekt erkennbar wird, und das – Bewusstes und Unbewusstes einschließend – beliebig vielgestaltig und tiefgründig sein könnte, erschließt sich auf Anhieb weder geisteswissenschaftlichen noch naturwissenschaftlichen, sprich weder rationalen noch empirischen, Denkansätzen. Im Methodenarsenal der experimentellen Psychologie z. B. wird ein Vergessen denn auch meist in Form nachstehend aufgeführter „Fehler" oder „Ausfälle" der Merkfähigkeit dargestellt, die – im Rahmen der Begrifflichkeiten der Gedächtnisforschung verhandelt – natürlich auch nicht anders denn als eine Ansammlung mnestischer Problemstellungen in Erscheinung treten können. In gegenwärtigen, vorwiegend sozial- und naturwissenschaftlich belegten Konstrukten des Individualgedächtnisses ist überdies – im Gegensatz zu den meist geisteswissenschaftlich begründeten Konstrukten der Erinnerung – die Vorstellung, ein bestimmtes mnestisches Subsystem könne von sich aus etwas „aktiv" aussortieren, „passiv" vernachlässigen, „willentlich unterschlagen" oder „strukturbedingt" ausblenden und dadurch „vergessen", nicht geläufig. Wie also wird vergessen?

### 1.5.2 Vergessen in stabilen Subtraktions- und Kehrwertmodellen

Anders als das „aus dem Blickfeld Geratene" in Verbindung mit dem nur schwer fassbaren Begriff der Erinnerung scheinen Vorgänge des Vergessens zumindest bezüglich des Individualgedächtnisses dennoch auf den ersten Blick etwas besser greifbar, etwas fester umrissen zu sein. Dies insbesondere dann, wenn man stillschweigend die heute gängige Unterteilung in explizite (z. B. autobiografische/episodische Inhalte und Allgemeinwissen) sowie in implizite (z. B. prozedurale Inhalte) akzeptiert (◘ Abb. 1.1).

Dessen ungeachtet kann man Vergessen natürlich auf weiteren, davon ganz verschiedenen Ebenen abbilden, u. a. auch auf solchen, die an der Gesellschaft orientiert sind. Dann aber würde man in Ableitung von einem sozial, einem kollektiv, kommunikativ oder kulturell verstandenen Gedächtnisbegriff auch andere Phänomene des Vergessens beschreiben, und es bliebe, wie oben angesprochen, zu klären, ob und ggf. wie man die verschiedenen theoretischen Ebenen, hier des Persönlichen und Allgemeinen, ineinander überführen könnte.

Das quantitativ Erfassbare, Individuelle, in den Vordergrund stellend, erhofft man sich z. B. ein Vergessen von etwas Gelerntem, sei es eines Gedichts eines Musikstückes oder Tanzes, als numerische Größe, z. B. als Relation von richtigen zu unrichtigen bzw. ausgelassenen Teilen im Hinblick auf etwas Vorgegebenes, Vollständiges, ermitteln zu können. Dies geschieht in ähnlicher Weise, wie man bei einem recht und schlecht zusammengefügten Puzzle verloren gegangene oder falsch zugeordnete Teile unter Zugrundelegung der beigefügten Abbildung zu ermitteln sucht: Man orientiert sich in beiden Fällen an der *Idee eines geordneten stabilen Ganzen* und ermittelt das Verlorene oder falsch Zugeordnete aus der Subtraktion davon.

Da häufige Wiederholung des jeweils im Gedächtnis zu Behaltenden Auslassungsfehler oder falsche Reaktionen minimieren, scheint sich u. a. auch der Kehrwert notwendiger Wiederholungen als ein Maß des Vergessens anzubieten. Allerdings wäre aus der Häufigkeit des Repetierens – dem A und O vieler Gedächtnisschulungen – nicht zufriedenstellend geklärt, wie vergessen wird. Da Übung bekanntermaßen nicht immer „den Meister" macht, ist die Logik dieses Umkehrdenkens zumindest zu hinterfragen. Wie fragil nämlich die Beziehung von Wiederholung und Abruf aus dem Gedächtnis ist, dass etwas gut Gelerntes, oft Geprobtes in bestimmten Situationen, z. B. solchen, die durch Angst oder Aufregung gekennzeichnet sind, nicht verfügbar ist, „blockiert" zu sein scheint, weiß man aus eigener Erfahrung. Daran ändern auch noch so häufige Wiederholungen für sich genommen nichts, solange die *spezifische Konstellation äußerer und innerer Wirkfaktoren des Vergessens* nicht mitbedacht wird.

Erst wenn man erkennt, warum bestimmte Methoden zur Vermeidung von Vergessen in einer bestimmten Situation versagen, kann man auch geeignete Alternativen entwickeln.

### 1.5.3 Vergessen in variablen Gleichgewichtsmodellen

Der Versuch, das Vergessene, also im Augenblick des Abrufs Unzugängliche, messbar zu machen, indem man es als numerisch erfassbares *Gegenstück von etwas*, etwa o. g. Kehrwert von Wiederholungseinheiten, darstellt, hilft, wie man sieht, nur bedingt, dem Wie des Phänomens auf die

Spur zu kommen. Ein Grund dafür wurde schon angedeutet: Aus der gedachten „Umkehr" von Gedächtnisprozessen allein sind solche des Vergessens nur unzureichend abzuleiten. Ein weiterer, damit verbundener Grund könnte darin liegen, dass das „Rückseite-der-Medaille-Denken" mit dem in sich widersprüchlich anmutenden Gedanken verknüpft ist, bestimmte Gedächtnisinhalte entstammten einem oder mehreren gleichermaßen *inflexiblen* wie *flüchtigen* Speichern. Inflexibel, man könnte auch sagen, stabil, werden solch hypothetische Speicher dann genannt, wenn den dadurch charakterisierten Gedächtnissystemen kaum eine Veränderungsbereitschaft zugebilligt wird. Sie gelten vielmehr als weitgehend festgelegt – sei es zeitlich gesehen im sog. Kurz- oder Langzeitbereich oder in den Inhalten, für die sie prädestiniert sind (z. B. semantischen oder motorischen). Deshalb stellen Wiederholungen, wie bereits deutlich wurde, auch lediglich deren *status quo ante* wieder her und ermöglichen keine Anpassung an mögliche neue Wirkfaktoren, keine Antwort auf andere Deutungsmuster der äußeren oder inneren Realität. Das „Flüchtige im Stabilen" besteht darin, dass trotz einer geordneten Aufbewahrung ständig Informationen unterschiedlichster Sinnzusammenhänge zu entweichen scheinen: alte, unwichtige, seltene, unangenehme, inkompatible etc., je nachdem ob ein Speicher eher durch raumzeitliche und/oder bedeutungshaltige Ordnungsmomente charakterisiert wird – von allfälligen intersystemischen Transformationen hier einmal ganz abgesehen. Da es sich als schwierig erweist zu erklären, wie innerhalb eines jeden Gedächtnissystems festgelegt werden sollte, was z. B. als unpassend, weil als *nicht angemessen*, oder was als selten, weil *nicht häufig genug*, was als *zu viel*, weil den *verfügbaren Speicherplatz sprengend*, bezeichnet wird, leuchtet ein, dass das Wie des Vergessens solcher Inhalte ebenfalls nur schwer zu ergründen ist.

Eine Möglichkeit, diesem Wie zumindest vom Prinzip her auf die Spur zu kommen, bieten sog. Stabilitätsannahmen,[10] d. h. die ein (Fließ-)Gleichgewicht von etwas in den Vordergrund stellen. Sie setzen voraus, dass jede neue Information eine Art Störgröße darstellt, die einem bis dato „stabilen Gedächtnissystem" eine gewisse Balanceanstrengung abfordert, um erneut ins Gleichgewicht zu kommen. Das heißt, es werden Kompensationsvorgänge[11] nötig, wobei das „Flüchtige im Stabilen", das Vergessene, eine mögliche Option darstellt, um die angestrebte Homöostase wiederherzustellen. Soll nämlich die relative Konstanz des Ganzen gewahrt werden, was angesichts „begrenzter Kapazitäten von Gedächtnisspeichern"[12] ein Problem darstellt, bleibt nichts anderes übrig, als das Verhältnis von Stabilität und Störung, sprich das Verhältnis von Speicherinhalt und neuer Information, ständig neu auszuloten und Altes, Unpassendes etc. auszusortieren.

Auch wenn Gleichgewichtsannahmen über die Inhalte des jeweils Flüchtigen, also was vergessen werden kann, soll oder darf, um diese Balance zu wahren, naturgemäß nur wenig aussagen können und auch wenn sie in ihren Konsequenzen, nämlich einem *endgültigen Ausschluss* von etwas aus einem Speichersystem, nur teilweise überzeugen,[13] lassen sie erkenntnisgewinnende

---

10 Zum Beispiel die Annahme des amerikanischen Physiologen Walter Bradford Cannon, der 1925 den Begriff der Homöostase prägte und damit die relative Konstanz der Gesamtheit aller endogenen Regelvorgänge bezeichnete.
11 Kompensation erfolgt z. B. dadurch, dass Abweichungen von einem gedachten Sollzustand durch Gegenwirkungen verringert bzw. kompensiert werden. Diejenigen Einflüsse, die eine Abweichung bewirken, bezeichnet man als Störgrößen.
12 Die Last-in-First-out-Regel basiert auf der Beobachtung, dass das zuletzt Gelernte am wahrscheinlichsten vergessen wird (Ribot 1882). Als Kompensation dafür, dass früh Erlerntes weiterhin abrufbar bleibt, muss aber anderes den Speicher entlasten.
13 Dies gilt z. B. für die Annahme, dass Informationen zunächst im Kurzzeitgedächtnis „verarbeitet" werden müssen, ehe sie ins Langzeitgedächtnis gelangen können. Was im Kurzzeitbereich nicht behalten wurde, sollte, so die Hypothese, auch langfristig für immer verloren sein. Dies aber ist nicht notwendigerweise der Fall (z. B. Markowitsch et al. 1999b).

Schlussfolgerungen zu: Ein Vergessen ist im Denken homöostatischer Regelvorgänge keine systembedingte Unzulänglichkeit, sondern notwendige Bedingung, um nicht zu sagen unabdingbarer Teil von dessen Funktionsprinzip. Wie sonst sollte sich ein hypothetisches Fließgleichgewicht angesichts des ständigen Einflusses innerer und äußerer Störvariablen wieder seinem angestrebten stabilen Zustand nähern können?

### 1.5.4 Vergessen in dynamischen Systemen

Dynamische Konzepte, d. h. durch Reiz-Reaktions-Folgen nicht linear vorhersagbare Vorstellungen von der Funktionsweise eines bestimmten „Systems", gebrauchen den Begriff des Vergessens nicht, zumindest nicht im bisher verwendeten traditionellen Sinne. Solch ein „dynamisch organisiertes System", etwa ein neuronales Netzwerk, das aus einem sich selbst bestimmenden ordnungsgenerierenden System gebildet wird (► Selbstorganisation),[14] mag durch ein bestimmtes Ausmaß an Komplexitätsreduzierung, durch bestimmte Phasenübergänge seiner inhärenten Systemstrukturen,[15] durch die Ausprägung emergenter Eigenschaften[16] und durch bestimmte Änderungsgeschwindigkeiten seines Zustands gekennzeichnet sein.[17] Jeder dieser aus sich heraus entstehenden Veränderungen seines inneren Gefüges verträgt sich indes nur schwerlich mit der Vorstellung, dass auf diese Weise, etwas „verloren geht" oder vorsorglich, sprich „um der Zukunft willen", aufgegeben wird. Wohin sollte es fallen? Wer wollte es verwerfen?

Auch die alte Idee, bestimmte „Informationen" könnten „überschrieben" und dadurch „unleserlich", d. h. vergessen, werden, führt hier nicht weiter. Dynamisch agierende Systeme zeichnen sich vielmehr gerade durch inhärent begründete andauernde Über- und Umschreibungen ihrer eigenen Skripte aus. Vergessen sollte so gesehen eigentlich ihr Markenzeichen sein! Versuchte man schließlich – gedanklich angepasst an die Arbeitsweise dynamischer Systeme – danach zu fragen, *wie* es dazu kommt, dass sich einmal als ähnlich erkannte, sprich gelernte, Systemzustände nur mit sehr geringer Wahrscheinlichkeit wiederherstellen lassen, so endete dies ebenfalls in einer Sackgasse. Denn dadurch wäre ein Vergessen *von etwas* vom vereinzelten Auftreten von Ereignissen nicht mehr zu unterscheiden. Ein seltener Abruf aus dem Langzeitgedächtnis und Vergessen wären unter Umständen plötzlich ein und dasselbe.

**Schlussbetrachtung**

In diesem Kapitel wurden sowohl altbekanntes, weil seit vielen Jahrhunderten weitergetragenes Wissen über Vorgänge des Vergessens sowie neuere Erkenntnisse aus Kultur- und Naturwissenschaft zusammengetragen, um den Möglichkeitsraum für die Betrachtung des Phänomens zu erweitern, aus dem in den nachfolgenden Kapiteln geschöpft wird.

Die Vielfalt denkbarer Betrachtungsweisen des Vergessens ist in der Tat beachtlich: Denn je nachdem, ob man in stabilen oder dynamisch sich verändernden Kenngrößen zu denken gewohnt ist, ob die gedachte Gesamtheit dessen, was zu vergessen möglich ist, eher ebenfalls als Ganzes gesehen bzw. abhängig von verschiedenen Bewusstseinszuständen als in verschiedenen, dem

---

14  Aus jedem spontanen Verhalten *von etwas* kann eine bestimmte Ordnung in der Beziehung von Systemelementen hervorgehen, ohne dass es dazu eines Einflusses von außen bedarf.

15  Dies ist z. B. dann der Fall, wenn kleine Änderungen der Systemstruktur, der Fluktuation, eine große Änderung im Systemzustand nach sich ziehen, zwischen den beiden Phasen aber keinerlei Kausalität zu erkennen ist.

16  Emergente Eigenschaften sind Inbegriff einer spontanen Herausbildung von Phänomenen oder Strukturen auf Grundlage des Zusammenspiels seiner Elemente.

17  M. P. bedankt sich hier bei Herrn PD Dr. W. Guldin, Universität Koblenz-Landau, für die Überlassung seiner Vorlesungsunterlagen.

Bewusstsein nicht zugänglichen Schichten „gelagert" gedacht oder ob der Vorgang physiologisch und damit immer eher als feinkörnig fragmentiert aufgefasst wird, ändert sich die Betrachtungsweise des Vergessens. Dabei erscheinen manche der zutage tretenden gegensätzlichen Auffassungen nur schwer auflösbar bzw. ineinander überführbar zu sein, etwa die einer gedachten neuronalen Dynamik und einer erfahrener Stabilität oder die Vorstellungen eines Kreislaufs ewigen Entstehens und Vergehens in die einer steten sich selbst organisierenden Umwandlung im Rahmen eines Spannungsverhältnisses unvereinbarer Gegensätze. Vergessen ist darüber hinaus kein Phänomen, das sich ohne Weiteres vom Belebten zum Unbelebten, vom Individuum auf einen elektronischen Informationsträger oder eine Personengruppe „hochrechnen" lässt, denn dabei sind vermutlich jeweils recht unterschiedliche Regeln am Werk.

## Literatur

Anderson, M. C., & Hanslmayr, S (2014). Neural mechanisms of motivated forgetting. *Trends in Cognitive Sciences, 18*, 279–292.
Aretin, J. C. von (1810). *Systematische Anleitung zur Theorie und Praxis der Mnemonik nebst Grundlagen zur Geschichte und Kritik der Wissenschaft*. Sulzbach: Seidel.
Aristoteles (2004). De memoria et reminiscentia. In E. Grumach & H. Flashar (Hrsg.), *Aristoteles. Werke in deutscher Übersetzung* (Band 14: Parva naturalia, Teil 2). Berlin: Akademie-Verlag.
Aristoteles (2011). *De anima. Über die Seele*. Stuttgart: Reclam.
Assmann, J. (1999). *Das kulturelle Gedächtnis. Schrift, Erinnerung und politische Identität in frühen Hochkulturen*. München: Beck.
Beck, A. T. (1975). *Cognitive therapy and the emotional disorders*. Madison, CT: International Universities Press.
Beck, A. T. (2004). *Kognitive Therapie der Depression* (3. Aufl.). Weinheim: Beltz.
Black, M. (1962). *Models and metaphors*. Ithaca, NY: Cornell University Press.
Blum, H. (1969). *Die antike Memotechnik*. Hildesheim: Olms.
Borsutzky, S., Fujiwara, E., Brand, M., & Markowitsch, H. J. (2010). Susceptibility to false memories in patients with ACoA aneurysm. *Neuropsychologia, 48*, 2811–2823.
Carruthers, M. (1990). *The book of memory. A study of memory in medieval culture*. Cambridge: Cambridge University Press.
Deacon, T. W. (1989). Holism and associationism in neuropsychology: An anatomical synthesis. In E. Perecman (Hrsg.), *Integrating theory and practice in clinical neuropsychology* (S. 1–47). Hillsdale, NJ: LEA.
Derrida, J. (1972). *Die Schrift und die Differenz*. Frankfurt: Suhrkamp.
Derrida, J. (1998). *Vergessen wir nicht – die Psychoanalyse*. Frankfurt: Suhrkamp.
Dimbath, O., & Wehling, P. (Hrsg.). (2011). *Soziologie des Vergessens. Theoretische Zugänge und empirische Forschungsfelder*. Konstanz: Universitätsverlag Konstanz – UVK.
Draaisma, D. (2000). *Metaphors of memory. A history of ideas about the mind*. Cambridge: Cambridge University Press.
Esposito, E. (2002). *Soziales Vergessen. Formen und Medien des Gedächtnisses der Gesellschaft*. Frankfurt am Main: Suhrkamp.
Esposito, E. (2011). Kollektives Gedächtnis und soziales Gedächtnis: Erinnerung und Vergessen aus der Sicht der Systemtheorie. In S. Klein, V. Liska, K. Solibakke & B. Witte (Hrsg.), *Gedächtnisstrategien und Medien im interkulturellen Dialog* (S. 49–60). Würzburg: Königshausen und Neumann.
Freud, S. (1926). *Hemmung, Symptom und Angst*. Wien: Internationaler Psychoanalytischer Verlag.
Fujiwara, E., & Markowitsch, H. J. (2006). Brain correlates of binding processes of emotion and memory. In H. Zimmer, A. M. Mecklinger & U. Lindenberger (Hrsg.), *Binding in human memory – A neurocognitive perspective* (S. 379–410). Oxford: Oxford University Press.
Goh, W. D., & Lu, S. H. X. (2012). Testing the myth of the encoding–retrieval match. *Memory and Cognition 40*, 28–39.
Gross, C. G. (2002). Genealogy of the „grandmother cell". *Neuroscientist, 8*, 512–518.
Hajdu, H. (1936/1967). *Das mnemotechnische Schrifttum des Mittelalters*. Amsterdam: Bonset (Unveränderter Nachdruck der Ausgabe Leipzig 1936).
Halbwachs, M. (1985). *Das Gedächtnis und seine sozialen Bedingungen*. Frankfurt a. M.: Suhrkamp (Originalausgabe: Les cadres sociaux de la mémoire, 1925).
Havelock, E. A. (1990). *Die Schriftrevolution im antiken Griechenland*. Weinheim: Beltz.

Haverkamp, A., & Lachmann, R. (1993). *Memoria. Vergessen und Erinnern*. München: Wilhelm Fink Verlag.
Hebb, D. (1949). *The organization of behavior*. New York: Wiley.
Hell, W., Fiedler, K., & Gigerenzer, G. (1993). *Kognitive Täuschungen*. Heidelberg: Spektrum Verlag.
Hulbert, J. C., Henson, R. N., & Anderson, M. C. (2016). Inducing amnesia through systemic suppression. *Nature Communications*, *7*, 11003. doi:10.1038/ncomms11003.
Hutton, P. (1993). *History as an art of memory*. Hanover: University of Vermont Press.
John, E. R. (1972). Switchboard versus statistical theories of learning and memory. *Science*, *177*, 850–864.
Klein, S. (2015). What memory is. *WIREs Cognitive Science*, *6*, 1–38. doi:10.1002/wcs.1333.
Klein, S., Liska, V., Solibakke, K., & Witte, B. (Hrsg.). (2011). *Gedächtnisstrategien und Medien im interkulturellen Dialog*. Würzburg: Königshausen & Neumann.
Krämer, S. (2000). Das Vergessen nicht vergessen! Oder: Ist das Vergessen ein defizienter Modus von Erinnerung? *Paragrana*, *9*, 251–275.
Lachmann, R. (1990). *Gedächtnis und Literatur. Intertextualität in der russischen Moderne*. Frankfurt am Main: Suhrkamp.
Langnickel, R., & Markowitsch, H. J. (2006). Repression and the unconsciousness. *Behavioral and Brain Sciences*, *29*, 524–525.
Langnickel, R., & Markowitsch, H. J. (2010). Das Unbewusste Freuds und die Neurowissenschaften. In A. Leitner & H. G. Petzold (Hrsg.), *Sigmund Freud heute. Der Vater der Psychoanalyse im Blick der Wissenschaft und der psychotherapeutischen Schulen* (S. 149–173). Wien: Krammer Verlag.
Laplanche, J., & Pontalis, J.-B. (1972). *Das Vokabular der Psychoanalyse*. Frankfurt: Suhrkamp.
Leonhard, K. (1966). *Biologische Psychologie*. Leipzig: Johann Ambrosius Barth-Verlag.
Loftus, E. (1975). Leading questions and the eyewitness report. *Cognitive Psychology*, *7*, 560–572.
Lucchelli, F., Muggia, S., & Spinnler, H. (1995). The „petites madeleines" phenomenon in amnestic patients: Sudden recovery from retrograde amnesia. *Brain*, *118*, 167–183.
Luhmann, N. (2000). *Organisation und Entscheidung*. Opladen: Westdeutscher Verlag.
Luhmann, N. (2011). *Einführung in die Systemtheorie*. Heidelberg: Carl-Auer.Markowitsch, H. J. (1985). Hypotheses on mnemonic information processing by the brain. *International Journal of Neuroscience*, *27*, 191–227.
Markowitsch, H. J. (2002). Functional retrograde amnesia – Mnestic block syndrome. *Cortex*, *38*, 651–654.
Markowitsch, H. J. (2003). Autonoëtic consciousness. In A. S. David und T. Kircher (Hrsg.), *The self in neuroscience and psychiatry* (S. 180–196). Cambridge: Cambridge University Press.
Markowitsch, H. J. (2005). Time, memory, and consciousness. A view from the brain. In R. Buccheri, A. C. Elitzur & M. Saniga (Hrsg.), *Endophysics, time, quantum, and the subjective* (pp. 131–147). Singapur: World Scientific.
Markowitsch, H. J. (2009). *Das Gedächtnis. Entwicklung – Funktionen – Störungen*. München: C. H. Beck.
Markowitsch, H. J. (2013a). Memory and self – Neuroscientific landscapes. *ISRN Neuroscience*, Art. ID 176027; http://dx.doi.org/10.1155/2013/176027.
Markowitsch, H. J. (2013b). Gedächtnis – Neuroanatomie und Störungen des Gedächtnisses. In H.-O. Karnath & P. Thier (Hrsg.), *Kognitive Neurowissenschaften* (S. 553–566). Berlin: Springer.
Markowitsch, H. J. & Welzer, H. (2005/2006). *Das autobiographische Gedächtnis. Hirnorganische Grundlagen und biosoziale Entwicklung* (1./2. Aufl.). Stuttgart: Klett.
Markowitsch, H. J., Kessler, J., Russ, M. O., Frölich, L., Schneider, B., & Maurer, K. (1999a). Mnestic block syndrome. *Cortex*, *35*, 219–230.
Markowitsch, H. J., Kalbe, E., Kessler, J., von Stockhausen H.-M., Ghaemi, M., & Heiss, W.-D. (1999b). Short-term memory deficit after focal parietal damage. *Journal of Clinical and Experimental Neuropsychology*, *21*, 784–796.
Mayer-Schönberger, V. (2010) *Delete. Die Tugend des Vergessens in digitalen Zeiten*. Berlin: Berlin University Press.
Mesulam, M.-M. (2000). Behavioral neuroanatomy: Large-scale networks, association cortex, frontal syndromes, the limbic system, and hemispheric specializations. In M.-M. Mesulam (Hrsg.), *Principles of behavioral and cognitive neurology* (2. Aufl., S. 1–120). New York: Oxford University Press.
Miller, G. (2004). Forgetting and remembering. Learning to forget. *Science*, *304*(5667), 34–36.
Murray, B. D., Anderson, M. C., & Kensinger, E. A. (2015). Older adults can suppress unwanted memories when given an appropriate strategy. *Psychology of Aging*, *30*(1), 9–25.
Naime, J. S. (2002). The myth of the encoding-retrieval match. *Memory*, *10*, 389–395.
Neuber, W. (2001). Memoria. In G. Ueding (Hrsg.), *Historisches Wörterbuch der Rhetorik, Band 5: L-Musi* (S. 1037–1078). Tübingen: Max Niemeyer.
Nietzsche, F. (1874). *Unzeitgemässe Betrachtungen. Zweites Stück: Vom Nutzen und Nachtheil der Historie für das Leben*. Leipzig: Fritzsch.
Pitman, R. K., Sanders, K. M., Zusman, R. M., Healy, A. R., Cheema, F., Lasko, N. B., Cahill, L., & Orr, S. P. (2002). Pilot study of secondary prevention of posttraumatic stress disorder with propranolol. *Biological Psychiatry*, *51*, 189–192.

## Literatur

Pohl, R. (2007). *Das autobiographische Gedächtnis*. Stuttgart: Kohlhammer.
Pribram, K. H. (1971). *Languages of the brain. Experimental paradoxes and principles in neuropsychology*. Englewood Cliffs: Prentice-Hall.
Pritzel, M. (2006). *Die „Traumzeit" im kollektiven Gedächtnis australischer Ureinwohner*. Bd. 16 der Ulmer Kulturanthropologischen Schriften (UKAS). Körning: Asanger.
Pritzel, M. (2009). Träume gegen Mauern. Das Fortleben der kosmogenen Welt der „dreamtime" bei Nachfahren von Ureinwohnern im heutigen Australien. In F. Vidal (Hrsg.), *Tagträume gegen Mauern* (S. 143–186). Bloch-Jahrbuch 2009. Mössingen: Talheimer.
Quiroga, R. (2012). Concept cells: the building blocks of declarative memory functions. *Nature Reviews Neuroscience, 13*, 587–597.
Reemtsma, J. P. (1997). *Im Keller*. Hamburg: Hamburger Edition.
Ribot, T. (1882). *Diseases of memory*. New York: D. Appleton & Co.
Rosa, H. (2005). *Beschleunigung: Die Veränderungen der Zeitstrukturen in der Moderne*. Frankfurt: Suhrkamp.
Sanguineti, V. (2007). *The Rosetta Stone of the human mind. Three languages to integrate neurobiology and psychology*. New York: Springer.
Semon, R. (1904). *Die Mneme als erhaltendes Prinzip im Wechsel des organischen Geschehens.*, Leipzig: Wilhelm Engelmann.
Sparrow, B., Liu, J., & Wegner, D. M. (2011). Google effects on memory: cognitive consequences of having information at our fingertips. *Science, 333*, 776–778.
Tulving, E. (2005). Episodic memory and autonoesis: Uniquely human? In H. S. Terrace & J. Metcalfe (Hrsg.), *The missing link in cognition: Self-knowing consciousness in man and animals* (S. 3–56). New York: Oxford University Press.
Tulving, E., & Thompson, D. (1973). Encoding specificity and retrieval processes in episodic memory. *Psychological Review, 80*, 352–373.
Weinrich, H. (2005). *Lethe. Kunst und Kritik des Vergessens*. München: Beck.
Werner, N., Kühnel, S., Ortega, A., & Markowitsch, H. J. (2012). Drei Wege zur Falschaussage: Lügen, Simulation und falsche Erinnerungen. In J. C. Joerden, E. Hilgendorf, N. Petrillo & F. Thiele (Hrsg.), *Menschenwürde in der Medizin: Quo vadis?* (S. 373–391). Baden-Baden: Nomos.
Wimber, M., Alink, A., Charest, I., Kriegeskorte, N., & Anderson, M. C. (2015). Retrieval induces adaptive forgetting of competing memories via cortical pattern suppression. *Nature Neuroscience, 18*(4), 582–589.
Yates, F. A. (1990). *Gedächtnis und Erinnern, Mnemotechnik von Aristoteles bis Shakespeare*. Weinheim: VCH.
Young, J. E., Klosko, J. S., & Weishaar, M. E. (2008). *Schematherapie. Ein praxisorientiertes Handbuch*. Paderborn: Junfermann.

# Zum Begriff der Zeit: Explizit oder implizit, objektiv oder subjektiv?

**Zusammenfassung**

In diesem Kapitel wird gezeigt, dass eine Vielfalt an Zeitkonzepten unterschiedliche Vorstellungen über das Vergessen mitbedingt. So stehen z. B. *experimentalpsychologisch* ausgerichtete Denkweisen, die Vergessen letztlich als eine – dem „Zahn der Zeit" geschuldete – Störungsanfälligkeit eines Systems betrachten, jenen gegenüber, die sich an der *evolutionären Erkenntnistheorie* orientieren und entsprechend eine an der Überlebenswahrscheinlichkeit orientierte Kosten-Nutzen-Relation im Vordergrund sehen. Hinzu kommen *phänomenologisch orientierte Ansätze*, die Vergessen unter dem Aspekt eines unterschiedlichen Nachwirkens diverser sog. unabgegoltener Ereignisse aus der Vergangenheit bis in die Gegenwart hinein in Rechnung stellen. Vergessen kann so gesehen zu einem Systemerfordernis zur zukunftstauglichen Auswahl aus dem Angebot gegenwärtiger Ereignisse werden und zu einer ständigen Anpassung des Systems an sich ändernde Bedingungen in der Lage beitragen.

Wie aus den in ▶ Kap. 1 skizzierten Ansätzen deutlich wird, verengt sich der Blickwinkel, unter dem in geistes- und naturwissenschaftlichen Teildisziplinen das Phänomen des Vergessens angegangen wird, nicht selten auf die Betrachtung vermeintlicher „Gegensatzpaare" – etwa des Aktiven oder Passiven, des Gesunden oder des Krankhaften, des Dynamischen oder Stabilen, des Bewussten oder Unbewussten, des Abhängigen oder Eigenständigen, um nur einige Beispiele zu nennen. Zum Ausdruck kam dabei auch, dass manche der dabei bislang ungelösten Probleme vermutlich auf Unterschiede in der Modellbildung der verschiedenen damit befassten Teildisziplinen zurückzuführen sind, beispielsweise hinsichtlich einer bewusst gewollten oder eher stillschweigenden Übernahme bestimmter (neuro-)philosophischer oder informationstheoretischer Leitvorstellungen über die Funktionsweise des Gehirns im Zusammenhang mit Vorgängen des Vergessens. Wieder andere Probleme – und diese stehen im Folgenden im Vordergrund – kreisen um die Frage nach dem jeweils zugrunde liegenden Zeitverständnis, denn dieses ist mit Vorgängen des Vergessens ebenso unverkennbar wie unauflöslich verquickt.

Den Ausgangspunkt der folgenden Ausführungen bildet dementsprechend die Erkenntnis, dass man bei der Untersuchung des Phänomens ohne einen bestimmten *explizit* oder *implizit* verwendeten Zeitbegriff (▶ Zeit) nicht auskommt (Bouman und Gruenbaum 1929). „Explizit" meint hier z. B. eine *chronologische* Zei*terfassung*, die bestimmten mnestischen Problemstellungen zugrunde liegt. Dazu gehören z. B. solche, deren Inhalte sog. Lerngesetzen folgend nach einer gewissen kalendarisch gemessenen Zeit in Minuten, Stunden, Monaten oder Jahren auf verschiedene Art und Weise vergessen, z. B. mehrfach überschrieben, werden. Explizit zu verstehen, sind ferner Fragen nach der Zeit, die sich auf die Bewertung stark emotional besetzter Erfahrungen und ihrem möglichen Vergessen beziehen, denn Gefühle erweisen sich mitunter gegenüber einem zeitbedingten „Verblassen" über eine lange Zeit hinweg als außerordentlich resistent.

Selbst dann, wenn vom Vergessen eigentlich „*zeitloser*" *geistiger Inhalte* die Rede ist, kommt eine bestimmte Zeitvorstellung, hier eine implizite, ins Spiel. Denn in dem Maße wie konkrete Fragen nach Zeitpunkt und Zeitdauer in der Vergangenheit in den Hintergrund treten, gewinnen unweigerlich solche nach der Zuordnung zum „Zustandsraum des Jetzt" in Abgrenzung des „Nichtjetzt" an Bedeutung. Denn es ist ja selbst in einer als überdauernd empfundenen Gegenwart eine Systemgrenze zu definieren, d. h., es muss darüber entschieden werden, ob geistige Inhalte, die in einer gegebenen Situation zugänglich werden, auch solche sind, die dem „Hier und Jetzt" entstammen oder nicht. Auf ein individuelles Vergessen bezogen wird eine solche Abgrenzung u. a. deshalb als möglich angesehen, da auch in der „Zeitlosigkeit" erlebter Präsenz, z. B. deklarativer geistiger Inhalte (Tulving und Markowitsch 1998), Informationen bei ihrer Einspeicherung eine bestimmte, biologisch relevante Codierung erfahren. Deren als wahrscheinlich anzunehmende zeitgebundenen Modifikationen stehen einer Erkennung als Bestandteil individueller Gegenwart so lange nicht im Wege, solange sie sich in Übereinstimmung mit einem hypothetischen kognitiven Gesamtsystem verändern (Kaneko 2006). Jedes individuelle Vergessen in einer als *zeitlos* empfundenen Gegenwart ist somit letztlich biologischen Wirkfaktoren geschuldet, die in komplexen dynamischen Systemen stets als zeitgebunden angenommen werden (Mainzer 2010).

Wie bereits dieser erste Versuch einer Differenzierung in einen explizit und einen implizit zu verstehenden Zeitbegriff deutlich macht, spielt Zeit immer in Vorgänge des Vergessens hinein, und zwar unabhängig davon, ob man ihre Dauer als solche bewusst benennen kann oder ob sie in eine nicht zu vergegenwärtigende Vergangenheit eingebunden sind. Gewiss ist die damit getroffene Unterscheidung auch nur eine von vielen möglichen, denn in den naturwissenschaftlichen und geistes- bzw. sozialwissenschaftlichen Ansätzen herrschen die unterschiedlichsten Ansichten darüber vor, welches Zeitverständnis als Maß der Erfassung *von etwas* am ehesten geeignet ist: Hierzu gehören u. a. solche Vorstellungen, die sich an der Idee der Zeit als einer messbaren in die Zukunft gerichteten *mentalen* bzw. *objektiven* Größe orientieren, und solche, die sich an periodischen Ereignissen der *Chronobiologie* ausrichten. Hinzu kommen Auffassungen, die im physikalischen Bereich eine Zeit-*Raum-Verschränkung* vorsehen oder auf mentalem Gebiet ein *gesellschaftliches* Zeit*empfinden* in den Vordergrund stellen. Daneben kursieren Ideen, eines „inneren Zeitbewusstseins", das die Bedeutung der Vergangenheit an ihrer *Zukunftsfähigkeit* zu messen vorgibt (Lenz 2005; Perret-Clermont 2005; Tulving 2002).

In der Psychologie, einer Disziplin, die sich dem Vergessen sowohl aus kognitionswissenschaftlichem als auch klinischem Interessen widmet, verschmelzen Grundgedanken häufig verwendeter Zeitkonzepte (Klein 1995; Lehmkuhl 2009) meist zu einem als natürlich bezeichneten Ausgangspunkt zeitbezogenen psychologischen Denkens. Von Bedeutung ist hier neben einer im Newton'schen Sinne *objektiven* in die Zukunft weisenden Zeit, insbesondere die *mentale* Zeit, also das *subjektive* Empfinden hierfür (Hinz 2000). Diese Basis – charakterisiert durch die beiden Kernbegriffe der objektiven und subjektiven Zeitmessung – bietet allerdings nur begrenzten Freiraum, um darin das Vergessen zu verorten. Oder sollte man wirklich annehmen, dieses Phänomen würde dadurch besser verstanden werden, dass dessen verschiedene Spielarten – sei es aktives, passives, intentionales, individuelles oder kollektives Vergessen – als „weiße Flecken" auf einer Art objektiver Zeitachse aufgereiht würden? Ebenso fraglich ist, ob es letztlich weiterhelfen würde, eine Art subjektive Zeitmaschine zugrunde zu legen, um sich dann auf diverse Phänomene des Vergessens, verstanden als Irrfahrt einer persönlichen ▶ Zeitreise (Mazzoni und Memon 2003), einzulassen.

Anhand von Beispielen aus Teilbereichen der Psychologie und damit in Beziehung stehenden Teilgebieten der Philosophie und der Neurowissenschaft wird im Folgenden das Spektrum von Zeitbegriffen und deren mögliche Beziehung zu Vorgängen, die im Zusammenhang mit Vergessen stehen, aufgezeigt. Dabei wird deutlich, dass verschiedene Betrachtungsweisen von Phänomenen des Vergessens auf Vorstellungen von Vergangenheit und Gegenwart aufbauen, die nur teilweise ineinander überführbar erscheinen. Die Ergebnisse werden am Ende des Kapitels noch einmal zusammenfassend dargestellt bzw. kommentiert.

## 2.1 Vom Umgang mit dem Zeitbegriff in der experimentell ausgerichteten Psychologie

In der experimentell ausgerichteten Lern- und Gedächtnisforschung werden traditionell Zeit- und Inhaltsaspekte des Vergessens unterschieden. Stehen erstere im Vordergrund, so wird Vergessen auf einer „subjektiven Ebene" als „empfundene Spanne" oder einem ebenfalls „subjektiv eingeschätzten Punkt" der erlebten Vergangenheit zugeschrieben. Geht es um Inhalte des Vergessens, werden diese in einer als unbestimmt, d. h. zeitlos erfahrenen Realität der Gegenwart angesiedelt. Erst durch eine Einbindung dieser „subjektiven" in eine „objektive", d. h. durch Uhren und Kalender zu erfassende, stetig vorwärts schreitende Zeit, wird hier die notwendige Basis für eine interindividuelle Vergleichsmöglichkeit geschaffen. Dadurch soll es auch gelingen, ein persönlich gefärbtes „Immer-schon" in einen bestimmten Begriff von Gegenwart umzumünzen. Dabei zeigt sich bei ganz unterschiedlichen – zwischen wenigen Minuten und Jahren schwankenden – Formen des Vergessens sowie deren Abhängigkeit von Erfahrungsinhalt, Alter und unterschiedlicher psychischer Verfassung, dass die klassische „physikalische Zeiterfassung" nur begrenzt aussagefähig ist. Und das gilt nicht nur bei den dafür typischen Aufgabenstellungen im Sinne von „Wann waren sie wo … ?" oder „Was geschah am … ?", mit denen eine persönliche Orientierung in Raum und Zeit bzw. Fakten des Weltwissens erfragt werden sollen. Denn sieht man einmal von Ausnahmen besonderer Vergessensresistenz ab (Luria 1968; Parker et al. 2006; Price 2008; LePort et al. 2012), so gelingen Angaben zu kalendarisch festgelegten Zeiträumen weder in Jahren noch in Monaten oder Tagen gemessen kaum je auf Anhieb. Sie sind in der Regel Mitteilungen über die jeweiligen mentalen Räume nachgeordnet.

Hinzu kommt, dass, wie oben angesprochen, das Zeitmaß, das zur objektiven Messung herangezogen wird, selten identisch ist mit jenem, anhand dessen der Zeitpunkt oder die Zeitdauer einzelner Ereignisse subjektiv kategorisiert wird. Junge und alte Menschen, solche mit und solchen ohne Einbußen ihrer geistigen Leistungsfähigkeit, zeigen hier gravierende Abweichungen (Fraisse 1985; Hinz 2000). Es ist aber nicht nur wesentlich zu erfassen, inwieweit subjektive und objektive Zeiterfassung (► Zeit) auseinanderdriften. Für das Vergessen von Bedeutung ist auch, wann im Laufe der Ontogenese eine subjektive Zeitmessung überhaupt ein- bzw. aussetzt (Fivush und Nelson 2006). So ist z. B. ungewiss, über welchen Zeitraum hin Vergessensvorgänge hinsichtlich kindlicher Erlebnisse noch als „natürlicher Teil der Entwicklung", als ► infantile Amnesie (Davis et al. 2008; Harpaz-Rotem und Hirst 2005; Jack et al. 2009; Wang 2001; Tustin und Hayne 2010; Nelson und Fivush 2004; Markowitsch und Welzer 2010), zu betrachten sind und ab wann sie als pathologisch gelten – hier etwa im Sinne eines „Verdrängens" frühkindlicher Traumata (Björklund und Muir 1988; Ceci und Bruck 1993). Und was es für Menschen, die an einer demenziellen Erkrankung leiden, bedeutet, sich auf Dauer in einer Art ihrer Vergangenheit beraubten Realität des Augenblicks, einem „mentalen Exil der Gegenwart" (Geiger 2011), einzurichten, ist ebenfalls wenig geklärt (Hehman et al. 2005). Nicht zuletzt ist zu bedenken, dass Vorgänge des Vergessens, sobald sie, wie oben angesprochen, im Bereich einer als „andauernde Gegenwart" erfahrenen Welt des sprachvermittelten Wissens über sich selbst und andere stattfinden, in Begrifflichkeiten der physikalischen Zeit kaum darstellbar sind, da sich die damit verknüpften als zeitlos empfundenen Bewusstseinsvorgänge dieser Form der Messung entziehen (Kühnel und Markowitsch 2009). Ein bestimmtes „natürliches Einvernehmen" im Verständnis von Dauer oder Zeitpunkt eines Ereignisses in der Vergangenheit bzw. in einem als Gegenwart empfundenen Jetzt ist somit weder intra- noch interindividuell von sich aus gegeben.

In einem Punkt allerdings scheinen auch die unterschiedlichen Zeitbegriffe der gängigen Vorstellung des Vergessens zu entsprechen: Da sie alle die Idee eines stetig in die Zukunft verlaufenden „Zeitpfeiles" eint (auch „prospektives Gedächtnis" genannt), verstehen sie unter dem Phänomen des Vergessens eine Art nicht rückgängig zu machenden Verlust bestimmter Inhalte aus der Vergangenheit. Diese Erfahrung der Unwiderruflichkeit zurückliegender Ereignisse basiert darauf, dass alles Erleben von Naturerscheinungen, die den Menschen betreffen, immer auch eine gewisse Unumkehrbarkeit zum Gegenstand hat (Vollmer 2003). Diese wird z. B. nicht nur durch o. g. Extremata zu Beginn und Ende der Ontogenese deutlich; es ist auch die alltägliche Erfahrung asymmetrischer, d. h. irreversibler, Verkettungen von Ereignissen, die ein zeitliches „Früher" in den Rang eines ursächlichen „Davor" zu heben scheint. Eine solche Tendenz zur Aufstellung ursachenlogischer Beziehungen scheint letztlich mit dafür verantwortlich zu sein, ein Vergessen von etwas auch innerhalb des erlebten bzw. erlernten Zeitverständnisses als ein *unidirektionales Fließen* einer endlosen Folge von Stunden, Tagen etc. zu verorten. Gleichwohl bezeichnet dessen ungeachtet jedes empfundene „Vergehen der Zeit" lediglich die mit einer bestimmten Erfahrung verbundene Zustandsbeschreibung des Individuums; es sucht damit eine subjektiv empfundene Zeitspanne der Dauer oder Abfolge von Ereignissen auszudrücken. Dass es die Zeit selbst ist, die „fließt" oder „eilt", lässt sich daraus nicht ableiten; sie „ist" einfach (Vollmer 2003). Jede Charakterisierung des Vergessens als ein Verlöschen oder Vergehen im „Flusse der Zeit" beschreibt somit lediglich das eigene Erleben, die Zeit selbst ist und bleibt eine davon unabhängige Größe.

Die hier wie auch weiter oben bereits zum Ausdruck kommende Diskrepanz zwischen physikalisch prinzipiell Erfassbarem ist nur begrenzt überbrückbar. So versucht man z. B. den Unterschied in der Erfassung der Zeit von Stunden oder Tagen als Ausdruck des Vielfachen eines bestimmten Anteils einer Sekunde an einem mittleren Sonnentag und dem physikalisch Nicht-Erfassbaren des subjektiven Zeitempfindens, als eine Form „inneren Seins", dadurch aufzulösen, dass man die mentale der physikalischen Zeit stets nachordnet. Dies geschieht, z. B. indem das Vergessene aus der Warte einer bestimmten „kritischen", in die Vergangenheit projizierten Gegenwart auf der gängigen Zeitskala abzutragen versucht wird. Dazu bildet man – die Asymmetrie des physikalischen Zeitablaufs teilweise ignorierend – meist einen retro- *und* anterograd verlaufenden „Zeitpfeil" von bzw. zu einem bestimmten Ereignis *in der Vergangenheit* (◘ Abb. 2.1). Darauf markiert man alles nachweislich Erfassbare, was die betreffende Person, von diesem ausgewählten „kritischen Ort" auf der Zeitachse aus betrachtet, vergessen hat, und zwar wiederum sowohl in einem retrograde Sinne verstanden, hier, was die „Vergangenheit" des gewählten, bereits in der Vergangenheit liegenden Zeitpunktes angeht, als auch anterograd gesehen, d. h. die von dort aus auf die momentane Gegenwart gerichtete „Zukunft" betreffend. Zugrunde liegt dabei die Vorstellung, dass durch die Festlegung eines sich im Nachhinein als folgenschwer

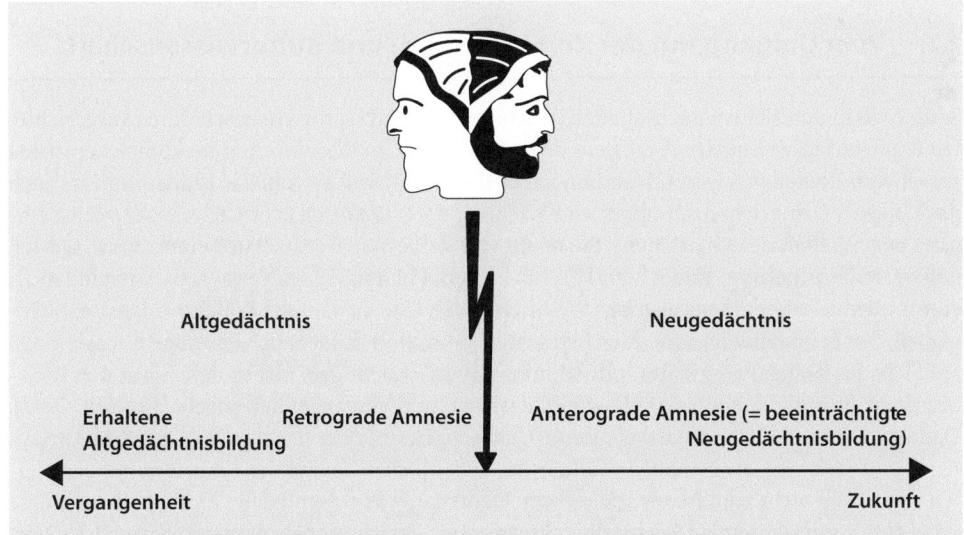

◘ **Abb. 2.1** Beziehung zwischen anterograder und retrograder Amnesie. Das Blitzsymbol steht für einen bestimmten Zeitpunkt (z. B. Hirnschaden, traumatisches Erlebnis). Information, die zeitlich davor liegt, gilt als abgespeichert und damit dem Altgedächtnis zugehörig. Information, mit der das Individuum danach konfrontiert wird, muss neu erworben werden

erweisenden Ereignisses, beispielsweise des Zeitpunktes eines zurückliegenden Unfalls, auch ein damit in Beziehung zu setzendes Vergessen entlang einer imaginären quasi bidirektional verlaufenden kalendarischen Zeitachse als „weißer Fleck" bzw. „weiße Flecken" abbildbar sein würde, etwa so, als könnte man die gelebte Zeit wie eine Filmrolle von einem bestimmten Punkt aus beliebig vorwärts und rückwärts abspulen, um darauf nach schadhaften Stellen – den vergessenen Episoden – zu suchen.

Diverse „Brüche" und „Verwerfungen", die bei solch „physikalisch exakten" Bestimmungen retrograder und anterograder Phänomene des Vergessens auftreten, lassen allerdings vermuten, dass die zugrunde gelegte Linearität ihres zeitlichen Verlaufs für sich genommen nicht ausreicht, um das Phänomen angemessen zu beschreiben. Dabei mag, wie gesagt, zum einen eine Rolle spielen, dass jeder konstruierte Fixpunkt der Vergangenheit immer nur aus der Perspektive der Gegenwart des Augenblicks heraus betrachtet werden kann, was Sprünge bzw. Lücken wahrscheinlich macht. Zum anderen ist denkbar, dass die aus der klassischen Physik abgeleitete Auffassung über die Eindimensionalität des Zeitverlaufs gerade durch das hinzukommende bidirektional verlaufende Gleichmaß von oder zu einem Ort der Vergangenheit ihrerseits „Verwerfungen" des subjektiven Zeitempfindens entstehen lässt. Subjektive und objektive Zeiterfassung sind somit vermutlich von keiner der beiden Warten aus „ohne Rest" in die jeweils andere Form der Messung überführbar.

Wie problematisch die in weiten Kreisen der experimentell ausgerichteten Psychologie vertretene Ansicht ist, man könne die erfahrene Unumkehrbarkeit biologischer Prozesse nicht nur auf mentale übertragen, sondern physikalisch erfassen und ggf. an einem bestimmten Punkt der Vergangenheit auch bidirektional abbilden, zeigt sich nicht zuletzt am Beispiel des Bewusstseins. Denn in diesem Zusammenhang spricht man weniger von Gedächtnis und Vergessen als vielmehr von ▶ Erinnerung, und diese umfasst immer beides und bildet daraus ein identitätswahrendes Konstrukt. Hier wird deutlich, dass ein naturwissenschaftliches Konzept nicht ohne Einschränkung auf geistige Vorgänge angewandt werden kann, die weder widerspruchsfrei physikalisch beschreibbar sind noch eindeutig als zeitgebunden erfahren werden.

## 2.2 Vom Umgang mit der Zeit in Geistes- und Kulturwissenschaft

Anders als in den Naturwissenschaften liegt in geistes- und kulturwissenschaftlich ausgerichteten Betrachtungsweisen des Vergessens der Schwerpunkt im Wesentlichen auf komplexen, meist sprachvermittelten bewussten Handlungen und betrifft damit sowohl das Individuum als auch das Kollektiv (Übersicht in Dimbath und Wiehling 2011; Weinrich 2000). Hieraus erwächst eine ganz neue Vielfalt des Phänomens. Sie reicht von Vergessen als Ausdruck einer „verweigerten kollektiven Erinnerung" (Heer 2004) bis hin zu dem Phänomen des Vergessens, verstanden als eine individuelle kognitive Leistung (Weinrich 1998). Und da man *das* Kollektiv nicht unabhängig von den es bildenden Individuen betrachten kann, sind immer auch jeweilige Interaktionen aus Sicht des Kollektivs bzw. des Individuums zu berücksichtigen, insbesondere was den Rückbezug auf die individuelle bzw. kollektive Gegenwart und Vergangenheit angeht (Esposito 2002). Dadurch wird zunächst einmal das enorme Ungleichgewicht zwischen dem im Gedächtnis Behaltenen und dem Vergessenen offensichtlich, das so deutlich in der auf den Einzelnen konzentrierten Forschung nicht zum Ausdruck kommt. Denn das, was verschiedene Individuen oder eine spezielle Gruppe von ein und demselben Ereignis im Gedächtnis bewahren, erweist sich im Vergleich über Personen und Kollektive immer nur als ein Bruchteil dessen, was jeweils vergessen wurde. Bestenfalls ergäbe sich dadurch ein im Vergleich individueller und kollektiver Gedächtnisinhalte durch viele Lücken gekennzeichnetes Mosaik, das kaum eine gemeinsame Gegenwart zuließe, es sei denn, man versuchte, Phänomene individuellen und kollektiven Vergessens in Einklang zu bringen. Letzteres geschieht im Rahmen der *Verquickung von Zeit und Vergessen*, denn einerseits käme ohne eine übereinstimmend akzeptierte Zeitauffassung keine personenübergreifende Synchronisation von Inhalten, die gegen Vergessen relativ resistent sind, zustande, andererseits aber gäbe es ohne dieses Widerstehen gegenüber einem Vergessen auch keine Zeit außer der Gegenwart. Man lebte dann ständig in einem nicht weiter auflösbaren diffusen Jetzt.

Aber wenn damit außer Frage steht, dass Zeit und Vergessen einander bedingen, kommt man gewöhnlich nicht umhin, eine der beiden Kenngrößen zunächst einmal als gegeben anzunehmen, hier die einer *verräumlichten Zeit* (Cipolla 1985). Das bedeutet, dass jede Bindung an einem ehemals bekannten Kontext zunächst auf einen bestimmten Ort bezogen wird, der dann mit einem definierten Zeitraum in Beziehung gesetzt werden kann. Solche *raumbezogenen Zeitangaben* ermöglichen – da man zu einer Zeit nur an einem Ort gewesen sein kann – eine Differenzierung von unterschiedlichen Vorgängen des Vergessens im Rahmen der ansonsten „vertrauten" jüngsten individuellen Vergangenheit. Sie ermöglichen des Weiteren auch ein Vergessen im raumgebundenen „kollektiven Früher", das nun mit der Erfahrung einer raumgebundenen Erzählung statt mit einer tatsächlichen raumgebundenen Erfahrung verbunden wird (Esposito 2002).

Diese beiden „Räume", den Raum *an sich* und den *Zeitraum*, innerhalb dessen man sich in einem bestimmten Ort befand, gedanklich anders als in der genannten erfahrungsgeleiteten Weise zu behandeln, wird für jeden mit der modernen Quantenwelt (Hawking 2006/2007) nicht vertrauten Menschen als kaum denkbar betrachtet. Denkbar scheint allerdings, auch wenn selbst die klassische Physik dies anderes lehrt (Mainzer 2005), dass diesen erfahrungsgeleiteten raumbezogenen Zeitangaben ganz *unterschiedliche Ordnungsstrukturen* innewohnen können: Erfahrungen in beliebten Räumen, seien diese nun individuell oder im Kollektiv gewonnen, wird ein anderes Zeitmaß zugeordnet als unangenehmen Ereignissen, d. h., die daraus entstehenden bedeutenden bzw. vernachlässigbaren Zeitspannen oder Zeitpunkte bestimmen mit darüber, was vergessen wird. Da sich dabei, auf das Individuum bezogen, das persönlich Erlebte mit dem durch Hörensagen Aufgenommenen vermischt, entsteht letztlich ein „Unprodukt", bei dem gemeinschaftliches Vergessen auf das individuelle zurückwirkt und umgekehrt.

Die oben angesprochene gedächtnispsychologisch motivierte Vorstellung, man könne anhand stetig verlaufender retro- und anterograder „Zeitpfeile" eine vergangene Wirklichkeit in der Gegenwart abbilden, findet hier, wo es um die Interaktion der vernachlässigten, verschwiegenen und zerstörten Ränder von Einzel- und Gruppengedächtnis geht, kaum Befürworter. Das, was „wirklich sei", so heißt es nun, könne auch nur gegenwärtig der Fall sein und alles Vorherige keinesfalls in Form einer „stetigen Strecke" in die Vergangenheit zurückgeschoben werden (Bernet 1985). Ein „weißer Fleck", ein mnestischer Aussetzer, abgebildet als Leerstelle in irgendeinem Ort in der Vergangenheit, wird dann am ehesten als stiller Mitgestalter einer gerichteten Ereignisverkettung gesehen, eines Beziehungsgeflechts, dessen einziger Zweck es ist, eine angemessene Ausgestaltung von Möglichkeitsräumen der Zukunft zu gewährleisten. Das „Vergessen von etwas" hat somit nicht zuletzt die Aufgabe, *Entscheidungshilfe durch Eindeutigkeit* zu schaffen, gewinnt, eingebunden in die Auffassung, dass das Leben ohnehin nur mit Blick nach vorn, also durch die Erwartung des Künftigen, zu verstehen sei (Perrotta 1999), den Stellenwert einer konstruierenden Größe. Mit dieser Auffassung steht geisteswissenschaftliches Denken über das Vergessen zwar nicht psychologischen, wohl aber den weiter unten noch ausgeführten modernen evolutionsbiologischen Ansätzen recht nahe.

Offen bleibt allerdings u. a. das Problem, wie man ein solch messtechnisch wenig greifbar erscheinendes Zeitverständnis, hier „gestauchte" bzw. „gedehnte" Zeiträume, im *Möglichkeitsraum persönlicher Historie* verorten könnte. Denn dafür bieten einige der in der ▶ Tradition der Phänomenologie stehende Antworten (Bernet 1985) bis heute lediglich Denkanstöße. Dies geschieht etwa dadurch, dass nun Zeitlichkeit mit der Innerlichkeit des Menschen in Beziehung gesetzt und in Letzterer bestimmte Momente des oben angesprochenen Möglichkeitsraumes eines vergangenen Bewusstseins abzubilden gesucht wird. Dadurch ersetzt man jedoch die Eindimensionalität des Zeitstrahles lediglich durch eine subjektive Zeitlichkeit vergangener, punktueller „Jetztzustände". Und die durch Jetztelemente verbundene „Spur in die Vergangenheit" ist nicht mehr als ein gedachter Gegenstand, der erst aus der Erfahrung der Veränderung der Dinge, die den Menschen umgeben, entsteht (Vollmer 2002).

Ob es nun im Sinne einer phänomenologisch ausgerichteten Denkweise irgendwelche ständig neu entspringende „Jetztpunkte" sind, die je nach Einbindung in eine bestimmte Realität der Gegenwart eine variable Ausgangsbasis für eine Sicht auf die Vergangenheit bieten, oder ob, wie gegenwärtig, in naturwissenschaftlichen Teildisziplinen von variablen dynamischen Netzwerken ausgegangen wird: Weder ein gedachter vergangener „Jetztpunkt" noch ein hypothetischer „Netzknoten" kann irgendetwas „aufbewahren". Und wer nichts speichern kann, kann auch nichts verlieren, nichts vergessen. Begriffe wie die beiden beispielhaft genannten sind lediglich Metaphern dafür, um durch die Vorgabe bestimmter Ordnungsstrukturen die Selektionsfähigkeit eines Systems gedanklich zu maximieren (Esposito 2002). Somit ist es letztlich die durch diese Selektion und damit durch ein „ordnungsvermittelndes Vergessen" zum Ausdruck kommende Veränderung im Systemzustand, die darüber „entscheidet", ob aus der bestehenden Organisation die Art akzeptabler Kohärenz erwächst, die in eine bestimmte Gegenwart eingebunden werden kann oder nicht. Eine ganz ähnliche Sichtweise auf das Geschehen in der Vergangenheit, nun aber als „Dynamik des fortwährenden Wandels" bezeichnet (Prigogine und Stengers 1993), nimmt auch die Naturwissenschaft ein. Hier wird in der überdauernden ▶ Plastizität innerhalb des ▶ Nervensystems eine Ursache dafür gesehen, dass eine konstant bleibende Beurteilung der Vergangenheit über die Zeit hin schlechterdings undenkbar erscheint (Fox 1984).

Ob sich also im Denken des Individuums Ereignisse der Vergangenheit zu den oben angesprochenen eindimensionalen „Zeitspuren" verbinden oder, wie in ▶ Abschn. 2.3 weiter ausgeführt, zu variablen Netzwerkkonfigurationen bestimmter Dauer, die Zeit selbst besteht unabhängig von der Sicht auf ein Ereignis, das in der Vergangenheit angesiedelt wird. Erst durch dessen Einbindung in die Leitidee einer „abstrakten Ordnung der Chronologie" erweist sich eine bestimmte Messung als dynamisch, kohärenzbildend etc.; erst dadurch wird eine Episode in der Vergangenheit zu einem Kennwert umgeformt, aufgrund dessen die Wahrscheinlichkeit eines künftigen Ereignisses ermittelt werden kann.

Ist damit der Begriff des Vergessens eine Art Synonym für den andauernden Wandel, dem eine an der Vergangenheit ausgerichteten Darstellung der erfahrenen Wirklichkeit unterliegt? Zumindest eine der geisteswissenschaftlich begründeten Antworten auf diese Frage kann sich dabei heutiger Unterstützung seitens der Psychologie sicher sein. Es ist die ursprünglich Brentano zugeschriebene Auffassung, die besagt, dass eine abnehmende Intensität von Empfindungsdaten vergangener „Jetztzustände" mittels schöpferischer Tätigkeit der Fantasie kompensiert würde (Bernet 1985). Mit dadurch entsteht nicht nur der eingangs erwähnte vergessensrelevante Zeitbegriff, der auf einer *mentalen Begehung von Orten vergangener Ich-Zustände* fußt. Eine solche ▶ Zeitreise lässt auch die Möglichkeit zu, das Vergessene – sei es in Form von Konfabulation oder *false memories* (Kühnel und Markowitsch 2009) – in die „fantasiegeleitete Begehung eines Möglichkeitsraumes" einzubinden.

## 2.3 Vom Begriff des Vergessens in den Naturwissenschaften

Anders als in den Kultur- und Geisteswissenschaften liegt in den Naturwissenschaften der Betrachtungsschwerpunkt zwar ausschließlich auf dem experimentell Erfassbaren des jeweiligen Forschungsobjekts. Jedoch scheint die empirische Ausrichtung, was das Thema „Vergessen"

## 2.3 · Vom Begriff des Vergessens in den Naturwissenschaften

angeht, nur auf den ersten Blick in besonderem Maße ordnungsstiftend und einheitsfördernd zu sein bzw. klare begriffliche Grenzen zu setzen. Was die damit angesprochene Ordnung betrifft, so reicht das Spektrum von einer *Ordnung in der Kleinteiligkeit*, auf die z. B Forscher zurückgreifen, die sich für einzelne Rezeptortypen interessieren, bis hin zur einer *Ordnung des Ganzen*, hier einem „systemischen Vergessen", auf die Wissenschaftler abheben, die sich für dafür bedeutsame Vorgänge eines bestimmten Systems (z. B. eines Säugetiergehirns) interessieren. Entsprechend wird ein dem Humanbereich nahestehender und diverse kognitive Leistungen von Primaten in den Vordergrund stellender Wissenschaftler in puncto Vergessen eine andere Sichtweise einnehmen als einer, der sich auf entsprechende Vorgänge bei Invertebraten konzentriert. Und jemand, der sich für dabei relevante molekulare Abläufe in der einzelnen Zelle interessiert, wird mit Fragen des Vergessens wahrscheinlich wiederum anders umgehen als einer, der sich dem komplexen Gefüge neuroanatomischer Netzwerke widmet (Übersicht in Markowitsch 2009, 2013a, b; Menzel und Müller 1996; Wehner und Menzel 1990; Kandel 1976). So gesehen wirken sowohl *Generalisierung* als auch *Elementarisierung* physiologischer *und* psychologischer Perspektiven auf die jeweiligen Ordnungsschemata zurück, unter denen das Phänomen des Vergessens betrachtet wird. Mit dadurch entwickelt sich eine Komplexität in der Behandlung des Themas, die derjenigen kultur- bzw. sprachvermittelter Vorgänge keinesfalls nachsteht.

Eine der Schwierigkeiten kommt, wie bereits kurz angesprochen, dadurch zum Ausdruck, dass selbst dann ein physikalisches Zeitkonzept zugrunde gelegt wird, wenn höhere kognitive Leistungen, d. h. bewusstseinsbasierte Vorgänge, im Zusammenhang mit einem Vergessen zur Diskussion stehen. Werden sie als fehlgeleitete „Zeitreisen" verstanden, so gelten sie zwar als Ausdruck autobiografischer Gedächtnislücken (Überblick in Della Sala 2010), es gibt dafür aber kein Pendant in der klassischen physikalischen Zeitmessung. Vielmehr steht der Begriff der Zeitreise gerade als Sammelbezeichnung für alle Bewegungen in der Zeit, sog. *Chronomotionen,* die asynchron zu einem konventionell gedachten, d. h. sowohl gleichmäßig linearen als auch *irreversibel progressiven Zeitablauf*, angenommen werden (Nahin 1999). Ein anderes Problem wird deutlich, wenn man, wie weiter unten näher ausgeführt, nicht den unidirektionalen Verlauf der physikalischen Zeit in den Vordergrund stellt, sondern auf *zyklische Eigenzeiten* (▶ Zeit) diverser (Sub-)Systeme abhebt und den Vorgang des Vergessens primär in deren Gesetzmäßigkeiten eingebunden sieht.

Auch die Betrachtung der begrifflichen Grenzen, hier solche, die auf Vergessen von ähnlichen Vorgängen abheben, bedarf gerade in den Naturwissenschaften eines zweiten Blickes. Denn manche Phänomene, die ein Auslöschen von Inhalten nahelegen, sind – auch wenn sie mittels der üblichen Methode der Fragmentierung relativ einfach und in ihren Zeitstrukturen physikalisch gut erfassbar sind – gerade nicht als Vergessen zu verstehen. So wird etwa mit dem Begriff der ▶ Extinktion eine Art „aktiver Stummschaltung" einer konditionierten Relaisschleife beschrieben, wodurch zum Ausdruck gebracht werden soll, dass jederzeit eine Reaktivierung möglich ist. Das bedeutet, der Begriff des „Auslöschens" kann, wenn er sich auf den *Abbau eines zuvor erfolgreich konditionierten gelernten Verhaltens* bezieht, durchaus auch als Lernprozesses des „Nichtreagierens" verstanden werden. Dessen Dynamik und Komplexität werden durch mehrere Charakteristika verdeutlicht, die einem Vergessen entgegenstehen, z. B. eine ▶ Spontanerholung. Damit wird zum Ausdruck gebracht, dass ohne jegliches Training und auch nach einer „erfolgreichen Löschung" die zuvor konditionierte Antwort wieder auftreten kann. Ob oder was also z. B. in den üblichen Tierversuchen letztlich tatsächlich „vergessen" und nicht nur „gelöscht" wird, ist im Einzelnen nicht immer geklärt.

Ohnehin machen die vielfältigen Möglichkeiten des Vergessens – vom molekularen Detail bis zum makroskopischen Großen und Ganzen und vom einfachsten zum komplexesten System – aus jeder Auswahl an Beispielen eher eine Sammlung von Auslassungen denn eine gelungene

Zusammenstellung von Veranschaulichungen. So verhält es sich auch im Folgenden. Hier werden nur Fragen einer Beziehung von Zeit und Vergessen betrachtet, die entweder im Tierversuch zu ermitteln oder darauf zu übertragen sind. Ein „intentionales Vergessen" (Golding und MacLeod 1998) oder ein Verdrängen bestimmter Inhalte bleiben also ebenso unbeachtet wie diverse Amnesieformen. Ersteres, weil man Tieren keine entsprechende Intention unterstellen kann; letztere beiden, weil sie immer auch transiente oder permanente Veränderung in der strukturellen Dynamik des Gehirns mitbedingen, die man nicht auf ausschließlich solche, die für ein Vergessen relevant sind, eingrenzen *und* sie gleichzeitig noch von Mensch auf Tier übertragen kann.

Nachfolgend wird zunächst erläutert, wie sich Vergessen, eingebunden in naturwissenschaftliches Denken, darstellt, bevor dann auf die Bedeutung der ▶ Zeit eingegangen und schließlich beides zusammen in mögliche Denkmodelle eingebunden wird.

## 2.3.1 Vergessen als „Erbe" einer strukturgebundenen Auseinandersetzung mit der Umwelt in der Vergangenheit

Das Vergessen in der Tierwelt in den Vordergrund der Überlegungen stellend, geht es, anders als beim Menschen, in der Regel lediglich um eine Auseinandersetzung mit der Umwelt *in* der Vergangenheit und nicht auch um eine *mit* der Vergangenheit. Die meisten Spezies verfügen nämlich nicht über die Möglichkeit zur Selbstreflexion, um sich zu verinnerlichen, dass die Zukunft, in die sie aus der jeweiligen Gegenwart gesehen unweigerlich „hineinwachsen", ihre spätere Gegenwart ist, die ihrerseits ebenfalls einmal zur Vergangenheit wird. Kehren sie zu Partnern oder Futterstellen zurück bzw. bleiben sie bei ihnen, so geschieht das gängiger Meinung nach, weil sich für sie der Erfolg in der Zukunft eher bezüglich einer gelungenen Auseinandersetzung mit der Umwelt *in der Vergangenheit* entscheidet als, wie beim Menschen, auch bezüglich der *Auseinandersetzung mit der (eigenen) Vergangenheit* (Suddendorf und Corballis 2007; Suddendorf et al. 2009).

Damit wird eine bedeutende Schnittstelle in der Behandlung der Zeit zwischen Naturwissenschaften und Nichtnaturwissenschaften erkennbar. Denn ob etwas *aus* der Vergangenheit vermittels bestimmter systemischer „Eigenzeiten" bis in die Gegenwart hineinwirkt oder ob man etwas Vergangenes aus einem bestimmten Moment und Blickwinkel heraus „mental konstruiert", impliziert verschiedene Auffassungen über die Zeit. Im ersten Fall – und nur um diesen geht es im Folgenden – wird das Vergessen „über die Zeit hinweg" oft als natürlicher Teil strukturellen „Werdens und Vergehens" im Leben eines Individuums begriffen. Sollte es aber, so wie die oben angesprochenen Ideen des Vergessens als „zukunftssichernder Vergangenheitskonstruktion" dies nahelegen, auch einer erfolgreichen Auseinandersetzung mit der Umwelt dienlich sein, so müssen sich die Regeln dafür auch aus möglichen Veränderungen von Strukturen ableiten lassen. In der Tat wird es bei Naturwissenschaftlern, die ein Vergessen ohnehin seit jeher, zusammen mit dem Gedächtnis, zu den *originär biologischen Fakten* (Hering 1870) zählen, auch mit gewissen *Veränderungen* in Zusammensetzung, Anordnung und Funktionsweise bestimmter (Sub-)Strukturen in Zusammenhang gebracht. Solche Veränderungen – und diese sind nicht anders als zeitgebunden denkbar – sind z. B. in physiologischen Subsystemen wie dem zentralnervösen System, dem vegetativen Nervensystem und dem ▶ Immunsystem bekannt (▶ Teil IV).

Durch diese Verortung des Vergessens als einem zeitgebundenen, der Veränderung der Materie geschuldeten Prozess deuten sich aber bereits einige der Probleme mit einer interdisziplinären Übertragung des Begriffs an. So sind z. B. geistes- oder sozialwissenschaftlich motivierte Aussagen, die zum Ausdruck bringen, dass „dieser bzw. der Mensch an sich vergisst", auf neurophysiologische oder neuroanatomische Detailergebnisse kaum übertragbar, denn eine Zelle „vergisst" ebenso wenig, wie dies eine anatomische Substruktur vermag. In beiden Fällen sind lediglich *metabolische und/oder strukturelle Veränderungen* in die eine oder andere Richtung denkbar. Diese Vorgänge folgen in ihrem Ablauf bestimmten „Eigenzeiten" des Stoffwechsels, z. B. der Aktivität bestimmter ▶ Transkriptionsfaktoren (s. auch ▶ Transkription), die ihrerseits einen entsprechend *lang- oder kurzzeitigen Einfluss* auf die ▶ Genexpression haben (s. auch ▶ Regulatorgen, ▶ Strukturgen, ▶ Stimulus-Transduktions-Koppelung). Nicht nur auf molekularer Ebene, auch vom Blickwinkel neuronaler Makroorganisation aus gesehen, gilt es ebenso, ein Vergessen in die entsprechenden Begrifflichkeiten zu übertragen, nun in jene, die einen systemischen Wandel mit bestimmten Grenz- und Randbedingungen zum Ausdruck bringen. Die Aussage „Der Mensch vergisst" bedeutet – eingebunden in komplexe, sich selbst organisierende, einer ständigen Veränderungsdynamik unterworfene Systeme – dann z. B., dass eine bestimmte Veränderung informationskonservierender Teilsysteme *eine kritische Schwelle überschritten* hat.

Unabhängig davon aber, ob Vergessen als metabolische Veränderung auf zellulärer Ebene angesehen wird oder als Indiz dafür, dass sich in der Dynamik der Ereignisse eines komplexen Systems etwas geändert hat, eine Sinnhaftigkeit möglicher Abläufe auf Mikro- oder Makroebene ergibt sich erst aus der Deutung des jeweiligen Zusammenhangs. Man kann deshalb, für die beiden beispielhaft aufgeführten Extremfälle geltend, lediglich aussagen, dass sowohl eine Änderung bestimmter Funktionsabläufe im Gehirn als auch ein systemischer Wandel an einem bestimmten kritischen Punkt oder innerhalb eines kritischen Bereichs mit einer Änderung der Zuschreibungen von einer des (teilweisen) Erinnerns in eine des (teilweisen) Vergessens einhergeht.

Für diese das Vergessen symbolisierende, strukturell oder systemisch betrachtete Änderung ist das sprichwörtliche „schlechte Gedächtnis" jedoch nur ein Indiz, keinesfalls aber die Ursache. Verantwortlich dafür sind vermutlich endogen oder exogen verursachte Veränderungen in der jeweiligen Gegenwart des Gehirns, die dort u. a. mittels Suppression, Expansion oder Induktion eine ganz besondere Gehirnaktivität erzeugen, die ihrerseits wiederum ausgewählte Repräsentationsmöglichkeiten bietet. Dass dabei die „Eindeutigkeit" des so konstruierten Zukunftsträchtigen Vorrang hat vor einer als „Wahrheit" apostrophierten Variante ebenfalls möglicher Repräsentationen ist naheliegend, kann auf diese Weise allerdings nicht beantwortet werden, und zwar ebenso wenig wie andere bekannte zeittypische Klassifikationen des Vergessens etwa in Form eines Zerfließens, Überschreibens oder Verlöschens von Inhalten. Sie dienen lediglich der Veranschaulichung für den oben angesprochenen, dem empfundenen Zeitfluss geschuldeten Verlust. Die Art und Weise der Auseinandersetzung mit der Umwelt *in* der Vergangenheit ist in allen Fällen jedoch insofern maßgeblich für Phänomene des Vergessens, als sie die Gehirnaktivität der Gegenwart und damit deren Repräsentationsmöglichkeiten mitbestimmt.

Wie aber erfassen bestimmte physiologische Systeme die Zeit, d. h., wie kann es letztlich gelingen, bei bestimmten physiologischen Repräsentationsformen des Jetzt solche, die dem Augenblick entstammen, von jenen zu unterscheiden, die aus der Vergangenheit herrühren?

## 2.3.2 Verschiedene naturwissenschaftliche Zeitbegriffe und Vergessen

Anders als in der experimentellen Psychologie ist bei der für Prozesse des Vergessens so entscheidenden Frage nach der Zeiterfassung in der Naturwissenschaft neben dem klassischen *physikalischen Zeitkonzept* immer auch eine *(chrono-)biologische Auffassung von Zeit* von Bedeutung (Carrel 1931; Übersicht in Cramer 1993; Meier-Koll 1995). Letztere gründet zum einen auf der Erkenntnis, dass eine auf die vergangene Zeit bezogene Beschreibung miteinander verknüpfter mentaler Vorgänge grundsätzlich nur unter den biologischen Bedingungen der Gegenwart möglich ist (Buonomano und Merzenich 1995; Eagleman et al. 2005; Dennett und Kinsbourne

1992; Droit-Volet und Meck 2007; Griffin et al. 2002; Leon und Shadlen 2003; Singer 1999; Yabe et al. 1998, 2005; Übersicht in Mauk und Buonomano 2004). Damit wird zum einen das Problem angesprochen, dass physikalisch erhobene Zeitmaße mangels einer entsprechend „korrekten" internen Repräsentation der gemessenen Zeit nicht nach Belieben als linear transformierbar gelten. Diese „objektive" Zeit wird bekanntlich je nach Erfahrungsinhalt, Befindlichkeit, Alter etc. des Individuums in einer bestimmten Gegenwart „gestaucht", „gedehnt" oder „gekrümmt". Zum anderen wird angenommen, dass ein Vergessen von etwas, bedingt durch eine Vielfalt oszillierender, physiologischer Prozesse, in teilsynchronisierte periodisch wiederkehrende Zeiteinheiten unterschiedlicher Phasenlänge eingebettet. ist.

Die Annahme einer solchermaßen „biologisch" bestimmten Zeit verursacht allerdings eine Reihe von Problemen, denn „innere Uhren" unterschiedlicher Phasenlänge bilden ihrerseits eine Art sich in *vielfach überlagernden Zyklen in die Zukunft schraubendes Etwas* (Hastings et al. 2008), das eine Verortung des Vergessens darin schwierig macht. Versucht man z. B. die Aktivität einzelner Zellen oder Zellverbände in solcherart überlagerte periodisch wiederkehrende physiologische Aktivitäten einzubetten, so ergeben sich Zyklen von wenigen (Milli-)Sekunden und Minuten Dauer bis hin zu (teils freilaufenden) Rhythmen von Stunden, Tagen, Mondmonaten oder Jahren (Basar 2008; Hastings et al. 2008; Hobson 1989; Gwinner 1986). Dies erschwert die Beantwortung von Fragen danach, was wann vergessen wurde.

Jeweils für sich genommen können zyklische Wiederholungen in der Aktivität physiologischer Systeme vermutlich durchaus als eine Art „systemimmanente Rückversicherung gegen ein Vergessen" der von ihnen repräsentierten Prozesse betrachtet werden. So kann man z. B. chronobiologische Gesetzmäßigkeiten durch Aktivitätszyklen *neuronaler Repräsentationen von Zeitmustern* im Rahmen einer *tonischen oder phasischen Intervallerfassung* ermitteln. Aufgrund bestimmter Regel- und Kreisprozesse bzw. Reaktionskaskaden lassen sich des Weiteren sowohl Dauer als auch Folgewirkungen von Verarbeitungsvorgängen mitbestimmen (Übersicht in Covey et al. 1995). Bezogen auf Phänomene des *Vergessens* bedeutet dies, dass neuronale Veränderungen, z. B. in Form einer ▶ Langzeitpotenzierung (▶ LTP) (Lisman et al. 2005), gefolgt von einer ▶ Genexpression, durchaus Minuten, Stunden oder Tage, wenn nicht gar Monate oder Jahre wirksam sein können (Gall und Lynch 2005), der „Verlust von Informationen" also je nach einem zeitlichen Ineinandergreifen verschiedener Zyklen zu ganz unterschiedlichen Zeiten wirksam werden kann. Dieser Vorgang der Unumkehrbarkeit steht nämlich nicht für sich allein, sondern bildet zusammen mit verschiedenen reversiblen – durch interne Interaktion oder externe Einflüsse teilweise synchronisierte Prozesse – ein Ganzes. Eines, die Periodizität von bestimmten Ereignissen oder die Lebensdauer als solche, ist folglich sinnvollerweise auch nur im Zusammenhang mit dem jeweils anderen zu sehen (Mistlberger und Skene 2004).

Erst gemeinsam bilden sie vermutlich jenes Zyklen übergreifende biologische Zeitgeschehen ab, in das komplexe Phänomene des Vergessens einzubinden sind. Dass beides, sowohl die Unumkehrbarkeit des Alterns als auch die Reversibilität zyklischer Prozesse, beim Vergessen beteiligt ist, erkennt man u. a. daran, dass sich allmähliche (z. B. durch Alterungsprozesse verursachte), sprunghaft verlaufende (z. B. krankheitsbedingte) oder durch autoregulative Feedback-Loops begründete Veränderungen in ihrem Zusammenspiel als Konstituenten einer „biologischen Zeit" nicht nur, aber immer auch auf die Gehirnfunktion auswirken und hier in den von allen gemeinsam gebildeten synergetischen Kräften Vorgänge des Vergessens zu beeinflussen vermögen. Die vielfältigen Probleme, die damit verbunden sind, werden bereits deutlich, wenn es nur darum geht, die Zeitdauer der Gegenwart zu erfassen, die ihrerseits den Aktivitätszustand eines physiologischen Systems (z. B. des Gehirns) bestimmt und damit auch festlegt, was als Vergangenheit bezeichnet wird.

## 2.3 · Vom Begriff des Vergessens in den Naturwissenschaften

Ein bestimmtes neuronales Wechselspiel von spezifischen aktivitätsgebundenen reaktiven „Intervallen", systembedingten periodischen Aktivitätsschwingungen des Stoffwechsels und erfahrungs- bzw. altersbedingten Änderungen scheint zunächst einmal eine Zeitdauer von ganz wenigen Sekunden zu umfassen, die als Gegenwart anzusehen ist (Pöppel 2000). Darüber hinaus gibt es weitere, zyklische Zeitmesssysteme, die dem Körper innewohnen (Bauer 2002), und als *systemimmanente Uhren* ebenfalls eine eigene „Gegenwart" haben, so z. B. eine Vielzahl (epi-) genetisch bedingter bzw. verhaltensinduzierter Stoffwechselvorgänge (Übersicht in Stanton et al. 2005) und Rhythmen mit ganz verschiedenen Periodizitäten und Latenzen. Die Spanne möglicher Zeiträume, die durch physiologische Vorgänge bzw. Zustände beansprucht und damit auch als vergessensrelevante *Eigenzeit* der Gegenwart erfasst werden, ist u. a. deshalb so vielfältig, weil phylogenetisch unterschiedlich alte Strukturen und deren *Kommunikationssysteme* in die Zeitmessung eingebunden sind. Und man weiß bisher nur wenig darüber, welche Intervallmessungen, z. B. seitens des Hormonsystems (▶ Hormone) und ▶ Immunsystems, der „Körper als Ganzes" in den jeweiligen „Moment der Gegenwart" integriert. Es wird lediglich vermutet (Bauer 2002), dass deren Erfassung des „Jetzt" relativ *robust gegenüber möglichen Veränderungen* ist, da das ▶ Körpergedächtnis wenig „vergisst". Inwieweit deren Eigenzeiten in die Erfassung der mentalen Gegenwart einfließt, ist jedoch nur teilweise bekannt. Im Gehirn zumindest sind manche Strukturen, z. B. im Zwischenhirn, mit dem endokrinologischen System des Körpers eng verbunden, andere, im Hirnstamm gelegene, eher mit Teilen des vegetativen Nervensystems und wieder andere, im Großhirn angesiedelte, korrespondieren bevorzugt mit dem Immunsystem. Entsprechend der unterschiedlichen Beziehungen zu verschiedenen Organen des restlichen Körpers ist jeweils auch ein ganz spezifischer Abgleich mit deren Stoffwechselvorgängen und daraus resultierenden Zeitstrukturen wahrscheinlich. Und das legt nahe, dass eine Informationsübermittlung zwischen Körper und Gehirn vermutlich mittels *unterschiedlich großer Zeitfenster* erfolgt.

Wie man, die „biologischen Bedingungen des Lebendigen" berücksichtigend, zu einer das Vergessen adäquat abbildenden Zeitmessung der Vergangenheit gelangen soll, wo doch bereits die Gegenwart, eine recht variable Zeitspanne zu sein scheint, ist noch offen. Und wie sich schließlich verschiedene Intervallzeitmessungen, Zerfallszeiten intrazellulärer Vorgänge, Eigenzeiten von Systemen, regenerative Kreisprozesse etc. mit einer *mentalen Zeit* des integrativen „Ich der Gegenwart" zusammenfügen könnten, bleibt ebenfalls noch zu erkunden.

### 2.3.3 Vergessen: Ein zeitgebundenes Passungsproblem?

Was mögliche Gesetzmäßigkeiten des Vergessens, übertragen auf Fragen nach lang- oder kurzfristigen, d. h. auch *epigenetischen Festlegungen biologischer Teilsysteme* angeht, und danach, wer oder was dabei den zu erwartenden Bedeutungsgehalt systemischer Veränderungen festlegt, bieten heute insbesondere Antworten der modernen Evolutionsbiologie mögliche Anhaltspunkte (Übersicht z. B. in Becker et al. 2003; Irrgang 2001; Vollmer 2003). Hier wird ein „Vergessen von etwas" z. B. nicht nur, aber auch unter dem Gesichtspunkt der *Entledigung irrelevant gewordener Teile adaptiver Festlegungen eines biologischen Systems* betrachtet. Denn um sich *ressourcenoptimierend* an bestimmte Umweltbedingungen anzupassen, so die Auffassung, muss nicht nur sichergestellt werden, dass jedes Zuviel an Vergessen vermieden wird, auch jedes Zuwenig ist von Nachteil. Beides würde für das Individuum den Wert bereits gemachter Erfahrung als Datenspeicher für die Zukunft mindern und es dadurch seiner Umwelt zunehmend entfremden – die allfällige überlebenswichtige Anpassung würde erschwert.

Dass bei solchen Erwägungen viele psychologisch relevante Vergessensvorgänge als *zufällige Vergessensphänomene* keine weitere Beachtung erfahren, ist naheliegend. Denn ein plötzlicher

Aussetzer *von etwas*, eine Fehlschaltung *zu etwas*, ein fehlender Anstoß *für etwas* etc. werden als kleinere vernachlässigbare Irrtümer des Systems betrachtet, die allen Geschöpfen gleichermaßen innewohnen und deshalb keinen Überlebensnachteil darstellen. Es ist dieser besondere Blickwinkel auf das Vergessen im Sinne eines *systemimmanenten Abwägens* für oder gegen bestimmte Formen des Vergessens, der die Chance einer inhaltlichen Umwidmung des Begriffs eröffnet. Statt der Vorstellung des „Verblassens" oder des „Nichtvorhandenseins von etwas" kann nun die Frage der *Passung beim Ineinandergreifen biologischer Teilsysteme* in den Vordergrund gerückt werden. Eine solche Passung könnte z. B. sowohl in einer konzertierten elektrophysiologischen Erregung von Nervenzellverbänden zum Ausdruck kommen als auch subzellulär, etwa auf der molekularer Ebene, durch autoregulative transkriptionale oder posttranskriptionale Rückmeldeschleifen, und sie könnte auch in verschiedene systemtheoretische Vorstellungen integriert werden. Als mögliche „Trägersysteme", die letztlich über ein *Vergessen von etwas* Aufschluss geben sollen, kommen somit zwar praktisch alle bekannten biologischen Subsysteme in Betracht, sofern sie mit dem Gehirn in Verbindung stehen, aber allen voran werden die oben beispielhaft erwähnten molekularbiologischen Vorgänge genannt.

Daneben erfahren auch neurochemische, elektrophysiologische und morphologische Veränderungen von Nerven- und ▶ Gliazellen sowie deren dynamische Interaktionen große Aufmerksamkeit (Fellin 2009; Volterra und Meldolesi 2005). Denn anders als noch im letzten Drittel des 20. Jahrhunderts, als man in der Neurowissenschaft bevorzugt mit Gedankenmodellen *im Großen stabiler*, aber im *Kleinen plastischer* Netzwerke innerhalb des Gehirns operierte, hat heute besonders o. g. Vorstellung *sich selbst organisierender Netzwerke* viel an Zuspruch gewonnen (Übersicht in Haken 1996; Schiepek und Tschacher 1997; Schiepek 2003). In autopoetisch (▶ Autopoesis) agierend gedachten Systemen aber kann ein *Vergessen von etwas* nun nicht mehr auf (irgend-) eine Form mangelnder räumlich-zeitlicher Stabilität bestimmter neuronaler „Subsysteme" für ausgewählte „Aufgabenbereiche" zurückgeführt werden. Der Begriff des Stabilen konstituiert sich vielmehr in Anpassung an die erfahrenen Veränderungen laufend neu. Die Frage nach einem „Vergessen von etwas" lautet daher, wie *(supra-)neuronale Systeme*, deren konstantes Merkmal eine *systemadäquate Veränderlichkeit* ist, eine Passung ermöglichen, die es gewährleistet, gerade diejenigen Erfahrungen der Vergangenheit in der Gegenwart abzubilden, die optimale Voraussetzungen für ein angepasstes weiteres Überleben bieten. Und aber damit sind naturwissenschaftliche Vorstellungen nicht fern von den oben angesprochenen geisteswissenschaftlichen Ansätzen.

**Schlussbetrachtung**
Eine Vielfalt an Zeitkonzepten bedingt unterschiedliche Vorstellungen über das Vergessen mit, und zwar grundlegend andere Vorstellungen, da sich die Ansätze, die schließlich auf eine Beziehung von Zeit und Vergessen aufbauen, auch unterschiedlicher wissenschaftlicher Grundüberzeugungen bedienen. Hier stehen z. B. *experimentalpsychologisch* ausgerichtete Denkweisen, die Vergessen letztlich als eine dem „Zahn der Zeit" geschuldete, Störungsanfälligkeit eines Systems betrachten, jenen gegenüber, die sich an der *evolutionären Erkenntnistheorie* orientieren und entsprechend eine an der Überlebenswahrscheinlichkeit orientierte Kosten-Nutzen-Relation im Vordergrund sehen. Hinzu kommen *phänomenologisch orientierte Ansätze*, die Vergessen unter dem Aspekt eines unterschiedlichen Nachwirkens diverser „unabgegoltener Ereignisse" aus der Vergangenheit bis in die Gegenwart hinein in Rechnung stellen. Die so erfahrene Realität, entstanden aus Verknüpfungen von Vergangenheit und Gegenwart, kann sich dann allerdings nicht mehr auf den Begriff der Zeit als einer autonomen Größe unabhängig von jedem Ereignis bestehenden Größe beziehen, sondern nur auf einen subjektiven unidirektionalen Zeitfluss als einer Grunderfahrung aus dem Umgang mit der Natur. Eingefügt in das klassische stetig fortschreitende

physikalische Modell der Zeit kommt ein individuelles Vergessen entsprechend als Ansammlung von Lücken, Diskontinuitäten und Überlappungen zum Ausdruck.

Die damit angesprochene Problematik mit der Verwendung des Zeitbegriffs erklärt sich somit zumindest teilweise daraus, dass sowohl im Verständnis von Zeit als einer bestimmten physikalisch bestimmbaren, kulturvermittelten kalendarischen Größe, z. B. „vor" oder „während" eines bestimmten Ereignisses, als auch verstanden im Sinne einer ganz subjektiven Einschätzung immer die *Realität der Gegenwart* weit über die eines psychologisch oder physiologisch erfassbaren Augenblicks hinausreicht. Auch dieser Aspekt erfordert einen neuen Blick auf die Vergangenheit, ändert sich letztere doch mit jeder Neuverortung im Jetzt – und nur von der Gegenwart aus kann man die Vergangenheit ja befragen.

Geistes- und Sozialwissenschaftler sehen hier z. B. die Gefahr, dass dem Gesetz der klassischen Naturwissenschaft folgend, d. h. die Zeit in gleiche Teile zerlegend, eine gleichmäßig fortschreitende lineare Aufreihung von Ereignissen entsteht, wobei die Gegenwart gewissermaßen „zwischen den Zahlen" zu verschwinden droht (Esposito 2002) bzw. überhaupt erst im Nachhinein konstruiert wird. Ähnliches gilt auch für die Naturwissenschaft. Hier misst sich die Gegenwart – wenn überhaupt – ggf. und höchstens innerhalb eines nur wenige Sekunden umfassenden Zeitfensters (Pöppel 2006). In beiden Bereichen scheint somit die Zukunft, die sich als Ergebnis vergangener Handlungen determiniert, der Gegenwart kaum „Entscheidungszeitraum" zu lassen.

Die Problematik des Vergessens besteht also nicht nur in der Auseinandersetzung mit der Vergangenheit, sondern auch mit der „Zeitdauer der Gegenwart". Ohne Vergessen als einer der „Strukturgeber der Gegenwart" wäre das zugrunde liegende auf Redundanzen angelegte physiologische System, wie jedes andere hypothetische Konstrukt auch, in Ermanglung der Möglichkeit zur Abstraktion und Generalisierung kaum arbeitsfähig. Vergessen wird so gesehen zu einem Systemerfordernis zur zukunftstauglichen Auswahl aus dem Angebot gegenwärtiger Ereignisse und trägt so zu einer ständigen Anpassung des Systems an sich ändernde Bedingungen in der Lage bei.

## Literatur

Basar, E. (2008). Ascillations in „brain-body-mind" – A holistic view including the autonomous system. *Brain Research, 1235*, 2–11.
Bauer, J. (2002). *Das Gedächtnis des Körpers. Wie Beziehungen und Lebensstile unsere Gene steuern*. Frankfurt: Eichborn.
Becker, A., Mehr, C., Nau, H. H., Reuter, G., & Stegmüller, D. (Hrsg.). (2003). *Gene, Meme und Gehirne. Geist und Gesellschaft als Natur. Eine Debatte*. Frankfurt: Suhrkamp.
Bernet, R. (Hrsg.). (1985). *Edmund Husserl (1893–1917) Texte zur Phänomenologie des inneren Zeitbewußtseins*. Hamburg: Felix Meiner Verlag.
Björklund, D. F., & Muir, J. E. (1988). Children's development of free recall memory: Remembering on their own. In R. Vasta (Hrsg.), *Annals of child development* (Bd. 5, S. 79–123). Greenwich, CT: JAI-Press.
Bouman, L., & Gruenbaum, A. A. (1929). Eine Störung der Chronognosie und ihre Bedeutung im betreffenden Symptomenbild. *Monatsschrift für Psychiatrie und Neurologie, 73*, 1–39.
Buonomano, D. V., & Merzenich, M. M. (1995). Temporal information transformed into a spatial code by a neural network with realistic properties. *Science, 267*, 1028–1030.
Carrel, A. (1931). Physiological time. *Science, 74*, 618–621.
Ceci, S. J., & Bruck, M. (1993). Suggestibilityof the child witness: A historical review and synthesis. *Psychological Bulletin, 113*, 403–439.
Cipolla, C. M. (1985). *Gezählte Zeit. Wie mechanische Uhren das Leben veränderten*. Berlin: Verlag Klaus Wagenbach.
Covey, E., Hawkins, H. L., & Port, R. F. (1995). *Neural representation of temporal patterns*. New York: Plenum Press.
Cramer, F. (1993). *Der Zeitbaum. Grundlagen einer allgemeinen Zeittheorie*. Frankfurt: Insel-Verlag.
Davis, N., Gross, J., & Hayne, H. (2008). Defining the boundary of childhood amnesia. *Memory, 16*, 465–474.
Della Sala, S. (Hrsg.). (2010). *Forgetting*. Hove: Psychology Press.

Dennett, D. C., & Kinsbourne, M. (1992). Time and the observer: The where and when of consciousness in the brain. *Behavioral and Brain Sciences, 15*, 183–247.

Dimbath, O., & Wehling, P. (Hrsg.). (2011). *Soziologie des Vergessens. Theoretische Zugänge und empirische Forschungsfelder*. Konstanz: UVK Verlagsgesellschaft.

Droit-Volet, S., & Meck, W. H. (2007). How emotions colour our perception of time. *Trends in Cognitive Sciences, 11*, 504–513.

Eagleman, D. M., Tse, P. U., Buonomano, D., Janssen, P., Nobre, A. Chr., & Holcombe, A. O. (2005). Time and the brain. How subjective time relates to neural time. *Journal of Neuroscience, 25*, 10369–10371.

Esposito, E. (2002). *Soziales Vergessen. Formen und Medien des Gedächtnisses der Gesellschaft*. Frankfurt am Main: Suhrkamp.

Fellin, T. (2009). Communication between neurons and astrocytes: Relevance to the modulation of synaptic and network activity. *Journal of Neurochemistry, 108*, 533–544.

Fivush, R., & Nelson, K. (2006). Parent-child reminiscence locates the self in the past. *British Journal of Developmental Psychology, 24*, 235–251.

Fox, J. C. (1984). The brain's dynamic way of keeping in touch. *Science, 225*, 820–821.

Fraisse, P. (1985). *Psychologie der Zeit*. Aus dem Französischen von P. Hasenkamp (Psychologie du temps). München: Reinhardt.

Gall, C. M., & Lynch, G. (2005). Consolidation: A view from the synapse. In P. K. Stanton, C. Bramham & H. E. Scharfman (Hrsg.), *Synaptic plasticity and transsynaptic signaling* (S. 469–494). New York: Springer.

Geiger, A. (2011). *Der alte König in seinem Exil*. München: Hanser.

Golding, J. M., & MacLeod, C. M. (1998). *Intentional forgetting: Interdisciplinary approaches*. Mahwah: Lawrence Erlbaum.

Griffin, J. C., Miniussi, C., & Nobre, A. (2002). Multiple mechanisms of selective attention: Differential modulation of stimulus processing by attention to space or time. *Neuropsychologia, 40*, 2325–2340.

Gwinner, E. (1986). Circannual rhythms in the control of avian rhythms. *Advances in the Study of Behavior, 16*, 191–228.

Haken, H. (1996). *Principles of brain functioning*. Berlin: Springer.

Harpaz-Rotem, I., & Hirst, W. (2005). The earliest memories in individuals raised in either traditional or reformed kibbutz or outside the kibbutz. *Memory, 13*, 51–62.

Hastings, M. H., Maywood, E. S., & Reddy, A. B. (2008). Two decades of circadian time. *Journal of Neuroendocrinology, 20*, 812–819.

Hawking, S. (2006/2007). *Eine kurze Geschichte der Zeit*. Ungekürzte Lizenzausgabe des SPIEGEL-Verlages. Hamburg: Rudolf Augstein GmbH.

Heer, H. (2004). Das Verschwinden der Täter. Der Vernichtungskrieg fand statt, aber keiner war dabei. *Mittelweg, 36*, 310–330.

Hehman, J., German, T. P., & Klein, S. B. (2005). Impaired self-recogognition from recent photographs in a case of late-stage Alzheimer's disease. *Social Cognition, 23*, 116–121.

Hering, E. (1870). *Ueber das Gedächtnis als eine allgemeine Funktion der organisierten Materie. Vortrag gehalten in der feierlichen Sitzung der Kaiserlichen Akademie der Wissenschaften in Wien am XXX. Mai MDCCCLXX*. Leipzig: Akademische Verlagsgesellschaft.

Hinz, A. (2000). *Psychologie der Zeit. Umgang mit Zeit, Zeiterleben und Wohlbefinden*. Münster: Waxmann.

Hobson, J. A. (1989). *Sleep*. New York: Scientific American Library.

Irrgang, B. (2001). *Lehrbuch der Evolutionären Erkenntnistheorie*. München: Ernst Reinhardt Verlag.

Jack, F., MacDonald, S., Reese, E., & Hayne, H. (2009). Maternal reminiscing style during early childhood predicts the age of adults' earliest memories. *Child Development, 80*, 496–505.

Kandel, E. R. (1976). *Cellular basis of behavior*. San Francisco: Freeman.

Kaneko, K. (2006). *Life: An introduction to complex systems biology*. Berlin: Springer Verlag.

Klein, P (1995). *Die Zeit*. Bergisch Gladbach: Lübbe.

Kühnel, S., & Markowitsch, H. J. (2009) *Falsche Erinnerungen. Die Sünden des Gedächtnisses*. Heidelberg: Spektrum.

Lehmkuhl, J. (2009). *Zeit-Fenster. Ein fast philosophisches Lesebuch über die Zeit*. Würzburg: Königshausen und Neumann.

Lenz, H. (2005). *Universalgeschichte der Zeit*. Wiesbaden: Marix-Verlag.

Leon, M. I., & Shadlen, M. N. (2003). Representation of time by neurons in the posterior parietal cortex of the macaque. *Neuron, 38*, 317–327.

LePort, A. K. R., Mattfeld, A. T., Dickinson-Anson, H., Fallon, J. H., Craig, E. L., Stark, C. E. L., … McGaugh, J. L. (2012). Behavioral and neuroanatomical investigation of Highly Superior Autobiographical Memory (HSAM). *Neurobiology of Learning and Memory, 98*, 78–92.

## Literatur

Lisman, J. E., Raghavachari, S., Otmakhov. N., & Otmakova, N. A. (2005). The phases of LTP: The new complexities. In P. K. Stanton, C. Bramham & H. E. Scharfman (Hrsg.), *Synaptic plasticity and transsynaptic signaling* (S. 343–357). New York: Springer.
Luria, A. R. (1968). *The mind of a mnemonist: A little book about a vast memory*. New York: Basic Books.
Mainzer, K. (2005). *Zeit. Von der Urzeit zur Computerzeit*. München: Beck.
Mainzer, K. (2010). *Leben als Maschine? Von der Systembiologie zur Robotik und Künstlichen Intelligenz*. Paderborn: Mentis.
Markowitsch, H. J. (2009). *Das Gedächtnis. Entwicklung – Funktionen – Störungen*. München: C. H. Beck.
Markowitsch, H. J. (2013a). Memory and self – Neuroscientific landscapes. *ISRN Neurosci*, Art. ID 176027. http://dx.doi.org/10.1155/2013/176027.
Markowitsch, H. J. (2013b). Gedächtnis – Neuroanatomie und Störungen des Gedächtnisses. In H.-O. Karnath & P. Thier (Hrsg.), *Kognitive Neurowissenschaften* (S. 553–566). Berlin: Springer.
Markowitsch, H. J., & Welzer, H. (2010). *The development of autobiographical memory*. Hove: Psychology Press.
Mauk, M. D., & Buonomano, D. V. (2004). The neural basis of temporal processing. *Annual Reviews of Neuroscience, 27*, 304–340.
Mazzoni, G. A. L., & Memon, A. (2003) Imagination can create false autobiographical memories. *Psychological Science, 14*, 186–188.
Meier-Koll, A. (1995). *Chronobiologie. Zeitstrukturen des Lebens*. München: Beck.
Menzel, R., & Müller, U. (1996). Learning and memory in honeybees: From behavior to neural substrates. *Annual Reviews of Neuroscience, 19*, 379–404.
Mistlberger, R. E., & Skene, D. J. (2004). Social influences on mammalian circadian rhythms, animal and human studies. *Biological Reviews, 79*, 533–556.
Nahin, P. J. (1999). *Time machines. Time travel in physics, metaphysics and science fiction* (2. Aufl.). New York: Springer.
Nelson, K., & Fivush, R. (2004). The emergence of autobiographical memory: A social cultural developmental theory. *Psychological Review, 111*, 486–511.
Parker, E. S., Cahill, L., & McGaugh, J. L. (2006). A case of unusual autobiographical remembering. *Neurocase, 12*, 35–49.
Perret-Clermont, A.-N. (Hrsg.). (2005). *Thinking time. A multidisciplinary perspective on time*. Göttingen: Hogrefe.
Perrotta, R. (1999). *Heideggers Jeweiligkeit. Versuch einer Analyse der Seinsfrage anhand der veröffentlichten Texte*. Würzburg: Königshausen und Neumann.
Pöppel, E. (2000). *Grenzen des Bewußtseins. Wie kommen wir zur Zeit und wie entsteht die Wirklichkeit*. Frankfurt: Insel Verlag.
Pöppel, E. (2006). *Der Rahmen. Ein Blick des Gehirns auf unser Ich*. München: Hanser.
Price, J. (2008). *The woman who can't forget: The extraordinary story of living with the most remarkable memory known to science*. New York: Free Press.
Prigogine, I., & Stengers, I. (1993). *Das Paradox der Zeit. Zeit, Chaos und Quanten*. München: Piper.
Schiepek, G. (Hrsg.). (2003). *Neurobiologie der Psychotherapie*. Stuttgart: Schattauer.
Schiepek, G., & Tschacher, W. (Hrsg.). (1997). *Selbstorganisation in Psychologie und Psychiatrie*. Braunschweig: Vieweg.
Singer, W. (1999). Time as a coding space? *Current Opinion in Neurobiology, 9*, 189–194.
Stanton, P. K., Bramham, C. & Scharfman, H. E. (Hrsg.). (2005). *Synaptic plasticity and transsynaptic signaling*. New York: Springer.
Suddendorf, T., & Corballis, M. C. (2007). The evolution of foresight: What is mental time travel, and is it unique to humans? *Behavioral and Brain Sciences, 30*, 299–313.
Suddendorf, T., Addis, D. R., & Corbaillis, M. C. (2009). Mental time travel and the shaping of the mind. *Philosophical Transactions of the Royal Society B, 364*, 1317–1324.
Tulving, E. (2002) Chronesthesia: Awareness of subjective time. In D. T. Stuss & R. Knight (Hrsg.), *Principles of frontal lobe functions* (S. 311–325). New York: New York University Press.
Tulving, E., & Markowitsch, H. J. (1998). Episodic and declarative memory: Role of the hippocampus. *Hippocampus, 8*, 198–204.
Tustin, K., & Hayne, H. (2010). Defining the boundary: age-related changes in childhood amnesia. *Developmental Psychology, 46*, 1049–1061.
Vollmer, G. (2002). *Evolutionäre Erkenntnistheorie: Angeborene Erkenntnisstrukturen im Kontext von Biologie, Psychologie, Liguistik, Philosophie und Wissenschaftstheorie* (8. Aufl.). Stuttgart: Hirzel.
Vollmer, G. (2003). *Was können wir wissen*. Band 1: die Natur der Erkenntnis, Band 2: Die Erkenntnis der Natur. Stuttgart: Hirzel.

Volterra, A., & Meldolesi. J. (2005). Astrocytes from brain glue to communication elements: The revolution continues. *Nature Reviews Neuroscience, 6*, 626–640.

Wang, Q. (2001). Culture effects on adults' earliest childhood recollection and self-description: Implications for the relation between memory and the self. *Journal of Personality and Social Psychology, 81*, 220–233.

Wehner, R., & Menzel, R. (1990). Do insects have cognitive maps? *Annual Reviews of Neuroscience, 13*, 403–414.

Weinrich, H. (1998). *Warum will Kant seinen Diener Lampe vergessen?* Münster: Aschendorf.

Weinrich, H. (2000). *Lethe. Kunst und Kultur des Vergessens*. München: Beck.

Wenzel, H. (1995). *Hören und Sehen, Schrift und Bild. Kultur und Gedächtnis im Mittelalter*. München: Beck.

Yabe, H., Tervaniemi, M., Sinkkonen, J., Huotilainen, M., Ilmoniemi, R. J., & Näätänen, R. (1998). Temporal window of integration of auditory information in the human brain. *Psychophysiologie, 34*, 615–620.

Yabe, H., Matsuoka, T., Sato, Y., Hiruma, T., Sutoh, T., Koyama, S., Gunji, A., Kakigi, R., & Kaneko, S. (2005). Time may be compressed in sound representation as replicated in sensory memory. *NeuroReport, 16*, 95–98.

# Vergessen in den Neurowissenschaften

**Kapitel 3** Vergessen im klinisch-neurowissenschaftlichen Bereich – 53

# Vergessen im klinisch-neurowissenschaftlichen Bereich

**Zusammenfassung**

Im klinisch-neurowissenschaftlichen Bereich wird Vergessen meist mit Amnesie gleichgesetzt, wobei der Terminus „Amnesie" vielfältige Bedeutung haben kann: Er kann sowohl den vollständigen Verlust der eigenen Erinnerung meinen („retrograde Amnesie") als auch das Fehlen von Erinnerung an bestimmte Ereignisse, bestimmte Lebensepochen, bestimmtes Material etc. als auch die Unfähigkeit, sich neues Material bleibend anzueignen (anterograde Amnesie). Entsprechend vielfältig sind die mit Amnesien verbundenen Störungsbilder: großflächige Hirnschäden, die zu Demenzen führen, distinkte Hirnschäden, die mit anterograden (und teilweise auch mit retrograden) Amnesien verbunden sind, und funktionelle oder dissoziative Amnesien, die teilweise reversibel sind und deswegen auch als mnestisches Blockadesyndrom bezeichnet werden. Gerade dieser letzte – psychogene – Bereich ist schon seit Sigmund Freud mit vergessensnahen Phänomenen wie Verdrängen, Täuschen, Fehlerinnerungen haben oder Nicht-vergessen-Können verbunden. Alle diese Phänomene werden – auch anhand von Beispielsfällen und eigenen Daten – diskutiert.

## 3.1 Amnesie

Im klinisch-naturwissenschaftlichen Bereich werden Vergessensvorgänge häufig im Rahmen amnestischer Störungen abgehandelt und damit als defizitär gegenüber dem Normalzustand von Individuen betrachtet. Grob unterteilen kann man in Vergessenszustände, die bei geistig und körperlich (hirnorganisch) gesunden Menschen (und Tieren) auftreten und die schon von Freud als dem Alltagsleben zugehörig angesehen wurden (Freud 1893, 1901a, b, 1910, 1954), und in solche, die nach direkten – temporären oder chronischen – Veränderungen von Hirnphysiologie und Hirnanatomie auftreten (neurologische Störungen) oder die aufgrund indirekter – umweltinduzierter – Geschehnisse die Verarbeitungsfähigkeit von Information auf Hirnebene beeinflussen (psychische oder psychiatrische Störungsbilder).

Im klinischen Bereich wird zwischen anterograden und retrograden ▶ Amnesien differenziert (◘ Abb. 2.1), wobei es nach neurologischen Störungen eher zu ausgeprägten anterograden (Markowitsch 2008a; Markowitsch und Staniloiu 2012a) als zu ausgeprägten retrograden Amnesien (Markowitsch und Staniloiu 2016a) im Langzeitgedächtnis (◘ Abb. 3.1) kommt. Manche Autoren sehen aber zumindest für Patienten mit bilateralen Schäden im medialen Schläfenlappen eine direkte Beziehung zwischen anterograden und retrograden Defiziten (Smith et al. 2013). Betroffen sind das episodisch-autobiografische Gedächtnissystem, aber auch das Wissenssystem, nicht aber die anderen ▶ Gedächtnissysteme (◘ Abb. 1.1) (Squire und Wixted 2011).

Umgekehrt ist es auf psychiatrischem Feld: Patienten mit ▶ dissoziativen Störungen (Maldano und Spiegel 2008) sind primär retrograd amnestisch, wobei sich die Amnesie auch wieder hauptsächlich auf den autobiografischen Bereich bezieht (Markowitsch und Staniloiu 2017a). Deswegen benutzt man hier die „remember–know" (erinnern–wissen) Differenzierung (Dalla Barba et al. 1997): Patienten mit Amnesie wissen zwar häufig noch vergangene Fakten, haben aber keine bewusste Erinnerung an ihre vergangenen Erlebnisse. Hinzu kommt in einer Reihe von Fällen der Verlust oder die Veränderung der persönlichen Identität (Markowitsch 2003; Moriguchi et al. 2009), was umgekehrt bei Patienten mit neurologischen Schäden nur in fortgeschritteneren Stadien der Demenz zu diagnostizieren ist. Die Intelligenz ist in der Regel unbeeinträchtigt, es können allerdings weitere kognitive Funktionen vermindert sein (Brand et al. 2009; Staniloiu und Markowitsch 2014, 2015). Ursachen liegen vor allem im psychotraumatischen Bereich (Markowitsch und Staniloiu 2014), weswegen zu Beginn entsprechender Forschungen im vorletzten Jahrhundert das Krankheitsbild als Hysterie bezeichnet wurde (Breuer und Freud 1895; Bogousslavsky 2011; Trimble und Reynolds, 2016; Goetz 2016; Kanaan 2016; Markowitsch und Staniloiu 2017b). ◘ Tabelle 3.1 gibt eine Übersicht über amnestische Störungen.

## 3.1 · Amnesie

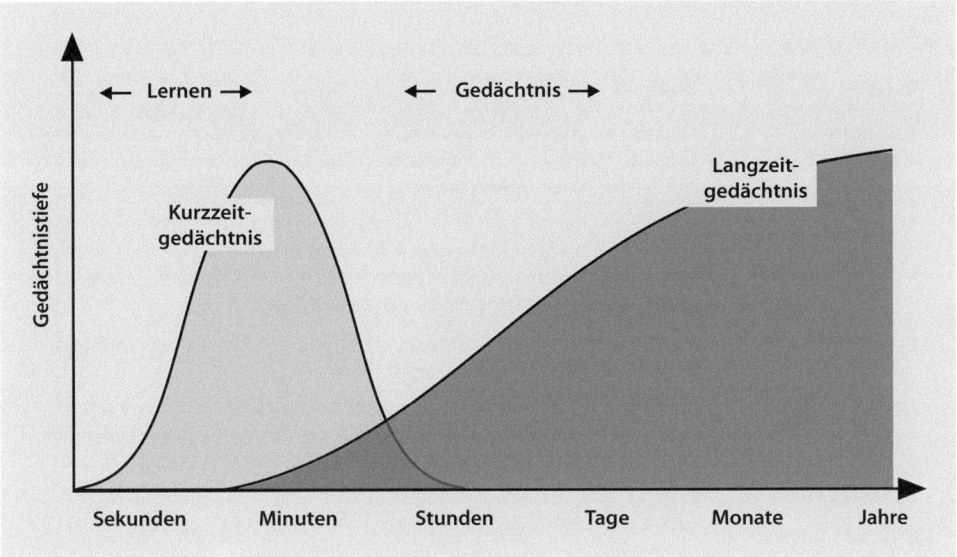

**Abb. 3.1** Schematische Darstellung der Beziehungen zwischen Gedächtnisstärke und -dauer für die zwei zentralen zeitbezogenen Gedächtnissysteme, das Kurzzeit- und das Langzeitgedächtnis

**Tab. 3.1** Formen von Gedächtnisstörungen (Beispiele)

| Begriff | Beschreibung |
| --- | --- |
| Globale Amnesie | Heute selten benutzte Bezeichnung für einen totalen Gedächtnisverlust |
| Anterograde Amnesie | Unfähigkeit, neue Information langfristig abzuspeichern[a] |
| Retrograde Amnesie | Unfähigkeit, bereits abgespeicherte Information bewusst wieder hervorzuholen[b] |
| Infantile Amnesie | Unfähigkeit, Ereignisse der ersten Lebensjahre abzurufen – die Grenze wird meist zwischen dem 4. und dem 5. Lebensjahr angenommen (mögliche Gründe: fehlendes Bewusstsein über die eigene Person, sehr unterschiedlicher Zustand gegenüber dem Erwachsenenzustand, mangelnde Sprachkompetenz, mangelnde Hirnreifung)[c] |
| Partielle Amnesie | Gedächtnisverlust für bestimmte Arten von Information oder für (lakunäre Amnesien) bestimmte Epochen im Leben[d] |
| Materialspezifische Amnesie | Benenn- und Erinnerungsstörung hinsichtlich bestimmter Amnesie Kategorien von Objekten oder Materialien (z. B. Tieren).[e] |
| Reduplikative Paramnesie | Gestörter Sinn für Vertrautheit oder Bekanntheit; der Patient ist davon überzeugt, dass eine Person, ein Ort oder ein Objekt doppelt existiert (neurologisches Krankheitsbild)[f] |
| Capgras-Syndrom | Gestörter Sinn für Vertrautheit oder Bekanntheit; der Patient ist davon überzeugt, dass eine Person einen Doppelgänger hat (in der Regel psychiatrisches Krankheitsbild, wahnhafte Verkennung)[g] |
| Autobiografische Amnesie | Unfähigkeit, Ereignisse aus dem eigenen Leben zu erinnern[h] |
| Semantische Amnesie | Unfähigkeit, Fakten generieren zu können; Amnesie für das Wissenssystem[i] |

◘ Tab. 3.1 Fortsetzung

| Begriff | Beschreibung |
|---|---|
| Developmental amnesia | Episodisch-autobiografische Amnesie mit erhaltenem Wissenssystem und erhaltener Intelligenz nach hypoxisch-ischämischer Hirnschädigung (perinatal oder in den ersten Lebensjahren)[j] |
| Korsakow-Syndrom | Durch Fehlernährung (meist chronischem Alkoholabusus) bedingte Amnesie (Thiaminmangel), die mit Degenerationen im Zwischenhirn einhergeht (Kardinalsymptome: Merkunfähigkeit, teilweise oder komplette retrograde Amnesie, Desorientierung und eine Tendenz zu konfabulieren[k] |
| Pseudodemenz | Veralteter Begriff für demenzartige kognitive (einschl. mnestische) Störungen, die durch eine Depression ausgelöst sind[l] |
| Transiente globale Amnesie | Massive anterograde und teilweise retrograde Amnesie für den episodisch-autobiografischen Bereich, meist bei älteren Patienten (>60 Jahre Lebensalter) und per Definition von kurzer Dauer (<24 h)[m] |
| Dissoziative Amnesie | Psychiatrisches Krankheitsbild, das durch die Unfähigkeit, persönliche Erlebnisse abzurufen, gekennzeichnet ist und häufig mit Identitätsstörungen einhergeht[n] |
| Dissoziative Störungen | Auseinanderlaufen von normalerweise integrierten Funktionen von Emotion und Kognition, Wahrnehmung und Motorik[o] |
| Mnestisches Blockadesyndrom | Alternative Bezeichnung für die Mehrzahl dissoziativer Amnesien, die herausstreicht, dass die Erinnerungsinhalte nicht gelöscht sind, sondern lediglich der bewusste Zugang zu ihnen blockiert ist[p] |
| „Blackout" | In der Neurologie Bezeichnung für einen zeitlich umgrenzten Erinnerungsverlust, meist nach Substanzabusus (Alkohol, Drogen) |
| Lügen, Täuschen, Simulieren | Vorspiegeln oder Übertreiben von Gedächtnisproblemen |
| Konfabulieren | Erzählen von nicht oder nicht in der Art erlebten Geschehnissen[q] |
| Fehlerinnerungen, falsche Rekognitionen | Unbekanntes, Neues wird als bekannt oder gelernt wahrgenommen[r] |
| Intrusionen | Kreieren imaginärer Bruchstücke eines erlebten Geschehens[r] |

[a]Markowitsch (2008a); [b]Markowitsch und Staniloiu (2016a, 2017a, b); [c]J. Gross et al. (2013); [d]Markowitsch et al. (1997a); [e]Forde et al. (1997); [f]Ardila (2016); [g]Klein und Hirachan (2014); [h]Markowitsch (2006); [i]Grossi et al. (1988); [j]Staniloiu et al. (2013); [k]Markowitsch (2010); [l]Kang et al. (2014); [m]Bartsch und Deuschl (2010); [n]Staniloiu und Markowitsch (2014); [o]Staniloiu und Markowitsch (2014, 2015); [p]Markowitsch (2002); [q]Borsutzky et al. (2008); [r]Werner et al. (2012)

## 3.2 Erinnerungsverluste und Erinnerungsverfälschungen in hirngesunden und psychiatrisch unauffälligen Personen

Wie Freud (1901b) unter dem Stichwort „Psychopathologie des Alltagslebens" anmerkte, gehört Vergessen zu unserem täglichen Leben. Trotzdem gibt es viele Lebensbereiche, in denen wir gar nicht merken, dass uns ein Lapsus passiert ist. Dies sind vor allem Fehlerinnerungen – wir meinen etwas zu erinnern, was aber in der Außenwelt so nie stattgefunden hat (Kühnel und Markowitsch 2009; Nash und Ost 2017). Wir haben kein zweites Überwachungs-Ich, das uns Erinnerungsfehler anzeigen würde, weswegen, wie schon Freud (1901a) schrieb, wir uns teilweise zu Unrecht auf unser Gedächtnis verlassen. Wir besitzen, wie in ▶ Kap. 1 angesprochen, Mechanismen, die Fehlleistungen unserer Erinnerung vergrößern oder verkleinern können. Dazu zählt die Zustandsabhängigkeit unserer Erinnerung, die dann den effektivsten Rückgriff gestattet, wenn Einspeicher- und Abrufzustand kongruent sind (Tulving und Thompson 1973). (Beispielsweise können Gerüche, die man von Kindheit an kennt, dann, wenn man wieder mit ihnen konfrontiert wird, Erinnerungen hervorrufen; Willander und Larsson 2006; Herz 2016.)

Daneben gibt es das sozialpsychologische Phänomen der „Tendenz zur Reduktion der kognitiven Dissonanz", auf das Schriftsteller und Philosophen verwiesen („Weil, so schließt er messerscharf, nicht sein kann, was nicht sein darf"; Morgenstern o. J.). Hierunter versteht man den Versuch, Nichtpassendes passend zu machen, also etwa deswegen mit dem Zigarettenrauchen nicht aufzuhören, weil Helmut Schmidt trotz Intensivkonsums damit fast 97 Jahre alt wurde und rauchen damit „nicht so schlimm" sein könne. Fehlerinnerungen finden sich natürlich gehäuft hinsichtlich Erinnerungen an die frühe Kindheit (▶ infantile Amnesie). Johanna Adorján schreibt auf der ersten Textseite ihres Buches *Eine exklusive Liebe* über den Onkel István:

> Er erinnert sich noch genau an diesen Tag, zumindest erinnert er sich an seine Erinnerung (er wurde an diesem Tag drei Jahre alt). (Adorján 2009)

Sie bezweifelt also, dass diese Erinnerung authentisch war. Gerade hinsichtlich früher Lebenserinnerungen kann oft vermutet werden, dass diese „implantiert" wurden. Elizabeth Loftus (2000, 2003, 2014) hat dies durch eine Reihe experimenteller Arbeiten belegt (vgl. auch Kühnel und Markowitsch 2009).

### 3.2.1 Induzierte Fehlerinnerungen

Wade et al. (2002) machten ein eindrucksvolles Experiment zu Fehlerinnerungen: Sie zeigten Versuchspersonen ein Foto, das sie als Kind zusammen mit ihrem Vater in einem Heißluftballon zeigte. In Wirklichkeit waren die Probanden nie Heißluftballon gefahren waren, es handelte sich um eine Fotomontage. Da das Foto für die Probanden offensichtlich ein so starker Beweis dafür war, dass das Ereignis tatsächlich stattgefunden haben musste, fingen die Probanden an, „Erinnerungen" daran abzurufen: Sie beschrieben die Situation so, als ob sie sie wirklich erlebt hätten.

Tatsächlich finden sich Fehlerinnerungen vor allem dann, wenn die Person psychisch nicht gefestigt bzw. geistig oder körperlich erschöpft ist. Kinder sind von daher stärker von Fehlerinnerungen betroffen als ältere Erwachsene.

### 3.2.2 Fehlerinnerungen und Gehirn

Fehlerinnerungen können insbesondere bei Personen unter Stress, mit Ermüdungserscheinungen, Erschöpfung usw. auftreten (s. hierzu auch Stickgold und Walker 2013). Natürlich findet sich auch bei Patientengruppen mit bestimmten Hirnschäden eine erhöhte Tendenz zu Fehlerinnerungen. Dies gilt insbesondere dann, wenn die Hirnschädigung sich im (ventralen) Stirnhirn befindet (Borsutzky et al. 2010). (Das Stirnhirn gilt als ein Cortexbereich mit „Monitoring"-, d. h. Überwachungs- oder Kontrollfunktionen; Feuchtwanger 1923.) In diesen Bereich gehört dann sozusagen auch das andere Extrem – ein Zuviel an „Erinnerung". Déjà-vus, Déjà-vécus etc. beschreiben subjektive, nicht mit der Realität übereinstimmende Wahrnehmungen oder Erlebnisse. Korsakow (1891, S. 410) beschrieb Pseudoreminiszenzen als Déjà-vu-Gefühle und als auftretende Ideen oder Konzepte, die es nicht in der Realität gab, in seinen Augen aber trotzdem

Rudimente existierender Gedächtnisinhalte enthielten und anfangs unbewusst seien, später aber reale Erinnerungen simulierten. Schon vor ihm hatte Pick (1876) – nach dem die frontotemporale Demenz benannt wurde – über Erinnerungstäuschungen geschrieben.

Wie häufig Fehlerinnerungen auftreten können, zeigt die Studie von Kühnel et al. (2008). Hier wurden Studenten zwei Kurzfilme gezeigt, und anschließend sollten sie – im Kernspintomografen liegend – Standbilder identifizieren. Diese Bilder waren in den Filmen vorgekommen entweder oder nicht, wobei die Kategorie der nicht gezeigten Bilder sich nochmals unterteilte in solche, die den Filminhalten ähnlich waren oder plausibel darin hätten vorkommen können, und solchen, die deutlich unähnlich waren. Interessanterweise selektierten die Studenten – und damit meist junge und intelligente Menschen – 44,8 % der Standbilder falsch, beschrieben sie also als im Film enthalten, obwohl sie nicht Teil davon waren, oder nicht enthalten, obwohl sie Teil des jeweiligen Filmes gewesen waren. Damit lag der Anteil der Fehlerinnerungen bei nahezu der Hälfte der gezeigten Bilder.

Noch überraschender aber war, dass die Hirnaktivität sich deutlich auf „richtig erinnert" versus „fehlerinnert" unterschied: Richtig erinnerte Bilder gingen mit einer erhöhten Aktivität im medialen Stirnhirnbereich einher und damit dem Hirnbereich, der umgekehrt bei Patienten mit Fehlerinnerungen geschädigt ist (Borsutzky et al. 2010); fälschlich als wahrgenommen erinnerte Bilder waren dagegen von erhöhter Hirnaktivität im visuellen Assoziationscortex und im Präcuneus – einer Region, die mit Imaginationsvermögen verbunden wird – begleitet. Damit kann man interpretieren, dass die Stirnhirnaktivität sozusagen die Monitoring- oder Überwachungsfunktion des Gehirns spiegelt („Diese Aussage ist sicher korrekt"), während die Aktivität in den visuellen Cortexregionen sozusagen ein Korrelat für das inkorrekte Vergleichen von innerer Vorstellung und äußerem Reiz darstellt („vor dem geistigen Auge ablaufen lassen").

Das Design dieser Studie wurde nochmals erweitert und verfeinert in der Arbeit von Risius et al. (2013), in der die Versuchspersonen ebenfalls einen Film und anschließend im Kernspintomografen Standbilder zu sehen bekamen, wo aber zusätzlich die abgegebenen Urteile noch hinsichtlich ihrer Konfidenz, also hinsichtlich des eigenen Vertrauens, in das abgegebene Urteil, beurteilt werden mussten und die Versuchspersonen darüber hinaus noch auf die Richtigkeit ihres jeweiligen Urteils eine Wette eingehen konnten, die mit einem Geldgewinn oder -verlust verbunden war. Auch hier zeigten sich ähnlich unterschiedliche Aktivierungen auf neuraler Ebene.

Inzwischen gibt es eine Reihe weiterer Studien, sowohl mit als auch ohne Hirnbildgebung, die Fehlerinnerungen zum Inhalt hatten (Straube 2012; Marini et al. 2012; Corlett et al. 2009). Selbst dem ehemaligen Präsidenten Bush wurden Fehlerinnerungen nachgewiesen. Zu zumindest drei Zeitpunkten wurde er gefragt, wo und wie er die Nachricht über das Attentat von 9/11 bekam. In seinen jeweiligen Antworten spiegeln sich substanzielle Inkonsistenzen und Falschangaben wider – ein perfektes Beispiel für falsche Blitzlichterinnerungen (*flashbulb memories*) (Greenberg 2004; Curci et al. 2015; Demiray und Freund 2015; Hirst und Phelps 2016). Der 11. September war auch Forschungsgegenstand weiterer Studien, die sich mit *false memories* befassten (Budson et al. 2007; Hirst et al. 2009, 2015; Romeu 2006; Abe et al. 2008). Neisser und Libby (2000) befragten Amerikanerinnen und Amerikaner nach jeweils ein oder mehreren Jahren, wo sie gerade waren, als die Attentatsserie passierte, und bekamen von sehr vielen zu unterschiedlichen Zeitpunkten ganz unterschiedliche Antworten.

### 3.2.3 Lügen

Von ähnlich hohem Interesse ist die Untersuchung von Lüge gegenüber Wahrheit mittels Hirnbildgebung. Hierzu wurde die erste Studie im Jahr 2000 publiziert (Markowitsch et al. 2000a) – damals mittels Positronenemissionstomografie (▶ PET). Diese Studie basierte auf dem Design

## 3.2 · Erinnerungsverluste und Erinnerungsverfälschungen

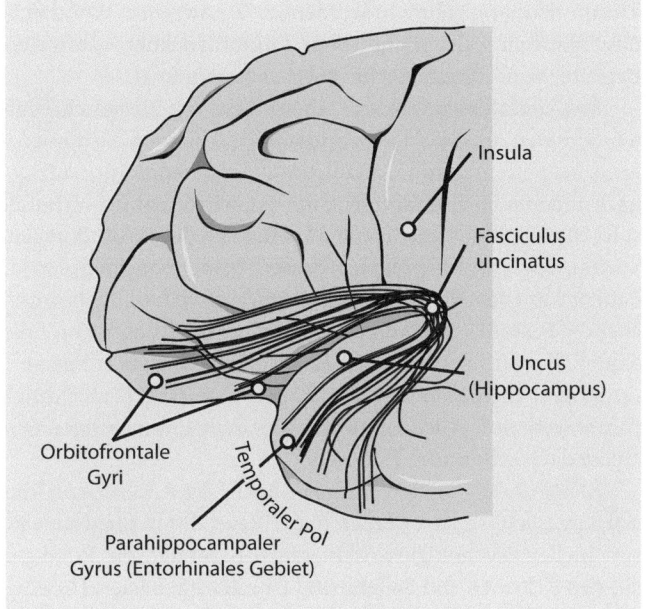

**Abb. 3.2** Die frontotemporale Region und die Lage des sie verbindenden Fasciculus uncinatus

einer früheren Studie (Fink et al. 1996), in der gefunden worden war, dass der Abruf autobiografischer Erinnerungen vor allem den rechten temporofrontalen Cortex aktiviert, einschließlich der Amygdala (◘ Abb. 3.2). Die Nachfolgestudie von Markowitsch et al. (2000a) verlangte von den Teilnehmenden, dass sie neben eigenen Lebenserinnerungen Pseudoerinnerungen erfanden, die plausibel klangen, aber rein fiktiv waren (z. B. „Nach dem Abitur bin ich mit meiner Freundin nach Australien geflogen. In Melbourne haben wir uns ein Auto gemietet und sind über den Uluru zum Kakadu-Nationalpark gefahren. Dort hatten wir einen Reifenschaden"). Die Studie ergab, ähnlich wie die von Fink et al. (1996), für wahre Erinnerungen eine temporofrontale Aktivierung und eine Aktivierung der rechten Amygdala, für die erfundenen „Erinnerungen" eine Aktivierung im visuellen Assoziationscortex und im Präcuneus, ähnlich wie in der Studie von Kühnel et al. (2008) zu falschen Erinnerungen.

Spätere Studien benutzten dann alle funktionelle Kernspintomografie zur Hirnbildgebung (Übersicht in Schneider 2011; Sip et al. 2008; Spence und Kaylor-Hughes 2008; Markowitsch 2008b; Jones et al. 2013). Während ein Teil der Autoren den Möglichkeiten, Lügen mittels Hirnbildgebung auf die Spur zu kommen, recht offen gegenübersteht, sind andere eher vorsichtig und betonen, dass es einen Unterschied macht, ob jemand *l'art pour l'art* an einer Bildgebungsstudie teilnimmt, in der er einmal antwortet „Ja, ich habe geschossen" und einmal „Nein, ich habe nicht geschossen" (Mohamed et al. 2006), oder ob als Konsequenz seiner Antwort eine schwere Strafe droht (Markowitsch und Merkel 2011).

### 3.2.4 Weitere Vergessensphänomene

Fehlerinnerungen können – wie in ◘ Tab. 3.1 erwähnt – recht verschiedenartig sein: *Intrusionen*, also eine Art „Einstreuungen", sind Kreationen imaginärer Bruchstücke von erlebten Geschehnissen (Werner et al. 2012). Sie finden sich vor allem nach traumatischen Erlebnissen und werden häufig durch Reize (z. B. Sirenen, laute Geräusche) ausgelöst, die mit dem erlebten Desaster in

Zusammenhang gebracht werden (z. B. Lawrence-Wood et al. 2016; Shrestha 2015) und die unwillkürlich – also nicht bewusst unterdrückbar – auftreten. In der Regel sind Intrusionen Begleiter ▶ posttraumatischer Belastungsstörungen.

*Konfabulationen* werden insbesondere von hirngeschädigten oder psychiatrischen Patienten erfunden, um im Alltag „mithalten" zu können. Sie finden sich, wie oben erwähnt, in erster Linie bei Patienten mit Orbitofrontalhirnschäden (Borsutzky et al. 2010), kommen aber auch nach anderen Hirnschäden vor, die mit dem Stirnhirn verbunden sind (Onofrj et al. 2016). Beispiel ist ein Patient mit Schäden im Bereich des mediodorsalen ▶ Thalamus (der ja direkt zum Stirnhirn projiziert – praktisch dessen Ausdehnung definiert) (Markowitsch et al. 1993a; dieser Patient war vollständig anterograd amnestisch (auf der bewussten Encodierungsebene), erhielt aber die Fassade eines kompetenten Klinikchefs aufrecht. Fragte man ihn beispielsweise nach aktuellen politischen Geschehnissen, so antwortete er zuerst: „Politik interessiert mich nicht", um so dem Thema aus dem Weg zu gehen. Insistierte man durch weiteres Fragen, kamen wiederum abwehrende Allgemeinplätze wie „Ach, unsere ewigen Querelen mit Frankreich, das hängt einem doch schon zum Hals raus."

*Falsche Rekognitionen*, entstehen häufig dann, wenn man Interferenzen durch ähnliches Material ausgesetzt ist, und werden in der Regel durch suggestive Reize hervorgerufen. In der experimentellen Psychologie wird hierzu insbesondere das Roediger-Deese-Paradigma gewählt, das auf den Kriterien von Salienz und Familiarität basiert (Roediger und McDermott 1995). Man zeigt den Probanden eine oder mehrere Wortlisten mit Wörtern, die sich auf ein Thema beziehen (z. B. „Krankenhaus"), und fragt dann, ob ein oder mehrere Wörter, die man anschließend präsentiert, in der Liste waren. Obwohl diese (großteils) nicht in der Liste (z. B. „Arzt", „Spritze") waren, werden sie von den Probanden häufig fehlerkannt.

Weiterhin finden sich noch die Termini *Suppression* und *Repression*, die beide vor allem wieder in psychoanalytisch orientiertem Kontext Verwendung finden (Langnickel und Markowitsch 2006, 2010; Markowitsch 2000a), aber neuerdings auch experimentell angegangen werden (Anderson und Green 2001; Anderson und Hanslmayr 2014; Hulbert et al. 2016; Murray et al. 2015; Benoit und Anderson 2012; Paz-Alonso et al. 2009, 2013; Detre et al. 2013; van Schie et al. 2013; Kikuchi et al. 2010). Repression wird dabei als ein primär unbewusster Vorgang der Abwehr angesehen, während Suppression sich auf eine aktive, willentliche ▶ Unterdrückung von Material bezieht. Nach Freud (1915/1957; Langnickel und Markowitsch 2006) gibt es drei Stadien der Repression (Urverdrängung, ordnungsgemäße Repression, Rückkehr des Unterdrückten). Auch hier sei auf das Phänomen des abrufinduzierten Vergessens hingewiesen (Kou et al. 2014), das besagt, dass der Abruf einer bestimmten (Sub-)Menge an Items das Vergessen anderer Items nach sich ziehen kann. Die verbreitetste Erklärungsannahme ist, dass Hemmmechanismen bewirken, dass der Zugang zu interferierenden Items reduziert wird. Weitere Anmerkungen zu den Begrifflichkeiten von „unbewusst" und „unterdrückt" finden sich bei D. J. O'Brien (2011) und bei Levy und Nemeroff (1993).

Schlussendlich gibt es noch *Phänomene des Vergessens*, die man als Kontinuum vom Alltäglichen bis zum Pathologischen beschreiben kann: Alltäglich ist das *Zungenphänomen*: Ein Wort (z. B. ein Name) liegt einem „auf der Zunge", aber man kommt nicht auf das Wort. Je mehr man sich abmüht, umso mehr bleibt es verschollen. Jeder kennt dieses Phänomen, das primär an Stress gekoppelt ist, sich aber natürlich auch bei starken Ermüdungs- und Erschöpfungszuständen findet. Bei Extremformen sind dann ganze Inhaltsbereiche, bestimmte Zeitepochen oder sogar die gesamte persönliche Vergangenheit nicht mehr abrufbar. Den Patienten gelingt keine mentale Zeitreise in die Vergangenheit mehr (Corballis 2009; Suddendorf et al. 2009; Suddendorf und Corballis 2007; Williams et al. 1996). Für diese Zustände wurde der Ausdruck „mnestisches

Blockadesyndrom" eingeführt (Markowitsch 1998, 1999, 2000, 2001a, b, 2002; Markowitsch et al. 1999a, 2000b; Brand und Markowitsch 2010). Wir werden auf diese Symptomatologie weiter unten bei der Besprechung von Vergessen im Rahmen psychiatrischer Krankheitsbilder zurückkommen (▶ Abschn. 3.4).

Der Psychoanalytiker C. G. Jung beschrieb 1905 noch ein weiteres Phänomen, die *Kryptomnesie*, die er als negativen Wahn des Erinnerns definierte. Fakten (die man über Andere erhielt) verlieren ihre mnestischen ▶ Assoziationen und werden, wenn sie wieder erinnert werden, als eigene Gedanken identifiziert. Jung nannte Kryptomnesie „versteckte Erinnerungen"; er meinte, dass kein noch so kleiner Eindruck aus dem Gedächtnis verloren geht, obwohl das Bewusstsein mit unzähligen Verlusten vorangegangener Ereignisse arbeitet. Dieses Statement leitet über zum Bereich der ▶ Hypermnesie.

## 3.2.5 Hypermnesie

Vergessen hat natürlich auch einen Kontrapart: nicht vergessen können. Es wird ohnehin diskutiert, ob wir einmal Abgespeichertes überhaupt aus unserem Gehirn löschen oder ob es nicht vielmehr nur die Abrufblockaden sind, die uns darin hindern, uns an die Telefonnummer unserer Drittletzten Wohnung zu erinnern. Tatsächlich lässt sich die These vertreten, dass wir – solange unser Gehirn intakt ist – nichts vergessen (Markowitsch 2009). Evidenzen hierfür bieten häufig erst im hohen Alter wiederkehrende Erinnerungen und nach vielen Dekaden wieder auftretendes Abrufen von in Kindheit und Jugend angeeignetem Wissen. Hier gibt es unzählige Beispiele von Personen, die kurz vor ihrem Tod Informationen abrufen konnten, die Jahrzehnte davor nie hervorgeholt worden waren. Das folgende Beispiel ist ein Auszug aus einem Brief, den eine alte Dame einem von uns (H. J. M.) vor Jahren zugeschickt hatte und der dies belegt:

> Ich hielt mich für sehr vergesslich, was zeitennahe Dinge betrifft. Nun wurde ich an Bismarcks Geburtstag 93 Jahre alt. Und erst im Laufe der letzten zwei Jahre fallen mir Gedichte ein, die ich vor 75 bis 80 Jahren in der Schule gelernt hatte, und zwar lückenlos, teils lange Gedichte, wie *Die Bürgschaft* von Schiller oder *Des Sängers Fluch* von Uhland. Nie habe ich in der langen Zwischenzeit an all die Literatur aus dem Schulunterricht gedacht! Ich habe zwar ein sehr bewegtes, abwechslungsreiches Leben hinter mir, bei meinem hohen Alter begreiflich: Schulabschlussprüfungen, Tanz, Theater, Reisen, Praktikantenjahre, Heirat, zwei Kinder, Umzüge, zwei Kriege und Hungersnöte, mein Mann vier Jahre im Krieg, gleichzeitig das zweite Kind geboren, furchtbare Fliegerangriffe mit Tochter und Baby, Wohnungsverlust, elf Jahre Notwohnung, dann Neubau mit großem Garten, Schulaushilfen noch mit 60 Jahren, Tod meines Mannes, hier eine Kleinwohnung, eine Operation, schmerzhafte Alterskrankheiten, Gehunfähigkeit, Rollstuhl, schöne Reisevorträge über Auslandsreise mit meinem Mann.
> Und nun ohne eine Veranlassung fallen mir *erstmals* wieder so viele Gedichte ein, nach 75 bis 80 Jahren. So lange kann ein Gehirn speichern, unbewusst? Meine Leute wundern sich auch, dass ich von frühester Kindheit an noch ganz deutlich Wohnungen und Umgebung vor mir sehe, an zwei Orten, wo ich nur *vor* meinem sechsten Lebensjahr war.

Dass unser Gedächtnis Erstaunliches zu leisten vermag, ist seit alters bekannt und wurde immer wieder beschrieben (z. B. Offner 1924). Es gibt unzählige Berichte über die Savants (▶ Kap. 1), die beispielsweise, ohne multiplizieren und dividieren zu können, blitzschnell ausrechnen, wann

Ostern im Jahr 1528 stattfand und wann es im Jahr 2046 stattfinden wird. Andere, die intellektuell normal begabt sind, können in Sekunden die dritte Wurzel einer 18-stelligen Zahl berechnen (Fehr et al. 2010, 2011).

Eine weitere Kategorie exzeptionell Begabter sind die Hypermnestiker – Personen, die sich nahezu alles aus ihrem Leben nicht nur gemerkt haben, sondern es auch jederzeit abrufen können. Schon 1885 schrieb August Forel über derartige Hypermnestiker, wobei er auf die eidetischen Fertigkeiten von manchen von ihnen hinwies: „Sie speichern alle sensorischen Eindrücke, als ob sie photographiert wären" (S. 43). Er schlussfolgerte, dass das unbewusste Gedächtnis in der Tat kolossal entwickelt wäre (S. 44).

Hypermnestiker sind immer wieder Gegenstand wissenschaftlicher Abhandlungen. Alexander Lurija, einer der berühmtesten Neuropsychologen des letzten Jahrhunderts, stellt in seinem Buch *The mind of a mnemonist: A little book about a vast memory* (Luria 1968) den Journalisten Solomon Schereschewski vor, der auf die Frage seines Chefs, warum er sich nie etwas mitschreiben würde, antwortete, er könne sich alles im Kopf merken. Der konsternierte Chef schickte ihn daraufhin zum Psychologen (Lurija), der seine exzeptionelle Memorierungsfähigkeit bestätigte. Daraufhin wechselte der Journalist seinen Beruf und tingelte als Gedächtniskünstler durch die Sowjetunion. Lurija beschreibt dessen Leben als für ihn wenig glücklich und wenig zufriedenstellend und resümiert in der deutschsprachigen Ausgabe:

» So blieb er denn ein unsteter Mensch, ein Mensch, der sich in Dutzenden von Berufen versuchte, die alle nur „vorübergehend" waren. Er erfüllte die Aufträge des Redakteurs, er trat in die Musikschule ein, er spielte auf der Bühne, war Rationalisierungsexperte, später dann Gedächtniskünstler. Eines Tages besann er sich darauf, dass er das Althebräische und Aramäische beherrschte, und begann, sein Wissen, aus den alten Quellen schöpfend, andere Menschen mit Kräutern zu behandeln. (Lurija 1971)

In neuerer Zeit wurde Jill Price als Hypermnestikerin (auch Hyperthymestikerin genannt) bekannt, da sie ein Buch über sich verfasste (Price 2009). Zuvor hatte sie sich in einem Brief an den Psychologieprofessor James McGaugh gewandt. In diesem Brief schrieb sie u. a.:

» Ich hoffe, Sie können mir helfen. Ich bin 34 Jahre alt, und seit meinem elften Lebensjahr habe ich die unglaubliche Fähigkeit, mich an meine Vergangenheit zu erinnern. Ich kann ein [x-beliebiges] Datum nehmen und Ihnen sagen, auf welchen Wochentag es fällt, was ich an dem Tag tat und ob sich etwas Besonderes an dem Tag ereignete (z. B. die Challenger-Explosion am Dienstag, dem 28. Januar 1986). Wenn im Fernsehen ein Datum gezeigt wird, gehe ich im Geist automatisch dahin zurück und erinnere mich, wo ich an diesem Tag war, was ich tat, auf welchen Wochentag das Datum fiel usw. usw. Das ist ständig so, nicht kontrollierbar und erschöpft mich völlig.
Manche Leute nennen mich schon einen menschlichen Kalender, und alle, die von meinem „Gottesgeschenk" erfahren, sind total erstaunt. Dann überschütten sie mich mit Daten, um mich zu überfragen … aber ich wurde bis jetzt nicht überfragt. Die meisten nennen es eine Gabe, aber ich betrachte es als Bürde. Täglich läuft mein ganzes Leben durch meinen Kopf, und das macht mich noch verrückt. (Parker et al. 2006, S. 35)!!!

Ähnliches wird von anderen Hyperthymestikern berichtet (z. B. Fehr et al., zur Veröff. eingereicht), die in der Regel mit ihrem Leben nicht sonderlich zufrieden sind und sich hinsichtlich anderer kognitiver Fähigkeiten meist im intellektuellen Durchschnitt zu bewegen scheinen.

## 3.2.6 Schlussfolgerungen

Es wurde zum einen gezeigt, dass es unterschiedliche Formen von Vergessen und Inhaltsfälschungen gibt, die teilweise im Alltag vorkommen, teilweise aber auch ins Pathologische abrutschen, und zum anderen, dass Vergessen eng an Bewusstsein oder fehlendes Bewusstsein gekoppelt ist. Die Beziehung zwischen Gedächtnis und Bewusstsein ist eine sehr ursprüngliche und wurde schon 1870 von Ewald Hering mit den folgenden Worten thematisiert:

> Das Gedächtnis verbindet die zahllosen Einzelphänomene zu einem Ganzen, und wie unser Leib in unzählige Atome zerstieben müsste, wenn nicht die Attraktion der Materie ihn zusammenhielte, so zerfiele ohne die bindende Macht des Gedächtnisses unser Bewusstsein in so viele Splitter, als es Augenblicke zählt. (Hering 1870, S. 12)

Auch ausländische Zeitgenossen Herings betonten das Essenzielle in der Interdependenz zwischen Gedächtnis und Bewusstsein. Dana (1894) schrieb von „Doppelbewusstsein" in Fällen mit psychogenen Amnesien, und Gordon (1906, S. 480), der über Patienten mit multiplen Persönlichkeiten (wie es damals hieß) berichtete, sah in „self-consciousness a *conditio sine qua non* of normal life". Kein Wunder also, dass Selbstbewusstsein mit der phylogenetisch und ontogenetisch höchsten Form von Gedächtnis, dem episodisch-autobiografischen Gedächtnis (◘ Abb. 1.1), verbunden ist. Nelson und Fivush (2004) sowie Markowitsch und Welzer (2005/2006, 2010) betonen, dass für die Entstehung von autobiografischem Gedächtnis im Kindesalter die vorangegangene Entwicklung von Zeitkonzepten, Theory-of-Mind-Fähigkeiten (sich in andere Personen oder Tiere kognitiv und affektiv hineinversetzen zu können), Sprachbeherrschung und die Repräsentation des Selbst Voraussetzungen darstellen. Markowitsch und Staniloiu (2011a) sehen das Selbst, autonoetisches Bewusstsein und episodisch-autobiografisches Gedächtnis als Einheit (vgl. auch Klein und Nichols 2012; Markowitsch 2003). Bricht ein Teil davon ein, werden die anderen beiden zwangsläufig in Mitleidenschaft gezogen. Dies zeigt sich wiederum am eklatantesten bei Patienten mit Demenzzuständen (Seidl et al. 2006; Hehman et al. 2005; Sturm et al. 2006).

## 3.3 Vergessen aufgrund organischer Hirnschäden

Die geläufigsten Ätiologien für retrograde Amnesien sind:
- Schädel-Hirn-Verletzungen
- Virale Infektionen (z. B. Herpes simplex Encephalitis)
- Degenerative Hirnschäden (z. B. Alzheimer-Krankheit)
- Hirninfarkte
- Schwere Hypoxie (z. B. Kohlenmonoxidvergiftung, Erhängungsversuche)
- Zustand nach Temporallappenepilepsie
- Korsakow-Syndrom

Leichtere Formen von retrograder Amnesie finden sich bei transienten epileptischen Anfällen und transienter globaler Amnesie (die per Definition nicht mehr als 24 h andauern darf).
    Eine These für das Entstehen retrograder Amnesien bezieht sich auf eine Unterbrechung zwischen den Fakten verarbeitenden und den Emotionen verarbeiteten Hirnregionen, da angenommen wird, dass der Abruf autobiografischer Erlebnisse einer synchronen Aktivität derartiger Regionen im Stirnhirn- und Schläfenlappen bedarf, die beide über einen in beide Richtungen

verlaufenden Faserzug – den Fasciculus uncinatus – verbunden sind (Markowitsch und Staniloiu, 2012a, 2016a; Staniloiu und Markowitsch 2012e). Auch wird angenommen, dass für den autobiografischen Abruf die rechte Hirnhälfte wichtiger ist als die linke, da die rechte Hirnhälfte stärker als die linke Emotionen verarbeitet (Habib et al. 2003; Marinkovic et al. 2011; Schore 2002, 2005). Wichtig für die Verarbeitung emotionaler Anteile des episodisch-autobiografischen Gedächtnisses ist dabei insbesondere die Amygdala (Markowitsch und Staniloiu 2011b, 2012b; Pessoa et al. 2010; Sarter und Markowitsch 1984, 1985a, b; Mayor-Dubois et al. 2016), die auch Fasern des Fasciculus uncinatus erhält und wegsendet. Der Fasciculus uncinatus selbst enthält rechtshirnig ein Drittel mehr Fasern als linkshirnig (Highley et al. 2002), was als Korrelat für seine intensiver emotional kolorierte Prozessierung autobiografischer Gedächtnisinhalte betrachtet wird. Man spricht hier auch von Bindungsprozessen, die für den synchronen emotional-faktenmäßigen Abruf notwendig sind (Fujiwara und Markowitsch 2006) und die bei Schädigung entsprechender, die Amygdala involvierender Netzwerke beeinträchtigt sind (Schulte-Rüther et al. 2007, 2011).

Die Vorstellung, dass der temporo-frontale Hirnbereich (einschliesslich der Amygdala) für den Abruf gespeicherter Gedächtnisinhalte zentral ist, wird sowohl durch Studien an Hirngesunden (Fink et al. 1996; LaBar und Cabeza 2006; Hanslmeyer et al. 2012; Tulving et al. 1994a, b) als auch durch Fallstudien an entsprechend hirngeschädigten (Markowitsch et al., 1993b, c; Kroll et al. 1997; Calabrese et al. 1996; Diehl et al. 2008) oder psychiatrisch auffälligen Patienten belegt (Eijndhoven et al. 2009; Eluvathingal et al. 2006; Fraser et al. 2008; Hamilton et al. 2008; Hihn et al. 2004; Sackeim et al. 2007; Phan Luan et al. 2009; Valentino et al. 2009; Vandekerckhove et al. 2014). Selbst durch transkraniale Magnetstimulation in diesem Hirnbereich lässt sich Gedächtnis manipulieren (Thiel et al. 2005; Silas und Brandt 2016).

Interessant ist, dass es auch bei Patienten mit dissoziativen Amnesien – also psychisch bedingten retrograden Amnesiezuständen im episodisch-autobiografischen Bereich – zu Veränderungen im rechten Temporofrontalbereich kommt. Dies zeigte unter anderem eine mittels PET erhobene Studie an 14 Patienten mit der Diagnose einer dissoziativen Amnesie (Brand et al. 2009). Die Hirne dieser Patienten zeigten ein hypometaboles Areal im rechten Temporofrontalbereich mit signifikanter Stoffwechselverminderung im inferolateralen Stirnhirn. Somit können – wie auch weitere Studien wahrscheinlich machten (z. B. Tramoni et al. 2009; Serra et al. 2007; Markowitsch et al. 1998, 2000b; Thomas-Antérion et al. 2010, 2014) – umweltinduzierte Stressereignisse zu nachhaltigen Veränderungen auf Hirnebene führen (s. hierzu auch Staniloiu und Markowitsch 2014, 2015; Markowitsch 1996a, b; Staniloiu et al. 2011; Roelofs und Pasman 2016; Aybek und Vuilleumier 2016). Die Einwirkungen negativer Umweltereignisse auf das Gehirn zeigen auch andere Studien, in denen mittels Volmetrie einzelner Hirnregionen – insbesondere des Hippocampus – gefunden wurde, dass es zu Schrumpfungen von Hirnsubstanz in Abhängigkeit von Depression und weiterer psychiatrischer Erkrankungen kommen kann (z. B. Videbech und Ravnkilde 2004; Sivakumar et al. 2015).

Es gibt Abweichungen von dieser Kategorisierung, dass retrograde Amnesie im episodisch-autobiografischen Bereich primär mit Schäden im Temporofrontalbereich einhergeht – darunter den bekanntesten Patienten in der Geschichte der Neuropsychologie, Henry Molaison (HM), dem aufgrund andersartig nicht zu behandelnder Epilepsie Teile seiner medialen Temporallappen auf beiden Seiten des Gehirn entfernt wurden. Danach war er, abgesehen von ganz wenigen später entdeckten Wissensinseln (Kennedys Ermordung, Rockmusik, Astronauten im Weltraum), anterograd amnestisch. Seine retrograde Amnesie wurde von Milner et al. (1968) als beschränkt auf das letzte Jahr vor der Operation beschrieben. Sieben Jahre galt sie immer noch als kaum existent; Marslen-Wilson und Teuber (1975, S. 362) schrieben, sie hätten eine sehr ausführliche Serie biografischer Interviews mit HM getätigt und vielfältige Erinnerungen aus den ersten zweieinhalb Lebensdekaden erhalten, d. h. – da HM 1926 geboren wurde und seine Hirnoperation im Alter von 27 Jahren erhielt – für sein ganzes präoperatives Leben.

Nochmals zehn Jahre später schien seine retrograde Amnesie allerdings bedeutend zu sein. Corkin (1985), die Mitautorin der Publikation von Milner et al. (1968), in der behauptet worden war, HM habe nur eine circa einjährige retrograde Amnesie, schrieb jetzt, er habe retrograde Defizite für die letzten elf Jahre vor seiner Operation. Dies lässt sich durch seine mangelnde postoperative geistige Beweglichkeit (z. B. keine Re-Encodierung abgerufener Information) und durch die andauernde Einnahme antiepileptischer Medikamente wie Phenytoin, die häufig die Erinnerungsfähigkeit beeinträchtigen, erklären. Beide Faktoren trugen wohl auch stark dazu bei, dass sein Intelligenzquotient mit der Zeit drastisch sank und in seinen letzten Lebensjahren signifikant unterdurchschnittlich war. HM ist folglich nicht repräsentativ für das Auftreten von retrograder Amnesie nach medialen Temporallappenschäden (vgl. auch Kapur et al. 1999). Tatsächlich kann man sich bezüglich der Interpretation von HMs retrograden Gedächtnisdefiziten eher an Squires (1987, S. 217) Statement orientieren, dem zufolge retrograde Gedächtnisstörungen durch Hirnschäden verursacht sein sollen, die sich von denen, die zu anterograder Amnesie führen, unterscheiden und darüber hinausgehen („should depend on lesions other than, and in addition to, those that produce anterograde amnesia"). Dittrich verfasste 2016 eine Geschichte über HMs Leben, das seines Operators und das von Suzanne Corkin, die ihn über Jahrzehnte unter ihren Fittichen hatte (Markowitsch und Staniloiu, in Druck).

### 3.3.1 Schlaganfälle

Schlaganfälle führen häufig zu einer Kombination von anterograden und retrograden Gedächtnisstörungen, bei denen die anterograden allerdings überwiegen (Markowitsch 1988a, 2008a). Trotzdem finden sich Fallbeschreibungen von schwerer und anhaltender retrograder Amnesie auch nach Schädigung von Strukturen im medialen Zwischenhirn (Markowitsch et al. 1993a; Hodges und McCarthy 1993; Clarke et al. 1994; Gold und Squire 2006 [1 von 3 Patienten]; Übersicht in van der Werf et al. 2000; Carlesimo et al. 2011). Carlesimo et al. (2011) inspizierten 41 Arbeiten, die Fälle mit vaskulären diencephalen Schäden zum Inhalt hatten und zwischen 1983 und 2009 erschienen waren und damit eine hohe Fallzahl. Sie fanden retrograde Amnesie in nur einer Minderheit, vor allem bei solchen mit Schäden im mamillothalamischen Trakt. Schon 1988 (Markowitsch 1988a) wurde argumentiert, dass diencephale Faserschäden zu massiveren Gedächtnisdefiziten führen würden als Schäden von Kernstrukturen. Die infrage kommenden Fasern sind insbesondere die Lamina medullaris interna, die Thalamus und Cortex verbindet, und der mamillothalamische Trakt, der von den Mammillarkörpern zu den anterioren Thalamuskernen projiziert.

Der von Markowitsch et al. (1993a) beschriebene Patient hatte einen bilateralen diencephalen Infarkt mit Schädigung der Faserstrukturen. Hinsichtlich der bewussten Verarbeitung von Information war er vollkommen anterograd amnestisch, verbesserte sich aber beim Erwerb prozeduraler Fertigkeiten und im Priming-Bereich (◘ Abb. 1.1). Seine retrograde Amnesie reichte vermutlich mehrere Dekaden zurück und folgte dem Ribot'schen Gesetz, was besagt, dass weit zurückliegende Erinnerungen aus Kindheit und Jugend besser und eher erhalten sind als solche aus den letzten Jahren (Ribot 1882). Tatsächlich erinnerte er sich an eine Reihe von Fakten und Erlebnissen aus seiner Schulzeit.

Der Patient von Hodges und McCarthy (1993) wies ein komplexeres Defizitmuster auf, obwohl die Lokalisation seines Infarkts recht ähnlich war (paramedianer thalamischer Infarkt): Er hatte eine profunde retrograde Amnesie auf episodisch-autobiografischer Ebene zusammen mit Defiziten für Ereignisse aus der Welt. Die Autoren halten ein thalamisches „thematisches Abrufnetzwerk" für geschädigt, das auch frontale und medial temporale gelegene Hirnregionen umfasst. Gleichartig argumentiert Kopelman (2015) in seinem Übersichtsartikel, in dem er die Defizitmuster von Patienten mit Thalamusinfarkten mit denen von Korsakow-Patienten vergleicht und zu dem Schluss kommt, dass Korsakow-Patienten umfassendere und weniger zeitsensitive retrograde Amnesien hätten, weil es bei ihnen zu einer stärkeren Atrophie („Neuronenschwund") im Stirnhirn käme.

Allgemein gesprochen scheint es, dass retrograde Amnesie bei Patienten mit vaskulären Zwischenhirnschäden weit weniger extensiv ist und meist einem Zeitgradienten folgt; Gleiches trifft auf Fälle mit basalen Vorderhirnschäden zu (von Cramon und Markowitsch 2000; Gade 1982; von Cramon et al. 1993; Hanley et al. 1994; Irle et al. 1992; Alexander und Freedman 1984; Rousseaux et al. 1997; DeLuca und Cicerone 1991; A. R. Damasio et al. 1985; Beeckmans et al. 1998; Wright et al. 1999; O'Connor und Lafleche 2004). Patienten mit Schäden im basalen Vorderhirn weisen darüber hinaus eine weit stärkere Tendenz zu Konfabulationen auf als solche mit diencephaler Amnesie oder mit Amnesie des medialen Temporallappens (Markowitsch und Staniloiu 2012a; Borsutzky et al. 2010).

Bezüglich hippocampaler oder medialer Temporallappenamnesie gibt es kaum Berichte über Patienten mit vaskulären Hirnschäden. Einzige Ausnahme war ein kurzer Fallbericht über einen Patienten mit extensivem Infarkt beider Schläfenlappen und – hinsichtlich der linken Hemisphäre auch des Temporo-Okzipitallappens (Schnider et al. 1994). Die Autoren vertraten die Meinung, dass die temporo-okzipitale Region zentral in die visuelle Informationsverarbeitung involviert ist, weswegen ihre Schädigung zu Abrufstörungen führe. Verallgemeinert gesehen scheint es tatsächlich so, dass umfassendere Cortexschäden und lang anhaltende Krankheitszustände (wie Epilepsie) zu extensiverer retrograder Amnesie führen, während begrenzte Hippocampusschäden (► Hippocampus) auch mit zeitlich eingegrenzteren retrograden Amnesien (oder Zugangsbeschränkungen) gekoppelt sind. Man muss aber auch betonen, dass es häufig zu einer Diskrepanz kommen kann zwischen wahrnehmbaren (messbaren) Hirnschäden und tatsächlich existenten, wie beispielsweise anhand eines Patienten mit Zustand nach Herzinfarkt und massiver Amnesie demonstriert wurde (Markowitsch et al. 1997b).

### 3.3.2 Korsakow-Syndrom

Patienten mit Korsakow-Syndrom wurden unter den Patienten mit unterschiedlichen Krankheitsätiologien wahrscheinlich am längsten untersucht, was wohl damit zusammenhängt, dass massiver Alkoholmissbrauch und Mangelernährung im 19. und zu Beginn des 20. Jahrhunderts weit häufiger auftraten als gegenwärtig (Kopelman 2015; Markowitsch 1992a, b, 2010). Friedrich Jolly schlug 1897 auf dem Internationalen Medizinkongress in Moskau vor, den Ausdruck Korsakow-Syndrom zu benutzen. (Jolly war zu dieser Zeit Direktor der Psychiatrischen Klinik der Berliner Charité.) Kopelman (2015) meint, dass die erste Beschreibung eines derartigen Patienten von Lawson (1878) stamme; tatsächlich finden sich aber schon ältere Hinweise: Huss verfasste 1852 ein nahezu 600 Seiten starkes Buch mit dem Titel *Chronische Alkoholskrankheit oder Alcoholismus chronicus*, in dem er hervorhob, dass Alkohol sich negativ auf die geistigen Fähigkeiten auswirke und insbesondere das Gedächtnis schwächt (S. 356). Weitere Monografien zu Alkoholabusus und Korsakow-Syndrom erschienen 1901 und 1907 (Bonhoeffer 1901; Serbsky 1907). Serbsky (1907) begann sein Buch mit den Worten: „Die Korsakowsche Krankheit stellt die größte Errungenschaft der letzten Dezennien im Gebiete der Psychiatrie dar" (S. 389). Er stellte eine Beziehung zwischen Beriberi und der Korsakow'schen Krankheit her, die zu seiner Zeit noch von englischen Ärzten aufgrund ihrer Fernosterfahrung bestritten wurde (Literatur zur Existenz dieser Verbindung u. a. in Irle und Markowitsch 1982).

Erst viel später fand man heraus, dass und wie sich Alkohol und Mangelernährungen auf das Gehirn auswirken (Gamper 1928a, b; Victor et al. 1989) und welche Bereiche im Zwischenhirn insbesondere betroffen sind (Mair et al. 1979). Sowohl Kopelman (2015) als auch Markowitsch (2010) waren auf der Basis vorhandener Untersuchungen zu dem Schluss gekommen, dass die Symptomatologie bei Korsakow-Patienten hinsichtlich des Gedächtnisbereichs in erster Linie episodisch-autobiografisches Material betrifft. Das Wissenssystem ist weit weniger gestört, wobei es aber ein überproportional größeres Defizit unter freien Abrufbedingungen als unter Wiedererkennbedingungen gibt (vgl. Markowitsch et al. 1984, 1986; Meudell 1992).

Aufgrund von Untersuchungen, in denen die Abrufeffektivität hinsichtlich neutralem gegenüber emotional aufgeladenem Material verglichen wurde (Markowitsch et al. 1984, 1986), fand sich, dass emotionale Konnotationen und Bedeutungshaltigkeit einen signifikanten Einfluss auf die Abruffähigkeit hatten. Darauf hatte auch schon Bonhoeffer (1901) hingewiesen, der z. B. schrieb, dass er einen Patienten hatte, der selbst lange Zeit nach Ausbruch seines Korsakow-Syndroms viele Namen von Destillerien auflisten konnte, während er ansonsten Information unmittelbar vergaß. Von Bonhoeffer (1901) stammen auch die vier Kardinalsymptome der Korsakow-Krankheit:

— Merkunfähigkeit
— Erinnerungsschwäche
— Tendenz zu Konfabulieren
— Desorientierung hinsichtlich Raum und Zeit

Interessant ist zum einen, dass für die anterograde Gedächtnisseite von einer *Unfähigkeit*, für die retrograde aber lediglich von einer *Schwäche* die Rede ist, und zum anderen, dass man die beiden letzten Symptome eigentlich als Konsequenz der ersten beiden ansehen kann.

### 3.3.3 Epilepsie, Encephalitis und medialer Temporallappen

Epilepsiebezogenes Vergessen findet man selbst bei der sozusagen milden Form – den transienten epileptischen Anfällen (TEAs) (Butler und Zeman 2008a, b; Soper et al. 2011). Bei diesen Anfällen steht allerdings die anterograde Amnesie im Vordergrund (Bartsch und Butler 2013). TEAs lassen sich von transienter globaler Amnesie (TGA) durch ihre Dauer und Häufigkeit unterscheiden; sie dauern bei TEAs kürzer und haben eine höhere Frequenz (vgl. auch Markowitsch 1983). (Außerdem sind bei der TGA vor allem ältere Patienten betroffen.) Beide Formen aber können zu zumindest vorübergehenden Veränderungen im CA1-Bereich des Hippocampus führen (Bartsch und Butler 2013; Bartsch und Deuschl 2010). Bartsch and Butler (2013) beschrieben „interictale Gedächtnisdefizite" bei Patienten mit TEA. Klinisch spricht man vom „epileptischen Amnesiesyndrom", und die Autoren nehmen an, dass subtile strukturelle Schäden oder physiologische Unterbrechungen von Gedächtnisnetzwerken aufgrund der anfallsbezogenen Aktivität die Ursachen für die Amnesie darstellen, die auch retrograd sein kann (Butler und Zeman 2008a, b; Hornberger et al. 2010; Milton et al. 2010). Zeman et al. (1998) fanden in ihrer Übersicht über TEAs eine mittlere Vorkommenshäufigkeit von drei Anfällen pro Jahr als mittlere Häufigkeit und ein Ausmaß der retrograden Amnesie zwischen Tagen und Jahren.

Lang anhaltende Epilepsiezustände sind auch stärker von Altgedächtnisstörungen begleitet (Viskontas et al. 2000, 2002; Lah et al. 2006, 2008). Noulhiane et al. (2007) untersuchten Patienten mit rechts- und linkshemisphärischer medialer temporaler Lobektomie hinsichtlich ihrer Fähigkeit, Ereignisse zu erinnern. Sie fanden bei beiden Gruppen schwere Beeinträchtigungen, die aber bei den rechtshirnig lobektomierten Patienten noch ausgeprägter waren. Einen Gradienten hinsichtlich fehlender retrograder Erinnerungen konnten sie nicht ausmachen. Allerdings waren die Resektionen eher groß und schlossen außer dem Hippocampus auch die temporopolaren, entorhinalen, perirhinalen und parahippocampalen Cortexbereiche ein.

Ein gegenteiliges Ergebnis fanden Gold und Squire (2006) sowohl für ihren Patienten mit Hippocampusschädigung als auch für zwei weitere Patienten (mit Korsakow-Syndrom bzw. mit einem diencephalen Infarkt): Alle drei zeigten einen Gradienten für ihre retrograde Amnesie, der dem Ribot'schen Gesetz folgte („last in, first out": Was zuletzt in das Gehirn gelangt, ist auch zuerst wieder verloren). Bei allen drei Patienten wurde eine Post-mortem-Analyse des Gehirns vorgenommen.

Ein anderer Patient (EP) aus der gleichen Arbeitsgruppe (Insausti et al. 2013) wies ebenfalls diesen Gradienten auf – sowohl für autobiografisches als auch für persönliches semantisches Gedächtnis (Wissensgedächtnis) –, trotz extensiver bilateraler Schädigung der medialen und lateralen Schläfenlappen aufgrund von Encephalitis.

Schließlich fand sich bei einer 63-jährigen Künstlerin mit großflächigem medialen (und anterioren) Temporallappenschaden eine schwere anterograde Amnesie zusammen mit einer schweren retrograden Amnesie (Gregory et al. 2014). Betroffen waren sowohl das episodisch-autobiografische Gedächtnis als auch das Wissenssystem (Alltagskenntnisse, prämorbides Expertenwissen).

### 3.3.4 Hypoxie

Hypoxisch-ischämische Hirnschäden führen regelhaft zu kognitiven Beeinträchtigungen (Anderson und Arciniegas 2010). Man weiß, dass schwere Sauerstoffunterversorgung zu retrograder Amnesie führt, wahrscheinlich aufgrund der Degeneration hippocampaler ▶ Neuronen (Allen et al. 2006) oder auch wegen Volumenschrumpfungen in weiteren Hirnregionen (Kopelman et al. 2003; Markowitsch et al. 1997b; Hokkanen et al. 1995, 1996a, b). Insbesondere bei Fällen mit *developmental amnesia* zeigt sich, das eine Sauerstoffunterversorgung des Gehirns bei der Geburt zu einer Degeneration im medialen Temporallappen führen kann und dadurch zu schwerer episodisch-autobiografischer Amnesie (Staniloiu et al. 2013). Bei einem derartigen Patienten fand sich ein kongenitales Fehlen der Mammillarkörper (die über den Fornix mit dem Hippocampus verbunden sind) (Rosenbaum et al. 2014). Solche Patienten stellen jedoch innerhalb der Fälle mit hypoxisch-ischämischem Hirnschaden eine Sonderkategorie dar, weil sie von früher Kindheit an (und damit vor der Entwicklung des episodisch-autobiografischen Gedächtnisses nach etwa dem dritten Lebensjahr; Markowitsch und Welzer 2005/2006, 2010) unfähig waren, entsprechendes Material zu konsolidieren (McGaugh 2015).

Die Mehrheit der Patienten mit hypoxisch-ischämischem Hirnschaden erwerben diesen als Erwachsene. Ätiologien sind dann z. B. Herzinfarkt und „Fast-Ertrinken", aber auch Erhängungsversuche; anführen kann man außerdem chronische Hypoxie, wie sie bei Patienten mit Schlafapnoe auftreten kann (Boedeker 1896; Markowitsch 1992c; Reinhold et al. 2008).

Eine ältere Fallgeschichte eines Patienten mit Zustand nach Kohlenmonoxidvergiftung ist die des Patienten Franz Breundl, der in mehr als einem halben Dutzend Arbeiten zwischen 1930 und 2014 beschrieben wurde. In den 1930er Jahren wurde er zunächst von Grünthal und Störring untersucht (Grünthal und Störring 1930, 1933, 1954, 1956; Störring 1931, 1936; Lotmar 1954). Er hatte sowohl massive anterograde als auch retrograde Gedächtnisprobleme. Sein kognitives und emotionales Verhalten wurde von Störring (1931) allein über 120-mal analysiert. Breundls retrograde Amnesie folgte dem Ribot'schen Gesetz: Er erinnerte sich problemlos an Ereignisse aus seiner Jugendzeit, hatte aber praktisch keine Erinnerungen an seine jüngere Vergangenheit.

## 3.3 · Vergessen aufgrund organischer Hirnschäden

Grünthal and Störring (1930) spekulierten über ein mögliches morphologisches Substrat seiner Amnesie und schlossen die Existenz eines diffusen Hirnschadens aus. Stattdessen schlugen sie als Erklärung vor, dass feinere physikalisch-chemische Prozesse in weit verzweigten Hirnbereichen Schaden erlitten haben könnten (S. 368). Alternativ und von ihnen als Erklärung präferiert war die These, dass distinkte Hirnregionen wie die Mammillarkörper Schaden genommen haben könnten.

1933 heiratete Breundl seine (bereits im Artikel von 1930 erwähnte) Verlobte, stellte sie jedoch weiterhin als seine Verlobte vor. Er freute sich immer aufs Neue, sie zu sehen, als hätte er sich gerade frisch in sie verliebt. Seine prozeduralen Fertigkeiten (◘ Abb. 1.1) und Routinen waren erhalten geblieben. So nahm er seinen Hut ab, wenn er die Kirche betrat oder wenn er gegrüßt wurde. Auch beim Essen demonstrierte er gute Manieren, und er war in der Lage, Industriezeichnungen, die er zehn Jahre zuvor angefertigt hatte, zu erklären. Um sich zu erinnern, nutzte er externe Gedächtnishilfen. So schloss er aus der Tatsache, dass er einen Anzug trug, dass es Sonntag sein müsse, oder er beschloss, nicht Zug zu fahren, weil er nicht entsprechend gekleidet sei. Auch half er seiner Frau, einen Berg zu besteigen, weil er wusste, dass sie früher bei solchen Gelegenheiten Probleme gehabt hatte. Wurde er nach dem aktuellen Datum gefragt, antwortete er stets: „Der letzte Tag im Mai", was tatsächlich sein Unfalltag gewesen war. In analoger Weise sagte der Patient in Markowitsch et al. (1993a), wann immer er nach dem gegenwärtigen Jahr gefragt wurde, „1981", weil dies das Jahr seines Schlaganfalls gewesen war.

Der Fall wurde 2014 nochmals von Craver et al. (2014a) aufgegriffen. Diese Autoren diskutierten das Pro und Kontra des Falles u. a. hinsichtlich der Frage, ob Breundl ein wahrer Amnestiker oder ein Lügner sei. Lotmar (1954) etwa meinte, Breundl sei eher hysterisch-pseudodement, was dann für Charakteristika des Ganser-Syndroms spricht (Ganser 1898; Staniloiu et al. 2009).

Einer von uns (H. J. M) hatte einen ähnlichen Fall mit Kohlenmonoxidvergiftung aufgrund eines Suizidversuchs. Der Patient schien aufgrund seines anterograden und retrograden Gedächtnisverlusts in seiner Persönlichkeit verändert. Er benahm sich in der Öffentlichkeit gewöhnlich eher extravertiert und ohne Scheu. Als er in eine Talkshow eingeladen wurde, sagte er gleich zu Anfang zu allen anwesenden Damen, dass er noch zu haben und für ein spontanes Date offen sei. Sowohl Breundl als auch dieser Patient legen nahe, dass die Ätiologie der Kohlenmonoxidvergiftung mit nachfolgender Amnesie zu einer Mischung von organischen (hippocampale Degeneration) und psychogenen Ursachen führen kann (vgl. auch die Beschreibungen des anterograden psychogenen Falles Q in Markowitsch and Staniloiu 2013a, des Falles TA in Markowitsch et al. 1999b, und des Falles FL in Smith et al. 2010).

Da die Hirnschädigung bei Hypoxie vermutlich weit über den Hippocampus proper hinausgeht (Markowitsch et al. 1997b), sind Patienten mit dieser Ätiologie keine geeigneten Modelle zur Unterstützung der Multiple-Trace-Theorie des Gedächtnisses (Moscovitch und Nadel 1998; Hepner et al. 2007). Diese Theorie besagt, dass der Hippocampus für den Abruf aus dem Altgedächtnis notwendig ist. Die Gegentheorie – auch klassische Abruftheorie genannt – nimmt dagegen an, dass der Hippocampus nur zeitbegrenzt für die ► Konsolidierung notwendig ist, danach aber obsolet wird, sodass der Abruf nur neocorticale Strukturen involviert (Squire 1992). Zahlreiche Studien versuchten, zwischen den Ideen, dass retrograde Amnesie ohne Zeitgradient (Ribot'sches Gesetz) verloren geht oder dass ein Zeitgradient existiert, bei dem alte Erinnerungen eher als rezente erhalten bleiben, zu entscheiden (z. B. Bright et al. 2006; Piefke et al. 2003; Gilboa et al. 2006; Chan et al. 2002; Steinvorth et al. 2005; vgl. auch Kopelman und Bright 2012). Auch hier scheinen Unterschiede in der Ätiologie (z. B. lang anhaltende Epilepsie), chronischer Pharmakakonsum wie im Fall von HM und die Möglichkeit zusätzlichen mikrostrukturellen Hirnschadens (z. B. Markowitsch und Staniloiu 2012a; Wardlaw et al. 2013; Homayoon et al. 2013; Grydeland et al. 2010) sowie biochemische Änderungen (Walker und Tesco 2013) für manchmal zeitlich nicht differenzierte retrograde Gedächtnisstörungen herhalten zu können. Als Beispiel für diese Debatte können die Arbeiten von Cipolotti et al. (2001) und die Antwort von Squire und Bayley (2006) angeführt werden. Graham (1999) führt gegen die Multiple-Trace-Theorie ins Feld, dass Patienten mit semantischer Demenz im Unterschied zu denen mit Alzheimer-Demenz oder „normaler" Amnesie einen umgekehrten Ribot'schen Gradienten aufweisen, was sich mit der klassischen, kaum aber mit der Multiple-Trace-Theorie erklären lässt. Auch Kopelman et al. (2003) und Mozaffari (2014) – mit einer neuen Sichtweise – trugen zu dieser Diskussion bei.

Wenn Hirnschäden von größerem Ausmaß sind, wie manchmal bei Patienten mit zu spät oder ineffektiv behandelter Herpes-simplex-Encephalitis mit Zerstörung temporaler und basal frontaler Cortexregionen, kann retrograde Amnesie extensiv sein (z. B. A. R. Damasio et al. 1989; Yoneda et al. 1994), wenn auch manchmal nur für eine gewisse Zeit (z. B. ein Jahr im Fall von Yoneda et al. 1992). Problematisch ist es auch, Schlüsse von Patienten mit seit Langem bestehender (Temporallappen-)Epilepsie – und für die meisten Patienten mit Epilepsie besteht die Krankheit seit Geburt oder früher Kindheit – zu ziehen (Mandai et al. 1966); diese Patienten können auch von früh an Probleme mit Einspeichern und Konsolidieren haben. Weiterhin sind viele dieser Patienten bestenfalls von durchschnittlicher Intelligenz, und weil es eine klare Beziehung zwischen ▶ Gedächtnis, ▶ Aufmerksamkeit und Intelligenz (z. B. Broadway und Engle 2010; Healey et al. 2014; Unsworth et al. 2014) gibt, können sich ihre Gedächtnisprobleme über die Zeit steigern. Hinzu mögen depressive Tendenzen kommen.

### 3.3.5 Degenerative und stoffwechselbedingte Hirnkrankheiten

Die meisten klassischen Formen demenzieller Erkrankungen werden unter degenerative Erkrankungen subsumiert. Aber auch metabolische, toxische und virale Erkrankungen sowie neuronale Hyperaktivität (Exzitotoxizität), die durch anhaltende Epilepsie verursacht ist, können Hirndegenerationen zur Folge haben. Viele der zur Gruppe der Demenzen zählenden Erkrankungen führen nach einer gewissen Krankheitsdauer zu retrograder Amnesie. Dies wird durch eine Disintegration cerebraler Netzwerke verursacht, die in die Speicherung von Information involviert sind (Markowitsch 2013). Seidl et al. (2006) fanden z. B., dass, je weiter die Alzheimer-Krankheit fortschreitet, Berichte der Patienten aus ihrer Vergangenheit umso weniger detailliert und vollständig sowie umso weniger integriert und affektbesetzt waren. Weiterhin schrumpfte die Anzahl berichteter Ereignisse mit zunehmender Krankheitsdauer. Aber auch schon bei der Vorform, der leichten kognitiven Beeinträchtigung, kommt es zu Gedächtnisproblemen (z. B. Philippi et al. 2016; Markowitsch 1987; Brand und Markowitsch 2005, 2006).

### 3.3.6 Schädel-Hirn-Traumata, leichte Schädel-Hirn-Verletzungen

Schädel-Hirn-Traumata (SHT), die von retrograden Gedächtnisstörungen begleitet werden, stellen eine sehr breite Kategorie dar, die von leichten Schädel-Hirn-Verletzungen bis zu schweren Gewebsschäden reichen (S. D. Anderson 2004; Fisher 1966; Dean und Sterr 2013; Lucchelli et al. 1995, 1998; Russell 1935, 1971; Russell und Nathan 1946; Rees 2003). In Kriegszeiten gab es zahlreiche Schuss- und Schrapnellverletzungen (Kleist 1934). Interessanterweise variiert die Dauer der retrograden Amnesie nach SHT beträchtlich und ist nicht immer durch verfügbare Variablen vorhersagbar (obwohl die Komadauer in gewisser Weise prädiktiv ist) (Markowitsch und Calabrese 1996). Auch eine Beziehung zwischen posttraumatischer Amnesiedauer und cerebraler Atrophie wurde gefunden (Wilde et al. 2006). Bei den allermeisten SHT-Patienten kommt es zu einer

## 3.3 · Vergessen aufgrund organischer Hirnschäden

Unfähigkeit, die Zeit unmittelbar vor und nach der Verletzung zu erinnern, was schon Gussenbauer (1894) in seiner Antrittsrede als neuer Direktor der II. Chirurgischen Klinik der Universität Wien beschrieb. Er nahm an, dass die Wirkungen der Gehirnerschütterung zu einer teilweisen Ineffektivität corticaler Neuronen führen. SHT führen auch zu psychiatrischen Begleitkrankheiten wie depressiven Episoden, Wahnvorstellungen und Persönlichkeitsstörungen (Koponen et al. 2002). Derartige konkomitierende psychiatrische Erkrankungen können Gedächtnisstörungen verstärken, da es sehr direkte Wechselwirkungen zwischen Gedächtnis, Depression und Persönlichkeitsstörungen gibt (Staniloiu und Markowitsch 2014; Markowitsch et al. 1999a). Eine Übersicht von Combs et al. (2015) fand, dass Kriegsveteranen aus Irak und Afghanistan signifikant schlechter in neuropsychologischen und psychiatrischen Maßen abschnitten, wenn sie sowohl ein leichtes SHT als auch eine posttraumatische Belastungsstörung (PTSD) hatten, als wenn sie nur eins von beiden aufwiesen (vgl. auch den Fall von King 1997).

Insbesondere ältere Patienten (> 55 Jahre) mit SHT können eine Demenz entwickeln – möglicherweise wegen zu geringer Reserven auf kognitiver und Hirnebene (Gardner et al. 2014; Beschreibungen und Definitionen von „kognitiver Reserve" finden sich bei López et al. 2014, Stern 2009; Sandry et al. 2015; Beschreibungen und Definitionen von „Hirnreserve" bei Fratiglioni und Wang 2007). Genauere Analysen des ▶ Nervensystems von SHT-Patienten, beispielsweise mittels Diffusions-Tensor-Bildgebung (Diffusions Tensor Imaging, DTI) oder Magnetisierungstransfer-Ratio (MTR), können mikrostrukturelle Veränderungen offenlegen, die ein Korrelat für anhaltende Verhaltensänderungen darstellen (z. B. Back et al. 1998; Bendlin et al. 2008; Sidaros et al. 2008; vgl. auch Grafman et al. 1988; Markowitsch und Calabrese 1996). Auch der häufig mit SHT einhergehende Komazustand kann die üblichen biochemischen Flussmechanismen zwischen neuronalen Netzwerken, die die Information speichern, beeinträchtigen (Markowitsch 1988b). Außerdem kann längere geistige Nichtaktivität als Folge von Koma und Gehirnerschütterung solche negativen Wirkungen potenzieren.

Es gibt einzelne Patienten, die in der Literatur immer wieder erwähnt werden. Hierzu zählt der inzwischen verstorbene Patient KC aus Toronto. Infolge eines Motorradunfalls erlitt er einen Hirnschaden, der sich auf mehrere Cortexregionen verteilte (Craver et al. 2014b; Rosenbaum et al. 2005, 2009; Tulving 2005), und danach über Jahrzehnte eine schwere anterograde und retrograde Amnesie. Es ist allerdings nicht auszuschließen, dass er zumindest teilweise eine dissoziative Amnesie hatte.

Dies mag auch für Patienten zutreffen, die seit den 1990er Jahren publiziert wurden und nach (meist) traumatischem Hirnschaden eine anhaltende selektive retrograde Amnesie im episodischautobiografischen Bereich aufwiesen. Alternativ oder auch ergänzend lässt sich die These vertreten, dass Art und Ort der Hirnschädigung für die retrograde Amnesie verantwortlich waren. Diese Patienten wiesen primär Hirnschäden im rechten temporopolaren und inferolateralen ▶ Präfrontalcortex auf (z. B. Kapur et al. 1992; Markowitsch et al. 1993b, c; Calabrese et al. 1996; Kroll et al. 1997; Markowitsch und Ewald 1997; Levine et al. 1998, 2009). Ihr Hirnschaden lag damit in genau dem Bereich, der umgekehrt primär bei Normalprobanden aktiviert war, die sich an Erlebnisse aus ihrer Vergangenheit erinnerten, während sie im Kernspintomografen lagen (Fink et al. 1996). Alle diese Patienten hatten ihr gesamtes vergangenes Leben vergessen, erinnerten sich nicht an Lebenspartner, Kinder oder ihren Beruf. Andererseits konnten sie weiterhin lesen, rechnen und schreiben und wussten, wie man sich sozial zu benehmen hat (oder sie lernten all dies wieder schnell neu). Prozedurales Gedächtnis und ▶ Priming funktionierten weiterhin, wie wir beispielsweise an dem in Markowitsch et al. (1993b, c) publizierten Patienten nachwiesen. Bleibender Neuerwerb von Information war möglich.

Auch gab es in dieser Epoche Berichte über Patienten mit analogen, aber prinzipiell linkshemisphärischen Hirnschäden. Bei diesen war das autobiografische Erinnern intakt, das

Wissenssystem jedoch nicht (Grossi et al. 1988; De Renzi et al. 1987; Markowitsch et al. 1999b). Der Patient von De Renzi et al. (1997) hatte allerdings Herpes-simplex-Encephalitis, ebenso wie der von Hokkanen et al. (1995) beschriebene Patient, bei dem den Autoren zufolge eine psychogene Ätiologie ausgeschlossen werden konnte. Diese Patienten erinnerten sich an Lebensereignisse und Verwandte, nicht aber an prominente Persönlichkeiten oder wie man Spaghetti kocht.

Die retrograde Amnesie wurde in den meisten der obigen Arbeiten als „fokal" oder „isoliert" bezeichnet, also als singuläres Symptom, das Folge entweder des Hirnschadens oder eines anderen Mechanismus war (z. B. Goldberg et al. 1982; Hunkin et al. 1995; Kapur 1993; Kapur et al. 1989, 1992; Parkin 1996; Levine et al. 1998, 2009; Fast und Fujiwara 2001; Teramoto et al. 2005; Hokkanen et al. 1995; Yamadori et al. 2001; Yoneda et al. 1992; Miller et al. 2001; Sehm et al. 2011; Stracciari et al. 2008). Manchmal wurden auch die Termini „disproportionale retrograde Amnesie" (Kapur et al. 1996; Thomas-Antérion et al. 2014), „permanente globale Amnesie" (Kritchevsky und Squire 1993) oder „reine retrograde Amnesie" (Lucchelli et al. 1998) benutzt. Kopelman (2002) stellte diese Bezeichnungen jedoch infrage und schlug mehrere alternative Interpretationen vor. Da es noch weitere und zeitlich früher publizierte Fallbeschreibungen von Patienten mit isolierter retrograder Amnesie auf der Basis von SHT, aber auch weiterer Ätiologien gab (z. B. Roman-Campos et al. 1980; Goldberg et al. 1981, 1982; vgl. auch Markowitsch und Staniloiu 2017b), wurde die These vertreten, dass zumindest einige dieser hirngeschädigten Patienten an dissoziativer Amnesie oder einer Kombination von dissoziativer (psychogener) und hirnorganischer Amnesie litten (De Renzi et al. 1995, 1997; Markowitsch 1996a, b), und der Ausdruck „funktionelle Amnesie" wurde für diese Fälle ins Spiel gebracht (Lundholm 1932; Schacter und Kihlstrom 1989; De Renzi et al. 1997; Brandt und Van Gorp 2006; Treadway et al. 1992), mit der Interpretation, dass die Amnesie für ihr Leben eine Funktion hat. Beispiel für den Versuch, organisch und funktionell zu trennen, ist die Studie von Ouellet et al. (2008), in der zwei Fälle beschrieben werden: ein Fall mit „organischer" Basis – eine Schädigung im rechten Schläfenlappen – und ein Fall mit schwerem emotionalen Trauma. Man wird hier an die Ansichten früher Nervenärzte erinnert (Syz 1937; Maudsley 1870; Meynert 1884; Flechsig 1896), die, wie später auch Pietrini (2003), ohnehin alles psychische Geschehen durch die Hirnanatomie oder Hirnpathologie und Physiologie zu erklären trachteten.

## 3.4 Vergessen bei psychogenen (dissoziativen) Amnesien und ähnlichen Erkrankungen

Vor ca. 140 Jahren kam mit Jean-Marie Charcot (1886; vgl. auch Bogousslavsky 2011, 2014) und anschließend mit seinem Schüler Sigmund Freud (Breuer und Freud 1895) die Idee in die Welt, dass es ein Krankheitsbild gibt, das vor allem Frauen betrifft und sich durch neurotisches Verhalten, Ohnmachtsanfälle, zum Teil verbunden mit Vergessen der Geschehnisse vor der Ohnmacht: die Hysterie. Manche Wissenschaftler sahen Hysterie als eine Erfindung des 19. Jahrhunderts an (so wie die von Aliens eine des 20. Jahrhunderts ist) und lobten 1000 US-Dollar aus für denjenigen, der nachweisen könne, dass es schon vor dem Jahr 1800 Fallbeschreibungen von Hysterikerinnen bzw. Hysterikern gab (Pope et al. 2007). Tatsächlich gab es derartige Beschreibungen auch schon vorher, beispielsweise im Text einer Oper (Goldsmith et al. 2009). Das Krankheitsbild wurde schnell „populär" und fand sich in psychiatrischen Klassifikationssystemen wieder, aber auch unter dem Stichwort „Schreckpsychosen" im Rahmen der Fälle betroffener Soldaten des Ersten Weltkriegs (Kleist 1918). Später wurde es von dem Terminus „dissoziative Amnesie" (und teilweise auch „histrionische Persönlichkeitsstörung") abgelöst (aber siehe z. B. Bell et al. 2011). Manchmal spricht man auch von medizinisch nicht erklärbaren Symptomen (Brown 2004;

McKay und Kopelman 2009) oder einfach von unbekannter Ätiologie (Kritchevsky und Squire 1993). Eine Variante der dissoziativen Amnesie ist der Fugue-Zustand, bei dem der Patient zusaätzlich zur Amnesie auch noch seinen gewohnten Lebensraum (Heimatort) verlässt (Markowitsch et al. 1997c; Mortati und Grant, 2012).

Zusammen mit anderen Formen dissoziativer Störungen wie der dissoziativen Identitätsstörung (früher „multiple Persönlichkeit"; Schreiber 1973; Übersicht älterer Fälle in Markowitsch 1992a; Markowitsch und Staniloiu 2017b) findet sich heutzutage vor allem das Merkmal der retrograden Amnesie. Die Patienten leiden unter der Unfähigkeit, sich an persönliche Lebensereignisse zu erinnern, was einen teilweisen Verlust ihrer persönlichen Identität nach sich zieht (Markowitsch und Staniloiu 2011a, 2013a; Chadda und Raheja 2002; Jetten et al. 2010). (Solche Amnesiezustände werden immer gerne verfilmt, z. B. 2014 in Jan Schomburgs Film *Vergiss mein Ich*, der von einer Frau mit retrograder Amnesie handelt.) Die zentrale Frage ist, ob die Lebensereignisse gelöscht oder nur nicht bewusst abrufbar sind. Obwohl wir zu der zweiten Hypothese neigen, gibt es durchaus Fälle, bei denen die Amnesie über Dekaden bestehen bleibt und vermutlich das gesamte Leben über anhält. Manchmal ist die Amnesie allerdings auf bestimmte Ereignisse oder Epochen beschränkt (Cox und Barnier 2003; Markowitsch et al. 1997a). Wir wollen im Folgenden zunächst ein paar Beispiele für derartige Fälle geben.

### 3.4.1 Fall AZ

Der 23 Jahre alte Bankkaufmann AZ war mit seinem Freund im Haus, als im Keller ein Feuer ausbrach. Er sah sich den Brand nur kurz von der Kellertür aus an und stürmte dann nach draußen, laut und erregt „Feuer, Feuer" schreiend. Sein Freund alarmierte stattdessen die Feuerwehr, die den Brand schnell löschte. AZ ging – immer noch sichtlich erregt – nachts zu Bett; als er am nächsten Morgen wieder erwachte, erinnerte er sich nicht an seine letzten sechs Lebensjahre und konnte sich auch keine neue Information mehr merken. Er wurde zuerst in die Neurologie einer Universitätsklinik gebracht, um eine Kohlenmonoxidvergiftung auszuschließen. Danach kam er auf eine psychiatrische Station, auf der er die nächsten Wochen blieb.

Es stellte sich heraus, dass er als vierjähriges Kind mit seiner Mutter am Straßenrand gestanden hatte, als ein Auto in Flammen aufging. Er musste mit ansehen, wie es der Person im Auto nicht gelang, das Auto zu verlassen. Er hörte die Person schreien und sah, wie sie gegen die Windschutzscheiben hämmerte, aber letztendlich verbrannte. Seitdem löst Feuer bei ihm eine Panikreaktion aus. Man kann somit schlussfolgern, dass das Feuer im eigenen Haus für ihn besonders schlimm war, weil er sich dort, insbesondere zusammen mit seinem Freund, am sichersten gefühlt hatte. Dass er nur die Erinnerung an die letzten sechs Lebensjahre verloren hatte, hängt vermutlich damit zusammen, dass er, wie sich herausstellte, mit 17 Jahren die Schule und das Elternhaus verließ, nachdem er den Eltern mitgeteilt hatte, dass er homosexuell sei. Danach fing für ihn vermutlich ein schwierigeres Leben an, als er es zuvor hatte, und dieses Leben wurde durch die Feuersituation ausgeblendet. AZ wurde mit Antidepressiva und verschiedenen Formen von Psychotherapie behandelt, sodass er nach rund einem Jahr wieder einen Teil seiner Erinnerungen zurückerhalten hat.

Zweimal wurde eine Hirnbildgebung mittels Kernspintomografie und Positronenemissionstomografie (▶ PET) zur Messung des Glucosestoffwechsels im Gehirn durchgeführt (Markowitsch et al. 1998, 2000b). In der ersten PET-Untersuchung zeigte sich eine globale Verminderung seines Hirnstoffwechsels, die besonders stark im medialen Temporallappen und im Diencephalon ausgeprägt war, also in den Hirnregionen, die für die Verarbeitung und den Abruf von Gedächtnis zentral sind. Nach Therapieende wurde eine zweite PET-Untersuchung gemacht, die ergab, dass sein Hirnstoffwechsel wieder einen Normalzustand erreicht hatte. Somit konnte die Hirnbildgebung sowohl als Beleg für die Amnesie (erste Untersuchung) als auch für die Erholung vom amnestischen Zustand (zweite Untersuchung) dienen.

Dieser Fall zeigt exemplarisch, was in mehreren Studien als Modell für die Entstehung von dissoziativer Amnesie postuliert wurde (vgl. Markowitsch 2000a, Table 23.2; Markowitsch 2009, Tabelle 1; z. B. Reinhold und Markowitsch 2007a, 2009). Frühe psychische oder biologische Traumaerlebnisse können zu einer Änderung auf Hirnebene führen (Supersensitivität für exzitatorisch wirkende ▶ Transmitter); nachfolgend auftretende weitere negative Stress- oder Traumaerlebnisse können bei Fehlen von adäquaten Copingstrategien und nach Latenz zu emotional-kognitiver Dissoziation und somit zu dissoziativer Amnesie führen (Yehuda et al. 2010). (Dissoziation bedeutet ja im Prinzip das Auseinanderlaufen von kognitiven und emotiven Anteilen von Erinnerungen.)

### 3.4.2 Fall BY

Eine 35-jährige Patientin erwachte nach einer Operation und sagte, es ist der 27. Mai 1989 (statt November 2003). Sie die letzten 14 Jahren komplette vergessen, einschließlich ihrer Familie – Mann und drei Töchter. In einer Talkshow sagte sie, der Mann und die älteste Tochter hätten sie im Krankenhaus besucht. Sie erkannte die Tochter nicht und fand nur eine Ähnlichkeit mit dem Mann, den sie Erinnerung hatte – der erinnerte Mann hatte schwarze statt graue Haare und keinen Bauchansatz (auf den sich die Fernsehkameras dann prompt richteten). Sie sagte, sie wundere sich darüber, was man im Supermarkt alles kaufen könne und dass auf der Straße „abgehackte Autos" führen (damit meinte sie die Smarts). Sie hatte keine Beziehung zu ihren Töchtern – meinte allenfalls, sie hätte *eine* Tochter (die 15-jährige), die müsse aber viel, viel jünger sein.

Auch bei dieser Patientin hatte es eine Vielzahl sehr stressreicher Erlebnisse in ihrem vergangenen Leben gegeben, darunter zahlreiche, zum Teil lebensbedrohliche operative Eingriffe, die seit ihrem 21. Lebensjahr stattgefunden hatten.

### 3.4.3 Fall CX

CX war ein 30-jähriger britischer Soldat, der in Deutschland stationiert und mit einer deutschen Frau verheiratet war (Fujiwara et al. 2008). Der junge Mann war Fahrlehrer bei der Armee und wurde im Vorderen Orient in seinem Lastwagen eingeklemmt, als seine Fahrschülerin einen Kreisverkehr mit zu viel Schwung umrunden wollte und den Lastwagen zum Kippen brachte. Eingeklemmt auf dem Beifahrersitz konnte er sich nicht aus dem Sicherheitsgurt lösen und wurde nach 2 h aus der Gluthitze geborgen. Er trug Verletzungen an Armen und Beinen davon. Als er – wohl nach kurzer Ohnmacht – im Krankenhaus wieder zu sich kam, hatte er keine Erinnerungen an sein Leben, wusste nicht, wer er war und was mit ihm passiert war. Auch wusste er anfangs nicht, wie er mit einem Rasierapparat umgehen sollte und dass er deutsch sprechen konnte (seine Frau war Deutsche). Seine Amnesie blieb bestehen, er erkannte weder Frau noch Sohn. Sein anterogrades Gedächtnis war erhalten, sodass er Fakten über sich wieder erlernen konnte.

Nach kurzer Wiederaufnahme seiner Tätigkeit quittierte er seine Tätigkeit bei der Armee und arbeitete später als Fahrlehrer in Deutschland weiter. Er hatte anfangs soziale Probleme und chronische Defizite in Exekutivfunktionen. Schon vor diesem Ereignis hatte er mehrere weniger markante Episoden mit Blackouts und Kopfverletzungen (Schädel-Hirn-Traumata) gehabt. Außerdem war bereits eine leichte dissoziative Störung diagnostiziert worden. Körperliche

3.4 · Vergessen bei psychogenen (dissoziativen) Amnesien und ähnlichen Erkrankungen

Symptome wie Brustschmerzen, über die er nach der Diagnose einer dissoziativen Amnesie berichtete, wurden als „funktionell" bewertet (Staniloiu und Markowitsch 2012a). Seine Frau berichtete, dass er die frühere Nähe zu ihr vermissen ließ und sich eher mit seinem Hobby beschäftigte. Man kann hier von *belle indifference* sprechen. Dieser Ausdruck wird Janet (1893, 1894, 1907) zugeschrieben und beschreibt eine Gleichgültigkeit gegenüber der eigenen Person, die angesichts des Krankheitszustands nicht zu erwarten ist und als Schutzfunktion gegenüber der eigenen Lage interpretiert wurde. Die Amnesie bestand auch nach zwei Jahren unverändert.

### 3.4.4 Fall DW

Es wird immer wieder behauptet, dass vor allem jüngere Personen von dissoziativen Störungen betroffen sind. Dies lässt sich damit erklären, dass junge Menschen anfälliger als ältere gegenüber den Widrigkeiten des Lebens sind und eben noch keine „reife", gefestigte Persönlichkeit aufweisen.

DW war eine 14-jährige Gymnasiastin, die vermutlich von ihrer ersten Liebesbeziehung eine Virusinfektion davongetragen hatte und immer sehr ehrgeizig gewesen war (betrieb Leistungssport, spielte ein Musikinstrument, hatte einen Auslandsaufenthalt hinter sich). Kurz vor Ausbruch ihrer Amnesie hatte sie eine Auseinandersetzung mit einer Freundin. Sie hatte eine komplette retrograde Amnesie, die sich zum Teil auch auf ihr Schulwissen auswirkte, allerdings ist zu vermuten, dass sie neutrale Informationen wieder schnell neu lernte.

Sie hatte einen Zusammenbruch beim Duschen und konnte anschließend ihre Beine nicht mehr bewegen (motorische Konversionsstörung). Fünf Tage lang musste sie an Krücken gehen. Sie konnte nicht gut einschlafen, hatte Probleme, allein zu sein, und musste mit Licht und CD schlafen. Außerdem berichtete sie über „unsichere Gedanken". Auf viele Fragen zur Selbsteinschätzung (Körperempfinden, Geruchs- und Geschmacksempfinden, Essgewohnheiten, Gefühle, Fähigkeiten und Begabungen) fand sie keine Antworten. In Tests zu Aufmerksamkeit und Konzentration schwankten ihre Leistungen stark. Während ihr anterogrades Gedächtnis überdurchschnittlich gut war, hatte sie auf retrograder Ebene nicht nur keine autobiografischen Erinnerungen, sondern war auch im Bereich des Wissenssystems weit unterdurchschnittlich. Die Amnesie blieb über Monate bestehen. Inwieweit dies Auswirkungen auf Persönlichkeit und Intellekt hatte, konnte nicht weiter verfolgt werden.

### 3.4.5 Fall EV

Auch EV war Gymnasiast, allerdings erst zwölf Jahre alt, als er in der großen Pause, nachdem er mit Mitschülern gerauft hatte, plötzlich amnestisch wurde und anschließend weder Lehrer und Mitschüler noch seine herbeigeeilten Eltern erkannte. Dieser Zustand blieb grundsätzlich bestehen, wobei er zu den Eltern schnell wieder ein „familiäres" Verhältnis entwickelte (◘ Abb. 1.1: perzeptuelles Gedächtnis). Auch bei ihm waren neben der kompletten Amnesie für seine Biografie zusätzlich Schulwissensanteile nicht mehr abrufbar – dies galt für Fremdsprachen und Mathematik, aber auch für die deutsche Rechtschreibung. Intelligenz, Aufmerksamkeit, Konzentrationsfähigkeit und anterograde Gedächtnisleistungen lagen alle im durchschnittlichen Bereich. Auch Problemlösefähigkeit und Handlungsplanung waren normal.

Dissoziative Amnesiezustände in Kindheit und Jugend sind eher selten (vgl. aber Reinhold und Markowitsch 2007b); etwas häufiger – obwohl immer noch seltener als im Erwachsenenalter – finden sich Konversionssyndrome (Diseth und Christie 2005).

### 3.4.6 Fall FU, GT und HS

Obwohl die dissoziative Amnesie normalerweise retrograd ist und dies auch so in den entsprechenden neurologischen und psychiatrischen Manualen steht (APA 2013; WHO 2010), wurden inzwischen mindestens vier Fälle von dissoziativer Amnesie mit rein anterograden Defiziten im episodisch-autobiografischen beschrieben (Kessler et al. 1997; Kumar et al. 2007; Markowitsch et al. 1999c; Markowitsch und Staniloiu 2013a; Smith et al. 2010; Zusammenfassung der Kenndaten dieser Fälle in Staniloiu und Markowitsch 2014, Tabelle 2, und in Markowitsch und Staniloiu 2015, 2016b).

FU (Kessler et al. 1997), ein 29-jähriger Student und Computerspezialist, entwickelte innerhalb eines Monats eine anterograde Amnesie, die auch nach einem Jahr noch bestand. Er war hochintelligent, hatte ein normales retrogrades Gedächtnis, aber eine eingeschränkte Konzentrationsfähigkeit. Eine Hirnschädigung lag nicht vor. Seine Stelle als Computerspezialist hatte er aufgegeben, als sich seine Amnesie anbahnte. Öffentliche Ereignisse („Weltwissen") waren teilweise abrufbar. Außer der wohl psychogenen anterograden Amnesie (die in der Studie alternativ als massiv reduzierter Antrieb interpretiert worden war) wies er in psychiatrischen Interviews keine Anzeichen für Persönlichkeitsstörungen oder andersartige psychiatrische Änderungen (z. B. Depression) auf. Er hatte in seinem Leben keine sexuelle Beziehung gehabt und auch keine nahen Freunde oder Freundinnen.

GT war eine ähnlich alte Jura-Studentin (27 Jahre bei Krankheitsausbruch), die nach zwei kurz hintereinander auftretenden, beide Male unverschuldeten Autounfällen massiv anterograd amnestisch wurde und dies auch die nächsten zwei Dutzende Jahre blieb. Der zweite Unfall führte zu einem Schleudertrauma. GT war überdurchschnittlich intelligent und hatte ein exzellentes retrogrades Gedächtnis bis zum Zeitpunkt des Ausbruchs der anterograden Amnesie (bzw. des zweiten Autounfalls). Sie wusste beispielsweise, dass der Aktionskünstler Christo Bäume in Frankreich an der Seine umwickelt hatte (Ereignis vor Krankheitsausbruch im August 1994), nicht aber, dass er den Reichstag eingewickelt hatte (Ereignis nach Krankheitsausbruch). Auch wusste sie, dass Jan Reemtsma Häuser an der Hamburger Hafenstraße aufgekauft hatte (vor 1994), nicht aber, dass er entführt worden war (nach 1994). Ihre Defizite wurden drei Jahre und fünf Jahre nach Beginn der anterograden dissoziativen Amnesie untersucht; sie blieben unverändert. So konnte sie jeweils die Rey-Osterrieth-Figur fehlerlos abzeichnen und nach 30 min überdurchschnittlich gut aus dem Kopf reproduzieren, erinnerte sich aber nach 1 h kaum noch an Einzelheiten und hatte nach 2 h komplett vergessen, die Figur gezeichnet zu haben. Diese (Minder-)Leistung erbrachte sie bei einer konstanten kognitiven Belastung durch eine über mehrere Stunden durchgeführte neuropsychologische Testung. Ansonsten dauerte ihre Gedächtnisspanne ca. 4 h, nach denen die Information nicht mehr abrufbar war. Dies bedeutete auch, dass sie in „normalen" Tests – wie beispielsweise der revidierten Wechsler Memory Scale – überdurchschnittlich gut abschnitt, da diese, wie die meisten Gedächtnistests und -testbatterien, lediglich auf eine Verzögerungszeit von 30 min bis zum nächsten Abruf ausgerichtet sind.

Die gleiche Gedächtnisspanne von 4 h wiesen zwei der anderen Patienten mit dissoziativen anterograden Amnesie auf: die in Smith et al. (2010) beschriebene Patientin und der Patient HS (Markowitsch und Staniloiu 2013a). Dieser stammte aus Südosteuropa, war aber als Kind zu Verwandten in die damalige DDR geschickt worden, da die Familie ihn nicht mehr ernähren konnte. Er arbeitete später als Ingenieur in der DDR, bis er nach der Wende seine Arbeit verlor und als Zigarettenautomatenauffüller eine Arbeit verrichtete, die er, wie er sagte, hasste, weil er auch Zigaretten hasste. Er hatte im Abstand von sechs Jahren zwei gleichartige Unfälle: Beide Male fielen Zigaretten aus dem Automaten, weswegen er sich bückte, um sie aufzuheben. Beim Wiederaufrichten stieß er mit dem Kopf an die sich öffnende Automatentür und wurde offensichtlich jeweils kurz ohnmächtig. Als er wieder zu sich kam, befürchtete er, man habe ihm sein

Auto, Geld oder Zigaretten gestohlen, was aber nicht passiert war. Nach dem zweiten Ereignis wurde er anterograd amnestisch und blieb dies über Jahre (bis in die Gegenwart).

Auch er wurde, wie GT, zweimal untersucht, allerdings im Abstand von nur einem Jahr. Zum ersten Untersuchungszeitpunkt war er knapp 50 Jahre alt. Neben einer schweren anterograden Amnesie hatte er auch beträchtliche Aufmerksamkeits- und Konzentrationsstörungen und wirkte insgesamt sehr verlangsamt (ähnlich wie der Fall FU). Seine gewöhnliche Gedächtnisspanne von 4 h verkürzte sich ähnlich wie bei GT, wenn er kontinuierlich kognitiv gefordert war.

Da HS selbst an eine durch den Unfall davongetragene mögliche Hirnschädigung glaubte und sich deswegen in einem Rechtsstreit befand, muss man in seinem Fall auch an die alternativen Diagnose einer artifiziellen Störung (APA 2013) und an Simulation denken. Es wird seit Langem über Fälle berichtet, bei denen sich eine Überlappung zwischen authentischer dissoziativer Amnesie und Simulieren zeigt (Lennox 1943; Barbarotto et al. 1996; Spiegel et al. 2011; Weusten et al. 2013). Lennox (1943) schrieb, dass es häufig eine Überlappung zwischen pathologischer (organisch bedingter), psychologischer (dissoziativer) und vorgetäuschter (simulierter) Amnesie gäbe. Auch Barbarotto et al. (1996) und Weusten et al. (2013) beschrieben Patienten mit einer Mischung von psychogenen, intentionalen und organisch bedingten Anteilen an ihren Amnesien. Es gibt auch Patienten, die zuerst bewusst simulierten, bei denen sich aber mit der Zeit die Symptome verselbstständigten, ohne dass die Patienten sie bewusst steuern konnten.

Interessant ist auch, dass es den Zustand des beschleunigten Vergessens (*accelerated forgetting*) insbesondere bei Patienten mit Temporallappenepilepsie gibt, wobei die Behaltensspanne von Information zwischen Patienten aber beträchtlich variieren kann – von Stunden bis zu 40 Tagen (O'Connor et al. 1997; Geurts et al. 2015; Muhlert et al. 2010; Witt et al. 2015; Cassel et al. 2016; Ladowsky-Brooks 2016).

### 3.4.7 Fall IR

Bei IR handelte es sich um einen jungen Mann, der als Waisenkind aufwuchs, sich als Baby erst spät entwickelte und eine Reihe von Widerständen und Problemsituationen in seinem Leben als Heranwachsender über sich ergehen lassen musste (Pommerenke et al. 2012). Schon im jungen Erwachsenenalter litt er an Hodenkrebs. Als dann ein, wenn auch – wie sich im Nachhinein herausstellte – gutartiger Hirntumor hinzukam, verlor er die Erinnerung an sein Leben und zum Teil auch an Fakten und Fertigkeiten. So wusste er nicht mehr, was man mit einer Angel macht, obwohl sein Hobby Sportfischen gewesen war. Er beschrieb sein Leben als Amnesiepatient so, als sei er in einem weißen Raum, dessen Tür man hinter ihm geschlossen habe, und dass er nicht wisse, wo er hergekommen sei. Dieser Fall ist – wie viele andere (s. unten Fall JQ) – typisch: Frühe negative Kindheitserfahrungen zusammen mit nachfolgenden negativen Ereignissen als junger Erwachsener führen zu einem Ausblenden der insgesamt sehr negativen Vergangenheit. Psychoanalytisch könnte man interpretieren, dass die Patienten vergessen wollen. Dieser Fall demonstriert auch, dass direkte organische Hirnschäden durchaus von dissoziativen Amnesien gefolgt sein können (Markowitsch 1996a, b; Mishra et al. 2011; Lucchelli et al. 1995).

### 3.4.8 Fall JQ und KP

JQ und KP weisen mehrere Parallelen in ihrem Leben auf: Sie wurden in der gleichen Stadt aufgefunden und in dasselbe psychiatrische Krankenhaus gebracht. Beide konnten längere Zeit nicht identifiziert werden. JQ war als Waisenkind bei verschiedenen Adaptiveltern groß geworden und wurde zum Klavierspielen gezwungen. Deswegen hackte er sich einzelne Fingerkuppen mit der

Axt ab. Aller Wahrscheinlichkeit nach wurde er in einem katholischen Internat von Priestern vergewaltigt. Nach einem lebensbedrohlichen, durch sein inadäquates Handeln selbst hervorgerufenes Ereignis wurde er amnestisch. Sein Fall wurde von einem Reporter über Jahre verfolgt und analysiert und anschließend in einem Buch zusammengefasst (Kruse 2010).

JQ konnte identifiziert werden, nachdem man ihn der Presse vorgestellt hatte; KP hingegen wollte das nicht. Als Begründung gab er an, möglicherweise melde sich niemand und dann müsse er damit leben, dass er allein auf der Welt sei. So blieb er ein halbes Jahr in der Klinik, bis diese erwirkte, dass er auf richterliche Anordnung in ein Heim für betreutes Wohnen und Arbeiten verlegt wurde. Als er dort spazieren ging, entdeckte und identifizierte ihn ein früherer Bekannter. Seine Mutter und seine Schwester erfuhren dann aus einem Boulevardblatt, dass er noch am Leben war und das ganze halbe Jahr keine 30 km von ihnen in der Klinik gelebt hatte. Sein Fall ist in Markowitsch und Staniloiu (2013) beschrieben.

### 3.4.9 Schlussfolgerungen aus diesen und ähnlichen Fallbeschreibungen

Man kann durchaus spekulieren, dass es zu Veränderungen auf Hirnebene aufgrund leichter Schädel-Hirn-Traumata oder selbst aufgrund von emotionalen Ausnahmezuständen, die die Hirnbiochemie verändern, kommen kann. Abrisse von ▶ Synapsen und Axonen, Gliose, Demyelinisierungen, Mikroblutungen, Plaquebildungen und biochemische Änderungen auf der mikrostrukturellen Ebene können das funktionelle Gleichgewicht von Hirnnetzwerken zum Negativen hin verändern (Schoenfeld und Hamilton 1977; Walker und Tesco 2013; Markowitsch 2013). In ◘ Tab. 3.2 werden organische und psychogene Amnesien miteinander verglichen. Man stellt zwar eine Reihe Unterscheidungsmerkmale fest, muss aber konstatieren, dass es durchaus eine Reihe von Gemeinsamkeiten und vor allem von Übergängen zwischen primär psychisch bedingten und primär neurologisch bedingten gibt (Markowitsch 1996a, b; Brown 2016; Carson et al. 2016). Auch bei dem unter den neurologischen Krankheitsbildern gibt es mit der transienten globalen Amnesie eine Krankheit, die in rund einem Drittel der Fälle psychisch bedingt ist (durch Stress, emotionale Erregung u.ä.) (Markowitsch 1983, 1992a; Bartsch und Deuschl 2010). Inzwischen gibt es ein mit mehr als 600 Seiten dickleibiges Handbuch über funktionelle neurologische Störungen (Hallett et al. 2016).

Grundsätzlich bleibt trotz des manchmal völligen Identitätsverlusts bei Patienten mit dissoziativen oder psychogenen Amnesien das Kernselbst bestehen. Einzelne Charakterzüge können sich aber stark ändern. So war der in Markowitsch et al. (1997c) beschriebene Patient vor seiner Amnesie begeisterter Autofahrer, danach fand er Autos zu schnell für Menschen und mochte sich auch nicht als Beifahrer in einen Wagen setzen. Außerdem schien er sein Asthma und seine Allergie verloren zu haben und änderte seine Nahrungspräferenzen. Wie vielfältig Anteile des Selbst sich bei diesen Patienten verändern, beschrieben Rathbone et al. (2009, 2015), Markowitsch und Staniloiu (2011a), Staniloiu et al. (2010), Fradera und Kopelman (2009) sowie Arzy et al. (2011). Dass derartige Charakteränderungen auftreten, ist kein Wunder, wenn man bedenkt, dass für diese Patienten durch die fehlende Erinnerung auch die Referenz fehlt, wie sie sich vor der Amnesie jeweils verhalten haben.

### 3.4.10 Vergessen, Verdrängen, Blockieren

Vergessen wird heutzutage gerade aus neurobiologischer Sicht ein komplexes Phänomen, was sich bis hin zu epigenetischen Aspekten ausweiten lässt, u.z. sowohl was ein Zuviel an Behalten als auch was ein Zuviel an Vergessen betrifft (Markowitsch 2015; Yehuda et al. 2005, 2008; Radtke

◘ **Tab. 3.2** Vergleich von direkt organisch bedingten mit psychogen bedingten Amnesien

| | Direkt organische Verursachung | Psychogene Verursachung |
|---|---|---|
| Auslösendes Element | SHT, Infarkt etc. | Psychischer Stress, psychische Traumasituation, leichtes SHT* |
| Kognitive Störungen (außer Gedächtnisstörungen) | Häufig und häufig schwer | Meist nur leicht und eher transient |
| Erholung der Gedächtnisfunktionen | Selten | Völlige Erholung möglich, manchmal sogar schnell |
| Gradient (Ribot'sches Gesetz) | Häufiger existent | Nicht existent |
| Subtile Persönlichkeitsstörung oder prämorbide psychiatrische Erkrankungen | In der Regel nicht vorhanden | Häufig |
| Faktenwissen | Wenig gestört | Kaum gestört, schnell wiederkommend |
| Hirnschaden, Hirnveränderungen | Sicher nachweisbar, entweder „global oder diffus cortical" (wie bei Demenzen) oder fokal | Fraglich; vermutlich bei längerer Dauer mittels spezialisierter Hirnbildgebung wie PET oder DTI nachweisbar |
| Unbewusste Erinnerungen (prozedurales Gedächtnis, Priming) | In der Regel unbeeinträchtigt | In der Regel unbeeinträchtigt |
| Charakterzüge und Selbst | Je nach Ausmaß und Ort der Hirnschädigung Veränderungen | Kernselbst bleibt bestehen, Charakterzüge können sich aber stark ändern |

*Parallelen zur transienten globalen Amnesie seien angemerkt, bei der ca. 2/3 der Fälle einen somatischen Auslöser haben und der Rest einen psychischen Auslöser hat.

et al. 2011). Sowohl ein Zuviel an Vergessen wie ein Zuwenig ist von Nachteil und erschwert oder verhindert einen gesunden Umgang mit autobiografischer Information.

Vergessen als Repression oder als Verdrängen (Markowitsch 2000a; Langnickel und Markowitsch 2006, 2010) dient allerdings einer Funktion – nämlich der, sich vor negativen, belastenden Inhalten zu schützen, weswegen man auch von funktioneller Amnesie spricht – also einem Vergessen, dass eine (Schutz-)Funktion für das Individuum hat (Markowitsch, 200b; Markowitsch et al., 1998c; Markowitsch und Staniloiu 2016a; Staniloiu und Markowitsch 2012b, c, d).

Vergessen als zufälliges Geschehen ist meist von minderer Bedeutung und mag mit Zuständen von Müdigkeit, Erschöpfung, Interferenz und weiteren zusammenhängen, wenngleich Sigmund Freud sowohl in Vergessen wie in *Zungenphänomenen* einen Hintersinn vermuten würde.

Auf Hirnebene kann es zu zufälligen Verschaltungen oder demzufälligen Aussetzen normalerweise auftretender Verschaltungen kommen, was dann mit nicht intendiertem Vergessen oder Erinnern einhergeht. Auch kann der Verlust von Nervenzellen oder Nervenzellelementen (Dendriten, Dornen, Synapsen, axonalen Verästelungen) zu kleineren Verwerfungen bezüglich Erinnern und Vergessen führen (Chao et al. 2014; Kim et al. 2015). Dieses insbesondere bei unzureichend verarbeiteten Stress- und Traumasituationen (Bremner 2005; Bremner et al. 2008; Sapolsky 1996a, b, 2000).

Bedeutend sind in diesem Zusammenhang auftretende Blockadevorgänge, wo in manchen Fällen die gesamte persönliche Vergangenheit nicht mehr abrufbar ist (Fujiwara und Markowitsch 2003a, b; Markowitsch 2002; Markowitsch und Staniloiu 2017a; Staniloiu und Markowitsch 2014, 2015). Dies ist dann ein direkt patrhologischer Vorgang, der auch als dissoziative Amnesie bezeichnet wird und mit bestimmten Merkmalen im betroffenen Patienten einhergeht – meist nicht ausreichend verarbeitetem Stress (Kloet et al. 2005a, b; Kloet und Rinne 2007; Lupien und Maheu 2000; Lupien et al. 2005, 2009, 2011; J. T. O'Brien 1997; Quesada et al. 2012; Vermetten et al. 2007; Wabnitz et al. 2013; Wingenfeld und Wolf 2014), manchmal vielleicht auch in Kombination mit überschäumender Fantasie (Dalenberg et al. 2012).

### Schlussbetrachtung

Vergessen aus klinisch-neurowissenschaftlicher Sicht findet sich bei einer Vielzahl neurologischer und psychischer Erkrankungen und kommt in unterschiedlichen Schweregraden vor. Teilweise geht Vergessen dabei mit anderen Gedächtnisproblemen einher, die in der Art des Hirnschadens, aber auch in der Persönlichkeit der Betroffenen liegen können. Überhaupt stellt die Verschaltung und Repräsentation von Gedächtnisvorgängen auf Hirnebene immer noch eines der größten Enigmata dar und führt zu vielfältigen Spekulationen. Diese reichen von molekularen (Dash et al. 2007), genetischen (Markowitsch und Staniloiu 2012a: Table 2; Singer et al. 2006) und eng lokalisatorischen (Bancaud et al. 1994; A. R. Damasio 1985, 1990; H. Damasio und Damasio 1989, 1990; De Renzi 1982; Funnell und De Mornay Davies 1996; Gross 2002) über netzwerkartige (Markowitsch 1985a, 2013; Mesulam 1990, 2000; Quiroga 2012, 2013; Quiroga et al. 2005, 2008) und statistische (John 1972, 1975) bis hin zu holografischen (Pribram 1971; Deacon 1989) Ansichten und Modellen. Elektrophysiologische Arbeiten unterstützen die Annahme interaktiver Verarbeitungsprozesse auf Hirnebene, die für die Repräsentation von Erinnerungen notwendig sind (Axmacher et al. 2008; Doty 1970; Melloni et al. 2007; Girardeau und Zugaro 2011). Eine Übersicht findet sich bei Wagner (2016).
Auf Grund dieser Vielfalt an Vorstellungen zur Repräsentation und Verarbeitung von Information auf Hirnebene nimmt es auch nicht Wunder, dass Vergessensprozesse ähnlich vielfältig wie Abspeicher- und Repräsentationsprozesse betrachtet werden. Nach holografischen Prinzipien etwa könnte Vergessen einen graduellen, nuancierten Prozess darstellen, nach stärker neuronal orientierten Vorstellungen wäre Vergessen ähnlich einem Alles-oder-Nichts Prozess. Aber auch hier gibt es Unterschiede, je nachdem, ob man sich eher an elektrophysiologischen oder Läsionsmethoden orientiert. Patienten mit Hirnläsionen, die zu einer globalen Amnesie für episodisch-autobiografische Erinnerungen und neuen Fakten führen, können trotzdem noch Wissensinseln haben, wie der Fall H.M. zeigte, der sich an Ereignisse wie Kennedys Ermordung, die Mondlandung oder den Tod seiner Eltern „erinnerte" (Markowitsch 1985b). Auch Schla stellt einen sehr wichtigen Faktor für oder gegen vergessen dar (Ambrus et al. 2015; Markowitsch und Staniloiu 2013b).

### Literatur

Abe, N., Okuda, J., Suzuki, M., Sasaki, H., Matsuda, T., Mori, E., Tsukada, M., & Fujii, T. (2008). Neural correlates of true memory, false memory, and deception. *Cerebral Cortex, 18*, 2811–2819.
Adorján, J. (2009). *Eine exklusive Liebe*. München: Luchterhand.
Alexander, M. P., & Freedman, M. (1984). Amnesia after anterior communicating artery aneurysm rupture. *Neurology, 34*, 752–757.
Allen, J. S., Tranel, D., Bruss, J., & Damasio, H. (2006). Correlations between regional brain volumes and memory performance in anoxia. *Journal of Clinical and Experimental Neuropsychology, 28*, 457–476.

Ambrus, G. G., Pisoni, A., Primaßin, A., Turi, Z., Paulus, W., & Antal, A. (2015). Bi-frontal transcranial alternating current stimulation in the ripple range reduced overnight forgetting. *Frontiers of Cellular Neuroscience, 9*, Art. 374. doi:10.3389/fncel.2015.00374.
Anderson, C. A., & Arciniegas, D. B. (2010). Cognitive sequelae of hypoxic-ischemic brain injury: A review. *NeuroRehabilitation, 26*, 47–63.
Anderson, M. C., & Green, C. (2001). Suppressing unwanted memories by executive control. *Nature, 410*, 366–369.
Anderson, M. C., & Hanslmayr, S. (2014). Neural mechanisms of motivated forgetting. *Trends in Cognitive Sciences, 18*, 279–292.
Anderson, S. D. (2004). Mild traumatic brain injury and memory impairment. *Archives of Physical Medicine and Rehabilitation, 85*, 862.
APA (American Psychiatric Association) (2013). *Diagnostic and statistical manual of mental disorders* (5. Aufl.). Arlington: American Psychiatric.
Arzy, S., Collette, S., Wissmeyer, M., Lazayras, F., Kaplan, P. W., & Blanke, O. (2011). Psychogenic amnesia and self-identity: A multimodal functional investigation. *European Journal of Neurology, 18*, 1422–1425.
Axmacher, N., Elger, C. E., & Fell, J. (2008). Ripples in the medial temporal lobe are relevant for human memory consolidation. *Brain, 131*, 1806–1817.
Aybek, S., & Vuilleumier, P. (2016). Imaging studies of functional neurologic disorders. In M. Hallett, J. Stone & A. Carson (Hrsg.), *Handbook of clinical neurology (3rd series): Functional neurological disorders* (Bd. 139, S. 73–84). Amsterdam: Elsevier.
Back, T., Haag, C., Buchberger, A., & Mayer, T. (1998). Diffusionsgewichtetes MR-Imaging bei einem Fall von dissoziativer Amnesie. *Nervenarzt, 69*, 909–912.
Bailey, C. H., Barsch, D., & Kandel, E. R. (1996). Toward a molecular definition of long-term memory storage. *Proceedings of the National Academy of Sciences of the USA, 93*, 13445–13452.
Bancaud, J., Brunet-Bourgin, F., Chauvel P., & Halgren, E. (1994). Anatomical origin of *déjà vu* and vivid „memories" in human temporal lobe epilepsy. *Brain, 117*, 71–90.
Barbarotto, R., Laiacona, M., & Cocchini, G. (1996). A case of simulated, psychogenic or focal pure retrograde amnesia: Did an entire life become unconscious? *Neuropsychologia, 34*, 575–585.
Bartsch, T., & Butler, C. (2013). Transient amnesic syndromes. *Nature Reviews Neurology, 9*, 86–97.
Bartsch, T., & Deuschl, G. (2010). Transient global amnesia: Functional anatomy and clinical implications. *Lancet Neurology, 9*, 205–214.
Beeckmans, K., Vancoillie, P., & Michiels, K. (1998). Neuropsychological deficits in patients with an anterior communicating artery syndrome: A multiple case study. *Acta Neurologica Belgica, 98*, 266–278.
Bell, V., Oakley, D. A., Halligan, P. W., & Deeley, Q. (2011). Dissociation in hysteria and hypnosis: Evidence from cognitive neuroscience. *Journal of Neurology, Neurosurgery and Psychiatry, 82*, 332–339.
Bendlin, B. B., Ries, M. L., Lazar, M., Alexander, A. L., Dempsey, R. J., Rowley, H. A., Sherman, J. E., & Johnson, S. C. (2008). Longitudinal changes in patients with traumatic brain injury assessed with diffusion-tensor and volumetric imaging. *NeuroImage, 42*, 503–514.
Benoit, R. G., & Anderson, M. C. (2012). Opposing mechanisms support the voluntary forgetting of unwanted memories. *Neuron, 76*, 450–460.
Boedeker, J. (1896). Ueber einen Fall von retro- und anterograder Amnesie nach Erhängungsversuch. *Archiv für Psychiatry und Nervenkrankheiten, 29*, 647–650.
Bogousslavsky, J. (2011). Hysteria after Charcot; back to the future. *Frontiers in Neurology and Neuroscience, 29*, 137–161.
Bogousslavsky, J. (2014). Jean-Martin Charcot and his legacy. *Frontiers in Neurology and Neuroscience, 35*, 44–55.
Bonhoeffer, K. (1901). *Die akuten Geisteskrankheiten der Gewohnheitstrinker*. Fischer: Jena.
Borsutzky, S., Fujiwara, E., Brand, M., & Markowitsch, H. J. (2008). Confabulations in alcoholic Korsakoff patients. *Neuropsychologia, 46*, 3133–3143.
Borsutzky, S., Fujiwara, E., Brand, M., & Markowitsch, H. J. (2010). Susceptibility to false memories in patients with ACoA aneurysm. *Neuropsychologia, 48*, 2811–2823.
Brand, M., & Markowitsch, H. J. (2005). Neuropsychologische Früherkennung und Diagnostik der Demenzen. In M. Martin & H. R. Schelling (Hrsg.), *Demenzen in Schlüsselbegriffen* (S. 11–73). Bern: Verlag Hans Huber.
Brand, M., & Markowitsch, H.-J. (2006). Demenzen und andere Gedächtnisstörungen: neuropsychologische Diagnostik und Therapie. *Praxis Ergotherapie, 19*, 72–78.
Brand, M., & Markowitsch, H. J. (2010). Environmental influences on autobiographical memory: The mnestic block syndrome. In L. Bäckman & L. Nyberg (Hrsg.), *Memory, aging, and brain* (S. 229–264). New York: Psychology Press.
Brand, M., Eggers, C., Reinhold, N., Fujiwara, E., Kessler, J., Heiss, W.-D., & Markowitsch, H. J. (2009). Functional brain imaging in fourteen patients with dissociative amnesia reveals right inferolateral prefrontal hypometabolism. *Psychiatry Research: Neuroimaging Section, 174*, 32–39.

Brandt, J., & Van Gorp, W. G. (2006). Functional („psychogenic") amnesia. *Seminars in Neurology, 26,* 331–340.
Bremner, J. D. (2005). Effects of traumatic stress on brain structure and functions: Relevance to early responses to trauma. *Journal of Trauma and Dissociation, 6,* 51–68.
Bremner, J. D., Elzinga, B., Schmahl, C., & Vermetten, E. (2008). Structural and functional plasticity of the human brain in posttraumatic stress disorder. *Progress in Brain Research, 167,* 171–186.
Breuer, J., & Freud, S. (1895). *Studien über Hysterie.* Wien: Deuticke.
Bright, P., Buckman, J., Fradera, A., Yoshimasu, H., Colchester, A. C., & Kopelman, M. D. (2006). Retrograde amnesia in patients with hippocampal, medial temporal, temporal lobe, or frontal pathology. *Learning and Memory, 13,* 545–557.
Broadway, J. M., & Engle, R. W. (2010). Validating running memory span: Measurement of working memory capacity and links with fluid intelligence. *Behavioral Research Methods 42,* 563–570.
Brown, R. J. (2004). Psychological mechanisms of medically unexplained symptoms: An integrative conceptual model. *Psychological Bulletin, 130,* 793–812.
Brown, R. J. (2016). Dissociation and functional neurologic disorders. In M. Hallett, J. Stone & A. Carson (Hrsg.), *Handbook of clinical neurology (3rd series): Functional neurological disorders* (Bd. 139, S. 85–94). Amsterdam: Elsevier.
Budson, A. E., Simons, J. S., Waring, J. D., Sullivan, A. L., Hussoin, T., & Schacter, D. L. (2007). Memory for the September 11, 2001, terrorist attacks one year later in patients with Alzheimer's disease, patients with mild cognitive impairment, and healthy older adults. *Cortex, 43,* 875–888.
Butler, C. R., & Zeman, A. Z. (2008a). Recent insights into the impairment of memory in epilepsy: Transient epileptic amnesia, accelerated long-term forgetting and remote memory impairment. *Brain,131,* 2243–2263.
Butler, C. R., & Zeman, A. Z. (2008b). The causes and consequences of transient epileptic amnesia. *Behavioural Neurology, 24,* 299–305.
Calabrese, P., Markowitsch, H. J., Durwen, H. F., Widlitzek, B., Haupts, M., Holinka, B., & Gehlen, W. (1996). Right temporofrontal cortex as critical locus for the ecphory of old episodic memories. *Journal of Neurology, Neurosurgery, and Psychiatry, 61,* 304–310.
Carlesimo, G. A., Lombardi, M. G., & Caltagirone, C. (2011). Vascular thalamic amnesia: A reappraisal. *Neuropsychologia, 49,* 777–789.
Carson, A., Ludwig, L., & Welch, K. (2016). Psychologic theories in functional neurologic disorders. In M. Hallett, J. Stone & A. Carson (Hrsg.), *Handbook of clinical neurology (3rd series): Functional neurological disorders* (Bd. 139, S. 105–120). Amsterdam: Elsevier.
Cassel, A., Morris, R., Koutroumanidis, M., & Kopelman, M. (2016). Forgetting in temporal lobe epilepsy: When does it become accelerated? *Cortex, 78,* 70–84.
Chadda, R. K., & Raheja, D. (2002). Amnesia for autobiographical memory: A case series. *Indian Journal of Psychiatry, 44,* 283–288.
Chan, D., Henley, S. M. D., Rossor, M. N., & Warrington, E. K. (2007). Extensive and temporally ungraded retrograde amnesia in encephalitis associated with antibodies to voltage-gated potassium channels. *Archives of Neurology, 64,* 404–410.
Chao, L. L., Yaffe, K., Samuelson, K., & Neylan, T. C. (2014). Hippocampal volume is inversely related to PTSD duration. *Psychiatry Research, 222,* 119–123.
Charcot, J. M. (1886). *Neue Vorlesungen über die Krankheiten des Nervensystems, insbesondere der Hysterie.* (Übersetzung von Sigmund Freud). Leipzig und Wien: Toeplitz und Deuticke.
Cipolotti, L., Shallice, T., Chan, D., Fox, N., Scahill, R., Harrison, G., Stevens, J., & Rudge, P. (2001). Long-term retrograde amnesia … the crucial role of the hippocampus. *Neuropsychologia, 39,* 151–172.
Clarke, S., Assal, G., Bogousslavsky, J., Regli, F., Townsend, D. W., Leenders, K. L., & Blecic, S. (1994). Pure amnesia after unilateral left polar thalamic infarct: Topographic and sequential neuropsychological and metabolic (PET) correlations. *Journal of Neurology, Neurosurgery and Psychiatry, 57,* 27–34.
Combs, H. L., Berry, D. T., Pape, T. L., Babcock-Parziale, J., Smith, B., Schleenbaker, R., Shandera-Ochsner, A., Harp, J. P., & High, W. M., Jr. (2015). The effects of mild TBI, PTSD, and combined mild TBI/PTSD on returning veterans. *Journal of Neurotrauma, 32,* 956–966.
Corballis, M. C. (2009). Mental time travel and the shaping of language. *Experimental Brain Research, 192,* 553–560.
Corkin, S. (1985) Lasting consequences of bilateral medial temporal lobectomy: Clinical course and experimental findings in H.M. *Seminars in Neurology, 4,* 249–259.
Corlett, P. R., Simons, J. S., Pigott, J. S., Gardner, J. M., Murray, G. K., Krystal, J. H., & Fletcher, P. C. (2009). Illusions and delusions: Relating experimentally-induced false memories to anomalous experiences and ideas. *Frontiers in Behavioral Neuroscience, 3,* Art. 53.
Cox, R. E., & Barnier, A. J. (2003). Posthypnotic amnesia for a first romantic relationship: Forgetting the entire relationship versus forgetting selected events. *Memory, 11,* 307–318.

## Literatur

Cramon, D. Y. von, & Markowitsch, H. J. (2000). The septum and human memory. In R. Numan (Hrsg.), *The behavioral neuroscience of the septal region* (S 380–413). Berlin: Springer.

Cramon, D. Y. von, Markowitsch, H. J., & Schuri, U. (1993). The possible contribution of the septal region to memory. *Neuropsychologia, 31,* 1159–1180.

Craver, C. F., Graham, B., & Rosenbaum, R. S. (2014a). Remembering Mr. B. *Cortex, 59,* 153–184.

Craver, C. F., Kwan, D., Steindam, C., & Rosenbaum, R. S. (2014b). Individuals with episodic amnesia are not stuck in time. *Neuropsychologia, 57,* 181–195.

Curci, A., Lanciano, T., Maddalena, C., Mastandrea, S., & Sartori, G. (2015). Flashbulb memories of the Pope's resignation: Explicit and implicit measures across differin religious groups. *Memory, 23,* 529–544.

Dalenberg, C. J., Brand, B. L., Gleaves, D. H., Dorahy, M. J., Loewenstein, R. J., Cardeña, E., Frewen, P. A., Carlson, E. B., & Spiegel, D. (2012). Evaluation of the evidence for the trauma and fantasy models of dissociation. *Psychological Bulletin, 138,* 150–188.

Dalla Barba, G., Mantovan, M. C., Ferruzza, E., Ferruzza, E., & Denes, G. (1997). Remembering and knowing the past: A case study of isolated retrograde amnesia. *Cortex, 33,* 143–154.

Damasio, A. R. (1985). Prosopagnosia. *Trends in Neurosciences, 8,* 132–135.

Damasio, A. R. (1990). Category-related recognition defects as a clue to the neural substrates of knowledge. *Trends in Neuropsychology, 13,* 95–98.

Damasio, A. R., Graff-Radford, N. R., Eslinger, P. J., Damasio, H., & Kassell, N. (1985) Amnesia following basal forebrain lesions. *Archives of Neurology, 42,* 263–271.

Damasio, A. R., Tranel, D., & Damasio, H. (1989). Amnesia caused by herpes simplex encephalitis, infarctions in basal forebrain, Alzheimer's disease and anoxia/ischemia. In F. Boller & J. Grafman (Hrsg.), *Handbook of neurology* (S. 149–166). Amsterdam: Elsevier.

Damasio, H., & Damasio, A. R. (1989). *Lesion analysis in neuropsychology*. New York: Oxford University Press.

Damasio, H., & Damasio, A. R. (1990). The neural basis of memory, language and behavioral guidance: Advances with the lesion method in humans. *Seminars in the Neurosciences, 2,* 277–286.

Dana, C. L. (1894). The study of a case of amnesia or „double consciousness". *Psychological Review, 1,* 570–580.

Dash. P. K., Moore, A. N., Kobori, N., & Runyan, J. D. (2007). Molecular activity underlying working memory. *Learning und Memory, 14,* 554–653.

Deacon, T. W. (1989). Holism and associationism in neuropsychology: An anatomical synthesis. In E. Perecman (Hrsg.), *Integrating theory and practice in clinical neuropsychology* (S. 1–47). Hillsdale, NJ: LEA.

Dean, P. J. A., & Sterr, A. (2013). Long-term effects of mild traumatic brain injury on cognitive performance. *Frontiers of Human Neuroscience, 7,* Art. 30.

DeLuca, J., & Cicerone, K. D. (1991). Confabulation following aneurysm of the anterior communicating artery. *Cortex, 27,* 417–423.

Demiray, B., & Freund, A. M. (2015). Michael Jackson, Bin Laden and I: Functions of positive and negative, public and private flashbulb memories. *Memory, 23,* 487–506.

De Renzi, E. (1982). Memory disorders following focal neocortical damage. *Philosophical Transactions of the Royal Society of London B, 298,* 73–83.

De Renzi, E., Liotti, M., & Nichelli, P. (1987). Semantic amnesia with preservation of autobiographic memory. A case report. *Cortex, 23,* 575–597.

De Renzi, E., Luccelli, F., Muggia, S., & Spinnler, H. (1995). Persistent retrograde amnesia following a minor head trauma. *Cortex, 31,* 531–542.

De Renzi, E., Lucchelli, F., Muggia, S., & Spinnler, H. (1997). Is memory without anatomical damage tantamount to a psychogenic deficit? The case of pure retrograde amnesia. *Neuropsychologia, 35,* 781–794.

Detre, G. J., Natarajan, A., Gershman, S. J., & Norman, K. A. (2013). Moderate levels of activation lead to forgetting in the thing/no-think paradigm. *Neuropsychologia, 51,* 2371–2388.

Diehl, B., Busch, R. M., Duncan, J. S., Piao, Z., Tkach, J., & Lüders, H. O. (2008). Abnormalities in diffusion tensor imaging of the uncinate fasciculus relate to reduced memory in temporal lobe epilepsy. *Epilepsia, 49,* 1409–1418.

Diseth, T. H., & Christie, H. J. (2005). Trauma-related dissociative (conversion) disorders in children and adolescents --An overview of assessment tools and treatment principles. *Nordic Journal of Psychiatry, 59*(4), 278–292.

Dittrich, L. (2016). *Patient H.M. A story of memory, madness and family secrets*. London: Penguin-Random House.

Doty, R. W. (1970). On butterflies in the brain. In V. S. Rusinov (Hrsg.), *Electrophysiology of the central nervous system* (S. 97–106). New York: Plenum Press.

Ebeling, U., & Cramon, D. von (1992). Topography of the uncinate fascicle and adjacent temporal fiber tracts. *Acta Neurochirurgica (Wien), 115,* 143–148.

Eijndhoven, P. van, Wingen, G. van, Oijen, K., Rijpkema, M., Goraj, B., Jan Verkes, R., Oude Voshaar, R., Fernández, G., Buitelaar, J., & Tendolkar, I. (2009). Amygdala volume marks the acute state in the early course of depression. *Biological Psychiatry, 65,* 812–818.

Eluvathingal, T. J., Chugani, H. T., Behen, M. E., Juhász, C., Muzik, O., Maqbool, M., Chugani, D. C., & Makki, M. (2006). Abnormal brain connectivity in children after early severe socioemotional deprivation: A diffusion tensor imaging study. *Pediatrics, 117*, 2093–2100.

Fast, K., & Fujiwara, E. (2001). Isolated retrograde amnesia. *Neurocase, 7*, 269–282.

Fehr, T., Weber, J., Willmes, K., & Herrmann, M. (2010). Neural correlates in exceptional mental arithmetic – About the neural architecture of prodigious skills. *Neuropsychologia, 48*, 1407–1416.

Fehr, T., Wallace, G., Erhard, P., & Herrmann, M. (2011). The functional neuroanatomy of expert calendar calculation: A matter of strategy? *Neurocase, 17*, 360–371.

Fehr, T., Staniloiu, A., Markowitsch, H. J., Erhard, P., & Herrmann, M. (in press). Neural correlated of free recall of „famous events" in a „hypermnestic" individual as compared to an age- and eduction-marched reference. *Zur Veröff. eingereicht.*

Feuchtwanger, E. (1923). *Die Funktionen des Stirnhirns*. Berlin: Springer.

Fink, G. R., Markowitsch, H. J., Reinkemeier, M., Bruckbauer, T., Kessler, J., & Heiss, W.-D. (1996). Cerebral representation of one's own past: neural networks involved in autobiographical memory. *Journal of Neuroscience, 16*, 4275–4282.

Fisher, C. M. (1966). Concussion amnesia. *Neurology, 16*, 826–830.

Flechsig, P. (1896). *Gehirn und Seele*. Leipzig: Veit & Comp.

Forde, E. M. E., Francis, D., Riddoch, M. J., Rumiati, R. I., Humphreys, G. W. (1997). On the links between visual knowledge and naming: A single-case study of a patient with a category-specific impairment for living things. *Cognitive Neuropsychology, 14*, 403–458.

Forel, A. (1885). *Das Gedächtnis und seine Abnormitäten*. Zürich: Orell Füssli & Co.

Fradera A., & Kopelman, M. D. (2009). Memory disorders. In L. R. Squire (Hrsg.), *Encyclopedia of neuroscience* (Bd. 5, S. 751–760). Oxford: Academic Press.

Fraser, L. M., O'Caroll, R. E., & Ebmeier, K. P. (2008). The effect of electroconvulsive therapy on autobiographic memory: A systematic review. *Journal of Electroconvulsive Therapy, 24*, 10–17.

Fratiglioni, L., & Wang, H. X. (2007). Brain reserve hypothesis in dementia. *Journal of Alzheimer's Disease, 12*, 11–22.

Freud, S. (1893). Über den psychischen Mechanismus hysterischer Phänomene. *Wiener medizinische Presse, 34*, 121–126, 165–167.

Freud, S. (1901a). Zum psychischen Mechanismus der Vergesslichkeit. *Monatsschrift für Psychiatrie und Neurologie, 4/5*, 436–443.

Freud, S. (1901b). Zur Psychopathologie des Alltagslebens (Vergessen, Versprechen, Vergreifen) nebst Bemerkungen über eine Wurzel des Aberglaubens. *Monatsschrift für Psychiatrie und Neurologie, 10*, 1–32, 95–143.

Freud, S. (1910). *Über Psychoanalyse. Fünf Vorlesungen gehalten zur 20jährigen Gründungsfeier der Clark University in Worcester Mass. September 1909*. Leipzig und Wien: F. Deuticke.

Freud, S. (1915/1957). Repression. Übers. C. M. Baines & J. Strachey. In J. Strachey (Hrsg.), *The standard edition of the complete psychological works of Sigmund Freud* (Bd. 14, S. 146–58). London: Hogarth Press.

Freud, S. (1954). Project for a scientific psychology. In M. Bonaparte, A. Freud & E. Kris (Hrsg.), *The origins of psychoanalysis, letters to Wilhelm Fliess, drafts and notes: 1887–1902*. New York: Basic Books.

Fujiwara, E., & Markowitsch, H. J. (2003a). Das mnestische Blockadesyndrom: Hirnphysiologische Korrelate von Angst und Stress. In G. Schiepek (Hrsg.), *Neurobiologie der Psychotherapie* (S. 186–212). Stuttgart: Schattauer Verlag.

Fujiwara, E., & Markowitsch, H. J. (2003b). Durch Angst- und Stresszustände ausgelöste Gedächtnisblockaden und deren mögliche hirnorganische Korrelate. In I. Börner (Hrsg.), *Trauma und psychische Erkrankungen – Borderline Persönlichkeitsstörungen* (S. 19–48). Senden: Verlag für Medizin & Wissenschaft.

Fujiwara, E., & Markowitsch, H. J. (2006). Brain correlates of binding processes of emotion and memory. In H. Zimmer, A. M. Mecklinger & U. Lindenberger (Hrsg.), *Binding in human memory – A neurocognitive perspective* (S. 379–410). Oxford: Oxford University Press.

Fujiwara, E., Brand, M., Borsutzky, S., Steingass, H.-P., & Markowitsch, H. J. (2008). Cognitive performance of detoxified alcoholic Korsakoff syndrome patients remains stable over two years. *Journal of Clinical and Experimental Neuropsychology, 30*, 576–587.

Funnell, E., & De Mornay Davies, P. (1996). A reassessment of concept familiarity and a category-specific disorder for living things. *Neurocase, 2*, 461–474.

Gade, A (1982). Amnesia after operation on aneurysms of the anterior communicating artery. *Surgical Neurology, 1*, 46–49.

Gamper, E. (1928a). Zur Frage der Polioencephalitis haemorrhagica der chronischen Alkoholiker. Anatomische Befunde beim alkoholischen Korsakow und ihre Beziehungen zum klinischen Bild. *Verhandlungen der Gesellschaft deutscher Nervenärzte, 17*, 122–129.

Gamper, E. (1928b). Zur Frage der Polioencephalitis haemorrhagica der chronischen Alkoholiker. Anatomische Befunde beim alkoholischen Korsakow und ihre Beziehungen zum klinischen Bild. *Deutsche Zeitschrift für Nervenheilkunde, 102*, 352–359.

## Literatur

Ganser, S. J. (1898). Ueber einen eigenartigen hysterischen Dämmerzustand. *Archiv für Psychiatrie und Nervenkrankheiten*, *30*, 633–640.

Gardner, R. C., Burke, J. F., Nettiksimmons, J., Kaup, A., Barnes, D. E., & Yaffe, K. (2014). Dementia risk after traumatic brain injury vs nonbrain trauma: The role of age and severity. *Journal of the American Medical Association Neurology*, *71*, 1490–1497.

Geurts, S., Werf, S. P. van der, Kessels, R. P. (2015). Accelerated forgetting? An evaluation on the use of long-term forgetting rates in patients with memory problems. *Frontiers in Psychology*, *6*, Art. 752. doi:10.3389/fpsyg.2015.00752.

Gilboa, A., Winocur, G., Rosenbaum, R. S., Poreh, A., Gao, F., Black, S. E., Westmacott, R., & Moscovitch, M. (2006). Hippocampal contributions to recollection in retrograde and anterograde amnesia. *Hippocampus*, *16*, 966–980.

Girardeau, G., & Zugaro, M. (2011). Hippocampal ripples and memory consolidation. *Current Opinion in Neurobiology*, *21*, 452–459.

Goetz, C. G. (2016). Charcot, hysteria and simulated disorders. In M. Hallett, J. Stone & A. Carson (Hrsg.), *Handbook of clinical neurology (3rd series): Functional neurological disorders* (Bd.139, S. 11–23). Amsterdam: Elsevier.

Gold, J. J., & Squire, L. R. (2006). The anatomy of amnesia: Neurohistological analysis of three new cases. *Learning and Memory*, *13*, 699–710.

Goldberg, E., Antin, S. P., Bilder, R. M., Jr., Gerstman, L. J., Hughes, J. E. O., & Mattis, S. C. (1981). Retrograde amnesia: Possible role of mesencephalic reticular activation on long-term memory. *Science*, *213*, 1392–1394.

Goldberg, E., Hughes, J. E. O., Mattis, S., & Antin, S. P. (1982). Isolated retrograde amnesia: Different etiologies, same mechanisms? *Cortex*, *18*, 459–462.

Goldsmith, R. E., Cheit, R. E., & Wood, M. E. (2009). Evidence of dissociative amnesia in science and literature: Culture-bound approaches to trauma in Pope, Poliakoff, Parker, Boynes, and Hudson (2007). *Journal of Trauma and Dissociation*, *10*(3), 237–253; discussion 254–260.

Gordon, A. (1906). On „double ego". *American Journal of the Medical Sciences*, *131*, 480–486.

Grafman, J., Jonas, B. S., Martin, A., Salazar, A. M., Weingartner, H., Ludlow, C., Smutok, M. A., & Vance, S. C. (1988). Intellectual function following penetrating head injury in Vietnam veterans. *Brain*, *111*, 169–184.

Graham, K. S. (1999). Semantic dementia: A challenge to the multiple-trace theory? *Trends in Cognitive Sciences*, *3*, 84–87.

Greenberg, D. L. (2004). President Bush's false „flasbulb" memory of 9/11/01. *Applied Cognitive Psychology*, *18*, 363–370.

Gregory, E., McCloskey, M., & Landau, B. (2014). Profound loss of general knowledge in retrograde amnesia: Evidence form an amnesic artist. *Frontiers in Human Neuroscience*, *8*, Art. 287, 1–10.

Gross, C. G. (2002). Genealogy of the „grandmother cell". *Neuroscientist*, *8*, 512–518.

Gross, J., Jack, F., Davis, N., & Hayne, H. (2013). Do children recall the birth of a younger sibling? Implications for the study of childhood amnesia. *Memory*, *21*, 336–346.

Grossi, D., Trojano, L., Grasso, A., & Orsini, A. (1988). Selective „semantic amnesia" after closed-head injury. A case report. *Cortex*, *24*, 457–464.

Grünthal, E., & Störring, G. E. (1930). Über das Verhalten bei umschriebener, völliger Merkunfähigkeit. *Monatsschrift für Psychiatrie und Neurologie*, *74*, 354–369.

Grünthal, E., & Störring, G. E. (1933). Ergänzende Beobachtungen und Bemerkungen zu dem in Band 74 (1930) dieser Zeitschrift beschriebenen Fall mit reiner Merkunfähigkeit. *Monatsschrift für Psychiatrie und Neurologie*, *77*, 374–382.

Grünthal, E., & Störring, G. E. (1954). Einige Bemerkungen zu dem Aufsatz von F. Lotmar: Zur psychophysiologischen Deutung „isolierten" dauernden Merkfähigkeitsverlustes von extremem Grade nach initialer Kohlenmonoxydschädigung eines Unfallversicherten. *Schweierz Archiv für Neurologie und Psychiatrie*, *74*, 179.

Grünthal, E., & Störring, G. E. (1956). Abschließende Stellungnahme zu der vorstehenden Arbeit von H. Völkel und R. Stolze über den Fall B. *Monatsschrift für Neurologie und Psychiatrie*, *132*, 309–311.

Grydeland, H., Walhovd, K. B., Westlye, L. T., Due-Tønnessen, P., Ormaasen, V., Sundseth, Ø., & Fjell, A. M. (2010). Amnesia following herpes simplex encephalitis: Diffusion-tensor imaging uncovers reduced integrity of normal-appearing white matter. *Radiology*, *257*, 774–781.

Gussenbauer, K. (1894). Antrittsrede, anlässlich der Uebernahme der II. chirurgischen Klinik zu Wien. *Wiener klinische Wochenschrift*, *7*, 805–809.

Habib, R., Nyberg, L., & Tulving, E. (2003). Hemispheric asymmetries of memory: The HERA model revisited. *Trends in Cognitive Sciences*, *7*(6), 241–245.

Hallett, M., Stone, J., & Carson, A. (Hrsg.) (2016). *Handbook of clinical neurology (3rd series): Functional neurological disorders* (Bd. 139). Amsterdam: Elsevier.

Hamilton, J. P., Siemer, M., & Gotlib, I. H. (2008). Amygdala volume in major depressive disorder: A meta-analysis of magnetic resonance imaging studies. *Molecular Psychiatry*, *13*, 993–1000.

Hanley, J. R., Davies, A. D. M., Downes, J. J., & Myes, A. R. (1994). Impaired recall of verbal material following rupture and repair of an anterior communicating artery aneurysm. *Cognitive Neuropsychology, 11*, 543–578.

Hanslmeyer, S., Volberg, G., Wimber, M., Oehler, N., Staudigl, T., Hartmann, T., Raabe, M., Greenlee, M. W., & Bäuml, K. H. (2012). Prefrontally driven downregulation of neural synchrony mediated goal-directed forgetting. *Journal of Neuroscience, 32*, 14742–14751.

Healey, M. K., Crutchley, P., Kahana, M. J. (2014). Individual differences in memory search and their relation to intelligence. *Journal of Experimental Psychology General, 143*, 1553–1569.

Hehman, J. A., Tim, P. G., & Klein, S. B. (2005). Impaired self-recognition from recent photographs in a case of late-stage Alzheimer's disease. *Social Cognition, 23*, 118–123.

Hepner, I. J., Mohamed, A., Fulham, M. J., & Miller, L. A. (2007). Topographical, autobiographical and semantic memory in a patient with bilateral mesial temporal and retrosplenial infarction. *Neurocase, 13*, 97–114.

Hering, E. (1870). *Ueber das Gedächtnis als eine allgemeine Funktion der organisierten Materie, Vortrag gehalten in der feierlichen Sitzung der Kaiserlichen Akademie der Wissenschaften in Wien am XXX. Mai MDCCCLXX.* Leipzig: Akademische Verlagsgesellschaft.

Herz, R. (2016). The role of odor-evoked memory in psychological and physiological health. *Brain Sciences, 6*, Art. 22.

Highley, J. R., Walker, M. A., Esiri, M. M., Crow, T. J., & Harrison, P. J. (2002). Asymmetry of the uncinate fasciculus: A post-mortem study of normal subjects and patients with schizophrenia. *Cerebral Cortex, 12*(11), 1218–1224.

Hihn, H., Baune, B. T., Michael, N., Markowitsch, H. J., Arolt, V., & Pfleiderer, B. (2006). Memory performance in severely depressed patients treated by electroconvulsive therapy. *Journal of Electroconvulsive Therapy, 22*, 189–195.

Hirst, W., Phelps, E. A. (2016). Flashbulb memories. *Current Directions in Psychological Science, 25*, 36–41.

Hirst, W., Phelps, E. A., Buckner, R. L., Budson, A. E., Cuc, A., Gabrieli, J. D. E., Johnson, M. K., ... & Vaidya, C. J. (2009). Long-term memory for the terrorist attack of September 11: Flashbulb memories, event memories, and the factors that influence their retention. *Journal of Experimental Psychology: General, 138*(2), 161–176.

Hirst, W., Phelps, E. A., Meksin, R., Vaidya, C. J., Johnson, M. K., Mitchell, K. J., Buckner, R. L., Budson, A. E., Gabrieli, J. D., Lustig, C., Mather, M., Ochsner K. N., Schacter, D., Simons, J. S., Lyle, K. B., Cuc, A. F., & Olsson, A. (2015). A ten-year follow-up of a study of memory for the attack of September 11, 2001: Flashbulb memories and memories for flashbulb events. *Journal of Experimental Psychology General, 144*(3), 604–623.

Hodges, J. R., & McCarthy, R. A. (1993). Autobiographical amnesia resulting from bilateral paramedian thalamic infarction. *Brain, 116*, 921–940.

Hokkanen, L., Launes J., Vataja R., Valanne, L., & Iivanainen, M. (1995). Isolated retrograde amnesia for autobiographical material associated with acute left temporal lobe encephalitis. *Psychological Medicine, 25*, 203–208.

Hokkanen, L., Phil, L., Salonen, O. (1996a). Amnesia in acute herpetic and nonherpetic encephalitis. *Archives of Neurology, 53*, 972–978.

Hokkanen, L., Poutiainen, E., Valanne, L., et al. (1996b). Cognitive impairment after acute encephalitis: Comparison of herpes simplex and other aetiologies. *Journal of Neurology, Neurosurgery and Psychiatry, 61*, 478–484.

Homayoon, M., Ropele, S., Hofer, E., Schwingenschuh, P., Seiler, S., & Schmidt, R. (2013). Microstructural tissue damage in normal appearing brain tissue accumulates with Framingham Stroke Risk Profile Score: Magnetization transfer imaging results of the Austrian Stroke Prevention Study. *Clinical Neurology and Neurosurgery, 115*, 1317–1321.

Hornberger, M., Mohamed, A., Miller, L., Watson, J., Thayer, Z., & Hodges, J. R. (2010). Focal retrograde amnesia: Extending the clinical syndrome of transient epileptic amnesia. *Journal of Clinical Neurosciences, 17*, 1319–1321.

Hulbert, J. C., Henson, R. N., & Anderson, M. C. (2016). Inducing amnesia through systemic suppression. *Nature Communications 7*, 11003. doi:10.1038/ncomms11003.

Hunkin, N. M., Parkin, A. J., Bradley, V. A., Burrows, E. H., Aldrich, F. K., Jansari, A., & Burdon-Cooper, C. (1995). Focal retrograde amnesia following closed head injury: A case study and theoretical account. *Neuropsychologia, 33*, 509–523.

Huss, M. (1852). *Chronische Alkoholskrankheit oder Alcoholismus chronicus – Ein Beitrag zur Kenntniss der Vergiftungs-Krankheiten, nach eigener und anderer Erfahrung.* Stockholm und Leipzig: C.E.Fritze.

Insausti, R., Annese, J., Amaral, D. J., & Squire, L. R. (2013). Human amnesia and the medial temporal lobe illuminated by neuropsychological and neurohistological findings for patient E. P. *Proceedings of the National Academy of Sciences of the USA, 110*, E1953– E1962.

Irle, E., & Markowitsch, H. J. (1982). Thiamine deficiency in the cat leads to severe learning deficits and to widespread neuroanatomical damage. *Experimental Brain Research, 48*, 199–208.

Irle, E., Wowra, B., Kunert, H. J., Hampl, J., & Kunze, S. (1992). Memory disturbances following anterior communicating artery rupture. *Annals of Neurology, 31*, 473–480.

Janet, P. (1893). L'amnésie continue. *Revue generale des sciences, 4*, 167–179.

Janet, P. (1894). *Der Geisteszustand der Hysteriker (Die psychischen Stigmata).* Leipzig: Deuticke.

Janet, P. (1907). *The major symptoms of hysteria*. New York: Macmillan.

Jetten, J., Haslam, C., Pugliese, C., Tonks, J., & Haslam, S. A. (2010). Declining autobiographical memory and the loss of identity; Effects on well-being. *Journal of Clinical and Experimental Neuropsychology, 32*, 408–416.

John, E. R. (1972). Switchboard versus statistical theories of learning and memory. *Science, 177*, 850–864.

John, E. (1975). Konorski's concept of gnostic areas and units: Some electrophysiological considerations. *Acta Neurobiologiae Experimentalis (Warschau), 35*, 417–429.

Jones, O. D., Wagner, A. D., Faigman, D. L., & Raichle, M. E. (2013). Neuroscientists in court. *Nature Reviews Neuroscience, 14*, 730–736.

Jung, C.G. (1905). Kryptomnesie. *Die Zukunft, 13*, 103–115.

Kanaan, R. A. A. (2016). Freud's hysteria and its legacy. In M. Hallett, J. Stone & A. Carson (Hrsg.), *Handbook of clinical neurology (3rd series): Functional neurological disorders* (Bd. 139, S. 37–44). Amsterdam: Elsevier.

Kang, H., Zhao, F., You, L., Giorgetta, C., Sarkhel, S., & Prakash, R. (2014). Pseudo-dementia: A neuropsychological review. *Annals of the Indian Academy of Neurology, 17*, 147–154.

Kapur, N. (1993). Focal retrograde amnesia in neurological disease: A critical review. *Cortex, 29*, 217–234.

Kapur, N., Young, A., Bateman, D., & Kennedy, P. (1989). Focal retrograde amnesia: A long term clinical and neuropsychological follow-up. *Cortex, 25*, 387–402.

Kapur, N., Ellison, D., Smith, M. P., McLellan, D. L., & Burrows, E. H. (1992). Focal retrograde amnesia following bilateral temporal lobe pathology. *Brain, 115*, 73–85.

Kapur, N., Scholey, K., Moore, E., Barker, S., Brice, J., Thompson, S., Shiel, A., Carn, R., Abbott, P., & Fleming, J. (1996) Long-term retention deficits in two cases of disproportionate retrograde amnesia, *Journal of Cognitive Neuroscience, 8*, 416–434.

Kapur, N., Thompson, P., Kartsounis, L.D., & Abbott, P. (1999). Retrograde amnesia: Clinical and methodological caveats. *Neuropsyhologia, 37*, 27–30.

Kessler, J., Markowitsch, H. J., Huber, R., Kalbe, E., Weber-Luxenburger, G., & Kolk, P. (1997). Massive and persistent anterograde amnesia in the absence of detectable brain damage – Anterograde psychogenic amnesia or gross reduction in sustained effort? *Journal of Clinical and Experimental Neuropsychology, 19*, 604–614.

Kikuchi, H., Fujii, T., Abe, N., Suzuki, M., Takagi, M., Mugikura, S., Takahashi, S., & Mori, E. (2010). Memory repression: brain mechanisms underlying dissociative amnesia. *Journal of Cognitive Neuroscience, 22*, 602–613.

Kim, E. J., Pellman, B., & Kim, J. J. (2015). Stress effects on the hippocampus: A critical review. *Learning and Memory, 22*, 411–416.

King, N. S. (1997). Post-traumatic stress disorder and head injury as a dual diagnosis: „Islands" of memory as a mechanism. *Journal of Neurology, Neurosurgery and Psychiatry, 62*, 82–84.

Klein, C. A., & Hirachan, S. (2014). The masks of identities: Who's who? Delusional misidentification syndromes. *Journal of the American Academy of Psychiatry and the Law, 42*, 369–378.

Klein, S. B., & Nichols, S. (2012). Memory and the sense of personal identity. *Mind 121*, 677–702.

Kleist, K. (1918). Schreckpsychosen. *Zeitschrift für Psychiatrie und Psychisch-gerichtliche Medizin, 74*, 432–510.

Kleist, K. (1934). *Gehirnpathologie*. Leipzig: Barth.

Kloet, E. R. De, & Rinne, T. (2007). Neuroendocrine markers of early trauma. In E. Vermetten, M. J. Dorahy & D. Spiegel (Hrsg.), *Traumatic dissociation. Neurolobiology and treatment* (S. 139–156). Arlington: American Psychiatric Publ.

Kloet, E. R. de, Joels, M., & Holsboer, F. (2005a). Stress and the brain: From adaptation to disease. *Nature Reviews Neuroscience, 6*, 463–475.

Kloet, E. R. de, Sibug R. M., Heimenhorst F. M., & Schmidt, M. V. (2005b). Stress, genes and the mechanism of programming the brain for later life. *Neuroscience and Biobehavioral Reviews, 29*, 271–281.

Kopelman, M. D. (2002). Disorders of memory. *Brain, 125*, 2152–2190.

Kopelman, M. D. (2015). What does a comparison of the alcoholic Korsakoff syndrome and thalamic infarction tell us about thalamic amnesia? *Neuroscience and Biobehavioral Reviews, 54*, 46–56.

Kopelman, M. D., & Bright, P. (2012). On remembering and forgetting our autobiographical pasts: Retrograde amnesia and Andrew Mayes' contribution to neuropsychological method. *Neuropsychologia, 50*, 2961–2972.

Kopelman, M. D., Lasserson, D., Kingsley, D. R., Bello, F., Rush, C., Stanhope, N., Stevens, T. G., Goodman, G., Buckman, J. R., Heilpern, G., Kendall, B. E., & Colchester, A. C. (2003). Retrograde amnesia and the volume of critical brain structures. *Hippocampus, 13*, 879–891.

Koponen, S., Taiminen, T., Portin, R., Himanen, L., Isoniemi, H., Heinonen, H., Hinkka, S., & Tenvuo, O. (2002). Axis I and axis II psychiatric disorders after traumatic brain injury: A 30-year follow-up study. *American Journal of Psychiatry, 159*, 1315–1321.

Korsakow, S. S. (1891). Erinnerungstäuschungen (Pseudoreminiscenzen) bei polyneuritischer Psychose. *Allgemeine Zeitschrift für Psychiatrie, 47*, 390–410.

Kou, M., Toshiya, M., Buchli, D., & Storm, B. C. (2014). Forgetting as a consequence of retrieval: A meta-analytic review of retrieval-induced forgetting. *Psychological Bulletin, 140*, 1383–1409.

Kritchevsky, M., & Squire, L. R. (1993). Permanent global amnesia with unknown etiology. *Neurology, 43*, 326–332.

Kritchevsky, M., Chang, J., & Squire, L. R. (2004). Functional amnesia: Clinical description and neuropsychological profile of 10 cases. *Learn and Memory, 11*, 213–226.

Kroll, N., Markowitsch, H. J., Knight, R., & von Cramon, D. Y. (1997). Retrieval of old memories - the temporo-frontal hypothesis. *Brain, 120*, 1377–1399.

Kruse, K. (2010). *Der Mann, der sein Gedächtnis verlor.* Hamburg: Hoffmann und Campe.

Kühnel, S., & Markowitsch, H. J. (2009). *Falsche Erinnerungen.* Heidelberg: Spektrum.

Kühnel, S., Woermann, F. G., Mertens, M., & Markowitsch, H. J. (2008). Involvement of the orbitofrontal cortex during correct and false recognitions of visual stimuli. Implications for eyewitness decisions on an fMRI study using a film paradigm. *Brain Imaging and Behavior, 2*, 163–176.

Kumar, S., Rao, S. L., Sunny, B., & Gangadhar, B. (2007). Widespread cognitive impairment in psychogenic amnesia. *Psychiatry and Clinical Neuroscience, 61*, 583–586.

LaBar, K. S., & Cabeza, R (2006). Cognitive neuroscience of emotional memory. *Nature Reviews Neuroscience, 7*, 54–64.

Ladowsky-Brooks, R. L. (2016). Four-hour delayed memory recall for stories: Theoretical and clinical implications of measuring accelerated long-term forgetting. *Applied Neuropsychology: Adult, 23*(3), 205–212.

Lah, S., Lee, T., Grayson, S., & Miller, L. (2006). Effects of temporal lobe epilepsy on retrograde memory. *Epilepsia, 47*, 615–625.

Lah, S., Lee, T., Grayson, S., & Miller, L. (2008). Changes in retrograde memory following temporal lobectomy. *Epilepsy and Behavior, 13*, 391–396.

Langnickel, R., & Markowitsch, H. J. (2006). Repression and the unconsciousness. *Behavioral and Brain Sciences, 29*, 524–525.

Langnickel, R., & Markowitsch, H. J. (2010). Das Unbewusste Freuds und die Neurowissenschaften. In A. Leitner & H. G. Petzold (Hrsg.), *Sigmund Freud heute. Der Vater der Psychoanalyse im Blick der Wissenschaft und der psychotherapeutischen Schulen* (S. 149–173). Wien: Krammer Verlag.

Lawrence-Wood, E., Van Hooff, M., Baur, J., & McFarlane, A. C: (2016). Re-experiencing phenomena following a disaster: The long-term predictive role of intrusion symptoms in the development of post-trauma depression and anxiety. *Journal of Affective Disorders, 190*, 278–281.

Lawson, R. (1878). On the symptomatology of alcoholic brain disorders. *Brain, 1*, 182–194.

Lebel, C., Walker, L., Leemans, A., Phillips, L., & Beaulieu, C. (2008). Microstructural maturation of the human brain from childhood to adulthood. *Neuroimage, 40*(3), 1044–1055.

Lennox, W. G. (1943). Amnesia, real and feigned. *American Journal of Psychiatry, 99*, 732–743.

Levine, B., Black, S. E., Cabeza, R., Sinden, M., McIntosh, A. R., Toth, J. P., Tulving E., & Stuss, D. T. (1998). Episodic memory and the self in a case of isolated retrograde amnesia. *Brain, 121*, 1951–1973.

Levine, B., Svoboda, E., Turner, G. R., Mandic, M., & Mackey, A. (2009). Behavioral and functional neuroanatomical correlates of anterograde autobiographical memory in isolated retrograde amnesic patient M.L. *Neuropsychologia, 47*, 2188–2196.

Levy, S. T., & Nemeroff, C. B. (1993). From psychoanalysis to neurobiology. *National Forum, 73*, 18.

Loftus, E. F. (2000). Remembering what never happened. In E. Tulving (Hrsg.), *Memory, consciousness, and the brain* (S. 106–118). Philadelphia: Psychology Press.

Loftus, E. F. (2003). Our changeable memories: Legal and practical implications. *Nature Neuroscience, 4*, 232–233.

Loftus, E. F. (2014). *The malleability of memory – Ideas Roadshow.* Open Agenda Publ. http://www.ideasroadshow.com. Zugegriffen: 5. Juli, 2016.

López, M. E., Aurtenetxe, S., Pereda, E., Cuesta, P., Castellanos, N. P., Bruña, R., Niso, G., Maestú, F., & Bajo, R. (2014). Cognitive reserve is associated with the functional organization of the brain in healthy aging: A MEG study. *Frontiers in Aging Neuroscience, 6*, Art. 126.

Lotmar, F. (1954). Zur psycho-physiologischen Deuten „isolierten" dauernden Merkfähigkeitsverlustes von extremer Grade nach initialer Kohlenoxydschädigung eines Unfallsversicherten. *Schweizer Archiv für Neurologie und Psychiatrie, 73*, 147–205.

Lucchelli, F., Muggia, S., & Spinnler, H. (1995). The „Petites Madelaines" phenomenon in two amnesic patients. Sudden recovery of forgotten memories. *Brain, 118*, 167–183.

Lucchelli, F., Muggia, S., & Spinnler, H. (1998). The syndrome of pure retrograde amnesia. *Cognitive Neuropsychiatry, 3*, 91–118.

Lundholm, H. (1932). The riddle of functional amnesia. *Journal of Abnormal and Social Psychology, 26*, 355–366.

## Literatur

Lupien, S. J., & Maheu, F. S. (2000). Memory and stress. In H. Fink (Hrsg.), *Encyclopedia of Stress* (Bd. 2 F-N). (2. Aufl., S. 693–699). Amsterdam: Elsevier.

Lupien, S. J., Fiocco, A., Wan, N., Maheu, F., Lord, C., Schramek, T., & Tu, M. T. (2005). Stress hormones and human memory function across the lifespan. *Psychoneuroendocrinology, 30*, 225–242.

Lupien, S. J., McEwen, B. S., Gunnar, M. R., & Heim, C. (2009). Effects of stress throughout the lifespan on the brain, behavior and cognition. *Nature Reviews Neuroscience, 10*, 434–445.

Lupien, S. J., Parent, S., Evans, A. C., Tremblay, R. E., Zelazo, P. D., Corbo, V., Pruessner, J. C., & Séguin, J. R. (2011). Larger amygdala but no change in hippocampal volume in 10-year-old children exposed to maternal depressive symptomatology since birth. *Proceedings of the National Academy of Sciences of the USA, 108*, 14324–14329.

Lurija, A. R. (1968). *The mind of a mnemonist: A little book about a vast memory*. New York: Basic Books.

Lurija, A. R. (1971). *Der Mann, dessen Welt in Scherben ging*. Reinbek bei Hamburg: Rowohlt.

Mair, W. G. P., Warrington, E. K., & Weiskrantz, L. (1979). Memory disorder in Korsakoff psychosis. A neuropathological and neuropsychological investigation of two cases. *Brain, 102*, 749–783.

Maldano, J. R., & Spiegel, D. (2008). Dissociative disorders. In R. E. Hales, S. C. Yudofsky & G. O. Gabbard (Hrsg.), *The American psychiatric publishing textbook of psychiatry* (S. 665–710). Washington: American Psychiatric Publ.

Mandai, M., Motomura, N., & Yamadori, A. (1996). Expanding and shrinking retrograde amnesia in a case of temporal lobe epilepsy. In N Kato (Hrsg.), The hippocampus: Functions and clinical relevance (S. 355–358). Amsterdam: Elsevier.

Marini, M., Agosta, S., Mazzoni, G., Dalla Barba, G., & Sartori, G. (2012). True and false DRM memories: Differences detected with an implicit task. *Frontiers in Psychology, 3*, Art. 310.

Marinkovic, K., Baldwin, S., Courtney, M. G., Witzel, T., Dale, A. M., & Halgren, E. (2011). Right hemisphere has the last laugh: Neural mechanisms of joke appreciation. *Cognitive and Affective Behavioral Neuroscience, 11*, 113–130.

Markowitsch, H. J. (1983). Transient global amnesia. *Neuroscience and Biobehavioral Reviews, 7*, 35–43.

Markowitsch, H. J. (1985a). Hypotheses on mnemonic information processing by the brain. *International Journal of Neuroscience, 27*, 191–227.

Markowitsch, H. J. (1985b). Der Fall H.M. im Dienste der Hirnforschung. Naturwissenschadtliche Rundschau, 38, 410–416.

Markowitsch, H. J. (1987). Demenz im Alter. *Psychologische Rundschau, 38*, 145–154.

Markowitsch, H. J. (1988a). Diencephalic amnesia: a reorientation towards tracts? *Brain Research Reviews, 13*, 351–370.

Markowitsch, H. J. (1988b). Individual differences in memory performance and the brain. In H. J. Markowitsch (Hrsg.), *Information processing by the brain* (S. 125–148).Toronto: Huber.

Markowitsch, H. J. (1992a). *Intellectual functions and the brain. An historical perspective*. Toronto: Hogrefe & Huber Publs.

Markowitsch, H. J. (1992b). Diencephalic amnesia. In D. Barcia Salorio (Hrsg.), *Trastornos de la Memoria* (S. 269–336). Barcelona: Editorial MCR.

Markowitsch, H. J. (1992c). The neuropsychology of hanging - an historical perspective. J Neurol Neurosurg Psychiatry 55: 507.

Markowitsch, H. J. (1996a). Organic and psychogenic retrograde amnesia: Two sides of the same coin? *Neurocase, 2*, 357–371.

Markowitsch, H. J. (1996b). Retrograde amnesia: Similarities between organic and psychogenic forms. *Neurology, Psychiatry and Brain Research, 4*, 1–8.

Markowitsch, H. J. (1998). The mnestic block syndrome: Environmentally induced amnesia. *Neurology, Psychiatry, and Brain Research, 6*, 73–80.

Markowitsch, H. J. (1999). Das „mnestische Blockadesyndrom". Einwirkungen von Umwelt und Psyche auf die Gedächtnisfähigkeit. In P. Calabrese (Hrsg.), *Gedächtnis und Gedächtnisstörungen: Klinisch-neuropsychologische Aspekte aus Forschung und Praxis* (S. 175–192). Lengerich: Pabst-Verlag.

Markowitsch, H. J. (2000a). Repressed memories. In E. Tulving (Hrsg.), *Memory, consciousness, and the brain: The Tallinn conference* (S. 319–330). Philadelphia: Psychology Press.

Markowitsch, H. J. (2000b). Functional amnesia: The mnestic block syndrome. *Revue de Neuropsychologie, 10*, 175–198.

Markowitsch, H. J. (2001a). Blockade. In N. Pethes & J. Ruchatz (Hrsg.), *Gedächtnis und Erinnerung. Ein interdisziplinäres Lexikon* (S. 92–93). Reinbek: Rowohlt Verlag.

Markowitsch, H. J. (2001b). Mnestische Blockaden als Stress- und Traumafolgen. *Zeitschrift für Klinische Psychologie und Psychotherapie, 30*, 204–211.

Markowitsch, H. J. (2002). Functional retrograde amnesia – mnestic block syndrome. *Cortex, 38*, 651–654.

Markowitsch, H. J. (2003). Autonoëtic consciousness. In A. S. David & T. Kircher (Hrsg.), *The self in neuroscience and psychiatry* (S. 180–196). Cambridge: Cambridge University Press.

Markowitsch, H. J. (2006). Brain imaging correlates of stress-related memory disorders in younger adults. *Biologicl Psychiatry and Psychopharmacology, 8*, 50–53.

Markowitsch, H. J. (2008a). Anterograde amnesia. In G Goldenberg & B. L. Miller (Hrsg.), *Handbook of clinical neurology (3rd series, Vol. 88: Neuropsychology and behavioral neurology)* (S. 155–183). New York: Basic Books.

Markowitsch, H. J. (Hrsg.). (2008b). *Neuroscience and crime*. Hove: Psychology Press.

Markowitsch, H. J. (2009).Stressbedingte Erinnerungsblockaden. Neuropsychologie und Hirnbildgebung. *Psychoanalyse, 13*, 246–255.

Markowitsch, H. J. (2010). Korsakoff's syndrome. In G. F. Koob, M. Le Moal & R. F. Thompson (Hrsg.), *Encyclopedia of behavioral neuroscience* (Bd. 2, R. Poldrack, Hrsg.) (S. 131–136). Oxford: Academic Press.

Markowitsch, H. J. (2013). Memory and self – neuroscientific landscapes. *ISRN Neuroscience*, Art. ID 176027. http://dx.doi.org/10.1155/2013/176027.

Markowitsch, H. J. (2015). Dissoziative Amnesien – ein Krankheitsbild mit wahrscheinlicher epigenetischer Komponente. *Persönlichkeitsstörungen, 19*, 1–16.

Markowitsch, H. J., & Calabrese, P. (1996). Commonalities and discrepancies in the relationship between behavioural outcome and the results of neuroimaging in brain-damaged patients, *Behavioral Neurology, 9*, 45–55.

Markowitsch, H. J., & Ewald, K. (1997). Right-hemispheric fronto-temporal injury leading to severe autobiographical retrograde and moderate anterograde episodic amnesia. *Neurology, Psychiatry and Brain Sciences, 5*, 71–78.

Markowitsch, H. J., & Merkel, R. (2011). Das Gehirn auf der Anklagebank. Die Bedeutung der Hirnforschung für Ethik und Recht. In T. Bonhoeffer & P. Gruss (Hrsg.), *Zukunft Gehirn* (S. 210–240). München: Beck Verlag.

Markowitsch, H. J., & Staniloiu A (2011a). Memory, autonoetic consciousness, and the self. *Consciousness and Cognition, 20*, 16–39.

Markowitsch, H. J., & Staniloiu, A. (2011b). Amygdala in action: Relaying biological and social significance to autobiographic memory. *Neuropsychologia, 49*, 718–733.

Markowitsch, H. J., & Staniloiu, S. (2012a). Amnesic disorders. *Lancet, 380*(9851), 1429–1440.

Markowitsch, H. J., & Staniloiu, A. (2012b). A rapprochement between emotion and cognition: amygdala, emotion and self relevance in episodic-autobiographical memory. *Behavioral and Brain Sciences, 35*, 164–166.

Markowitsch, H. J., & Staniloiu, A. (2013a). The impairment of recollection in functional amnesic states. *Cortex, 49*, 1494–1510.

Markowitsch, H. J., & Staniloiu, A. (2013b). The spaces left over between REM sleep, dreaming, hippocampal formation and episodic-autobiographical memory. *Behavioral and Brain Sciences, 36*, 622–623.

Markowitsch, H. J., & Staniloiu, A. (2014). Trauma und Dissoziative Amnesie aus neurowissenschaftlicher Perspektive. In F. Brecht & J. Schröder (Hrsg.), *Trauma und Traumatherapie. Grenzen, Forschung, Möglichkeiten* (S. 19–35). Heidelberg: Heidelberger Hochschulverlag.

Markowitsch, H. J., & Staniloiu, A. (2015). Dissoziative Amnesie. *Psychologische Medizin, 26*, 3–14.

Markowitsch, H. J., & Staniloiu, A. (2016a). Functional (dissociative) retrograde amnesia. In M. Hallett, J. Stone & A. Carson (Hrsg.), *Handbook of clinical neurology (3rd series): Functional neurological disorders* (Bd. 139, S. 419–445). Amsterdam: Elsevier.

Markowitsch, H. J., & Staniloiu, A. (2016b). Gedächtnis und Dissoziation. In C. Spitzer & A. Eckardt-Henn (Hrsg.), *Dissoziation und dissoziative Störungen* (in Druck). Stuttgart: Thieme.

Markowitsch, H. J., & Staniloiu, A. (2017a). Gedächtnis und Dissoziation. In C. Spitzer & A. Eckardt-Henn (Hrsg.), *Dissoziation und dissoziative Störungen* (in Druck). Stuttgart: Thieme.

Markowitsch, H. J., & Staniloiu, A. (2017b). History of memory. In W. Barr & L. A. Bielauskas (Hrsg.), *Oxford handbook of the history of clinical neuropsychology* (in press). Oxford: Oxford University Press.

Markowitsch, H. J., & Staniloiu, A. (in Druck). HM. Buchrezension von L. Dittrich: Patient H.M. *Gehirn und Geist*.

Markowitsch, H. J., & Welzer, H. (2005/2006). *Das autobiographische Gedächtnis. Hirnorganische Grundlagen und biosoziale Entwicklung* (1./2. Aufl.). Stuttgart: Klett.

Markowitsch, H. J., & Welzer, H. (2010). *The development of autobiographical memory*. Hove: Psychology Press.

Markowitsch, H. J., Kessler, J., Bast-Kessler, C., & Riess, R. (1984). Different emotional tones significantly affect recognition performance in patients with Korsakoff psychosis. *International Journal of Neuroscience, 25*, 145–159.

Markowitsch, H. J., Kessler, J., & Denzler, P. (1986). Recognition memory and psychophysiological responses towards stimuli with neutral and emotional content. A study of Korsakoff patients and recently detoxified and long-term abstinent alcoholics. *Internat Journal of Neuroscience, 29*, 1–35.

Markowitsch, H. J., Cramon, D. Y. von & Schuri, U. (1993a). Mnestic performance profile of a bilateral diencephalic infarct patient with preserved intelligence and severe amnesic disturbances. *Journal of Clinical and Experimental Neuropsychology, 15*, 627–652.

Markowitsch, H. J., Calabrese, P., Haupts, M., Durwen, H.F., Liess, J., & Gehlen, W. (1993b). Searching for the anatomical basis of retrograde amnesia. *Journal of Clinical and Experimental Neuropsychology*, *15*, 947–967.

Markowitsch, H. J., Calabrese, P., Liess, J., Haupts, M., Durwen, H.F., & Gehlen, W. (1993c). Retrograde amnesia after traumatic injury of the temporo-frontal cortex. *Journal of Neurology, Neurosurgery and Psychiatry*, *56*, 988–992.

Markowitsch, H. J., Thiel, A., Kessler, J., von Stockhausen, H.-M., & Heiss, W.-D. (1997a). Ecphorizing semi-conscious episodic information via the right temporopolar cortex - a PET study. *Neurocase*, *3*, 445–449.

Markowitsch, H. J., Weber-Luxenburger, G., Ewald, K., Kessler, J., & Heiss, W.-D. (1997b). Patients with heart attacks are not valid models for medial temporal lobe amnesia. A neuropsychological and FDG-PET study with consequences for memory research. *European Journal of Neurology*, *4*, 178–184.

Markowitsch, H. J., Fink, G. R., Thöne, A., Kessler, J., & Heiss, WD. (1997c). A PET-study of persistent psychogenic amnesia covering the whole life span. *Cognitive Neuropsychiatry*, *2*, 135–158.

Markowitsch, H. J., Kessler, J., Van der Ven, C., Weber-Luxenburger, G., & Heiss, W.-D. (1998). Psychic trauma causing grossly reduced brain metabolism and cognitive deterioration. *Neuropsychologia*, *36*, 77–82.

Markowitsch, H. J., Kessler, J., Russ, M. O., Frölich, L., Schneider, B., & Maurer, K. (1999a). Mnestic block syndrome. *Cortex*, *35*, 219–230.

Markowitsch, H. J., Calabrese, P., Neufeld, H., Gehlen, W., & Durwen, H. F. (1999b). Retrograde amnesia for famous events and faces after left fronto-temporal brain damage. *Cortex*, *35*, 243–252.

Markowitsch, H. J., Kessler, J., Kalbe, E., & Herholz, H. (1999c). Functional amnesia and memory consolidation. A case of persistent anterograde amnesia with rapid forgetting following whiplash injury. *Neurocase*, *5*, 189–200.

Markowitsch, H. J., Thiel, A., Reinkemeier, M., Kessler, J., Koyuncu, A., & Heiss, W.-D. (2000a). Right amygdalar and temporofrontal activation during autobiographic, but not during fictitious memory retrieval. *Behavioural Neurology*, *12*, 181–190.

Markowitsch, H. J., Kessler, J., Weber-Luxenburger, G., Van der Ven, C., Albers, M., & Heiss, W. D. (2000b). Neuroimaging and behavioral correlates of recovery from mnestic block syndrome and other cognitive deteriorations. *Neuropsychiatry Neuropsychology and Behavioral Neurology*, *13*, 60–66.

Marslen-Wilson, W., & Teuber, H. L. (1975). Memory for remote events in anterograde amnesia. *Neuropsychologia*, *13*, 353–364.

Maudsley, H. (1870). *Body and Mind: An inquiry into their connection and mutual influence, specially in reference to mental disorders*. London: Macmillan and Co.

Mayor-Dubois, C., Deglise, S., Poloni, C., Maeder, P. & Roulet-Perez, E. (2016). Verbal emotional memory in a case with left amygdala damage. *Neurocase*, *22*, 45–54.

McGaugh, J. L. (2015). Consolidating memories. *Annual Reviews of Psychology*, *66*, 1–24.

McKay, G. C. M., & Kopelman, M. D. (2009). Psychogenic amnesia: when memory complaints are medically unexplained. *Advances in Psychiatric Treatment*, *15*, 152–158.

Melloni, L., Molina, C., Pena, M., Torres, D., Singer, W., & Rodriguez, E. (2007). Synchronization of neural activity across cortical areas correlates with conscious perception. *Journal of Neuroscience*, *27*, 2858–2865.

Mesulam, M.-M (1990). Large-scale neurocognitive networks and distributed processing for attention, language, and memory. *Annals of Neurology*, *28*, 597–613.

Mesulam, M.-M. (2000). Behavioral neuroanatomy: Large-scale networks, association cortex, frontal syndromes, the limbic system, and hemispheric specializations. In M.-M. Mesulam (Hrsg.), *Principles of behavioral and cognitive neurology* (2. Aufl., S. 1–120). New York: Oxford University Press.

Meudell, P. R. (1992). Irrelevant, incidental and core features in the retrograde amnesia associated with Korsakoff's psychosis: A review. *Behavioural Neurology*, *5*, 67–74.

Meynert, T. (1884). *Psychiatrie. Klinik der Erkrankungen des Vorderhirns, begründet auf dessen Bau, Leistungen und Ernährung*. Wien: Braumüller.

Miller, L. A., Caine, D., Harding, A., Thompson, E. J., Large, M., & Watson, J. D. (2001). Right medial thalamic lesion causes isolated retrograde amnesia. *Neuropsychologia*, *39*, 1037–1046.

Milner B, Corkin S, Teuber HL (1968). Further analysis of the hippocampal amnesic syndrome: Fourteen year follow-up study of H.M. *Neuropsychologia*, *6*, 215–234.

Milton F, Muhlert N, Pindus DM, Butler, C. R., Kapu, N., Graham, K. S., & Zeman, A. Z. (2010). Remote memory deficits in transient epileptic amnesia. *Brain*, *133*, 1368–1379.

Mishra, N. K., Russmann, H., Granziera, C., M<eder, P., & Annoni, J. M. (2011). Mutism and amnesia following high-voltage electrical injury: Psychogenic symptomatology triggered by organic dysfunction? *European Neurology*, *66*, 229–234.

Mohamed, F. B., Faro, S. H., Gordon, N. J., Platek, S. M., Ahmad, H., & Williams, J. M. (2006). Brain mapping of deception and truth telling about an ecologically valid situation: Functional MR imaging and polygraph investigation – Initial experience. *Radiology*, *238*, 679–688.

Morgenstern, C. (o. J.). Gedichte – Palmström. http://www.oppisworld.de/morgen/palm09.html. Zugegrifen: 20. Okt. 2015.

Moriguchi, Y., Ohnishi, T., Decety, J., Hirakata, M., Maeda, M., Matsuda, H., & Komaki, G. (2009). The human mirror neuron system in a population with deficient self-awareness: An fMRI study in alexithymia. *Human Brain Mapping, 30*, 2063–2076.

Mortati, K., & Grant, A. C. (2012). A patient with distinct dissociative and hallucinatory fugues. *BMJ Case Reports.* doi:10.1136/bcr.11.2011.5078.

Moscovitch, M., & Nadel, L. (1998). Consolidation and the hippocampal complex revisited: in defense of the multiple-trace model. *Current Opinion of Neurobiology, 8*, 297–300.

Mozaffari, B. (2014). The medial temporal lobe–conduit of parallel connectivity: a model for attention, memory, and perception. *Frontiers in Integrative Neuroscience, 8*, Art. 86.

Muhlert, N., Milton, F., Butler, C. R., Kapur, N., & Zeman, A. Z. (2010). Accelerated forgetting of real-life events in Transient Epileptic Amnesia. *Neuropsychologia, 48*(11), 3235–3244.

Murray, B. D., Anderson, M. C., & Kensinger, E. A. (2015). Older adults can suppress unwanted memories when given an appropriate strategy. *Psychology of Aging, 30*(1), 9–25.

Nash, R., & Ost, J. (2017). *False and distorted memories*. Hove: Psychology Press.

Neisser, U., & Libby, L. K. (2000). Remembering life experiences. In E. Tulving & F. M. Craik (Hrsg.), *The Oxford handbook of memory* (S. 315–332). New York: Oxford University Press.

Nelson, K., & Fivush, R. (2004). The emergence of autobiographical memory: A social cultural developmental theory. *Psychological Review, 111*, 486–511.

Noulhiane, M., Piolino, P., Hasboun, D., Clemenceau, S., Baulac, M., & Samson, S. (2007). Autobiographical memory after temporal lobe resection: Neuropsychological and MRI volumetric findings. *Brain, 130*, 3184–3199.

O'Brien, D. J. (2011). Unconscious by any other name. *Nature Review Neurosciences, 12*, 302.

O'Brien, J. T. (1997). The „glucocorticoid cascade" hypothesis in man. *British Journal of Psychiatry, 170*, 199–201.

O'Connor, M. G., & Lafleche, G. M. (2004). Retrograde amnesia in patients with rupture and surgical repair of anterior communicating artery aneurysms. *Journal of the International Neuropsychological Society, 10*, 221–229.

O'Connor, M. G., Sieggreen, M. A., Ahern, G., Schomer, D., & Mesulam, M. (1997). Accelerated forgetting in association with temporal lobe epilepsy and paraneoplastic encephalitis. *Brain and Cognition, 35*, 71–84.

Offner, M. (1924). *Das Gedächtnis. Die Ergebnisse der experimentellen Psychologie und ihre Anwendungen in Unterricht und Erziehung*. Berlin: Reuther & Reichard.

Onofrj, V., Delli Pizzi, S., Franciotti, R., & Bonanni, L. (2016). Medio-dorsal thalamus and confabulations: evidence from a clinical case and combined MRI/DTI study. *Neuroimage: Clinical, 12*, 776–784.

Ouellet, J., Rouleau, I., Labrecque, R., Bernier, G., & Scherzer, P. B. (2008). Two routes to losing one's past life: A brain trauma, an emotional trauma. *Behavioural Neurology, 20*, 27–38.

Parker, E. S., Cahill, L., & McGaugh, J. L. (2006). A case of unusual autobiographical remembering. *Neurocase, 12*, 35–49.

Parkin, A. J. (1996). Focal retrograde amnesia: A multi-faceted disorder? *Acta Neurologica Belgica, 96*, 43–50.

Paz-Alonso, P. M., Ghetti, S., Matlen, B. J., Anderson, M. C., & Bunge, S. A. (2009). Memory suppression is an active process that improves over childhood. *Frontiers in Human Neuroscience, 3*, Art. 24.

Paz-Alonso, P. M., Bunge, S. A., Anderson, M. C., & Ghetti, S. (2013). Strength of coupling within a mnemonic control network differentiates those who can and cannot suppress memory retrieval. *Journal of Neuroscience, 33*, 5017–5026.

Pessoa, L., & Adolphs, R. (2010). Emotion processing and the amygdala: From a „low road" to „many roads" of evaluating biological significance. *Nature Reviews Neuroscience, 11*, 773–783.

Phan Luan, K., Orlichenko, A., Boyd, E., Angstadt, M., Coccaro, E. F., Liberzon, I., & Arfanakis, K. (2009). Preliminary evidence of white matter abnormality in the uncinate fasciculus in generalized social anxiety disorder. *Biological Psychiatry, 66*, 691–694.

Philippi, N., Noblet, V;, Duron, E;, Cretin, B., Boully, C., Wisniewski, I;, Seux, M. L;, … & Blanc, F. (2016). Exploring anterograde memory: A volumetric MRI study in patients with mild cognitive impairment. *Alzheimers Research and Therapy, 8(1)*, Art. 26. doi: 10.1186/s13195-016-0190-1.

Pick, A. (1876). Zur Casuistik der Erinnerungstäuschungen. *Archiv für Psychiatrie und Nervenkrankheiten, 6*, 568–574.

Piefke, M., Weiss, P. H., Zilles, K., Markowitsch, H. J., & Fink, G. R. (2003). Differential remoteness and emotional tone modulate the neural correlates of autobiographical memory. *Brain, 126*, 850–868.

Pietrini P (2003). Toward a biochemistry of mind? *American Journal of Psychiary, 160*, 1907–1908.

Pommerenke, K., Staniloiu, A., Markowitsch, H. J., Eulitz, H., Gütler, R., & Dettmers, C. (2012). Ein Fall von retrograder Amnesie nach Resektion eines Medullablastoms – psychogen/funktionell oder organisch? *Neurologie & Rehabilitation, 18*, 106–116.

Pope, H. G., Jr., Poliakoff, M. B., Parker, M. P., Boynes, M., & Hudson, J. I. (2007). Is dissociative amnesia a culture-bound syndrome? Findings from a survey of historical literature. *Psychological Medicine, 37*, 225–233.

Pribram, K. H. (1971). *Languages of the brain. Experimental paradoxes and principles in neuropsychology*. Englewood Cliffs,: Prentice-Hall.

Price, J. (2009). *Die Frau, die nichts vergessen kann – Leben mit einem einzigartigen Gedächtnis*. Aus dem amerikanischen Englisch von Maren Klostermann. Stuttgart: Kreuz-Verlag.

Quesada, A. A., Wiemers, U. S., Schoofs, D., & Wolf, O. T. (2012). Psychosocial stress exposure impairs memory retrieval in children. *Psychoneuroendocrinology, 37*, 125–136.

Quiroga, R. (2012). Concept cells: the building blocks of declarative memory functions. *Nature Reviews Neuroscience, 13*, 587–597.

Quiroga, R. (2013). Gnostic cells in the 21st century. *Acta Neurobiologiae Experimentalis (Warschau), 73*, 463–471.

Quiroga, R., Kreiman, G., Koch, C., & Fried, I. (2005). Invariant visual representation by single neurons in the human brain. *Nature, 435*, 1102–1107.

Quiroga, R., Kreiman, G., Koch, C., & Fried, I. (2008). Sparse but not „Grandmother-cell" coding in the medial temporal lobe. *Trends in Cognitive Sciences, 12*, 88–91.

Radtke, K. M., Ruf, M., Gunter, H. M., Dohrmann, K., Schauer, M., Meyer, A., & T. Elbert (2011). Transgenerational impact of intimate partner violence on methylation in the promoter of the glucocorticoid receptor. *Translational Psychiatry 1*, e21. doi:10.1038/tp.2011.21.

Rathbone, C., Ellis, J., Baker, I., & Butler, C. R. (2015). Self, memory, and imaging the future in a case of psychogenic amnesia. *Neurocase, 21*, 727–737.

Rathbone, C., Moulin, C. J. A., Conway, M. A. (2009). Autobiographical memory and amnesia: Using conceptual knowledge to ground the self. *Neurocase, 15*, 405–418.

Rees, P. M. (2003). Contemporary issues in mild traumatic brain injury. *Archives of Physical Medicine and Rehabilitation, 84*, 1885–1894.

Reinhold, N., & Markowitsch, H.J. (2007a). Stress und Trauma als Auslöser für Gedächtnisstörungen: Das mnestische Blockadesyndrom. In M. Leuzinger-Bohleber, G. Roth & A. Buchheim (Hrsg.), *Psychoanalyse, Neurobiologie, Trauma* (S. 118–131). Stuttgart: Schattauer.

Reinhold, N., & Markowitsch, H. J. (2007b). Emotion and consciousness in adolescent psychogenic amnesia. *Journal of Neuropsychology, 1*, 53–64.

Reinhold, N. & Markowitsch, H. J. (2009). Das mnestische Blockade-Syndrom: Herleitung eines diagnostischen Begriffs aus Einzelfallbeschreibungen. In G. Jüttemann (Hrsg.), *Komparative Kasuistik: Die phänomenzentrierte Analyse der Entstehung ähnlich gelagerter Fälle* (S 267–273). Göttingen: Vandenhoeck & Ruprecht.

Reinhold, N., Clarenbach, P., & Markowitsch, H. J. (2008). Kognition und Gedächtnis bei Patienten mit schlafbezogenen Atmungsstörungen - Verlaufsuntersuchung über eine dreimonatige nCPAP-Therapie. *Zeitschrift für Neuropsychologie, 19*, 15–22.

Ribot, T. (1882). *Diseases of memory*. New York: D Appleton and Co.

Risius, U.-M., Staniloiu, A., Piefke, M., Maderwald, S., Schulte, F., Brand, M., & Markowitsch, H. J. (2013). Retrieval, monitoring and control processes: A 7 Tesla fMRI approach to memory accuracy. *Frontiers in Behavioral Neuroscience, 7*, Art. 24, 1–21.

Roediger H.L., III & McDermott, K.B. (1995). Creating false memories: Remembering words not presented in lists. *Journal of Experimental Psychology: Learning, Memory, and Cognition, 21*, 803–814.

Roelofs, K., & Pasman, J. (2016). Stress, childhood trauma and cognitive functions in functional neurological disorders. In M. Hallett, J. Stone & A. Carson (Hrsg.), *Handbook of clinical neurology (3rd series): Functional neurological disorders* (Bd. 139, S. 139–155). Amsterdam: Elsevier.

Roman-Campos, G., Poser, C. M., & Wood, F. B. (1980) Persistent retrograde memory deficit after transient global amnesia. *Cortex, 16*, 509–518.

Romeu P. F. (2006). Memories of the terrorist attacks of September 11, 2001: A study of the consistency and phenomenal characteristics of flashbulb memories. *Spanish Journal of Psychology, 9(1)*, 52–60.

Rosenbaum, R. S., Köhler, S., Schacter, D. L., Moscovitch, M., Westmacott, R., Black, S. E., Gao, F., & Tulving, E. (2005). The case of K.C.: Contributions of a memory-impaired person to memory theory. *Neuropsychologia, 43*, 989–1021.

Rosenbaum, R. S., Gilboa, A., Levine, B., Winocur, G., & Moscovitch, M. (2009). Amnesia as an impairment of detail generation and binding: Evidence from personal, fictional, and semantic narratives in K.C. *Neuropsychologia, 47*, 2181–2187.

Rosenbaum, R. S., Gao, F., Honjo, K., Raybaud, C., Olsen, R. K., Palombo, D. J., Levine, B., & Black, S. E. (2014). Congenital absence of the mammillary bodies: A novel finding in a well-studied case of developmental amnesia. *Neuropsychologia, 65*, 82–87.

Rousseaux, M., Godefroy, O., Cabaret, M., Bernati, T., & Pruvo, J. P. (1997). Mémoire. La mémoire rétrograde après rupture des anévrysmes de L'artère communicante antérieure. *Revue Neurologique, 153*, 659–668.

Russell, W. R. (1935). Amnesia following head injuries. *Lancet, 2*, 762–763.

Russell, W. R. (1971). *The traumatic amnesias*. London: Oxford University Press.

Russell, W. R., & Nathan, P. W. (1946). Traumatic amnesia. *Brain, 69*, 280–300.

Sackeim, H. A., Prudic, J., Fuller, R., Keilp, J., Lavori, P. W., & Olfson, M. (2007). The cognitive effects of electroconvulsive therapy in community settings. *Neuropsychopharmacology, 32*, 244–254.

Sandry, J., DeLuca, J., & Chiaravalloti, N. (2015). Working memory capacity links cognitive reserve with long-term memory in moderate to severe TBI: A translational approach. *Journal of Neurology, 262*, 59–64.

Sapolsky, R. M. (1996a). Why stress is bad for your brain. *Science, 273*, 749–750.

Sapolsky, R. M. (1996b). Stress, glucocorticoids, and damage to the nervous system: The current state of confusion. *Stress, 1*, 1–19.

Sapolsky, R. M. (2000). Glucocorticoids and hippocampal atrophy in neuropsychiatric disorders. *Archives of General Psychiatry, 57*, 925–935.

Sarter, M., & Markowitsch, H. J. (1984). Collateral innervation of the medial and lateral prefrontal cortex by amygdaloid, thalamic, and brain stem neurons. *Journal of Comparative Neurology, 224*, 445–460.

Sarter, M., & Markowitsch, H. J. (1985a). The involvement of the amygdala in learning and memory: A critical review with emphasis on anatomical relations. *Behavioral Neuroscience, 99*, 342–380.

Sarter, M., & Markowitsch, H. J. (1985b). The amygdala's role in human information processing. *Cortex, 21*, 7–24.

Schacter, D. L., & Kihlstrom, J. F. (1989). Functional amnesia. In F. Boller & J. Grafman (Hrsg.), *Handbook of neuropsychology* (Bd. 3) (S. 209–231). Amsterdam: Elsevier.

Schie K. van, Geraerts E, & Anderson, M C (2013). Emotional and non-emotional memories are suppressible under direct suppression instructions. *Cogn Emot,27*, 1122–1131.

Schneider, K. (2011). Neuroimaging in German court rooms. *Human Cognitive Neurophysiology, 4(1)*. http://geb.uni-giessen.de/geb/volltexte/2011/8056, Zugegriffen: 3. August, 2016

Schnider, A., Regard, M., & Landis, T. (1994). Anterograde and retrograde amnesia following bitemporal infarction. *Behavioural Neurology, 7*, 87–92.

Schoenfeld, T. A., & Hamilton, L. W. (1977). Secondary brain changes following lesions: A new paradigm for lesion experimentation. *Physiology and Behavior, 18*, 951–967.

Schore, A. N. (2002). Dysregulation of the right brain: a fundamental mechanism of traumatic attachment and the psychopathogenesis of posttraumatic stress disorder. *Australian and New Zealand Journal of Psychiatry, 36*, 9–30.

Schore, A. N. (2005). Back to basics: attachment, affect regulation, and the developing right brain: Linking developmental neuroscience to pediatrics. *Pediatric Reviews, 26*, 204–217.

Schreiber, F. R. (1973). *Sybil*. Chicago: Regnery.

Schulte-Rüther, M., Markowitsch, H. J., Fink, G. R., & Piefke, M. (2007). Mirror neuron and theory of mind mechanisms involved in face-to-face interactions: An fMRI approach to empathy. *Journal of Cognitive Neuroscience, 19*, 1354–1372.

Schulte-Rüther, M., Greimell, E., Markowitsch, H. J., Kamp-Becker, I., Remschmidt, H., Fink, G. R., & Piefke, M (2011). Dysfunctional brain networks supporting empathy in adults with Autism Spectrum Disorder: an fMRI study. *Social Neuroscience, 6*, 1–21.

Sehm, B., Frisch, S., Thöne-Otto, A., Horstmann, A., Villringer, A., & Obrig, H. (2011). Focal retrograde amnesia: Voxel-based morphometry findings in a case without MRI lesions. *PLoS One, 6*, e26538.

Seidl, U., Markowitsch, H.J., & Schröder, J. (2006). Die verlorene Erinnerung. Störungen des autobiographischen Gedächtnisses bei leichter kognitiver Beeinträchtigung und Alzheimer-Demenz. In H. Welzer & H.J. Markowitsch (Hrsg.), *Warum Menschen sich erinnern können. Fortschritte in der interdisziplinären Gedächtnisforschung* (S. 286–302). Stuttgart: Klett.

Serbsky, W. (1907). Die Korsakowsche Krankheit. *Arbeiten aus dem Neurologischen Institut der Wiener Universität, 15*, 389–424.

Serra, L., Fadda, L., Buccione, I., Caltagirone, C., & Carlesimo, G. A. (2007). Psychogenic and organic amnesia: A multidimensional assessment of clinical, neuroradiological, neuropsychological and psychopathological features. *Behavioural Neurology, 18*, 53–64.

Shrestha, R. (2015). Post-traumatic Stress Disorder among Medical Personnel after Nepal earthquake. *Journal of Nepal Health Research Council, 13*(30), 144–148.

Sidaros, A., Engberg, A. W., Sidaros, K., Liptrot, M. G., Herning, M., Petersen, P., Paulson, O. B., Jernigan, T. L., & Rostrup, E. (2008). Diffusion tensor imaging during recovery from severe traumatic brain injury and relation to clinical outcome: A longitudinal study. *Brain, 131*, 559–572.

Silas, J., & Brandt, K. R. (2016). Frontal transcranial direct current stimulation (tDCS) abolishes list-method directed forgetting. *Neuroscience Letters, 616*, 166–169.

## Literatur

Singer, J. J., Falchi, M., MacGregor, A. J., Cherkas, L. F., & Spector, T. M. (2006). Genome-wide scan for prospective memory suggests linkage to chromosome 12q22. *Behavior Genetics, 36,* 18–28.
Sip, K. E., Roepstorff, A., McGregor, W., & Frith, C. D. (2008). Detecting deception: The scope and limits. *Trends in Cognitive Sciences, 12,* 48–53.
Sivakumar, P. T., Kalmady, S. V., Venkatasubramanian. G., Bharath, S., Reddy, N. N., Rao, N. P., Kovoor, J. M., Jain, S., & Varghese, M. (2015). Volumetric analysis of hippocampal sub-regions in late onset depression: A 3 tesla magnetic resonance imaging study. *Asian Journal of Psychiatry, 13,* 38–43.
Smith, C. N., Frascino, J. C., Kripke, D. L., McHugh, P. R., Treisman, G. J., & Squire, L. R. (2010). A unique form of human amnesia. *Neuropsychologia, 38,* 2833–2840.
Smith, C. N., Frascino, J. C., Hopkins, R. O., & Squire, L. R. (2013). The nature of anterograde and retrograde memory impairment after damage to the medial temporal lobe. *Neuropsychologia, 51,* 2709–2714.
Soper, A. C., Wagner, M. T., Edwards, J. C., & Pritchard, P. B. (2011). Transient epileptic amnesia: A neurosurgical case report. *Epilepsy and Behavior, 20,* 709–713.
Spence, S. A., & Kaylor-Hughes, C. J. (2008). Looking for truth and finding lies: the prospects for a nascent neuroimaging of deception. *Neurocase, 14,* 68–81.
Spiegel, D., Loewenstein, R. J., Lewis-Fernández, R., Sar, V., Simeon, D., Vermetten, E., … & Dell, P. F. (2011). Dissociative disorders in DSM-5. *Depression and Anxiety, 28,* 824–852.
Squire, L. R. (1987). Memory and brain. New York: Oxford University Press.
Squire, L. R. (1992). Memory and the hippocampus: A synthesis from findings with rats, monkeys, and humans. *Psychological Review, 99,* 195–231.
Squire, L. R., & Bayley, P. J. (2006). The neuroanatomy of very remote memory. *Lancet Neurology, 5,* 112–113.
Squire, L. R., & Wixted J. T. (2011). The cognitive neuroscience of human memory since H.M. *Annual Reviews of Neuroscience, 34,* 259–288.
Staniloiu, A., & Markowitsch, H. J. (2010). Searching for the analomy of dissociative amnesia. *Journal of Psychology, 218,* 96–108.
Staniloiu, A., & Markowitsch, H. J. (2012a). Functional amnesia: Definition, types, challenges and future directions. In E. Abdel-Rahman (Hrsg.), *Functional impairment: Management, types and challenges* (S. 87–123). Hauppauge: Nova Science Publishers.
Staniloiu, A., & Markowitsch, H. J. (2012b). Towards solving the riddle of forgetting in functional amnesia: Recent advances and current opinions. *Frontiers in Psychology, 3,* Art. 403.
Staniloiu, A., & Markowitsch, H. J. (2012c). The remains of the day in dissociative amnesia. *Brain Sciences, 2,* 101–129.
Staniloiu, A., & Markowitsch, H. J. (2012d). Dissociation, memory, and trauma narrative. *Journal of Literature Theory, 6,* 103–130.
Staniloiu, A., & Markowitsch, H. J. (2012e). The splitting of the brain: A reorientation towards fiber tracts damage in amnesia. In A. J. Schäfer & J. Müller (Hrsg.), *Brain damage: Causes, management, and prognosis* (S. 41–70). Hauppauge: Nova Science Publishers.
Staniloiu, A., & Markowitsch, H. J. (2014). Dissociative amnesia. *Lancet Psychiatry, 1,* 226–241.
Staniloiu, A. & Markowitsch, H. J. (2015). Amnesia: Psychogenic. In J. D. Wright (Hrsg.), *International encyclopedia of the social & behavioral sciences (Vol. 1: Behavioral and cognitive neuroscience)* (2. Aufl.). (S. 651–658). Oxford: Elsevier Science.
Staniloiu, A., Bender, A., Smolewska, K., Ellis, J., Abramowitz, C., & Markowitsch, H. J. (2009). Ganser syndrome with work–related onset in a patient with a background of immigration. *Cognitive Neuropsychiatry, 14,* 180–198.
Staniloiu, A., Markowitsch, H. J., & Brand, M. (2010). Psychogenic amnesia – A malady of the constricted self. *Consciousness and Cognition, 19,* 778–801.
Staniloiu, A., Vitcu, I., & Markowitsch, H. J. (2011). Neuroimaging and dissociative disorders. In V. Chaudhary (Hrsg.), *Advances in brain imaging* (S. 11–34). Rijecka: INTECH – Open Access Publ.
Staniloiu, A., Borsutzky, S., Woermann, F., & Markowitsch, H. J. (2013). Social cognition in a case of amnesia with neurodevelopmental mechanisms. *Frontiers in Cognition, 4,* Art. 342, 1–28. doi:10.3389/fpsyg.2013.00342.
Steinvorth, S., Levine, B., & Corkin, S. (2005). Medial temporal lobe structures are needed to re-experience remote autobiographical memories: evidence from H.M. and W.R. *Neuropsychologia, 43,* 479–496.
Stern, Y. (2009). Cognitive reserve. *Neuropsychologia, 47,* 2015–2028.
Stickgold, T., & Walker, M. P. (2013). Sleep-dependent memory triage: evolving generalization through selective processing. *Nature Neuroscience, 16,* 139–145.
Störring, G. E. (1931). Über den ersten reinen Fall eines Menschen mit völligem, isoliertem Verlust der Merkfähigkeit. (Gleichzeitig ein Beitrag zur Gefühls-, Willens- und Handlungspsychologie). *Archiv für die gesamte Psychologie, 81,* 257–384.
Störring, G. E. (1936). Gedächtnisverlust durch Gasvergiftung: Ein Mensch ohne Zeitgedächtnis. *Archiv für die gesamte Psychologie, 96,* 436–511.

Stracciari, A., Fonti, C., & Guarino, M. (2008). When the past is lost: Focal retrograde amnesia. Focus on the „functional" form. *Behavioural Neurology, 20*, 113–125.

Straube, B. (2012). An overview of the neuro-cognitive processes involved in the encoding, consolidation, and retrieval of true and false memories. *Behavioral and Brain Functions, 8*, Art. 35.

Sturm, V. E., Rosen, H. J., Allison, S., Miller, B. L., & Levenson, R. W. (2006). Self-conscious emotion deficits in frontotemporal lobar degeneration. *Brain, 129*, 2508–2516.

Suddendorf, T., & Corballis, M. C. (2007) The evolution of foresight: What is mental time travel, and is it unique to humans? *Behavioral and Brain Sciences, 30*, 299–313.

Suddendorf, T., Addis, D. R.,& Corballis, M. C. (2009). Mental time travel and the shaping of the human mind. *Philosophical Transactions of the Royal Society, London B, 364*, 1317–1324.

Syz, H. (1937). Recovery from loss of mnemonic retention after head trauma. *Journal of General Psychology, 17*, 355–387.

Teramoto, S., Uchiyama, M., Higurashi, N., Wada, Y., Kubo, M., & Eto, Y. (2005). A case of isolated retrograde amnesia following brain concussion. *Pediatrics International, 47*, 469–472.

Thiel, A., Haupt, W. F., Habedank, B., Winhuisen, L., Herholz, K., Kessler, J., Markowitsch, H. J., & Heiss, W.-D. (2005). Neuroimaging-guided rTMS of the left inferior frontal gyrus interferes with repetition priming. *NeuroImage, 15*, 815–823.

Thomas-Antérion, C., Guedj, E., Decousus, M., & Laurent, B. (2010). Can we see personal identity loss? A functional imaging study of typical „hysterical amnesia". *Journal of Neurology, Neurosurgery and Psychiatry, 81*, 468–469.

Thomas-Antérion, C., Dubas, F., Decousus, M., Jeanquillaume, C., & Guedj, E. (2014). Clinical characteristics and brain PET findings in 3 cases of dissociative amnesia: Disproportionate retrograde deficit and posterior middle temporal gyrus hypometabolism. *Neurophysiologie Clinique, 44*, 355–362.

Tramoni, E., Aubert-Khalfa, S., Guye, M., Ranjeva, J. P., Felician, O., & Ceccaldi, M. (2009). Hypo-retrieval and hyper-suppression mechanisms in functional amnesia. *Neuropsychologia, 47*, 611–624.

Treadway, M., McCloskey, M., Gordon, B., & Cohen, N. J. (1992). Landmark life events and the organization of memory: Evidence from functional retrograde amnesia. In S.-A. Christianson (Hrsg.), *The handbook of emotion and memory. Research and theory* (S. 389–410). Hillsdale: LEA.

Trimble, M., & Reynolds, E. H. (2016). A brief history of hysteria: from the ancient to the modern. In M. Hallett, J. Stone & A. Carson (Hrsg.), *Handbook of clinical neurology (3rd series): Functional neurological disorders* (Bd. 139, S. 3–10). Amsterdam: Elsevier.

Tulving, E. (2005). Episodic memory and autonoesis: Uniquely human? In H. S. Terrace und J. Metcalfe (Hrsg.), *The missing link in cognition: Self-knowing consciousness in man and animals* (S. 3–56). New York: Oxford University Press.

Tulving, E., & Thompson, D. (1973). Encoding specificity and retrieval processes in episodic memory. *Psychological Review, 80*, 352–373.

Tulving, E., Kapur, S., Craik, F. I. M., Moscovitch, M., & Houle, S. (1994a). Hemispheric encoding/retrieval asymmetry in episodic memory: Positron emission tomography findings. *Proceedings of the National Academy of Sciences of the USA, 91*, 2016–2020.

Tulving, E., Kapur, S., Markowitsch, H. J., Craik, G., Habib, R., & Houle, S. (1994b). Neuroanatomical correlates of retrieval in episodic memory: Auditory sentence recognition. *Proceedings of the National Academy of Sciences of the USA, 91*, 2012–2015.

Unsworth, N., Fukuda, K., Awh, E., & Vogel, E. K. (2014). Working memory and fluid intelligence: Capacity, attention control and secondary memory retrieval. *Cognitive Psychology, 71*, 1–26.

Valentino, K., Toth, S. L., & Cicchetti, D. (2009). Autobiographical memory functioning among abused, neglected, and nonmaltreated children: the overgeneral memory effect. *Journal of Child Psychology and Psychiatry, 50*, 1029–1038.

Vandekerckhove, M., Plessers, M., Van Mieghem, A., Beeckmans, K., Van Acker, F., Maex, R., Mariën, P., Markowitsch, H. J., & Van Overwalle, F. (2014). Impaired facial emotion recognition in patients with ventromedial prefrontal hypoperfusion. *Neuropsychology, 28*, 605–612.

Vermetten, E., Dorahy, M. J., & Spiegel, D. (Hrsg.). (2007). *Traumatic dissociation. Neurobiology and treatment.* Arlington: American Psychiatric Publ.

Victor, M., Adams, R. D., & Collins, G. H. (1989). *The Wernicke-Korsakoff syndrome and related neurological disorders due to alcoholism and malnutrition* (2. Aufl.). Philadelphia: F. A. Davis.

Videbech, P., & Ravnkilde, B. (2004). Hippocampal volume and depression: A meta-analysis of MRI studies. *American Journal of Psychiatry, 161*, 1957–1966.

Viskontas, I. V., McAndrews, M. P., & Moscovitch. M. (2000). Remote episodic memory deficits in patients with unilateral temporal lobe epilepsy and excisions. *Journal of Neuroscience, 20*, 5853–5857.

Viskontas, I. V., McAndrews, M. P., & Moscovitch. M. (2002). Memory for famous people in patients with unilateral temporal lobe epilepsy and excisions. *Neuropsychology, 16*, 472–480.

Wabnitz, P., Gast, U., & Catani, C. (2013). Differences in trauma history and psychopathology between PTSD patients with and without co-occurring dissociative disorders. *European Journal of Psychotraumatology, 4*, 21452 http://dx,doi,org/10.3402/eijpt.v4i0.2145, Zugegriffen: 16. September 2016.

Wade, K. A., Garry, M., Read, J. D., & Lindsay, D. S. (2002). A picture is worth a thousand lies: Using false photographs to create false childhood memories. *Psychonomic Bulletin & Review, 9*, 597–603.

Walker, K. R., & Tesco, G. (2013). Molecular mechanisms of cognitive dysfunction following traumatic brain injury. *Frontiers in Aging Neuroscience, 5*, Art. 29, 1–25.

Wagner, I. C. (2016). The integration of distributed memory traces. *Journal of Neuroscience, 36*, 10732–10735.

Wardlaw, J. M., Smith, E. E., Biessels, G. J., Cordonnier, C., Fazekas, F., Frayne, R., & Dichgans, M. (2013). Neuroimaging standards for research into small vessel disease and its contribution to ageing and neurodegeneration. *Lancet Neurology, 12*, 822–838.

Werf, Y. D. van der, Witter, M. P., Uylings, H. B. M., & Jolles, J. (2000). Neuropsychology of infarctions in the thalamus: A review. *Neuropsychologia, 38*, 613–627.

Werner, N., Kühnel, S., Ortega, A., & Markowitsch, H. J. (2012). Drei Wege zur Falschaussage: Lügen, Simulation und falsche Erinnerungen. In J. C. Joerden, E. Hilgendorf, N. Petrillo & F. Thiele (Hrsg.), *Menschenwürde in der Medizin: Quo vadis?* (S. 373–391). Baden-Baden: Nomos.

Weusten, L. H., Severeijns, R., & Leue, C. (2013). Een omvangrijke retrograde amnesie van bijna 30 jaar en de rol van organische, intentionele en psychogene factoren. *Tijdschrift voor Psychiatrie, 55*, 281–285.

WHO (World Health Organization) (2010). *International classification of mental and behavioral disorders: Clinical descriptions and diagnostic guidelines.* (10. Aufl.). Genf: World Health Organization.

Wilde, E. A., Bigler, E. D., Pedroza, C., & Ryer, D. K. (2006). Post-traumatic amnesia predicts long-term cerebral atrophy in traumatic brain injury. *Brain Injury, 20*, 695–699.

Willander, J., & Larsson, M. (2006). Smell your way back to childhood: autobiographical odor memory. *Psychonomic Bulletin and Review, 13(2)*, 240–244.

Williams, J. M., Ellis, N. C., Tyers, C., Healy, H., Rose, G., & McLeod, A. K. (1996). The specificity of autobiographical memory and imageability of the future. *Memory and Cognition, 24*, 116–125.

Wingenfeld, K., & Wolf, O. T. (2014). Stress, memory, and the hippocampus. *Frontiers in Neurology and Neuroscience, 34*, 109–120.

Witt, J. A., Vogt, V. L., Widman, G., Langen, K. J., Elger, C. E., & Helmstaedter, C. (2015). Loss of autonoetic awareness of recent autobiographical episodes and accelerated long-term forgetting in a patient with previously unrecognized glutamic acid decarboxylase antibody related limbic encephalitis. Frontiers *in Neurology, 6*, Art. 130. doi: 10.3389/fneur.2015.00130.

Wright, R. A., Boeve, B. F., & Malec, J. F. (1999). Amnesia after basal forebrain damage due to anterior communicating artery aneurysm rupture. *Journal of Clinical Neuroscience, 6*, 511–515.

Yamadori A, Suzuki K, Shimada M, Tsukiura, T., Morishima, T., & Fujii, T. (2001). Isolated and focal retrograde amnesia: A hiatus in the past. *Tohoku Journal of Experimental Medicine, 193*, 57–65.

Yehuda, R., Engel, S. M., Brand, S. R., Seckl, J., Marcus, S. M., & Berkowitz, G. S. (2005). Transgenerational effects of posttraumatic stress disorder in babies of mothers exposed to the World Trade Center attacks during pregnancy. *Journal of Clinical Endocrinology and Metabolism, 90*, 4115–4118.

Yehuda, R., Bell, A., Bierer, L. M., & Schmeidler, J. (2008). Maternal, not paternal PTSD is related to increased risk for PTSD in offspring of Holocaust survivors. *Journal of Psychiatric Research, 42*, 1104–1111.

Yehuda, R., Joels, M., & Morris, R. G. M. (2010). The memory paradox. *Nature Reviews Neuroscience, 11*, 837–839.

Yoneda, Y., Mori, E., Yamashita, H., & Yamadori, A. (1994). A volumetry of medial temporal lobe structures in amnesia following Herpes simplex encephalitis, *European Journal of Neurology, 34*, 243–252.

Yoneda, Y., Yamadori, A., Mori, E., & Yamashita, H. (1992). Isolated prolonged retrograde amnesia, *European Neurology, 32*, 340–342.

Zeman, A. Z., Boniface, S. J., & Hodges, J. R. (1998). Transient epileptic amnesia: A description of the clinical and neuropsychological features in 10 cases and a review of the literature. *Journal of Neurology, Neurosurgery and Psychiatry, 64*, 435–443.

# Kulturelle, soziale und geschichtliche Bezüge

Kapitel 4    Erinnerung trotz kollektiven Vergessens:
             Vom „eigentlich" unmöglichen Fortleben
             gemeinschaftlicher Erinnerungen an die kosmogene
             Welt der „Dreamtime" bei Nachfahren von
             Ureinwohnern im heutigen Australien – 103

Kapitel 5    Vergessen in konfliktreichen Schnittbereichen
             kollektiven Erinnerns am Beispiel mittelalterlichen
             Weistums – 133

Es mag zunächst als Allgemeinplatz erscheinen, wenn man behauptet, dass gesellschaftliche Bedingungen über ein kollektives Vergessen mitbestimmten, denn fast jeder weiß heute, dass wir z. B. wegen eines gesundheitlichen Problems einen Arzt und/oder eine Apotheke nicht nur aufsuchen können, sondern meist auch müssen, weil wir die Hausmittel unserer Vorfahren längst vergessen haben. Was sich aber jenseits des Wissens, hier etwa um Heilkräuter, hinter dem Begriff der gesellschaftlichen Bedingungen für das Phänomen des Vergessens verbirgt, ist weniger offenkundig. Sind nur die alten Rezepte in den Köpfen unserer Vorfahren verloren gegangen, oder sind es die Bücher, die keiner mehr liest, da an deren Inhalt keiner mehr ernsthaft glaubt?

Dass zumindest sowohl die *Produktion von* als auch der *Umgang mit* einem Medium über das Vergessen mitbestimmen, ist naheliegend, denn was als zu vermittelnde Inhalts seitens des/der Adressanten ausgewählt wird und wie man mit dem so zur Verfügung gestellten umgeht, stellt immer eine Auswahl des einen zu Lasten von etwas anderem dar. Zur Erzeugung einer bestimmten Wirklichkeit ist somit zunächst einmal nicht die Gesamtheit der Erinnerungen aller ausschlaggebend, sondern die erinnerungswürdige Gesamtheit jener, die sie verschriftlichen, sie *produzieren*. Ein Vergessen ist damit unvermeidlich. Zu den Beispielen dafür, dass ein Vergessen im *Umgang* damit durch solcherart außermnestische Variablen gesteuert wird, die bereits weit im Vorfeld angelegt sind, zählen u. a. auch die Weistümer des Mittelalters und die mündlich bzw. durch ► Merkzeichen weitergegebenen Erinnerungen australischer Ureinwohner, der Aborigines. (Ähnliches findet sich auch bei den Papuas) (Nunez et al. 2012). Dadurch wird deutlich, dass in einer schriftlich sowie mündlich stark strukturgebundenen, weil ritualisierten Vermittlung einer bestimmten „Wirklichkeit" das zu Vergessende bereits eingebunden ist.

Dass in den Einschränkungen, die durch ein bestimmtes Medium (Hubig 2010) vorgegeben sind, eine der Wurzeln kulturellen Vergessens und damit gleichzeitig ein Problem einer angemessenen „Welterfassung" liegt, bedeutet allerdings nicht, dass die betreffenden Inhalte von allen Beteiligten vergessen wurden. Diejenigen, die z. B. Weistümer anlegten, wussten noch über Generationen hinweg, *was* jeweils verschwiegen wurde; ihre Welterfassung war und blieb über Generationen hinweg eine andere als die jener, die auf den Informationsgehalt von Weistümern angewiesen waren. Denn man spricht anders über das Umfeld eines bestimmten Gegenstands, den man entweder zu erwähnen vermeidet oder aber, den man gar nicht kennt.

Könnte man also für eine bestimmte Zeit geltend sagen, dass ein Vergessen am ehesten durch eine ergänzende interpretative Nutzung (► Oralität) eines Mediums, sprich durch die Vielfalt der Informationsbeschaffung, reduziert wird, vorausgesetzt der Informationsbeschaffung sind keine Grenzen auferlegt? Denn eine Verbesserung der jeweils verwendeten Techniken allein, z. B. eine verbesserte Bild- oder Schriftqualität bzw. heute ein verbessertes Zusammenspiel von Emotionen erzeugenden Variablen (wie Bewegung, Sprache, Geräusch und Musik in interaktiven Medien), spielt für sich genommen nur die Rolle, das nicht zu vergessen, was durch dieses Medium zur Wirklichkeitserzeugung bereits zur Verfügung gestellt wurde (Hubig 2006). Vielmehr tragen sie nicht zu einer „Objektivierung der Wirklichkeit" bei, können dies auch nicht, denn je mehr man glaubt, was man liest oder sieht, desto eher beginnt man auch zu sehen oder lesen, was man glaubt.

Zu einem solcherart kulturellen Vergessen trägt, wie die Erforschung des Internets zeigt, bei, dass durch das Medium bereits eine gewisse *Ordnung in der Weltsicht* vorgegeben wird (Zahn 2011), die ihrerseits der individuellen ► Wahrnehmung der Welt vorausgeht. Vergessen ist hier, wie es Heinz von Foerster (1993) vermutlich ausgedrückt hätte, als „Blindheit für einen blinden Fleck" zu verstehen, die verhindert, dass die Betroffenen diesen als solchen überhaupt erkennen, das Vergessene überhaupt als etwas benennen können, das durch eine bestimmte Sicht auf die Welt verloren gegangen ist.

Die Asymmetrie im Beziehungsgeflecht zwischen Beherrschenden und Beherrschten trägt des Weiteren dazu bei, dass Erstere, wie am Beispiel der Weistümer noch zu zeigen sein wird, der Auffassung sind, über ein Vergessen eines Individuums bestimmen zu können. Ähnlich, aber offener ausgesprochen, als dies heute z. B. in diktatorischen Systemen, geheimdienstlichen Ermittlungen etc. der Fall ist, wird es als ein absichtliches, ein konspiratives Verheimlichen bestimmter Tatbestände betrachtet und damit ein *natürliches Vergessen* in Abrede gestellt. „Vergessen" ist also nicht gleich „vergessen". Während es die einen für sich als selbstverständlich in Anspruch nehmen, auch um sich gegen unliebsame Fragen zu schützen, wird es den anderen verwehrt, ihnen Täuschungsabsicht unterstellt.

Bei Vorgängen kollektiven Vergessens spielen in diesem Fall vermutlich immer mehrere Variablen zusammen: Die Interessen derer, die eine bestimmte Wahrheit in den Köpfen der anderen als „gegeben" verankern wollen, und die eingeschränkte Weltsicht derer, die das zu glauben beabsichtigen, was sie durch diesen, von den Eliten gebildeten medialen „Filter", z. B. über ein ▶ Weistum, zu hören oder zu sehen bekommen.

Auch bei Überlieferungen aus der „Dreamtime" australischer Ureinwohner handelt es sich um eine Art erzeugtes, dem Medium innewohnendes Vergessen, hier aber um eines, dem bis heute eine hohe *identitätsstiftende Bedeutung* zukommt – in diesem Fall, weil Kognition und Emotion im Rahmen des Erinnerungsvorgangs in die gleiche Richtung weisen. Hinzu kommt in Analogie zu einem beliebten Argument der Agrarwissenschaft, wo es heißt, dass eine „gute Weide der beste Zaun" sei, eine in sich geschlossene, identitätsstiftende Schöpfungslegende, hier verstanden als „bester Schutz" davor, sich in fremden Wirklichkeiten umzusehen und sich diese anzueignen.

### Literatur

Foerster, H. Von (1993). *Wissen und Gewissen: Versuch einer Brücke*. Frankfurt/M: Suhrkamp.
Hubig, C. (2006). *Die Kunst des Möglichen I. Technikphilosophie als Reflexion der Medialität*. Bielefeld: Transcript.
Hubig, C. (2010). Medialität/Medien. In H.-J. Sandkühler (Hrsg.), *Enzyklopädie Philosophie* (S. 1516–1522). Hamburg: Meiner.
Nunez, R., Cooperider, K., Doan, D., & Wassmann, J. (2012). Contours of time. Topographic construals of past, present, and future in the Yupno Valley of Papua New Guinea. *Cognition, 124*(1), 25–36.
Zahn, M. (2011). mediales denken – von Heideggers Technikdenken zu Deleuzes Filmphilosophie. In M. Pietraß, M. & R. Funiok (Hrsg.), *Medialität und Realität. Zur konstitutiven Kraft der Medien* (S. 53–66). Wiesbaden: VS Verlag ür Sozialwissenschaften.

# Erinnerung trotz kollektiven Vergessens: Vom „eigentlich" unmöglichen Fortleben gemeinschaftlicher Erinnerungen an die kosmogene Welt der „Dreamtime" bei Nachfahren von Ureinwohnern im heutigen Australien

**Zusammenfassung**
Einer aus der (Sozial-)Anthropologie abgeleiteten Grundannahme über die Bedeutung der „Traumzeit" entsprechend, wird in diesem Kapitel das komplexe Gebilde der gelebten „Traumzeit" zunächst auf einige gemeinschaftsstiftende und überlebenssichernde Funktionen reduziert, um aus den „Erinnerungsstrategien" auch Phänomene des Vergessens abzuleiten. Dabei ist der „Traumzeit" als Umschreibung einer schon „immer dagewesenen natürlichen Ordnung" u. a. auch deshalb Langlebigkeit beschieden, weil das Gedächtnis weitgehend vom Faktor der „Zeit" – also der Frage, wann etwas geschah – entlastet wurde. Hinzu kommt, dass sich die *Ordnungsprinzipien*, gemäß derer Informationen gewichtet, gebündelt und weitergegeben wurden, im Laufe der letzten beiden Jahrhunderte stark verändert haben. Es wäre somit recht ungewöhnlich, übte diese, wenn auch nur allmählich voranschreitende und hier lediglich an ausgewählten Beispielen dokumentierte Veränderung keine Rückwirkung auf die Rekonstruktion der „Traumzeit" aus.

Lässt man sich – soweit dies durch gedrucktes Material möglich ist – von der Spiritualität australischer Ureinwohner, den ▶ Aborigines, gefangen nehmen, so faszinieren die „eigentlich unmöglichen" Erinnerungen an Ereignisse, die ihren zahlreichen Schöpfungslegenden zugrunde liegen, immer wieder aufs Neue – „eigentlich unmöglich" deshalb, weil eine Gemengelage von menschengemachten Hindernissen, allen voran Vertreibung und Enteignung, Dezimierung durch einen Mangel an Nahrung und Adoption indigener Nachkommen durch weiße Australier den bekannten Gesetzmäßigkeiten vom Erhalt eines kollektiven Gedächtnisses entgegensteht. Wie also hätte eine mehrere Generationen *und* weite Räume übergreifende Erinnerungskultur zur Bewahrung des Wissens um diese sog. „Traumzeit"[1] allen Widrigkeiten zum Trotz „gedächtniserhaltende" Mechanismen beinhalten sollen?

Im Folgenden wird u. a. anhand von *Strategien der Weitergabe* der Schöpfungslegenden in ausgewählten, als besonders mythenträchtig geltenden Regionen darzulegen versucht, wie das Vergessene ein Erinnerungskonstrukt so zu prägen vermag, dass eine scheinbar bruchlose Fortsetzung einer Überlieferung in das Hier und Jetzt gewährleistet ist, das Vergessene gewissermaßen zwischen den Worten verschwindet.

Die anhand der Beispiele gefundenen Antworten – mögen sie auch aus Sicht eines Kulturanthropologen unausgewogen, teilweise auch zufällig gewonnen wirken – sollen eine neue Perspektive auf die schier endlos erscheinenden „Erinnerungsschleifen" an vielfach miteinander verschlungene Ereignisse einer mythenträchtigen Vorzeit eröffnen. Wurden diese Schöpfungslegenden doch weiter tradiert, obwohl sich die Ureinwohner physisch gegenüber einer übermächtigen geopolitischen Dominanz der einwandernden Euro-Australier kaum je behaupten konnten! Dies aber bedeutet, dass einzelne Gedächtnisträger oder übermittelnde Personengruppen zwar durchaus eines plötzlichen oder zu frühen Todes gestorben sein mochten, nicht aber die von ihnen zu übermittelnden „Dreamings". Diese überlebten.

Es muss also in jedem Fall sehr vielfältige Absicherungssysteme gegeben haben, was wiederum die Frage nach dem Sinn aufwirft, der sich hinter einer so offenkundig robusten, Kontinuität versprechenden Informationsweitergabe verborgen haben könnte, denn Mythen, mögen sie auch als „Traumzeitmythen" bezeichnet werden, sind allgemeinem Verständnis nach zunächst einmal lediglich Gegenstand nicht real denkbaren Geschehens, das – ebenfalls allgemeinem

---

1  Dieser Begriff bleibt, wie auch sein englisches Pendant „Dreaming", stets in Anführungszeichen gesetzt. Dies geschieht zum einen, weil von „Traumzeit" bereits geredet wurde, als der Begriff noch nicht gebildet worden war, zum anderen, weil auch im Zusammenhang mit Personen von „Traumzeit" gesprochen wird, die den Begriff ablehnten, und schließlich, weil „Traumzeit" nur eine mögliche Übersetzung der indigenen Begrifflichkeit dafür ist.

Verständnis nach – nur einen kleinen Ausschnitt der jeweiligen Lebenswelt abbildet. Würde man allerdings annehmen, die mit solch aufwendigen Mitteln abgesicherte *spirituelle Welt* der Aborigines beinhalte gleichfalls nur einen vernachlässigbar kleinen Teil eines ansonsten sehr realen und komplexen kolonial-, kultur- und mentalitätsgeschichtlichen Gesamtgeschehens, so täuschte man sich. In den „Dreamings" liegt durchaus ein wichtiger, wenn nicht sogar *der* Schlüssel zum kollektiven Selbstverständnis der Ureinwohner. Schöpfungsmythen waren bzw. sind somit mit allen der genannten Fragen ihres Sozialwesens, mit Kunst und Kultur eng verbunden. Insofern sind sie auch ebenso zweifellos wie tiefgreifend in die schwierigen, wechselvollen Beziehungen zwischen Ureinwohnern und „Weißaustraliern" einzubeziehen.

Man könnte, so gesehen, den Fortbestand der „Dreamtime" auf die Aussage verkürzen, dass sie mit denjenigen überlebte, welche die gefährlichen Untiefen dieses ungleichen Kulturkampfes überstanden *und* gleichzeitig verbliebene Zeichen der Schöpfungsmythen zu deuten, sprich die „Geschichten dahinter", authentisch zu erzählen und zu einem sinnvollen Ganzen zu bündeln verstanden. Das aber würde bedeuten, dass „Dreamings" als geistige Gebilde, die offenbar über eine zeitlos erscheinende Beziehung von Mensch und Lebensraum Auskunft zu geben vermögen, nicht anders als gleichbleibend *und* dennoch wandelbar, als eindeutig *und* dennoch vielfältig zu denken sind, als immer neu gefunden werden *und* gleichzeitig ewig zu bestehen scheinen, und zwar im Hinblick auf Form *und* Inhalt. Bleibt angesichts solch ebenso grundlegender wie einander widersprechender Anforderungen überhaupt Gestaltungsraum, um ein „Vergessen" zu thematisieren?

Mögliche Antworten auf diese sowohl komplexe als auch sich dynamisch ändernde Problemstellung – hier eine stillschweigende Umwidmung damit impliziter Einbindung des Vergessenen in die Struktur des Ganzen – sind erwartungsgemäß ebenfalls vielfältig: Im wahrsten Sinne des Wortes verzweigt sind sie z. B. im Hinblick auf die Mannigfaltigkeit der „Träume", hier die Schöpfungsmythen verschiedener Stammesgruppen in verschiedenen Landesteilen. Diese Vielfalt scheint für Außenstehende – hier insbesondere bezüglich möglicher religiöser bzw. tiefenpsychologischer Bedeutung im Sinne eines sich dahinter verbergenden kollektiven Unbewussten (Roheim 1945) – ohnehin geradezu unergründlich zu sein. Empirisch ausgerichtete wissenschaftliche Zugänge zu diesem Problembereich, die, wie die Kognitionswissenschaft, im Folgenden beispielhaft für eine an Fragen des Vergessens orientierte Bearbeitung stehen, sehen deshalb eher in der *soziokulturellen Bedeutung dieser Mythen* einen Schlüssel für die erfolgreiche Bearbeitung dieses Themenkomplexes.

Die Frage danach bezieht den oben angedeuteten existenzgefährdenden, nunmehr über 200 Jahre andauernden Verdrängungswettbewerb mit ein. Sie widmet sich also u. a. *auch* dem Problem, wie Schöpfungslegenden in einer von *europäischem Denken* – hier von Vorstellungen der ▶ Zeit und des Raumes – und einer auf Besitzstands(mehrung) ausgerichteten (Kolonial-)Macht hatten bestehen können. Unter diesem Blickwinkel betrachtet sind z. B. willkürliche Grenzziehungen und damit einhergehende Zwangsumsiedlungen der Bewohner von großer Bedeutung für Fragen des Vergessens. Dies zum einen, weil in dieser über ein Jahrhundert andauernden Phase eine durch diverse Gesetze, die Acts,[2] gestützte *Zerstörung indigener Kultur* um sich griff. Zum anderen kam es auf diese Weise auch zu einer *Unterbrechung interfamiliärer Informationsketten*, Letzteres u. a. deshalb, weil die Kinder der Eingeborenen in die Obhut weißer Siedler gegeben[3] und den verbleibenden Erwachsenen die Ausübung der heiligen Zeremonien verboten wurde.

---

2   Dazu gehört z. B. der „Aborigines Act" von 1911 und der „Training of Children Act" von 1923.
3   Dies geschah u. a. in Form von Zwangsassimilation (z. B. durch Adoptionen) unmündiger Nachkommen der Aborigines in den 1930er und 1940er Jahren.

Kritisch für ein mögliches Vergessen war darüber hinaus auch die mit einer Umsiedlung einhergehende Entwurzelung der Menschen, insbesondere die ihnen im Zusammenhang damit *abgesprochenen Bodenrechte*, verbunden mit dem Verbot, ihr ehemaliges Aufenthaltsgebiet erneut zu betreten. Gerade aber dieser nun von einwandernden weißen Siedlern beanspruchte „Grund und Boden" gehörte als unveräußerlicher, ja *unverhandelbarer Teil* zum Dasein der Aborigines, auch wenn ihnen der europäische Gedanke eines persönlich bewirtschafteten oder gar eingehegten Grundbesitzes fremd blieb. Auf, über und unter der Erde waren die jeweiligen Schöpfungsmythen beheimatet, lebten die Ahnen in Geschöpfen, Zeichen und Veränderungen der Landschaft fort. Zu den für ein Vergessen relevanten Unwägbarkeiten gehörte ferner, dass – wie oben angesprochen – die längste Zeit des unfreiwilligen Miteinanders von indigenen Bewohnern und Siedlern die Überlebenschance der Aborigines und damit auch die ihrer kollektiven Erinnerung an eine „Dreamtime" aufgrund einer desaströsen demografischen Entwicklung keinesfalls als gesichert galt. Noch bis ins erste Drittel des letzten Jahrhunderts hinein vermutete man, die Nachfahren der Ureinwohner würden in absehbarer Zeit ohnehin aussterben, d. h. die Probleme eines adäquaten Umgangs mit ihnen und ihrer Mythologie sich quasi von selbst erledigen (Petri 1954), und zwar nicht zuletzt auch deshalb, weil die wenigen noch verbliebenen Menschen meist lese- und schreibunkundig waren. Wie also hätten sie gemäß eines Denkens in gedruckten Verträgen, in Büchern über Sagenwelten, in vervielfältigten Landkarten und notariell beglaubigten Ahnennachweisen je ihr geistiges Erbe über Raum und Zeit weitergeben sollen?

Zu den überdauernd bestehenden existenziellen Problemen für den Erhalt von Mensch und Mythos kam erschwerend hinzu, dass seitens der Kolonialmacht lange das Ziel eines „White Australia" (Rickard 1988, S. 111–195; Markus 1994, S. 110–154) propagiert wurde. Verbunden war diese Auffassung mit einer selbstauferlegten Fürsorgepflicht der „weißen Australier" für die eingeborenen Landeskinder. Eine Einbindung von deren „Dreamings" in das Kulturgeschehen des föderativen Australien war dabei nicht vorgesehen, mehr noch, sie wurde nicht einmal geduldet. Vielmehr versuchte man, jede Erinnerung an diese fremd erscheinende geistige Welt, eine, die bis weit ins 20. Jahrhundert hinein als Götzenglaube oder bestenfalls als weltfremde Fantasie angesehen wurde, nach Kräften zu unterdrücken. Aber auch als diese Sichtweise in den Hintergrund trat, als im Rahmen einer zunehmenden Meinungsvielfalt „Geschichte und Lebensweise der Ureinwohner" steigende Beachtung einer immer größer werdenden Forscher- und Interessengemeinde erfuhr (z. B. Rose 1976; Supp 1985), geschah dies nicht notwendigerweise zum Vorteil für den Erhalt von Schöpfungsmythen. Im letzten Drittel des 20. Jahrhunderts etwa dominierte eine die australische Gesellschaft polarisierende Sichtweise (z. B. Allen 1988), in der Fragen nach „Rasse und Rassismus" (Broome 1982; Rowley 1978), nach „gestohlenem Land" (Mattingley und Hampton 1988), „gestohlenen Generationen" (Edward und Read 1989; Rosser 1985) und „natürlichen Landrechten (Hanks und Keon-Cohen 1984; Stephenson 1995) die öffentlichen Diskussionen bestimmten. Und da solche (sozial-)kritisch-historischen Ansätze (vgl. Clark 1962–1978; Crowley 1974) ihrerseits wiederum zahlreiche Kontrahenten auf den Plan riefen, geriet die „Dreamtime" von der Gefahr des *Vergessens durch öffentliches Verschweigen* in die Gefahr, zwischen ihren Befürwortern und Gegnern weiter *zerrieben* und *zerredet* zu werden.

Es bedurfte folglich einer sehr hohen, sehr elaborierten Kunst der Bewahrung des geistigen Erbes, sonst hätte die „Traumzeit" der Aborigines o. g. Phasen einer in Kauf genommenen Auslöschung bzw. Negierung durch die „Fürsorge" selbstreferenzieller Eliten sowie einer ideologisierenden Verachtung bzw. Verherrlichung wohl kaum so eindrucksvoll getrotzt, dass sie hätten verschriftlicht werden und in das kulturelle Gedächtnis (▶ Gedächtnissysteme) des heutigen Australien eingehen können.

Folgt man in der Beschreibung dieser „hohen Kunst" des Bewahrens dem kognitionswissenschaftlichen Ansatz, so wird zur Beantwortung der sich daraus ergebenden klassischen

Fragestellungen zunächst solchen nachzugehen sein, bei denen das Was, Wo und Wann mythischen Denkens der „Traumzeit" im Vordergrund steht, denn Inhalt, Raum und Zeit gehören in diesem Wissenschaftszweig zu den unverzichtbaren Koordinaten, um ein Vergessen verorten zu können. Daran schließt sich die Frage nach dem Wie und dem Warum von Veränderungen bestimmter Inhalte an, wobei ebenfalls den unterschiedlichen Übermittlungsstrategien eine wesentliche Rolle zukommt. Die Bedeutung des Vergessens in diesem durch „Dreamings" gestützten bodenverhafteten Selbstverständnis der indigenen Bevölkerung wird somit auf mehrfache Weise deutlich zu machen gesucht. Dies geschieht in der Hoffnung, aus den Antworten auf diese Fragen Möglichkeiten immerwährender auf sich selbst abbildende Rekonstruktion einer hypothetischen Schöpfungsphase zu erkunden.

## 4.1 „Myth is a living thing": Vergessen und die Untiefen der Erinnerung

» In Tjukula (…) schlummerten zahlreiche Totemahnen unter der formlosen Ebene in Winbaraku. Zuerst regte sich Jukalpi, das Wallaby, (…) Als Tjukala zu Ende ging, erhob sich Winbaraku aus der Ebene und wurde ein Felshügel (Löffler 1981, S. 199).

So beginnt bzw. endet eine zentralaustralische „Traumzeitlegende" vom Auszug verschiedener Tiere aus Winbaraku in Tjukula und steht damit als Kürzel für einige oben gestellten Fragen, nämlich nach dem Inhalt dessen, was erinnert werden soll, wo und wann dies stattfand. Der Ausdruck „Tjukala" umschrieb hier eine ganz bestimmte Zeit, nämlich die der Schöpfungsahnen. Damit war er eingebettet in einen bestimmten, offensichtlich allgemein bekannten Kontext, der Kenntnisse der Topografie der Gegend, ihrer Flora und Fauna voraussetzte und auf eine Vertrautheit mit den Umständen und Gegebenheit des täglichen Lebens baute. Dieser wie anderen „Traumzeitlegenden" zufolge wanderten die jeweiligen Kulturheroen, die Totemahnen, eines speziellen Lebensraumes, hier in Winbaraku, und der jeweiligen Tier- und Pflanzenwelt über das Land und hinterließen dort, wo sie gingen oder sich niederließen, *Spuren in Form von Veränderungen der Erdoberfläche*, in diesem Fall eines Felshügels. Auf diese Weise war zunächst die Grundlage für ein relativ stabil reproduzierbares, weil geografisches Gedächtnis der Nachfahren gegeben und damit ein sog. Erinnerungsraum (A. Assmann 1999) geschaffen.

Aber das war noch nicht alles, denn nachdem die Ahnen auf diese Weise die *unbelebte Natur*, ihre Berge, Wasserlöcher, Rinnen, Schluchten etc. geformt hatten, schufen sie die *belebte Natur* mit all ihren Tieren und Pflanzen sowie die Menschen, und zwar samt allen *Gesetzen, Riten und Sitten*. Auf diese Weise legten sie die Basis für ein kollektives soziales Gedächtnis (▶ Gedächtnissysteme). Dass die schöpferischen Wesen nach getaner Tat zwar wieder verschwanden, wohl aber eine Verbindung zu allem, was sie in der unbelebten und belebten Natur geschaffen hatten, erhielten, ist Sinnbild für eine *kollektive Pflicht des sich Erinnerns* ihrer Werke, d. h. all dessen, was sie vollbracht hatten.

Zu den Wortschöpfungen, die diese Zeit der Ahnen, etwa der Tjukula, heute für uns umschreiben, gehören u. a. Begriffe wie „Traumzeit", „Geistzeit", „Regenbogenschlangenzeit", „Seelenkindzeit", d. h., der hier gewählte Ausdruck der „Traumzeit"[4] ist lediglich einer, wenn auch der geläufigste: Er steht sinnbildlich dafür, dass die Erinnerung an und die Verbindung mit diesem

---

4   Baldwin Spencer übertrug den lokalen Begriff „Alcheringa" der Aranda-Sprache auf die Schöpfungslegenden anderer zentral- und nordaustralischer Stämme und schuf auf diese Weise eine Umschreibung für diese „kreative Periode" (vgl. Spencer und Gillen 1899, 1904, 1912).

Weltschöpfungsmythos im Geiste zu bewahren ist. Dies geschah in der australischen Urbevölkerung oft in Gestalt von ▶ Totems (Roheim 1925). Auf diese Weise konnte auch jeder Einzelne, hier mittels eines bestimmten Totemgeschöpf (z. B. einer Eidechse), mit dem Ahnherrn in Verbindung bleiben, sprich durch ein *emotional stark überformtes Individualgedächtnis* zum Erhalt kollektiver Erinnerung an die „Dreamings" beitragen. „Traumzeittotems" halfen, so vermutet man heute, nicht nur, aus den vorhandenen natürlichen Gegebenheiten der Natur eine ordnungsgebende Kraft für möglichst viele Menschen zu entwickeln.[5] Die spirituelle Verbindung verpflichtete das unter diesem Zeichen stehende Individuum auch dazu, sein Totemtier bzw. seine Totempflanze zu schützen und den *Ort*, an dem der jeweilige Schöpfungsahn seine Spuren hinterlassen hatte, zu achten und zu hüten (Berndt und Berndt 1962). Diese über Generationen hin verinnerlichte *tätige Interaktion mit der belebten und unbelebten Welt der Vorfahren* ermöglichte es den Menschen, sich als Teil des gesamten von Schöpfungsahnen gezeugten Lebensraumes und seiner Lebewesen zu betrachten. In (un-)regelmäßigen Abständen wurde diese Bindung weiter zu festigen bzw. zu verstetigen gesucht. Dies geschah zum einen dadurch, dass die Menschen in bestimmten Zeitabständen totemistisch bedeutsame Orte, etwa der Konzeption oder der Geburt, im Rahmen sog. Walkabouts[6] aufsuchten, um so den Zeugnissen vom „Leben und Handeln der Ahnen" mit allen Sinnen nachzuspüren (Duerr 1985, S. 176). Zum anderen wurde das Wissen über diese Zeit, den Lebensraum und die Geschöpfe, die darin beheimatet waren, in Prosa, Versen oder Gesang als Tanz und bildnerische Kunst ausgedrückt und weitergegeben.

### 4.1.1 Akzeptanz des Vergessens als Teil wissenschaftlicher Akzeptanz indigener Mythen

Auch wenn weiter oben bereits wie selbstverständlich aus der Suche nach Verbindung mit den Schöpfungsahnen gedächtnisrelevante Kriterien wie Stabilität, Verstärkung, emotionale Wertigkeit etc. abgeleitet wurden, so bleibt doch die Frage, ob man o. g. Formen zeitüberdauernder Vergegenwärtigung an Inhalte der „Traumzeit" überhaupt zum Gegenstand der Forschung über Phänomene des Vergessens machen sollte, denn dazu bedürfen sie – anders als Fantasiegestalten beliebiger Volksmärchen – einer gebilligten Form des Wahrheitsgehalts.[7] Sind also Mythen auf eine Weise wahr, die es erfordert, die Erinnerung an etwas nicht verblassen zu lassen? Oder werden sie nicht ohnehin von Fall zu Fall immer neu erfunden, neu erzählt, variiert und ausgeschmückt, ohne dass man je herausfinden könnte, ob ein bedeutender Kern darin steckt, an den man sich ggf. erinnern können sollte?

Für die notwendige Akzeptanz von „Dreamings" als einen wissenschaftlich erst zu nehmenden Betrachtungsgegenstand sprechen heute gleich mehrere Gründe: An erster Stelle ist eine wissenschaftlich begründete Wahrnehmung dieser indigenen – das Land, seine Flora und Fauna beinhaltende – Geisteskultur zu nennen. Getragen von zahlreichen anthropologischen Forschungsergebnissen gewann gewissermaßen ein Mythenverständnis an Bedeutung, das dessen

---

5   Da jeder durch die Geburt einer bestimmten Gruppe, einem sog. Totem-Clan, angehörte, stand er auch, sei es durch Zeugungs- oder Geburtsort, stets mit einer bestimmten Gegebenheit in der Natur, z. B. einer dort wachsenden Pflanze oder einem dort vorkommenden Tier, in Beziehung (Berndt und Berndt 1962, S. 234).

6   Der wenig aussagekräftige aus dem Pidgin-Englisch der Ureinwohner abgeleitete Ausdruck hat mit einem „Herumspazieren" nur insofern zu tun, als dem unkundigen Beobachter der eingeschlagene Weg ziellos oder zufällig erscheinen mag. Literarisch verarbeitete Beispiele für Walkabouts finden sich z. B. bei Chatwin (2001).

7   Ansonsten würde man sie bestenfalls als *false memories* bezeichnen (Kühnel und Markowitsch 2009; Markowitsch 2009; Werner et al. 2012).

welterklärende und sozialisierende Bedeutung für den Einzelnen und die Stammesgruppe in den Vordergrund stellte und einen Generationen überdauernden Einfluss von Mythen auf die Menschen als eine *kulturgeschichtliche Realität* akzeptierte (Berndt und Berndt 1964). Traumzeitlich begründete Erklärungen für Fragen nach Sonne, Mond und Sternen, dem Sinn des Lebens, nach Fruchtbarkeit und Geburt, Tod, Schicksal, Macht und Magie als eine solche *gelebte Wahrheit* (vgl. Hiatt 1975, S. 3–13) zu billigen, bedeutet somit anzuerkennen, dass Schöpfungsmythen mit Kultur und Geschichte eines Stammes oder einer Stammesgruppe auch unauflöslich verbunden sind. Deshalb kommt ihnen heute als „mythischer Wahrheit" auch derselbe Wirklichkeitsgehalt zu wie etwa „der Wahrheit von Naturgesetzen" bei Mitgliedern der westlichen Welt (Völker-Rasor 1998; Weber 1998). Eine simple Gegenüberstellung „falscher", weil mythischer, und „richtiger", weil naturwissenschaftlicher, Auffassungen wäre somit – abgesehen davon, dass sie keinerlei weiterführende Erkenntnis über das Weltbild australischer Ureinwohner erlaubte – als unangemessen zu bezeichnen.

Ein weiteres Argument, das „Traumzeitwissen" kognitionswissenschaftlichen Ansätzen zugänglich macht, ergibt sich durch kulturvergleichende psychologische Forschungsergebnisse. Folgt man diesen, so besteht heute kein Grund mehr zur Annahme, es gäbe *universelle Denkprozesse*, die bei allen Menschen nach gleichem Muster abliefen. Es ist im Gegenteil sehr wohl möglich, dass der kulturelle Hintergrund nicht nur darüber entscheidet, *worüber* wir nachdenken, sondern auch *wie* wir das tun (Nell 2000). Dies gilt es zu akzeptieren.

Die „Traumzeit" kann folglich als eine auf besondere Denkprozesse gründende Lebenswahrheit im Sinne o. g. kulturgeschichtlich begründeter Realität betrachtet werden. Und das bedeutet, dass die damit im Zusammenhang stehenden mentalen Vorgänge zwar anders ablaufen können als diejenigen, die wir zu beurteilen gewohnt sind, aber deshalb nicht weniger glaubwürdig sein müssen. Man kann sich im Hinblick auf die angesprochene Unterschiedlichkeit der Denkprozesse also z. B. durchaus fragen, ob australische Ureinwohner über geistige Inhalte im Zusammenhang mit Raum und Zeit sowie über verschiedene Kommunikationsstrukturen je so nachdachten, wie es im Folgenden geschieht. Ob man also mit *unseren* geistigen Werkzeugen *ihren Schöpfungslegenden* auf die Spur kommen kann, ist alles andere als gewährleistet. „Traumzeitwissen", vermittelt durch mythisches Denken, mag durchaus nicht nur anders sein, sondern auch vielschichtiger und tiefgründiger, als es mittels kognitionswissenschaftlicher Ansätze je nachgezeichnet werden kann. Kurzum, es mag wie der Ethnologe W. Stanner es einmal ausdrückte, „much more complex philosophically than we have realized so far" (Stanner 1979, S. 305) vonstattengehen.

### 4.1.2 Vergessen in der Unbestimmtheit von Raum und Zeit

Blickt man innerhalb der vorgegebenen Grenzen unseres gedächtnispsychologischen Denkens auf „Traumzeitwissen", so steht als bedeutsame Variable zunächst die Betrachtung des Raumes im Vordergrund. Hier zeichnet „Traumzeitmythen" zum einen aus, dass in den Augen der Aborigines das, wovon sie erzählen, auch an irgendeinem Ort tatsächlich „gelebt" wird, sei es nun als traditioneller vorgezeichneter Lebensentwurf oder als Plan höherer Mächte, denn „myth is a living thing" (Bonnefoy 1981, S. 3). Hinzu kommt, dass dieses „lebendige Etwas" als Ausdruck zeitloser unanfechtbarer Realität gilt, denn „it expresses the supreme truth, since it speaks only of realities" (Edwards 1988, S. 14). „Traumzeitmythen" versinnbildlichen somit den nie versiegenden, allumfassenden Anspruch auf das Land, in dem sie (nach-)wirken, und zwar in allen vier Himmelsrichtungen *und* in der Vertikalen, deren Länge weder nach oben noch nach unten explizit begrenzt ist.

Dieser Anspruch einer in der Tat *raumübergreifenden Wahrheit* gilt für wiederum die meisten „Traumzeitmythen", unbeschadet der Tatsache, dass in Australien, zumindest bis zum Eintreffen der Europäer, ausgesprochen vielfältige mythische Denkweisen und Vorstellungen herrschten. Diese waren entsprechend der Größe des Landes offenbar auch so unterschiedlich, dass sie keinen in sich geschlossenen Mythenkomplex entstehen ließen, der auf ähnliche Weise auf dem ganzen australischen Kontinent erzählt wurde. Es gab z. B. ganz unterschiedliche Vorstellungen davon, wie sich die raumgreifenden Wahrheiten in Mythen äußerten. Manchmal wurden derlei „Einwirkungen" als *Metamorphose* erkannt, also dadurch, dass sich der Körper eines Vorfahren in ein Objekt, z. B. einen Hügel oder einen Fels, verwandelt hatte, oder, wie im obigen Beispiel beschrieben, dadurch, dass die Einwirkungen als *Abdruck* sichtbar wurden, z. B. indem Körperformen oder Fußabdrücke von Vorfahren auf der Erdoberfläche als Dellen oder Löcher erkennbar wurden.

Mythen wurden unter Umständen auch als *Externalisation* erkennbar, z. B. wenn aus dem Körper des Vorfahren ein anderes Wesen heraustrat, er beispielsweise andere Tiere gebar, die dann etwa als kleine Gesteinsformen in der Landschaft zu erkennen waren. Hinzu kommt, dass sie – wenn auch räumlicher Natur – keinesfalls *ortsgebunden* sein mussten, sie konnten auch *wandern*. Das aber bedeutete, dass selbst dann, wenn die Menschen eines bestimmten Habitats von einer Begebenheit aus der Schöpfungszeit – etwa weil sich deren Schauplätze auf einer Route von mehreren Hundert Meilen verteilte – nur ein kleines Glied in einer langen Kette von Ereignissen kannten, sich dennoch als Teil des übergeordneten Ganzen verstanden. Dafür spricht, dass sie es sich zur Aufgabe machten, diese Routen „wandernder Mythen" tatsächlich oder mental nachzuempfinden und ihre Grenzen aufzuspüren, etwa durch Walkabouts oder Songlines.[8]

In diese Vorstellung eines solchen allumfassenden mythologischen Raumes kommen „Grenzen" in dem Sinne, wie wir sie kennen, nicht vor. Entsprechend wurden durchaus – da benachbarte Stämme naturgemäß unter ähnlichen räumlich-klimatischen Bedingungen lebten – Ahnherren des einen Stammes oft auch in die Mythologie angrenzender Stämme integriert. Meist teilten sich sogar mehrere Clans eines Stammes ein Stück Land mit verschiedenen heiligen Orten (Doolan 1979). Alles in allem ermöglichte es diese besondere stammesübergreifende geistige Verbindung zu einer Vielfalt von Oberflächenstrukturen der Erde und die dort hinterlassenen Spuren von Kulturheroen, unterschiedliche Schöpfungsmythen in gleiche Landschaften und ähnliche „Dreamings" in unterschiedliche Lebensräume einzubinden. Die Zuordnung von Stammesgruppen, Räumen und Ereignissen war somit nur selten eindeutig, oft aber außerordentlich vieldeutig. Anders gesagt, es war nicht ohne Weiteres möglich, etwas *ganz und gar zu vergessen*, denn aufgrund der multiplen Vernetzung von Raum und mentalem Inhalt, genügte unter Umständen ein kleines „Puzzleteil" des Erinnerten, um gedächtnisstabilisierende Assoziationsketten auszulösen, die – scheinbar oder nicht – das gedachte Ganze abzubilden versprachen.

*Zeitlich* gesehen erwies sich die „Traumzeit" ebenfalls als bemerkenswert robust gegenüber einem möglichen Entgleiten von Inhalten, sprich einem Vergessen. Zwar umfasste sie gemäß mythischem Denken zunächst nur einen nicht näher definierten Zeitraum, in der die Ahnen Australien durchwanderten, die oben beschriebene Landschaft formten und die gesellschaftliche Ordnung festlegten. Letztlich ist diese Phase aber weder als vergangen noch gegenwärtig oder zukünftig zu bezeichnen. Sie hat vielmehr überhaupt keinen Ort im Kontinuum zeitlichen Denkens, denn „sie unterscheidet Vergangenheit nicht von Ewigkeit" (Duerr 1985, S. 192).

Eine solche Perspektive der Wahrnehmung, in der ein bestimmtes Ereignis gewissermaßen schon immer stattgefunden hat, folglich auch nicht eindeutig der Vergangenheit zuzurechnen

---

8    In Liedform, den „Songlines", verschlüsselt, wurden z. B. Wanderungen der Ahnen lebendig erhalten, indem Variationen in Text, Rhythmus, Melodie und Dynamik Auskünfte über die geografische Beschaffenheit und die Richtung ihrer Pfade gaben.

ist, macht in unserem heutigen Denken einen Gedächtnisvorgang ebenfalls nicht unbedingt nötig, denn was gerade – weil schon immer – stattfindet, dessen muss man sich nicht erinnern. Nach Auffassung der Aborigines genügt(e) es etwa, sich in einen besonderen Seinszustand hineinzudenken, z. B. in Kontemplation zu versinken, um ein solch zeitlich undefinierbares Erspüren mythischer Wahrheiten zu ermöglichen. Dies geschieht u. a. auch dadurch, dass bestimmte Rituale durchgeführt werden, die es erlauben, dass sich die Menschen für kurze Zeit selbst in jene Ahnen verwandeln. Oder es geschieht, indem deren Reisen nachempfunden, heilige Zentren aufgesucht und dadurch mythische Kräfte aufs Neue entfesselt werden. Es *kann*, so betrachtet, nichts verloren gehen, nichts vergessen werden, denn alles war schon immer da.

### 4.1.3 Vergessen angesichts verschiedener Kommunikationsstrategien

Hinsichtlich möglicher Formen der *Weitergabe über Zeit und Raum* zeigten sich „Traumzeitgeschehnisse" an wechselnde Umstände außerordentlich anpassungsfähig und damit ganz besonders resistent gegenüber dem Erkennen eines Vergessens. Als Mitglieder einer schriftlosen Kultur waren die Ureinwohner Australiens – sieht man einmal von „Inschriften" auf sog. Botenhölzern ab – bei der Weitergabe auf Bilder, mündliche Überlieferungen und Rituale angewiesen. Nur so konnten sie ihre kulturelle Vergangenheit lebendig erhalten. Diese Form der Tradierung ist jedoch im Gegensatz zu schriftlichen, nicht von einem bestimmten Zeitpunkt an, z. B. ihrer Drucklegung, gedächtnisunabhängig fixiert, sondern verändert sich mit der Übermittlungsqualität von (Körper-)Sprache *und* Deutung der Artefakte im Laufe der Zeit. Es erstaunt folglich nicht, dass an verschiedenen Orten zwar die *gleichen Mythen* erzählt wurden, aber *unterschiedliche Bedeutung* hatten und an anderen Orten *diverse andere Versionen* davon im Umlauf waren, die aber unter Umständen alle *das Gleiche* meinten (Hiatt 1975, S. 3).

Der Erhalt des Weitergegebenen hing außerdem nicht allein von einer gelungenen Verschlüsselung des Inhalts ab, sondern auch die *soziale Stellung* des Erzählers und des Zuhörers oder der Zuhörer bestimmte, *was durch wen wem* weitergegeben wurde. So kannten z. B. manche Erzähler nur einen bestimmten der „Stammesöffentlichkeit" zugänglichen Teil einer Geschichte, andere auch die geheim gehaltenen Abschnitte davon. Wieder andere wussten über geheim gehaltene Deutungen des einen *oder* anderen Teiles einer Schöpfungslegende Bescheid. Abhängigkeit von der „Zuhörerkompetenz", also dem Status derer, denen diese verschiedenen Varianten eines Mythos zu Ohren kamen, kursierten offiziell verbreitete und semiöffentliche Fassungen sowie geheim bleibende Auslegungen von Teilen ein und desselben „Dreamings". Da diese wiederum sehr lang sein konnten, d. h. ohne weiteres Liederzyklen von Hunderten von Versen umfassten (vgl. Strehlow 1971), waren Schöpfungslegenden immer auch als eine Art Zusammenfassung komplizierter Dichtungen im Umlauf. Es überrascht also nicht, dass, je nach Schwerpunktsetzung des einzelnen Erzählers, ganz unterschiedliche Aspekte davon zum Gegenstand öffentlicher und semiöffentlicher Teile sowie nur insgeheim kursierender Abschnitte gemacht wurden.

Auch damit aber waren die Möglichkeiten der Diversifizierung *und* Segmentierung von Inhalten nicht erschöpft. Es gab darüber hinaus – und davon wird noch genauer die Rede sein – neben der jeweiligen Umgangssprache, in der über o. g. Teilbereiche eines „Dreaming" gesprochen wurde, diverse Geheimsprachen. Manche davon wurden z. B. nur von Menschen einer bestimmten Altersgruppe oder eines Clans gesprochen, andere nur zu einer bestimmten Zeit. Die darin enthaltenen Geheimcodes, z. B. in Form hochdifferenzierter Zeichensprachen, ermöglichten es darüber hinaus z. B., einem verschlüsselt mitgeteilten Text einen anderen als den bekannten Sinn zu geben. Alles in allem war somit kaum je nur eine einzige verbindliche Version einer sprachlich bzw. gestisch übermittelten „Traumzeitlegende" in Umlauf.

Eine weitere kaum zu überschätzende Bereicherung in der Weitergabe von Schöpfungsmythen stellte die Liedform dar. Sie ergänzte die Qualität des Erinnerten durch ein Mehr an *klanglich vermittelter Emotionalität*. Während z. B. die Erzählung das semantische Wissen des Zuhörers ansprach, wurden durch den Gesang sprachlich zwar formalisierter, aber dafür variationsreicher in Tonhöhe, Dynamik, Rhythmus und Wiederholung des Inhalts insbesondere die geografischen Besonderheiten des Landes aufgegriffen (Richman 2001). In Liedform, den Songlines, verschlüsselt, wurden etwa die Wanderungen der Ahnen dadurch so nachdrücklich lebendig erhalten, dass Variationen in Text, Rhythmus, Melodie und Dynamik emotional codierte Auskünfte sowohl über die Oberflächenbeschaffenheit der durchschrittenen Gebiete als auch über die Richtung ihre Pfade zu geben vermochten (Strehlow 1971).

Nimmt man nun beides zusammen, die gesprochene oder gesungene Sprache, und verbindet sie darüber hinaus mit Musik und Tanz, so kann man nachvollziehen, welcher Variationsreichtum sich durch Wort- oder Satzwiederholungen, (Kunst-)Pausen, rhetorische Fragen, schnelles Wechseln in der Dynamik des Vortrags, die Bewegung der Tanzenden (Barwick 1989) und den Einsatz von Instrumenten[9] entwickelte. Es entstand eine Vielgestaltigkeit des Zusammenspiels in der ▶ Erinnerung an die „Traumzeit", die neben der Erinnerung daran auch die Vorstellungskraft beflügelte und auf diese Weise zusätzliche gedächtnisförderliche Emotionen freisetzte. Lebendig gehalten wurde dieses gefühlsbetonte Erinnerungsvermögen aber nicht nur mental, etwa durch „Fantasiereisen" (Barwick 1989), die durch ein Ineinandergreifen von Text und Melodie entstanden und eine mythische Landschaft vor dem imaginären Auge des Zuhörers ausbreiteten. Lebendig gehalten wurde die Erinnerung auch bildhaft, etwa durch Höhlen-, Rinden- oder Sandmalereien. Bekannt sind z. B. silhouettenhafte Umrisse von Menschen, Tieren und anderen Wesen an den Felswänden des Ayers Rock, heute Uluru genannt (Mountford 1965, S. 97, 143, 179, 181, 187), oder die „Röntgenstilbilder" in den Höhlen des Kimberley-Gebiets, deren farbliches Auffrischen noch heute als spiritueller Akt gilt (vgl. Supp 1985).

### 4.1.4 Verschweigen als Mittel des Erhalts von Inhalten

Bei allen Formen der Weitergabe von „Dreamings" wurde, wie bereits kurz angesprochen, sowohl von den Zuhörern als auch den Erzählern bzw. Darstellern und Künstlern große Verantwortung für das zu erhaltende Ganze verlangt. Stillschweigen gegenüber Außenstehenden galt hierbei als eine der unabdingbaren Voraussetzung für die Weitergabe von „Traumzeitinhalten". Entsprechend mussten Stammesmitglieder, die z. B. unberechtigterweise Euro-Australiern Mythen anvertrauten, damit rechnen, für diesen Vertrauensbruch zur Rechenschaft gezogen, möglicherweise sogar getötet zu werden. Die Sanktionen wurden immer damit begründet, dass „Dreamings" *als kollektives geistiges Eigentum* galten, das meist sowohl im Besitz von bestimmten Personen als auch von Personenverbänden, z. B. eines Totem-Clans, oder Mitgliedern einer bestimmten Altersgruppe oder eines Stammes waren. Man durfte weder ohne Einverständnis der anderen Teilhaber an diesem *spirituellen Akt der Weitergabe* Mythen (weiter-)erzählen, noch konnte dies ohne die Billigung derer geschehen, über die gesprochen wurde. So war es z. B. auch undenkbar, über einen Schöpfungsahnen an einem beliebigen Ort und/oder zu beliebiger Zeit zu reden.

Dass angesichts dieser besonderen Bedingungen der Überlieferung von „Dreamtime"-Legenden deren Preisgabe von Außenstehenden weder erzwungen noch „gekauft" werden konnte, versteht sich von selbst. Die zur Begrenzung der Mitwisser, also *kompetenten Zuhörer*, notwendig

---

9 Das bekannteste davon, das Didjeridu, besteht aus dem Ast oder Stamm eines Baumes, dessen vertrocknetes Mark herausgestoßen ist (vgl. Schellberg 1996).

erachteten Sicherungsmaßnahmen wurden vielmehr bis ins 20 Jahrhundert hinein noch so konsequent befolgt, dass schon ein unbedachter Blick auf eine heilige Stätte oder das unwillentliche Mithören einer der Mythen durch Unbefugte mit dem Tode des- oder derjenigen geahndet werden konnte. Wer also (und wie sollten Anthropologen sonst auch Kenntnis von „Traumzeitmythen" erlangt haben?) als außenstehender völkerkundlich interessierter Forscher aus „erster Hand" etwas darüber erfahren *und* weitervermitteln wollte, der musste folglich nicht nur kulturelle und sprachliche Hürden überwinden, sondern immer auch das *Tabu der Geheimhaltung* verletzen. Der dadurch entstehende massive Vertrauensbruch führte binnen Kurzem dazu, dass Kulturanthropologen bereits seit den 1930er Jahren meist nur Zeugen gestellter, d. h. nachgespielter, „Traumzeitszenen" wurden und so über Walkabouts und Songlines nichts mehr von deren tiefgreifenden Bedeutung erfuhren. *White Man got no Dreaming* (so der Titel eines Buches von Stanner 1979) hieß es bald, und das bedeutete, die Mythen nachspürenden Ethnologen und Naturforscher schienen es nicht wert, in „Dreamings" australischer Ureinwohner eingeweiht zu werden. Auf diese Weise lebte eine geistige Welt fort, in die Euro-Australier seit vielen Jahren keinen authentischen Einblick mehr erhalten und mit der Sicht von außen somit auch *Verschweigen und Vergessen* nicht voneinander unterscheiden konnten.

Allerdings erwiesen sich die selektive Geheimhaltung im Binnenverhältnis sowie die vollkommene Abschottung gegenüber außenstehenden Euro-Australiern nicht nur als wirksamer Schutz gegen eine Trivialisierung der Inhalte. Sie machte es langfristig auch den Nachfahren der Eingeborenen unmöglich, eine Unterscheidung zwischen dem zu treffen, was der Geheimhaltung unterlag, und dem, was jenseits davon nicht mehr nachvollziehbar war. Da Letzteres nicht erkennbar sein kann, galten bzw. gelten „Traumzeitinhalte" bis heute prinzipiell als bekannt, wenn auch nicht für jedermann zugänglich. Von Vergessen ist u. a. deshalb nicht die Rede, da ein partielles Gedächtnis des Einzelnen darüber ohnehin kein Maß darstellte und sich das gedachte Ganze, das als Ausgangspunkt für Vorgänge des Vergessens in Rechnung zu stellen wäre, nur in der Summe über nicht (mehr) ermittelbare Zeiten und Räume hinweg ergäbe.

### 4.1.5 Vergessen und Verschweigen von verschiedenen Räumen und Zeiten

Heute besteht zwar auf der einen Seite immer noch die Hoffnung, dass „Traumzeitinhalte" gerade aufgrund der aufeinander bezogenen Vermittlungssysteme von Sprache, darstellender Kunst, Tanz, Melodie und Rhythmus (Jourdain 1998, S. 334 ff.) sowie diversen (Geheim-)Sprachen (Tulving 1999), verbunden mit einer emotional geladenen selektiven Weitergabe von Informationen, an ganz bestimmte Personen vor einem vollständigen Zerfall geschützt werden konnten. Auf der anderen Seite jedoch werfen die Vielfalt an „Traumzeiterinnerungen" und ihre Formen der Weitergabe nach wie vor kritische Fragen danach auf, wie angesichts der Realität raumgreifender Siedlungspolitik europäischer Kolonisten das teils sehr fragile, weil vergängliche, Konzept der Vernetzung geistiger Inhalte überhaupt überlebt haben könnte bzw. welche Möglichkeiten sich möglicherweise geboten haben, diese in einer sich immer rascher und stärker verändernden Welt gegen Vergessen zu schützen.

Betrachtet man nämlich die enge Beziehung zwischen den Ureinwohnern, ihrem Land und ihren Kulturahnen vor dem eingangs angesprochenen historischen Hintergrund verschiedener Eliminations-, Assimilations- und Integrationsversuche durch die weißen Siedler Australiens (Rowley 1970), so mag man sehr wohl daran zweifeln, wie es möglich gewesen sein sollte, die notwendige Kontinuität an Informationsträgern für die Überlieferungskette dieser besonderen geistigen Bindungen an die „Traumzeit" bis heute zu erhalten. Denn heute, da sich diese physisch nahezu ausgelöschte Bevölkerungsgruppe wieder einer vorkolonialen, aber *stammesgeschichtlich oft willkürlich* zusammengesetzten Größe* nähert, führen die meisten Aborigines nicht nur eine (Rand-)Existenz in der westlichen Kultur,[10] sie leben auch an einem ihnen *spirituell unbekannten Ort*. Weiterhin beherrscht auch das eingangs angesprochene Ungleichgewicht zwischen zweckdienlich motivierten pseudowissenschaftlichen Abhandlungen einerseits und einer wirklich fundierten anthropologisch ausgerichteten Forschung andererseits die Vorstellungen über „Dreamings".

Dies alles zusammengenommen führt aber nicht etwa dazu, dass Erinnerungen an „Traumzeitlegenden" verblassen. Im Gegenteil, die Gemengelage an Ungereimtheiten leistet einem *mythisch-verklärenden Selbstverständnis* und einem aus *imaginären vorkolonialen Bedingungen* extrapolierten Weltbild der Aborigines Vorschub (Isaacs 1988, S. 286–289; Reece 1974). In diesem Bild, in dem Ureinwohner als „ewiger Teil" dieses Landes begriffen werden, mischen sich (kolonial-)geschichtliche und (kultur-)anthropologische Kenntnisse, Hypothesen und Wunschvorstellungen zu einem nur noch schwer entwirrbaren Knäuel (vgl. weiterführend Broome 1982; O'Neill 1983; Maddock 1983; Goot und Rose 1991). Gleichwohl hat auch ein folkloristisch gefärbtes Verständnis indigener Kultur der Akzeptanz eines sich dahinter verbergenden spirituellen Kerns der kursierenden „Traumzeiterinnerungen" ganz offensichtlich keinen Abbruch getan. Es stört die Nachfahren der Ureinwohner z. B. nicht, dass Quellen dieses Wissens gegenwärtig nur selten nachvollziehbar sind (z. B. Göbel 1976; Löffler 1981; Roberts und Roberts 1975) und dass oft unklar ist, wo die Grenze zwischen „Traumzeitereignissen", also „heiligen Mythen", und anderen, säkularen Legenden oder Märchen verläuft (Peck 1938).

In der australischen Mehrheitskultur wiederum stört es z. B. nicht, dass jede Übertragung von Inhalten indigener Vorstellungswelt in die einer anderen – hier einer westlich orientierten – Kultur zu Unschärfen und zu kontroversen Aussagen über die übertragenen Gedankenbilder führt. So vermittelt z. B. gerade heute o. g. Literatur – hier Sachbücher (z. B. Borsboom 1998; Voigt 1998), Romane (z. B. Chatwin 2001; Morgan 1995, 2000), Ausstellungskataloge und Bildbände (z. B. Heermann 1980, 1994; Sutton 1987) – die Vorstellung, dass sich die Eingeborenen Australiens in ganz besonderer Weise durch eine vielfältige und tiefgreifende mentale Beziehung zu ihren Schöpfungsahnen auszeichnen. Gedichte, Lieder und Zeichnungen der Ureinwohner bzw. ihrer heute lebenden Nachfahren (vgl. weiterführend Isaacs 1979; Löffler 1981; Noonuccal et al. 1999; Pike 1988; Sutton 1987; Markmann 1995/1996; Roberts und Roberts 1975) tun ein Übriges, um in Außenstehenden die Überzeugung zu festigen, es handle sich um Menschen mit einer besonders ausgeprägten Vergangenheits- und Erdverbundenheit. Wie aber lässt sich ein solch ungebrochen erscheinendes Selbstverständnis in Kenntnis der Möglichkeiten einer mentalen Rekonstruktion der „Traumzeit" erklären?

## 4.2 Vergessen und die Dynamik der Rekonstruktion einer „Traumzeit"

Im Folgenden werden einige ausgewählte Argumente dargelegt, die unter Einbezug o. g. Vorbehalte eine erlebte und gelebte[11] Kontinuität der Ereignisse aus der Schöpfungszeit bis in die Gegenwart kognitionswissenschaftlich nachvollziehbar machen. Dieser Ansatz ist als empirisch

---

10 Man nimmt an, dass etwa 41 % der Eingeborenen in Großstädten und 34 % in kleineren Städten leben. Etwa 20 %, so schätzt man, leben in Städten, die hauptsächlich von Eingeborenen bewohnt werden, und 5 % in sog. Outstations.

11 Kulturwissenschaftler wie beispielsweise J. und A. Assmann differenzieren zwischen der erlebten Vergangenheit, der ein kommunikatives Gedächtnis zugrunde liegt, und der gelebten Vergangenheit, die als Produkt eines kulturellen Gedächtnisses angesehen wird.

ausgerichtete Ergänzung einer kulturwissenschaftlichen Vorgehensweise gedacht, die gewöhnlich die subjektive Erfahrungsverarbeitung von kollektiven, sog. kommunikativen, und kulturellen Verarbeitungs- und Speichermechanismen abzugrenzen sucht, um dadurch einen Übergang vom „Gedächtnis des Einzelnen" zur „Geschichte aller" zu schaffen (z. B. A. Assmann 2002[12]).

Das Hauptmotiv dafür, solche Rekonstruktionsversuche der Vergangenheit auch mittels kognitionswissenschaftlicher Zugangsweisen vorzunehmen, liegt im damit verbundenen fachspezifischen Ausgangspunkt. Denn anders als die geisteswissenschaftlich orientierten kulturwissenschaftlichen Ansätze steht die interdisziplinär ausgerichtete Gedächtnisforschung unter dem Leitgedanken einer neurowissenschaftlich begründeten Informationsverarbeitung von Weltwissen, personengebundenen Erinnerungen und damit assoziierten Gefühlen. Die gegenwartszentrierte Beschreibung einer „Traumzeit" kann somit unter dem Aspekt der *Neuvernetzung vergangener Zeit-Raum-Strukturen* vorgenommen werden. Dies ermöglicht es auch, alternative Möglichkeiten zur Erklärung des Vergessens aufzuzeigen (z. B. Friedman 1993; Bäuml 2001; Larsen 1988).

Wenn von vergangenen Zeit-Raum-Beziehungen die Rede ist, stellt sich jedoch zunächst die Frage, ob der hier gewählte Zugang für ein Verständnis des indigenen Zeitkonzepts eine sinnvolle Ergänzung (vgl. Zakay 1997) zur üblichen geschichtswissenschaftlichen Betrachtungsweise sein kann. Was dafür spricht, ist z. B., dass im „wilden Denken" (in Anlehnung an Le Goff 1999) der Aborigines die Zeit nicht im chronologisch-historischen Sinne als „Pfeil" in eine Richtung verläuft, sondern in immerwährenden Zyklen kreist. Aufgrund dieses Denkens in Phasenverläufen kann die „geheiligte und glückbringende Atmosphäre mythischer Zeiten" (Le Goff 1999, S. 33) immer aufs Neue vergegenwärtigt und in den andauernden Strom von Handlungen eingefügt werden. Für eine solch subjektive, dem Tun nachgeordnete Betrachtung des Zeitverlaufs eignen sich psychologische Gedächtnistheorien besonders gut, denn auch sie definieren das individuelle Zeiterleben als immer wieder neu gebildetes Produkt gedächtnisbezogener Relationen zwischen verschiedenen Episoden (Brown 1990) und kommen so der ausgeprägten Vorrangstellung des mentalen Raumes über die (immer wiederkehrende) Zeit australischer Ureinwohner sehr entgegen.

Vielversprechend ist ein kognitionswissenschaftlicher Ansatz auch, wenn es um Fragen des Vergessens geht. Für dieses Phänomen liegen bislang – sieht man vom Spezialfall einer traumatischen kollektiven Suppression von Erinnerungen (▶ Teil II) einmal ab (Koonz 1994) – keine überzeugenden geisteswissenschaftlichen Modellvorstellungen vor (z. B. Haverkamp und Lachmann 1993). Vergessen wird meist gleichgesetzt mit einem Verschwinden oder Verlöschen von Erinnerungen (vgl. z. B. Smith und Emrich 1996). Kognitionswissenschaftlicher Ansicht nach aber gibt es ein Vergessen im Sinne eines Entgleitens aus einem (intakten) strukturell definierten Netz nicht; Inhalte, insbesondere gefühlsgeladene wie Erinnerungen an eine Schöpfungszeit, mögen „falsch" abgelegt, „mangelhaft vernetzt" oder durch Abruffehler momentan oder andauernd nicht erreichbar und damit nicht „präsent" sein. Dem (intakten) neuronalen Netzwerk „verloren gegangen" sind sie jedenfalls zu keinem Zeitpunkt (Markowitsch 2002, 2009, 2013; Bäuml 2001).

In puncto „Traumzeit" bieten hier sowohl die Umwidmung der Natur- in eine mythisch besetzte Kulturlandschaft, wie es z. B. durch die Werke der Schöpferahnen geschieht, als auch das Abschreiten dieser emotional besetzten geodätischen Bezugspunkte, den Walkabouts, interessante Beispiele für informationsoptimierende Strategien wider ein Überhandnehmen von Einspeicherungsfehlern oder Abrufschwächen bei zeitbezogenen räumlich-emotionalen Netzwerken. Nicht zuletzt wirkt auch die Bindung von Wissen an bestimmte stabile generationenübergreifende Gruppen einem möglichen Vergessen entgegen.

---

12  Vgl. hierzu insbesondere den Artikel von A. Assmann (2002) und die anschließenden Kritiken.

## 4.2.1 Die Unmöglichkeit des Vergessens – oder: Der Erhalt „traumzeitlicher" Ordnung im vorübergehend Verborgenen

Indigener Auffassung nach sind „Traumzeitinhalte" gegenüber dem Phänomen des Vergessens somit im Großen und Ganzen immun. Sie können z. B. selbst dann „überleben", wenn die Kette der Informationsträger durchbrochen wird. Denn latent vorhandenes Wissen mag in ihrem Denken, ähnlich wie es die moderne Naturwissenschaft für genetische und epigenetische Prädispositionen im Prinzip heute auch annimmt, durchaus mehrere Generationen „überspringen", ehe es bei einer Person wieder zum Vorschein kommt. Und selbst wenn das nicht der Fall sein sollte, so gibt es aufgrund der Regeln der Geheimhaltung kaum jemanden, der den dadurch entstandenen Mangel an Wissen vermisst. Falls also Inhalte je – im Sinne einer „Netzwerkschädigung" – unzugänglich bzw. unerkennbar wurden, so würde dies kaum je Gegenstand der Reflexion darüber sein. So gesehen erleichtern Vorstellungen von transgenerativer mentaler Präsenz von Inhalten auch den Umgang mit allfälligen Fragen nach den Auswirkungen von demografischen Einbrüchen auf die Weitergabe von „Traumzeitwissen". Warum sollte etwas verloren geglaubt sein, wo doch jederzeit die jeweiligen Nachkommen davon wieder in Kenntnis gesetzt werden können? Gemäß der Ansicht der Aborigines kann folglich nichts Wesentliches verloren gehen, weil bestimmte Wahrheiten der Weltordnung einzelnen Symbolen, Handlungen oder Orten sowieso innewohnen.[13] Diese Auffassung trifft sich wiederum mit heutigen psychologischen Ideen eines objektgebundenen Aufforderungscharakters (z. B. Munz 1989). So gesehen trägt jeder – und dies wird durch die genannte geistige Verwandtschaft mit einem – Totem verdeutlicht – ein, wenn auch noch so kleines, Stück der Vergangenheit ohnedies immer in sich bzw. bei sich.

Die Ansicht eines vom Zutun des Einzelnen oder der Gruppe unabhängigen Erhalts von Wissen in einer übergeordneten zeitlosen Ordnung teilen allerdings nur einige wenige Mitglieder der gelehrten Welt, unter ihnen einzelne Psychoanalytiker (z. B. Roheim 1945) und Naturwissenschaftler (z. B. Romijn 1997). Die meisten Anhänger moderner Gedächtnistheorien gehen davon aus, dass jede Vermittlung der Kontinuität einer Lebensweise innerhalb eines bestimmten Lebensraumes der kollektiven Erinnerungsarbeit jener bedarf, die sich in diesem Habitat aufhalten. Bezogen auf die Vorstellungswelt der australischen Ureinwohner wird deshalb als wenig wahrscheinlich angenommen, dass Nachfahren der Ureinwohner ein *implizites Wissen* um besondere Symbole, soziale Erfahrungen etc. in sich tragen und „Traumzeitmythen" so gesehen nur eine *explizite Form der Erinnerungen* an das ▶ „archaische Erbe" wachhalten. Wie sollte auch die übergreifende, besondere Erkenntnis, die sich hinter dem Begriff des archaischen Erbes verbirgt, Zugang zu den jeweiligen Personen – und gerade diesen und keinen anderen – finden? Nur wenige Wissenschaftler versuchen sich mit einer Antwort darauf. Romijn (1997) z. B. sieht den Zugang zu archaischem Wissen durch eine andauernde *Neubündelung von Informationen* gegeben, die der Mensch von klein an, bewusst oder unbewusst, aufnimmt. Dadurch, so die Hypothese, entstünden ständig neue und somit auch ungewöhnliche Konstellationen assoziativer Beziehungen zwischen einzelnen neuronalen Netzen. Manche Neuverknüpfungen erführen – insbesondere im Zustand des Tag- oder Nachttraumes, so Rotenberg (1992) und Hobson und Pace-Schott (2002) – auch eine ▶ Konsolidierung und träten deshalb als scheinbar „neue", tatsächlich aber nur andersartig verknüpfte Gedächtnisinhalte zutage.

Bezogen auf die Frage nach überdauerndem Wissen in einer seit jeher bestehenden natürlichen „traumzeitlichen" Ordnung heißt dies: Auch wenn die Ursache einer Eingebung, eines

---

13 Akzeptiert man diese Sichtweise, so wird auch begreiflich, warum z. B. alte Felszeichnungen bis heute immer wieder neu ausgemalt werden, um die dadurch ausgedrückte Wahrheit zu bewahren (Supp 1985).

## 4.2 · Vergessen und die Dynamik der Rekonstruktion einer „Traumzeit"

„Dreamings" – oder wie man eine solche intuitive Erkenntnis auch immer nennen mag –, unbewusst bleibt, so muss dies, kognitionswissenschaftlich gesehen, nicht bedeuten, dass darauf gründende Aussagen „frei erfunden" sein müssen. Dass die Erkenntnis „intuitiv" entstand, meint lediglich, dass sie als Produkt eines dem Bewusstsein unzugänglichen kognitiven Verarbeitungsprozesses zur Grundlage der Assoziationsbildung geworden sein mag. Da ferner handlungsleitende Verhaltensweisen generell in wechselnden Anteilen von bewussten und unbewusst bleibenden geistigen Inhalten beeinflusst werden (Überblicksbeiträge in Chalmers 1996; Churchland 2002; Churchland und Churchland 1997); Roth 1994, 2001), kann einem Verhalten, das allein aus einer intuitiven, spirituell genannten, Erfahrung abgeleitet wird, der Anspruch, glaubwürdig zu sein, nicht von vornherein versagt werden.

Die Möglichkeit, *dass* unbewusst aufgenommene Botschaften in bewusste Handlungen einfließen können, erlaubt jedoch keine Auskünfte darüber, *warum* gerade diejenigen Inhalte, welche die zur Diskussion stehende mythische Wahrheit der „Traumzeit" darstellen, Gegenstand solch früher, unbewusster Informationsverknüpfungen werden sollten. Diese Frage bleibt bei einer naturwissenschaftlichen Betrachtung des Problems auch noch offen, da das zugrunde liegende Rätsel, nämlich die Entstehung einer Ordnung dynamisch veränderbarer, unbewusst bleibender Gedächtnisinhalte während der Entwicklung, bislang nur in einigen Teilaspekten gelöst ist (Rovee-Collier und Hayne 2000). Noch überwiegt die Skepsis gegenüber der Annahme, es könne unbewusst arbeitenden Systemen von früher Jugend an gelingen, bestimmte Informationen zu speichern *und* gleichzeitig ein Netzwerk aufzubauen, das gerade diese als wichtig auswählt und entsprechend gewichtet (Rovee-Collier 1999).

### 4.2.2 Ordnungsprinzipien einer kognitionswissenschaftlichen Aufschlüsselung „traumzeitlicher" Erinnerungen

Aus Vorstehendem ist jedoch nicht zu schließen, dass verschiedene Erinnerungen des „Traumzeitgeschehens" im Rahmen der Gedächtnisforschung nun ungeklärt bleiben müssen. Man versucht sich vielmehr aus dem Anspruch der Erforschung der *Ganzheitlichkeit der „Traumzeit"* zu befreien und das Augenmerk auf diejenigen abgrenz- und überprüfbaren Einzelaspekte zu reduzieren, von denen man annehmen kann, ihr anteiliger Erklärungswert trüge zum Verständnis des Gesamtkonzepts wesentlich bei. Soll eine in diesem Sinne als aufschlüsselbar betrachtete „Traumzeit" ganz gezielt unter dem Blickwinkel des *individuellen und kollektiven Erinnerungswertes*[14] *einzelner Teile* betrachtet werden, so stellt sich unvermeidlich die Frage nach der Interaktion von Einzel- und Gruppengedächtnis bzw. der Rückwirkung des einen auf das andere. So bedarf z. B. auf einer Seite eine erfolgreiche Tradierung von Wertvorstellungen des „Traumzeitgeschehens" einer bestimmten „kritischen" Gruppengröße, um generationenübergreifend tatsächlich auch weiterexistieren zu können. Jedoch bleibt die Wahl des Verteilerschlüssels – wird nur eine kleine Gruppe von gut informierten, also „kompetenten", Zuhörern oder der Stamm als Ganzer in Kenntnis gesetzt – nicht ohne Rückwirkung auf die Qualität der weitergegebenen Inhalte und damit auf das Überdauern einer spezifischen Erinnerungskultur.

Für einen überdauernden Erhalt von Erinnerungen an „Traumzeitgeschehen" ist des Weiteren wesentlich, ob das, wovon die Rede ist, gut im Gedächtnis verankert werden kann. Konkret geht

---

14 Der Begriff der Erinnerung wird in der Psychologie oft mit dem des Gedächtnisses gleichgesetzt und somit anders verwendet als in den Geisteswissenschaften, wo man hierunter die gedankliche Arbeit des Suchens im Gedächtnis versteht.

es darum, welche Ereignisse und welche natürlichen Gegebenheiten des Lebensraumes mit der Schöpfungszeit in Zusammenhang stehen. Manche von diesen scheinen zur Gedächtnisbildung geradezu einzuladen und eignen sich deshalb besonders gut als sog. *Tags*, d. h. ▶ Merkzeichen, um Gedächtnisinhalte zu strukturieren oder sie der Erinnerung leichter zugänglich zu machen (vgl. Larsen 1988). Verhaltensweisen, die mit einem solchen „Dreaming" in Beziehung stehen, sind entsprechend langlebig.

Fehlen also zu viele Erinnerungsträger, gibt es zu wenige imaginationsunterstützende Tags oder herrscht ein Mangel an eingeweihten Zuhörern, so verändern sich immer auch die *Organisationsprinzipien*, durch die aus den überlieferten Fragmenten „Traumzeitereignisse" rekonstruiert werden, und somit verändert sich letztlich auch das Produkt dieser Erinnerungsarbeit.

### 4.2.3 Immunisierung des Individualgedächtnisses gegen ein Vergessen von Traumzeitlegenden

Steht statt der Summe möglicher Erinnerungsträger der individuelle Gedächtnisbeitrag für die Weitergabe von „Traumzeitereignissen" im Mittelpunkt, so könnte man diesen etwa wie folgt skizzieren: Jede Einzelne behielt von einem überlieferten „Traumzeitereignis" die für ihn wichtigsten Episoden im Gedächtnis und verknüpfte diese mit dem, was er über den Sachverhalt zuvor und danach gehört hatte. Dadurch war eine Auskunft darüber möglich, *was* sich ereignete, *wann* und *wo* dies geschah und *welche* Empfindung die Person dabei gehabt hatte. Somit ist auch unmittelbar einleuchtend, dass kompetenten Zuhörern, z. B. Nachkommen oder Clan-Mitgliedern, jeweils eine persönliche Sichtweise übermittelt wurde, die vom evtl. vorhandenen Ganzen eines „Dreamings" nur das wiedergab, was der Erzähler mit den Sinnen aufgenommen, empfunden, möglicherweise handelnd umgesetzt *und* noch in Erinnerung behalten hatte (vgl. Bäuml 2001).

Es kommen also noch weitere Grundsätze zum Tragen, die bei der Beurteilung des Individualgedächtnisses (▶ Gedächtnissysteme) in Rechnung zu stellen sind. Zu diesen gehört, dass jede ins ▶ Gedächtnis gerufene Erinnerung an ein vergangenes Ereignis immer einen *aktiven Rekonstruktionsprozess* darstellt. Das Gewesene wird folglich stets gemäß den besonderen Bedingungen der jeweiligen Gegenwart aufs Neue nachgezeichnet (▶ zustandsabhängiges Erinnern; Semon 1904; Tulving und Thompson 1973; Markowitsch 2013). Bei diesem Rekonstruktionsvorgang interagieren, die „Traumzeit" betreffend, nach heutigem Kenntnisstand vermutlich verschiedene Spielarten des Gedächtnisses (▶ Teil II) – hier in erster Linie das Wissenssystem, das sog. semantische Gedächtnis – mit einem als autobiografisch-episodisch, einem als prozedural und einem als perzeptuell bezeichneten Gedächtnis (◘ Abb. 1.1) (Übersicht z. B. in Schacter und Tulving 1994; Markowitsch 2002, 2009, 2013).

Man kann sich z. B. vorstellen, dass jemand sowohl mittels seines semantischen Gedächtnisses den Sinn des Berichteten nachvollziehen kann als auch mittels des autobiografisch-episodischen Gedächtnisses Beziehungen zum eigenen damaligen Erleben herzustellen vermag. Denkbar ist auch, dass jemand nur wenig vom Inhalt des Vorgetragenen versteht, aber im Gedächtnis behält, was er selbst währenddessen wahrgenommen (perzeptuelles Gedächtnis) oder getan (prozedurales Gedächtnis) hat. Tulving (1995) hat diese mögliche Interaktion verschiedener ▶ Gedächtnissysteme in seinem SPI-Modell zusammengefasst: Dabei steht „S" für serielles (*serial*) Einspeichern, „P" für paralleles (*parallel*) Ablegen und „I" für unabhängig (*independent*) vom Einspeichern in verschiedenen Systemen mögliches Abrufen.

Die gegenwärtig verfügbaren Erkenntnisse lassen außerdem vermuten, dass alles, woran wir uns erinnern, nur bedingt davon abhängt, was einmal „wirklich" geschehen ist. Manche Inhalte haben wir fast ein Leben lang präsent, zu anderen hingegen verlieren wir rasch den Zugang

(Markowitsch 2002, 2003), wir stellen Ursache-Wirkungs-Gefüge auf den Kopf, verwechseln Zeiten, Orte und Personen und glauben, uns an etwas zu erinnern, das wir tatsächlich nie erlebt haben (Kopelman 1999; Kühnel und Markowitsch 2009; Werner et al. 2012; Loftus 2014) (▶ Teil II).

In die Erinnerung fließt auch mit ein, wie wir vergangenes Geschehen in der jeweiligen Interaktion mit dem zuhörenden Gegenüber beurteilen, *während* wir davon berichten. Und zu guter Letzt besteht eine starke Tendenz, auch aus Gedächtnisbruchstücken, also trotz bestehender Lücken, jeweils ein in sich geschlossenes Ganzes zu konstruieren und weiterzugeben (Schacter 1999). Erinnerungen an ein Ereignis hängen, wie man daraus ableiten kann, nicht nur von *gedächtnisspezifischen Faktoren* ab. Auch *gedächtnisferne Variable*, z. B. die Tiefe zwischenmenschlicher Beziehungen und der Wandel bestimmter Wertmaßstäbe, bestimmen, was ins Gedächtnis gerufen wird. Dass man trotz all dieser offengelegten Schwächen bei der Rekonstruktion vergangener Ereignisse allen Ernstes für bare Münze nimmt, was als Produkt der „Erinnerung" weitergegeben wird, schreibt man generell einem dem Menschen innewohnendes Bedürfnis nach Planungssicherheit in der Beurteilung von Umweltvariablen zu (vgl. Anderson 2001; Müsseler und Prinz 2002). Bezogen auf die „Traumzeit" weisen all die genannten Indizien darauf hin, dass Einzelpersonen, die heutzutage über „Dreamings" berichten, davon überzeugt sind, sich richtig zu erinnern, und dass zutreffend ist, was sie an die Nachkommen weitergeben. An der Existenz dieser Schöpfungsphase zu zweifeln, würde allerdings auch bedeuten, ihr gesamtes kollektives Erbe aufzugeben.

### 4.2.4 Vergessen ist immer auch ein Bestandteil kollektiven Erinnerns

Über Einzelleistungen des Gedächtnisses allein wären „Traumzeitinhalte" jedoch kaum über Generationen hinweg erhalten geblieben. Soziale Normen, die bestimmen, wer wann mit wem kommunizieren darf, hätten sehr wahrscheinlich viele Erinnerungen des oder der Einzelnen nicht zur Sprache kommen lassen. Aus diesem Grund ist für die Weitergabe von „Traumzeitinhalten" auch und besonders das kollektive Gedächtnis[15] (▶ Gedächtnissysteme) von Bedeutung, denn es weist zusätzliche Qualitäten auf, die durch die oben aufgeführte Summe mnestischer Individualbeiträge allein nicht erklärbar sind. Unter dem Terminus des kollektiven Gedächtnisses ist hier ein aus rituellen Handlungen und semantischen Anteilen zusammengesetztes Gedächtnis von Mitgliedern einer bestimmten Gruppe, z. B. eines Totem-Clans, zu verstehen, dessen Erhalt an die *Gruppenzusammensetzung* gebunden ist (Platt und Dabag 1995). Fehlen z. B. wichtige Akteure – und gerade bei diesen herrscht heute bezüglich „Dreamings" chronischer Mangel –, wird somit vorhersagbar, dass im kollektiven Gedächtnis Veränderungen auftreten, die durch die Änderung der Gruppenstruktur bedingt sind (Halbwachs 1966/1952).

Zwar überrascht nicht – nach allem, was bereits über das Individualgedächtnis gesagt wurde –, dass jeder Einzelne vom gleichen Ereignis ein anderes Erinnerungsmosaik entwickelt und dass die Wiedergabe des Erlebten zu verschiedenen Zeitpunkten auch unterschiedliche Aspekte der Vergangenheit spiegelt. Der Weg vom individuellen zum kollektiven Gedächtnis ist jedoch keinesfalls durch einen einfachen Analogieschluss vorgezeichnet, denn Letzteres lebt zwar *auch*, aber nicht ausschließlich von dieser Verschiedenheit seiner Akteure und deren Erinnerungsbeiträgen (vgl. z. B. Reinhardt 1966). Um wichtiger Teil dieses kollektiven Prozesses zu sein, muss auf der einen

---

15 Dieser von M. Halbwachs eingeführte Begriff bezeichnet das auf Langzeit angelegte Gedächtnis einer Körperschaft oder Gruppe, das mithilfe symbolischer Zeichen oder Praktiken konstruiert wird. In jüngerer Zeit wurde der Begriff von J. Assmann (1992) in ein kommunikatives Gedächtnis, das auf die erlebte Vergangenheit Bezug nimmt, und das kulturelle Gedächtnis, welches das mit Symbolen arbeitet, unterteilt

Seite der Einzelne lediglich seinen „Gedächtnispart" inklusive seines „Stichwortes" kennen, wobei dieses Wissen darüber, was wann einzubringen ist, um ein kollektives Erinnerungsprodukt entstehen zu lassen, eine Kenntnis des Ganzen nicht voraussetzt. Auf der anderen Seite findet aber selbst derjenige, der viel über ein Ereignis weiß, im kollektiven Produkt oft nur einen Teil seiner individuellen Erinnerung wieder. Denn in die Gemeinschaft gehen, wie oben erwähnt, nicht alle potenziell verfügbaren individuellen Gedächtnisinhalte ein, die im Zusammenhang mit einem fraglichen Thema stehen, sondern nur diejenigen, die der Rekonstruktion des Überlieferten innerhalb der besonderen Bedingungen der jeweiligen Gruppe dienen. Abhängig vom Status des Einzelnen (Jüngere und rangniedrigere Personen müssen oft schweigen, dürfen also auch keine Nachfragen einbringen oder ihre Sicht der Dinge erläutern) werden somit Teile individuellen Wissens ausgeblendet, genauer gesagt aktiv unterdrückt, und neue Inhalte durch Hörensagen ergänzt. So entsteht durch Zuhören, Beobachten und wiederholtes Weitererzählen auch beim Einzelnen eine gruppengebundene Erinnerung (auch bezeichnet als kommunikatives Gedächtnis; vgl. J. Assmann 1992), in der eine differenzierende Beurteilung darüber, wann etwas als Folge wovon geschah, verloren zu gehen droht bzw. in die, auch heute zu beobachtende kollektive Gewissheit, ein bestimmter Tatbestand träfe seit jeher zu, umgemünzt wird. Die *bewusste Verschwiegenheit* gegenüber Außenstehenden isoliert gleichzeitig das so zustande kommende Insiderwissen „ewig gültige Wahrheiten", hier „Traumzeitmythen" betreffend, und wappnet es so auch gegen mögliche Kritik.

Darüber hinaus lässt die entstehende Gruppendynamik eine ganz eigene Gefühlswelt entstehen. Solche besonderen Gemütsverfassungen, die bestimmte erinnerungsgebundene Handlungen begleiten, sind für den Erhalt des Gruppengedächtnisses außerordentlich bedeutend. Sie werden heute als eine von kognitiven Inhalten weitgehend unabhängige Gedächtnisform dargestellt, welche die besonders löschungsresistente emotionale Bewertung einer Situation speichert. Für das „Dreaming" bedeutet das: Selbst wenn sich der Einzelne nicht mehr daran erinnern mag, welche Inhalte Gegenstand einer bestimmten „traumzeitgebundenen" Handlung waren, so wird nicht vergessen, dass er die Situation insgesamt z. B. als bewegend, großartig oder furchteinflößend empfunden hat (vgl. A. R. Damasio 1999).

Während solch herausgehobener emotionaler Situationen greift unter Umständen auch ein weiterer ganz spezifischer *Lern- und Gedächtniszyklus*, ein sog. zustandsabhängiges Lernen, verbunden mit einem zustandsabhängigen Abruf. Damit ist gemeint, dass die Speicherung von Inhalten und deren Abruf aus dem Gedächtnis unter Umständen an die ganz *besondere geistige Verfassung* während des Geschehens gekoppelt sind (s. oben). Auch dieses Phänomen kann man bei „Dreamings" australischer Ureinwohner gut beobachten: Durch Singen und Tanzen in einem bestimmten Rhythmus, durch Bemalen und Schmücken des Körpers etc. bringen sich die Mitglieder einer Gruppe in einen ähnlichen Gemütszustand, an den die Durchführung mythisch bedeutsamer Handlungen dann gebunden wird.

Aus der Summe der genannten geistigen und emotionalen Bedingungen heraus bildet sich ggf. eine *Erinnerungsgemeinschaft*, deren Betrachtung des Vergangenen qualitativ andere Merkmale aufweist, als sie durch das Gedächtnis des Einzelnen wiedergegeben werden könnten. Das bedeutet, es entsteht nicht, wie etwa die Erinnerung des Individuums, spontan, noch bedingt die Vielzahl der beteiligten Gedächtnisinhalte besondere Widersprüche, sondern es folgt einem durchkonstruierten dramaturgischen Plan (A. Assmann 2002). Selbst in seinen Schwächen weist es besondere Qualitäten auf: Denn von allen möglichen genannten Fehlerquellen beeinflussen das kollektive Gedächtnis besonders die institutionelle Persistenz von Gedächtnisinhalten, also das Festhalten an überkommenen Inhalten, und das Vergessen durch Verschweigen (Bellebaum 1992). Auf diese Weise prägt sich manches allein durch ständige Heraushebung besonders tief ein und bleibt so erhalten, während anderes durch Nichterwähnen „aktiv" ausgeblendet wird. Dadurch aber wird das kollektive Gedächtnis immun gegenüber der Kontrolle des Inhalts durch *individuelle Gegenerinnerungen*, die bestehen würde, setzte es sich nur aus spontanen Individualbeiträgen zusammen.

Auch für „Dreamings" gilt, dass Besonderheiten im „Erinnern an etwas" und gleichzeitiges „Ausblenden von etwas" das kollektive Gedächtnis charakterisieren und zusammen diese „Rekonstruktion ewiger Vergangenheit" nachhaltig bestimmen. Diese Verbindung zweier einander ausschließender Prozesse macht sie gewissermaßen immun gegenüber der Erkenntnis, dass dadurch eine Veränderung des Erinnerungsprodukts stattfindet und die „Traumzeit", derer sie sich ggf. erinnern, und die „Traumzeit" ihrer Vorfahren zwei unterschiedliche Konfigurationen innerhalb des gedachten Erinnerungsnetzwerks darstellen.

### 4.2.5 Die Bedeutung von Merkzeichen für die Rekonstruktion selbstwertstabilisierender „Traumzeitlegenden" wandelt sich

Dass es bislang bei den Nachfahren australischer Ureinwohnern nur selten zu einem Verlust des kollektiven Gedächtnisses über die „Traumzeit" gekommen ist, der einem Zerfall der auf diese Erinnerung bauenden kollektiven Identität gleichkäme, mag mit an den erwähnten externen Gedächtnisstützen liegen. Dazu zählen nicht nur z. B. charakteristische Merkzeichen in der Natur, sondern auch personengebundene Erinnerungshilfen, z. B. besondere, generationenüberdauernde Verhaltenscharakteristika. In beiden Fällen kommen sowohl eher „harte" als auch „weiche" Hinweisreize infrage. Zu ersteren gehören solche der natürlichen Landschaft, z. B. der Steinformationen oder Wasserstellen, daneben alle Totem-Pflanzen und Totem-Tiere, die zwar nicht als einzelne Lebewesen, wohl aber als Art bestimmte ökologische Nischen zeitüberdauernd besiedeln, sowie die Art und Weise, wie die dort ansässigen Menschen leben und handeln (s. unten).

Weiterhin existieren „harte" Merkzeichen in der kulturell veränderten Landschaft, z. B. in Form von Felszeichnungen und in der Art, wie Menschen diese deuten. In der Summe überleben diese „zeitlosen" Hinweise als kommunikative Gedächtnisinhalte, die von einer zur nächsten Generation übertragen werden. Sie dienen auch jenen späteren Bewohnern einer Gegend, die nur noch über Bruchstücke des Wissens verfügen, zur teilweisen Rekonstruktion vergangener Ereignisse.[16] „Weiche" Merkzeichen sind, wie aus der Bezeichnung zu schließen, hingegen weniger resistent. Sie verblassen oder verschwinden mit der Zeit, wie z. B. Sandbilder, markante Bäume oder bestimmte Formen der Körperbemalung.

Die Tatsache, dass sich heute das kollektive Gedächtnis von Aborigines hauptsächlich auf bestimmte *Gedächtnisorte*, z. B. Felsen, Quellen und Höhlenzeichnungen, stützt, heißt somit nicht notwendigerweise, dass nur diesen in der Vergangenheit Bedeutung zukam, sondern dass sich auch die *Gewichtung der Merkzeichen geändert* hat. Diese Verschiebung geschah vermutlich zum einen, weil auf „weiche" Erinnerungsstützen über die Zeit hinweg kaum mehr zurückgegriffen werden kann, und zum anderen, weil auch viele der eher „harten" Gedächtnishilfen heute nicht mehr zur Verfügung stehen. So gedeihen z. B. aufgrund von Klimaveränderungen oder Bränden einzelne Pflanzen- oder Tierarten in bestimmten Regionen nicht mehr, oder es wurden bzw. werden in die Landschaft von Menschenhand Eingriffe vorgenommen, z. B. durch Bergbau oder Städtebau. Hinzu kommen weiträumige Einhegung für die Viehzucht, wodurch noch bestehende Gedächtnisorte der „Traumzeit" für die Nachfahren der Ureinwohner unzugänglich gemacht werden.

---

16 Manchmal bezeichnet man Merkzeichen in einer (Kultur-)Landschaft auch als kulturelle Erinnerungsräume (vgl. A. Assmann 1999, S. 298 ff.).

### 4.2.6 Löschungsresistente und kopiergenaue Verhaltensweisen dienen als Mittel gegen das Vergessen

Man irrte sich aber, wenn man nun glaubte, ein Überdauern externer Merkhilfen sei für die Kontinuität der „Traumzeit" im Wesentlichen oder gar ausschließlich verantwortlich. Viele der heutigen Nachfahren von Aborigines haben z. B. sehr genaue „Traumzeitvorstellungen", ohne je einen heiligen Pfad begangen oder einen mythischen Ort mit dessen charakteristischen Merkzeichen betreten zu haben. Es ist also davon auszugehen, dass, wie oben angesprochen, auch Erinnerungen, die generationenübergreifend *in bestimmte Handlungen eingebunden* sind, „traumzeitrelevant" sein können. Gemeint sind sog. *löschungsresistente und kopiergenaue Verhaltensweisen*, aus deren Weitergabe ein Nutzen für alle abgeleitet werden kann (Wickler und Seibt 1991, S. 261 ff.; Wuketits 1990). Bei australischen Ureinwohnern könnte ein ehemals genereller Überlebensvorteil z. B. im ▶ reziproken Altruismus zu sehen sein, der – an das ausgedehnte Verwandtschaftsverständnis gekoppelt – eine Hilfe bei Gefahr darstellte.

Ein vergleichbares Argument könnte man für die diversen Heiratsklassen geltend machen, da sie die Inzucht verhindern halfen und somit ebenfalls zum weiteren Bestehen einer Stammesgruppe beitrugen. Auch ganz bestimmte geschlechtsspezifische Arbeitsteilungen sicherten vermutlich die Effizienz überlebenswichtiger Tätigkeiten. All diese Verhaltensweisen, die sich tief ins kollektive Gedächtnis eingruben, zeichnet ein im Zusammenhang mit der „Traumzeit" außerordentlich wichtiges Nebenprodukt aus: eine viele Menschenalter überdauernde, weil traditionsgebundene Sicherung von Informationen.

Die gewünschte Langlebigkeit von Verhaltensweisen und damit ihre Kopiergenauigkeit, d. h. die Vermeidung von Übertragungsfehlern, wurden des Weiteren in und zwischen den Generationen ganz gezielt durch eine emotionale Codierung zu gewährleisten gesucht. So sah man etwa die gewünschte Persistenz von Verhaltensweisen zwar am ehesten durch die oben erwähnte Gefühlsbindung erreicht, diese aber blieb nie dem Zufall des Augenblicks überlassen, sondern wurde unabhängig von momentanen Befindlichkeiten des Einzelnen situationsspezifisch gestärkt. Dies geschah, indem praktisch alles, was mit „Traumzeitereignissen" zu tun hatte – seien es z. B. bestimmte rituelle Handlungen oder die Weitergabe von Mythen –, in eine *emotional aufgeladene Dramaturgie* eingebunden war. Die Besonderheit des jeweiligen Ereignisses sprach die ▶ Empfindungen der daran teilnehmenden Menschen ungewöhnlich stark an (vgl. A. R. Damasio, 1999, 2003, S. 83 ff.; Piefke et al. 2003; Markowitsch 2008), wodurch wiederum die Erinnerung daran besonders stabil blieb. Außerdem erlebten die Teilnehmer im Laufe ihres Lebens sowohl als eher passive Beobachter als auch als aktiv Ausführende eine mehrfache Wiederholung dieser Ereignisse und konnten sie dadurch immer wieder und mit neuen Facetten versehen im autobiografischen Gedächtnis verankern.

Was die oben angesprochene *Kopiergenauigkeit* angeht, so werden bestimmte Handlungsentwürfe dann „kopiergenau" genannt, wenn sie, sowohl intra- als auch interindividuell betrachtet, möglichst invariant erhalten bleiben. Es müssen also zwei Kennwerte in Einklang gebracht werden: zum einen die intraindividuelle Konstanz, die durch das Gedächtnis des Individuums gewährleistet wird, zum anderen die interindividuelle Stetigkeit, die von der Einhaltung des o. g. Verteilerschlüssels abhängt.

Auf das „Traumzeitgeschehen" bezogen, kann man den Versuch, eine hohe Kopiergenauigkeit zu gewährleisten, aus mehreren Verhaltensweisen ableiten: Informationen über „Dreamings" wurden z. B. selten von jungen, sondern meist von älteren Menschen weitergegeben, und dies geschah in der Regel innerhalb eines bestimmten Kollektivs, etwa eines Totem-Clans. Dadurch erreichte eine Botschaft mit hoher intraindividueller Kopiergenauigkeit nur jene, die sie in ein bereits bestehendes Vorwissen integrieren können, wobei das Prinzip der *gedächtnisförderlichen Einbindung von Neuem in Bekanntes* eine intraindividuelle Langlebigkeit sicherte.

Besonderheiten indigener Gruppenstrukturen ermöglichten darüber hinaus, dass weitere Sicherungsmaßnahmen greifen konnten. Zu diesen gehörte die *Gewährleistung des Inhalts durch diverse (Teil-)Kopien*. So waren etwa ähnliche bzw. identische Teile eines „Dreamings" ganz unterschiedlichen gesellschaftlichen Gruppen bekannt, z. B. nur initiierten jungen Männern oder ausschließlich verheirateten Frauen. Mit dieser multiplen Einbindung von „Traumzeitinhalten" in Teilpopulationen, die durch Alter, Status oder Geschlecht getrennt waren, verband sich der Effekt, dass mehrere voneinander unabhängige identische Teilkopien eines bestimmten Geschehens im Umlauf blieben. Denn zwischen den genannten Gruppen bestand, was bestimmte „Traumzeitgeschehnisse" anging, so gut wie kein Kontakt. Es wurde im Gegenteil darauf geachtet, dass ein bestimmtes Wissen ausschließlich innerhalb der jeweiligen Gruppe blieb. Die so erreichte Sicherung von Informationen durch *redundante Segmentierung* trug vermutlich mit dazu bei, dass Überlieferungen in einem Kulturraum in mehreren nahezu identischen oder zumindest ähnlichen Fassungen erhalten blieben. Zum überdauernden Erhalt des „Traumzeitwissens" konnte es jedoch nicht allein genügen, dieses Wissen mit entsprechender Genauigkeit in eine Gruppe mit Insiderwissen einzubringen und dann weiterzutragen. Es war auch dafür zu sorgen, dass die Substanz der Information sowohl zeitlich als auch räumlich betrachtet erhalten blieb. Ziel war es also, die jeweiligen Botschaften *ohne* eine Einbuße an Substanz raumzeitlich zu vervielfachen. Dies war insbesondere deshalb von Bedeutung, da eine solche an *Vermehrung gekoppelte Verbreitung des Wissens* um die Schöpfungszeit für die weit verstreut lebend australischen Ureinwohner als *die* Grundlage ihrer kollektiven Identität galt.

Da Vervielfältigungen dieser Art am besten funktionieren, wenn ein individueller Nutzen damit verbunden ist (Wickler und Seibt 1991), erscheint generell ihre Koppelung an Verwandtschaftsbeziehungen sinnvoll. Es ist somit nicht erstaunlich, dass sich eine Weitergabe über die engere und weitere Familie, über Clans und Blutsbande auch bei der Vervielfältigung von „Traumzeitwissen" nachvollziehen lassen. Als Multiplikatoren waren sowohl horizontale als auch vertikale *Verwandtschaftsbeziehungen* von Bedeutung. Die mit dem Begriff „horizontal" angesprochene Gleichsetzung von Cousins und Cousinen und anderen Stammesmitgliedern gleichen Alters mit leiblichen Brüdern oder Schwestern sowie die Gültigkeit dieses weit gefassten Verwandtschaftsverständnisses auch in vertikaler Weise, also bezüglich patrilinearer (väterlichseits) oder matrilinearer (mütterlicherseits) Abstammung, sicherten eine möglichst kopiergenaue Verbreitung und Vermehrung in mehrfacher Hinsicht. Horizontale Verwandtschaftsbeziehungen führten zu einer starken Verankerung von Wissen innerhalb einer Gruppe gleichaltriger potenzieller Heiratspartner verschiedener Stämme oder Stammesgruppen sowie auch innerhalb einer Gruppe von Menschen mit bruder- oder schwesterähnlichen Beziehungen ein und desselben Stammes. Diese Menschen stabilisierten dadurch sowohl die überregionale als auch die lokale Verbreitung von „Dreamings". Vertikale Verwandtschaftsgruppen dienten ebenfalls sowohl im Rahmen der Familie als auch stammesübergreifend (z. B. innerhalb eines Totem-Clans) zur Vermittlung von „Traumzeitwissen", nun aber in zeitlicher Hinsicht, indem die Alten es generationenübergreifend an die Jungen weitergaben.

Dadurch dass innerhalb der genannten horizontalen und vertikalen Gruppierungen in der Regel ein gutes soziales Klima herrschte, war sowohl hinsichtlich der Verbreitung als auch der Langlebigkeit von traumzeitbezogenen Informationen eine weitere Sicherung vorhanden, denn „Dreamings" wurden generell nur an vertrauenswürdige Personen weitergegeben. Aber selbst dieser vielfache Informationsschutz bildete nicht den Schlusspunkt: Wie bereits angeklungen, wurden Ereignisse aus der Schöpfungsphase teils einer ausgewählten (Stammes-)Öffentlichkeit zugänglich gemacht, teils in geheimen Zirkeln vergegenwärtigt. „Dreamings" wiesen teils eine „Außenseite" auf, d. h., bedienten sich einer Ausdrucksweise, die jeder begreifen konnte, teils verfügten sie obendrein aber noch über eine „Innenseite", d. h. über einen Sprachcode, den nur Eingeweihte verstanden (Berndt und Berndt 1964, S. 388 f.).

Insgesamt gesehen scheint durch die beschriebenen kollektiven Verhaltensweisen den australischen Ureinwohnern die Weitergabe von „Traumzeitgeschehen" somit recht gut gelungen zu sein. Zum einen wurden, da in der Regel ältere Menschen gemäß einem bestimmten Verteilerschlüssel „Traumzeitgeschehnisse" weitergaben, sowohl die notwendige Langlebigkeit als auch die Kopiergenauigkeit gesichert. Zum anderen gelangten Geschehnisse aus der „Traumzeit" in verschiedenen Varianten und über einen Zeitraum von mehr als einem Menschenalter kompetenten Zuhörern zu Ohren, wobei vertikale und horizontale Verwandtschaftsverhältnisse mithalfen, dieses Wissen lokal zu stabilisieren, geografisch zu verbreiten und zu vermehren. Bei allen beteiligten Personen und Personengruppen erwiesen sich darüber hinaus die mit „Traumzeitgeschehen" assoziierten Gefühle des Ergreifenden und des immer schon gültigen Allumfassenden als Garanten für eine kopiergenaue Verankerung des jeweiligen Wissens unterschiedlicher Varianten eines Dreamings im individuellen oder kollektiven Gedächtnis.

## 4.2.7 Vergessen als Preis der Gemengelage vielfältiger Sicherungssysteme für Traumzeitmythen

Es wäre aber vermutlich zu kurz gegriffen, würde man annehmen, Verhaltensweisen, die mit der „Traumzeit" in Verbindung standen, prägten sich samt und sonders eines tatsächlichen oder vermeintlichen „Überlebensvorteils" wegen als Verhaltensnorm tief in die gemeinsame Erinnerung ein. Während man dies für rituelle Handlungen anlässlich von Beschneidung oder Eheschließung durchaus in Erwägung ziehen und annehmen kann, dass die besondere Dramaturgie des Rituals auch eine starke emotionale Verankerung der damit in Verbindung stehenden „Dreamings" erlaubte, galten für die Weitergabe komplexer Gedankengebäude vermutlich andere Regeln.

Diesen Inhalten kamen besonders die oben angesprochenen verschiedenen Formen der Einspeicherung zugute, die eine *multiple Repräsentation* im Gedächtnis der Zuhörer gestatteten,[17] wobei bei „Traumzeitereignissen" die Verbindungen von *Gesang und Tanz* oder *Vortrag und Pantomime* im Vordergrund standen. Die damit einhergehenden Verknüpfungen sensorischer und motorischer mit sprachlichen Gedächtnissystemen ermöglichte den Menschen eine Vielfalt an Kombinationen zur Weitergabe von Wissen. So bildete z. B. die gesprochene oder gesungene Sprache in Kombination mit Pantomime, Tanz, Schauspiel und diversen Formen der künstlerischen Gestaltung einen schier unerschöpflichen Fundus an Variationsmöglichkeiten, um geistige Inhalte beim Adressaten der Botschaft multipel zu repräsentieren und zu binden.

Hinzu kam, wie gesagt, die Zeichensprache. Diese wies, ähnlich wie das Lied, aber anders als die gesprochene Sprache, eine große Verbreitung (Meggitt 1954/1955) auf und offenbarte trotz ihrer relativ geringen Differenzierungsmöglichkeit durchaus auch Qualitäten einer „alternativen Sprache". Denn man bediente sich ihrer nicht nur als Ersatz, also wenn oder weil man das gesprochene Wort nicht verstehen konnte, sondern auch in Situationen, in denen sich das Sprechen verbot – und einschränkende Bedingungen sprachlicher Kontaktaufnahme gab es viele. So waren etwa frisch initiierte junge Männer, Witwen in der Trauerphase oder Personen, die in einem bestimmten Verwandtschaftsverhältnis zueinander standen, in bestimmten Stämmen sog. *Sprachtabus* unterworfen und konnten sich, je nach Anlass, stunden-, tage- oder monatelange nur mittels Zeichensprache verständigen. Mit dieser ließ sich indes nicht nur die physische Befindlichkeit der Sprecher oder Zuhörer ausdrücken, sondern auch der spirituelle Zustand von

---

17  Eine vielfache mnestische Einbindung von Geschehnissen bedingte, dass sich die Kommunikation auf mehreren sprachlichen Ebenen vollzog und gleichzeitig mehrere mentale Repräsentationssysteme aktiviert wurden.

Teilnehmern eines „traumzeitgebundenen" Ereignisses, denn es galt: „Sign language is used to ‚speak' of sacred things" (Kendon 1988, S. 92).

Auch wenn dessen ungeachtet dieser Kommunikationsform im Vergleich zur Ausdrucksvielfalt gesprochener Sprache natürlicherweise enge Grenzen gesetzt sind, weist sie einige „traumzeitspezifische" Vorteile auf. Einer davon, der erklären mag, warum so oft von der Zeichensprache Gebrauch gemacht wurde, bestand darin, dass sich Menschen viele Ausdrücke aus der „Traumzeit" teilten,[18] selbst wenn sie über Hunderte von Meilen entfernt voneinander wohnten. Und das spielte in einer Gesellschaft, die der Größe des Kontinents wegen auf Informationsübermittlung über weite Distanzen angewiesen war, eine nicht zu unterschätzende Rolle. Darüber hinaus eigneten sich Zeichensprachen nicht nur dazu, bestimmte „Traumzeitereignisse" mitzuteilen, sondern auch dazu, Ausschlusskriterien für (nicht)kompetente Teilnehmer einer Zeremonie zu bestimmen und damit die Kopiergenauigkeit einer Botschaft zu schützen.

Ein prägnantes Beispiel „multipler" Repräsentation von Gedächtnisinhalten stellen auch die Walkabouts dar, dieses Nachschreiten von bestimmten Pfaden, welche die Erinnerung an die „Traumzeit" zwischen verschiedenen Wirkungsorten der Schöpfungsahnen lebendig zu erhalten trachteten. Für die Verankerung geografischer Netzwerke im Gedächtnis waren der multiple Erinnerungswert von „Traumzeitereignissen" und die damit verbundene „Wanderschaft" besonders hilfreich. Während der zeremoniellen Reise galt es nämlich, nicht nur legendäre Taten der Schöpfungsahnen nachzuempfinden. Neben dieser ganz individuellen, durch Sprache, Bewegung und wechselnde Sinneseindrücke gebildeten Erinnerung an die „Traumzeit" (Jeannerod 1995) wurden auch bleibende *kollektive Merkhilfen* mit ihrem traditionell hohen Gedächtniswert geschaffen. So hoben z. B. die Männer, um ihre geheimen, oft Tage dauernden Rituale praktizieren zu können, Wasserlöcher aus und errichteten oder verbesserten Unterkünfte, die es ihnen selbst und den Nachkommenden leichter machten, sich dieses Ortes als Zuflucht zu erinnern. Darüber hinaus dienten diese auch „Pilgerreisen" genannten Wanderungen dazu, in bestimmten Abständen (über-)regionale Zeremonien durchzuführen und somit durch gemeinsame „Dreamings" die *sozialen Beziehungen benachbarter Stämme zu stabilisieren*.[19] Diese Vielfalt mentaler Repräsentationsmöglichkeiten, die durch Walkabouts aktiviert werden – seien es nun verbale, imaginative, motorische, sensorische, soziale oder emotionale –, macht begreiflich, dass bis heute die Vorstellung *mythischer Landkarten als Verbindung zwischen heiligen Orten* als Inbegriff der „Traumzeit" geläufig geblieben ist.

### 4.2.8 Von *memories* zu *mentalities*: Kann man ein Weltbild überhaupt „vergessen"?

In der Tat erfuhren unter den Verhaltensweisen, die mit der „Traumzeit" in enger Verbindung stehen, gerade die Walkabouts im Laufe der Zeit eine deutlich veränderte Bedeutung: Aus *memories*, also lebensgeschichtlichen Erinnerungen des Einzelnen an die lebensgestaltenden Regeln der Vorgeneration, wurden *mentalities*, d. h. eine von konkreten Gedächtnisinhalten her betrachtet eher undifferenziert erscheinende kollektive geistige Ausrichtung einer ganzen

---

18  Dies trifft z. B. auf die Walpiri zu, die mit weit entfernt lebenden Stämmen bis zu 80 % der Begriffe teilen (vgl. Meggitt 1954/1955, S. 16).

19  Heute verleiht das Schlagwort vom „gestohlenen Land", *Walkabouts*, eine zusätzliche emotionale Bedeutung. Denn anders als z. B. ein Gegenstand, der abhandengekommen ist, können die Nachfahren der Ureinwohner ihr Land unbeschadet der veränderten Besitzverhältnisse immer wieder in Augenschein nehmen. Dadurch werden Erinnerungen wachgehalten.

Bevölkerungsgruppe. Dieser Wandel wird mit als Ursache dafür angesehen, dass Nachfahren von Ureinwohnern bestimmte Bindungen an die „Traumzeit" ihrer Vorfahren als wesentlich angeben, obwohl sie diese weder selbst z. B. in Form von Riten und Mythen erfahren haben, geschweige denn deren sprachlichen, musikalischen oder künstlerischen Ausdruck zu deuten vermögen.

Es wird in dieser Veränderung auch eine Möglichkeit gesehen, die kollektive Erinnerung an eine mythische Zeit kognitionswissenschaftlich zu erfassen, und zwar indem man diese zur spirituell verklärten Phase kosmischer Ordnung umgemünzte Zeit im Hinblick auf deren *Organisationsprinzipien* genauer betrachtet. Denn gedächtnistheoretisch betrachtet basiert die Mentalität des kollektiven Wir-Gefühls in der „Traumzeit" nicht allein auf einer Verinnerlichung von Vorbildern (vgl. J. Assmann 1992), sondern auch auf der *Eigendynamik löschungsresistenter Gedächtnisvorgänge*, wodurch verklärende Erinnerungen mit ausgewählten Aspekten des Weltwissens und der aus dem aktuellen Geschehen herausgelösten Betrachtung der eigenen „traumzeitgerechten" Biografie verknüpft werden. Die *Ordnungsprinzipien*, die aus einer Kombination von selbst geschaffenen „Pflichten" des Erhalts von etwas entstehen, das man nur wenig kennt, *und* einer teilweisen Ausblendung realer Veränderungen, sind jedoch sehr wahrscheinlich andere als jene, die sich ehemals aus raumzeitlich eindeutig festgelegten rituellen Festen (z. B. in Felsenhöhlen) verbunden mit emotionsgeladenen geheiligten Zeremonien (z. B. der Gestaltung von „Traumzeit"-Figuren durch auserwählte Personen) ergaben. Von den noch lebenden Nachfahren der Ureinwohner werden heute z. B. lediglich einige Aspekte des „Traumzeitgeschehens", z. B. das Nachzeichnen bestehender Felsenbilder, als Erinnerungsaufgabe gesehen. Mit durch die Hervorhebung ganz bestimmter gedächtnisstabilisierender Tätigkeiten, verbunden mit der Auffassung, dass letztlich zwar nicht der Einzelne, wohl aber das Kollektiv jeweilige Schöpfungslegende als Ganze kennt, entsteht allmählich ein verändertes Erinnerungsprodukt.

Ein Beispiel für die Auswirkung veränderter Organisationsprinzipien auf Gedächtnisinhalte der „Traumzeit" liefern die Walpiri (Capell 1952/1953, S. 111). Noch vor etwas mehr als 50 Jahren wurden diese Menschen in der Gegend von Alice Springs zwar als „im Umbruch" befindlich beschrieben. Ihr Leben lief aber zumindest noch nach „traumzeitlichen" Vorgaben ab, in denen das patrilineare System gedächtnisstabilisierender Verwandtschaftsbeziehungen ebenso eingehalten wurde wie andere Regeln, z. B. die Initiationsriten für die nachwachsende männliche Jugend. Kurzum: das *secret life*, ausgedrückt durch das Zusammenspiel von Tänzen, Liedern und Mythen, folgte dem bekannten Konzept der Schöpfungszeit (Rockman 1994).

Knapp vor der Jahrtausendwende lebten einige ihrer Nachfahren immer noch in diesem Gebiet. Inzwischen aber hatten die Menschen die traditionelle Lebensweise vollkommen aufgegeben. Sie gingen nur mehr als „Sport" jenen Beschäftigungen nach, die für ihre Vorfahren für die Nahrungsbeschaffung noch unerlässlich waren. Und was sie über die „Traumzeit" zu erzählen wussten, stellte ein mit vielen Details und Ausschweifungen geschmücktes, in immer neuen Variationen zusammengesetztes Gemisch aus verschiedenen Mythen dar. Beibehalten wurde indes die Art und Weise, wie darüber berichtet wurde. So wurden z. B. weiterhin ganz bestimmte Ausdrucksmittel verwendet, etwa ein Wiederholen von Wörtern und Sätzen zur Beschreibung von Entfernungen. Bewahrt wurde die Orientierung des Handlungsstranges an und auf bestimmte Orte des Geschehens. Aufrechterhalten wurde schließlich auch das Beharren auf Eigentumsrechten bezüglich der jeweiligen geistigen Produkte.

All diese Charakteristika von „Traumzeitmythen" wurden offenbar behütet, auch wenn sich die Inhalte der „Dreamings" mittlerweile auf eine Weise gewandelt hatten, dass man nicht mehr nachvollziehen konnte, wo Schöpfungsmythen aufhörten und säkulare Legenden begannen. Aber auch die letztgenannten Veränderungen können als Teil eines (re-)konstruktiven dynamischen Erinnerungsprozesses aufgefasst werden (Hell 1993), denn sie erfolgen nicht zufällig, sondern sind Folge der Verengung einer ursprünglichen Vielfalt von Repräsentationsmöglichkeiten des

Traumgeschehens auf einige wenige Ausdrucksformen. So musste z. B. auf viele „Traumzeitorte" und damit verbundene motorische (z. B. Tänze, Walkabouts), künstlerische (z. B. Pantomime, Körperbemalung, Tanz) und musikalische (Lieder und Musik) Gedächnisstützen verzichtet werden. Es ist somit nicht erstaunlich, dass angesichts dieser Verluste sprachlich-imaginative Aspekte der Erinnerung an die „Traumzeit" an ordnungsgebender Kraft für die kollektive Erinnerung gewannen.

Neben dem damit verbundenen inhaltlichen Bedeutungswandel waren auch im Verständnis der Zeit und ihres Verlaufs Änderungen eingetreten. In teilweiser Abkehr der Vorstellung eines seit jeher zyklischen Zeitverlaufs hatte sich z. B. die Idee einer stark emotional besetzten „Zeitenwende" ins kollektive Bewusstsein eingeprägt. Deren Vorher ist meist bis heute mit Erinnerungen an die unbegrenzte Ausdehnung einer spirituell verklärten präkoloniale Welt geprägt, deren Danach hingegen eher negativ besetzt. Eine solche *Gewichtung* inhaltlicher Bezüge ist insbesondere dann, wenn der Faktor „Zeit" im kollektiven Gedächtnis eine solch entscheidende Modifikation erfährt, gleichbedeutend mit einer starken Veränderung der Organisationsprinzipien. Denn wenn eine unbestimmte lange – hier vorkoloniale – Zeit zur „eigentlichen Gegenwart" erklärt und das postkoloniale Danach nur als ein Ausläufer davon angesehen wird, ist es auch unerheblich, dass bzw. inwieweit die „Traumzeit" einer andauernden Rekonstruktion unterworfen wird. Die daran beteiligten Prozesse können die Dynamik des in diesem Verständnis von Gegenwart nicht Thematisierten, aber „eigentlich Vergessenen", nicht abbilden.

**Schlussbetrachtung**
Einer aus der (Sozial-)Anthropologie abgeleiteten Grundannahme über die Bedeutung der „Traumzeit" entsprechend, wurde das komplexe Gebilde der gelebten „Traumzeit" zunächst auf gemeinschaftsstiftende und überlebenssichernde Funktionen reduziert, um darauf im Wesentlichen die beschriebenen Erinnerungsstrategien aufzubauen. Diese Vorgehensweise ermöglicht eine Kontinuität der „Traumzeitbetrachtungen" vom späten 19. bis zum späten 20. Jahrhundert. Sie bietet gleichzeitig ein plausibles Raster der Betrachtung individueller und kollektiver Erinnerung, da „Traumzeitgeschehnisse" bis heute als Musterbeispiele für alle bedeutsamen menschlichen Handlungen gelten, die im Gedächtnis zu behalten sind, um das Überleben des Einzelnen und der Gruppe zu sichern.

Angesichts der zusammengetragenen Ergebnisse kann man als sehr wahrscheinlich annehmen, dass zur Festigung der kollektiven Erinnerung an die „Traumzeit" eine Kombination verschiedener robuster und weniger widerstandsfähiger Merkzeichen und Merkinhalte beitrug. So wurden zum einen Berichte von Schöpfungsahnen und ihren Reisen innerhalb eines bestimmten geografischen Raumes als *Epiphänomene* bestimmter sozialer Verhaltensweisen kopiergenau und löschungsresistent im kollektiven Gedächtnis der dort lebenden Menschen verankert und zum anderen durch unterschiedliche Personengruppen als *belebte und unbelebte Besonderheiten* dieses Gebiets durch klangliche, bildliche, gefühlsbetonte und schließlich motorische Formen des Lernens und Erinnerns miteinander verknüpft. Der „Traumzeit" als Umschreibung einer schon „immer dagewesenen natürlichen Ordnung" ist somit nicht zuletzt auch deshalb Langlebigkeit beschieden, da das Gedächtnis weitgehend vom Faktor der „Zeit" – also der Frage, wann etwas geschah – entlastet wurde.

Deutlich wurde auch, dass sich die *Ordnungsprinzipien*, gemäß derer Informationen gewichtet, gebündelt und weitergegeben wurden, im Laufe der Zeit vermutlich stark verändert haben. So machen heute z. B. „Traumzeitmythen" von kompetenten Erzählern eines bestimmten Clans den Berichten von letzten Überlebenden einer ganzen Stammesgruppe Platz, landschaftlich streng gebundene „Wandermythen" geraten zu allgemeinen Aussagen über die „Heiligkeit des Landes", und ehemals streng gehütete „mythische Songlines" werden zum euro-australischen Inbegriff indigenen Geografieverständnisses. Sehr wahrscheinlich änderte sich auch der Stellenwert von Merkzeichen für die Aufrechterhaltung von „Dreamings", weil nur wenige Indizes noch zur Verfügung stehen. Alles in allem wäre es recht ungewöhnlich, übte diese – wenn auch nur allmählich voranschreitende und hier lediglich an ausgewählten Beispielen dokumentierte – Veränderung keine Rückwirkung auf die Rekonstruktion der „Traumzeit" aus.

Die Schöpfungszeit kann man somit als eine energiegeladene Zeit auffassen, die man zu bewahren sucht, indem damit verbundene Verhaltensweisen in einer ganz bestimmten Gemeinschaft von Vortragenden und Zuhörern als *mythische Wahrheit* „gelebt" werden. Diese Zuschreibung geschieht wohl wissend, dass dem heutigen Beobachter die meisten Aspekte des „traumzeitlich" Ganzen – der Ausdruckstanz, die Musik und die Körpersymbolik – sowie ihre Verbindung zu bestimmten Orten und Symbolen weitgehend verschlossen bleiben und deshalb nicht hinterfragt werden können (vgl. Robinson 1966, S. 24 ff.; Strehlow 1933/1934). Die „Traumzeitmythologie" ist deshalb auf die Akzeptanz als eine zeitlos gültige mythische Wahrheit zur Bewältigung des täglichen Lebens angewiesen und das Einzige, das mögliche Einwände gegen diese Interpretation marginalisiert, ist die Erkenntnis, dass durch die Denkstrukturen des heutigen „Cross-Cultural Thinking" westlicher Prägung mythische Vorstellungen der „Traumzeit" vermutlich nicht adäquat erfassbar sind.

Besonders die transkulturelle Übertragung von Raum-Zeit-Koordinaten indigener Erzählmuster und der daraus resultierenden Organisationsprinzipien, nach denen Informationen gebündelt und Erinnerungsräume geschaffen werden, gelingt nur sehr unvollkommen. Aus diesem Grund ist der Auffassung, dass durch eine andauernde geistige Verbindung der Menschen zu bestimmten Schöpfungsahnen und deren Aufenthaltsorte die Gesamtheit der belebten und unbelebten Natur zu gerade jenem einzigartigen Kulturraum zusammengefasst werde, als der er auch gegenwärtig von Aborigines gepriesen wird, nichts grundsätzlich Entkräftendes entgegenzusetzen. Ein Vergessen, so wie wir es verstehen, hat in dieser Art raumzeitlichen Denkens keinen Platz.

Diese Erkenntnis eröffnet die Möglichkeit, genauer auszukundschaften, wie die sich heute darstellende identitätsstiftende Einheit einer reichen kulturellen Vergangenheit gewahrt wird. Zur Beantwortung von Fragen nach diesem *eigentlich unmöglichen Überdauern* von „Traumzeitinhalten" wurden kognitionswissenschaftlich ausgerichtete Modelle, die sowohl sozialwissenschaftliche als auch naturwissenschaftliche Vorstellungen einbinden, in den Vordergrund gestellt. Dabei wurde gezeigt, dass eine multiple Einbindung von „Traumzeitwissen" in diverse räumlich-zeitliche, sprachliche und emotionale Gedächtnissysteme von Gruppen und Individuen dieses über die Zeit hinweg auf der einen Seite zwar ganz unvermeidlich veränderte. Auf der anderen Seite aber wird es dennoch bis heute als unverbrüchliche Einheit empfunden. Dazu trugen u. a. bestimmte Verhaltensnormen und invariante Merkzeichen in der Natur, gekoppelt mit Formen des künstlerischen Ausdrucks und zwischenmenschlicher Kommunikation bei; so etwa Sprache, Gesang, Tanz und Musik. Sie alle halfen, geschichtliche Verbundenheit, Recht und Verhaltensgesetze in mythischer Verklärung zusammenzufügen und in Erinnerung zu bewahren. Eine tragende Rolle dabei spielte vermutlich auch die hohe Emotionalität des archaischen Weltbildes bei (Klix 1993, S. 203–222), auf dem „Traumzeitgeschehnisse" fußten, denn diese Gefühlsbindung vermochte bestimmte Erinnerungen gegen ein Vergessen zu immunisieren.

Angesichts der notwendigen und andauernden Anpassung in der Gruppenzusammensetzung der Informationsträger und der Umweltbedingungen ist jedoch eine unverändert bleibende „Traumzeit" nicht zu erwarten. Die Erinnerung daran unterscheidet insbesondere nicht zwischen Verschwiegenheit zur Sicherung der Inhalte gegenüber Einflüssen von außen und einem dadurch bedingten Vergessen. Ein Wandel der die Gedächtnisinhalte strukturierenden Organisationsprinzipien führt vielmehr notwendigerweise zu Modifikationen in der Rekonstruktion der Vergangenheit, ohne dass diese für die Menschen, die ein so verändertes „Traumzeitwissen" weitergeben, erkennbar sind. Ein Vergessen wohnt dieser Art des Erinnerns dessen ungeachtet aber unvermeidbar inne. Es wird gespeist durch eine multiple Einbindung endlos und ewig erscheinender Verkettungen von Naturphänomenen, Naturgegebenheit und Naturgeschöpfen in überlebenswichtige und gemeinschaftsbindende Tätigkeiten. Deren starke emotionale Besetzung sowie deren – bis in die Gegenwart reichende – hohe Kopiergenauigkeit von ausgewählten Teilaspekten, verbunden mit zahlreichen Vervielfältigungsmöglichkeit, erweckt den Eindruck, etwas im Kleinen gespiegeltes komplexes Ganzes, schon immer Bestehendes, weiterzugeben und Teil davon zu sein. Dass die sich ändernden Ordnungsprinzipien der Informationsauswahl und Weitervermittlung immer neue, andersartige Gedächtnisinhalte entstehen lassen, wird dadurch den Betroffenen nicht deutlich.

## Literatur

Allen, H. (1988). History matters – A commentary on divergent interpretations of Australian history. *Australian Aboriginal Studies*,(2), 79–89.
Anderson, J. (2001). *Kognitive Psychologie*. Heidelberg: Spektrum.
Assmann, A. (1999). *Erinnerungsräume. Formen und Wandlungen des kulturellen Gedächtnisses*. München: Beck.
Assmann, A. (2002). Vier Formen des Gedächtnisses. *Erwägen, Wissen, Ethik*, *13*, 183–190.
Assmann, J. (1992). *Das kulturelle Gedächtnis. Schrift, Erinnerung und politische Identität in frühen Hochkulturen*. München: Beck.
Barwick, L. (1989). Creative (Ir)regularities: The intermeshing of text and melody in performance of central Australian song. *Australian Aboriginal Studies*, *1*, 12–28.
Bäuml, K.-H. (2001). Konkurrenz und Supression als Vergessensmechanismus beim episodischen Erinnern. *Psychologische Rundschau*, *52*, 96–103.
Bellebaum, A. (1992). *Schweigen und Verschweigen: Bedeutung und Erscheinungsvielfalt einer Kommunikationsform*. Opladen: Westdeutscher Verlag.
Berndt, R., & Berndt, C. (1962). *The world of the first Australians. Aboriginal traditional life. Past and present*. Canberra: University Press.
Berndt, R., & Berndt, C. (1964). *The world of the first Australians. Aboriginal traditional life. Past and present*. Sydney: Ure Smith.
Bonnefoy, Y. (Hrsg.). (1981). *Mythologies (Vol. 1)*. Chicago: University of Chicago Press.
Borsboom, A. (1998). *Mythen und Spiritualität der Aborigines*. München: Eugen Diederichs Verlag.
Broome, R. (1982). *Aboriginal Australians. Black response to white dominance 1788–1980*. Sydney: Allen und Unwin.
Brown, J. (1990). Psychology of Time Awareness. *Brain and Cognition*, *14*, 144–164.
Capell, A. (1952/1953). The Wailbiris through their own eyes. *Oceania*, *23*, 110–132.
Chalmers, D. (1996). *The conscious mind*. Oxford: Oxford University Press.
Chatwin, B. (2001). *Traumpfade (11. Aufl.)*. Frankfurt: Fischer.
Churchland, P. (2002). Self-representation in nervous systems. *Science*, *296*, 308–310.
Churchland, P., & Churchland, P. (1997). Recent work on consciousness: Philosophical, theoretical, and empirical. *Seminars in Neurology*, *17*, 179–186.
Clark, C. (1962–1978). *A history of Australia* (Bd. 1–4). Carlton: Melbourne University Press.
Crowley, F. (1974). *New history of Australia*. Melbourne: Melbourne University Press.
Damasio, A. R. (1999). *The feeling of what happens. Body and emotion in the making of consciousness*. New York: Harcourt Brace.
Damasio, A. R. (2003). *Looking for Spinoza. joy, sorrow and the feeling brain*. Orlando: Harcourt, Inc.
Doolan, J. K. (1979). Aboriginal concept of boundary. *Oceania*, 11. Aufl. *49*, 161–168.
Duerr, H.- P. (1985). *Traumzeit. Über die Grenze zwischen Wildnis und Zivilisation*. Frankfurt, Suhrkamp.
Edward, C., & Read, P. (Hrsg.). (1989). *The lost children*. Sydney: Doubleday.
Edwards, W. (1988). *An introduction to Aboriginal society*. Wentworth Falls: Social Science Press.
Friedman, W. (1993). Memory for the time of past events. *Psychological Bulletin*, *113*, 44–66.
Göbel, H. (Hrsg.). (1976). *Erde, die die Seele trägt. Die Mythologie der australischen Völker*. Stuttgart: Verlag Freies Geistesleben.
Goot, M., & Rose, T. (1991). The backlash hypothesis and the land rights option. *Australian Aboriginal Studies*, *1*, 3–I2.
Halbwachs, M. (1966/1952). *Das Gedächtnis und seine sozialen Bedingungen*. Berlin: Luchterhand.

Hanks, P., & Keon-Cohen, P. (Hrsg.). (1984). *Aborigines and the law*. Sydney: George Allen und Unwin.
Haverkamp, A., & Lachmann, R. (Hrsg.). (1993). *Vergessen und Erinnern*. München: Fink.
Heermann, I. (1980). *Die Traumzeit lebt weiter. Australische Ureinwohner gestern und heute*. Biberach: Kulturamt.
Heermann, I. (1994). *Gemaltes Land*. Menter: Ulrich.
Hell, W. (1993). Gedächtnistäuschungen. In W. Hell, K. Fiedler & G. Gigerenzer (Hrsg.), *Kognitive Täuschungen* (S. 13–38). Heidelberg: Spektrum.
Hiatt, L. (Hrsg.). (1975). *Australian Aboriginal mythology. Essays in Honour of W. E. H. Stanner*. Canberra: Australian Institute of Aboriginal Studies.
Hobson, J., & Pace-Schott E. (2002). The cognitive neuroscience of sleep: Neuronal systems, consciousness and learning. *Nature Reviews Neuroscience, 3*, 679–693.
Isaacs, J. (Hrsg.). (1979). *Australian Aboriginal music*. Sydney: Craft Printing Industries.
Isaacs, J. (Hrsg.) (1988). *Australian dreaming. 40.000 years of Aboriginal history*. Sydney: Lansdowne Press.
Jeannerod, M. (1995) Mental imagery in the motor context. In M. Behrmann, S. Kosivn, & M. Jeannerod (Hrsg.), *The neuropsychology of mental imagery* (S. 85–98). Oxford: Elsevier Science. Ltd.
Jourdain, R. (1998). *Das wohltemperierte Gehirn. Wie Musik im Kopf entsteht und wirkt*. Heidelberg: Spektrum.
Kendon, A. (1988). *Sign languages of Aboriginal Australia. Cultural, semiotic and communicative perspectives*. Cambridge: Cambridge University Press.
Klix, F. (1993). *Erwachendes Denken*. Heidelberg: Spektrum.
Koonz, C. (1994). Between memory and oblivion: Concentration camps in German memory. In J. Gillis (Hrsg.), *Commemorations. The politics of national identity* (S. 85–98). Princeton: Princeton University Press.
Kopelman, M. (1999). Varieties of false memory. In D. Schacter (Hrsg.), *The cognitive neuropsychology of false memories. A special issue of Cognitive Neuropsychology* (S. 197–214). Hove: Psychology Press Ltd.
Kühnel, S., & Markowitsch, H. J. (2009). *Falsche Erinnerungen*. Heidelberg: Spektrum.
Larsen, S. (1988). Remembering without experiencing. Memory for reported events. In U. Neisser (Hrsg.), *Remembering reconsidered. Ecological and traditional approaches to the study of memory* (S. 326–355). Cambridge: Cambridge University Press.
Le Goff, J. (1999). *Geschichte und Gedächtnis*. Berlin: Ullstein.
Löffler, A. (Hrsg.). (1981). *Märchen aus Australien. Traumzeitmythen und -geschichten der australischen Aborigines*. Düsseldorf. Eugen Diederichs.
Loftus, M. (2014). *The malleability of memory – Ideas Roadshow*. Open Agenda Publ. http://www.ideasroadshow.com. Zugegriffen: 2. April 2016.
Maddock, K. (1983). *Your land is our land. Aboriginal land rights*. Melbourne: Melbourne, University Press.
Markmann, S. (Hrsg.). (1995/1996). *New Dreaming – Neue Traumzeiten*. Eggingen: Edition Klaus Isele.
Markowitsch, H. (2002). *Dem Gedächtnis auf der Spur*. Darmstadt: Primus Verlag.
Markowitsch, H. J. (2003). Autonoëtic consciousness. In A. S. David & T. Kircher (Hrsg.), *The self in neuroscience and psychiatry* (S. 180–196). Cambridge: Cambridge University Press.
Markowitsch, H. J. (2008). Emotions: The shared heritage of animals and humans. In B. Röttger-Rössler & H. J. Markowitsch (Hrsg.), *Emotions as bio-cultural processes* (S. 95–109). New York: Springer.
Markowitsch, H. J. (2009). *Das Gedächtnis. Entwicklung, Funktionen, Störungen*. München: Beck.
Markowitsch, H. J. (2013). Memory and self – neuroscientific landscapes. *ISRN Neuroscience*, Art. ID 176027; http://dx.doi.org/10.1155/2013/176027.
Markus, A. (1994). *Australian race relations 1788–1993*. Sydney: Allen und Unwin.
Mattingley, C, & Hampton, K. (Hrsg.) (1988). *Survival in our own land. „Aboriginal" experiences in „South Australia" since 1836*. Sydney: Hodder und Stoughton.
Meggitt, M. (1954/1955). Sign language among Walpiri of Central Australia. *Oceania, 25*, 2–16.
Morgan, M. (1995). *Traumfänger (20. Aufl.)*. München: Goldman.
Morgan, M. (2000). *Traumreisende*. München: Goldmann.
Mountford, C. (1965). *Ayers Rock. Its people, their beliefs and their art*. Honolulu: East-West Center Press.
Munz, C. (1989.). Der ökologische Ansatz zur visuellen Wahrnehmung: Gibsons Theorie der Entnahme optischer Informationen. *Psychologische Rundschau, 40*, 63–75.
Müsseler, J., & Prinz, W. (Hrsg.). (2002). *Allgemeine Psychologie*. Heidelberg: Spektrum.
Nell, V. (2000). The failure of universalism: Neuropsychological test score differences across countries and cultures. In V. Nell *Cross-cultural neuropsychological assessment: Theory and practice* (S. 13–32). London: Lawrence Erlbaum Associates.
Noonuccal, O., Davis, J., Gilbert, K., Sykes, B., Narogin, M., & Fogarty, L. (1999). *Schwarzaustralische Gedichte*. Zweisprachig, übersetzt mit einer Einleitung und Anmerkungen von H. J. Zimmermann. Heidelberg: Mattes Verlag.
O'Neill, S. (1983). Rewriting the history of Australia – An aboriginal perspective. *Ampo, 14*, 38–75.

Peck, C. (1938). *Australian legends. Tales handed down from the remotest times by the autochtonous inhabitants of our land.* Melbourne: Lothian Publishing Co.
Petri, H. (1954). *Sterbende Welt in Nordwestaustralien.* Kulturgeschichtliche Forschungen, Band 5. Braunschweig: Albert Limbach Verlag.
Piefke, M., Weiss, P. H., Zilles, K., Markowitsch, H. J., & Fink, G. R. (2003). Differential remoteness and emotional tone modulate the neural correlates of autobiographical memory. *Brain, 126,* 850–868.
Pike, J. (1988). *Graphics from the Christensen Fund Collection.* New York: Vanguard Press.
Platt, K., & Dabag, M. (1995). *Generation und Gedächtnis.* Opladen: Leske + Budrich.
Reece, R. (1974). *Aborigines and colonists. Aborigines and colonial society in New South Wales in the 1830s and 1840s.* Sydney: Sydney University Press.
Reinhardt, D. (1996). Kollektive Erinnerung und kollektives Gedächtnis: Zur Frage der Übertragbarkeit individualpsychologischer Begriffe auf gesellschaftliche Phänomene. In C. Wischermann (Hrsg.), *Die Legitimität der Erinnerung und die Geschichtswissenschaft* (S. 87–100). Stuttgart: Franz Steiner.
Richman, B. (2001). How music fixed „nonsense" into significant formulas: On rhythm, repetition and meaning. In M. Wallin, B. Merker & S. Brown (Hrsg.), *The origins of music* (S. 301–314). Cambridge: A Bradford Book.
Rickard, J. (1988). *Australia. A cultural history. Part 3: The culture 1901–1939.* London: Longman.
Roberts, A., & Roberts, M. (1975). *Dreamtime heritage.* Australian Aboriginal myth in paintings by Ainslie Roberts and text by Melva Jean Roberts. Adelaide: Rigby Limited.
Robinson, R. (1966). *Aboriginal myths and legends.* Melbourne: Sun Books.
Rockman, P. (Hrsg.). (1994). *Yimikirli – Warlpiri dreamings and histories.* Collected and translated by P. R. Napaljarri and L. Cataldi. Pymble, NSW: Harper Collins Publishers.
Roheim, G. (1925). *Australian totemism: A psychoanalytic study in anthropology.* London: Allen und Unwin.
Roheim, G. (1945). *The eternal ones of the dream, A psychoanalytic interpretation of Australian myth and ritual.* New York: International University Press.
Romijn, H. (1997). About the origin of consciousness. A new multidisciplinary perspective on the relationship between brain and mind. *Proceedings van de Koninkliike Nederlandse Akademie van Wetenschappen, 100,* 181–267.
Rose, F. (1976). *Australien und seine Ureinwohner. Ihre Geschichte und Gegenwart.* Berlin: Akademie-Verlag.
Rosser, B. (1985). *Dreamtime nightmares. Biographies of Aborigines under the Queensland Aborigines Act.* Canberra: Australian Institute of Aboriginal Studies.
Rotenberg, V. (1992). Sleep and memory II: Investigations on humans. *Neuroscience and Biobehavioral Reviews, 16,* 503–505.
Roth, G. (1994). *Das Gehirn und seine Wirklichkeit: Kognitive Neurobiologie und ihre philosophischen Konsequenzen.* Frankfurt: Suhrkamp.
Roth, G. (2001). *Fühlen, Denken, Handeln. Wie das Gehirn unser Verhalten steuert.* Frankfurt: Suhrkamp.
Rovee-Collier, C. (1999). The development of infant memory. *Current Directions in Psychological Science, 8,* 80–85.
Rovee-Collier C., & Hayne, H. (2000.). Memory in infancy and early childhood. In E. Tulving, & F. Craik (Hrsg.), *The Oxford handbook of memory* (S. 267–282). New York: Oxford University Press.
Rowley, C. (1970). *The destruction of Aboriginal society. Aboriginal policy and practice – Bd. I.* Canberra: Australian National University Press.
Rowley, C. (1978). *A matter of justice.* Canberra: Australian National University Press.
Schacter, D. (1999). *The seven sins of memory. American Psychologist, 54,* 182–201.
Schacter, D., & Tulving, E. (Hrsg.). (1994). *Memory systems.* Cambridge: MIT Press.
Schellberg, D. (1996). *Didgeridoo: das faszinierende Instrument der australischen Ureinwohner; Geschichte, Spiel, Musiktherapie.* Diever: Binkey Kok.
Semon, R. (1904). *Die Mneme als erhaltendes Prinzip im Wechsel des organischen Geschehens.* Leipzig: Wilhelm Engelmann.
Smith, G., & Emrich, H. (1996). *Vom Nutzen des Vergessens.* Berlin: Akademie Verlag.
Spencer, B., & Gillen, F. (1899). *The native tribes of Central Australia.* London: MacMillan and Co.
Spencer, B., & Gillen, F. (1904). *The Northern Tribes of Central Australia.* London: MacMillan and Co.
Spencer, B., & Gillen, F. (1912). *Across Australia (2 Volumes).* London: MacMillan and Co.
Stanner, W. (1979). *White man got no dreaming. Essays 1938–1973.* Canberra: Australian National University Press.
Stephenson, M. (1995). *Mabo: The native title legislation. A legislative response to the High Court's decision.* St. Lucia: University of Queensland Press.
Strehlow, T. (1933/1934). Ankotarinja - An Aranda myth. *Oceania, 4.* 187–202.
Strehlow, T. (1971). *Songs of Central Australia.* Sydney: Angus und Robertson.
Supp, E. (1985). *Australiens Aborigines. Ende der Traumzeit?* Bonn: Bouvier Verlag Herbert Grundmann.
Sutton, P. (Hrsg.). (1987). *Dreamings. The art of Aboriginal Australia.* Ringwood: Viking, Penguin Books Australia.

Tulving, E. (1995). Organization of memory: quo vadis? In M. S. Gazzaniga (Hrsg.), *The cognitive neurosciences* (S. 839–847). Cambridge, MA: MIT Press.

Tulving, E. (1999). Episodic vs. semantic memory. In R. Wilson & F. Keil (Hrsg.) *The MIT encyclopedia of the cognitive sciences* (S. 278–279). Cambridge: MIT Press.

Tulving, E., & Thompson, D. (1973). Encoding specificity and retrieval processes in episodic memory. *Psychological Review, 80*, 352–373.

Voigt, A. (1998). *Das Vermächtnis der Traumzeit*. Drury: Nevill.

Völker-Rasor, A. (1998). Vom neuen Umgang mit einem alten Begriff. In A. Völker-Rasor & W. Schmale (Hrsg.) *Mythenmächte – Mythen als Argument* (S. 278–279). Berlin: Berlin Verlag Arno Spitz.

Weber, W. (1998). Historiographie und Mythographie, oder: Wie kann und soll der Historiker mit Mythen umgehen? In A. Völker-Rasor & W. Schmale (Hrsg.), *Mythenmächte – Mythen als Argument* (S. 65–87). Berlin: Spitz.

Werner, N., Kühnel, S., Ortega, A., & Markowitsch, H. J. (2012). Drei Wege zur Falschaussage: Lügen, Simulation und falsche Erinnerungen. In J. C. Joerden, E. Hilgendorf, N. Petrillo & F. Thiele (Hrsg.), *Menschenwürde in der Medizin: Quo vadis?* (S. 373–391). Baden-Baden: Nomos.

Wickler, W., & Seibt, U. (1991) Das Prinzip Eigennutz. München: Serie Piper.

Wuketits, F. M. (1990). *Gene, Kultur und Moral. Soziobiologie – pro und kontra*. Darmstadt: Wissenschaftliche Buchgesellschaft.

Zakay, D. (1997). Temporal cognition. *Current Directions in Psychological Science, 6*, 12–16.

# Vergessen in konfliktreichen Schnittbereichen kollektiven Erinnerns am Beispiel mittelalterlichen Weistums

**Zusammenfassung**
Am Beispiel des Weistums, das man sich als mündlich tradierte Weitergabe eines sehr komplexen, verschiedene Widersprüche in sich tragenden Überlieferungsgeschehens vorstellen kann, soll Vergessen als eine Vermischung von Individual- und Kollektivgedächtnis hinsichtlich des öffentlich Akzeptierten einerseits und des persönlich Erlebten andererseits dargestellt werden. Denn jedem Weisungsritual wohnt eine Fülle von gedächtnisverfälschenden und unterdrückenden Komponenten inne, die, beabsichtigt oder nicht, eine mögliche Rekonstruktion der Realität erschweren: Es wird gedroht und verschwiegen, Erinnerung werden erzwungen, Vergessen „verboten" und nicht zuletzt die physikalisch messbare Zeit zwischen Gegenwart und einem Ereignis in der Vergangenheit nach Belieben gestreckt oder gestaucht. Die daraus resultierenden von einer Generation zur nächsten weitergegebenen Inhalte spiegeln einen komplexen sozialen, politischen und rechtlichen Prozess wider, der unterschiedliche Spielarten des Vergessens zum Ausdruck bringt.

Das Mittelalter, die etwa 1000 Jahre umfassende Zeitspanne zwischen Ende der Antike und Beginn der Neuzeit (6. bis 15. Jahrhundert), könnte man – verkürzt und eingegrenzt auf das Leitthema dieses Buches – auch als eine *Vor-Gutenberg'sche Epoche* bezeichnen, in der es allerdings nicht nur keine gedruckten Bücher gab, sondern in der die meisten Menschen ohnehin weder lesen noch schreiben konnten. Stattdessen waren vielerlei ▶ Merkzeichen und ▶ Gedächtnistechniken im Umlauf, die das Erinnerungsvermögen (▶ Erinnerung) für *und* den Erhalt von einer vorgegebenen, oft als gottgewollt bezeichneten Ordnung unterstützen. Diese mündliche Pflege der ▶ Tradition erforderte eine ausgeprägte „Gedächtniskultur" (vgl. weiterführend A. Assmann und Harth 1991; Berns und Neuber 1993; Hajdu 1936/1967; Oexle 1995; Yates 1990), die wir das Mittelalter betreffend heute etwa in dem Sinne vornehmen, in dem wir uns selbst einer „Informationskultur" verpflichtet sehen. Als solche wurde sie auch nicht, wie man dies vielleicht annehmen könnte, durch eine Verschriftlichung aufgehoben. Gewiss entlastete die Möglichkeit des Nachlesens das Gedächtnis, jedoch galt das Aufgeschriebene nur als eine von verschiedenen Möglichkeiten des Erhalts von Wissen über die „gute alte Zeit". Insofern bildete die (Hand-)Schrift zwar Vorgänge ab, die außerschriftlich entstanden und auf diese Weise codifiziert und kontrolliert wurden; das geschriebene Wort stellte aber keine letztgültige für das kollektive Gedächtnis maßgebliche Wahrheit dar.[1]

Im Hinblick auf o. g., mit scheinbar festliegenden Zuschreibungen reich bedachten Epoche – waren etwa Anfang und Ende der Zeit nicht ohnehin durch einen göttlichen Plan vorgegeben? –, ist es gleich doppelt interessant, Phänomenen selbst gemachter *Veränderungen in der Zeit* nachzuspüren. So macht z. B. jeder Versuch des Erhalts des kollektiven Gedächtnisses (▶ Gedächtnissysteme) – hier eines überdauernden Bestands an Wissen – durch eine weitgehend illiterate, also leseunkundige, Gesellschaft gleichzeitig auch die damit verbundenen Probleme offenkundig. Denn was nicht mündlich oder durch jedermann entzifferbare Merkzeichen vermittelbar ist, geht verloren. Daneben bietet die bestehende, sich bestenfalls nur gemächlich verändernde handschriftlich fixierte „Medienlandschaft" die Möglichkeit, aus dem Beziehungsgeflecht textbasierten und mündlich weitergegebenen Wissens in Erfahrung zu bringen, was wann, warum und weshalb vergessen wurde. Im Vordergrund stehen dabei insbesondere Verbote, Abwertungen oder Verzerrungen von gesprochenen oder geschriebenen Inhalten (vgl. z. B. Le Goff 1984),

---

1 Auf diesen Sachverhalt weist u. a. Wenzel (1995, S. 30 ff.) hin. Dass bei illiteraten Menschen die Achtung vor dem geschriebenen Wort gleichwohl sehr hoch war, zeigt u. a. Algazi (1995). Folgt man seinen Ausführungen, so versuchten z. B. Aufständische 1534 den Abt von Volkenrode zur Selbsterkennung zu veranlassen, indem sie ihn zwangen, ihre aufrührerische Lehre selbst vorzulesen, weil sie annahmen, „wann der abt sie vorlise, vielleicht mocht er sich erkennen" (Algazi 1995, S. 400).

die damals, ähnlich wie heute, als Instrumente zur Wahrung der Deutungshoheit über mögliche kollektive Gedächtnisinhalte benutzt wurden. Anders aber als in der gegenwärtigen hochtechnologisierten und im Minutentakt wechselnden Nachrichtenwelt war weder die Flut der Inhalte so übermächtig und erdrückend, noch wandelte sie sich schneller als die Erinnerung daran sie je zu fassen vermag (▶ Kap. 1).

## 5.1 Weistümer: Vergessen induzierender Regelwerke der Vermittlung zwischen Herrschaft und bäuerlicher Bevölkerung

### 5.1.1 Vergessen zwischen Literalität und Oralität

Das zwischen schriftlicher und mündlicher Weitergabe Verlorengegangene, das Verschwiegene, einseitig Dargestellte oder vollkommen ins Gegenteil Verkehrte, kurzum das Vergessene, soll anhand der Bedeutung eines Mediums beleuchtet werden, dessen Inhalt man sich nicht nur nach Belieben merken konnte oder auch nicht, sondern den man sich ausgesprochen gut ins Gedächtnis einprägen musste, weil er sozusagen gesetzesähnliche Bedeutung hatte: Die Rede ist vom ▶ Weistum, genauer gesagt vom *Hofweistum*.

In der Gesellschaftsordnung des Mittelalters betraf der Regelungsgegenstand von Weistümern, also Aufzeichnungen, in denen etwas angeordnet, d. h. *gewiesen*, wurde, nicht nur, aber auch die rechtlichen Verhältnisse der bäuerlichen Bevölkerung, die sich aus dem Spannungsfeld grundherrlicher-genossenschaftlicher Rechtsbeziehungen sowie dem Verhältnis der Bauern untereinander ergaben (vgl. Werkmüller 1972). Im Vordergrund standen hier Bestimmungen über Abgaben und ▶ Frondienste, Nutzungsrechte von Wald, Wasser und Weide sowie allgemeine Vorschriften bzw. Zuständigkeiten über grundherrliche Hofgerichte, etwa was die Bestellung von bäuerlichen Schöffen[2] anging. Konkret betraffen die damit angesprochene Rechte und Pflichten bezüglich der Wirtschaftsführung und Organisation einer Dorfgemeinschaft all jene Menschen, die unter der Herrschaft eines Grundherrn, also in Abhängigkeit von diesem (▶ Grundherrschaft), in einem sog. Hofverband lebten. Das dort jeweils geltende *Hofrecht* war durch das Hofweistum geregelt.

Die darin ausformulierten Bestimmungen hofrechtlicher Gerichtsbarkeit waren für den einer bestimmten Hausherrschaft unterworfenen Personenkreis gleichbedeutend mit einer Art *trilateraler Balance* zwischen einer grundherrlich verbrieften Gewährung des Schutzes vor äußeren Feinden einerseits, der Treue bzw. dem Tribut gegenüber dieser Herrschaft andererseits und – als Drittem im Bunde – dem Erhalt des Friedens innerhalb der Gruppe der unfreien Bauern,[3] den *Hofhörigen* (Krämer und Spieß 1986; Blickle 1977). Man könnte somit auch sagen, dass Hofweistümer, verstanden als ländliche Rechtsquelle, dazu dienten, die Beziehung von Herrschaft und bäuerlicher Genossenschaft sowie den Bauern untereinander möglichst *lange* und möglichst *konfliktarm* zu regeln, um den für alle Beteiligten wichtigen Wirtschaftsbetrieb zu erhalten. Und gerade dabei und deswegen spielte „Vergessen-Müssen" bzw. „Vergessen-Lassen" eine wichtige Rolle.

---

2   Schöffen waren in diesem Fall aus dem Kreis der unfreien Bauern stammende Personen, die über eine hohe Lebenserfahrung und genügend Ansehen verfügten.

3   Allgemeines Kennzeichen unfreier Menschen des Mittelalters, z. B. zu Frondiensten verpflichteten Bauern, war, dass sie keine Freizügigkeit besaßen. Sie mussten z. B. auf den Besitzungen des jeweiligen Grundherrn wohnen bleiben und konnten nach Erlaubnis des Grundherrn nur innerhalb des Hofverbands eine Ehe eingehen.

Prinzipiell war nämlich ein symmetrisch zu nennendes Rechtsverhältnis zwischen Herrschaft und Hörigen durch ein Weistum weder beabsichtigt noch erreichbar. Einer der Gründe dafür lag – unbenommen anderer systemimmanenter Ursachen und äußerer, variabler Einflussgrößen – darin, dass in der *traditionell mündlich vorgenommenen Auslegung* eines Hofweistums im Stile eines Frage-Antwort-Verfahrens das Vergessen der einen – hier der abhängigen Bauern – und das Vergessen der anderen – hier der die hofrechtliche Gerichtsbarkeit ausübenden Grundherrn – unterschiedlich bewertet wurde. Erstere konnten es sich z. B. in Antwort auf die dort festgeschriebenen Fragen nach der Einhaltung regelkonformer bäuerlicher Aufgaben nicht leisten, (irgend-)einen Aspekt ihres Tätigkeitsbereichs ganz oder teilweise zu vergessen, also ggf. auch nur durch Unachtsamkeit zu vernachlässigen und dadurch allmählich der Verjährung anheimstellen. Sie liefen, wie weiter unten noch näher ausgeführt, Gefahr, dass dies als absichtlicher Regelverstoß bzw. als pflichtwidrige Arbeitsverschleppung geahndet worden wäre. Dem Grundherrn mochte hingegen durchaus ein für die Bauern wichtiges Detail, z. B. eine für ihn ungünstige Bestimmung der Erbpacht, „entfallen". Es konnte von ihm auch etwas aktuell gerade Bedeutsames, z. B. eine fällige Änderung der Frondienste, unbearbeitet liegen bleiben und schließlich so lange hinausgezögert werden, bis die Angelegenheit schließlich als „vergessen" galt. Denn er wählte die *Fragen* aus, die im Sinne einer Weisung von den Hörigen rechtsbindend zu beantworten waren. Und welcher ▶ Unfreie würde im Wissen seiner Abhängigkeit vom Wohlwollen des Grundherrn ein mögliches realitätsverzerrendes Ungleichgewicht zwischen dem Fragen-Stellen-Können des einen und dem Antworten-Müssen der anderen monieren? Wer würde einzufordern wagen, was er ohnehin nur vom Hören-Sagen kannte, weil er den genauen Wortlaut mangels Lesekompetenz nicht nachprüfen konnte?[4]

## 5.1.2 Möglichkeit des Vergessens im Umgang mit dem Inhalt eines Hofweistums

Daraus aber nun zu schließen, dass die Gehöfer, also die zu Frondiensten verpflichteten, hörigen Bauern, generell im Ungewissen über die verschriftlichten Inhalte eines Hofweistums gelassen worden wären, u. a. um ihre Arbeitskraft leichter für die Zwecke des Grundherrn einspannen zu können, trifft so nicht zu.

Statt einer unsicheren, verlustanfälligen In-etwa-Kenntnis des Ganzen lag eher ein patriarchalisch gelenktes und damit *partielles Vergessen induzierendes Teilwissen* vor. Um etwa die leseunkundigen Bauern mit dem Inhalt eines Hofweistums nicht nur en passant bekannt zu machen, sondern die geltende Ordnung auch in ihrem kollektiven Gedächtnis zu verankern, wurden Teile daraus in regelmäßigen Abständen *mündlich* vorgetragen, und zwar durch die Betroffenen selbst bzw. durch den Kreis der dazu vom Grundherrn auserwählten bäuerlichen Schöffen. Deren alltagssprachliche, dem bäuerlichen Weltwissen angepasste Vermittlung schriftlich fixierter Aufgabenstellungen sollte es der Hofgemeinschaft erleichtern, sich zeitüberdauernd in genau dem sozialen Gefüge wiederzuerkennen, das die jeweilige Herrschaft als Basis einer rechtswirksamen Beziehung zu stabilisieren gedachte, z. B. im Hinblick auf Arbeitspflichten des Einzelnen und gemeinschaftliche Verpflichtungen im Rahmen der Frondienste.

---

4   Dessen ungeachtet konnten vermeintliche oder tatsächliche Ungerechtigkeiten gleichwohl in einem der für das Mittelalter nicht ungewöhnlichen Aufstände münden; dieser Aspekt mittelalterlicher Auseinandersetzungen wird hier jedoch nicht weiter thematisiert.

## 5.1 · Weistümer: Vergessen induzierender Regelwerke

Während aber die Erinnerung an mündlich übermittelte Angaben über bereits verschriftlichte Festlegungen (*remembering without experience*; Larsen 1988) bäuerlicher Aufgabenfelder sehr konkret zu sein hatte – und zwar sowohl hinsichtlich der zeitlichen[5] als auch der inhaltlichen[6] Differenzierung sowie einer möglichen Umrechnung in Geldleistungen[7] –, wurde die Herrschaft durch ein Hofweistum lediglich dazu angehalten, *althergebrachte Rechte der Bauern zu respektieren und diese zu halten wie von alters her.*[8] Klar formulierte und überprüfbare Leistungsanforderungen der Gegenwart standen somit zeitlich und inhaltlich vage bleibenden Ansprüchen einer scheinbar zeitlosen Vergangenheit gegenüber. Während die „Pflichten" des Grundherrn also durchaus im Unkonkreten und Ungesagten der lokalen Vorgeschichte allmählich verblassen konnten, war es, wie oben angedeutet, für die Hörigen nicht möglich, ihre fest umrissenen Tätigkeitsbereiche zu „vergessen", und zwar weder als Einzelperson, z. B. bezüglich bestimmter Spann- und Zugdienste, noch im Rahmen kollektiver Leistungen, etwa hinsichtlich des Beitrags der Dorfgemeinschaft für eine erfolgreiche Jagd des Grundherren.

Der narrative Charakter der Gedächtnisbildung über ein Weistum erlaubte somit lediglich dann ein im Stillen verändertes, auf das Hier und Heute abgestimmtes Handeln, solange man im Unbestimmten und Ungefähren verbleiben konnte bzw. durfte. Dadurch blieb auch das Vergessene als solches unerkannt, weil unbenannt. Im Bereich des gegenständlich Bestimmbaren hingegen war, zumindest für die Hörigen,[9] eine der Gegenwart angepasste, d. h. gewünschte, Rekonstruktion von Inhalten durch Vertauschen von Ursachen und Wirkung, Auslassen von Gründen oder Nichterwähnen von Folgen nicht möglich. Dafür sorgte u. a. die institutionell verankerte Auffrischung der Inhalte. Nicht von ungefähr wurde z. B. im spätmittelalterlichen Sponheim[10] mindestens einmal im Jahr von einem ausgewählten Mitglied der Gruppe der Bauern im Beisein des Grundherrn oder seines Vertreters und bei Anwesenheitspflicht aller Abhängigen[11] das geltende Hofrecht samt allen Normen, Regeln und Strafen erklärt, wobei fällig werdende Bußen meist sofort zu begleichen waren (Weizsäcker 1957; Krämer und Spieß 1986). Auch durch Quellen über andere Hofweistümer (z. B. Hinsberger 1989) wird nahegelegt, dass an Möglichkeiten einer effektiven Durchsetzung von vermeintlich oder tatsächlich schriftlich fixierten Bestimmungen nicht zu zweifeln war (z. B. Grimm 1869, S. 443; Algazi 1995).

Man kann somit ein Vergessen *von etwas* am ehesten als *ein stilles Machtmittel* des jeweiligen Grundherrn ansehen, nicht aber als allgemein akzeptiertes, weil bekanntermaßen unvermeidliches Charakteristikum des menschlichen Gedächtnisses per se. Als solches kam es als ein der sozialen Realität untergeordneter Vorgang nicht zur Sprache.

---

5 Beispielsweise im Hinblick auf Dienste, die zwei- oder einmal pro Woche erbracht werden mussten oder nur im Herbst oder/und im Frühling fällig waren etc.
6 So z. B. Transportdienste durch eigene Fahrzeuge sowie gewerbliche Tätigkeit, wie etwa Bier- und Brotzubereitung, und landwirtschaftliche Tätigkeit, wie etwa Arbeiten in Haus und Garten.
7 Letzteres geschah z. B. in Form von Stückzins für überlassene Grundstücke.
8 Dazu gehörte z. B. die Einhaltung einer bestimmten tradierten Art und Weise, in der Weisungen zu übermitteln waren (Krämer und Spieß 1986, S. 274; Algazi 1996, S. 59).
9 Die dazu notwendige aktive Umwidmung vermochte aber, wie weiter unten noch zur Sprache kommen wird, der Grundherr sehr wohl vorzunehmen.
10 Gemeint ist die Vogtei des Klosters, die zur zwischen Rhein, Nahe und Mosel gelegenen Grafschaft Sponheim, auch Spanheim genannt, gehörte. Im Zusammenhang mit dem Kloster wurde 1224 der Ort Sponheim zum ersten Mal urkundlich erwähnt.
11 Im Bezirk des Amtes Cochem z. B. wurden als Entschuldigungsgrund für Nichterscheinen lediglich Krankheit und Wallfahrt akzeptiert (Krämer und Spieß 1986, S. 12).

## 5.2 Vergessen als Ausdruck eines bestehenden Konfliktpotenzials

### 5.2.1 Vergessen – Folge eines ritualisierten Zusammenspiels von Herrschaft und Gehöfer

Angesichts einer traditionell gleichbleibenden Handhabung der Weisungspraxis stellt sich ohnehin die Frage, warum angesichts der *Regelmäßigkeit der Auffrischung der Gedächtnisinhalte durch ein rituell gebundenes Frage-Antwort-Verfahren* bei gleichzeitiger *Präsenz aller Hörigen* überhaupt etwas Bedeutsames vergessen werden sollte, denn der Inhalt wurde dadurch gleich mehrfach vor Verlust zu schützen gesucht: zum einen durch die damit verbundene horizontale *und* vertikale Erinnerungsarbeit, also *in* einer und *über* Generation(en) hinweg, zum anderen durch die *Redundanz des so Vermittelten* durch Schöffen. Durch deren Ausführungen kam der damals bereits gut bekannte Grundsatz zum Tragen, dass ein Vergessen umso weniger wahrscheinlich wird, je ausführlicher, je plastischer und je emotional ansprechender die jeweiligen Inhalte dargelegt wurden (Pritzel 2016) – heute würde man sagen, je mehr ▶ Assoziationen sie erlauben. Und dies war zweifellos der Fall, denn die dazu vom Grundherrn ausgewählten Personen trugen die jeweiligen Rechte und Pflichten nicht etwa vor, indem sie die auswendig gelernte Fassung eines Weistums lediglich „aufsagten" – ein solches Vorgehen wäre der üblichen Praxis mündlicher Weisungen nicht gerecht geworden –, sondern indem die Schöffen erklärten,[12] was sie davon und darüber aus vorherigen Zusammenkünften dieser Art im Gedächtnis bewahrt hatten. Es wurden also Erläuterungen von ortsspezifischen Zusammenhängen und Sachverhalten miteinbezogen sowie Verlautbarungen seitens des Grundherrn integriert. Alles, was es zu sagen gab, wurde somit auf die Gegebenheit des Hofverbandes im Hier und Heute zugeschnitten und dann in Worte gefasst. Während dabei manche der Verkündungen, etwa die von Maßen und Gewichten, lange invariant bleiben konnten, gab es andere, z. B. Regeln über Erbpacht, Bußgelder und Strafen sowie Vereinbarungen über Marktgepflogenheiten, die durch die Erklärung durchaus Änderungen erfuhren.

Eigentlich, so könnte man meinen, sollte bei einem solchen Prozedere nichts Wesentliches vergessen werden. Dazu erscheint es, zumindest auf den ersten Blick, zu durchdacht und bis ins Detail ausgetüftelt. Gerade aber weil ein Hofweistum nicht – wie man ja durchaus auch hätte annehmen können – seitens der gebildeten Herrschaft, also aufgrund von Informationen aus erster Hand, vom Original *abgelesen* wurde, sondern der Dynamik möglicher Veränderungen Rechnung tragend, *mündlich und indirekt* – hier durch weisungsgebundene illiterate Personen – zu übermitteln war, eröffneten sich für den Grundherrn Möglichkeiten einer konfliktarmen Ausblendung unliebsamer Inhalte. So konnten z. B. in der Grauzone zwischen fixierter Schriftlichkeit und seines optionalen Gebrauchs davon in der mündlichen Verhandlung nicht nur *stille Veränderungen durch Verschweigen* greifen. Es wurde dadurch – die Antworten kamen ja aus der Bauernschaft selbst! – auch einem eventuellen Aufbegehren oder passiven Widerstand gegenüber herrschaftlicher Vorgaben (Krämer und Spieß 1986, S. 276) der Wind aus den Segeln genommen. Denn durch das ungesagt Bleibende wurden auch *emotional konnotierte Erinnerungen vermieden*. Letzteres wurde u. a. dadurch erreicht, dass die dazu verpflichteten und von der jeweiligen Herrschaft abhängigen Bauern die entsprechenden Antworten kaum je entsprechend des tatsächlich Erinnerten formulieren konnten. Dies geschah vielmehr in vorauseilendem Gehorsam auf die

---

12 Das Verb „erklären" wurde hierbei in etwa der Weise verwendet, wie wir es heute gebrauchen, wenn davon die Rede ist, dass ein Volk einem anderen „den Krieg erklärt". Man nimmt damit ebenfalls auf ein sehr komplexes Geschehen Bezug.

## 5.2 · Vergessen als Ausdruck eines bestehenden Konfliktpotenzials

entsprechenden Fragen (Müller 2001), d. h., unliebsame Details blieben unerwähnt, willkommen erscheinende wurden ausgeschmückt.

Verantwortlich für diese antizipierende innere Zensur, dieses Verzerren von Inhalten, das ein *selektives Vergessen* zur Folge hatte, waren somit im Wesentlichen gedächtnisferne äußere Umstände. Der Grundherr konnte z. B., anders als die Gehöfer, durchaus bewaffnet zu einer Weisung erscheinen und dadurch signalisieren, dass er jenseits des Zeremoniells – so lange galt die Friedenspflicht – bereit war, Zwangsmittel anzuwenden. Gegebenenfalls wurden auch die bäuerlichen Schöffen, wenn der Obrigkeit eine Antwort missfiel, vom Grundherrn entsprechend eindrücklich „berichtigt". Die Angst vor möglichen Konsequenzen führte in diesem Fall zur Vermeidung und damit zu einem allmählichen Vergessen möglicher konfliktbesetzter Inhalte.

Anders verhielt es sich hingegen mit der Wahrung der in einem Hofweistum ebenfalls enthaltenen Rechte des Bauernstandes gegenüber der Herrschaft. Mit diesen war bestenfalls im wörtlichen Sinne *wie von alters her begehrt* (Krämer und Spieß 1986, S. 281) zu verfahren. Zwar basierte dieser Teil der mündlichen „Erklärung" ebenfalls auf Erinnerungsleistungen der beteiligten *und* vom Grundherrn *zum Sprechen ermächtigten* Personen, die Rekonstruktion vergangener Ausführungen über verbriefte bäuerliche Rechte hing hier jedoch wesentlich von deren Gruppenzusammensetzung ab. Fehlten z. B. aufgrund von Tod oder langer Krankheit wichtige Akteure (Krämer und Spieß 1986, S. 274.), so änderte sich unter Umständen der Inhalt der Aussagen, denn die nun *ausbleibende Erinnerungsleistung* konnte nicht ohne Weiteres durch die anderer Teilnehmer ersetzt bzw. ergänzt werden. Durch den Akt der Verkündung eines Weistums,[13] war ja bereits festgeschrieben, *wer* von der Bauernschaft entsprechend seines Standes überhaupt, und wenn, dann *in welcher Reihenfolge*, sprechen durfte. Es war also keineswegs sichergestellt, dass (irgend-)jemand, der die jeweils infrage stehenden bäuerlichen Rechte gegenüber der Herrschaft (noch) kannte, überhaupt je, geschweige denn *an der passenden Stelle*, zu Wort kommen würde.[14] Letzteres war insofern für ein mögliches Vergessen wichtig, als die rechtswirksame Bedeutung eines Weistums nicht nur davon abhing, *dass* etwas zur Sprache kam, sondern auch davon, *wann* dies im Verlauf des Vorgangs geschah.

Somit kam auch eine Art *institutionalisiertes Vergessen* zum Tragen. Dieses kann man als eine Folge mittelalterlicher Ordnungsprinzipien ansehen, wodurch allem und jedem ein (vor-)bestimmter Platz in der Welt zugewiesen wurde bzw. zuzuweisen war. Da an diesen Vorgaben festgehalten wurde, obwohl sich das gesellschaftliche Gesamtgefüge allmählich diversifizierte und vergrößerte,[15] war dieser Typus des Vergessens in zweifacher Hinsicht unvermeidlich. Es stand für eine *Verarmung* möglicher inhaltlicher Bezüge bei gleichzeitiger *Vergrößerung* des Bezugsrahmens. Entsprechend erfolglos mussten im Nachhinein gesehen die Versuche bleiben, an der Bedeutung erkennbarer Größen in einer sich ändernden Umwelt festzuhalten, sprich ein bestimmtes Bild der Welt zu konservieren. Gegenwärtig stellt man sich ein solches Vergessen in etwa wie folgt vor: Bedingt dadurch, dass die Aussagen mehrerer oder auch nur einzelner

---

13   Die dazu einberufenen Versammlungen hatten rituellen Charakter. Die erklärungspflichtigen Bauern, d. h. die rechtschaffenden Personen (Schöffen), nahmen in einem öffentlichen, für alle beteiligten Gehöfer zugänglichen Raum eine bestimmte traditionelle Aufstellung ein, aus der auch abzuleiten war, wer, wenn überhaupt, sprechen durfte (Krämer und Spieß 1986, S. 7).

14   Heute ist dies z. B. vor Gericht der Fall, wenn etwa der Einwurf einer nicht redeberechtigten Person in der juristischen Argumentationsführung als nicht erfolgt gewertet wird.

15   Man kann sich das mittelalterliche Gesellschafts- bzw. Weltbild in etwa so ähnlich konstant vorstellen, wie wir noch heute die Nachbarschaft von Sternen unseres nächtlichen Himmels als konstant ansehen, obwohl wir wissen, dass sich das Universum laufend ausdehnt, ihre Entfernung voneinander sich also beständig ändert. In beiden Fällen ist für den Einzelnen die Beobachtungszeit jedoch zu kurz, um die Dynamik des Netzwerkes und die daraus entstehenden Folgen erkennen zu können.

bäuerlicher Schöffen – gedacht als Knotenpunkte in einem mnestischen Netzwerk – unbesetzt blieben, entstanden neue assoziative Beziehungen zwischen den verbleibenden Antworten mit entsprechend veränderten synergetischen Verknüpfungen des gesamten Netzwerks. Auf diese Weise bildete dieses eine durch Vergessen induzierte „neue Wirklichkeit" ab.

### 5.2.2 Das Verbot zu „vergessen" verändert das Erinnerte

Dass Ungesagtes im Laufe der Zeit deshalb vergessen wurde, weil diejenigen, die darüber Bescheid wussten, keine Redeerlaubnis erhielten oder Sorge hatten, das Falsche zu sagen, bildete jedoch nur eine Seite der Medaille. Die andere betraf die bereits kurz angesprochene Unterscheidung des Vorgangs des Vergessens selbst. Für den jeweils „erklärenden" bäuerlichen Schöffen stellte es nämlich ein *prinzipiell unlösbares Problem* dar, entsprechend der internalisierten Unterscheidung von *ständischem Selbst* – hier ein „rechtschaffener Untertan zu sein" – und *Ich-Identität* – hier z. B. als Familienvater zu handeln. In der Rolle des Schöffen durfte er nichts vergessen, m wohl aber in der Rolle des Familienvaters. Nur im häuslichen Umgang galt Vergessen somit als ein alltäglich akzeptiertes, weil ohnehin nicht zu vermeidendes Phänomen. Im Rahmen eines ständischen Selbst, also im semiöffentlichen Raum, auf Weisung des Grundherrn agierend, kam ein „Vergessen" hingegen nicht infrage. Es wurde dem handelnden Schöffen schlichtweg nicht zugebilligt, seine ihm persönlich zugedachte, zur Verinnerlichung angetragene Aufgabe und damit *sich selbst* zu vergessen. Gemeint war, zerstreut und gedankenverloren oder geistesabwesend zu handeln und damit etwas zu vergessen, das als Teil des Selbst eigentlich unvergesslich war. Denn, so wurde argumentiert, wie man beispielsweise nie vergessen würde, welches Geschlecht man habe, könne man auch nie vergessen, wie entsprechend des eigenen Standes zu handeln sei. Käme es dennoch vor, bliebe ein für den Grundherrn erwähnenswerter Sachverhalt unberücksichtigt, so handele es sich um *Selbstvergessenheit*,[16] verstanden als Mangel an verinnerlichter Akzeptanz der zugewiesenen sozialen Rolle und damit als Missachtung bestehender Normen, wenn nicht gar als stillschweigende Rebellion gegen die Herrschaft (Algazi 1995, S. 394). Dies sei entsprechend zu ahnden.

Diese herrschaftliche Auffassung von bäuerlichem Vergessen, das es bestenfalls als Ausdruck einer unbotmäßigen Zerstreutheit, möglicherweise aber auch als einer stillschweigend Fakten und Geschehnisse unterschlagender Widersetzlichkeit brandmarkte, diente vermutlich durch die damit verbundene Einschüchterung bzw. Verunsicherung der erklärenden bäuerlichen Schöffen der Stabilisierung bestehender Abhängigkeitsverhältnisse. Das „Verbot zu vergessen" war, so gesehen, von der Sorge getragen, ansonsten die Handhabe zu verlieren, um zwischen Nicht-mehr-Wissen und Nicht-mehr-Wollen oder Nicht-mehr-Können zu unterscheiden. Zu vermeiden war das Phänomen dadurch natürlich nicht. Es führte lediglich dazu, das Gedächtnis noch intensiver zu durchforsten und alles Erinnerte, das nicht eindeutig als erwünscht galt (Müller 2001), auch nicht weiterzutragen. Somit wurden Inhalte – der Schwäche der eigenen Position geschuldet – wider besseres Wissen aktiv unterdrückt. Ein gutes Individualgedächtnis war so gesehen für die Bildung eines kollektiven Vergessens geradezu unabdingbar. Zumindest wurde im Laufe der Zeit das persönlich Verschwiegene im öffentlichen Raum insoweit vergessen, als es keine redeberechtigten Weisungsteilnehmer mehr gab, die sich noch daran erinnerten und dies ggf. zu äußern wagten. In der Bauernschaft selbst kursierte hingegen weiterhin ein mündlich weitergegebenes

---

16 Heute würde man Selbstvergessenheit vermutlich eher als aufmerksame, aber weltabgewandte Vertiefung in eine bestimmte Angelegenheit, nicht aber als Vergessen bezeichnen. Eine gewisse Ausblendung des eigenen Ich wurde z. B. von Goldberg und Kollegen (2006) im Gehirn festzumachen versucht.

Wissen um ein „erzwungenes Vergessen", d. h. um die ▶ Unterdrückung bestimmter Inhalte.[17] Insofern veränderte sich die Zusammensetzung kollektiver Gedächtnisinhalte, denn das, was offiziell erinnert wurde, und die Tatsache, dass es inoffiziell noch weitere erinnerungswürdige Inhalte gab, vermischten sich zu einem kognitiv-emotional neu besetzten Ganzen.

### 5.2.3 Vergessen – eine Folge des alltäglichen Zusammenspiels von Herrschaft und Hörigen

Die durch eine Weisung vermittelten Inhalte änderten sich aber nicht nur, weil mögliche Akteure fehlten oder Inhalte vorauseilend „geschönt", also bestimmte, für das Vergessen relevante Verhaltensweisen bereits internalisiert worden waren. Sie änderten sich auch durch die ganz konkrete Art und Weise des Zusammenspiels zwischen Herrschaft und Gehöfer.

Vom Grundsatz her war diese rechtswirksame Erinnerungsarbeit von Grundherrn und Bauern zwar durchaus gemeinsam zu leisten. Eine *Offenlegungspflicht der Gedächtnisinhalte* – die Möglichkeit des Vergessens wurde, wie oben ausgeführt, ja generell in Abrede gestellt – bestand aber nur seitens der präsenzpflichtigen bäuerlichen Teilnehmer. Nur diesen war es auf der anderen Seite aber auch untersagt, im Falle einer Verhinderung eigenmächtig für Ersatz zu sorgen – das hätte ja die Zusammensetzung eines kollektiv zu bildenden Gedächtnisses in einem anderen Sinne verändern können, als es dem Grundherrn genehm war. Somit konnte ggf. nicht alles offengelegt werden, was zu einem bestimmten Zeitpunkt Gegenstand bäuerlichen Wissens um eine Angelegenheit in der Vergangenheit war. Der Grundherr hingegen war allemal befugt, sich vertreten zu lassen. Dadurch konnten wiederum immer nur die Inhalte zur Offenlegung auf die Tagesordnung gesetzt werden, von denen der Grundherr *und/oder* dessen Vertreter wusste. Denn nur diese hatten die jeweils relevanten Fragen auszuwählen, sie in einer festliegenden rituellen Form zu stellen und die erhaltenen Antworten zu bestätigen bzw. zu verwerfen. Umfang und Qualität der Kommunikation zwischen diesen beiden entschied somit zwischen einem Sowohl-als-auch und einem Entweder-oder verschiedener Fragestellungen. Dadurch aber war die Zusammensetzung der Zuhörerschaft letztlich nicht nur, wie oben erwähnt, seitens der Bauernschaft, sondern auch seitens der Grundherrschaft mitentscheidend für das entstehende Gedächtnisprodukt.

Diese Gemengelage von selektiven Fragen *und* selektiven Antworten ließ im Laufe der Zeit *unterschiedliche Versionen ein und desselben Sachverhalts* entstehen, machten sie aufgrund konkurrierender Gedächtnisinhalte für Vergessen also noch anfälliger, als sie es ohnehin schon waren: Es galt ja für die bestellten Schöffen jeweils ganz genau zu differenzieren, was zwar gesagt werden könnte, aber ggf. nicht durfte, wobei die Entscheidung darüber, was von Fall zu Fall oder unter allen Umständen zu unterbleiben hatte, zu treffen war, *ohne* dabei gleichzeitig etwas Wichtiges „wirklich" zu vergessen. Anders als für den Grundherrn kam für sie auch ein „vorübergehendes Verschweigen", sprich die Verzögerung einer Antwort auf eine rituell gestellte Frage aufgrund mangelnder Information, nicht infrage. In diesem Fall konnte der Grundherr z. B. eine Frist von Tagen oder Wochen setzen, innerhalb derer die Antwort zu erfolgen hatte, ehe die Weisungspflicht durch Strafmaßnahmen erzwungen wurde. Seitens der Herrschaft konnten durch

---

17 Algazi (1995) gibt dafür als Beispiel an, dass der Graf von Sponheim in einer Weisung von 1422 von den Schöffen verlangte, als Regelwidrigkeit anzuerkennen, dass seine gräflichen Rechte in einer bestimmten Angelegenheit missachtet worden waren. Die Juroren schworen das zwar, es blieb aber auch der Inhalt der Weisung vor diesem Bestehen auf Anerkennung einer Regelwidrigkeit im Gedächtnis der Bauern. Die „richtige", weil durch Schwur erzwungene Weisung und die Fassung, die von „Vätern und Vorvätern" bekannt war, existierten fortan nebeneinander her.

ein „vorübergehendes Verschweigen" – hier in Form lange nicht gestellter Fragen – unliebsame Inhalte durchaus einem allmählichen Vergessen zugeführt werden.

Dass diese Verbindung von zeitweisem Verschweigen bzw. Nicht-auslassen-Dürfen einerseits und einem tatsächlichen, aber undurchführbaren Verbot, etwas zu vergessen, andererseits auf das Erinnerungsprodukt zurückwirkte, ist nicht nur naheliegend, es ist praktisch unausweichlich. Die Weisungspraxis bildete, gerade weil sie aus einem das jeweilige Machtgefüge erhaltende asymmetrischen Frage-Antwort-Ritual bestand – ein Brauch, in dem das ursprüngliche Hofweistum lediglich Ausgangspunkt einer komplexen sowohl sozial als auch politisch und rechtlich begründeten Erinnerungsarbeit bildete –, für ein „von oben gelenktes", *kollektiv verordnetes Vergessen* einen geradezu idealen Nährboden.[18]

Weitgehend resistent gegen ein solches, zunächst allumfassend erscheinendes, Vergessen blieben indes die damit einhergehende Gefühle, etwa die aus o. g. Abhängigkeit resultierenden ▶ Empfindungen ungerechter Behandlung. So wurden z. B. die Inhalte eines Hofweistums, die zum Gegenstand bäuerlichen Gedächtnisses gerinnen sollten, durch das Rederecht nicht nur insoweit kontrolliert, als dieses *willkürlich*, d. h nach Gusto des Grundherrn, unter den Senioren der Gehöfer verteilt zu werden schien. Konfliktstoff war auch dadurch vorgegeben, dass dieses Recht von vornherein zugunsten der Herrschaft ausgestaltet war, etwa indem sie innerhalb der inhaltlichen Grenzen eines Weistums praktisch beliebig viele Fragen stellen konnte, ein bäuerlicher Schöffe hingegen nur dann sprechen durfte, *wenn* er angeredet wurde, *weil* man von ihm eine relevante Antwort zur Sache erwartete. Da sich hierbei nur selten die Möglichkeit einer geduldeten Antwortverzögerung als Ausdruck des Zweifels oder gar die Chance zur Gegenfrage ergab, wirkte das entstehende Unbehagen auf die emotionale Codierung in der Erinnerung an den Inhalt gleich doppelt zurück: Der Grundherr hatte ja neben dem *Recht zu fragen* auch das *Recht auf* eine *ihm genehme, angemessene Antwort* zur Seite. Er konnte also eine zweifache Sicherung bei der Wahrung gewünschter Inhalte vornehmen, sprich das vorgegebene Ungleichgewicht im Frage-Antwort-Ritual als Mittel verwenden, um Unerwünschtes förmlich *vergessen zu „machen"*.

Mochte der Grundherr aber auch noch so sehr das Wahrheitsempfinden seiner Untertanen verletzen, deren Erinnerungsvermögen negieren und so über die Zeit hinweg ein Vergessen zu erzwingen suchen, dieser Teil der Weisungspraxis bildete für die Gehöfer letztlich nur *einen Teil des erinnerten Ganzen*: Denn die kognitiv-emotional vielfach verflochtenen Gedächtnisinhalte getätigter bzw. unterlassener Aussagen über Weide- und Wasserrechte, Ackernutzung, Frondienste etc. wurde seitens der betroffenen Bauern in die Erinnerung der damit einhergehenden, keinesfalls nur negativ konnotierten Zeremonie eingebunden. So bleiben den Beteiligten, neben dem eigentlichen „Kernanliegen" eines Weistums, dem semantischen Inhalt des Übermittelten über Normen und Regeln, z. B. auch die kleinen persönlichen Freiheiten im Rahmen des damit verbundenen rituellen Versammlungsfriedens[19] im ▶ Gedächtnis haften. Sie erinnerten sich sehr wahrscheinlich des dazu gehörenden gemeinsamen Mahles mit der Obrigkeit sowie der Umstände ihrer Beherbergung, denn als Gehöfer waren sie für die Zeit der Weisung oft verpflichtet, dem Grundherrn Speise und Nachtlager anzubieten und seine Reit- und Zugtiere zu versorgen. Insofern wirkte auch die Erinnerung an das Geben und Nehmen innerhalb des sozialen Kontexts auf das entstehende Gedächtnisprodukt zurück. Hinzu kam unweigerlich die Wirkung des Alkohols,

---

18 Dem dadurch zum Ausdruck kommenden Drang nach Durchsetzung eigener Interessen seitens der Herrschaft waren u. a. dadurch Grenzen gesetzt, dass Bauern, die sich ungerecht behandelt fühlten, ggf. das Hofgut verlassen konnten, wodurch das Funktionieren des Wirtschaftsverbands infrage gestellt worden wäre. Dadurch waren auch einem „verordneten Vergessen" bestimmte Grenzen gesetzt.

19 Zur feierlichen Proklamation des Versammlungsfriedens für die Zeit der Weisung gehörte z. B. auch das Wissen darüber, dass auch den grundherrlichen Machtbefugnissen bestimmte Grenzen – hier der Frieden – aufgezeigt waren.

## 5.2 · Vergessen als Ausdruck eines bestehenden Konfliktpotenzials

der in der Versammlungsrunde meist ausgiebig floss.[20] Alles in allem wurde das Gedächtnis der Teilnehmer an dieses rituelle, Gemeinschaft stiftende Ereignis somit in ganz bestimmte Situationen und der darin zum Ausdruck kommenden Verhaltensweisen[21] eingebunden.

Nicht nur während, auch bereits im Vorfeld des eigentlichen rituellen Geschehens *beeinflussten bestimmte Kommunikationsstrategien ein späteres Vergessen*. Dies geschah z. B. dadurch, dass seitens der Gehöfer frühzeitig Zeichen der Loyalität und Unterwerfung ausgesandt wurden. Der Grundherr konnte somit durch die Gebärdensprache bäuerlicher Versammlungsteilnehmer schon im Vorhinein wichtige Hinweise dafür gewinnen, wer zur Erinnerung an ein Weistum aufgefordert werden könnte und wer nicht. Die dann ausgewählten, d. h. *aussagewilligen*, bäuerlichen Schöffen wurden zum Teil noch vor Beginn der eigentlichen Verkündung zusätzlich „ermahnt", innerhalb, und nur innerhalb der als geltendes Recht angesehenen Grenzen nach Erinnerungen zu suchen. Nicht selten mussten sie schwören, dass nur die vom jeweiligen Grundherrn gegenwärtig akzeptierte Auslegung eines Weistums die einzig richtige und deshalb erinnerungswürdige sei, alle Vorgängerfassungen also zu verwerfen wären. Durch ein solch im Vorhinein *gekauftes Vergessen* konnte zumindest in bestimmten Teilen eines Weistums die Faktenlage seitens des Grundherrn neu bestimmt werden und damit altes Wissen um Möglichkeiten und Grenzen der Wahrheitsfindung vorausgegangener Versammlungen mit einem Mal verloren gehen.

Aus diesem Zusammenspiel der „gelenkten Erinnerung" an vorgegebene Normen und Riten innerhalb des bestehenden Ordnungsgefüges, verbunden mit einer variablen emotionalen Bewertung jenseits dieser Vorgaben, resultierten seitens der Bauern entsprechend viele Formen des Vergessens. Indem z. B. Themen, die der Grundherr nicht zu behandeln wünschte, von einem bestimmten Zeitpunkt an *verschwiegen* wurden, fehlte dem bäuerlichen Kollektiv zwar die für ein Erinnern unerlässliche *Wiederholungsmöglichkeit*. Ein solches *Vergessen durch aktive Ausblendung von Fakten* blieb aber oft unvollständig, da die Beteiligten ja ebenfalls im Gedächtnis behielten, dass aufgrund des sie einschränkenden Rederechtes nicht alles, was in ihrem Kreis erinnert wurde, auch in Weistumsversammlungen gesagt werden konnte. Und selbst in den dort gegebenen Antworten steckte – nicht zuletzt angesichts der Kulisse eines bedrohlichen Machtgebarens – im Wesentlichen lediglich der Schlüssel für eine realitätsorientierte Anpassung, sprich Verzerrung, des Erinnerungsgefüges. Zur Unterschlagung von bestimmten Inhalten kam also fast unvermeidlich ein *Vergessen durch gedächtnisferne Restrukturierung des Inhalts* hinzu.

Bedingt durch die doppelte Buchführung, mit der die Gehöfer zwischen offiziellen und inoffiziellen Gedächtnisinhalten zu differenzieren suchten, kam es trotz der oben erwähnten horizontalen und vertikalen Vernetzung der Inhalte zu Auslassungen und Verwechslungen, die ein *negierender Umgang mit konkurrierenden Inhalten*, hier verstanden als *learning to forget*, mit sich bringt. Was davon letztlich als Gedächtnisprodukt übrig blieb, erwies sich allerdings als außerordentlich resistent. Denn aus einem offiziellen selektiven Vergessenmüssen von Fakten bei gleichzeitigem Erhalt der Erinnerung an die jeweiligen Umstände *und* an diejenigen Inhalte, die jeweils hinter vorgehaltener Hand weitergetragen wurden, entstand ein emotional aufgeladenes kommunikatives Gedächtnis darüber, das sich jenseits aller Überprüfbarkeit und damit auch jenseits aller Widerlegbarkeit unter Umständen über Generation hinweg hielt.

---

20 An manchen Orten wurde z. B. ein verspätetes Erscheinen auf diesen Versammlungen mit einer Strafgebühr bedacht, die in Wein zu entrichten und sofort zu genießen war. Auch war, da die Anwesenden in Alkohol umzurechnende Vorteile davon hatten, damit zu rechnen, dass fehlende Mitglieder denunziert wurden, um die fällige Strafgebühr bereits im Vorhinein konsumieren zu können.

21 Man bezeichnet dies als *stimulus-bound behaviors*, womit nicht gesagt ist, dass generell eine wein- oder bierselige Erinnerung die verdeckte Bedrohung durch das Herrschaftsgefüge verschleierte.

Weisungen stellten somit in gewissem Sinne einen Zerrspiegel ungelöster Konflikte dar, indem Probleme der Vergangenheit zu lösen gesucht wurden, indem man von oben, wenn auch nur teilweise erfolgreich, vorgab, woran sich die jeweiligen Untertanen zu erinnern hatten. Diesem Zwang konnte weder durch Schweigen – das wäre als stiller Aufruhr geahndet worden – noch durch Unwissenheit begegnet werden; in letzterem Fall wurde die „richtige" Antwort vorgegeben. Es konnte lediglich versucht werden, eine verdeckte inoffizielle Erinnerung daran zu bewahren, die ihrerseits jedoch mit allen Schwächen eines kommunikativen Gedächtnisses behaftet war. In einem solchen verschwimmen z. B. die Grenzen mnestischer und außermnestischer Einflüsse auf das Vergessen umso mehr, je mehr im Überschneidungsbereich individueller und kollektiver Gedächtnisbildung emotional konnotierte Variablen, z. B. Ohnmacht und Angst, an Bedeutung gewinnen.

Ziemlich sicher kann man sich indes darin sein, dass *ein Teil der Verkündungen* von Weistümern, gerade weil ihm eine bestimmte Strukturierung eines immer gleichbleibenden rituellen Handlungsablaufs bereits innewohnte, generell die Erinnerung daran erleichterten. Durch die Dominanz der dadurch zum Tragen kommenden semantischen *und* episodisch-autobiografischen Gedächtnissysteme – sie alle waren in einem solchermaßen *ritualisierten Frage-Antwort-Spiel* involviert – wurde das verbale Gedächtnis aller Beteiligten gestärkt, war ein Vergessen dessen, was vom Grundherrn gewünscht war, wenig wahrscheinlich.

Ein weiterer gedächtnisstützender Aspekt lag vermutlich auch in der von der Herrschaft gewünschten *Konservierung des alten Rechtes* von o. g. Teilbereichen des Weistums. Deren Wiederholung durch lange gleichbleibende Schöffen – und das bedeutete auf die immer gleiche Weise – kam einer Repetition bekannter überlieferter Inhalte durch sog. Überlernen gleich. Zusätzlich gesichert wurde dieser gedächtnisstabilisierende Effekt durch Verankerung im Gedächtnis in und zwischen den Generation(en). Nicht zuletzt unterstrich auch die Anwesenheit des Grundherrn während des Weisungsrituals die Bedeutung des Vermittelten für alle Beteiligten, wodurch die Menschen aufmerksam blieben (▶ Aufmerksamkeit). Alles zusammen – die stetige Wiederholung, verbunden mit dem Wissen um die Bedeutung des Gesagten – war der Gedächtnisbildung zweifellos dienlich.

### 5.2.4 Vergessen als Schlüssel für eine konfliktarme Interpretation der Gegenwart

Soweit es das Vergessen anging, lag dessen gesellschaftspolitische Bedeutung darin, die Gegenwart als Maß für jegliches Handeln machen zu können. Dazu gehörte z. B. der oben angesprochene Sachverhalt, ehemals unter Druck zustande gekommene mündliche Aussagen unkorrigiert in die Gegenwart zu überführen und dadurch bestimmte Inhalte zu verschweigen. Dies war Teil des Bemühens, *Vergangenheit und Gegenwart unauflöslich zu vermischen*, um das jeweils gewollte Hier und Jetzt so darzustellen, als habe es seit jeher bestanden. So blieb z. B. auch Neuankömmlingen unter den Hörigen keine andere Möglichkeit des Erwerbs tradierter Inhalte, als das bestehende gegenwärtige „Gruppengedächtnis" über ein Weistum für bare Münze zu nehmen. Dies war systemimmanent so gewollt. Da zudem Ort und Zeit von gedächtnisbildenden präsenzpflichtigen Versammlungen vorgegeben waren, konnten auch leicht, weil im Beisein aller Gehöfer, alternative, sog. wilde Versammlungen untersagt werden. Eine *konkurrierende Gedächtnisbildung* des bäuerlichen Kollektivs wurde somit so effektiv wie möglich zu unterbinden gesucht – als „wahr" sollte nur das gelten, was während des dafür vorgesehenen gemeinschaftsstiftenden Weisungsrituals an- bzw. ausgesprochen wurde.

Mit durch die gewollten Abweichungen zwischen dem gesprochenen und dem geschriebenen Wort, der Auflösung von Gegenwart und Vergangenheit, der Unterscheidung zwischen tatsächlichem Inhalt und der diesem zugeschriebenen Bedeutung waren schließlich bestimmte Fakten und Zusammenhänge durch kollektives Vergessen schlichtweg *unsichtbar* gemacht worden. Was blieb, war der gewollte Eindruck, an bestimmten Weisungen habe sich letztlich im Laufe der Zeit nicht viel verändert. Als ein solchermaßen in sich widersprüchliches System zur (Re-)Produktion der Vergangenheit formte die Weisung letztlich die Vorzeit auf eine ganz besonderen Art und Weise: Ferne Ereignisse galten nicht als in sich geschlossene, abgeschlossene, Tatsachen. Die Kommunikation darüber war semizirkulär, d. h., deren Bedeutung für die Gegenwart wurde immer wiederholt, obwohl das, was geschehen war, „eigentlich" nicht wiederholbar war. Indem stets die gleichen vorgegebenen Fragen ausgesprochen, aber durch die gelenkten Antworten dennoch immer neue Normen gesetzt wurden, versuchte man diesen eine aus der Vergangenheit begründete, gegenwartsbezogene Verbindlichkeit zu geben.

Dies war u. a. deswegen möglich, weil das angewandte Frage-Antwort-System kaum eine Differenzierung in eine jüngere, evtl. noch relevante, und eine ältere, längst überholte, Vergangenheit ermöglichte. Im Gegenteil, das alle Unterscheidungen überwölbende *seit alters her geltende Recht* des jeweiligen Grundherrn verwischte mögliche Unterschiede. Es blieb zumindest im Umgang mit den Gehöfern[22] zeitlich im Unbestimmten. Gelenkt durch bestimmte Fragen und Antworten der Bauern konnten dadurch auch jeweils momentan praktizierte Vorgehensweisen so dargestellt werden, als wären sie schon seit jeher Usus gewesen. So gesehen beinhaltete eine Weisung nicht nur Angelegenheiten, die bereits der Vergangenheit angehörten, aber in die Gegenwart hineinreichten, sondern auch solche, die aufgrund ihrer offenkundigen Praktikabilität im gelebten Jetzt als *seit jeher sinnvoll* ausgegeben wurden.

Die dabei in Anspruch genommene Tradition war somit weniger Produkt einer das Gute am Alten bewahrenden Kultur, sondern eher Folge einer bestimmten sozialen Konstellation. Denn wer diese Herrschaftsfunktionen ausübte, konnte daraus die Legitimation ableiten, die Vergangenheit als eine in die Vergangenheit weisende Erweiterung für die eigenen Bedürfnisse in der Gegenwart zu betrachten. Diesem Ziel diente jedes einzelne gezielte, selektive Vergessen eines bestimmten zeitlich-räumlichen definierten Inhalts. Unterstützt wurde diese Absicht durch die Tradition scheinbar unendlicher Regression des Berichtens über das Berichtete von Berichten über Generationen von bäuerlichen Schöffen hinweg. Denn aufgrund bestehender Ähnlichkeit in den Ausführungen konnten einzelne Aussagen weggelassen oder ausgetauscht werden, ohne dass dies dem einzelnen Zuhörer notwendigerweise als Irrtum ins Auge stach. Somit war für die Bauern auf der einen Seite die erlebte Vergangenheit nicht mehr greifbar – wie wollte man sich auch gegen einen Verlust wehren, der als solcher kaum noch bestimmbar war? Auf der anderen Seite stand – gewissermaßen als aktiver Beitrag der Negierung historischer Tatsachen – das Nichtvergessen-Dürfen einer konstruierten Gegenwart!

Was den Hörigen blieb, um diesem Ansinnen, Vergessen sei ein *krimineller Akt der Selbstvergessenheit*, entgegenzuwirken, war lediglich der Verweis auf ein allen, Herren und Gehöfern, gemeinsames „altes Recht", ein Recht, das vor jeder Verschriftlichung, *seit jeher* bestanden habe. Dieses Streben danach, dem *angeordneten Erinnern* entgegenzusteuern, bezog sich auf eine fiktive, gemeinsame Vergangenheit von Herr und Knecht in „grauer Vorzeit", auf ein

---

22 Im öffentlichen Raum war es gleichwohl wichtig, ehemals mündliche Weisungen zu einem bestimmten Zeitpunkt im Rahmen eines Weistums zu verschriftlichen. Sie zeugten von da an von einem bestimmten Herrschaftsanspruch, der unter Umständen auch als Beweismittel vor Gericht verwendet, verändert bzw. korrigiert und erweitert werden konnte (Krämer und Spieß 1986, S. 18).

gemeinschaftliches Wissen, das der Hofgemeinschaft als Ganzer *seit jeher innewohnte*. Indem man einen alten gemeinsamen Rechtsraum zu konstruieren versuchte, einen, der jenseits des Einflussbereichs des jetzt lebenden Grundherrn lag, berief man sich gleichzeitig auf eine gemeinsame nicht konfliktbeladene Vergangenheit jenseits aller messbaren Zeitpunkte. Und ein solch „altes zeitloses Recht", das folglich seit jeher und immer galt, vergessen, d. h. nicht beachten, zu können, wurde als undenkbar angesehen. Diese Vorstellung eines kollektiven Gedächtnisses im Sinne eines archaischen Erbes im Wissen aller Menschen, die für uns heute u. a. mit der Psychoanalyse Jungs (Jacoby 1977) an Bedeutung gewann, war somit bereits im Denken der Menschen des Mittelalters geläufig. Sie sollte einem kollektiven Vergessen entgegenwirken. Letztlich aber stammte die gedächtnisbegründete Bezugnahme auf eine gemeinsame Vergangenheit ebenso aus dem „Nirgendwo" einer nicht greifbaren Vorzeit wie die diversen Forderungen der Grundherren. Sie trafen sich beide in der Grauzone des *Erinnerns an angeblich Erinnertes bzw. an angeblich ohnehin Festgeschriebene*s und machten so das Vergessen zu einem im Verborgenen wirkenden Architekten von Begründungszusammenhängen der Gegenwart.

**Schlussbetrachtung**

Ein Weistum kann man als eine schriftliche Fixierung einer mündlichen Tradition betrachten, die eine Art „Momentaufnahme" eines sehr komplexen, verschiedene Widersprüche in sich tragenden Überlieferungsgeschehens darstellt. Es wird regelmäßig, wenn auch dem vorhandenen Machtgefälle entsprechend, asymmetrisch hinterfragt, wobei in Anwesenheit des Grundherrn die Aussagen der bäuerlichen Schöffen in einen Wirkungszusammenhang von Faktenwissen, bildhafter Wahrnehmung, persönlicher Teilnahme am Geschehen und möglichen Folgen bei unbotmäßigem Verhalten eingebunden sind. Hinzu kommt eine zwangsläufig auftretende Vermischung von Individual- und Kollektivgedächtnis hinsichtlich des öffentlich Akzeptierten und des persönlich Erlebten.

Als ein gedächtnisrelevanter Aspekt der Weisungspraxis ist in erster Linie das damit verbundene Ritual zu nennen, das auf der einen Seite optimale Bedingungen für Einspeicherung und Abruf aus dem Gedächtnis bereithält: Durch den Vorgang wird dafür gesorgt, dass alle Personen, die zu Gedächtnisträgern bestimmt wurden, multisensorische Informationen über das Geschehen erhalten – die Bildhaftigkeit der gesprochenen Sprache wird ergänzt durch nonverbale Informationen, z. B. bedrohliche Gesten des Grundherrn, und eine emotional ansprechende Gestaltung des Handlungsraumes. Auf der anderen Seite jedoch wohnt dem Weisungsritual auch eine Fülle von gedächtnisverfälschenden und unterdrückenden Komponenten inne, die, beabsichtigt oder nicht, eine mögliche Rekonstruktion der Realität erschweren: Es wird gedroht und verschwiegen, Erinnerung wird erzwungen, Vergessen „verboten" und nicht zuletzt die physikalisch messbare Zeit zwischen Gegenwart und einem Ereignis in der Vergangenheit nach Belieben gestreckt oder gestaucht. Die daraus resultierenden von einer Generation zur nächsten weitergegebenen Inhalte – dieses Konglomerat von Überlieferungen, Zurückweisungen und Neufassungen einerseits sowie festen Redeformeln und einem rituellen Ablauf andererseits – spiegeln einen komplexen sozialen, politischen und rechtlichen Prozess wider, in den ganz unterschiedliche Spielarten des Vergessens die kollektive Erinnerung daran modifizieren.

**Literatur**

Algazi, G. (1995). Sich selbst vergessen im späten Mittelalter: Denkfiguren und soziale Konfigurationen. In O. G. Oexle (Hrsg.), *Memoria als Kultur* (S. 387–427). Göttingen: Vandenhoeck und Ruprecht.

Algazi, G. (1996). *Herrengewalt und Gewalt der Herren im späten Mittelalter: Herrschaft, Gegenseitigkeit und Sprachgebrauch*. Frankfurt/Main: Campus Verlag.

# Literatur

Assmann, A., & Harth, D. (Hrsg.) (1991). *Mnemosyne. Formen und Funktionen kultureller Erinnerung*. Frankfurt am Main: Fischer.

Berns, J. J., & Neuber, W. (Hrsg.). (1993). *Ars memorativa. Zur kulturgeschcichtlichen Bedeutung der Gedächtniskunst 1400–1750*. Tübingen: Niemeyer.

Blickle, P. (Hrsg.). (1977). *Deutsche ländliche Rechtsquellen. Probleme und Wege der Weistumsforschung*. Stuttgart: Klett-Cotta.

Hajdu, H. (1936/1967). *Das mnemotechnische Schrifttum des Mittelalters*. Amsterdam: Bonset. Unveränderter Nachdruck der Ausgabe Leipzig 1936.

Hinsberger, R. (1989). *Die Weistümer des Klosters St. Matthias in Trier*. Stuttgart: Fischer.

Jacoby, J. (1977). *Die Psychologie von C. G. Jung*. Stuttgart: Fischer.

Krämer, C., & Spieß, K. H. (1986). *Ländliche Rechtsquellen aus dem Kurtrierschen Amt Cochem*. (Geschichtliche Landeskunde, Veröffentlichungen des Instituts für geschichtliche Landeskunde an der Universität Mainz, Band 23). Stuttgart: Franz Steiner.

Goldberg, II., Harel, M., & Malach, R. (2006). When the brain loses its self. Prefrontal inactivation during sensory-motor processing. *Neuron, 50*, 329–339.

Grimm, J. (Hrsg.). (1869). *Weisthümer. Sechster Teil*. Gesammelt von Jacob Grimm. Göttingen: in der Dieterichsechen Buchhandlung.

Müller, J. (2001). *Höre, was ich nicht sage: die Aufdeckung unserer verschlüsselten Verhaltensweisen*. Stuttgart: Steinkopf Verlag.

Larsen, S. L. (1988). Remembering without eperience: Memory for reported events. In U. Neisser (Hrsg.). *Remembering reconsidered: Ecological and traditional approaches to the study of memory* (S. 326–355). Cambridge: Cambridge University Press.

Le Goff, J. (1984). *Für ein anderes Mittelalter: Zeit, Arbeit und Kultur im Europa des 5. – 15. Jahrhunderts*. Frankfurt/a. M.: Ullstein.

Oexle, O. G. (Hrsg.). (1995). *Memoria als Kultur*. Göttingen: Vandenhoeck und Ruprecht.

Pritzel, M. (2016). *Die akademische Psychologie. Hintergründe und Entstehungsgeschichte*. Heidelberg: Springer.

Weizsäcker, W. (1957). *Pfälzische Weistümer*. Veröffentlichung der Pfälzischen Gesellschaft zur Förderung der Wissenschaft Band 36. Speyer: Verlag der Pfälzischen Gesellschaft zur Förderung der Wissenschaft in Speyer.

Wenzel, H. (1995). *Hören und Sehen, Schrift und Bild. Kultur und Gedächtnis im Mittelalter*. München: Beck.

Werkmüller, D. (1972). *Über Aufkommen und Verbreitung der Weistümer: Nach der Sammlung von Jacob Grimm*. Berlin: Schmidt.

Yates, F. A. (1990). *Gedächtnis und Erinnern, Mnemotechnik von Aristoteles bis Shakespeare*. Weinheim: VCH.

# Vergessen und Körperbezug

| | |
|---|---|
| Kapitel 6 | Vergessen: Der Wandel im neurowissenschaftlichen Verständnis eines vielschichtigen Phänomens – 151 |
| Kapitel 7 | Umgang mit Fragen des Vergessens in physiologischen nichtneuronalen Systemen – 167 |
| Kapitel 8 | Epigenetische Korrelate des Vergessens – 185 |
| Kapitel 9 | Vergessen im Immunsystem: Eine Frage der Passung interagierender Systeme – 207 |
| Kapitel 10 | Schlussbetrachtung: Plädoyer für ein neues Verständnis des Vergessens – 219 |
| Kapitel 11 | Erklärung Ausgewählter Fachbegriffe – 229 |

# Vergessen: Der Wandel im neurowissenschaftlichen Verständnis eines vielschichtigen Phänomens

© Springer-Verlag GmbH Deutschland 2017
M. Pritzel, H.J. Markowitsch, *Warum wir vergessen*,
DOI 10.1007/978-3-662-54137-1_6

**Zusammenfassung**
In diesem Kapitel wird dargestellt, dass sich die verschiedenen Befunde über Vorgänge des Vergessens in physiologischen Systemen als so vielgestaltig erweisen, dass man sie kaum mit einem *fehlenden oder fehlerhaften Abbild von etwas* umschreiben oder gar damit gleichsetzen könnte. Vergessen ist vielmehr als eine Form neuronalen Geschehens aufzufassen, die zunächst einmal anders ist als jene, die Gedächtnisvorgänge zum Ausdruck bringt. In ähnlicher Weise, wie wir den „blinden Fleck" im Auge nicht als „visuelle Leere" wahrnehmen, vermögen wir offenbar auch *keine Aussage über etwas* durchaus sinnvoll in Verhaltensabläufe zu integrieren. Physiologisch betrachtet würde man in diesem Fall indes eine bestimmte neuronale Aktivität annehmen, die zu anderen Koinzidenzeffekten geführt hat als jene, die das Erinnerte auszeichnen.

Wie nachstehend anhand von Beispielen aufgezeigt werden wird, gehört das Thema „Vergessen" in Naturwissenschaft und Medizin zu jenen, die unter den verschiedensten sowohl speziesübergreifenden als auch humanzentrierten Blickwinkeln thematisiert werden. Hierbei scheint – anders als dies z. B. in den Kultur- und Geisteswissenschaften der Fall ist – die ausschließliche Konzentration auf experimentelle Untersuchungen des jeweiligen Forschungsobjekts zunächst sehr ordnungsstiftend und einheitsfördernd zu sein (z. B. Anderson und Hanslmayr 2014; Hulbert et al. 2016; Murray et al. 2015; Wimber et al. 2015). Schon ein zweiter Blick auf die Problemstellung wirft aber Fragen danach auf, ob oder wie z. B. ein Vergessen emotional codierter Erfahrungen mit dem semantischer Inhalte oder ein Vergessen bewusst erlernter Bewegungsabfolgen mit dem unbewusster gleichzusetzen sein könnte, ob man *vergessen muss* oder auch *vergessen wollen* kann und inwieweit inhaltlich verwandte Begriffe, z. B. ► Extinktion oder ► Verdrängung bzw. „Abwehr" bestimmter Inhalte, damit in Beziehung stehen.

Und auch wenn durch die Konzentration auf das empirisch Erfassbare eines sich am Gehirn orientierenden Ansatzes diese Vielfalt möglicher Fragestellungen stets in Koordinaten des zeitlich-räumlich Lokalisierbaren eingebunden sind, so nimmt gleichwohl etwa ein dem Humanbereich nahestehender und diverse kognitive Leistungen des Primatengehirns in den Vordergrund stellender Wissenschaftler in puncto „Vergessen" eine andere Sichtweise ein als einer, der sich auf deren Lern- und Gedächtnisvorgänge bei Invertebraten konzentriert. Und jemand, der sich für vergessensrelevante molekulare Abläufe in der einzelnen Zelle interessiert, wird mit Fragen des Vergessens wahrscheinlich anders umgehen als ein Forscher, der sich dem komplexen Gefüge neuroanatomischer Netzwerke widmet (Markowitsch 1997, 2013a; Menzel und Müller 1996; Wehner und Menzel 1990; Kandel 1976).

Im Rahmen des jeweiligen Untersuchungsgegenstands und der damit einhergehenden Untersuchungsmöglichkeiten wirken somit sowohl Generalisierung als auch Elementarisierung der physiologischen *und* der psychologischen Perspektive auf die Betrachtung des Phänomens an sich zurück (Übersicht in Della Sala 2010; Tulving und Craik 2000).

Was die damit angesprochene Methodenvielfalt angeht, so stehen z. B. aus neuroanatomisch-histologischer (► Histologie) Sicht zur Erfassung von Phänomenen des Vergessens sowohl *Abbau* als auch *Verlust* gedächtniserhaltender neuronaler Strukturen, etwa durch Degeneration (► Atrophie) von Gehirnstrukturen, Zellverbänden oder einzelnen Zelltypen im Vordergrund. Typisch sind etwa zelluläre Veränderungen in corticalen Areale, z. B. im Temporal- oder Frontallappen, sowie Atrophien in dorsomedialen und medialen diencephalen Strukturen (► Thalamus) und im ► limbischen System, z. B. der Amygdala, dem entorhinalen Cortex und dem ► Hippocampus (Übersicht in Markowitsch 1997, 2013a, b). Im ultrastrukturellen Bereich geht es um das ► Gedächtnis beeinträchtigende Abweichungen z. B. in Gestalt einer Veränderung von ► Rezeptoren, einem Mangel an bestimmten Transmittersubstanzen (► Transmitter) oder ► Enzymen, um deren Ab- oder Aufbau und um Modifikationen des Stoffwechsels von

Nerven- und ▶ Gliazellen (Alberini und Kandel 2015; Ben-Yakov et al. 2015; Guskjolen 2016; Kennedy 2015; Moser et al. 2015; Squire und Dede 2015).

Ein umfassendes Methodenarsenal steht auch für Untersuchungen derjenigen intra- oder extrazellulären Kommunikationsstörungen zur Verfügung, die geeignet sein könnten, die neuronale Reizweiterleitung (▶ Elektrophysiologie) zu beeinträchtigen und damit ebenfalls Mängel des Gedächtnisses zu belegen (Übersicht in Herdegen et al. 1997). Ausgewählte Phänomene des Vergessens lassen sich nicht zuletzt auch mittels bildgebender Verfahren (▶ funktionelle Bildgebung) abbilden (Übersicht in Jäncke 2005; Segobin et al. 2015), z. B. wenn explizite und implizite Aspekte des Vergessens unterschieden werden sollen bzw. eher intentionale Vorgänge von nichtintentionalen zu trennen sind.

Was diese unterschiedlichen Vorgehensweisen eint, ist zunächst der Versuch zu klären, wie hypothetische gedächtniserhaltende Strukturen und deren funktionale Verknüpfungen überdauernd oder vorübergehend so verändert werden können, dass Einspeicherung, ▶ Konsolidierung und/oder Abruf von bestimmten Inhalten nicht erfolgreich verlaufen. Dabei werden zunächst diejenigen Varianten alltäglichen Vergessens zugrunde gelegt, die einer Transformation in neurowissenschaftliche Begrifflichkeiten zugänglich sind, so z. B. die Idee einer überdauernden „Nichtbenutzung" neuronaler Subsysteme oder die eines „Überschreibens", etwa durch Neukonfiguration von Umweltvariablen, oder des Hinzufügens von Überschreibungsalternativen. (Della Sala 2010, Loftus 2005, Markowitsch 1992, 2013a, b).

Indem ferner ein Vergessen durch absichtsvolles Nichtwiederholen oder eine veränderte Aufmerksamkeitslenkung ebenso untersucht wird wie exogen induzierte Veränderung, etwa aufgrund des Konsums von Alkohol oder anderen psychoaktiver Substanzen, sind in der Neurowissenschaft bewusste ebenso wie unbewusst bleibende *Strategien im Umgang mit Erfahrungen über das eigene Vergessen* Gegenstand von Untersuchungen. Da jedes Wissen um das eigene Vergessen und die Erfahrungen, die man damit gemacht hat, passive Varianten alltäglichen Vergessens um antizipierende aktive Versionen ergänzt, verändern sich auch die damit in Beziehung zu setzenden neurophysiologischen bzw. neuroanatomischen Kennwerte. Denn nun stellt sich z. B. die Frage, welche raumzeitlichen Veränderungen eines neuronalen Systems gleichbedeutend mit den mentalen Zuständen sein könnten, die nicht nur ein passives Versiegen, sondern auch ein aktives Entgleitenlassen charakterisieren.

## 6.1 Möglichkeiten neurobiologischer Erklärungsversuche des Vergessens

Ungeachtet möglicher Differenzierungsversuche von Phänomenen des Vergessens – hier verstanden unter den beispielhaft hervorgehobenen Aspekten einer „vorauseilenden Gedächtnisabwehr" bzw. als „Folge systembedingter Uneindeutigkeit" –, basieren die damit verbundenen neurophysiologischen bzw. neuroanatomischen Änderungen stets auf wenigen Mechanismen und deren zeitlich-räumlichen Gesetzmäßigkeiten. Zu diesen bekannten Charakteristika gehören z. B. die variable Anzahl von ▶ Synapsen und Dornen (▶ Dendriten), die Größe von Dendritenbäumen, mögliche erregende und hemmende Verbindungen zwischen einzelnen ▶ Neuronen, z. B. Feedforward- oder Feedback-Schaltungen, präsynaptische Bahnung (▶ Priming) oder Hemmung sowie auto- und heterofaszilitierende postsynaptische Einflüsse (zeitliche und räumliche Summation) (Übersicht in Rösler 2011, Kapitel 2). Diese heute gut bekannten quantitativen Eigenschaften neuronaler Verbindungen und die ebenfalls gut bekannte Vielfalt neuronaler Verschaltungsprinzipien geben die Randbedingungen vor, unter denen Informationen zwischen einzelnen Neuronen weitergegeben werden können.

Betrachtet man des Weiteren Systemeigenschaften, über die zwar das einzelne Neuron nicht verfügt, die sich aber aus der Interaktion der Elemente ergeben, dann erscheint die Frage, welche möglichen Zustände eines physiologisches Systems gleichbedeutend sein könnten mit mentalen Zuständen, die ein Vergessen von etwas oder jemandem charakterisieren, in einem anderen Licht: Denn „einfache" assoziative Netze, die wegen des Grundprinzips des „neurons that fire together wire together" verbunden sind und klassische Konditionierungs- und Extinktionsvorgänge (▶ Konditionierung, ▶ Extinktion) abzubilden vorgeben (vgl. Donald O. Hebb), indem sich die Verknüpfungsgewichte miteinander in Beziehung stehender Neuronen proportional zur Anzahl gemeinsamer Erregungen verändern, sind immer auch Teil kompkexerer sich selbst assoziierender Netzwerke (Rösler 2011).

Das bedeutet, die Gewichtungsmatrix in Neuronen eines verteilten Netzes hängt immer auch von deren Interaktion mit anderen Neuronen ab. Sie kann z. B. Top-down- oder Bottom-up-Effekte zeitigen, also veranlassen, dass „höhere" auf „niedrigere" Ebenen der Verarbeitung zurückwirken oder umgekehrt, ohne dass es notwendig wird, einen übergeordneten Masterplan anzunehmen. Das bedeutet, eine bestimmte erfahrungsgebundene Verknüpfungsmatrix gibt – eingebunden in bestimmte Top-down- oder Bottom-up-Beziehungen – das Aktivierungsmuster einer bestimmten Netzwerkkonfiguration an. Komplexe Rückkoppelungsschleifen, durch die jedes in das Netz eingespeiste Signal beim Ausgang „mit sich selbst assoziiert" wird, sorgen des Weiteren dafür, dass ein bestimmtes Erregungsmuster auch ohne externen Input autoassoziativ repräsentiert werden, sich verändern kann und dennoch vom System als „das Gleiche" erkannt wird. Die dadurch fortgeschriebene Fähigkeit zum Mustererkennen durch autoassoziative Netze sorgt zudem dafür, dass auch später eintreffende unvollständige Reize ergänzt werden. Dies geschieht, so nimmt man an, durch sogenannte Merkmalsfilter, die je nach Häufigkeit des Eintreffens einer bestimmten Merkmalkonfiguration in ihren hemmenden Rückkoppelungen gegenüber anderen, weniger häufigen Konfigurationen stärker werden. Wie also sollte man sich ein Vergessen in diesem System vorstellen? Als erhöhte Aktivität der Merkmalsfilter, die schwächere Reizkonfigurationen hemmen? Und wenn dies gelänge, wie lange würde ein so verstandenes Vergessen dann anhalten?

Das Problem, das damit angesprochen wird, ergibt sich aus der Bindung, die notwendig wird, um aus der jeweiligen Gewichtungsmatrix verteilter Systeme und der sich daraus ergebenden verteilten Repräsentation diskreter Signale ein zeitübergreifendes Gedächtnis- und Vergessensvorgänge beinhaltendes Ganzes zu machen (Fujiwara und Markowitsch 2006; Nikolic et al. 2013; Rösler 2011; Olsen et al. 2012; Markowitsch 2013a).

Dieses zeitübergreifende Ganze gilt es, in die Zeitdimension einzubinden, die dem ▶ Nervensystem innewohnt. Dazu gehören zum einen bestimmte Latenzen für die zeitliche Integration von Reizen, wodurch Schwellenwerte von Eingangs- und Ausgangssignalen des Systems festgelegt werden. Hinzu kommt eine diesem Ordnungsgefüge innewohnende zeitliche Dynamik, da sich bereits während der Übertragung bestimmte Signale weiter auf- oder bereits wieder abbauen. Des Weiteren wird die Interaktion zwischen verschiedenen Subsystemen nicht nur durch einzelne Impulse, sondern durch Impulssalven unterschiedlicher Länge übermittelt. Daraus, so die Hypothese (vgl. Rösler 2011), entstehe letztlich das „überregionale" kontinuierliche Signal, das die zeitübergreifende Stabilität in der Auswahl mnestischer Ereignisse garantiere und in der jede Änderung irgendeines Teiles des Systemzustands auf das Ganze einen modifizierenden Einfluss ausübe. Die Merkmalsfilter, welche die funktionalen Eigenschaften eines bestimmten Subsystems bestimmten, ändern sich folglich ebenfalls hinsichtlich ihrer synaptischen Konnektivität, da jeder kontextuelle Bezug und neu hinzugekommene Informationen auf die spezifischen Filter eines neuronalen Subsystems zurückwirken. Dies macht es noch schwieriger, ein Vergessen von einer ebenso gewöhnlichen wie notwendigen Rekonfiguration eines Systems zu unterscheiden.

Zumindest würde eine technischen Systemen vergleichbare Speicherung im Sinne einer „Software" – verstanden als lokalisier- und eingrenzbares Bitmuster auf der Festplatte namens „Gehirn" – der Funktionsweise von Vorgängen des Vergessens nicht gerecht. Es sind in diesem Fall nicht die Gewichtungen neuronaler Verbindungen, die deren „Eintrag" in ein bestehendes System repräsentieren. Dieser Eintrag ergibt sich erst in Verbindung mit den Filtervorgaben, die ihrerseits wiederum unterschiedlich auf das bestehende Programm zurückwirken. Alles zusammen – variable Filtereigenschaften und multiple und weit verteilte, sich über die Zeit dynamisch ändernde Aktivitätsmuster – weisen auf ein System hin, dessen Struktur-Funktions-Zusammenhänge sich ändern, indem Änderungen der Funktion auf den Bauplan zurückwirken. Sind also Vorgänge, die wir als Vergessen bezeichnen, am ehesten als Prozesse zu beschreiben, die im Geflecht eines dynamischen Wandels von Strukturen und Funktionen nicht mehr verhaltenswirksam zutage treten?

## 6.1.1 Modifikation neuronaler Kommunikation

Der gesellschaftlich am meisten beachtete Problemkomplex, der mit Vorgängen des Vergessens in Zusammenhang steht, beinhaltet Fragen nach einem möglichen Lösungsbeitrag der Neurowissenschaft, wenn das Gedächtnis bzw. bestimmte Subtypen davon als Ordnungsmoment und Kompass für die erfolgreiche Ausrichtung einer selbstbestimmten Lebensführung versagen, d. h., wenn man vergisst, wer man ist, wo man ist, wie die Ansprechpartner des täglichen Lebens zu identifizieren sein könnten und vieles mehr (Markowitsch 2015; Markowitsch und Staniloiu 2015, 2016; Staniloiu und Markowitsch 2014; ▶ Teil II).

Mit aufgrund ihrer engen Vernetzung mit Neurologie und Psychiatrie und deren Konzentration auf die Betrachtung normabweichenden Verhaltens wird diesem Thema in der Neurowissenschaft auch viel Aufmerksamkeit gewidmet. Entsprechend ist über diverse Formen der ▶ Amnesie und der damit zusammenhängenden strukturellen Veränderungen im Gehirn weitaus mehr Wissen zusammengetragen worden (Übersicht in Markowitsch 1992, 1997, 2009; Markowitsch und Staniloiu 2012, Reddemann et al., 2002; Driessen et al. 2004) als über mögliche neuronale Korrelate des alltäglichen Vergessens. Für die Psychologie wird eine Betrachtung neuronal begründeter Störungsbilder ebenfalls als Bereicherung betrachtet, da so Gedächtniseinbußen, also *krankhafte Vergessensprozesse*, multidimensional beschrieb- und damit auch vorhersagbar werden (▶ Teil II).

Das methodisch-technische Werkzeug zur Erstellung struktureller Korrelate des Phänomens gilt dabei gleichermaßen als verlässlich und vielfältig. Nicht weniger komplex sind allerdings auch die Ursachen für Vergessensphänomene, können sie doch durch Hirnverletzungen, Tumore und Infarkte, Erkrankungen, z. B. Epilepsie, und Infektionen, Mangelerscheinungen sowie bestimmte Neurotoxine, um nur einige Beispiele zu nennen, bedingt sein (z. B. Markowitsch 2013b; Markowitsch und Staniloiu 2012).

So stimmig und aufeinander aufbauend diese Ergebnisse anmuten, wenn krankhaftes Vergessen durch eine konsequente Zusammenführung von neuro- und kognitionswissenschaftlichen Modellen untersucht wird (Tulving und Craik 2000), so schwierig gestaltet sich die Erfassung des Phänomens im Sinne eines psychoanalytisch aufgefassten *Verdrängens von Gedächtnisinhalten* (▶ Teil II). Hierbei wird – und das macht die Nachweisführung neurowissenschaftlich betrachtet außerordentlich schwierig – Vergessen als aktiver, aber *unbewusst als erfolglos bleibend konzipierter neuronaler Suchprozess* verstanden, dessen Misslingen das Individuum vor einer erneuten Konfrontation mit unangenehmen oder traumatischen Erinnerungen schützen soll. Diese mit vielfältig begründeten Widersprüchen agierende Konzeption eines unbewusst herbeigeführten *erfolgreichen Misslingens* lässt in der neurowissenschaftlich Umsetzung philosophischer Vorgaben allerdings noch viele Fragen offen (Metzinger 2005; Pauen 2002; Singer 2002).

### 6.1.2 Vergessen als „natürlicher Teil" mnestischer Vorgänge im immerwährenden Zusammenspiel von verschiedenen Subsystemen der Informationssicherung: Impliziter Rückgriff auf geisteswissenschaftliche Denkmuster

Anders als im klinischen Bereich führt die Erforschung des Vergessens im Alltag eines gesunden Menschen meist eine Art Schattendasein, da das Phänomen *als Abwesenheit* bzw. *Reduktion von bestimmten Gedächtnisleistungen* begriffen wird und deshalb, ähnlich wie in der experimentellen Psychologie, für sich genommen nicht Gegenstand von Experimenten sein kann. Und selbst neuere experimentelle Untersuchungen, die den Messungen einer intentionalen Reduktion von Gedächtnisleistungen gewidmet sind (z. B. Mecklinger et al. 2009; Nowicka et al. 2009), tun dies mittels *impliziten Rückgriffs auf alte Denkmuster*. In Anlehnung an die antike „Gefäß- und Wachstafelmetaphorik" und begrifflich gekleidet in den heutigen mechanisch-technischen und wissenschaftlichen Sprachgebrauch, spricht man hier meist von Speichern oder ▶ Engrammen (▶ Kap. 1). Engramme dienen gängigen Vorstellungen nach eher der kurzzeitigen Speicherung von Informationen und werden entsprechend *überschrieben* (Wachstafelmetaphorik), wohingegen die Speicher sich allmählich füllen (Gefäßmetaphorik) und dann *entlastet* werden müssen. Mit jeder als notwendig erachteten Entlastung anatomischer Strukturen oder funktionell definierter neuronaler „Systeme" durch einen Transfer gespeicherter mnestisch relevanter Daten, z. B. aus hypothetischen (Ultra-)Kurz- oder Arbeitsspeichern in hypothetische Langzeitspeicher, geht eine Transformation von evtl. „überbelasteten" in andere, noch belastbare Gehirnstrukturen oder Systeme einher. Daran ist auch die Vorstellung eines gewissen natürlicherweise verbundenen Schwundes an Informationen gekoppelt.

Was die angesprochene Fehlerwahrscheinlichkeit angeht, so werden beide – sowohl der hypothetische Vorgang eines permanenten Überschreibens von Inhalten, die in bestimmten (dreidimensionalen, dynamischen) *Netzwerken* gespeichert sind, als auch der hypothetische Transfer zwischen diversen neuronalen Speicherstrukturen – in der Neurowissenschaft mit konkret beschreibbaren Fehlerquellen in Beziehung gesetzt. Wie die o. g. Termini zur Beschreibung zur Sicherung mnestischer Inhalte bereits andeuten, fließen in diesen Vergessensbegriff neben anatomischen Auffassungen über bestimmte Konservierungs- und Organisationsprinzipien auch Ideen aus der Informationstechnologie ein. Damit gewinnen – die Ursachen eines möglichen Verlusts betreffend – traditionell bestimmte neuronale „Verbindungsrouten" an Bedeutung, die sich durch verschiedene parallel oder seriell geschaltete sensorische und/oder emotionale „Filter" oder „Engpässe" auszeichnen. Durch weitere „selektive Verstärkungssysteme", gepaart mit ausgedehnten „Erregungsschleifen", bilden sich schließlich komplexe Aktivitätsmuster, die auch *Relaisstationen* jenseits des Gehirns beinhalten können. Das bedeutet, es werden ggf. auch vegetative, endokrine und immunkompetente Zellansammlungen, ihre Verbindungen untereinander und zum Zentralnervensystem (ZNS) in potenzielle Gedächtniskreisläufe eingeschlossen (Campbell und Garcia 2009; Pfeifer und Bongard 2006; Storch et al. 2006; Übersicht in Bauer 2002; Le Doux 1996).

Neben verschiedenen Problemen, die mit der Bildung solcherart übergreifender „geschlossener Gedächtniskreisläufe" verbunden sein können, z. B. in Form von ortsgebundenen Störungen oder interstrukturellen Fehlverknüpfungen, wird eine Gefahr für den Erhalt einer bestimmten Information immer auch darin gesehen, dass nicht alle durch kurz- bzw. langfristige Benutzung von Speichern übermittelten Botschaften auch innerhalb eines bestimmten vor einem *hypothetischen Zerfall* schützenden Zeitfensters zu einem *gedächtniserhaltenden Ort oder Netzwerk* geleitet werden. Jeder Vorgang des Vergessens und damit jedes Problem der Informationssicherung stellt sich somit als ein mit mnestischen Vorgängen ganz natürlicherweise verbundener Teil neuronaler *Ablage* und *Speicherung* von Informationen in Raum und Zeit dar.

Während man aber die damit verbundenen Probleme auf bestimmte neuronale Orte bzw. auf die Dauer und die Nutzung definierter Verbindungswege zu reduzieren trachtet, hebt ein nicht gelungener *Abrufvorgang* auf eine noch komplexer erscheinende Problemstellung ab. Nun geht es um eine misslungene *topografische* und/oder *temporale* „Bindung" vergangener Inhalte mit den Mitteln der Gegenwart. Im Vordergrund steht hier die Frage, warum eine bestimmte *Konfiguration im Zusammenspiel* von Nervenzellen und Zellverbänden im Hier und Jetzt ein bestimmtes neuronales Muster der Vergangenheit nicht mehr so abzubilden vermag, dass der Zugriff glückt. Sollte man also eine gewisse Fehlerrate am ehesten als unvermeidbaren Kollateralschaden einer Gedächtnisbildung betrachten?

### 6.1.3 Vergessen als eine Art Kollateralschaden bei einer überdauernden Umwidmung von Informationen oder Re-Programmierung des Epigenoms

Angesichts der heute viel diskutierten Möglichkeiten eines ausbalancierten Zusammenspiels gleichermaßen *verteilter* wie *transienter* und *dynamischer* neuronaler Netzwerke mit jeweils *unterschiedlichen Verarbeitungsschwerpunkten* in Sachen Gedächtnis (vgl. Ernst und Mueller 2008; Übersicht in Haken 1996; Markowitsch 1997, 2013b) sind so viele Fehlermöglichkeiten denkbar, dass man angesichts einer kurzfristigen Variabilität und langfristigen Formbarkeit des neuronalen Systems fast eher geneigt sein könnte, danach zu fragen, wie angesichts einer solchen permanenten Restrukturierung überhaupt etwas behalten werden kann, statt potenzielle Fehlermöglichkeiten in den Vordergrund zu stellen.

Zumindest scheint, was *Einspeicherung und Ablage* angeht, gemäß traditionell anatomischem Denken in o. g. *verteilte Zentren bzw. Netzwerke* und den sie *verbindenden Fasersystemen* ein genereller *Transfer gespeicherter Informationen* zur notwendigen „Entlastung" von (Teil-)Strukturen oder „funktionellen Systemen" zwar unerlässlich (z. B. Linden 2007), aber kaum ausreichend zu sein. Informationen verändern auch unter Umständen aufgrund ihres transienten Charakters ihre Bedeutung für ein Individuum. So kann es z. B. zu einem Transfer von variablen und dynamischen Netzwerken, die primär für explizite bewusste Inhalte zuständig sind, in solche kommen, die eher implizite, nicht bewusste Inhalte bearbeiten. Möglich ist ebenso eine Übertragung von Netzwerken, die primär semantische Inhalte speichern, in solche, die für bestimmte Episoden wichtig sind. Das jeweils Umgekehrte ist ebenfalls möglich (Tulving 2004).

Da bereits die hier genannten Beispiele alle Möglichkeiten der Informationsübertragung von rechtshemisphärischen in linkshemisphärische, von anterioren in posteriore corticale Areale (und umgekehrt) ebenso wie von subcorticalen in corticale Strukturen (und umgekehrt) in nahezu beliebiger naturwissenschaftlich erfassbarer Kleinteiligkeit zulassen (z. B. Christian und Thompson 2005; Markowitsch 1997, 2013b; Tulving und Craik 2000; Wixted 2004; Whitaker et al. 2016; Peng et al. 2016), ist es auch naheliegend, Gedächtniserhalt bzw. „Vergessensresistenz" als einen immerwährenden Strom von Erregungen zu verstehen: eine Änderung der Aktivität in Nervenzellen, zwischen ihnen, zwischen Neuronen und ihren benachbarten nichtneuronalen Zellen, zwischen Gehirnregionen und schließlich zwischen Gehirn und dem restlichen Körper.

Dass dieses millionenfache Zusammenspiel einem ständigen Wandel von weniger überdauernden, physiologischen schließlich in eher stabil zu nennende, strukturelle Formen der Interaktion unterliegt, dafür sorgen heutiger Kenntnis nach am ehesten epigenetische Einflüsse, also z. B. ▶ Enzyme, die auf die der Eiweißsynthese Einfluss haben und damit für die Realisierung eines genetischen Programms (▶ genetischer Code) eine entscheidende Rolle ausüben, *ohne von diesem gesteuert zu werden*. Mittels eines solchen epigenetischen Codes könnten auch Umweltvariablen auf die Gene des Zellkerns zurückwirken, z. B. indem eine für die Aktivierung des gedächtnisrelevanten Gens unerlässliche ▶ Methylierung (vgl. ▶ Abschn. 8.2) unterbunden würde (Kegel 2009; Spork 2009).

### 6.1.4 Vergessen als missglückter Zugriff auf eine bestehende „Kopie" bzw. „kontraproduktive" Änderung beim Versuch einer Reproduktion mnestischer Änderungen?

Zur Verdeutlichung vergessensrelevanter Aspekte gängiger Gedächtnistheorien sollen im Folgenden zwei Sichtweisen vertiefend dargestellt werden: zum einen die *eines missglückten Zugriffs auf eine oder mehrere Kopien* einer neuronal verschlüsselten Information (Bouton und Moody 2004; Christian und Thompson 2005), zum anderen die von Fehlermöglichkeiten einer *synergistischen Rekonstruktion von Inhalten* (vgl. Tulving 2002a, b, 2004).

Geht man im ersten Fall davon aus, dass die Erinnerung primär durch die Art und Weise der aktivierten gespeicherten Information bestimmt wird, legt man im zweiten ein Modell zugrunde, bei dem bestimmte, z. B. episodische, Informationen, die in „abgespeicherter Form" vorliegen, nur eine Komponente eines komplexen Abrufprozesses bilden. Dabei wird zunächst diese „Spur" mit anderen, z. B. Pfaden semantischer Informationen, vernetzt, die aus dem die Erinnerung aufrufenden Hinweisreiz der Gegenwart stammen; aber erst die durch diese Verknüpfung freigesetzten *synergetischen Kräfte* kreieren, so die Hypothese, eine Vergangenheit und Gegenwart verbindende *Illusion des Zeitflusses*, die ein *Gefühl von Vergangenheit* entstehen lassen und letztlich zum Aufruf der gewünschten Inhalte, z. B. episodisch-autobiografischen, im ▶ Präfrontalcortex führen (vgl. Tulving 2002a, b, 2004; Klein 2015).

Beide Sichtweisen geben allerdings hinsichtlich der zeitlich-räumlichen Bindung von Inhalten zu kritischen Nachfragen Anlass. Für welche der beiden Betrachtungsweisen man sich letztlich entschließt, hängt entscheidend mit davon ab, wie viel Gewicht man der *relativen Stabilität des neuronalen Systems als Ganzem* und der *Dynamik in der Aktivität einzelner Zellen* und damit letztlich molekularen Veränderungen, sog. Hot Spots, auf Ebene, z. B. der Transmitteraktivität und der ▶ Genexpression, beimisst (z. B. Dash et al. 2007). Das bedeutet, beide Herangehensweisen wirken unterschiedlich auf die Betrachtung von Phänomenen des Vergessens zurück: Je stabiler z. B. ein solch imaginäres Netz gedacht wird, desto eher sind Ausfälle oder Irrtümer *in* Veränderungen von *Neuronen bzw. ganzen Neuronenverbänden* selbst zu suchen. Je dynamischer die Vorstellung davon ist, desto eher werden Unwägbarkeiten in *Änderungen der Interaktion variierender Zellverbände* ausschlaggebend sein, ohne dass bestimmte materielle „Fehler" oder funktionelle „Ausfälle" einzelner Zellen dafür die Ursache sein müssen. Es scheint dann eher eine *Frage der Passung* dynamischer Subsysteme zu sein, ob ein gewünschter Abruf gewährleistet wird oder nicht.

Die Vorstellung einer *Übernahme von Informationen eines bestimmten Engramms* betreffend ist etwa zu bedenken, dass jede hypothetische Aktivierung einer bestehenden Spur – einer von einer großen Anzahl gleichzeitig bestehender – ihrerseits einen *Akt der Gegenwart* darstellt und damit notwendigerweise ein aus der Gegenwart abzuleitendes *Erkennen und damit in ein* bestehendes System eingreifendes Modifizieren von etwas ist, das der Vergangenheit entstammt. Dabei ist nicht nur offen, in welchem funktionalen Zustand sich diese „Spur" grundsätzlich befindet. Jedes wie auch immer aktivierte Engramm kann sowohl als ein im Prinzip eher stabiles (Asselen et al. 2005) als auch als ein sich in laufender Selbstorganisation dynamisch veränderndes Netzwerk von Neuronen aufgefasst werden (Abraham und Robins 2004). Wie also sollte eine jeweils *angemessene Aktivierung* vonstattengehen?

Den Abruf aus dem Gedächtnis als die Vergangenheit modifizierenden „Akt der Gegenwart" in den Vordergrund rückend, geht es ebenfalls zunächst um die Frage, wie eine „bestehende Spur" überhaupt Informationen darüber vermitteln könnte, die deutlich machen, dass hierdurch etwas verschlüsselt wird, das der Vergangenheit entstammt.

Bei der Suche nach Lösungsansätzen dafür bietet es sich z. B. an, die Antworten in Veränderungen zu suchen, die ohnehin bei jeder Art *topografischer Bindung* zwischen Neuronen über die Zeit hin eintreten können, so wie etwa bestimmte Formen der interzellulären Reorganisation oder intrazelluläre Veränderungen neurochemischer „Spuren" (Brunet et al. 2014). Als struktureller Wandel im Sinne eines allmählichen „Zerfalls" von Gedächtnisinhalten verstanden, würde dies z. B. bedeuten, dass morphologischen und/oder neurochemischen Korrelaten bestimmte mnestische Inhalte regelrecht abhandenkäme und damit Informationen, die der Vergangenheit entstammen, nicht nur „gestört" (Faisal et al. 2008), d. h. überschrieben, würden oder verblassten, sondern – den Begriff der Extinktion wörtlich genommen – unweigerlich verloren gingen.

Ein solch „neuronales Schicksal" vergessener Inhalte ist allerdings angesichts der sprichwörtlichen ▶ Plastizität dendritischer Veränderungen und der potenziellen Vielzahl an nicht bekannten Nutzungen einer bestimmten Spur nicht sehr wahrscheinlich (Abraham 2008; Williams et al. 2007; Hüfner et al. 2011; Yongxin et al. 2013; Karbach und Schubert 2013). Es besteht vielmehr ganz unabhängig von einer möglichen Verschlüsselung gedächtnisrelevanter Informationen eine hohe Dynamik in der räumlichen Bindung aller Arten von Informationen, ausgedrückt durch die Bildung dendritischer Spines an Neuronen. Diese können auch – abhängig von der entsprechenden Möglichkeit zur Proteinsynthese – auf verschiedene Weisen zu einer Speicherung von Informationen beitragen. Zum Beispiel kann es zu einer funktional wirksamen Interaktion von axonalen Endigungen, ▶ Gliazellen und Dendriten kommen, oder die Aktivität benachbarter Spines kann in globale Summationseffekten münden. Solche *Veränderungen der „Geometrie des Neurons"* wirken ihrerseits wieder auf dessen elektrophysiologische Eigenschaften zurück, z. B. auf eine (kompetitive) Erhöhung oder Verminderung der Schwelle für eine Langzeitpotenzierung (▶ LTP) oder -depression bestimmter (z. B. hippocampaler) Neuronen (Matsuzaki 2006; Matsuzaki et al. 2001). Im Hinblick auf den Abruf eines bestimmten Inhalts könnte sich dieses Zusammenspiel von Struktur und Funktion einer Nervenzelle für die Reproduktion eines bestimmten Gedächtnisinhalts also durchaus kontraproduktiv auswirken.

### 6.1.5 Vergessen unter dem Aspekt einer Differenzierung neuronaler und nichtneuronaler Mechanismen

Das neuronale System vermag indes nicht allein mittels plastischer Veränderungen auf die Erregungswahrscheinlichkeiten von Neuronen Einfluss zu nehmen und Informationen dadurch vor einem Vergessen zu schützen. Vermutlich greifen noch weitere Mechanismen. Diese Möglichkeit kann man am Beispiel des olfaktorischen Systems verdeutlichen, in dem Informationen selbst *angesichts einer als andauernd und allgegenwärtig anzunehmenden Plastizität des Systems* außerordentlich konstant überdauern können, obwohl es sich periodisch erneuert (Übersicht in Rouby et al. 2002).

Somit ist anzunehmen, dass im Gehirn auch „vergessensresistente" Systeme verfügbar sein müssen, deren „Spuren" so angelegt sind, dass sie beim Abruf nicht (allein) auf die physische Präsenz derjenigen Neuronen, die bei der Informationseingabe präsent waren, angewiesen sind. Einmal abgesehen von der gedächtniserhaltenden Bedeutung nachgeschalter neuronaler Strukturen wie im Falle des olfaktorischen Systems, z. B. der Amygdala (Sevelinges et al. 2009), erscheint es möglich, dass durch das die Neuronen *umgebende Geflecht von* Gliazellen, allen voran Astrocyten (▶ Gliazellen, ▶ limbisches System), *Informationen vor Zerfall geschützt* werden (Fellin 2009; Volterra und Meldolesi 2005). Gleichwohl bleibt auch hier offen, wie es einem System, das durch einen permanenten Erneuerungsvorgang *ständig im Fluss* ist, gelingen kann, gleichzeitig noch z. B. darüber zu entscheiden, welche Informationen für die Zukunft zu codieren wichtig sind und welche nicht (Furudono et al. 2008).

### 6.1.6 Vergessen verstanden als Irrfahrt einer mentalen Zeitreise

Im Verständnis von Gedächtnis als eines *rekonstruierenden Vorgangs der Erinnerung* bleibt des Weiteren offen, welche Anteile und Aspekte einer bestimmten Erfahrung, die diese „Spur" über ein Ereignis der Vergangenheit (ab-)bildet, im Bewusstseinszustand des Abrufs erkannt werden müssen (Badgaiyan 2005; Ergorul und Eichenbaum 2004), ohne die Idee des Vergangenen bzw. des „zeitlos Allgegenwärtigen" darüber zu schmälern.

Da, wie oben angedeutet, eine subjektive Erfahrung von Vergangenheit nicht allein aus der Information, die durch die „Gedächtnisspur" gegeben ist, stammt, sondern auch durch Rekonstruktionsvorgänge der unmittelbaren Gegenwart mitbestimmt wird (vgl. Loftus et al. 1995; Welzer und Markowitsch 2001), hängt vermutlich jedes erneute *Wiedererfahren von Vergangenem* auch von der Art und Weise ab, welchen Einblick das Bewusstsein des Augenblicks in die Vergangenheit gewährt.

Den neurowissenschaftlichen Ansatz einer *aktiven gegenwartsbezogenen Rekonstruktion* aufzugreifen, heißt auf der einen Seite durch die Einbeziehung eines philosophisch-weltanschaulich kontrovers diskutierten Begriffs wie den des Bewusstseins vor sehr schwierige Probleme gestellt zu werden (Übersicht in Pauen und Roth 2001; Pauen 2002), z. B. bei der Übertragung der Idee eines *Gedächtnisinhalte konstruierenden Bewusstseins der Gegenwart des Augenblicks* in neurowissenschaftliche Termini. Auf der anderen Seite können sich durch die Aufdeckung solch komplexer Zusammenhänge auch neue Untersuchungsmöglichkeiten eröffnen, etwa indem der gegenwartsbezogene „Vorgang der Erinnerungsarbeit" als eine, von „reinen Gedächtnisvorgängen" unabhängige Dimension betrachtet wird. So gesehen vermag z. B. ein von einer hypothetisch „reinen Gedächtnisarbeit" unabhängiger Vorgang der Rekonstruktion auch für sich allein bestehen, wie dies z. B. für *false memories* (Schacter et al. 1995) oder *pseudomemories* (Brown 1995) beschrieben wird (▶ Teil II). Dabei korreliert auch zumindest bei den *false memories* eine mentale Unterscheidung von „wahren" und „fiktionalen" Begebenheiten in der Vergangenheit mit einer differenzierbaren neuronalen Aktivität (Okado und Stark 2005; Kühnel et al. 2008).

Dessen ungeachtet bleibt es natürlich schwierig zu bestimmen, wie man mittels „Gehirnsystemen" oder -strukturen, die neuronale Korrelate des Bewusstsein „repräsentieren" (McGinn 2003; Übersicht in David und Kirchner 2003), unterscheiden können soll, ob das, was jeweils Zutritt erhält oder sich verschafft, aus der Gegenwart des Augenblicks oder aus der Vergangenheit stammt. Die Idee einer mentalen ▶ Zeitreise, so wie sie in einigen neuropsychologischen Modellen vorgeschlagen wird (z. B. Boyer 2008; Corballis 2009; Levine et al. 2004), also eines Abgleichs zwischen den Inhalten, die aus der mentalen Rückblende stammen, und jenen, die der unmittelbar erfahrenen Realität zuzuordnen sind, um daraus dann die „Vergangenheit von etwas" zu konstruieren, lässt die angesprochenen Fragen nach der physiologischen Umsetzung dieser Art *temporal bindings* zumindest noch weitgehend offen.

Zeitreisen, die man unternimmt, um eine Episode aus der eigenen Biografie ins Gedächtnis zu rufen, ermöglichen es zwar, Geschehnisse der Vergangenheit durch selektive Betonung einzelner Aspekte oder der Umdeutung von bestimmten Gegebenheiten im Hier und Jetzt der Gegenwart neu zu arrangieren und als Basis für spätere Zeitreisen zu verwenden, aber der Begriff umschreibt auch gerade diejenigen Bewegungen, sog. *Chronomotionen*, in der Zeit, die asynchron zu einem konventionell gedachten, d. h. sowohl gleichmäßig linearen als auch irreversibel progressiven Zeitablauf angenommen werden; hierfür steht der Beweis einer physikalische Umsetzbarkeit allerdings noch aus.

### 6.1.7 „Remember to forget!" – mögliche neuronale Korrelate aktiven Vergessens

Dem Ansatz einer aktiven gegenwartsbezogenen Rekonstruktion zu folgen, bedeutet nicht nur, durch die Einbeziehung eines philosophisch-weltanschaulich kontrovers diskutierten Begriffs, wie dem des Bewusstseins, vor schwierige Probleme gestellt zu werden (Übersicht in Pauen und Roth 2001; Pauen 2002). Auch wie diese Art von „Erinnerungsarbeit" neurowissenschaftlich betrachtet wird – eher als ein selektiver oder nicht selektiver Vorgang –, ist noch nicht abschließend geklärt. Man könnte z. B. vermuten, dass die Aktivierung von Regelkreisen, die die Vergangenheit repräsentieren, eher unselektiv vonstattengeht, etwa in Form eines ▶ Arousals, wodurch viele der bestehenden neuronalen Netze und damit auch jene, die Vergangenes repräsentieren, tangiert werden und so die gewünschte mnestische Repräsentation ermöglichen (vgl. Greenberg et al. 2005).

Die Annahme einer gegenwartsbezogenen Erinnerungsarbeit, verstanden als ein aktiver selektiver Zugriff auf bestehende Netze – auch solche, die Vergangenes repräsentieren –, erfordert ihrerseits, dass die betreffenden Informationen in irgendeiner Weise auch neu gebildeten Netzwerken der Gegenwart innewohnen. Dies würde einerseits der klassischen neurowissenschaftlichen Auffassung, dass im Prinzip „einem Netz nichts entfällt", unmittelbar entsprechen, andererseits jedoch Formen der Repräsentation erfordern, die sicherstellten, das Informationen in irgendeiner Form zeitlich-räumlicher Verdichtung vom Zeitpunkt ihrer Entstehung an vom Ort ihres Entstehens auch in andere neuronale Orte übermittelt würden.

Der Gedanke, ein strukturelles Korrelat einer *Vergessensleistung* zu erheben, d. h. aufgrund neurophysiologischer oder nuklearmedizinischer Daten vorherzusagen, dass eine neurologisch unauffällige Versuchsperson in einem Experiment, z. B. zu verbalen Gedächtnisleistungen, vermutlich eine falsche Antwort geben wird, gewinnt indes in dem Maße an Bedeutung, in dem die Modellbildung bezüglich bestimmter zeitlicher und inhaltlicher Formen des Gedächtnisses und den damit korrelierenden aktiven neuronalen „Systemen" oder Gehirnstrukturen, z. B. dem präfrontalen (▶ Präfrontalcortex) oder dem anterioren cingulären Cortex (▶ limbisches System), fortschreitet (s. auch ▶ Telencephalon, ▶ Thalamus) (Stevens et al. 2009).

So wird z. B. versucht, eine neurowissenschaftliche „Vergegenwärtigung des Scheiterns" durch die Ermittlung ereigniskorrelierter Potenziale (▶ ERPs) beim bereits erwähnten Think-/No-Think-Paradigma darzustellen (Anderson und Green 2001). Dabei werden Wortpaare zunächst gelernt, um danach entweder abgerufen oder *aktiv* aus dem Bewusstsein ausgeblendet, d. h. unterdrückt, zu werden. Noch ergibt sich aus den Komponenten von ERPs über Teilbereichen des Parietalcortex unter der Bedingung des sich daran Erinnernwollens bzw. des signalisierten *remember to forget* kein eindeutiges Bild (Bergström et al. 2007; Mecklinger et al. 2009;

Nowicka et al. 2009). Aber die Möglichkeit einer Visualisierung „intentionalen Vergessens", hier in Form einer (extern induzierten) Unterdrückung von Encodierungs- bzw. Abrufvorgängen (Ullsperger et al. 2000) semantischer Gedächtnisprozesse, rückt gleichwohl in den Vordergrund.

Auch im klinischen Bereich lassen sich für eine vergessensrelevante neuronale Aktivierung einige Belege anführen. Sie stammen z. B. von Patienten, die an einer psychogenen Amnesie episodisch-biografischer Gedächtnisinhalte leiden und zeigen, dass mittels PET-Daten (► PET) ein metabolisches Korrelat des Vergessens (► neurovaskuläre Koppelung) in Form einer *vergessenskorrelierten Veränderung der Gehirnstoffwechselaktivität* deutlich wird (z. B. Markowitsch et al. 1997; Fujiwara et al. 2008; Markowitsch und Brand 2010; Übersicht in Markowitsch 1999; Staniloiu und Markowitsch 2010; Staniloiu et al. 2011; Aybeck und Vuilleumier 2016).

### Schlussbetrachtung

Indem die Neurowissenschaft nicht anders kann als einem Ansatz zu folgen, der auf die Gegenwart des Augenblicks abhebt, um dann von dort aus die Rekonstruktion der Vergangenheit vorzunehmen, gerät sie in die Schwierigkeit zu erklären, warum welche Aspekte der Vergangenheiten repräsentiert werden und auf welchen Zeitraum sie sich beziehen. Die Idee einer „Aktivierung bestehender konkurrierender Regelkreise" sagt darüber nämlich noch nichts aus. Wenig geklärt ist z. B. weder ob als bestehend gedachte Netzwerke eher selektiv oder vielmehr unselektiv, d. h. durch Verknüpfungen zwischen ihnen aktiviert werden und vor allen Dingen, welche Mechanismen darüber entscheiden.

Deutlich wurde darüberhinaus, dass jede als gelungen zu bezeichnende Erinnerungsarbeit darauf abheben muss, dass die vergangenen Ereignissse auch den gedachten Netzwerken der jeweiligen Gegenwart innewohnen. Die damit als verbundend betrachtete räumlich-zeitliche Verdichtung wiederum bedingt, dass sich Nachbarschaften und damit auch assoziative Verbindungen verändern. Manche zeichnen sich durch eine erhöhte Abrufwahrscheinlichkeit aus, andere durch eine geringere. So gesehen wohnt, was im Bereich der Geistes- und Sozialwissenschaft als etwas Bedauerliches, weil leider Vergessenes bezeichnet wird, dem informationsvermittelnden neuronalen System ohnehin bereits inne.

### Literatur

Abraham, W. (2008). Metaplasticity: tuning synapses and network for plasticity. *Nature Reviews Neuroscience*, 9, 387–399.

Abraham, W. C., & Robins, A. (2004). Memory retention – the synaptic stability versus plasticity dilemma. *Trends in Neurosciences*, 28, 73–78.

Alberini, C. M., & Kandel, E. R. (2015). The regulation of transcription in memory consolidation. *Cold Spring Harbour Perspectives in Biology*, 7, a 021741.

Anderson, M. C., & Green, C. (2001). Suppressing unwanted memories by executive control. *Nature*, 410, 366–369.

Anderson, M. C., & Hanslmayr, S. (2014). Neural mechanisms of morivated forgetting. *Trends in Cognitive Sciences 18*, 279–292.

Asselen, M. van, Kessels, R. P. C., Neggers, S. F. W., Kappelle, L. J., Frijns, C. J. M., & Postma, A. (2005). Brain areas involved in spatial working memory. *Neuropsychologia*, 44, 1185–1194.

Aybek, S., & Vuilleumier, P. (2016). Imaging studies of functional neurologic disorders. In M. Hallett, J. Stone & A. Carson (Hrsg.), *Handbook of clinical neurology (3rd series): Functional neurological disorders* (Bd. 139, S. 73–84). Amsterdam: Elsevier.

Badgaiyan, R. D. (2005). Conscious awareness of retrieval: an exploration of the cortical connectivity. *International Journal of Psychophysiology*, 55, 257–262.

Bauer, J. (2002). *Das Gedächtnis des Körpers. Wie Beziehungen und Lebensstile unsere Gene steuern*. Frankfurt: Eichborn.

Ben-Yakov, A., Dudai, Y., & Mayfords, M. R. (2015). Memory retrieval in mice and men. *Cold Spring Harbour Perspectives in Biology*, 7, a021790.

# Literatur

Bergström, Z. M., Velmans, M., de Fockert, J., & Richardson-Klavehn, A. (2007). ERP Evidence for successful voluntary avoidance of conscious recollection. *Brain Research, 1151*, 119–133.

Bouton, M.E., & Moody, E. W. (2004). Memory processes in classival conditioning. *Neuroscience and Biobehavioral Reviews, 28*, 663–674.

Boyer, P. (2008). Evolutionary economics of mental time travel? *Trends in Cognitive Sciences, 12*, 219–224.

Brown, D. (1995). Pseudomemories: The standard of science and the standard of care in trauma treatment, *American Journal of Clinical Hypnosis, 37*, 1–24.

Brunet N, Vinck M., Bosman, C. A., Singer, W., & Fries, P. (2014). Gamma or no gamma, that is the question. *Trends in Cognitive Sciences 18*, 507–509.

Campbell, B. C., & Garcia, J. R. (2009). Neuroanthropology: evolution and emotional embodiment. *Frontiers in Evolutionary Neuroscience. 1*, 1–6.

Christian, K. M., & Thompson, R. F. (2005). Long-term storage of an associative memory trace in the cerebellum. *Behavioral Neuroscience, 119*, 526–537.

Corballis, M. C. (2009). Mental time travel and the shaping of language. *Experimental Brain Research, 192*, 553–560.

Dash, P. K., Moore, A. N., Kobori, N., & Runyan, J. D. (2007). Molecular activity underlying working memory. *Learning und Memory, 14*, 554–653.

David, A. S., & Kirchner, T. (Hrsg.). (2003). *The self in neuroscience and psychiatry*. Cambridge: Cambridge University Press.

Della Sala, S. (Hrsg.). (2010). *Forgetting*. Hove: Psychology Press.

Driessen, M., Beblo, T., Mertens, M., Piefke, M., Rullkötter, N., Silva Saveedra, A., Reddemann, L., Rau, H., Markowitsch, H.J., Wulff, H., Lange, W., & Woermann, F.G. (2004). Different fMRI activation patterns of traumatic memory in borderline personality disorder with and without additional posttraumatic stress disorder. *Biological Psychiatry, 55*, 603–611.

Ergorul, C., & Eichenbaum, H. (2004). The hippocampus and memory for „what", „where" and „when". *Learning and Memory, 11*, 397–405.

Ernst, M., & Mueller, S. (2008). The adolescent brain: Insights from functional neuroimaging research. *Developmental Neurobiology, 68*, 729–743.

Faisal, A., Selen, L., & Wolpert, D. (2008). Noise in the nervous system. *Nature Reviews Neuroscience, 9*, 292–303.

Fellin, T. (2009). Communication between neurons and astrocytes: relevance to the modulation of synaptic and network activity. *Journal of Neurochemistry, 108*, 533–544.

Fujiwara, E., Brand, M., Kracht, L., Kessler, J., Diebel, A., Netz, J., & Markowitsch, H. (2008). Functional retrograde amnesia: A multiple case study. *Cortex, 44*, 29–45.

Fujiwara, E., & Markowitsch, H. J. (2006). Brain correlates of binding processes of emotion and memory. In H. Zimmer, A. M. Mecklinger & U. Lindenberger (Hrsg.), *Binding in human memory – A neurocognitive perspective* (S. 379–410). Oxford: Oxford University Press.

Furudono, Y., Sone, Y., Takizawa, K., Hirono, J., & Sato, T. (2008). Relationship between peripheral receptor code and perceived odor quality. *Chemical Senses, 34*, 151–158.

Greenberg, D. L., Rice, H. J., Cooper, J. J., Cabeza, R., Rubin, D. C., & LaBar, K. S. (2005). Co-activation of the amygdala, hippocampus and inferior frontal gyrus during autobiographical memory retrieval. *Neuropsychologia, 43*, 659–674.

Guskjolen, A. J. (2016). Losing connections, losing memory: AMPA receptor endocytosis as a neurobiological mechanism of forgetting. *Journal of Neuroscience, 36*, 7559–7561.

Haken, H. (1996). *Principles of brain functioning*. Berlin: Springer.

Herdegen, T., Tölle, T., & Bär, M. (1997). *Klinische Neurobiologie*. Heidelberg: Spektrum.

Hüfner, K., Binetti, C., Hamilton, D. A., Stephan, T., Flanagin, V. L., Linn, J., Labudda, K., Markowitsch, H. J., Glasauer, S., Jahn, K., Strupp, M., & Brandt, T. (2011). Structural and functional plasticity of the hippocampal formation in professional dancers and slackliners. *Hippocampus, 21*, 855–865.

Hulbert, J. C., Henson, R. N., & Anderson, M. C. (2016). Inducing amnesia through systemic suppression. *Nature Communications 7*, 11003. doi:10.1038/ncomms11003

Jäncke, L (2005). *Methoden der Bildgebung in der Psychologie und den kognitiven Neurowissenschaften*. Stuttgart: Kohlhammer.

Kandel, E. R. (1976). *Cellular basis of behavior*. San Francisco: Freeman.

Karbach, J., & Schubert, T. (2013). Training-induced cognitive and neural plasticity. *Frontiers in Human Neuroscience, 7*, Art.48.

Kegel, B. (2009). *Epigenetik: Wie Erfahrungen vererbt werden*. München: Dumont.

Kennedy, M. B. (2015). Synaptic signaling in learning and memory. *Cold Spring Harbour Perspectives in Biology, 8*, a016824.

Klein, S. (2015). What memory is. *WIREs Cognitive Science, 6*, 1–38. doi:10.1002/wcs.1333

Kühnel, S., Woermann, F. G., Mertens, M., & Markowitsch, H. J. (2008). Involvement of the orbitofrontal cortex during correct and false recognitions of visual stimuli. Implications for eyewitness decisions on an fMRI study using a film paradigm. *Brain Imaging and Behavior, 2*, 163–176.

Le Doux, J. (1996). *The emotional brain*. New York: Simon und Schuster.

Levine, B., Turner, G. R., Tisserand, D., Hevenor, S. J., Graham, S. J., & McIntosh, A. (2004). The functional neuroanatomy of episodic and semantic autobiographical remembering: a prospective functional MRI-study. *Journal of Cognitive Neuroscience, 16*, 1633–1646.

Linden, D. (2007). The working memory networks of the human brain. *Neuroscientist, 13*, 257–267.

Loftus, E. (2005). Searching for the neurobiology of the misinformation effect. *Learning and Memory, 12*, 1–2.

Loftus, E. F., Feldman, J., & Dashiell, R. (1995). The reality of illusory memories. In D. L. Schacter (Hrsg.), *Memory distortion: How minds brains and societies reconstruct the past* (S. 47–68). Cambridge: Cambridge University Press.

Markowitsch, H. J. (1992). *Neuropsychologie des Gedächtnisses*. Göttingen: Hogrefe.

Markowitsch, H. J. (1997). Gedächtnisstörungen. In H. J, Markowitsch (Hrsg.), *Klinische Neuropsychologie. Enzyklopädie der Psychologie*, Themenbereich C, Theorie und Forschung, Serie 1, Biologische Psychologie, Band 2 (S. 495–739). Göttingen: Hogrefe.

Markowitsch, H. J. (1999). Neuroimaging and mechanisms of brain function in psychiatric disorders. *Current Opinion in Psychiatry, 12*, 331–337.

Markowitsch, H. J. (2009). *Dem Gedächtnis auf der Spur: Vom Erinnern und Vergessen aus neurowissenschaftlicher Sicht* (3. verändert. Aufl.). Darmstadt: Wissenschaftliche Buchgesellschaft.

Markowitsch, H. J. (2013a). Memory and self – neuroscientific landscapes. *ISRN Neuroscience*, Art. ID 176027. http://dx.doi.org/10.1155/2013/176027

Markowitsch, H. J. (2013b). Gedächtnis – Neuroanatomie und Störungen des Gedächtnisses. In H.-O. Karnath & P. Thier (Hrsg.), *Kognitive Neurowissenschaften* (S. 553–566). Berlin: Springer.

Markowitsch, H. J. (2015). Dissoziative Amnesien – ein Krankheitsbild mit wahrscheinlicher epigenetischer Komponente. *Persönlichkeitsstörungen, 19*, 1–16.

Markowitsch, H. J., & Brand, M. (2010). Forgetting – an historical perspective. In S. Della Sala (Hrsg.), *Forgetting* (S. 23–34). Hove: Psychology Press.

Markowitsch, H. J., & Staniloiu, S. (2012). Amnesic disorders. *Lancet, 380*(9851), 1429–1440.

Markowitsch, H. J., & Staniloiu, A. (2015). Dissoziative Amnesie. *Psychologische Medizin, 26*, 3–14.

Markowitsch, H. J., & Staniloiu, A. (2016). Retrograde (functional) amnesia. In M. Hallett, J. Stone & A. Carson (Hrsg.), Handbook of clinical neurology (3rd series): Functional neurological disorders (Bd. 139, S. 419-455 ). Amsterdam: Elsevier.

Matsuzaki, M. (2006). Factors critical for the plasticity of dendritic spines and memory storage. *Neuroscience Research, 57*, 1–9.

Matsuzaki, M., Ellis-Davies, G. C. Nemoto, T., Jiyashita, Y., Iino, M., & Kasai, H. (2001). Dendritic spine geometry is critical for AMPA receptor expression in hippocampal CA1 pyramidal neurons. *Nature Neuroscience, 4*, 1086–1092.

McGinn, C (2003). *Wie kommt der Geist in die Materie? Das Rätsel des Bewusstseins*. Zürich: Piper.

Mecklinger, A., Parra, M., & Waldhauser, G. (2009). ERP correlates of intentional forgetting. *Brain Research, 1255*, 132–142.

Menzel, R., & Müller, U. (1996). Learning and memory in honeybees: From behavior to neural substrates. *Annual Reviews of Neuroscience, 19*, 379–404.

Metzinger, T. (Hrsg.) (2005). *Bewusstsein. Beiträge aus der Gegenwartsphilosophie*. Paderborn: mentis.

Moser, M.-B., Rowland, D. C., & Moser, E. I. (2015). Place cells, grid cells, and memory. *Cold Spring Harbour Perspectives in Biology, 7*, a 021808.

Murray, B. D., Anderson, M. C., & Kensinger, E. A. (2015). Olrder afults can suppress unwanted memories when given an appropriate strategy. *Psychology of Aging, 30(1)*, 9–25.

Nikolic, D., Fries, P., & Singer, W. (2013). Gamma oscillations: precise temporal coordination without a metronome. *Trends in Cognitive Science, 17*, 54–55.

Nowicka, A., Jednorog, K., Wypych, M., & Marchewka, A. (2009). Reversed old/new effect for intentionally forgotten words. An ERP study of directed forgetting. *International Journal of Psychophysiology, 71*, 97–102.

Okado, Y., & Stark, C. E. L. (2005). Neural activity during encoding predicts false memories created by misinformation. *Learning and Memory, 12*, 3–11.

Olsen, R. K., Moses, S. N., Riggs, L., & Ryan, J. D. (2012). The hippocampus supports multiple cognitive processes through relational binding and comparison. *Frontiers in Human Neuroscience, 6*, Art. 146.

Pauen, M. (2002). *Grundprobleme der Philosophie des Geistes*. Frankfurt: Fischer Verlag.

Pauen, M., & Roth, G. (Hrsg.). (2001). *Neurowissenschaft und Philosophie*. München: Fink.

Peng, Q., Schork, A., Bartsch, H., Lo, M.-T., & Panizzon, M.S., et al. (2016). Conservation of Distinct Genetically-Mediated Human Cortical Pattern. *PLoS Genetics, 12*, e1006143.

Pfeifer, R., & Bongard, J. C. (2006). *How the body shapes the way we think. A new view of intelligence*. Cambridge: MIT Press.
Reddemann, L., Markowitsch, H. J., & Piefke, M. (2002). Neurophysiologische Verfahren bei Behandlungen von Patientinnen und Patienten mit komplexen posttraumatischen Belastungsstörungen und deren klinische Implikationen. In D. Mattke, S. Büsing, G. Hertel & K. Schreiber-Willnow (Hrsg.), *Störungsspezifische Konzepte und Behandlung in der Psychosomatik* (S. 74–92). Frankfurt: VAS.
Rösler, F. (2011). *Psychophysiologie der Kognition. Eine Einführung in die Neurowissenschaft*. Heidelberg: Spektrum.
Rouby, C., Schall, B., Dubois, D., Gervais, R., & Holley, A. (Hrsg.). (2002). *Olfaction, taste and cognition*. Cambridge: Cambridge University Press.
Schacter, D., Kagan, J., & Leichtman, M. D. (1995). True and false memories in children and adults: A cognitive neuroscience perspective. *Psychology, Public Policy, and Law, 1*, 411–428.
Segobin, S., La Joie, R., Ritz, L., Beaunieux, H., Desgranges, B., Chetclat, G., Pitel, A. L., & Eustache, F (2015). FDG-PET contribution to the pathophysiology of memory impairment. *Neuropsychological Review, 25*, 326–355.
Sevelinges, Y., Desgranges, B., & Ferreira, G. (2009). The basolateral amygdala is necessary of the encoding and the expression of memory. *Learning and Memory, 16*, 235–242.
Singer, W. (2002). *Der Beobachter im Gehirn*. Frankfurt: Suhrkamp.
Spork, P. (2009). *Der zweite Code. Epigenetik – oder wie wir unser Erbgut steuern können*. Reinbek bei Hamburg: Rowohlt.
Squire, L. R., & Dede, A. J. O. (2015). Conscious and unconscious memory systems. *Cold Spring Harbour Perspectives in Biology, 7*, a21667.
Staniloiu, A., & Markowitsch, H.J. (2010). Searching for the anatomy of dissociative amnesia. *Journal of Psychology, 218*, 96–108.
Staniloiu, A., & Markowitsch, H. J. (2014). Dissociative amnesia. *Lancet Psychiatry, 1*, 226–241.
Staniloiu, A., Vitcu, I., & Markowitsch, H. J. (2011). Neuroimaging and dissociative disorders. In V. Chaudhary (Hrsg.), *Advances in brain imaging* (S. 11–34). INTECH – Open Access Publ. doi:10.5772/30746
Stevens, M. C., Kiehl, K. A., Pearlson, G. D., & Calhoun, V. D. (2009). Brain network dynamics during error commission. *Human Brain Mapping, 30*, 24–37.
Storch, M., Cantieni, B., Hüther, G., & Tschacher, W. (2006). *Embodiment. Die Wechselwirkung von Körper und Psyche verstehen und nutzen*. Bern: Huber.
Tulving, E. (2002a). Chronesthesia: Awareness of subjective time. In D. T. Stuss & R. T. Knight (Hrsg.), *Principles of frontal lobe functions* (S. 311–325). New York: University Press.
Tulving, E. (2002b). Episodic memory: from mind to brain. *Annual Review of Psychology, 53*, 1–25.
Tulving, E. (2004). La mémoire épisodique: de L'esprit au cerveau. *Revue Neurologique, 160*, 2S9–2S23.
Tulving, E, & Craik, F. I. M. (Hrsg.). (2000). *The Oxford handbook of memory*. Oxford: Oxford University Press.
Ullsperger, M, Mecklinger, A., & Müller, U. (2000). An electrophysiological test of directed forgetting: The role of retrieval inhibition. *Journal of Cognitive Neuroscience, 12*, 924–940.
Volterra, A., & Meldolesi. J. (2005). Astrocytes from brain glue to communication elements: the revolution continues. *Nature Reviews Neuroscience, 6*, 626–640.
Wehner, R., & Menzel, R. (1990). Do insects have cognitive maps? *Annual Reviews of Neuroscience, 13*, 403–414.
Welzer, H., & Markowitsch, H. J. (2001). Umrisse einer interdisziplinären Gedächtnisforschung. *Psychologische Rundschau, 52*, 205–214.
Whitaker, K. J., Vértes, P. E., Romero-Garcia, R., Vasa, F., Moutoussis, M., Prabhu, G. …, & Bullmore, E. T. (2016). Adolescence is associated with genomically patterned consolidation of the hubs of the human brain connectome. *Proceedings of the National Academy of Sciences of the USA, 113*, 9105–9110.
Williams, S. R., Wozny, C., & Mitchell, S. (2007). The back and forth of dendritic plasticity. *Neuron, 56*, 947–953.
Wimber, M., Alink, A., Charest, I., Kriegeskorte, N., & Anderson, M. C. (2015). Retrieval induces adaptive forgetting of competing memories via cortical pattern suppression. *Nature Neuroscience 18*, 582–589.
Wixted, J. T. (2004). The psychology and neuroscience of forgetting. *Annual Review of Psychology, 55*, 235–269.
Yongxin, L., Wang, Y., Hu, Y., Liang, Y., & Chen, F. (2013). Structural changes in left fusiform areas and associated fiber connections in children with abacus training: evidence from morphometry and tractography. *Frontiers in Human Neuroscience, 7*, Art.335.

# Umgang mit Fragen des Vergessens in physiologischen nichtneuronalen Systemen

© Springer-Verlag GmbH Deutschland 2017
M. Pritzel, H.J. Markowitsch, *Warum wir vergessen*,
DOI 10.1007/978-3-662-54137-1_7

**Zusammenfassung**

In diesem Kapitel wird das Problem thematisiert, dass vieles, was mit den sog. Eigengesetzlichkeiten des Körperlichen zu tun hat, nicht nur, aber auch in der Psychologie mehr oder weniger ausgespart bzw. nur so weit thematisiert wird, als man es vom Gehirn gesteuert betrachten kann. Indem aber dieses, das Ich einer Person symbolisierende Organ, über alles „sonstige Körperliche" gestellt wird, gestaltet es sich naturgemäß schwierig, nach Grundregeln des Vergessenen im „restlichen Körper" zu fahnden. Über diesen erfahren wir nur etwas gemäß der Klassifikation von uns selbst entsprechend einer vorgegebenen medizinisch-naturwissenschaftlichen Selbstinterpretation. Wir informieren uns also darüber, wie wir den Körper vermittels neuronaler Transformationsprozesse „wahrnehmen", wie wir uns darin „fühlen" oder wie wir bestimmte „somatische Signale" zu interpretieren gewohnt sind. Auf diese Weise erfahren wir aber nichts darüber, ob das, was dort „tatsächlich" geschieht, ob also das, was Gegenstand eines „geheimen Gedächtnisses", einer „unbeschreibbaren Geschichte", unsers Körpers ist, auch unseren Vorstellungen von Vergessen entspricht.

Die Beschäftigung mit dem Phänomen des Vergessens aus Sicht einer experimentellen, eng an die Neurowissenschaft angelehnten Psychologie, so wie dies im vorausgegangen Kapitel der Fall war, lässt notwendigerweise Fragen nach der Einbindung der Erkenntnisse in größere Zusammenhänge menschlichen Agierens offen, insbesondere in die Beschreibung des Menschen in seiner Ganzheit als geistiges und zugleich körperliches Wesen in einer bestimmten Umwelt (vgl. Harrington 2002). Diese Ganzheit, die sich u. a. dadurch manifestiert, dass hierbei Vergangenheit und Gegenwart im Augenblick des Handelns zu einer Einheit verschmelzen, stellt gleichzeitig *die* Basis schlechthin für alle denkbaren Optionen in der Zukunft dar (▶ Koevolution). Mit zu den unabdingbaren Voraussetzungen für eine solch nahtlose Verbindung zwischen dem Gestern und Heute gehört zweifellos auch das Vergessen. Es spiegelt damit sozusagen einen kleinen Ausschnitt dieser Idee des zusammengehörigen Ganzen. Im Folgenden werden deshalb diejenigen Vorstellungen, die wir gemeinhin mit dem Phänomen des Vergessens verbinden (▶ Teil II), daraufhin hinterfragt, ob bzw. inwiefern dadurch auch dieses gedachte körperlich-geistige Ganze abgebildet wird. Es wird also danach zu fragen sein, inwieweit es mögliche Gemeinsamkeiten geistes- bzw. neurowissenschaftlicher Ansätze gibt, auf die man (auf-)bauen kann. Im Anschluss daran wird die traditionelle Rolle kritisch reflektiert, die beide Herangehensweisen dem Gehirn als einem Garanten der Repräsentation allem körperlich und ggf. auch allem geistig Wirklichen zuschreiben. Dadurch eröffnen sich Freiräume für einen Blickwinkel auf das Vergessen auch jenseits des bestehenden Geflechts einander wechselseitig unterstützender Vorgaben der klassischen Gedächtnispsychologie und kognitiven Neurowissenschaften.

## 7.1 Vergessen – ein Phänomen, das den ganzen Menschen betrifft?

Das Verständnis einer körperlich-geistigen Ganzheit erschöpft sich im Denken derer, die geistes- bzw. kulturwissenschaftlichen Ansätzen nahestehen, verständlicherweise nicht in einer Art biologistisch gedachter organischer Zweckmäßigkeit, in der die Idee des Vergessens allein *im* Gehirn zu verankern gesucht wird. Würde man dies tun, so heißt es, dann reduzierte sich aber auch jede die Vergangenheit des Individuums betreffende psychologische Theorienbildung zu einem Aspekt des Ursache-Wirkungs-Gefüges eines materialisierenden naturwissenschaftlichen Denkens über dieses Organ. Erinnertes bzw. Vergessenes sei dann letztlich nur insoweit zu erfassen, als es sich beispielsweise in der Aktivität von Nervenzellen und den durch sie gebildeten „Netzwerken" niederschlage. Jedoch dürfe man menschliches Agieren mitnichten auf die dort vorherrschende Dominanz einer sich am Tierexperiment orientierenden Assoziationsbildung verkürzen.

Verschiedene Formen der ► Konditionierung etwa, seien sie nun als klassisch oder als operant apostrophiert – von ► Habituation und Sensibilisierung erst gar nicht zu reden –, könnten nun einmal nicht in die engere Wahl gezogen werden, um Fragen des Nicht-mehr-Gegenwärtigen, des Verdrängten, Um- oder Neuinterpretierten zu beantworten. Wie wollte man auch solch vielschichtigen, teils bewussten, teils unbewusst bleibenden Vorgängen allein mit Ideen über verschiedene Konfigurationsmuster (in-)aktiver Nervenzellen auf die Spur kommen? Und wie schließlich sollte durch die dabei wirksamen Veränderungen in der Ausschüttung der beteiligten Überträgersubstanzen (► Transmitter) eine tragfähige Brücke vom molekularen Kleinen, klar Definierten zum gedanklich Großen, weitgehend Unbestimmbaren geschlagen werden, etwa dem Wissen darum, etwas Wichtiges vergessen zu haben? Bislang zumindest seien die zur Verfügung stehenden neurowissenschaftlichen Konstrukte zur Erklärung des Ausbleibens bzw. Auslassens erfahrungsbedingter Verhaltensänderungen (► Teil II) bestenfalls als unzureichend zu bewerten, um damit die Komplexität möglicher Vorgänge des Vergessens adäquat abzubilden.

Die dabei offenbleibenden Fragen nach einer körperlich-geistigen Ganzheit des Vergessenkönnens, -wollens oder -müssens stellen sich allerdings nicht nur bei einem geisteswissenschaftlich orientierten Vorgehen. In ähnlicher Weise gelten sie auch für die Naturwissenschaft – hier in Gestalt der kognitiven Neurowissenschaft –, die allerdings mit genau umgekehrtem Vorzeichen an die Problematik herangeht. Ganzheit, so heißt es hier, sei nicht anders als gerade durch das physiologisch-anatomisch Gegebene zu denken. Das bedeutet auch, dass mögliche Fragen nach einem etwaigen Zusammenspiel eindeutig erscheinender körperlicher und vage anmutender geistiger Kräfte als ein Scheinproblem behandelt werden, das spätestens dann ad acta gelegt und als gelöst betrachtet wird, wenn die Auseinandersetzung mit Ergebnissen des ► Embodiment neue naturwissenschaftlich fundierte Lösungsangebote bereithalte. Dass, bedingt durch die Art der Fragestellungen, u. a. auch emergente Eigenschaften körperlichen Geschehens zum Ausdruck gebracht würden, also Charakteristika des ermittelten Ganzen zutage träten, die sich aus einer Detailbetrachtung seiner Konstituenten nicht ergäben, bedeute nicht, dass die „Übersumme" bestimmter Eigenschaften unerklärbar bleiben müsste. Es mache lediglich andere mathematische Verfahren zu deren Ermittlung nötig.

Und zu guter Letzt, so die Argumentation, der sich auch Nichtnaturwissenschaftler kaum entziehen können, könne man sich ohne weiteres einen lebenswichtige Funktionen gewährleistenden Körper *ohne* mentale Eigenständigkeit vorstellen, kaum aber geistige Eigenschaften eines Individuums *ohne* den dazugehörigen Körper. Das wiederum bedeute, dass jedes Vergessen, sei es einer alltäglichen Idee zur Lösung eines praktischen Problems, sei es einer plötzlichen Eingebung oder eines unerschütterlich geglaubten Wissensbestands ohne *Veränderungen* – hier der Gehirnaktivität – nicht denkbar sein könne. Seien es also, wie oben erwähnt, *Variationen* in den Entladungsraten einzelner ► Neuronen, seien es *Schwankungen* in den sog. zyklischen, Gedächtnisbildung verheißenden Schwingungen bestimmter Nervenzellverbände oder wird die Erklärung gar in *Modifikationen der Relation* mnestische Ereignisse anzeigender Schwingungsphasen zueinander gesucht, erst durch Antworten auf solche, *zeitlich-räumlich untypisch oder unstetig erscheinenden Abweichungen* könne ein Verständnis des vergessenen Ganzen erwachsen. Nötig sei also die Bildung eines Gegenpols zu den bekannten Mechanismen neurophysiologisch begründeter Gedächtnisbildung, die sich u. a. aus der *Phasensynchronisation* verschiedener Neuronenpopulationen innerhalb eines bestimmten Zeitraumes (► Gamma-Oszillation) ergäben. Dadurch, so die gängige Ansicht (van der Malsburg 1983; Singer 2012), entstehe die Möglichkeit, einer raumzeitlichen Verknüpfung (► Bindung) gehirninterner Ereignisse, die wiederum mit einer gleichzeitig stattfindenden, weil experimentell induzierten, geistigen Aktivität in Beziehung gesetzt werden könnte. Auf diese Weise werde letztlich auch Neurowissenschaftlern ein Zugang zum Gestaltungs- und Erklärungsraum mnestischer Vorgänge geschaffen.

### 7.1.1 Die Analyseebenen eines naturwissenschaftlich verstandenen Vergessen im Gehirn wirken auf das Verständnis des Phänomens zurück

Die Schwierigkeiten oben angesprochener, auf den Körper zentrierter Vorgehensweise sind, ähnlich wie die einer primär an geistigen Abläufen orientierten Argumentation, nicht von der Hand zu weisen. Denn indem man mentale Vorgänge als Korrelate von Geschehnissen im Körper – hier im Gehirn – ansieht, werden sie vom ganz speziellen Blickwinkel der Kognitions- und Neurowissenschaft betrachtet.

Der daraus resultierende klassische Kritikpunkt, der besagt, die jeweils gewählten Erhebungsverfahren würden maßgeblich mit über die Ergebnisse bestimmen, wird zwar durch eine immer größere Vielfalt an Methoden abzuschwächen versucht. Generell aber hebt man immer auf Vorgänge ab, die einen Vergleich von Ist- bzw. Sollzuständen neuronaler Kenngrößen erlauben, um die erhaltenen Werte dann mit Messdaten des Erinnerns bzw. Vergessens in Beziehung setzen zu können. Dadurch, dass psychische durch physische Variablen ausgedrückt werden, stellt sich jedoch ein Bedeutungswandel des verwendeten Leitbegriffs ein. So etwa erfährt, was in einem allgemein verstandenen Sinne vergessen wurde, also „nicht ist", durch diese Transformation eine andere Gewichtung, denn die *Inaktivität einer Nervenzelle*, z. B. durch Hemmung, bedeutet ja keinesfalls, dass sie „vergessen" hat. Vielmehr bedarf jede Bildung – sei es von kurzzeitigen neuronalen Erregungsschleifen oder von stabilen Erregungsmustern – eines nichterregten bzw. hemmenden Umfeldes, um das jeweils entstandene Aktivitätsprofil zu akzentuieren. Inaktivität und/oder Hemmung ist so gesehen durchaus nicht als passiver Vorgang des Versiegens oder allmählichen Entgleitens zu verstehen.

Darüber hinaus bringen auch einander „egalisierende", weil gegenseitig inaktivierende Erregungsmuster ein gewisses Maß an Aktivität zum Ausdruck. Und selbst innerhalb von Neuronen, wo z. B. eine bestimmte „kritische Grenze" eines Schwellenwertes zur Auslösung eines ▶ Aktionspotenzials nicht überschritten wird, herrscht deshalb keineswegs Funkstille. Der Unterschied zwischen neuronalen Netzwerken, die der Gedächtnisbildung dienen, und solchen, die das nicht tun, ist somit nicht durch die neuronale Aktivität per se begründet, sondern liegt in der Wahrscheinlichkeit, mit der diese zwischen Neuronen übermittelt wird, und zwar auf eine Weise, die dem Gedanken eines *Netzwerks* folgen, sprich, ein solches erkennbar werden lassen. Dessen ungeachtet laufen im Gehirn auch dann zahllose elektrophysiologische Vorgänge ab, wenn auf Verhaltensebene nichts Bemerkbares registriert werden kann und sich keines der gedachten „Netzwerk" gegen andere besonders hervorhebt. Die einzelne Zelle oder eine bestimmte Hirnregion „vergisst" indes ebenso wenig, wie sie sich etwas „merkt". Vergessen bedeutet hier lediglich elektrophysiologische (In-)Aktivität jenseits eines bestimmten raumzeitlich definierten phasenkongruenten Erregungsmusters.

Ähnliche Vorsicht wie im Umgang mit dem Begriff eines neurowissenschaftlich verstandenen Vergessens ist, wie bereits angesprochen, auch im Falle der ▶ Extinktion geboten. Letztere scheint zunächst dem des Vergessens sehr ähnlich zu sein. Anders aber als die Wortbedeutung es nahelegt, steht Extinktion nicht nur dafür, dass etwas (aus-)gelöscht wird, gewissermaßen wie ein Feuer mangels Sauerstoff unwiederbringlich verglimmt. Es geht hierbei auch um eine zeitweilige, ebenfalls ressourcenbeanspruchende Nichtausführung, evtl. sogar um eine aktive ▶ Unterdrückung einer konditionierten Reaktion. Dass die Bereitschaft zu reagieren, keineswegs „verschwunden" sein muss, zeigt sich u. a. ja gerade daran, dass eine bereits „gelöscht" geglaubte Antwort sich durchaus „spontan erholen" kann (Spontanremission). Während man aber im psychologischen Sinne bei Verwendung des Konditionierungsparadigmas auch nicht von „Vergessen" einer gelernten Reaktion spricht, sondern wohlweislich von Extinktion, wird dieser Unterschied im naturwissenschaftlichen Sprachgebrauch oft nicht thematisiert. Vielmehr werden das „Verhalten von Neuronen" und das „Verhalten eines Individuums" während einer Extinktionsphase bzw. während des Vergessens häufig als unterschiedliche Seiten bzw. unterschiedliche Ausprägungen ein und desselben Grundproblems angesehen.[1]

Was die bereits kurz angesprochenen physiologischen Messverfahren angeht, so stehen Registrierungen auf Ebene einzelner Nervenzellen oder Neuronenverbände im Tierversuch oder die Erfassung ereigniskorrelierter Potenziale (▶ ERPs) beim Menschen beispielhaft für den Versuch, die funktionale Bedeutung neuronaler Verbindungen durch sog. ▶ Ordnungsübergänge bestimmter Funktionszustände des Gehirns zu ermitteln (Übersicht in Schiepek 2003).

Die Bedingungen, die gegeben sein müssen, damit ein Neuron oder ein Nervenzellverband Signale oder Signalkaskaden ändert, können aber auch indirekt ermittelt werden, z. B. durch die Erfassung regionaler Abweichungen der Sauerstoffsättigung des Blutes (▶ fMRT) oder des Bedarfs an Sauerstoff oder Glucose (▶ PET) in bestimmten Hirngebieten.

Sei es nun mittels erstgenannter elektrophysiologischer Verfahren oder letztgenannter, der ▶ funktionellen Bildgebung, das Ziel bleibt in allen Fällen das gleiche: Im Gehirn sollen dynamische Vorgänge – hier solche, die auf eine Gedächtnisbildung hindeuten – erfasst werden. Während diese funktionsbedingten Veränderungen bei elektrophysiologischen Methoden im Wesentlichen durch Variationen von Amplitude und Latenz elektrischer Potenziale erkennbar werden, spiegeln sich diese bei funktioneller Bildgebung in bestimmten Durchblutungswerten bzw. der Güte der Sauerstoffversorgung an ausgesuchten Orten. Dadurch werden Schwankungen neuronaler Aktivität – hier ausgedrückt durch die ▶ neurovaskuläre Koppelung – mit zeitgleich durchgeführten gedächtnisrelevanten psychologischen Experimenten in Beziehung gesetzt.

Letztlich aber kann man aus einer noch so beeindruckenden Vielfalt an Methoden, handelte es sich um elektrophysiologische Verfahren (ERPs) oder folgten sie den Gesetzmäßigkeiten des Elektromagnetismus (fMRT) bzw. der Strahlenmedizin (PET), keinen direkten erkenntnistheoretischen Fortschritt über das Zusammenwirken von psychologischen und physiologischen Kennwerten zu einem übergeordneten Ganzen ableiten. Was die genannten Methoden gestatten, sind lediglich bestimmte Aussagen über die Gesetzmäßigkeiten zeitlich-räumlich erfassbarer Abläufe im Gehirn während eines psychologischen Versuchs. Das heißt, indem ein anatomischer Ort bzw. anatomische Orte und Zeitverlauf physiologischer Veränderungsmaxima mit dem jeweiligen Ausschnitt möglicher Verhaltensänderungen in Beziehung gesetzt werden, der innerhalb eines bestimmten methodisch vorgegebenen raumzeitlichen Rasters erfasst werden kann, entstehen korrelative Zusammenhänge. Aufgrund derer werden Aussagen darüber möglich, ob z. B. innerhalb einer in (Milli-)Sekunden zu messenden Zeitspanne ein als „vergessen" bezeichneter Inhalt in einem bestimmten Hirnareal eine andere Aktivitätsveränderung verursacht als diejenige, die man als gedächtnisrelevant bezeichnet – mehr nicht.

Mit durch die Frage nach gedächtnisrelevanten Orten, nach Anzahl von Nervenzellen, Fasersystemen oder Nervenzellverbänden wird allerdings stillschweigend die anatomisch definierte Grenze zwischen Gehirn und „Nichtgehirn" auch als eine festgelegt, die für ein Vergessen *von etwas* gültig ist. Das bedeutet, man sucht *im Gehirn* nach materiellen Korrelaten des Vergessens, weil man neurophysiologisch-neuroanatomischem Denken folgend annimmt, dass es dort lokalisiert sein müsse. Allerdings verfügt man derzeit weder über eine schlüssige Theorie, was eine einzelne Nervenzelle noch was ein bestimmter Zellverband letztlich beitragen. Und selbst wenn Vergessensvorgänge *auch* „im Gehirn" verortet werden – und daran gibt es ebenfalls kaum Zweifel –, so schließt dies nicht aus, dass physiologische Systeme, die jenseits davon angesiedelt sind, ebenfalls wichtige Aspekte dazu beitragen. Dies nicht zuletzt deshalb, weil wesentliche Fragen nach

---

1   Die Grenzen der Vergleichbarkeit von Vorgängen des Vergessens zu solchen der Extinktion würden naturgemäß erst dann deutlich zutage treten, wenn beim Menschen *höhere oblivionale Fähigkeiten* – hier z. B. das Wissen um das Vergessen *von etwas* – messbar würden.

dem Vergessen durch eine Konzentration auf das Gehirn allein auch nicht geklärt werden können. Denn zu erfahren, *wo* und *wie* wir Gedächtnisinhalte mehr oder wenig unvollständig abspeichern, so wie es die Neuroanatomie und Neurophysiologie zu beantworten suchen, lässt z. B. offen, *weshalb* ein Individuum gerade zu einem bestimmten Zeitpunkt einen Teil davon oder sogar alles vergisst, weshalb also bestimmte Neuronen gerade dann ihre Aktivität auf eine bestimmte Weise verändern und nicht früher oder später.

Unbeantwortet bleibt auch die Frage, dass die damit angesprochenen Änderung im Erregungsprofil, so diese denn zu erfassen ist, auch nur eine von vielen messbaren Spuren darstellt, dass also Vergangenheit und Gegenwart eines physiologischen Systems noch auf andere Weise miteinander verknüpft sind. Betrachtet man z. B. Vergessen vor dem Hintergrund der ge- und erlebten Wirklichkeit des Einzelnen in und mit seiner Umwelt, so wird deutlich, dass die schiere Aktivität von Millionen Nervenzellen für sich genommen keine spezifisch psychologisch bedeutsame Realität repräsentiert. Sie steht lediglich für *ein* quantitativ ermittelbares Maß von Veränderungen, die es in ein komplexes dynamisches Interaktionsmuster einzubetten gilt.

Was also könnte man als Ergebnis dieser kursorischen Gegenüberstellung von geistes- bzw. naturwissenschaftlichen Grundpositionen ansehen, das über die lang bekannte Forderung hinausgeht, endlich Voraussetzungen dafür zu schaffen, dass geistige und körperliche Vorgänge, die bei Vorgängen des Vergessens unvermeidlich wirksam werden, in eine erkenntnisgewinnende Beziehung gesetzt werden können? Auch wenn man auf den ersten Blick bedauern mag, dass bei der Untersuchung von Phänomenen des Vergessens bislang keine der beiden Herangehensweisen für sich reklamieren kann, der Erfassung eines geistig-körperlichen Ganzen einen großen Schritt näher gekommen zu sein, so eröffnen sie dennoch Raum für neue Möglichkeiten der Betrachtungsweise: Beide behandeln z. B. Vergessen lediglich als etwas an das ▶ Gedächtnis Gebundenes, allmählich Verblasstes, zu oft Überschriebenes, Unterdrücktes etc. Ferner konzentrieren sie sich – sei es beim „vergessenden oder vergesslichen Ich" oder bei einer „das Gedächtnis nicht stützenden neuronalen Bindung" –, wenn überhaupt, dann auf durch mnestische Fehlprozesse bedingte Veränderungen. Und diese finden nicht nur in der Neurowissenschaft, sondern auch in geisteswissenschaftlichem Denken immer irgendwo im Innenraum des Gehirns statt. Nichtneuronale Teil- bzw. Subsysteme des Körpers sowie deren ebenso vielfältigen wie variablen Beziehungen zur äußeren Vergessen induzierenden Welt bleiben in beiden Fällen weitgehend unberücksichtigt. Was stattdessen vermittelt wird, ist der Eindruck, der Körper als Ganzer gehorche ebenfalls den bis dato aufgestellten (neuro-)psychologischen „Gesetzmäßigkeiten" des Vergessens.

Was aber spiegeln dessen neurophysiologische Gesetzmäßigkeiten in diesem Fall? Indem man sich, wie oben angesprochen, auf die Betrachtung gehirninterner physiologischer Trägersysteme unterschiedlicher Art und Kleinteiligkeit konzentriert, ändert sich fast zwangsläufig auch die Sichtweise auf den Vorgang des Vergessens, da ja weder die einzelne Nervenzelle noch ein Verbund von 100 Mio. irgendetwas in dem Sinne „vergisst", wie man sich ein mentales Vergessen vorstellt. Neuronen werden ggf. nur unterschwellig statt überschwellig erregt, aktiv gehemmt oder in einen anderen als den betrachteten bzw. für wahrscheinlich gehaltenen Erregungskreislauf miteinbezogen. Vergessen bedeutet hier am ehesten, *anders* zu agieren, als es der Gedächtnisbildung zuträglich ist.

## 7.2 Die Bedeutung des Gehirns für Vorgänge des Vergessens im Gesamtgefüge des Körpers

Die damit zum Ausdruck kommende Konzentration in der Erklärung von Vorgängen des Vergessens auf das Gehirn – und diese Konzeption stellt zweifellos die häufigste und eingängigste dar – ist dessen ungeachtet nur eine von verschiedenen Denkmöglichkeiten. Durch sie schließt sich lediglich der Kreis einer sich selbst verstärkenden wie begrenzenden Sicht- bzw. Arbeitsweise kognitiv-neurowissenschaftlichen Vorgehens, die einen selektiven Einblick in ein Geschehen von nur teilweise bekannter Komplexität ermöglicht.

Daneben besteht etwa die Ansicht, das Gehirn diene im Großen und Ganzen primär dazu, die *Interaktion des Körpers mit der Umwelt zu koordinieren*. Dazu gehöre zwar u. a., dass, wie weiter oben angesprochen, Vergangenes und Gegenwärtiges zu einem bestimmten Zeitpunkt innerhalb eines variablen Netzwerks im Gehirn zusammengeführt werde. Dies geschehe aber im Rahmen einer *embodied existence*, d. h. einer Einbettung gehirninternen Geschehens in das Ganze eines bestehenden Körpers im Rahmen der jeweiligen Existenzbedingungen.

Es stellt sich somit die Frage danach, ob bzw. inwieweit die bisher erkannten, auf Gehirn bzw. Zentralnervensystem zentrierten, morphologischen, elektrophysiologischen und biochemischen *Ordnungsprinzipien* überhaupt dazu geeignet sind, das Vergessen in seiner umfassenden Komplexität zu beschreiben. Anders als der Mensch, verstanden als rational handelndes Subjekt, das vermittels seiner geistigen Fähigkeiten über verschiedene Verhaltensalternativen verfügt, besitzt z. B. der Körper nicht die Möglichkeit des Auswählens zwischen verschiedenen Strategien des Erinnernwollens oder Vergessenkönnens. Das Einzige, was hier zur Debatte steht, sind biologisch gegebene Gesetzmäßigkeiten, ausgedrückt in Wahrscheinlichkeiten des Wann und Wielange, des Wo, Wie und Warum bestimmter Stoffwechselvorgänge, die, gewisse Unsicherheiten eingerechnet, kaum anders hätten vor sich gehen können. Und anders als das denkende Individuum, das aufgrund seines episodisch-autobiografischen und/oder semantischen Gedächtnisses das Vergangene aus Sicht der Gegenwart auch zu (re-)konstruieren vermag, verfügt der Körper nur über unidirektionale Verbindungen, deren funktionale Konfigurationen von der Vergangenheit aus in die Gegenwart hineinreichen. Von Vorgängen eines „fehlerhaften Ablegens" von Informationen oder solchen des „Nicht-auffinden-Könnens" würde man hier deshalb nicht sprechen, weil in der Welt der Stoffwechselvorgänge keine Wahl zwischen richtig und falsch besteht. Es gibt, wie oben angedeutet, überhaupt keine „Wahl", sondern lediglich Auftretenswahrscheinlichkeiten bestimmter Ereignisse. Diese Vorgänge kommen uns als solche im Einzelnen nicht zu Bewusstsein. Entsprechend erscheint uns das Resultat körperlichen Geschehens dann, wenn es für uns erkennbar wird, einerseits als unmittelbar, unverstellt und „un-konstruiert", andererseits aber auch als unvermittelt, weil unerwartet, d. h. mehr oder weniger zusammenhanglos im Hinblick auf eine mögliche Beziehung zu geistigen Vorgängen.

Kann es, diesen Gedanken weitergeführt, also sein, dass sich der Körper an etwas erinnert, das gedanklich schon lange in Vergessenheit geraten ist, und umgekehrt? Kann diese Mischung aus augenscheinlich Vorbestimmtem im Kleinen und Kleinsten (sub-)zellulärer Ereignisse und das Produkt ihrer zahlreichen Verkettungen zu immer umfangreicheren Erregungsschleifen möglicherweise so etwas wie eine „geheime Geschichte des Körperlichen" entstehen lassen, die deshalb unerkannt bleibt, weil sie sich der gehirnvermittelten „Kenntnis" darüber zumindest teilweise entzieht, ähnlich wie auch etwas zum Körper gehörend gedacht bzw. gefühlt werden kann, das in der Realität physisch so nicht gegeben ist (Melzack und Wall 1999)?

### 7.2.1 Erfahrungen und körperliche Empfindungen sind nur teilweise deckungsgleich

Einen kleinen Einblick in diese letztgenannte Welt gewähren Phantomempfindungen, d. h. körperliche ▶ Empfindungen die nicht mit der realen Ausdehnung des Körpers konform gehen. Jahrhundertelang gehörten Phantomempfindungen, z. B. der Eindruck des Vorhandenseins einer objektiv inexistenten Extremität, zu den „unfasslichen Geschehnissen". Diese wurden noch bis weit in die Neuzeit hinein immer dann in den Rang eines Mysteriums gehoben, wenn ein ansonsten als geistig gesund eingestufter Patient vor maßgeblichen Zeugen über außergewöhnliche Empfindungen, z. B. *in* einem neu angepassten Holzbein, zu berichten wusste, dieses als Teil seines Körpers zu „spüren" vorgab (vgl. Price und Twombly 1978). Solchermaßen bezeugte „Wunder" galten als Bestätigung des Einflusses göttlicher Macht, die es z. B. möglich machte, mittels fachkundiger zeitgenössischer „Orthopädietechniker" leibliche Empfinden auch im Außerkörperlichen zu verankern. Wie, wenn nicht aufgrund eines Mysteriums, hätte sonst von einem „Empfinden" in einem Holzbein glaubhaft berichtet werden können?

Bis heute gilt als unstrittig, dass die Vorstellung einer körperlichen Ganzheit vom Wissen über eine mögliche Versehrtheit (z. B. einen Unfall oder eine Operation), die zu einer Amputation eines Körpergliedes[2] führte, nur teilweise beeinflusst wird (Überblick in Koltzenburg und McMahon 2005). Das heißt, dass Informationen über die Stellung und Lage der Extremitäten, die Spannung von Muskeln und das Empfinden von Schmerzen nicht notwendigerweise an deren physische Präsenz gebunden sind. Auch abwesende Glieder bzw. Prothesen wie ein Holzbein können durchaus als Teil des Selbst betrachtet werden. Ein „Wunder" würde man darin zwar kaum mehr sehen, wohl aber auf weitere neurowissenschaftliche Erkenntnisse hoffen, die der Erklärung des Phänomens dienen. Denn dass ein Patient ein nichtexistentes Körperteil „fühlt", es „bewegt", insbesondere dort auch Schmerzen „empfindet" etc. (Flor 2002), scheint nach heutiger Denkweise notwendigerweise an ein physiologisch-anatomisches Substrat im Gehirn gebunden zu sein. Da unserem Bewusstsein aber lediglich die An- oder Abwesenheit von bestimmten mentalen Vorstellungen über o. g. Empfindungen vermittelt werden, sind real vorhandene Körperteile dazu nicht zwingend notwendig. Infolgedessen sind die gesammelten Erkenntnisse darüber, dass die mentale Gegenwart des Körpers nicht mit der physischen übereinstimmen muss, auch nur teilweise naturwissenschaftlich aufzulösen. Entsprechend lang war auch die Zeitspanne der Transformation mystischer Deutungen in wissenschaftliche Erklärungen.

So gesteht man etwa dem Feldscher Ambrosius Paré durchaus zu, was er im Jahr 1551 – zwischen dem Glauben an ein „Mysterium" und „der Suche nach gewöhnlichen Erklärung" schwankend – über die Empfindungen seines Patienten in einem nichtexistenten, aber schmerzenden Bein schrieb:

> Verily it is a thing wonderous, strange and prodigious which will scarce be credited, unless by such as have seen with their own eyes and heard with their own ears, the patients who many months after cutting away the leg, grievously complained that he felt exceeding great pain of that leg so cut off. (Keynes 1968, p. 147)

Allerdings schwankte das Urteil über Phantomempfindungen auch noch bis ins ausgehende 19. Jahrhundert hinein zwischen „Kuriosum" und „wissenschaftlicher Erklärung".[3] Erst in der zweiten Hälfte des 20. Jahrhunderts wird über Phantomempfindungen als „the subjective report of the awareness for a non-existent or deafferented part in a mentally otherwise competent individual" (Weinstein 1969) – von einem dem Gehirn innewohnenden, die Realität verfälschenden Umgang mit einem beschädigten ▶ Nervensystem – gesprochen. Was aber hirnphysiologisch betrachtet

---

2  Auch wenn Phantomschmerzen meistens an Beispielen abgetrennter Gliedmaßen beschrieben werden, sind die Empfindungen keinesfalls allein darauf beschränkt, z. B. bei Brustamputation, künstlichem Darmausgang oder Zahnverlust.

3  So etwa in einer auf Paré Bezug nehmenden Falldarstellung von Phantomempfindungen eines verwundeten Teilnehmers des amerikanischen Bürgerkriegs (vgl. Mitchell 1871), obwohl damals Neurologie und Neuropathologie ansonsten zu den fortschrittlichsten Fachgebieten der Medizin zählten.

## 7.2 · Die Bedeutung des Gehirns für Vorgänge des Vergessens

genau geschieht, ist, wie bereits angedeutet, bis heute noch erklärungsbedürftig (Flor 2002). Wohl nimmt man an, Phantomempfindungen würden großenteils auf bestehende „Schmerzgedächtniskreisläufe" im Gehirn zurückgeführt, die augenscheinlich auch ohne Informationszufuhr von der Peripherie erhalten blieben und deren Neuromatrix im Laufe der Zeit offenbar ihre ganz eigene Dynamik entwickelten (Flor et al. 2006; Koltzenburg und McMahon 2005). Der Erklärungswert bleibt jedoch nach wie vor begrenzt, insbesondere da die dafür bemühten plastischen Veränderungen (▶ Plastizität) im Gehirn, hier im somatosensorischen Cortex, nicht als ausreichend angesehen werden (Pons et al. 1991). Was nach wie vor festzustehen scheint, ist lediglich, dass mittels des Gehirns Körperempfindungen vermittelt werden, die als solche real nicht möglich sind. Die neuronale Repräsentation des Körpers, samt seiner erinnerten bzw. vergessenen Schmerzen und Bewegungsfolgen, ist somit nicht unabdingbar an diesen gebunden, sondern kann auch ein Produkt des Gehirns selbst sein. Was im Körper jenseits des Gehirns geschieht, bleibt Teil von dessen „geheimer Geschichte".

Nur am Rande erwähnt sei, dass es auch das umgekehrte Phänomen gibt, nämlich dass Patienten nach Hirnschäden z. B. meinen, sie hätten „zusätzliche" Gliedmaßen wie einen dritten Arm, der ihnen aus der Brust wachse (Halligan et al. 1993). Darüber hinaus gehören in diesen Bereich Out-of-Body-Erfahrungen (die auch im Traum auftreten können) (Metzinger 2009) und weitere Körperillusionen (Blanke und Metzinger 2013).

Wie bereits erwähnt, könnte es auch durchaus möglich sein, dass seitens des Körpers etwas „gespeichert", also etwas „erinnert" oder aber „vergessen" wird, das auf diese Weise nicht gedacht werden kann. Man braucht, um dies zu verdeutlichen, auch nicht auf das Ungewöhnliche, Spektakuläre zurückgreifen. Bereits im alltäglichen Bereich kollidiert die konkrete Eigengesetzlichkeit des Körpers mit Ansprüchen an seine gedachte „Nutzung". Daraus kann ein Widerstreit entstehen, der u. a. auch in einer Art ▶ Körpergedächtnis verankert wird. Zu einer solchen Kollision kommt es z. B. bei Problemen, die sich aus einer „Optimierung" bzw. Anpassung bestimmter Bewegungsabläufe in Angleichung an den Rhythmus einer Maschine ergeben. Man kann zwar versuchen, die technisch denkbaren motorischen Abläufe im Körper zu messen, indem man die Belastung von Sehnen, Muskeln und Gelenken erfasst und die jeweiligen Grenzbereiche auslotet, aber ob das „Gedächtnis des Körpers" sich ebenfalls gerade an diesen Werten orientiert, ist keinesfalls sicher.

Die große Vielfalt weiterer damit verbundener körperlicher Prozesse ist auf diese Weise somit kaum erschöpfend zu erfassen. Inwiefern z. B. mit einer „arbeitstechnischen Optimierung" des physisch möglich Erscheinenden ein Körpergedächtnis für Überdehnung und Überlastung, Angst und Stress, Schmerz und Abwehr verbunden ist und wann bzw. ob sich bei reduzierter Belastung ein körperliches „Vergessen" einstellt, bleibt noch zu klären.

Wie diese kurze Skizzierung offenbleibender Fragestellungen bei der Abbildung körperlichen Geschehens durch das Gehirn und gehirninternen Geschehens durch den Körper zeigt, erweist sich die Grenze einer als natürlicherweise erfassbar angesehenen menschlichen Körperlichkeit in doppelter Hinsicht unscharf: zum einen bezüglich neuroanatomisch-neurophysiologischer Ansätze, die zwischen einem gegebenen und einem gedachten Körper nicht immer unterscheiden können, und zum anderen im Hinblick auf eine mentale Vorstellung des Körpers als eine sich „angemessen" bewegende Maschine. Weder bildet das Gehirn den Körper als Ganzes verlässlich ab, noch funktioniert dieser wie ein Apparat, dessen Wertebereich man mittels kognitiver Kenntnisse voreinstellen kann. Das Gehirn ist somit zwar als Teil eines komplexen interagierenden körperlichen Gesamtsystems zu verstehen, nicht aber notwendigerweise als dessen alleinige „oberste" Schaltzentrale. Erforderlich ist vielmehr, das gut bekannte Denkmodell der Veränderungsbereitschaft des neuronalen Systems, verstanden als eine systemgebundene erfahrungsbedingte Plastizität, auf das körperliche Ganze zu übertragen. Dadurch wird die Bedeutung des

Gehirns keinesfalls geschmälert. Es wird lediglich im Hinblick auf dessen Interaktion mit anderen Körperorganen in eine dem Ganzen angepasste Konzeption zur Erklärung von Phänomenen des Vergessens einzubinden gesucht. Geschieht dies nicht und werden Fragen des Vergessens allein an ein mentales Ich und damit auch an die Funktion bestimmter Hirnstrukturen – wo immer diese auch liegen mögen – gebunden, so blieben alle Vorgänge, die den restlichen Körper betreffen, außen vor und jede Beschreibung von Vergessen unvollständig.

## 7.3 Vergessen innerhalb des Möglichkeitsraumes „geheimen" körperlichen Geschehens

Nachdem deutlich gemacht wurde, dass durch eine Konzentration allein auf die Bedeutung des Gehirns die Frage nach der Körperlichkeit des Vergessens vermutlich nicht zu lösen sein wird, stellt sich die Frage, welche Perspektive auf das Gesamtgeschehen des komplexen Interaktionsmusters von Gehirn und restlichem Körper dann eingenommen werden soll. Man bleibt ja Teil dessen, der oder die vergisst, sei es im körperlich Konkreten oder im mental Konstruierten, sei es, dass man sich in einer objektivierenden Beobachterposition wähnt oder eine das Phänomen beschreibende Stellung einnimmt.

Seitens der kognitiven Psychologie und Neurowissenschaft etwa mag man sich kaum von einer zur Gewohnheit gewordenen Außenperspektive, des Blickes *auf* den Körper trennen. Es wird somit eine Sichtweise in den Mittelpunkt wissenschaftlichen Handelns gerückt, die weniger ein psychologisches Sein *mittels* des Körpers (Kamper und Wulf 1982a) als vielmehr ein intuitiv gefühltes „*Haben* eines Körpers" beinhaltet. Diese Haltung bleibt ihrerseits nicht folgenlos für Fragen, die man an ein körperliches Vergessen stellt, denn etwas, das man *hat*, wird im Vergleich zu etwas, als dessen Teil man sich versteht, anders behandelt und inhaltlich aufgeschlüsselt werden. Indem man z. B. den eigenen Körper als etwas Materielles, vom Akt des Denkens Losgelöstes begreift, ihn gewissermaßen, wie oben angesprochen, „besitzt", sind auch ganz bestimmte Problemstellungen vorgegeben (vgl. auch Bauer 2002; A. R. Damasio 2011). Dazu gehören in erster Linie solche, die sich mit bestimmten *Vermittlungsmöglichkeiten* zwischen Psyche und Physis befassen, etwa um den Körper zu „schulen" oder zu „therapieren". Indem man ferner den Körper unter diesem Blickwinkel der Dominanz des Geistigen z. B. als einen evtl. „überlasteten" oder gar „defekten Mechanismus" begreift, werden wiederum ganz bestimmte Strategien im Umgang mit psychologisch relevanten somatischen Problemen gewählt, etwa solchen, die ihn als materielle Basis für die Bewältigung psychischer Probleme „belastbarer" machen bzw. seine Belastbarkeit erhalten (z. B. Buchheim et al. 2008; Kandel 2008; Paquette et al. 2003).

Dazu wiederum müssen konkrete psychologische Fragen, z. B. die nach einem Erinnern an bzw. des Vergessens von traumatischen Körpererfahrungen, auch auf *physiologisch angemessene Passungsvorgaben* zugeschnitten werden. Es wird somit eine der konkreten Körperlichkeit angemessene *Fraktionierung von Vorgängen des Vergessens* nötig, um die daran beteiligten mentalen Prozesse auf naturwissenschaftlich definierte Kenngrößen und Subsysteme übertragen zu können. Was aber kommt mit Blick auf den eigenen Körper als kleinster gemeinsamer Nenner dafür infrage? Bewusste Reflexionen über körperliches Geschehen scheiden z. B. aus, da jedes Nachdenken über gerade beobachtbare körperliche Vorgänge, jedes Sinnieren über möglicherweise ausgebliebene (vergessene?) körperliche Reaktionen, einen zeitlichen Abstand zwischen der Unmittelbarkeit körperlicher Vorgänge und der Vergegenwärtigung der konkreten Situation bedingen würde und deshalb notwendigerweise immer zu spät käme. Es sind also weniger mentale Vorgänge des Vergessens als vielmehr *Grenzbedingungen im Möglichkeitsraum körperlichen Geschehens*, die für eine Verzahnung von physischem mit geistigem Geschehen ausschlaggebend sein könnten. Denn anders als der „denkende Mensch", der ja durch immer neu gebildete antizipierende Beziehungen zwischen sich und seiner Umwelt auch ein *zeitlich vorauseilendes Rückkoppelungsgeflecht* herstellen kann, vermag der Körper grundsätzlich nur die raumzeitlichen Gegebenheiten zu nutzen, die ihm aufgrund physikalischer Gesetzmäßigkeiten vorgegeben sind. Es kann also nur „vergessen" werden, was diesem Möglichkeitsraum ohnehin bereits innewohnt.

Indem aber die Physis die Randbedingungen vorgibt, innerhalb derer sich mentales Geschehen in Interaktion mit dem Körper entfalten kann, sind Fragen nach den Bedingungen eines Vergessens auch kaum durch jene allein zu lösen, die mit den bisher genannten geistigen Werkzeugen angegangen werden können. Fragen des Versiegens, Verblassens, Verdrängens etc. müssen vielmehr so umformuliert werden, dass sie mit bekannten Vorgängen innerhalb des Körpers in Einklang gebracht werden können. Offenkundig wird die damit angesprochene Problematik z. B. bei Fragen psychischer Bewältigung traumatischer körperlicher Erfahrungen (▶ Teil II). Denn bei einer durch körperinterne Vorgänge induzierten Verstetigung einer Krise helfen kognitive Bewältigungsstrategien allein nur unter bestimmten Bedingungen. Und auch wenn es zunächst beispielsweise so scheinen mag, als genüge es, sich bei der Einbeziehung physischer Vorgänge auf jene zu konzentrieren, die durch das vegetative Nervensystem vermittelt werden, so bilden auch diese nur einen kleinen Ausschnitt körperlicher Vorgänge ab.[4]

## 7.3.1 Bekannte Grenzen im zeitlichen Zusammenspiel zwischen körperlichem und geistigem Vergessen

Warum die Summe bisheriger Erkenntnisse aus zentralem *plus* peripheren Nervensystem, warum das Wissen über bekannte Mechanismen intra- und interneuronaler Informationsübertragung nur bedingt helfen, einem „Vergessen des Ganzen" auf die Spur zu kommen, mag u. a. mit den dabei verwendeten unterschiedlichen Zeitbegriffen zusammenhängen, von denen bereits die Rede war. Die Bedeutung der Zeit kommt z. B. beim Übergang einer im Geiste präsenten Ausführung von Bewegungen in den Bereich des körperlich Möglichen zum Tragen, denn Letzterem sind durch die physischen Gegebenheiten des Körpers raumzeitliche Schranken gesetzt. Das heißt, weil alle denkbaren Variationen der Bewegung und Bewegungsabfolgen dem System bereits innewohnen, sind, bedingt durch die dabei jeweils wirksame Kraftentwicklung im Raum, auch bestimmte Zeitmargen vorgegeben. Unserer ▶ Imagination hingegen sind in *puncto* Bewegungsmöglichkeiten und Bewegungsabläufen und der dafür notwendigen Zeiträume keine derzeit bekannten zeitlich-räumlichen Grenzen gesetzt.[5]

Daraus ergeben sich einige mögliche Gründe dafür, warum es schwierig sein kann, gedankliche Vorstellungen über Bewegungsabläufe 1:1 in körperliche Aktivität zu übertragen, also ohne eine bestimmte (Teil-)Bewegung zu „vergessen", sprich, *ohne dabei Fehler zu machen*. Eine der Fehlerursachen wird darin gesucht, dass es kaum möglich ist, allein mittels des unbewusst bleibenden Gedächtnisses körperliches Geschehen bewusst zu beeinflussen. Eine weitere könnte darin liegen, dass sich die jeweiligen Möglichkeitsräume nur in Teilbereichen überschneiden,

---

4   Das enterische Nervensystem, das sog. Darmnervensystem, das in puncto Komplexität und Größe mit dem des Gehirns nicht nur durchaus vergleichbar ist, sondern auch vielfältige Verbindungen dazu unterhält, bleibt bislang z. B. noch außen vor.

5   Man kann sich z. B. durchaus vorstellen, fliegen zu können, was mittels des gegebenen Körpers ohne körperfremde Hilfsmittel nicht möglich ist.

denn einer nur teilweise von realen Abläufen beeinflussten Sphäre der Imagination steht ein durch Schwerkraft, Muskelarbeit und mögliche Winkelstellung der Extremitäten begrenzter egozentrischer Raum gegenüber, der den Bewegungsmöglichkeiten enge Grenzen setzt.

Hinzu kommt, dass einer an den Takt teils rhythmischer Bewegungsabläufe angepassten Körperzeit(▶Zeit) eine durch das Bewusstsein geprägte mentale Zeit gegenübersteht. Die dadurch bedingten Verzerrungen von Zeit *und* Raum bei der Transformation des mentalen in den physischen Bereich könnten zu o. g. Streckungen, Stauchungen, Überlappungen, Leerstellen etc. führen, die Folge dieser Verschränkungen sind. Solche „Verwerfungen" wiederum stehen sinnbildlich für den Begriff des Vergessens des *Wann* und *Wo*, verstanden als eine Re- bzw. Deformation im Übergang vom Körpergedächtnis zu mentalen Vorstellungen und der dort jeweils verankerten raumzeitlichen Muster.

Man könnte nun einwenden, das alles, was im Körper geschieht, letztlich immer durch bestimmte Stoffwechselvorgänge bedingt sei und man deshalb annehmen könne, dass allen an dessen Funktionserhaltung beteiligten Systemen eine Art Gedächtnis für das, was zu verändern bzw. nicht zu verändern ist, zugeschrieben werden sollte. Vergessen wäre – auf den Körper bezogen – somit allein als *etwas der Natur ohnehin Innewohnendes* zu verstehen. Das aber scheint nicht notwendigerweise immer der Fall zu sein, denn eine Codierung dessen, was aufgrund der Erfahrung zu tun bzw. zu unterlassen ist, umfasst im Wesentlichen jene Funktionskreise, deren zeitliche Strukturierung nicht per se durch eine endogene Rhythmizität bereits vorgegeben ist. Das zyklische Auf und Ab im homöostatischen Gleichgewicht unseres endokrinen Systems (▶ Hormone) würde man z. B nicht als *hormonelles Gedächtnis* und Abweichungen davon nicht als *hormonelles Vergessen* bezeichnen.

Auf den ersten Blick scheinen zwar gerade solche periodischen Schwankungen in der Konzentration von Botenstoffen zeitüberdauernd gleichbleibende und dadurch gedächtnisähnliche Funktionen zu gewährleisten. Hier dominiert jedoch die Vorstellung, dass dabei sich selbstregulierende und deshalb sich gewissermaßen autonom erhaltende Systeme am Werk seien. Dadurch, so die Auffassung, trete das gedächtnistypische Moment des Körpergedächtnisses, etwas nicht *im Gleichtakt mit der Zeit*, sondern gegen eine bestimmte vorgegebene Periodizität über die Zeit hin zu bewahren, in den Hintergrund (▶ Kap. 2). Ein Körpergedächtnis bedarf somit, um als solches bezeichnet zu werden, bestimmter Kräfte, welche die Lebenswirklichkeit eines (Sub-)Systems gegenüber der potenziellen Realität abzubilden und überdauernd zu speichern vermögen. Ob gewissermaßen im Gegenzug das vergessen wird, was keine langfristigen Dissonanzen zwischen Realität und Möglichkeit erzeugt, bleibt noch zu klären, scheint aber angesichts der Daten von Charles et al. (2003) durchaus möglich.

### 7.3.2 Gibt es „alternative Formen" des Vergessens?

Gebunden an ein oben beschriebenes Denken in Dimensionen von erfahrenen Zeiten und Räumen, taucht der Begriff des Vergessens in körperlichen Subsystemen, in denen eine raumzeitliche Strukturierung und Organisation des Organismus jenseits unserer Vorstellungswelt vor sich gehen, entsprechend selten auf. So spricht man z. B. beim adaptiven ▶ Immunsystem, das über wirksame Erkennungsstrukturen möglicher körperfremder Substanzen verfügt, die nach einer gelungenen ersten Abwehr im Körper kreisen und weitere spätere Attacken (z. B. durch virale Erkrankungen) neutralisieren helfen, zwar von einem ▶ immunologischen Gedächtnis. Was aber geschieht, wenn dieses nicht mehr greift, weil Impfungen nicht mehr wirksam sind, sie *systemisch vergessen* wurden? Wie sich dieser Vorgang darstellt, wird in ▶ Kap. 8 näher besprochen.

## 7.3 · Vergessen innerhalb des Möglichkeitsraumes „geheimen" körperlichen Geschehens

Eine ähnliche Zurückhaltung besteht auch bei der Erfassung körperlichen „Vergessens" im Schnittbereich von Neurophysiologie und Neurogenetik. In diesem Teilbereich der Neurowissenschaft konzentriert man sich fast ausschließlich auf diejenigen Stoffwechselvorgänge, die als gedächtnisrelevant angesehen werden. Gemeint sind z. B. solche, die eine Koppelung elektrophysiologischer und biochemischer Signale (▶ Signal-Transduktions-Koppelung) versprechen *und* durch ihre Koinzidenz, also durch ihr Zusammentreffen, ein sog. Zeitfenster für eine Aktivierung von Genen (▶ Genexpression) eröffnen. Auf diese Weise, so die Annahme, eröffne sich die Möglichkeit zur Bildung „verhaltenswirksamer", sprich gedächtnisrelevanter, ▶ Proteine. Eine überdauernde Wirksamkeit der dadurch entstandenen Veränderungen im Neuron wird dann als ▶ zelluläres Gedächtnis bezeichnet. Um solcherart gedächtnisrelevante, also durch Erfahrung bedingte, Vorgänge erklären zu können, werden u. a. epigenetische Mechanismen (▶ Epigenetik) bemüht, die sich ihrerseits nicht aus dem schieren Vorhandensein von Genen bzw. deren möglicher Expression erklären, sondern deren Wirksamkeit lediglich auf der Aktivierbarkeit bzw. Nichtaktivierbarkeit (▶ Suppression) von bereits prinzipiell verfügbarer genetischer Informationen beruht (Jablonka und Lamb, 2006).

Erst hier, gewissermaßen am Ende einer langen verhaltenswirksamen Verkettung molekularer Ereignisse, kommen Fragen des Vergessens ins Spiel. Denn durch eine epigenetische Veränderung der Aktivierbarkeit von Genen könnte z. B. insofern auch eine Art Vergessen induziert werden, als mittels dieses zellulären Gedächtnisses nicht nur codiert wird, was vom ▶ genetischen Code abgelesen werden kann, sondern auch das, was *nicht* exprimiert werden soll. Braucht man also letztlich evtl. ein Gedächtnis für beides, für das zu Codierende und das nicht zu Codierende, das zu „Merkende" und das zu „Vergessende"?

### Schlussbetrachtung

In der gegenwärtigen Psychologie bleibt vieles, was mit den sog. Eigengesetzlichkeiten des Körperlichen zu tun hat, mehr oder weniger ausgespart bzw. wird nur insoweit thematisiert, als man es vom Gehirn gesteuert betrachten kann. Wir informieren uns also darüber, wie wir den Körper vermittels neuronaler Transformationsprozesse „wahrnehmen", wie wir uns darin „fühlen" oder wie wir bestimmte „somatische Signale" zu interpretieren gewohnt sind (vgl. A. R. Damasio 2011; Rüegg 2007). Mithilfe dieses so betriebenen *Biolooping* (Hacking 1999) erfahren wir aber nichts darüber, ob das, was dort tatsächlich geschieht, was Gegenstand eines „geheimen Gedächtnisses", einer „unbeschreibbaren Geschichte", unsers Körpers ist, auch unseren Vorstellungen von Vergessen entspricht.

Bereits bei der genauen Betrachtung von Netzwerken, so wie etwa dem motorischen, das seinerseits eine komplexe Verbindung aus zentralnervösem und peripherem Nervensystem darstellt, wird deutlich, dass auch andere für das Vergessen relevante Kategorien z. B. von Repräsentationen des Raumes und Zeitbindungen zum Tragen kommen können. Durch konkurrierende mentale und motorische raumzeitliche Repräsentation von Bewegungsabläufen könnte z. B. durchaus ein „mentales", nicht aber notwendigerweise auch ein „körperliches" Vergessen bedingt sein bzw. etwas auf körperlicher Ebene „vergessen" werden, was geistig noch präsent ist. Körperliche Kennwerte des Vergessens sind so gesehen vermutlich nicht nur auf Basis mentaler Vorstellungen des Auslöschens, Versiegens oder Überschreibens einer dahinfließenden Zeit zu verstehen.

Wie solche „Körpererfahrungen" ermittelt werden können, wie überstandene Krankheiten und Verletzungen, also bleibende „Narben", in ein beständiges „Neuverhandeln" über Entwicklung und Stellung des Körpers unter sich ändernden Bedingungen der Umwelt zum Ausdruck kommen können, darüber vermögen gegenwärtiger Ansicht nach am ehesten zeitüberdauernde Veränderungen wie molekulare Spuren etwas auszusagen. Damit kommt die Problematik kleinteiliger Modifikationen zellulärer Substrukturen ins Spiel, die, ausgehend von einem naturwissenschaftlichen

Verständnis, als *Biomarker* angesehen werden, also als jene Stoffe, die als materielle Träger aktiv herbeigeführter, „lerninduzierter" Veränderungen gelten. Sie sind es auch, die nach übereinstimmender Ansicht jede sich zeitlebens ohnehin ändernde räumlich-zeitliche Matrix physiologischen Geschehens in einem Sinne beeinflussen, den man als gedächtnisgebunden bezeichnet und den man entsprechend auch vergessen kann.[6]

So naheliegend eine solche Entscheidung zugunsten der Untersuchung der *unverstellten wahren Natur im Kleinen* – hier im Mikrobereich des molekulargenetisch Erfassbaren – auf den ersten Blick auch zu sein scheint, so schwierig gestaltet sich weiterhin eine im ganzheitlich-psychologisch verstandenen Sinne befriedigende Antwort auf Fragen des Vergessens. Da die Naturwissenschaft die „Natur als Ganzes" ihrer Komplexität wegen ausklammert (Harrington 2002) und sich auf Kennwerte jener Systeme konzentriert, die einer Untersuchung zugänglich sind, kann man lediglich erwarten, dass bestimmte naturwissenschaftliche (Teil-)Disziplinen Indizien für jeweils bestimmte systemtypische „Gedächtnisformen" liefern, so wie dies etwa bei der Psycho(neuro)immunologie, der (Neuro-)Genetik, der (Neuro-)Physiologie oder der (Neuro-)Anatomie der Fall ist.

Man muss sich folglich darüber im Klaren sein, dass durch diese Aufteilung jede gedächtnisrelevante Aussage über einen Teilaspekt des Körperlichen in ganz unterschiedliche Konstrukte eingebunden wird: Wie nicht anders zu erwarten dreht sich z. B. bei Anatomen die Diskussion um das morphologisch Erkennbare und damit nur in engen Grenzen Veränderbare, bei Physiologen dominiert die Ansicht einer sich durch vielfältige physiologische Rückmeldeschleifen konstituierenden Selbstorganisation, und bei Molekulargenetikern wiederum steht das Spannungsverhältnis zwischen individueller Disposition und transgenerativer Weitergabe im Vordergrund. Eingebunden in deren alltagsweltlich überformtes Körperbild des Menschen *an sich* wird dieser dann primär etwa als „Produkt" der Materie, als „Folge" funktionaler Kreisläufe oder als „Ergebnis" der Evolution betrachtet. In allen Fällen aber wird das „Gedächtnis des Körpers" (► Körpergedächtnis) als ein mehr oder weniger flexibles Anpassungssystem innerhalb *naturgegebener materieller Grenzen* (vgl. Niewöhner et al. 2008) angesehen. Eine Verknüpfung der methodisch erfassbaren als natürlich apostrophierten Kennwerte *mit* der ge- und erlebten Körperlichkeit *in* einer bestimmten Umwelt findet hingegen nur selten statt (z. B. Ramachandran und Blakeslee 1998; Ramachandran und Rogers-Ramachandran 1996) bzw. wird nur am Rande thematisiert (S. Rose 1998). Dieser Gedanke eines die Umwelt miteinbeziehenden *bodily memory*[7] und damit auch der eines *bodily forgetting* gewinnt erst dann an Bedeutung, wenn methodisch erfassbare körperliche Kennwerte nicht nur für interne Aktivitäts- oder „Sättigungsgrade" eines bestimmten Wertes stehen oder lediglich den Unterschied verschiedener Soll- und Ist-Zuständen erfassen sollen, sondern auch die *Balance zwischen Organismus und Umwelt* abbilden (Young 1996; vgl. auch Kamper und Wulf 1982b; Merleau-Ponty 1976). Könnte man also einige der Sicherungsmechanismen aufspüren, welche die Grenzbedingungen eines solchen Balanceverhältnisses kennzeichnen, würde man vermutlich auch weitere Möglichkeiten des Vergessens erkennen. Dass es in diesem Balanceverhältnis einen ständigen Einfluss von „außen" auf Vorgänge des „Inneren" gibt, zeigt sich bereits an der ► Molekulargenetik. Gegenwärtiger Auffassung zufolge wird dabei nicht nur ein stabiles, von der Vergangenheit in die Zukunft gerichtetes Aktivierungsmuster aktivierter Gene abgebildet. Dem System wohnt auch eine gewisse

---

6  Natürlich wenden Kritiker hierbei ein, dass dadurch die komplexen Interaktionen zwischen verschiedenen Erklärungsebenen unberücksichtigt bleiben, und merken an, dass man nicht entscheiden könne, ob der komplexe Vorgang des Erinnerns letztlich auf der Ebene bestimmter molekularer Reaktionskaskaden und deren Einflüssen auf die Genexpression bestimmter Eiweiße erschöpfend besprochen werden könne (vgl. z. B. Anderson 1998).

7  *Bodily memory* manifestiert sich z. B. nachts durch Träume und Schlafprobleme und am Tag durch übermäßige Unruhe.

Veränderungsbereitschaft inne, die, durch äußere Umstände beeinflusst, zu einem bestimmten Zeitpunkt zum Ausdruck kommen *und* auf bereits bestehenden Strukturen des genetischen Apparats zurückwirken kann, der seinerseits wieder auf die Umwelt zurückwirkt (▶ Koevolution). Ein körperliches Vergessen könnte so gesehen einer der Schlüssel dafür sein, um die Frage zu klären, wie der Mensch als Ganzes das Kunststück vollbringen könnte, diese vielschichtige Balance zwischen Ich und Nicht-Ich nicht nur zu speichern, sondern immer wieder aufs Neue zu verhandeln – hier unter dem Aspekt betrachtet, dass sich der Körper vermutlich auf andere Art und Weise an etwas „erinnert" und anders vergisst, als dies mittels mentaler Fähigkeiten möglich ist. Jedes Indiz für ein solches körperliches Vergessen wäre gleichzeitig auch eines dafür, dass der beständige Austausch mit Informationsträgern der jeweiligen Umwelt zeitüberdauernd auch mit anderen Mitteln als den aus der Lern- und Gedächtnispsychologie bekannten gelingen mag (Latour 2004; N. Rose 2001).

Ein möglicher Grund für das bisherige Nebeneinander von mentalem ▶ Gedächtnis und Körpergedächtnis mag in den unterschiedlichen Zeitvorstellungen liegen, die zutage treten, wenn die gängigen Vorstellungen einer mental verfügbaren bzw. objektiven Zeit auf Fragen nach dem Vergessen im Körper übertragen werden. Denn dort wirken z. B. anders als im bewussten, an der „kalendarischen Zeit" ausgerichteten Denken vermutlich andere zeitliche Ebenen zusammen. Dazu gehört u. a. auch eine metabolische Zeit (▶ Zeit), die auf diverse Eigenzeiten verschiedener Stoffwechselzyklen innerhalb des Körpers eines Individuums abhebt (vgl. auch Armelagos 1997; Griesemer 2002; Jablonka und Lamb 2002). Eine gewisse Möglichkeit zu Veränderungsoptionen für die Zukunft ergibt sich hierbei vermutlich in erster Linie aus Nachwirkungen vergangener Stoffwechselvorgänge, die als „Erfahrungen" in die Gegenwart hineinreichen und bestimmte Wahrscheinlichkeiten zukünftiger Entwicklungen in der Beziehung von Individuum und Umwelt abzubilden vermögen. Das so entstandene Abbildungssystem muss allerdings als Basis für eine Reaktion in der Gegenwart genügen, d. h., der Körper kann weder etwas „verschweigen" noch etwas „verdrängen" oder gar im Vorhinein Mechanismen zur Geltung bringen, um etwas „leichter" vergessen zu können. Denn hier ist – anders als es im geistigen Bereich der Fall ist – der Definitionsraum des in Erfahrung zu überführenden durch physiologisch definierte Grenzbedingungen der jeweiligen Subsysteme festgelegt.

Es gilt also letztlich zu hinterfragen, inwieweit der jeweilig untersuchte „reale Raum des Körpers", in dem die Regeln für das jeweilige Gedächtnis festgelegt werden, auch spezifische Kriterien für das Vergessen aufweist. Indem man mögliche Anzeichen dafür de- bzw. recodiert, könnte es auch gelingen, der *Dynamik von Veränderungen* in der Balance zwischen Organismus und Umwelt gerecht zu werden. Denn dazu genügt es nicht, lediglich eine bestimmte Gegenwart zu optimieren, d. h. sie von äußeren Zufallsereignissen zu bereinigen, sprich, diese zu vergessen. Dies würde ebensowenig ausreichen wie etwa der Versuch, ein Gedächtnis *über etwas* durch eine statisch gedachte Archivierung des dann Verbliebenen zu erklären. In ähnlicher Weise wie jedes Indiz für ein Körpergedächtnis eines dafür ist, dass durch ständigen Wandel eine sich als kontinuierlich gebende körperliche Identität zukunftsfähig erhalten würde, ist auch Vergessen als eine natürliche Option für einen angepassten Austausch mit Informationsträgern der jeweiligen Umwelt anzusehen.

## Literatur

Anderson, N. B. (1998). Levels of analysis in health science: A framework for integrating sociobehavioral and biomedical research. *Annals of the New York Academy of Sciences, 840*, 563–576.

Armelagos, G. (1997). Disease, Darwin and medicine in the third epidemiological transition. *Evolutionary Anthropology, 5*, 212–220.

Bauer, J. (2002). *Das Gedächtnis des Körpers. Wie Beziehungen und Lebensstile unsere Gene steuern*. Frankfurt: Eichborn.

Blanke, O., & Metzinger, T. (2013). Full-body illusions and minimal phenomenal selfhood. *Trends in Cognitive Sciences*, *13*, 7–13.

Buchheim, A., Kächele, H., Cierpka, M., Münte, T. F., Kessler, H., Wiswede, D., Taubner, S., Bruns, G., & Roth G. (2008). Psychoanalyse und Neurowissenschaften. Neurobiologische Veränderungsprozesse bei psychoanalytischen Behandlungen von depressiven Patienten. *Nervenheilkunde*, *27*, 441–445.

Charles, S. T., Mather, M., & Carstensen, L. L. (2003). Aging and emotional memory: The forgettable nature of negative images for older adults. *Journal of Experimental Psychology: General*, *132*, 310–324.

Damasio, A. R. (2011). *Selbst ist der Mensch. Körper, Geist und die Entstehung des menschlichen Bewusstseins*. München: Siedler.

Flor, H. (2002). Phantom-limb pain: characteristics, causes, and treatment. *Lancet Neurology*, *1*, 182–189.

Flor, H., Nikolajsen, L., & Jensen, T. S. (2006). Phantom limb pain: A caxe of maladaptive CNS plasticity. *Nature Reviews Neuroscience*, *7*, 873–881.

Griesemer, J. (2002). What is epi about epigenetics. *Annals of the New York Academy of Sciences*, *981*, 97–110.

Hacking, I. (1999). *The social construction of what?* Cambridge, Mass.: Harvard University Press.

Halligan, P. W., Marshall, J. C., & Wade, D. T. (1993). Three arms: A case study of supernumerary phantom limb after right hemisphere stroke. *Journal of Neurology, Neurosurgery and Psychiatry*, *56*, 159–166.

Harrington, A. (2002). *Die Suche nach der Ganzheit. Die Geschichte biologisch-psychologischer Ganzheitslehren: Vom Kaiserreich bis zur New-Age-Bewegung*. Hamburg: rowohlts enzyklopädie.

Jablonka, E., & Lamb, M. J. (2002). The changing concept of epigenetics. *Annals of the New York Academy of Sciences*, *981*, 82–96.

Jablonka, E., & Lamb, M. J. (2006). *Evolution in four dimensions*. Cambridge: MIT Press.

Kamper, D., & Wulf, C. (Hrsg.). (1982a). *Die Wiederkehr des Körpers*. Frankfurt: Suhrkamp.

Kamper, D., & Wulf, C. (1982b). Die Parabel der Wiederkehr. In D. Kamper & C. Wulf (Hrsg.), *Die Wiederkehr des Körpers* (9–21). Frankfurt: Suhrkamp.

Kandel, E. R. (2008) *Psychiatrie, Psychoanalyse und die neue Biologie des Geistes*. Frankfurt: Suhrkamp.

Keynes, G. (Hrsg.). (1968). *The apologie and treatise of Ambroise Pare, containing the voyages made into divers places qith many of his writings upon surgery*. (Originalausgabe: 1552.) New York: Dover.

Koltzenburg, M., & McMahon, S. (Hrsg.). (2005). *Wall and Melzack's textbook of pain*. Edinburgh: Churchill Livingstone (Elsevier Health Sciences).

Latour, B. (2004) How to talk about the body? The normative dimension of science studies. *Body Society*, *10*, 205–229.

Malsburg, C. van der (1983). How are nervous structures organized? In E. Basar, H. Flor, H. Haken & A. J. Mandell (Hrsg.), *Synercetics of the brain* (S. 238–249). Berlin: Springer.

Melzack, R. A., & Wall, P. D. (Hrsg.). (1999). *Textbook of pain* (4. Aufl.). Edinburgh: Churchill Livingstone.

Merleau-Ponty, M. (1976). *Die Struktur des Verhaltens*. Berlin: de Gruyter.

Metzinger, T. (2009). Why are out-of-body experiences interesting for philosophers? The theoretical relevance of OBE research. *Cortex*, *45*, 563–569.

Mitchell, S. W. (1871). Phantom limbs. *Lippincott's Magazine Popular Literature and Science*, *8*, 563–569.

Niewöhner, J., Kehl, C., & Beck, S. (2008). Wie geht Kultur unter die Haut – und wie kann man dies beobachtbar machen? In J. Niewöhner, C. Kehl & S. Beck (Hrsg.) (2008). *Wie geht Kultur unter die Haut? Emergente Praxen an der Schnittstelle von Medizin, Lebens- und Sozialwissenschaft*. Bielefeld: transcript Verlag.

Paquette, V., Levesque, J, Mensour, B. Leroux, J. M., Beaudoin, G., Bourgouin, P., & Beauregard, M. (2003). Change the mind and you change the brain: effects of cognitive-behavioral therapy on the neuronal correlates of spider phobia. *Neuroimage*, *18*, 401–409.

Pons, T. P., Garraghty, P. E., Ommaya, A. K., Kaas, J. H., Taub, E., & Mishkin, M. (1991). Massive cortical reorganization after sensory deafferentation in adult Macaques. *Science*, *252*, 1857–1860.

Price, D., & Twombly, N. (1978). *The phantom limb phenomenon: A medical folklore and historical study*. Washington: Georgetown University Press.

Ramachandran, V. S., & Blakeslee, S. (1998). *Phantoms in the brain: Probing the mysteries of the human Mind*. New York: William Morrow.

Ramachandran, V. S., & Rogers-Ramachandran, D. (1996). Synaesthesia in phantom limbs indiced with mirrors. *Proceedings of the Royal Society*, *263*, 377–386.

Rose, N. (2001). The politics of life itself. *Theory, Culture und Society*, *18*, 1–30.

Rose, S. (1998). *„Lifelines"– Biology beyond determinism*. Oxford: Oxford University Press.

Rüegg, J. C. (2007). *Gehirn, Psyche und Körper. Neurobiologie von Psychosomatik und Psychotherapie* (4. Aufl.). Stuttgart: Schattauer.

Schiepek, G. (2003). *Neurobiologie der Psychotherapie*. Stuttgart: Schattauer.

## Literatur

Singer, W. (2012). Vom Gehirn zum Bewusstsein. In H. Schmidt (Hrsg.), *Vertiefungen. Neue Beiträge zum Verständnis unserer Welt* (S. 174–193). München: Siedler Verlag.

Thompson, E., & Varela, F. J. (2001). Radical embodiment: neural dynamics and consciousness. *Trends in Cognitive Sciences, 5*, 418–425.

Weinstein, S. (1969). Neuropsychological studies of the phantom. In A. L. Benton (Hrsg.), *Contributions to clinical neuropsychology* (S. 73–107). Chicago: Aldina Publishing.

Young, A. (1996) Bodily memory and traumatic memory. In P. Antze. & M. Lambek (Hrsg.), *Tense past. Cultural essays in trauma and memory* (S. 89–102). London: Routledge.

# Epigenetische Korrelate des Vergessens

**Zusammenfassung**
Versucht man, wie in diesem Kapitel thematisiert, ein Vergessen aus möglichen Verflechtungen genetischer Vorgaben mit wechselnden Umweltbedingungen zu erklären, kann es z. B. nicht genügen, diesen Vorgang allein als Folge von mehr oder weniger deutlich erkennbaren Programmfehlern zu verstehen. Denn damit wäre Vergessen lediglich als ein Problem genetischer Codierung aufzufassen, verursacht etwa durch Austausch, Verlust oder Einschub eines genetischen „Bauteiles" – hier eines Nucleotids –, oder es würde der Bildung von Transposonen, also variablen Genabschnitten, zugeschrieben. Dem variablen Charakter des Vergessens würde man durch eine Reduktion auf relativ umweltunabhängige Probleme in der genetischen Programmierung jedoch nicht gerecht. Erklärungsversuche solcher Phänomene könnten aber möglicherweise gelingen, wenn eine verhaltenskorrelierte *Variabilität der* Genexpression zusammen mit dem *epigenetischen Anmerkungsapparat* ins Spiel gebracht wird.

Die im vorangegangenen Kapitel angesprochenen Fragestellungen bilden den Rahmen des zu erwartenden Erkenntnisgewinns der beiden nachfolgenden Abschnitte, in denen einige Grundpositionen von naturwissenschaftlichen Überzeugungen exemplarisch hinterfragt werden. Dadurch sollen Lösungsansätze für ein Vergessen im Bereich des Körperlichen eröffnet werden, die sich als Bindeglieder im Verständnis des Ganzen, des physisch und psychisch verstandenen Menschen in seiner Umwelt, eignen. Ausgewählt wurden diese Beispiele aus dem Bereich der ▶ (Molekular-)Genetik, denn diese Teildisziplin im Schnittbereich von Medizin und Naturwissenschaft ist heute wie kaum eine andere auch allgegenwärtiger Teil gesellschaftlichen Denkens und Handelns (z. B. wenn es um die Frage einer Präimplantationsdiagnostik [PID] geht). Anders gesagt: Die Frage, wie Gene und Umwelt zusammenwirken, macht immer neue Güterabwägungen und damit einen Prozess permanenter Auseinandersetzung geradezu unausweichlich. Indem die Diskussion zudem nicht mehr von einer ehemals angenommenen Dichotomisierung beider Variablen dominiert, sondern eine mutuelle Rückwirkung von Umwelt und Erfahrung auf die genetische Aktivierbarkeit angenommen wird, eröffnen sich auch neue Möglichkeiten, um weniger häufig gestellte Fragen zu thematisieren – hier die nach einem fachübergreifenden Verständnis des Vergessens.

Hat dieses Phänomen, so kann man sich etwa fragen, etwas mit der „Stummschaltung" von Genen (▶Gen) zu tun, d. h. einer verminderten Aktivität begründet durch die Zusammensetzung des umgebenden Milieus? Oder besteht etwa, weil Chromatindichte[1] und Position eines Gens im Zellkern positiv korrelieren, eine Beziehung zwischen räumlicher Anordnung und Funktion? Könnte also ein Vergessen u. a. als (Bei-)Produkt einer Selbstorganisation verstanden werden, etwa in dem Sinne, dass selten Benötigtes sprichwörtlich „an den Rand" gedrängt wird (vgl. Lanctot et al. 2007)?

Wie man an solchen Fragestellungen erkennen kann, genügt zu deren Beantwortung die am häufigsten anzutreffende Sichtweise der Sozial- und Geisteswissenschaften auf diese Problemstellungen kaum, denn hiermit wird lediglich eine Art postdarwinistische Grundhaltung zum Ausdruck gebracht, gemäß der Gene (▶Genom) zwar *vieles beeinflussten, letztlich aber nur weniges wirklich determinierten*. Dabei bleiben u. a. nicht nur oben angesprochene Fragen ausgespart, sondern auch jene Ansätze, die das Große und Ganze einer gesellschaftlich relevanten Bedeutung von Genen im Hinblick auf einen angemessenen Umgang mit dem Kleinen und Detaillierten subzellulären Geschehens zu verknüpfen suchen.

---

1 Angesprochen wird hier das Heterochromatin. Es befindet sich als besonders dicht gepackte Form des ▶ Chromatins z. B. vor allem in der Peripherie des Zellkerns und ist deshalb für eine Polymerase weniger gut zugänglich als das Chromatin im Zentrum des Zellkerns.

Inwiefern aber, so mag man sich ebenfalls fragen, sollte ein Beitrag zum Thema „Vergessen" auf molekulargenetischer Ebene (▶ Molekulargenetik) überhaupt einen substanziellen geistes- bzw. sozialwissenschaftlichen Erkenntnisgewinn erwarten lassen? Liegt es doch nun einmal in der Natur naturwissenschaftlicher Betrachtung mentaler Probleme, sich lediglich auf die aus der Vergangenheit bzw. aus der Gegenwart in die Zukunft gerichtete physiologische Aktivierung zu beziehen. Es ist folglich systemisch nicht, wie in den Geisteswissenschaften, die Möglichkeit vorgesehen, ggf. auch vorauseilend zu antizipieren, wie es denn wäre, würde diese oder jene Vorgabe mangels passender Gelegenheit gerade nicht umgesetzt, anders interpretiert oder aktiv ignoriert, sprich „antizipierend vergessen". Ebenso wenig ist denkbar, aus einer bestimmten Gegenwart heraus die Vergangenheit neu zu bewerten und auf diese Weise ein Vergessen durch *Verdrängen* in die Wege zu leiten. In beiden Fällen würde dies dem Verständnis der Arbeitsweise sich selbst steuernder physiologischer Systeme widersprechen, z. B. die Proteinbiosynthese (Neubildung von Proteinen in Zellen) betreffend.

Dies bedeutet aber nun nicht, dass sämtliche Pfade in dem diesem Vorgang zugrunde liegenden Beziehungsgeflecht unausweichlich vorgegeben sind, denn auch hier gilt die Gegenwart des Augenblicks als Vergangenheit des darauffolgenden Ereignisses. Und im jeweiligen Jetzt bestehen vielfältige Möglichkeiten, die vorhandene *systemische Veränderungsbereitschaft* ganz unterschiedlich auszugestalten, d. h. *bestehende Optionen* zu unterdrücken oder zu bestärken. Dies geschieht etwa, wie erwähnt, indem bestimmte Gen*produkte* – hier ▶Enzyme – ihrerseits wiederum auf die nachfolgende spezifische genetische Codierung Einfluss nehmen, diese nicht nur zu aktivieren, sondern auch zu deaktivieren, also „stillzulegen", vermögen (Abel et al. 1998; Bailey und Kandel 1993). Angeregt bzw. unterdrückt werden jedoch nicht bestimmte, psychologisch relevante Handlungstendenzen. Entschieden wird – und auch dies nur *u. a.* – etwa über die Abfolge von ▶ Aminosäuren beim Aufbau von Polypeptidketten[2] (▶ Peptide). Erst durch eine Wechselwirkung von bestimmten Genvarianten, körperinternen supragenetischen Regelkreisen und Umweltbedingungen, die *gemeinsam* ein bestimmtes neuronales Erregungsmuster konstituieren,[3] entsteht möglicherweise ein Korrelat o. g. Handlungstendenzen. Die Bausteine des ▶ Genoms *an sich*, die ▶ DNA, können sich, im psychologischen Sinne verstanden, weder an etwas „erinnern", noch können sie etwas „vergessen". Eine Lücke zwischen dem Verständnis eines zellulären, molekularen Gedächtnisses (▶ zelluläres Gedächtnis) und dem individueller mnestischer Vorgänge – von dem eines molekularen bzw. psychologisch begründeten Vergessens gar nicht zu reden – ist so gesehen geradezu unausweichlich.

Ebenso unausweichlich ist es jedoch, diese Leerstelle zu überbrücken, denn es gibt schlichtweg kein als Erfahrung interpretierbares neuronales Erregungsmuster, das nicht (epi-)genetisch (mit-)bestimmt worden wäre (Roth et al. 2010). Da eine solche Codierung nun einmal die Basis schlechthin für alles ist, was dem Menschen je an Erfahrung innewohnt, liegt es nahe, nach Transformationsmöglichkeiten zu suchen, um das entstehende handlungsrelevante Ganze auch beschreibend erfassen zu können. Angesichts dieses umfassenden Anspruchs stellen freilich die hier vorgestellten Wege der Umformung einer „funktionell" verstandenen (epi-)genetischen Codierung in mental nicht abrufbare, „vergessene", Konstellationen nur einen denkbar kleinen Ausschnitt der verfügbaren Möglichkeiten dar.

Durch die Konzentration auf zwei Problemstellungen – zum einen im Wesentlichen auf eine Gedächtnisprozesse bezogene ▶ Genexpression und zum anderen hauptsächlich auf Vorgänge im

---

2   Ketten organischer Aminosäureverbindungen, die aus mindestens zehn Aminosäuren bestehen.
3   Man spricht hier auch von Endophänotypus. Dieser wird bei bestimmten Krankheitsbildern (z. B. Alkoholismus) besonders deutlich. In diesem Fall sind im Gehirn ganz bestimmte elektrophysiologische Aktivitätsmuster zu beobachten, wodurch letztlich eine Suchterkrankung wahrscheinlich gemacht wird (Dick et al. 2006).

Bereich der ▶ Epigenetik – wird u. a. deutlich zu machen gesucht, dass es zu einer Art Überlagerung kommt – hier von zwei dezentralisierten Reaktionstypen mit unterschiedlichen Zeitstrukturen: Einem eher artspezifischen Netzwerk aktiver Gene, die sich in einem änderungsbereiten Zustand metabolischer Aktivität befinden, wird ein zweites, im Laufe eines individuellen Leben entstandenes epigenetisches Netz überlagert, das, abhängig vom dynamischen Zustand des ersteren, auf die Aktivität bestimmter Gene kurz- oder längerfristig zurückwirkt (vgl. Atlan 2002). Indem auf diese Weise *funktionelle Zustände* regulierender Gene bzw. Genabschnitte (▶ Regulatorgen) – hier durch epigenetische Mechanismen – beeinflusst werden, ändert sich der *funktionelle Code* und damit letztlich das verhaltenswirksame (*epi)-genetisch induzierte Aktivierungsmuster*.[4]

In diesem Sinne verstanden, stellt sich das Genom eines Menschen als ein variabel organisiertes, aus genetischen und epigenetischen Wirkkräften bestehendes Ganzes dar, das sowohl Erfahrungen, die durch Handlungen offenkundig werden, also auch solche, die nicht zum Ausdruck kommen – die „vergessen" werden – zeitüberdauernd abzubilden vermag.

## 8.1 Zelluläres Gedächtnis, zelluläres Vergessen: Eigengesetzlichkeiten eines (molekular-)genetisch begründeten Programms, das Daten abrufbereit zur Verfügung halten oder aktiv zum „Schweigen" bringen kann

### 8.1.1 Vergessen: Eine Problemstellung (auch) auf Ebene der *soft inheritance*?

Noch vor wenigen Jahren, als im Rahmen des Humangenomprojekts das menschliche Genom entschlüsselt wurde, schien die Möglichkeit in Reichweite, die zu erwartenden Daten nicht nur zum Aufdecken hereditärer Schwächen und Stärken eines Individuums verwenden zu können, sondern sie auch als Basis für eine adäquate individuelle humangenetisch begründete Intervention heranzuziehen (Jablonka und Lamb 2005). Dass sich nach der gelungenen „Entschlüsselung" die Komplexität des Problems vermutlich eher verviel- als vereinfachen würde, war indes im Wesentlichen[5] nur für Fachleute nachvollziehbar. Was den Beitrag dieser Entschlüsselung für das Verständnis menschlicher Charakteristika betrifft, so dominiert z. B. unter Genetikern heute die Überzeugung, dass jedes Verhalten aus einem Netzwerk von Hunderten miteinander interagierender „entschlüsselter Gene" zusammengesetzt ist. Das bedeutet, dass im *Verständnis der variablen Konfiguration eines bestimmten Netzes* letztlich der „eigentliche" Schlüssel für ein *Verständnis von Verhaltensmodifikationen* liegt. Mögliche Zusammenhänge zwischen ganz bestimmten Genen (▶Gen) und ganz bestimmten Verhaltensweisen, so die Argumentation, erwiesen sich

---

4   Weil sowohl das Vorhandensein eines Gens als auch dessen Aktivitätszustand übermittelt werden, mag sich dieses unter Umständen im Sinne einer *epigenetischen Prägung* auch auf die nachfolgende Generation übertragen. Von epigenetischer Prägung spricht man, wenn Umweltreize, die auf die Mutter wirken, auch die Keimzellen des sich entwickelnden Fetus im Mutterleib beeinflussen. Mit einer Übertragung im Sinne einer Vererbung epigenetischer Markierungen von der Mutter auf das Kind hat dieser Vorgang nichts gemein (vgl. McClintock 1984; Jablonka und Lamb 2005; Lutz und Turecki 2014; Radtke et al. 2011).

5   Diejenigen, die sich wie Sozial- und Geisteswissenschaftler, u. a. nur für Genetik *an sich* interessieren, hängen meist weiterhin der Auffassung an, dass – wenn auch mit gewissen fachspezifischen Abstrichen versehen – dennoch auf individuelle genetische Ursachen ausgerichtete Erklärungen möglicher charakterlicher Stärken oder Schwächen des Einzelnen möglich würden bzw. dass deren Anteil jeweils als Wahrscheinlichkeit ausdrückbar wäre.

## 8.1 · Zelluläres Gedächtnis, zelluläres Vergessen

nicht zuletzt deshalb als wesentlich unübersichtlicher als ursprünglich gedacht, da z. B. weit über 90 % aller Gene keine ▶ Proteine exprimierten. Und selbst wenn bestimmte pleitotrope (d. h. mehrere phänotypische Merkmale werden durch ein Gen bzw. einen Gendefekt verursacht) oder polygene (d. h. mehrere Gene bestimmen die Ausprägung eines Verhaltensmerkmals) Formen der Interaktion möglich scheinen, so die Genetiker, kämen sie nicht bei jedem Menschen, bei dem sie angelegt seien, auch zum Ausdruck. Das aber bedeutet im Umkehrschluss, dass jene Substanzen, auf die die Verhaltenswissenschaftler in der Erklärung von Gedächtnisvorgängen im Allgemeinen setzen, nur wenige Prozent des Ganzen ausmachen, weil nur ein Bruchteil der Gene exprimiert (▶ Genexpression) wird. Darüber hinaus sind auch epigenetische Variablen in Rechnung zu stellen, also jene, die einen Einfluss auf die Ablesewahrscheinlichkeit bereits exprimierter Gene ausüben.

Die Vorstellung eines in seiner Dynamik überdauernden und an verschiedene Umwelteinflüsse angepassten gedächtnisbildenden Systems ist somit keineswegs allein an eine Auffassung von genetischer Stabilität geknüpft, die diesen Zustand als frei von diversen Mutationen beschreibt, oder an die Vorstellung, dass unwirksam geglaubte Pseudogene[6] auch tatsächlich nicht transkribiert werden (Balakirev und Ayala 2003). Eine so verstandene Dauerhaftigkeit mit Gedächtnis gleichzusetzen und entsprechend „Instabilität" bzw. Inaktivität mit Vergessen, würde nicht zuletzt deshalb zu kurz greifen, weil diese Gegensätze zur Erklärung dieses Phänomens lediglich u. a. eine sinnvolle Differenzierung erlauben, und zwar nicht nur, weil – wie oben angesprochen – der größte Teil des vorhandenen Geninventars ohnehin in jedem Falle *inaktiv* bleibt, sondern weil auch immer Teilbereiche davon zeitweise oder überdauernd *aktiv* inaktiviert werden (McManus und Sharp 2002). Stabilität bedeutet also, eine überdauernd variable, aber gleichermaßen differenzierende wie systemerhaltende Aktivität gewährleisten zu können.

Ein Vergessen lässt sich so gesehen als Veränderungsmöglichkeit verstehen, die sich, ohne notwendigerweise einen Zerfalls- bzw. Mutationsvorgang zu kennzeichnen, auf die Aktivitätsmuster von Gedächtnisnetzwerken auswirkt.[7] Indem sich eine *systemische Veränderungsbereitschaft* auch auf die schiere Ablesewahrscheinlichkeit vorliegender Informationen (Szyf 2012) bezieht, eröffnet sich z. B. die Möglichkeit zu erklären, warum verhaltenswirksame Veränderungen – etwa in Form von Traumata, die das Vergessen beeinflussen (van der Kolk 1996; Weilnböck 2007; Lennertz 2011); ▶ Teil II) –, einen Menschen ein Leben lang begleiten können (Borghol et al. 2012), ohne das Genom als solches zu verändern. Und auch wenn es im Folgenden nicht darum geht, im Sinne einer epigenetischen Prägung[8] einem modern ausformulierten Neo-Lamarckismus (▶ Lamarckismus) das Wort zu reden, sondern darum, die mögliche Bandbreite (epi-)genetisch wirksamer Vorgänge u. a. zur Bildung von Proteinen (▶ Transkription, ▶ Translation) so auszuschöpfen, dass

---

6 Pseudogene bezeichnen nicht mehr funktionsfähig gehaltene Genrelikte. Sie entstehen meist auf zwei verschiedenen Wegen: zum einen infolge von Kopierfehlern beim Verdoppeln der DNA – man spricht hier von duplizierten Pseudogenen – oder infolge einer Rücktranskription von einer RNA-Matrize in DNA. In letzterem Falle spricht man, da die Introns fehlen, auch von prozessierten Pseudogenen.

7 Mögliche Mechanismen der Variabilität in der Vererbung hatte bereits Charles Darwin erwogen. Seiner Ansicht nach waren dabei „schlafende Gemmulae" im Spiel. Gemeint waren inaktive Merkmalsträger, die durch veränderte Umweltbedingungen und damit andere Erfahrungen in ihrer Inaktivität beeinflusst werden könnten.

8 Eine mögliche Rückwirkung persönlicher Erfahrung auf eine entsprechend veränderte Genregulation der Nachkommen im Sinne epigenetischer Prägung wird heute als denkbar angesehen. Es geht nicht darum, einem modern ausformulierten Neo-Lamarckismus (▶ Lamarckismus) das Wort zu reden, sondern darum, die mögliche Bandbreite (epi-)genetisch wirksamer Vorgänge u. a. zur Bildung von ▶ Proteinen (▶ Transkription, ▶ Translation) so auszuschöpfen, dass man dadurch auch bei Fragen des Vergessens auf veränderungsbereite, umweltinduzierte Variablen Bezug nehmen kann.

man dadurch auch bei Fragen des Vergessens auf veränderungsbereite, umweltinduzierte Variablen Bezug nehmen kann, so sei in einem Punkt dennoch auf Lamarck[9] verwiesen. Denn bereits er sprach davon, dass es, wie weiter oben angeklungen, neben *passiven* veränderungswirksamen Umweltvariablen auch *aktive interne Kräfte* geben müsse, die eine Entwicklung progressiv und zielgerichtet werden ließen. In einem solch rückbezüglich gedachten Zusammenspiel von Mensch und Umwelt (▶ Koevolution) lässt sich auch das Wie und Wann des Vergessens im Rahmen eines variabel gedachten Musters *(epi-)genetisch begründeter Genaktivierung* als „gerichtet" begreifen. Dann ist es nicht lediglich als Ausdruck eines Mangels *von etwas*, sondern auch eine systemische Entscheidung *für etwas* zu verstehen.[10]

### 8.1.2 Plastizität der Genregulierung und ihre mögliche Beziehung zu Verhaltensänderungen, die mit Vergessen in Zusammenhang stehen

Da nicht alle Gene, die man auf den ▶ Chromosomen darstellen kann, auch abgelesen (▶ Genexpression) werden, sondern im Gegenteil ja nur einige wenige Prozent davon zu einem bestimmten Zeitpunkt aktiv sind, stellt sich die Frage der dafür relevanten Ordnungsmomente. Anders gefragt: Wie entscheidet sich, was wann geschieht, und was wird dadurch ggf. festgelegt? Und weiter: Lassen sich dadurch, dass Kriterien für gewisse (epi-)genetische „Aktivitätsfenster" bestimmt werden, in Abgrenzung davon evtl. auch Vorgänge verorten, die für ein Vergessen von Bedeutung sind? Da entsprechend des üblichen (natur-)wissenschaftlichen Denkens ein Vergessen in Kategorien einer misslungenen Gedächtnisspeicherung bzw. eines inadäquaten Gedächtnisabrufs auszudrücken versucht wird, gelten insbesondere Lern- und Gedächtnisphänomene als gelungene Beispiele für eine durch Genexpression gesteuerte Anpassung des Individuums an bestimmte Lebensumstände (vgl. Kandel 2006; Markowitsch 2009, 2013a, b; Squire und Kandel 2009).

Das jeweils Vergessene ergibt sich in diesem Falle aus dem allerdings *unbestimmten Kehrwert des Erinnerten*, denn man verfügt nur über Modellvorstellungen für Gedächtnisprozesse (vgl. Becker et al. 2003; Hebb 1949) – hier im Verbund mit physiologischen bzw. neurogenetischen Vorgängen. Einer der maßgeblichen Ordnungsmomente für diesen Vorgang besteht in der Aktivierung einer gedächtnisrelevanten Genexpression, die ihrerseits entsprechender Anweisungen bedarf, die in Form bestimmter ▶ Transkriptionsfaktoren, d. h. enzymatisch induzierter Regulationsprozesse, erfolgen. Dadurch werden ausgewählte Gene u. a. dazu angeregt, bestimmte Proteine zu codieren (Squire und Kandel 1999). Mittels der Bestimmung verschiedener Transkriptionsfaktoren werden somit Veränderungsmöglichkeiten ausgelotet, die den vielfachen

---

9   Es wäre allerdings irreführend anzunehmen, dass Lamarcks Idee allein auf die der Weitergabe erworbener Eigenschaften zurückgeführt werden könnte, sie beinhaltete viel mehr als dies. Auch wurde dieser Gedanke nicht von ihm gewissermaßen „in die Welt gesetzt", vielmehr glaubten praktisch alle Biologen der damaligen Zeit, dass dies der Fall sei.

10  Welche Haltung man nun hinsichtlich der Möglichkeit einer *gerichteten* (epi-)genetisch bedingten Veränderung eines Aktivierungsmusters letztlich auch einnehmen mag – ob man eher einer zufälligen, „blinden" oder eher einer überzufälligen, „interpretativen" Modifikation eine höhere Bedeutung einräumt, ob man bevorzugt das einzelne Gen *an sich* oder die Änderungsbereitschaft des Genom als Ganzes betrachtet –, der rasche wissenschaftliche Fortschritt der Molekulargenetik macht die unter unterschiedlichen Schwerpunktsetzungen und Standpunkten gewonnenen Erkenntnisse in jedem Fall zu einer wichtigen Stellgröße, um variationsbereite physische mit variationsbereiten psychischen Kräften in Beziehung setzen zu können (vgl. z. B. Jablonka und Lamb 2006).

8.1 · Zelluläres Gedächtnis, zelluläres Vergessen

strukturellen Wechselwirkungen innewohnen, in welche die Replikations- bzw. Ablesevorgänge von ▶ DNA und ▶ RNA eingebettet sind.

Dabei kommt neben bekannten semikonservativen Mechanismen (beispielsweise der Öffnung des DNA-Doppelstranges, der Festlegung von Beginn und Ende des abzulesenden Teiles, der Entfernung von Starter- und Helfermolekülen aus dem Strang)[11] der DNA-Replikation und alternativen Formen, z. B. in Form beweglicher DNA-Abschnitte (Transposonen[12]), auch der daran beteiligten RNA eine große Bedeutung zu, durch die z. B. die erwähnte zielgerichtete Abschaltung von Genen, ein Gen-Silencing, initiiert werden kann. Dies geschieht etwa, indem mittels eines Enzyms[13] kurze RNA-Stücke (siRNA) hergestellt werden, die mit der die Erbinformation übertragenden mRNA in Wechselwirkung treten.[14] Dadurch kann z. B. die Translation in ein Protein verhindert werden (McManus und Sharp 2002). Eine weitere Möglichkeit zur Regulierung der Genexpression besteht z. B. darin, dass ein bereits bestehendes RNA-Skript nachträglich verändert wird (RNA-Editing). Das bedeutet, die systemische Veränderungsmöglichkeit lässt auch eine posttranskriptuelle (▶ Transkription) Modifikation der RNA zu. Dadurch kommt es zu einer Erhöhung der Diversität des Transkriptoms, d. h. der Gesamtheit aller transkribierten RNA-Moleküle, und damit ggf. auch zu einer Erhöhung der Proteinvielfalt. Zu guter Letzt kann ein Mehr an Informationsvielfalt durch eine reverse Transkriptase, also durch eine enzymatisch codierte Umschreibung von RNA zu DNA, generiert werden.

Wie diese Beispiele zeigen, schaffen diverse Variationsmöglichkeiten eines gedachten Standardablaufs der Replikation genetischer Information Raum für Regulationsprozesse, die auch für variable Verhaltensantworten von Bedeutung sein können. Ob diese nur für sog. Gedächtnisvorgänge stehen oder ob sie auch die große Vielfalt von Möglichkeiten des Vergessens miteinschließen, ist auf den ersten Blick nicht erkennbar. Man gerät aber, das klassische Watson-Crick-Modell der ▶ Doppelhelix als Ausgangspunkt nehmend, nicht etwa dann an die Grenzen der Aussagemöglichkeit einer genetischen Codierung von variablen Vorgängen, weil Prozesse etwa zu komplex werden. Das bedeutet, man kann ein Vergessen nicht dadurch zu erklären versuchen, dass der damit verbundene übergeordnete Steuerungsaufwand[15] ein systemisch nicht mehr zu bewältigendes Ausmaß erreichte und Begrifflichkeiten des Verblassens, Zerfallens oder Vergehens benötigte, um diesen Vorgang zu beschreiben. Denn auch wenn sich die Ordnungsprinzipien einer verhaltensrelevanten Genkontrolle als weitaus komplexer und verschlungener erweisen, als man ursprünglich je annahm, so spiegelt ein Vergessen vermutlich nicht die Grenzbedingungen des „genetisch gerade noch Abbildbaren". Diese Grenze wird, wie weiter unten deutlich wird, erst dann erreicht, wenn Verhaltensmodifikationen begreiflich gemacht werden sollen, die nicht mehr allein mittels des Gerüsts der Doppelhelix erklärt werden können.

Innerhalb der Modellannahmen der Doppelhelix bleibend, versucht man gleichwohl molekulargenetische Erkenntnisse in bewährte Grundsätze einer verhaltensrelevanten ▶ Plastizität des Zentralnervensystems (ZNS) bzw. die daraus abgeleiteten Modellannahmen bzw. Befunde

---

11 Beispielsweise der Öffnung des DNA-Doppelstranges, der Festlegung von Beginn und Ende des abzulesenden Teiles, der Entfernung von Starter- und Helfermolekülen aus dem Strang.
12 Diese transponierbaren Elemente, manchmal auch als springende Gene bezeichnet, können zufällig an beliebigen Stellen des Genoms eingefügt werden und so das Ableseraster verändern.
13 Man spricht hier von einem Dicer. Dieses In-Würfel-Schneiden von RNA geschieht durch ein Enzym, das RNA-Fragmente von einer Länge von etwa 20 bis 25 Nucleotiden (siRNA) herstellt.
14 Dies geschieht über eine dadurch entstehende RNA-Interferenz (RNAi).
15 Die übergeordnete „Regulation des Veränderlichen" bedingt z. B., dass die einzige Aufgabe vieler Gene z. B. darin besteht, die Transkription anderer Gene zu kontrollieren, und nicht darin, „verhaltenswirksame" Proteine zu codieren.

einzubetten (Kandel et al. 2015; Squire und Kandel 2009). Und diese legen nahe, dass es neben den ebenso grundlegend wie zeitübergreifend stabilen Vorgaben, die in Genen verankert sind (z. B. durch die Homöoboxgene), auch Möglichkeiten der Expression gibt, die nur als Option bestehen, sprich, die mittels Transkriptionsfaktoren induziert werden, welche lediglich im „Bedarfsfall" wirksam werden. Ist diese Situation noch nicht eingetreten, ist etwa kein Erfahrungszuwachs zu verzeichnen, den es zu speichern gilt, so verhindert z. B. ein „regulierender" Abschnitt des Gens (Regulatorsequenz) die Transkription eines bestimmten strukturgebenden Teiles davon (▶ Strukturgen).

Eine solche situationsabhängige variable Freigabe einer bis dato gehemmten Transkriptionsmöglichkeit des betreffenden Genabschnitts kann z. B. dazu beitragen, dass ein bestimmtes Protein gebildet wird, das an der Bildung zusätzlicher ▶ Rezeptoren an der ▶ Synapse beteiligt ist. Allerdings bleibt eine solche Möglichkeit *nicht überdauernd bestehen*. Sie existiert für den betreffenden Abschnitt der DNA, den die mRNA unter Umständen nur für einige wenige Minuten abgreift. Soll sie länger andauern, so muss für den jeweils zum Ablesen freigegebenen Genabschnitt wiederum ein *Zeitfenster für die mRNA-Aktivierung offen gehalten* werden (die mRNA kann ihrerseits wiederum durchschnittlich nur etwa 60 ▶ Nucleotide pro Sekunde transkribieren). Dazu bedarf es weiterer räumlich-zeitlich organisierter Mechanismen die ihrerseits ebenfalls genetisch bestimmt werden. Auf diese Weise entsteht schließlich das bereits kurz angesprochene hochkomplexe *Geflecht enzymatisch gesteuerter Rückversicherungen*.

Die Funktionsfähigkeit eines solchen Netzwerks – so komplex es auch sein mag – ist aber nur eine der möglichen Bedingungen dafür, dass bestimmte Gene im „Bedarfsfall" die Bildung von Proteinen veranlassen können, d. h. Anweisungen zur Bildung von Substanzen geben, die als Bausteine für eine strukturelle Modifikation des Gehirns unerlässlich sind. Denn selbst nachdem Zusammensetzung *und* damit auch Funktion eines Proteins festliegen, kann es ja durchaus noch zu „verhaltensrelevanten" Modifikationen kommen. Die Rede ist hier von posttranslationalen Modifikationen, d. h. Veränderungen der Proteinbiosynthese (▶ Ribosomen, ▶ Translation), die der jeweils aktuellen genetischen Kontrolle nur indirekt unterliegen. Wenn also ein Protein trotz bereits erfolgter Synthese nicht wirksam wird, so kann dies auch am Einfluss von (Signal-)Proteinen[16] liegen, die für die Funktionsbereitschaft bereits exprimierter Proteine zuständig sind, *nachdem* diese die ▶ Ribosomen bereits verlassen haben. Für die Codierung solcher (Signal-)Proteine sind u. a. modifizierende Gene[17] zuständig. Diese sind in ihrer Expression wiederum an bestimmte Umgebungseinflüsse gebunden.

Wie man aus den beispielhaft genannten, ineinandergreifenden Codier- und Kontrollmöglichkeiten ableiten kann, bildet das „verhaltensrelevante Produkt" davon – hier eine der Proteinbiosynthese geschuldete Veränderung neuronaler Mikroorganisation – lediglich einen zum *Schlusspunkt* ernannten Ausschnitt eines komplexen, vielfach verzweigten Prozesses. Und da hierbei meist eine Oberflächenvergrößerung (▶ Histologie) des reizaufnehmenden Teiles einer Nervenzelle (▶ Dendriten) durch eine Vermehrung von Ausstülpungen als Korrelat von Gedächtnisvorgängen angesehen wird, lässt sich ein Vergessen entsprechend auch mit dem *Ausbleiben bzw. der Reduktion eines zum Erhalt eines* Gedächtnisses *notwendigen Vorgangs* gleichsetzen. Erkennbar wird diese Minderung an der Verringerung der Anzahl von Dornen.

Die hier skizzierte Sichtweise ändert sich jedoch, sobald man das Geschehen aus dem Blickwinkel der Molekulargenetik betrachtet: Vergessen bedeutet nun, dass eine zu codierende

---

16 Meist handelt es sich um Gerüstproteine der Plasmamembran, die als Multidomänenproteine simultan mehrere Proteine räumlich und zeitlich binden können.
17 Ein Gen gilt als modifizierend, wenn Veränderungen in seiner Expression Einfluss auf ein bestimmtes Verhalten haben.

Information im Zuge von Transkription bzw. Translation, etwa aufgrund von Variationen des klassischen Aufgabenbereichs der RNA und damit verbunden der sich selbst steuernden Rückmeldesysteme, nicht ausfällt bzw. verfällt, sondern *in eine andere als die erwartete Richtung verläuft*. Heißt das nun, dass dadurch bedingte Veränderungen im Verhalten zwar im Rahmen der Molekularbiologie, nicht aber mit den üblichen neurohistologischen Verfahren[18] erfassbar sind?

### 8.1.3 Die Bedeutung der Genexpression für Vorgänge des Vergessens

Nachstehend soll verdeutlicht werden, dass in der Summe wirksam gewordene Transkriptions- und Tanslationsvorgänge nicht notwendigerweise als morphologische Veränderungen erkennbar sind, d. h., dass verhaltensrelevante *und* im Feinaufbau der Nervenzelle sichtbar werdende Modifikationen der Genexpression in der Tat nur einen Teilaspekt systemischer Veränderungsmöglichkeiten im Gehirn abbilden.

Zwar steht, wie bereits erwähnt, der Begriff des Gens in den Verhaltenswissenschaften in erster Linie für die ontogenetische Stabilität eines Merkmals. Dies schließt aber nicht aus, dass verschiedene, *auch psychologisch beeinflussbare*, Determinanten der Genexpression im Gehirn entscheidend dazu beitragen, eine gewisse Variabilität und damit ein Maß an Plastizität zu sichern, das notwendig ist, die geschätzten $10^{15}$ ▶ Neuronen mit durchschnittlich je $10^4$ Verbindungen in einem *funktional angepassten, Stabilität verleihenden Fließgleichgewicht* zu halten.

Um in diesem Netzwerk ein Vergessen zu charakterisieren, kann man es sich am ehesten als ein dreidimensionales Geflecht vorstellen, das nicht nur von außen in eine gewisse Schwingung versetzt werden kann, sondern auch von sich aus unaufhörlich (aller-)kleinste Bewegungen macht. Deshalb trifft auch die Energie des winzigsten und kürzesten Luftzugs, selbst wenn er aus der immer gleichen Richtung kommt, nicht nur auf *die eine immer gleiche* Teilstruktur. Vielmehr entstehen aufgrund der nie enden wollenden kinetischen Komposition der unterschiedlichsten rückbezüglichen Wirkkräfte je nach Einwirkung von außen und eigener Dynamik immer neue Schwingungsmuster des Ganzen. Dass manche dabei häufiger auftreten als andere, ist indes nicht ungewöhnlich. Nicht ungewöhnlich ist deshalb auch, dass in einem solch unvorstellbar vielfältig vernetzt gedachten, ständig um ein Gleichgewicht der inneren und von außen auf sie eintreffenden Kräfte ringenden Gebilde, nur einige wenige Prozesse bekannt sind, die für das Gedächtnis *von etwas* stehen. Alle anderen – hier diejenigen, die für ein Vergessen stehen – lassen sich nur anhand der Grenzbedingungen des jeweils Erfassten ableiten.

Unter den erfassbaren Gegenständen gehören diejenigen Vorgänge zu den bedeutsamsten gemeinsamen Interessensbereichen psychologischen *und* physiologischen Denkens im Sinne der Plastizität, die durch synaptische, d. h. rezeptorvermittelte, stoffwechselinduzierte Informationsflüsse hervorgerufen werden. Denn hierbei gilt: *Weil* die dadurch aktivierten intrazellulären Signalsysteme die Transkriptionsfaktoren aktivieren, kann eine Genexpression eingeleitet werden. Und *weil* auf diese Weise die De-novo-Synthese von Proteinen möglich, also eine strukturelle Grundlage für eine zelluläre Modifikation z. B. an den Dendriten geschaffen wird, kann sich auch die *Effektivität eines Neurons* längerfristig ändern. Diese physiologische Reaktionskaskade ist wiederum für die Erfassung psychologisch relevanter Messwerte bedeutend: Denn *weil* aufgrund unterschiedlicher Verknüpfungsmöglichkeiten manche der vielen Verbindungen zu anderen Neuronen „effektiver" sind, d. h. als „gestärkt" bezeichnet werden können, andere

---

18 Um Veränderungen im Bereich der genetischen Codierung zu erkennen, benötigte man eine weitaus höhere Vergrößerung, als sie durch ein Licht- oder Elektronenmikroskop ermöglicht würde.

hingegen als „geschwächt" gelten, liegt letztlich in einer „wirksamen" Genexpression auch der Schlüssel zu einer erfolgreichen Interaktion mit der Umwelt.

Da ferner eine als gelungen zu bezeichnende Auseinandersetzung nach heutiger Lesart auch ein gut funktionierendes Gedächtnis erfordert, schließt sich hier der Kreis von einem physiologischen zu einem psychologischen Verständnis plastischer überlebensdienlicher Vorgänge. Für Vorgänge des Vergessens ist die damit angesprochene Umwandlung von elektrischen und biochemischen Informationsflüssen in eine De-novo-Proteinsynthese, die ▶ Signal-Transkriptions-Kopplung, insofern bedeutend, als dadurch auch *Grenzbedingungen* offenkundig werden, die gedächtnisrelevante Vorgaben von solchen unterscheiden, die nicht in erkennbare mnestische Prozesse münden. Nicht jede Transmitterbindung induziert z. B. chemische Umwandlungsprozesse im Zellinneren (▶ Cytoplasma) und beschleunigt dort enzymatische Vorgänge[19] in einer für die Gedächtnisbildung als relevant erachteten Weise.

Eine entsprechende Schlüsselfunktion wird hierbei nur einigen wenigen Übertragersubstanzen zugesprochen, unter ihnen ▶ Glutamat. Durch die Wirkung dieses ▶ Transmitters am postsynaptischen Rezeptor im Zellkern werden ▶ regulatorische Moleküle als Transkriptionsfaktoren wirksam, d. h. Proteine, die für die Initiation der RNA-Polymerase von Bedeutung sind und eine Transkription einleiten. Zu den bekanntesten DNA-bindenden Proteinen, die als Folge einer „erfolgreichen" ▶ Bindung des Transmitters an den Rezeptor innerhalb von nur wenigen Minuten exprimiert werden, zählt das CREB-Protein (*cyclic AMP response element binding protein*) (Brindle und Montminy 1992). Ähnliche Wirkung hat eine ▶ Phosphorylierung des Transkriptionsfaktors AP1 (ein Heterodimer aus Jun und Fos). Dazu gehören Aktivatorproteine, die sich ebenfalls an ganz spezifische Sequenzabschnitte eines Gens, sog. Enhancer oder Silencer, binden. Auf diese Weise werden z. B. ▶ IEGs (*immediate early genes*) aktiviert, die bereits wenige Minuten nach einem adäquaten Reiz transkribiert werden und zu deren Produkte wiederum jene Effektorproteine zählen, die in die Signalweiterleitung einer Nervenzelle eingebunden sind. Eine bestimmte Genaktivität evozieren zu können, bedeutet folglich u. a., durch die Wirkung verschiedener Transkriptionsfaktoren das *Zeitfenster der Transformation* von physiologischen in morphologische Prozesse für psychologisch relevante Vorgänge innerhalb der Nervenzelle zu vergrößern. Gedacht wird dabei in erster Linie an die Zeit, die es braucht, um eine Umwandlung von einer transienten Erregung einer Nervenzelle (z. B. ▶ LTP) in eine überdauernde histologisch nachweisbare Zustandsänderung (z. B. Dornenbildung; ▶ Dorn) zu erreichen.

Dieser Prozess aber ist nicht nur für Gedächtnisvorgänge, sondern auch für ein Vergessen von Bedeutung. So können zwar, wie bereits kurz angesprochen, Proteine de novo synthetisiert werden. Aber das bedeutet nicht, dass dadurch lediglich bestehende neuronale Verbindungen „gestärkt", also nur Kontakte in ihrer Wirkungsweise bekräftigt werden, die bereits für eine erhöhte Aktivitätsbereitschaft stehen. Möglich ist ebenso eine *Stärkung der Unterdrückung* anderer ansonsten aktiver Verbindungen oder die *Verstärkung der Aufhebung* einer normalerweise vorhandenen Hemmung bei der Bildung bestimmter Substanzen.[20] Ein Vergessen ist also nicht nur als (passives) Ausbleiben einer zu „stärkenden" Verbindung zu verstehen, es kann auch durch (aktive) Inhibition einer Erregung oder die aktive Unterdrückung einer Hemmung zustande kommen – und jede selektive Erregung bedarf einer ebenso differenzierten Hemmung. Insofern bedeutet jede durch Genexpression vermittelte Möglichkeit eines hemmenden Einflusses auf

---

19 Dadurch kann z. B. das 10- bis 100-fache an Substratmolekülen phosphoryliert (▶ Phosphorylierung) werden.

20 Die Mitglieder induzierbarer Transkriptionsfaktoren aus den AP-1-Familien Fos und Jun können z. B. die Gentranskription modulieren, d. h. sie verstärken und spezifizieren.

8.1 · Zelluläres Gedächtnis, zelluläres Vergessen

intrazelluläre Vorgänge, dass Vergessen, ebenso wie ein Gedächtnisvorgang, durch eine *elektrophysiologische Aktivierung bestimmter Neuronen* ausgelöst werden kann, z. B. solche, die hemmend auf die Signalweiterleitung wirken (LTP). Dies geschieht ebenfalls durch regulatorisch wirksame Proteine, die auf Dauer die Kanaleigenschaften membrangebundener Proteine so ändern, dass die neuronale Erregbarkeit des Neurons *aktiv gehemmt* wird.

Von einer das Gedächtnis *symbolisierenden Erregungskonfiguration* zu sprechen, umfasst also nur einen Teil denkbarer Kombinationen, in dem unter „Stärkung" lediglich eine Verstetigung nachweisbar aktivierender Kräfte verstanden wird.[21] Um eine *Verstetigung intensiver Kontakte* als gegeben anzunehmen, braucht es des Weiteren eine Erklärung des Übergangs von einer, in diesem Fall physiologisch begründeten, Kurzfristigkeit hin zu einem morphologisch nachweisbaren Fortbestehen, und zwar sowohl *innerhalb* eines Neurons als auch zwischen verschiedenen Nervenzellen. Dazu dient meist die Modellvorstellung der LTP einer Nervenzelle, d. h. eines physiologischen Vorgangs von genügender *Intensität und Zeitdauer*, um o. g. *Zeitfenster* für strukturelle Änderungen zu gewährleisten bzw. zu öffnen. Was die dazu notwendigen ▶ Koinzidenzdetektoren angeht, so wird meist auf Experimente verwiesen (Bliss et al. 2004), die zeigten, dass etwa im ▶ Hippocampus (vgl. Bliss und Collingridge 1993) von Säugern zwei Neuronen – ein präsynaptisches und ein postsynaptisches – gemeinsam (koinzident) aktiv sein müssen, damit die synaptischen Kontaktstellen zwischen ihnen via LTP „gestärkt" würden.[22]

Durch die Verbindung von LTP und dem Konzept der *interzellulären* Koinzidenz (▶ Koinzidenzdetektoren) gewinnt auch die Bedeutung von *intrazellulären* Botenstoffen, sog. Second-Messenger-Vorgängen (▶ Second Messenger), einen anderen Stellenwert. Man kann z. B. zeigen, dass während einer „gewöhnlichen" – *nicht* auf Gedächtnisphänomene abhebenden – synaptischen Übertragung durch den Transmitter Glutamat zunächst bevorzugt einer von verschiedenen Rezeptortypen – hier der Non-NMDA, Quisqualat- oder Kainat-Rezeptoren, angesprochen wird. Ein anderer Typ, der NMDA-Rezeptor, bleibt aufgrund einer Magnesium-Ionen-Blockade ($Mg^{++}$) nicht benutzbar – die Depolarisation der Membran ist in diesem Fall zu schwach, um dieser Sperre entgegenzuwirken. Erst bei einer überdauernden *und* hochfrequenten Stimulierung der postsynaptischen Membran löst sich – durch die damit verbundene zunehmende Depolarisation der Zellmembran – allmählich diese Magnesium-Ionen-Blockade des NMDA-Kanals. Als Folge davon treten nicht nur, wie dies üblicherweise der Fall ist, Natriumionen aus dem Extrazellulärraum in das Cytoplasma und umgekehrt Kaliumionen aus dem Cytoplasma in den Extrazellularraum.

Es können darüber hinaus durch den NMDA-Kanal u. a. auch Calciumionen aus dem Extrazellulärraum in das Zellinnere gelangen. Eine der Folgen besteht in der Erhöhung des Calciumspiegels in den Dornen der Dendriten, der seinerseits calciumabhängige Calmodolinkinasen aktiviert. Diese wiederum tragen dazu bei, eine LTP zu verstetigen, sprich das Zeitfenster für

---

21 Auf die modulierende Rolle von CREB Bezug nehmend wird hierbei meist auf die Auffassung von Biologen und Psychologen, allen voran die von Hebb (1949), zurückgegriffen. In dessen Denkweise werden „Gedächtnisbildung" und „überdauernde Stärkung synaptischer Verbindungen" als Synonyme aufgefasst, Vergessen wird als „Schwächung" davon nicht eigens thematisiert.

22 Eine solche LTP kann z. B. von einem verstärkten postsynaptischen Calciuminflux abhängen, denn dieser wird u. a. durch Rezeptorproteine gefördert, die in Anwesenheit der als Transmitter agierenden Substanz N-Methyl-D-Aspartat (NMDA) geöffnet werden. Jedoch öffnen sich diese ▶ NMDA-Rezeptoren nur bei einer bestimmten, bereits bestehenden Vorspannung der postsynaptischen Membran (dendritisches Potenzial), was darauf hindeutet, dass bereits eine Transmitteraktivität vorgelegen haben muss, bevor Calciumionen in die Zelle einströmen können. Wenn die notwendige ▶ Depolarisation nicht erreicht wird, sind diese calciumspezifischen Rezeptoren durch Magnesiumionen inaktiviert.

plastische Änderungen weiter offen zu halten.[23] Einmal ins Zellinnere gelangt vermag Calcium aber nicht nur via verschiedener ▶ Proteinkinasen eine LTP der Zelle einzuleiten,[24] sondern dadurch wird auch eine Genexpression veranlasst. Als verbindendes Element zwischen einer eher kurzfristigen Speicherung durch LTP und einem überdauernden Zugriff auf Informationen im Neuron tritt nun die Wirksamkeit von CREB auf den Plan.

Diese Verstetigung von morphologischen Änderungen einer Nervenzelle durch Koppelung einer LTP und der Aktivität von CREB im Rahmen eines gemeinsamen Zeitfensters zeigt aber nur *einen möglichen Weg* zur Erklärung einer lernabhängigen Modifikation an einer Nervenzelle auf.[25] Als gesichert kann z. B. lediglich gelten, dass immer dann, wenn beides zusammenwirkt, sowohl bei Invertebraten als auch bei Säugern die Bildung von Langzeitgedächtnis unterstützt wird. Bis heute aktuell bleibt dieser zelluläre „Mechanismus" aber insofern, als er im Prinzip die Vorhersage erlaubt, dass durch eine gleichzeitige neuronale Aktivität von zwei Neuronen, Zelle A und Zelle B, dem physiologischen Pendant einer ▶ Assoziation immer dann genregulierte Wachstumsprozesse und Stoffwechselveränderungen auftreten, wenn es wiederholt zu einer Erregungsübertragung zwischen ihnen kommt. Dass sich auf diese Weise der Einfluss von Neuron A auf Neuron B tatsächlich verstärken mag, wird durch die Transmittersubstanz Glutamat verdeutlicht, denn hier ist die LTP, in diesem Fall durch NMDA-Rezeptoren, besonders gut untersucht. Der genannte Rezeptortyp kann somit dazu verwendet werden, Koinzidenzen zu erkennen und damit das Zeitfenster festzulegen, das für eine Engrammbildung wesentlich ist; über eine retrograde Informationsübermittlung sagt er hingegen nichts aus.[26]

Alles in allem sind die Vorstellungen über morphologische Korrelate von gedächtnisstabilisierenden Vorgängen bislang auf eng umschriebene Modellvorgaben begrenzt. Hinzu kommt, dass z. B. die NMDA-Rezeptoren auf einem dendritischen Dorn sitzen und in direkter Nachbarschaft von einem Non-NMDA-Rezeptor liegen müssen. Befindet sich dieser nicht auf dem gleichen Dorn, so findet diese Potenzierungshypothese keine Anwendung.[27] Hält man sich angesichts der genannten Einschränkungen die Universalität von Anpassungsvorgängen vor Augen, die durch Lernen

---

23 Man vermutet ferner, dass die postsynaptische Zelle einen Botenstoff freisetzt, der auf die präsynaptische Zelle zurückwirkt und dort wiederum Enzyme aktivieren kann, die ihrerseits eine erhöhte Ausschüttung der Transmittersubstanz in Gang halten.
24 Da es mehrere Formen des Gedächtnisses gibt, u. a. auch solche, die von der LTP im Hippocampus unabhängig sind, ist es naheliegend, dass neben NMDA-Rezeptoren auch andere neurobiologische Mechanismen dafür infrage kommen.
25 Tiere, die z. B. keine CREB-Proteine herstellen und außerdem Mutationen des Hippocampus in gerade jenen Anteilen aufweisen, von denen man glaubt, dass sie für Lernvorgänge wichtig sind, können ebenfalls klassisch bzw. operant konditioniert werden.
26 Dem Prinzip gleichzeitiger Informationsübermittlung neuronaler Kommunikation folgend, sollte darüber hinaus noch gewährleistet werden, dass Zelle B über eine retrograde Informationsvermittlung auch Zelle A über ihren Zustand benachrichtigen können muss. Auf welchem Weg dies geschehen kann, ist bislang noch wenig bekannt. Vermutlich spielt Stickoxid (NO) dabei eine wichtige Rolle, denn Stickoxide – eine Mischung aus Stickstoffmonoxid und Stickstoffdioxid – können als bioaktive Moleküle aufgrund geringer Größe biologische Membranen durchqueren und der Signaltransduktion dienen. Dies geschieht u. a., indem sie die Synthese von zyklischem Guaninmonophosphat (cGMP) aktivieren und dadurch die davon abhängige Proteinkinase beschleunigen können.
Zumindest kann man nachweisen, dass eine LTP dann unterbunden wird, wenn die Synthese von NO im jeweils im Hebb'schen Sinne nachgeschalteten Neuron gehemmt wird. Für eine mögliche Bedeutung dieser Substanz spricht auch die Tatsache, dass die Synthese von NO nur dann freigesetzt wird, wenn die vorgeschaltete Zelle ebenfalls aktiviert wird.
27 Auch ist von verschiedenen möglichen Calmodulinkinasen insbesondere die vom Typ II für die LTP notwendig. Nur wenn sie auftritt, wird mit großer Wahrscheinlichkeit eine LTP in die Wege geleitet.

eingeleitet und durch Gedächtnisvorgänge verstetigt werden, wäre es, wie bereits angesprochen, allerdings ungewöhnlich anzunehmen, dass ausschließlich ein bestimmter Rezeptortyp – hier der NMDA-Rezeptor – dafür von Bedeutung sein sollte. Und dies scheint in der Tat auch nicht der Fall zu sein.[28] Somit gehört der NMDA-Rezeptor zwar zu den bekanntesten liganden- *und* spannungsabhängige Membran durchspannenden Kanal, der Calcium in die postsynaptische Zelle eindringen lässt. Aber in seiner Funktion ist er keineswegs einmalig, auch Non-NMDA-Rezeptoren erlauben eine gedächtnisrelevante Plastizität des Neurons[29] (s. auch ► Second Messenger).

Wie anhand dieses häufig als Beispiel gewählten Ansatzes deutlich wurde, sind seinen Erklärungsmöglichkeiten für Gedächtnisprozesse somit enge Grenzen gesetzt sind. Betrachtet man die Modellvorstellung hingegen aus der Sicht des Vergessens, so erwachsen gerade daraus zahlreiche Möglichkeiten zur Erklärung des Phänomens. Denn Vorgänge des Vergessens sind so gesehen, ähnlich wie die der Gedächtnisbildung auch, als Folge systeminterner, Erfahrung abbildender, Prozesse zu verstehen. Jedoch sind dabei – außer den wenigen als gedächtnisbildend beschriebenen – *nahezu beliebig unterschiedliche Fortentwicklungen zulässig*. Wesentlich für ein Vergessen ist z. B. der Befund, dass während des zeitlichen Zusammenwirkens einer LTP mit bestimmten Membraneigenschaften ganz unterschiedliche Prozesse ablaufen, welche *nur* unter anderem die ganz bestimmte Form der Genexpression in Gang setzen, welche als gedächtnisrelevant gilt. Auch andere als die im Vordergrund stehenden NMDA- und Non-NMDA-Rezeptoren stoßen mit großer Wahrscheinlichkeit intrazelluläre Veränderungen an und münden ggf. in eine Genexpression, die eine eher kurzfristige physiologische Erregung durchaus in längerfristige morphologische Veränderungen überführen kann. Aus der Tatsache, dass man solche, auf molekulargenetischer Ebene erkennbare Vorgänge nicht in psychologischen Termini ausdrücken kann, ist nicht zu schließen, dass dort nichts für das Verhalten ebenfalls Wesentliches geschieht. Erinnern und Vergessen sind auf zellulärer Ebene, anders als auf mentaler, somit eher als eine Art andauernden Abgleichs ultrastrukturelle Änderungen darstellbar, von denen nur *einige wenige für ein „Gedächtnis" für etwas* stehen, das sich im Verhalten, d. h. in messbaren Werten einer bestimmten Reiz-Reaktions-Beziehung, manifestiert. Andere ultrastrukturellen Änderungen, die für ein „Vergessen" stehen, bilden hingegen Wertebereiche ab, die nicht Gegenstand des Verfahrens sind, denn die Frage, was geschieht auf molekularbiologischer Ebene, wenn man vergisst, wurde als solche noch nicht gestellt. Beide Zustände sind veränderbar, beide sind ggf. – so sich die jeweiligen Erregungsmuster zeitlich-räumlich annähern – auch ineinander überführbar.[30]

## 8.2 Wirkkräfte jenseits des genetischen Codes: Mögliche Bedeutung epigenetischer Wirkmechanismen für das Vergessen

Die Bedeutung epigenetischer Faktoren für ein Verhalten, also die Rückwirkung persönlicher Erfahrung auf die Genregulation, lässt sich am Beispiel der Veränderung der „Urfassung" eines Musikstückes, verstanden als Genotyp eines Werkes, verdeutlichen. So wird z. B. ein Stück je

---

28  In der Tat findet man auch im Hippocampus eine Interaktion verschiedener Transmitter, z. B. des Corticotropin-Releasing-Faktors (CRF) mit Noradrenalin *und* dem NMDA-Rezeptor. Auch gibt es neben Calmodulin weitere Substanzen mit ähnlichen Signaleigenschaften, z. B. Calcineurin.
29  Zumindest gibt es mehrere Typen von Calciumkanälen, die nicht an NMDA gebunden sind.
30  Dafür sind u. a. *suprastrukturelle Änderungen* von Bedeutung. Dies ist z. B. der Fall, wenn sich die Aktivität eines lokalisierbaren Nervenzellverbands infolge kleiner Veränderungen, etwa einer Verletzung in einem weit entfernt davon liegenden Gehirnteil, ändert, es z. B. zu einer Modifikation bestimmter Rezeptorkonfigurationen oder der Konzentration katalysierender Substanzen in einzelnen Neuronen oder Neuronengruppen (*cell assemblies*) kommt.

nach Fähigkeiten des Ausführenden leicht verändert; es entsteht gewissermaßen eine „phänotypische Fassung" (▶ Phänotyp) davon. Dabei ist es aber durchaus möglich, dass eine besonders gut gelungene Interpretation nicht nur neben einer als „Originalfassung" bezeichneten traditionellen Version in Umlauf kommt, sondern nachfolgenden Musikern auch als Vorbild für ein neues Verständnis des Musikstückes dient. Je nach Zeitgeschmack haben darüber hinaus nicht nur manche Versionen länger Bestand als andere,[31] es erweist sich unter Umständen auch eine vermutete „Originalfassung" im Nachhinein als bereits überarbeitete Kopie der eigentlichen „Urfassung", nachdem diese ihrerseits wieder in einem Archiv aufgestöbert wurde. Komposition und Interpretation sind also nicht voneinander unabhängig, so wie etwa der Inhalt eines Musikstückes und das Schreibwerkzeug, mit dem es verfasst wurde. Denn anders als Stift oder PC, die beide gegenüber der Bedeutung des Inhalts immun sind, erweisen sich Interpretation und Komposition als miteinander verquickt: Das „phänotypisch Denkbare" kann, wie etwa im Falle des Liedes *La Paloma* auf das „genetisch Mögliche" sogar durchaus generationenübergreifend zurückwirken (Bloemeke 2005).

Das ▶ Genom eines Menschen gibt so gesehen lediglich den möglichen Wertebereich vor, innerhalb dessen phänotypische Variationen möglich sind – Variationen, die unter Umständen ihrerseits als *Varianten* ebenfalls von einer auf die andere Generation weitergegeben werden können. Weil dazu auch exogen induzierte epigenetische Veränderungen gehören,[32] bedeutet dies, dass dem System als Ganzem neben einem genetisch begründeten noch ein weiteres, ein „epi"genetisches, d. h. ein örtlich und zeitlich begründetes „neben"genetisches System innezuwohnen scheint. Dieses gibt als eine Art *Anmerkungsapparat* den Rahmen für mögliche „Variationen" der Urfassung vor. Was also wie genutzt wird, d. h. wie Flexibilität und Plastizität aufeinander rückwirken, kann ähnlich bedeutend sein wie die Tatsche eines bestimmten bestehenden Erbgutes an sich.

Die Vorstellung, dass Gene samt ihrem Anmerkungsapparat, dem ▶ Epigenom, lediglich und ausschließlich auf bestimmte Ausprägungen des Verhaltens wirkten, würde eine solche Interaktion nicht zum Ausdruck bringen. Denn es ist kaum vorstellbar, ein Verhalten beeinflussen zu wollen, ohne nicht gleichzeitig dadurch auch auf das äußere Milieu des Individuums zurückzuwirken. Das wiederum bedeutet, dass die Umwelt einer Person und deren genetische Ausstattung – hier das *Aktivierungsprofil* der an einem charakteristischen Verhalten beteiligten Gene – ebenfalls nicht unabhängig voneinander betrachtet werden können.

Wenn also das bloße Vorhandensein eines Gens möglicherweise nicht hinreichend ist, um ein verhaltensrelevantes Merkmal zu beeinflussen, und es naheliegt, eine Einbindung in komplexe Ursache-Wirkungs-Zusammenhänge, sog. *lebensstilabhängige Cofaktoren* (Bruggeman et al. 2002), vorzunehmen, inwieweit hilft dann ein Rückgriff auf epigenetische Vorgänge? Welchen

---

31   Ein Beispiel dafür ist das Lied *La Paloma*, das in vielen Versionen gesungen wird und zu dem entsprechend unterschiedliche Fassungen vorliegen. Über die „wahre Urfassung' herrscht indes weiterhin Uneinigkeit.

32   Ein Beispiel für exogen *induzierte epigenetische Veränderungen* ist das klassische Silberfuchsexperiment von Dmitriy Beljajew, der innerhalb von 20 Generationen (zwischen 1950 und 1985) durch Domestizierung der Tiere zeigen konnte, dass bei gleichem genetischen Material bei einem Teil der Tiere nicht nur das Verhalten und der Hormonspiegel verändert wurden – sie waren zahm und das Niveau der Stresshormone unterlag einer Veränderung –, sondern sich auch ihr Aussehen änderte, denn Fellfarbe, Bein- und Schwanzlänge waren unterschiedlich im Vergleich zum „Wildtyp". Der so entstehende unterschiedliche Phänotyp wurde damals auf „schlafende Gene" zurückgeführt. Heute sieht man darin eine permanente Inaktivierung bestimmter Gene und betrachtet die Veränderung der Hormonausschüttung als Folge einer Veränderung der Chromatinstruktur, die andere normalerweise „stillgelegte" Gene aktiviert hatte. So war es letztlich durch die Ausprägung bestimmter phänotypischer Merkmale zu einer Veränderung der epigenetischen Musterbildung gekommen, die auf die Expression der Gene über Generation hin zurückwirkte (vgl. Coppinger und Coppinger 2001).

## 8.2 · Wirkkräfte jenseits des genetischen Codes: Mögliche Bedeutung

Erkenntnisgewinn kann dieses einander wechselseitig beeinflussende Zusammenspiel gewähren, in dem weder die Entzifferung des menschlichen Genoms per se, noch die Mutation einzelner Gene, noch das Vorhandensein bestimmter Transkriptionsfaktoren den letztlich passenden Schlüssel liefern, sondern es einer Erklärungsebene jenseits einer prinzipiell möglichen Genexpression bedarf?

Wie bereits deutlich wurde, stellen DNA-Sequenz bzw. die Expression einzelner Gene als Erklärung von bestimmten Verhaltensweisen nur eine Seite der Medaille dar. Die andere Seite steht für Veränderungen dieser Genexpression, die nicht durch sequenzverändernde Mutationen bei Abläufen der jeweiligen Signal-Transduktions-Koppelung entstanden sind, sondern durch veränderte „Ablesemöglichkeiten" eines sich invariant darstellenden genetischen DNA-Codes mittels der dazu (vor-)gegebenen biochemischen Decodierwerkzeuge (Transkriptom).

Der Beitrag dieses bereits mehrfach erwähnten *genetischen Anmerkungsapparats* steht im Folgenden im Vordergrund. Es handelt sich hier um ein zwar stabiles, aber gleichwohl veränderungsfähiges Eiweißgerüst, das zusammen mit der DNA das ▶ Chromatin bildet, d. h. das Material, aus dem ▶ Chromosomen zusammengesetzt sind. Die DNA benötigt dieses kompakte filamentöse Gerüst aus Bindeproteinen nicht nur, um durch eine Komplexbildung ihre Länge um ein Vieltausendfaches zu kondensieren. Ohne dieses Proteingemisch kann sie auch ihre Aufgaben nicht erfüllen. Denn jeder einzelne Schritt eines Ablesevorgangs bedarf des ▶ genetischen Codes, sei es die notwendige Trennung des DNA-Doppelstranges der beiden Chromatiden an einer bestimmten Stelle, das Andocken der mRNA oder das erneute Zusammenfügen zu einem DNA-Doppelstrang, einer enzymatischer Codierung, die der jeweils abzulesende Teilstrang wiederum nicht selbst erzeugt.

In Rahmen der Epigenetik wird somit auf Mechanismen abgehoben, die bestimmte funktionelle Zustände der Genexpression regulieren, ihrerseits aber *keiner strukturellen Veränderung des abgelesenen DNA-Stranges*, also keiner Modifikation eines „eingeschriebenen Programms" bestimmter Nucleotidsequenzen, bedürfen. Man spricht hier auch von einem *epigenetic inheritance system* (EIS).[33] Zu diesem zählen u. a. sogenannte Chromatinmarkierungen, die als eine Art Gedächtnis für erfolgreiche Anpassungen an bestimmte Vorgaben der Umgebung am häufigsten genannt werden. Die Frage liegt deshalb nahe, ob sie auch im Hinblick auf Vorgänge des Vergessens von Bedeutung sein könnten.

### 8.2.1 Chromatinmarkierungen bedingen eine Veränderung der Ablesemöglichkeit frei liegender Gene

Das notwendige Eiweißgerüst von Chromosomen besteht etwa zur Hälfte aus ▶ Histonen.[34] Darunter fasst man verschiedene Unterformen kleiner Proteine zusammen, die den DNA-Strang „verdichten", indem sie ▶ Nucleosome bilden. Ein Nucleosom entsteht, indem sich jeweils eine bestimmte Anzahl von Nucleotiden (ca. 200) um einen Histonkomplex (bestehend aus acht Histonmolekülen) eines ganz bestimmten Typs winden. Dabei wird der Histonkomplex zweimal

---

[33] Unter dieses fasst man u. a. RNA-gebundene Veränderungsmöglichkeiten im Ablesen der DNA, zu denen die siRNA gehört. Letztere stellt eine Art Gedächtnis über den Aktivitätszustand von Enzymen dar, die bestimmte Gene in einem On-Modus halten.

[34] Im Chromatin sind DNA und Histone dergestalt miteinander verbunden, dass sich acht Proteinmoleküle (je zwei der Histone H2A, H2B, H3 und H4) zu einer tablettenartigen Struktur zusammenfügen, um die – wie Draht um eine Spule – der DNA-Faden „gewickelt" ist.

umwickelt, und ein Teil des Histonkomplexes ragt als sog. Histonschwanz – von diesem wird weiter unten noch die Rede sein – aus dem Nucleosom heraus.

Zunächst aber soll es um die vergessensrelevanten Möglichkeiten gehen, die der Variabilität des entstehenden Chromatinfadens innewohnen. Die fädige bzw. kettenartige Struktur wird mithilfe eines wieder anderen Histontyps gebildet, der jeweils zwei benachbarte Nucleosome so miteinander verbindet, dass eine Art Kette entsteht. Variabel ist der daraus gebildete Chromatinfaden insofern, als die gleiche DNA-Sequenz in unterschiedlichen Anteilen *in* einem Nucleosom oder *zwischen* zwei Nucleosomen zu liegen kommen kann. Das bedeutet, dass die Eiweißmoleküle in der Umgebung eines Nucleosoms, zusammen mit der durch Proteine verursachten „Verdichtung" der DNA, mit darüber entscheiden, wie zugänglich der jeweilige DNA-Abschnitt für bestimmte Transkriptionsfaktoren ist. Und diesen Zugang braucht es zur Ablesung des genetischen Codes.

Für jede Genexpression sind somit neben der DNA auch bestimmte Merkmale des Chromatins von Bedeutung. Unter diesen Charakteristika kommt gerade im Zusammenhang mit Phänomenen des Vergessens Chromatinmarkierungen eine entscheidende Bedeutung zu. Gemeint sind ▶ regulatorische Moleküle, die an die DNA binden und dort eine Transkription ermöglichen *oder* aber verhindern. In ihrer Wirkung auf die Ablesemöglichkeit des genetischen Codes hängen sie mit von der Struktur des Eiweißgerüsts ab, in das die DNA eingebunden ist. Diejenige Markierung, die sowohl als stabil angesehen wird als auch etwa 15 % aller Gene betrifft, ist die ▶ Methylierung, d. h. eine Methylgruppe (▶ Methylierung), die sich in einer bestimmten Nucleotidkonstellation an Cytosin (▶ Nucleotide) heftet (vgl. Weber et al. 2007). Zwar scheint dies auf den ersten Blick nicht bedeutend zu sein, dass an die Kernsäure Cytosin eine Methylgruppe anfügt wird, denn der genetischen Code bleibt davon ja unberührt. Allerdings reduziert sich dadurch die Ablesewahrscheinlichkeit dieses DNA-Abschnitts, denn Regionen, die stark methyliert sind, werden meist nicht abgelesen. Warum das der Fall ist, darüber wurde noch kein abschließendes Urteil gefällt, man nimmt aber an, dass dadurch entweder eine *Interferenz* mit der Bindung von regulierenden Faktoren an die Kontrollregion des Gens verbunden ist oder aber dass die Methylierung mit der *Bindung* an jene Proteine in Beziehung steht, die eine Transkription verhindern. Insofern bestimmt das Methylierungsmuster eines DNA-Abschnitts mit darüber, ob Gene ablesbar oder unzugänglich bleiben, und wird deshalb nicht ohne Grund als *sound of silence* (Mugatroyd und Spengler 2011) bezeichnet.[35]

Alle Ereignisse, die Einfluss auf das Methylierungsmuster eines DNA-Abschnitts haben, entscheiden somit über die Ausprägung von Verhaltensweisen mit, die dort (mit-)codiert sind. Wie überdauernd Gene allerdings durch ein bestimmtes Methylierungsmuster ablesbar sind oder nicht, hängt somit von den Änderungen dieses Musters im Laufe des Lebens ab (Murgatroyd und Spengler 2011). Zeitlebens können bestimmte Enzyme aktiviert werden, die Methylgruppen hinzufügen oder entfernen. Im Tierexperiment kann z. B. gezeigt werden, dass eine Trennung von Mutter und Kind in frühem Lebensalter der Nachgeborenen mit einer Änderung der DNA-Methylierung verbunden sein kann, wobei es u. a. zu einer Hypomethylierung bestimmter Subsysteme kommt, was eine Enthemmung, sprich Übererregung, stressverarbeitender, Systeme nach sich ziehen kann (Murgatroyd et al. 2010).

Man muss also jenseits der Möglichkeiten einer auf das Gedächtnis bezogenen Genexpression mitberücksichtigen, dass sich die Konfiguration gedächtnisrelevanter „aktiver" neuronaler Netze im Laufe des Lebens u. a. deshalb ändern könnte, weil eine „erfahrungsabhängige" Methylierung der DNA der darin involvierten Neuronen sich verändert hat. Anders gesagt, die

---

35 Gleichwohl ist auch eine Methylierung *kein supragenetisches Ereignis*, denn es bedarf natürlich immer auch eines Gens, das die dafür notwendige Methyltransferase in Gang setzt.

erwähnten Neuronengruppen, die sog. Hebb'schen *cell assemblies*, die aufgrund ihrer gemeinsamen Aktivierung für neurophysiologische Korrelate von Gedächtnisprozessen stehen, könnten auch wegen epigenetischer Einflüsse in einen Zustand versetzt werden, der eine im Prinzip mögliche Koinzidenzschaltung nicht zulässt.

So wenig eine Genexpression für sich genommen auszureichen scheint, um Gedächtnisvorgänge in die Wege zu leiten oder zu stabilisieren, so wenig attraktiv mutet es zunächst an, sich auf ein so fragil erscheinendes Instrumentarium wie das die Gene variabel einbindende Proteingerüst des Chromatinfadens zu berufen, um in dessen Veränderungen den Hauptgrund für die Ablesewahrscheinlichkeit von Genen zu sehen.

Ein Grund dafür, dass man diese Möglichkeit dennoch ins Auge fassen kann, liegt darin, dass man sich damit des Epiphänomens eines an sich sehr stabilen Mechanismus bedient. Denn entwickelt hat sich in der „Natur" dieses Wechselspiel von Dynamik *und* Modifikation, also von variabler Struktur *und* wechselnder Funktion des Chromatinfadens, als eine Art Reparaturdienst z. B. aufgrund von Strangbrüchen. Dies geschieht u. a. dadurch, dass der jeweils betroffene DNA-Abschnitt – und damit die entsprechend beschädigten Gene – stillgelegt werden. Da jedes nicht intakte (Sub-)System – hier der jeweils von der Schädigung tangierte DNA-Abschnitt – für mögliche Reparaturen vermutlich nur unvollkommene Anweisungen liefern könnte, werden diese Vorgänge weitgehend autonom und nach Gesetzmäßigkeiten der Selbstorganisation gesteuert, wobei neben der Methylierung auch die eher gegengesetzt wirkende Acetylierung (Holiday 1987) (s. unten) dafür verantwortlich gemacht wird.

Insofern befindet man sich mit Fragestellungen danach, wie bzw. unter welchen Bedingungen auch Umwelteinflüsse einen solchen „Reparaturdienst" auf den Plan rufen, immer auch in einem Grenzbereich zwischen dem physiologisch Notwendigen und dem psychologisch Erwünschten: Die Möglichkeit, z. B. durch epigenetische Einflüsse eine Genexpression zu unterbinden, steht außer Frage. Zu klären bleibt lediglich, ob dafür psychologisch relevante Umstände ausreichen.

Einer der wesentlichen Bausteine einer verhaltensrelevanten Codierung sind die Eiweißmoleküle, die zusammen mit der Erbsubstanz das Chromatin bilden, aus dem die Chromosomen aufgebaut sind, die Histone. Dass die Chromosomen, wie oben angemerkt, etwa zu gleichen Teilen aus DNA und Proteinen bestehen, ist zwar seit Jahrzehnten bekannt, in Letzteren wurde jedoch lange eine Art Verpackungsmaterial für die Erbsubstanz gesehen. Inzwischen aber gilt neben dem genetischen Code der Histoncode als eine weitere Kenngröße, die einen regulierenden Einfluss auf DNA-vermittelte Prozesse ausübt. Das heißt, ähnlich bedeutend wie die Basenfolge der DNA, in der die Bauanleitung für Proteine niedergeschrieben ist, sind die Strukturen des Histoncodes, die darüber mitentscheiden, wann welche Gene in welchen Zellen unter welchen Umständen und in welchem Ausmaß in Aktion treten.[36]

## 8.2.2 Acetylierung und Methylierung und die sie steuernden Enzyme

Das Studium von Veränderungen der Genfunktion, die sich *nicht* durch eine Veränderung der Gensequenz erklären lassen, zeigte, wie weiter oben dargestellt zunächst, dass der zur Doppelhelix gewundene DNA-Faden *nur* in Verbindung mit anderen Substanzen seine Funktion ausüben

---

36 So haben z. B. Leberzellen das gleiche Genom wie Nervenzellen im Gehirn, aber ganz andere Aufgaben. Auf beide wirkt auch die Umwelt unterschiedlich ein – einmal steht die Regulierung des Stoffwechsels und damit auch Abbau und Ausscheidung von Giftstoffen der Umgebung im Vordergrund, ein anderes Mal sind es angemessene Verhaltensreaktionen in komplexen Situationen.

kann (▶ Nucleosom). Im menschlichen Genom mit seinen etwa 30 Mio. solcher Nucleosomen macht es darüber hinaus jeder Ablesevorgang erforderlich, die bestehende enge „Wickelung" zu lockern. Dies geschieht ebenfalls mithilfe der genannten Histonmoleküle, wobei hier deren Histonschwänze im Vordergrund stehen, denn diese bieten 30 bis 36 Aminosäuren lange, in das umgebende Kernplasma hinausragende freie Bindungsstellen für andere Moleküle. So lockert sich z. B. durch Anheftung einer Acetylgruppe an den Histonschwanz die Chromatinstruktur und erlaubt großen Enzymkomplexen eine Anlagerung an die ▶ DNA, etwa um eine Transkription einzuleiten.

Zu den Molekülen, die sich nicht nur an die Gene selbst anlagern, sondern auch an Histonschwänze binden können, gehört auch die Methylgruppe. Zuvor war davon die Rede, dass sie immer dann, wenn sie sich direkt an die DNA heftet, verhindert, dass der DNA-Doppelstrang enzymatisch geöffnet wird, und zwar, obwohl unter Umständen die Gene freiliegen. Nun kommt eine zweite Ebene des Aufgabenbereichs zum Tragen. Denn immer dann, wenn diese Methylgruppe an den Histonschwanz bindet, verhindert sie, dass sich die Chromatinfasern lockern.

Zu guter Letzt bestimmt eine dritte Ebene den Einfluss (die Wirksamkeit) epigenetischer Kräfte, nämlich die enzymatische Codierung des Acetylierungs- bzw. Methylierungsvorgangs. Denn ähnlich wie die Veränderung der Ablesemöglichkeit frei liegender Gene ist die Lockerung bzw. Verdichtung der „DNA-Wickelung" an bestimmte Enzyme gebunden. So gesehen ziehen alle epigenetischen Markierungen – hier Methylierung und Acetylierung – ihrerseits weitere Veränderungen nach sich. Beispielsweise wirkt das Enzym Histonacetyltransferase, das Essigsäurereste an Histonproteine heftet, aktivierend und eine Histondeacetylase, die solche Acetylgruppen wieder entfernt, hemmend auf eine Acetylierung. In ähnlicher Weise regulieren Histonmethyltransferasen[37] und Histondemethylasen die Methylierung in aktivierender bzw. deaktivierender Weise. Und mehr noch: Durch solche Regulierungsprozesse werden weitere *regulatorische Proteine* auf den Plan gerufen, welche die Transkription der betroffenen Gene fördern oder hemmen. Stark acetylierte Histonproteine „locken" z. B. regulatorische Proteine an, die das Chromatin lockern, und fördern zusätzlich Proteine, die die jeweiligen Gene aktivieren. Stark methylierte Histonproteine wiederum „locken" regulatorische Proteine an, die eine Transkription unterdrücken.

Damit schließt sich der hier vorgestellte Kreis der Beeinflussung der Genexpression durch epigenetische Mechanismen: Sie wirken, wie man sieht, nicht nur direkt an der DNA oder am umgebenden Eiweißgerüst sondern vermitteln auch zwischen beiden: So kann ein bestimmter Histoncode als Signal für DNA-Methyltransferasen dienen, an einem bestimmten Gen Methylgruppen anzufügen. Spezielle regulatorische Proteine, so nimmt man weiter an, erkennen dann wiederum den methylierten DNA-Abschnitt und sorgen dafür, dass das zugehörige Gen langfristig abgeschaltet wird.[38] Diese Möglichkeit der Inaktivierung eigener Gene stellt eine epigenetische Möglichkeit der Selbstprogrammierung dar – man spricht hier von einem ▶ zellulären

---

37  Bei Wirbeltieren z. B. heften Methyltransferasen, die Methylgruppe, vor allem dann an die Kernsäure Cytosin (C), wenn dieser Guanin (G) folgt. Diese Kurzsequenz, die CG-Sequenz, kommt im menschlichen Genom nicht nur millionenfach vor, sie ist auch in 70–80 % der Fälle methyliert. Erst aber wenn alle CG-Sequenzen methyliert sind, wird das Gen inaktiv, ohne dass sich an der Basenfolge etwas ändert.

38  Vermutlich, so die gegenwärtige Annahme, dient die DNA-Methylierung u. a. auch als Schutz vor viraler DNA. Dafür spricht, dass mehr als 90 % der gesamten Methylierung im menschlichen Genom sich an sog. mobilen DNA-Elementen befinden. Damit bezeichnet man Überbleibsel von uralten Viren, die sich ins Genom eingenistet haben und auf diese Weise unschädlich gemacht werden können. „Loswerden" im Sinne von „abstoßen" kann das Genom fremde DNA nicht, es kann sie nur inaktivieren.

## 8.2 · Wirkkräfte jenseits des genetischen Codes: Mögliche Bedeutung

Gedächtnis –, die unter Umständen auch transgenerativ weiteregegeben werden kann.[39] Beide, die hier angesprochene sog. DNA-Methylierung sowie auch eine Acetylierung, können entsprechend der zeitlich begrenzten Wirkung von o. g. Enzymen (Transferasen bzw. Demethylasen) auch reversibel sein. Das wiederum macht sie auch für die Psychologie interessant, weil Verhaltensänderungen – hier im Sinne des Vergessens *von etwas* – und epigenetische Modifikationen aufeinander bezogen werden können.

### Schlussbetrachtung

Versucht man ein Vergessen aus möglichen Verflechtungen genetischer Vorgaben mit wechselnden Umweltbedingungen zu erklären, kann es z. B. nicht genügen, diesen Vorgang allein als Folge von mehr oder weniger[40] deutlich erkennbaren Programmfehlern – hier als Mutationen – zu verstehen. Denn damit wäre Vergessen lediglich als ein Problem genetischer Codierung aufzufassen, verursacht etwa durch Austausch, Verlust oder Einschub eines genetischen „Bauteiles", oder es würde der Bildung der Transposonen, also variablen Genabschnitten, zugeschrieben. Dadurch änderte sich zwar das Ableseraster des genetischen Codes, was u. a. bedeuten könnte, dass sich eine bestimmte Anweisung zur Bildung eines ganz speziellen Proteins veränderte. In der Folge wiederum würden z. B. bestimmte verhaltensrelevante Stoffwechselvorgänge nicht mehr angestoßen und/oder nicht mehr beibehalten. Wollte man Vergessen jedoch allein als Folge zufälliger Mutationen beschreiben – ähnlich wie dies bei genetisch bedingten Erkrankungen (z. B. Mukoviszidose oder Chorea Huntington) der Fall ist –, erfasste man lediglich einen kleinen, möglicherweise auch eher den pathogenen Anteil des Phänomens (▶ Teil II).

Dem variablen Charakter des Vergessens würde man durch eine Reduktion auf relativ umweltunabhängige Probleme in der genetischen Programmierung auf diese Weise nicht gerecht (Flint 1999). Wie sollte man z. B. ein mögliches Wiederauftauchen von Erinnerungen im Alltag eines gesunden Menschen begreiflich machen, wie im neurologisch-klinischen Bereich etwa transiente Amnesien begründen (Markowitsch 1983, 1990; Bartsch und Deuschl 2010; Bartsch und Butler 2013) (▶ Teil II)? Erklärungsversuche solcher Phänomene könnten aber möglicherweise gelingen, wenn eine verhaltenskorrelierte *Variabilität der* Genexpression zusammen mit dem *epigenetischen Anmerkungsapparat* ins Spiel gebracht wird. Denn dadurch entstehen außerordentlich vielfältige und subtile Interaktionen von stabilen und induzierbaren genetischen Veränderungen, von genetischen und epigenetischen Variablen bei wechselnden Umweltbedingungen. Und diese könnten

---

39 Von Bedeutung ist hier u. a. das jeweils spezifische Verteilungsmuster der an die DNA gebundenen Mythylgruppen. Mittels dieses Vorgangs versucht man beispielsweise zu erklären, warum bei bestimmten Zelltypen nur auf einen kleinen Teil des Geninventars zurückgegriffen wird und andere Teile durch „Stummschaltung" auf null reguliert bzw. reduziert werden. Vor der Einnistung des Embryos scheint die DNA einen als Demethylierung bezeichneten Prozess zu durchlaufen. Bei diesem wird zwar mehr als die Hälfte der von den Eltern über die Keimzellen geerbten Methylgruppen entfernt, es entsteht aber unter Verwendung der verbliebenen, nicht entfernten Methylierungen ein nur teilweise neues *embryotisches Methylierungsmuster*. Diese zweite, der DNA-Basensequenz nachgeordnete Prägung, die *epigenetische Programmierung*, geht auch während der Entwicklung bei der Zellteilung nicht verloren. Ihr Erhalt ist deshalb möglich, weil ggf. mittels eines Enzyms einer *Erhaltungsmethyltrasferase* dafür gesorgt ist, dass die sich in einem DNA-Doppelstrang gegenüberliegenden CG/GC-Basen immer beide methyliert sind. Das Enzym „erkennt" nun einseitig methylierte CG-Sequenzen und ergänzt den fehlenden Molekülanhang. Im Zusammenhang mit epigenetischen Mechanismen im Allgemeinen und der Methylierung im Besonderen wird daher auch von einem transgenerativen *zellulären Gedächtnis* gesprochen.

40 Auch geringfügige Veränderungen, die in einem Gen codierte Aminosäuresequenz nicht ändern – gewissermaßen „stumm" bleiben – können sich auf die Proteinsynthese auswirken, weil sie z. B. mit dem korrekten Ausschneiden der Introns interferieren.

sowohl auf die Wahrscheinlichkeit des Vergessens *in einer bestimmten Gegenwart* als auch auf die Stabilität und Persistenz des bereits Vergessenen *in der Vergangenheit* zurückwirken.

Epigenetische Faktoren wirken ihrerseits als variable kritische Kontrollinstanzen und machen als solche deutlich, dass ein Phänotyp immer durch das Zusammenwirken seines einzigartigen Genotypen und der Art und Weise, wie verschiedene Umwelteinflüsse darauf zurückwirken oder gewirkt haben, entsteht. Es ist also nicht nur wichtig, sich der aufdrängenden Frage zu stellen, wie diese Abertausende von Genen eines Organismus hinsichtlich ihrer Wirkungsweise prinzipiell unter Kontrolle gehalten werden, also das tun, was sie tun sollen. Es stellt sich auch die Frage danach, wie sichergestellt wird, dass Informationen, die der Körper für elementare Zellfunktionen überdauernd benötigt, auch überdauernd vorhanden sind, dass Informationen, die nur „dann und wann" abgerufen werden, auch nur „dann und wann" zur Verfügung gestellt werden. Das heißt, dass die einzelnen Vorgänge den äußeren Gegebenheiten, der Umwelt, auch angepasst werden können. Diesen Erfordernissen scheint eine „Erbanlage", die aus mindestens zwei Teilen – einem genetischen und einem epigenetischen – besteht, eher gerecht zu werden als ein festgelegtes System der Genexpression. In diesem Fall trägt ein Teil eine bestimmte Information, z. B. für die Bildung eines Proteins, ein anderer Teil wirkt wie ein Schalter, der auf „Ein" oder „Aus" gestellt werden kann. Diese Idee der Arbeitsteilung mithilfe der Epigenetik weckt seit einigen Jahren das Interesse, mehr über den Gebrauch von „angeschalteten" Genen zu erfahren, denn das ist nur ein verschwindend kleiner Teil aller Gene.[41] Im Mittelpunkt steht insbesondere das individuelle Aktivierungsmuster des Genoms als Ganzem, dem jeweils ein ganz spezifisches Methylierungsmuster zugrunde liegt. Das bedeutet, auch dort, wo es auf den ersten „verhaltensgenetischen Blick" an den einzelnen Genen nichts Auffälliges ergibt, kann sich das Methylierungsmuster und damit die Beziehung des Individuums zu seiner Umwelt entscheidend verändert haben. Entsprechend dem molekularbiologischen Kenntnisstand spielt folglich heute neben genetischen Faktoren auch alles, was über das Chromatin bekannt und *nicht* auf die Grundbausteine der DNA reduzierbar ist, für erfahrungsabhängige Vorgänge eine bedeutende Rolle (Nucleosome, Histone, Methylierungsvorgänge). DNA-Sequenz bzw. Genexpression erklären für sich genommen somit weder ein großherziges Vergessenkönnen noch ein kleinkariertes Nicht-vergessen-Wollen. Sie sind vielmehr nur Endpunkt eines Kontinuums, an dessen anderem Ende epigenetische Veränderungsmöglichkeiten stehen, z. B. die DNA-Methylierung.

Diese wird manchmal auch als *transgene silencing* bezeichnet, denn einmal ausgeschaltet, kann sich eine solchermaßen herbeigeführte Zustandsveränderung eines Gens über Generationen vererben.[42] Das genannte Enzym „erkennt" einen Strang methylierter CG-Sequenzen und ergänzt den fehlenden Molekülanhang. Es bildet ein sogenanntes molekulares/▶ zelluläres Gedächtnis. Enzyme, ähnlich denen der genannten Erhaltungsmethyltransferase, sind unter Umständen auch in der Lage, neue Methylgruppen an beide Stränge der DNA zu heften und damit eine De-novo-Methyltransferase in die Wege zu leiten.[43]

---

41  Weit über 90 % aller Gene sind inaktiv. Hinzu kommt, dass wir von den jeweils aktiven weit mehr als 90 % mit anderen, beliebig weit entfernt verwandten Spezies teilen.

42  Vor der Einnistung des Embryos scheint die DNA jedoch einen als Demethylierung bezeichneten Prozess zu durchlaufen, bei dem mehr als die Hälfte der von den Eltern über die Keimzellen geerbten Methylgruppen entfernt werden, sodass ein teilweise neues *embryotisches Methylierungsmuster* entstehen kann. Einige der für den Nachwuchs bestimmten elterlichen Gene erhalten darüber hinaus auch eine geschlechtsspezifische Prägung, ein *Imprinting*, das ebenfalls weitergegeben wird.

43  Werden im Tierexperiment z. B. De-novo-Transferasen ausgeschlossen, so wird der Methylierungsstatus – da keine neuen Molekülanhänge hinzukommen – auf einem präexperimentellen Niveau „eingefroren". Das wiederum kann dazu führen, dass „alte" parasitäre DNA-Sequenzen wieder aktiv werden, was sich negativ auf die Überlebenswahrscheinlichkeit des Individuums auswirken kann.

Neben den genannten Enzymen spielt auch die Vielfalt der Chromatinproteine eine wichtige Rolle zur Erklärung epigenetischer wirksamer Mechanismen bei Verhaltensänderungen. Zu diesen Proteinen gehören verschiedene Histonvarianten, die den Zellen zur Verfügung stehen. Diese Modifikationen sind reversibel, d. h., die Verbindungen können durch spezifische Enzyme hergestellt und wieder gelöst werden.

Solche Modifikationen können aber auch überdauernd sein, da bei allen Zellvorgängen im Laufe eines individuellen Lebens nicht nur jeweils die DNA verdoppelt wird, sondern auch der gesamte „epigenetische Anmerkungsapparat". Dieser ist mit seinem Wechselspiel von DNA-Methylvarianten, Histonvarianten und -modifikationen bislang zwar weniger gut erforscht als die Funktionsweise des „DNA-Reißverschlusses", aber allein die Stabilität bzw. Plastizität der funktionellen Organisation des Chromatinfadens erlaubt es nicht, diesen als „Aufbewahrungsort für Histonkomplexe und DNA-Gerüst" zu betrachten. Statt von einem System invarianter Verpackungsproteine spricht man heute eher von einem andauernden Chromatin-Remodeling, wobei die Nucleosomen als ein dynamisches Gebilde angesehen werden, das maßgeblichen Einfluss auf alle chromosomalen Prozesse zu nehmen vermag, d. h. sowohl auf die Transkription als auch die Verdoppelung der DNA und deren „Reparatur". Aus der Wechselwirkung zwischen ihnen und der DNA resultiert ein permanenter Umbau des Chromatinfadens. Dadurch können sowohl bestimmte Informationen der DNA (zeitweise) verfügbar gemacht als auch bestimmte Abschnitte (vorübergehend) stillgelegt werden. Dieser permanente *Umbau* des Chromatinfadens und seine *variable Dichte* können als ein ebenso variables Instrumentarium für Verhaltensveränderungen herangezogen werden. Epigenetische Mechanismen sind somit letztlich Ursache des Wechselspiels von Dynamik und Modifikation in Struktur und Funktion. Sie erklären, warum sich bezogen auf Vorgänge des Vergessens kleine „lokale Ereignisse", z. B. eine Veränderung bestimmter Rezeptorkonfigurationen, oder der Konzentration katalysierender Substanzen schließlich in globale Veränderungen des Systems münden, die für ein Vergessen von etwas stehen. Dies gilt sowohl für den Bereich des Körperlichen als auch den des Geistigen. In beiden Fällen kann es möglich sein, dass sowohl langsam fortschreitende als auch plötzliche und massive Veränderungen der Interaktion von Individuum und Umwelt auf Ebene einer epigenetischen Codierung zu Veränderungen im Zusammenspiel enzymatischer Substanzen führen, die auf Gedächtnisvorgänge und solche des Vergessens wirken.

## Literatur

Abel, T., Martin, K. C., Bartsch, D., & Kandel, E. R. (1998). Memory suppressor gene: inhibitory constraints on the storage of long-term-memroy. *Science, 279*, 338–341.

Atlan, H. (2002). DNS – Programm oder Daten? Oder: Genetik ist nicht in den Genen. In: S. Weigl (Hrsg.), *Genealogie und Genetik* (S. 203–222). Berlin: Akademie Verlag.

Bailey, C. H., Kandel, E. R. (1993). Structural changes accompany memory storage. *Annual Review of Physiology, 55*, 397–426.

Balakirev, E. S., Ayala, F. J. (2003). Pseudogenes: Are they „Junk" or Functional DNA? *Annual Review of Genetics, 37*, 123–151.

Bartsch, T., & Butler, C. (2013). Transient amnesic syndromes. *Nature Reviews Neurology, 9*, 86–97.

Bartsch, T., & Deuschl, G. (2010). Transient global amnesia: functional anatomy and clinical implications. *Lancet Neurology, 9*, 205–214.

Becker, A., Mehr, C., Nau, H. H., Reuter, G., & Stegmüller, D. (Hrsg.). (2003). *Gene, Meme und Gehirne. Geist und Gesellschaft als Natur*. Frankfurt: Suhrkamp.

Bliss, T., & Collingridge, G. (1993). A synaptic model of memory: long-term-potentiation in the hippocampus. *Nature, 361*, 31–39.

Bliss, T., Collingridge, G., & Morris, R. (2004). *Long-term potentiation: enhancing Neuroscience for 30 Years*. Oxford: Oxford University Press.

Bloemeke, R. (2005). *La Paloma – Das Jahrhundert-Lied*. Lüneburg: Voodoo-Verlag.

Borghol, N., Suderman, M., McArdie, W., Racine, A., Hallett, M., ... & Szyf, M. (2012). Associations with early-life-socio-economic position in adult DNA-methylation. *International Journal of Epidemiology, 41*, 62–74.

Brindle, P. K., & Montminy, M. R. (1992). The CREB family of transcription activators. *Current Opinion in Genetics, 2*, 199–204.

Bruggeman, F. J., Westerhoff, H. V., & Boogerd, F. C. (2002). Biocomplexitiy: A pluralist research strategy is necessary for a mechanistic explanation of the „live" state. *Philosophical Psychology, 15*, 411–440.

Coppinger, C. A., & Coppinger, R. (2001). *Dogs: A startling new understanding of canine origin, behavior and evolution*. New York: Scribner.

Dick, D. M., Jones, K., Saccone, N., Hinrichs, A., Wang, J. C., ... & Begleiter, H. (2006). Endophenotypes successfully lead to gene identification: Results from the collaborative study on the genetics of alcoholism. *Behavior Genetics, 36*, 112–126.

Flint, J. (1999). The genetic basis of cognition. *Brain, 122*, 2015–2031.

Hebb, D. O. (1949). *The organization of behavior*. Wiley: New York.

Holiday, R, (1987). The inheritance of epigenetic defects. *Science, 238*, 163–170.

Jablonka, E., & Lamb, M. J. (2005). *Evolution in four dimensions. Genetic, epigenetic, behavioral and symbolic variation in the history of life*. Cambridge: MIT Press.

Jablonka, E., & Lamb, M. J. (2006). *Evolution in four dimensions: Genetic, epigenetic, behavioral and symbolic variation in the history of life*. Cambridge: MIT Press.

Kandel, E. (2006). *Auf der Suche nach dem Gedächtnis: Die Entstehung einer neuen Wissenschaft*. München: Siedler.

Kandel, E., Schwartz, J. H., Jessell, T. M., Siegelbaum, S. A., & Hudspeth, A. J. (2015). *Principles of neural science*. New York: McGraw Hill.

Kolk, B. van der (1996) Trauma and memory. In B. van der Kolk, A. C. McFarlane & L. Weiseath (Hrsg.), *Traumatic stress* (279–302). New York: The Guilford Press.

Lanctot, C., Cheutin, T., Cremer, M., & Cavalli, G. (2007). Dynamic genome architecture in the nuclear space: Regulation of gene expression in three dimensions. *Nature Review Genetics, 8*, 104–115.

Lennertz, I. (2011). *Trauma und Bindung bei Flüchtlingskindern. Erfahrungsverarbeitung bosnischer Flüchtlingskinder in Deutschland. Schriften des Sigmund-Freud-Instituts. Reihe 2: Psychoanalyse im interdisziplinären Dialog* (Band 014). Göttingen: Vandenhoeck und Ruprecht.

Lutz, P. E., & Turecki, G. (2014). DNA methylation and childhood maltreatment: From animal models to human studies. *Neuroscience, 264*, 142–156.

Markowitsch, H. J. (1983). Transient global amnesia. *Neuroscience and Biobehavioral Reviews, 7*, 35–43.

Markowitsch, H. J. (Hrsg.). (1990). *Transient global amnesia and related disorders*. Toronto: Hogrefe & Huber Publs.

Markowitsch, H. J. (2009). *Das Gedächtnis*. München: Beck.

Markowitsch, H. J. (2013a). Lernen und Gedächtnis: Systeme, Prozesse, Grundlagen. *Praxis Ergotherapie, 26*, 90–96.

Markowitsch, H. J. (2013b). Lernen, Gedächtnis und Gehirn. *Praxis Ergotherapie, 26*, 155–160.

McClintock, B. (1984). The significance of responses of the genome to challenge. *Science, 226*, 792–801.

McManus, M. T., & Sharp, P. A. (2002). Gene silencing in mammals by small interfering RNAs. *Nature Review Genetics, 3*, 737–747.

Murgatroyd, C., & Spengler, D. (2011). Epigenetics of early child development. *Frontiers in Psychiatry, 2*, Art. 16.

Murgatroyd, C. Wu, Y, Bockmühl, Y., & Spengler, D. (2010). Genes learn from stress: How infantile trauma programs us for depression. *Epigenetics, 5*, 194–199.

Radtke, K. M., Ruf, M., Gunter, H. M., Dohrmann, K., Schauer, M., Meyer, A., & Elbert, T. (2011). Transgenerational impact of intimate partner violence on methylation in the promoter of the glucocorticoid receptor. *Translational Psychiatry, 1*, e21. doi:10.1038/tp.2011.21

Roth, T. L., Roth, E. D., & Sweatt, J. D. (2010). Epigenetic regulation of genes in learning and memory. *Essays in Biochemistry, 48*, 263–274.

Squire, L., & Kandel, E. (1999). *From mind to molecules*. New York: Scientific American Library.

Squire, L., & Kandel, E. (2009). *Die Natur des Erinnerns*. Heidelberg: Spektrum.

Szyf, M (2012). The early-life social environment and DNA methylation. *Clinical Genetics, 81*, 341–349.

Weber, M., Hellmann, I., Stadler, M., Ramos, L. Pääbo, S., Rebhan, M., & Schübeler, D. (2007). Distribution, silencing potential and evolutionary impact of promotor DNA methylation in the human genome. *Nature Genetics, 39*, 457–466.

Weilnböck, H. (2007). Das Trauma muss dem Gedächtnis unverfügbar bleiben. Trauma-Ontologie und anderer Miss/Brauch von Traumkonzepten in geisteswissenschaftlichen Diskursen. *Mittelweg 36, 16*, 2–64.

# Vergessen im Immunsystem: Eine Frage der Passung interagierender Systeme

© Springer-Verlag GmbH Deutschland 2017
M. Pritzel, H.J. Markowitsch, *Warum wir vergessen*,
DOI 10.1007/978-3-662-54137-1_9

## Zusammenfassung

Betrachtet man die in diesem Kapitel zusammengestellten Ergebnisse im Überblick, so ergeben sich mehrere Möglichkeiten, bestehende Modelle des Vergessens in der Psychologie durch Kenntnis der Vorgänge im Immunsystem zu bereichern, und zwar nicht, weil grundlegend Neues zu bedenken oder zu vermelden wäre, sondern weil das bereits Bestehende unter einem Blickwinkel betrachtet werden könnte. So baut das Immunsystem – auch wenn es zunächst so scheint, als würde ein bestimmter Prozentsatz von Zellen als „Gedächtniszellen" zur Entdeckung bestimmter Antigene auf Dauer und ortsungebunden dafür abgestellt sein – darauf auf, dass auch beliebig langfristig abrufbare Gedächtnisleistungen latent immer wieder durch die den ursprünglichen Antigenen ähnlichen Fremdmoleküle angeregt werden. Vergessensresistente Immunzellen sind somit eine variable Größe des Immunsystems, die zum Erhalt einer bestimmten andauernden latenten Anregung bedürfen und die ihre Wirkung in Abhängigkeit von Signalen vor Ort entfalten.

Wie weiter oben bereits angesprochen, hat in den letzten Jahrzehnten nicht nur in den Sozialwissenschaften, sondern insbesondere auch in den Naturwissenschaften die Vorstellung von sich selbst organisierenden Netzwerken erheblich an Zuspruch gewonnen (Übersicht in Haken 1996; Schiepek und Tschacher 1997; Schiepek 2003). Was aber hat sich in den Naturwissenschaften im Vergleich zum letzten Drittel des 20. Jahrhunderts geändert, als man noch bevorzugt mit Gedankenmodellen im Großen stabiler, im Kleinen plastischer Netzwerke z. B. innerhalb des Gehirns operierte? (Auch schon im vorletzten Jahrhundert gab es derartige Ansätze. Berühmt wurde Exners (1984) Reflexlehre, mit der er eine physiologische Erklärung der psychischen Erscheinungen liefern wollte (Peper und Markowitsch 2001). In autopoetisch (▶ Autopoesis) gedachten Systemen kann ein Vergessen von etwas nicht mehr, wie zuvor üblicherweise angenommen, auf (irgend-)eine Form mangelnder räumlich-zeitlicher Stabilität bestimmter neuronaler Subsysteme für ausgewählte „Aufgabenbereiche" zurückgeführt werden. Der Begriff des Stabilen konstituiert sich vielmehr in Anpassung an die erfahrenen Veränderungen laufend neu.

Die angemessene Frage nach den Möglichkeiten des Vergessens lautet deshalb, wie in (neuro-) physiologischen Systemen, deren konstantes Merkmal eine systemadäquate Veränderlichkeit ist, eine angemessene, sprich zukunftstaugliche, Form der „Passung" möglich sein kann, die Phänomene des bewusst nicht Erkennbaren und in Handlungen nicht Einfließenden einschließt. Damit verbindet sich die Frage danach, wie gewährleistet werden könnte, gerade diejenigen Erfahrungen der Vergangenheit in der Gegenwart abzubilden, die sich als Voraussetzung für ein angepasstes weiteres Überleben eignen. Einige der damit verbundenen Probleme werden im Folgenden exemplarisch am Beispiel des ▶ immunologischen Gedächtnisses dargestellt.

## 9.1 Grenzen traditioneller Erklärungsversuche alltäglichen Vergessens: Immunbiologie und geisteswissenschaftlich orientiertes Denken

In geistes- und sozialwissenschaftlichem Denken verbindet sich mit dem Schlagwort des immunologischen Gedächtnisses das Prinzip einer ebenso langfristigen wie effektiven Bekämpfung von Krankheitserregern aufgrund eines bereits angelegten oder künstlich durch Impfung induzierten Abwehrmusters. Kaum jedoch verknüpft man damit Modellvorstellungen, die einen „auslaufenden (Impf-)Schutz" vor körperfremden Substanzen mit Vergessen gleichsetzen, und noch weniger erwartet man davon schließlich einen besonderen Erkenntnisgewinn für das eigene Fach. Dazu scheint die Arbeitsweise des ▶ Immunsystems in puncto ▶ Gedächtnis und Vergessen –

hier verstanden als ein gezieltes Vernichten bzw. zeitweises „Gewährenlassen von Fremdem" – zu speziell zu sein.

Auch die generell akzeptierte Tatsache, dass sich das Immunsystem hinsichtlich seiner Anpassungsfähigkeit, Komplexität und Variabilität vor einen Vergleich mit dem Gehirn keinesfalls scheuen muss, vermag das immunologische Gedächtnis nicht ohne weiteres zu einem möglichen Denkmodell für komplexe soziale Systeme zu machen.

Im Folgenden wird deshalb anhand einiger Gesichtspunkte verdeutlicht, dass eine Betrachtung des Vergessens unter diesem Blickwinkel durchaus sinnvoll sein kann. Dies gilt insbesondere für die Idee eines von jeder weiteren Nutzung freigestellten, eigens für die Gedächtnisbildung bestimmten Urbildes einer (überlebenswichtigen) reizspezifischen Reaktionsmatrix, etwa vergleichbar der Urschrift eines Textes (Übersicht in Janeway und Travers 1995; Male 2005). Des Weiteren wird versucht, ein Vergessen von etwas anhand einer mangelnden Passung dieses Urbildes – hier den immunkompetenten Gedächtniszellen – mit dem jeweils passenden Gegenstück – hier einem bestimmten ▶ Antigen – zu erklären. Diese Beeinträchtigung einer Übereinstimmung zwischen einem „Urbild aus der Vergangenheit" und dem jeweiligen gegenwärtigen „Gegenstück" kann sowohl auf veränderte Gegenwartsbedingungen als auch auf ▶ Mutationen der genetischen „Vorlage" oder eine Mischung aus beidem zurückgeführt werden. Vergessen ist damit aber keine Frage des „Verschwindens" oder „Verblassens", des „Nicht-finden-Könnens" bzw. „falschen Suchens", sondern die – während oder ab einer bestimmten Zeit herrschenden – Veränderung bezüglich der Passung zweier (Sub-)Strukturen.

Unter diesem *Aspekt subzellulärer Veränderungen* betrachtet, kann das Phänomen des Vergessens somit auch zum Gegenstand wissenschaftlicher Untersuchungen werden, die sich des fachspezifischen Methodenarsenals bedienen. Hier geht es dann um die Frage, inwieweit Änderungen membrangebundener ▶ Rezeptoren oder zellvermittelter Makromoleküle (z. B. von ▶ Antikörpern und ▶ Cytokinen; s. auch ▶ cytotoxische Zellen), eine Passung von ▶ Epitop und seinem Gegenstück, dem ▶ Paratop, zulassen oder nicht. Ob oder inwieweit molekülspezifische Antworten auf ein systemspezifisches Vergessen von etwas (grundsätzlich) dazu geeignet sein können, andere als immunspezifische Fragen (mit) zu beantworten, kann auf diese Weise natürlich nicht geklärt werden. An dieser Stelle soll der Hinweis darauf genügen, dass zumindest in der Psychologie seit über einem halben Jahrhundert kein Problem darin gesehen wird, Fragen des Lernens und des Gedächtnisses exemplarisch, z. B. im Sinne Hebbs (1949) oder Kandels (1976), auf physiologischer bzw. neurochemischer Ebene der Kleinteiligkeit einzelner Zellen zu beantworten. In entsprechender Weise sollte auch der Wert einer molekularbiologisch begründeten Beschreibung des Vergessens aus fachspezifischen Erwägungen heraus nicht von vornherein in Zweifel gezogen werden.

Unbenommen der bereits zum Ausdruck gebrachten Notwendigkeit einer intertheoretisch zu führenden Grundsatzdebatte über die Bedeutung (sub-)zellulärer Befunde in einer interdisziplinär verorteten Gedächtnisforschung stellt sich im wissenschaftlichen Alltag der Immunologie, ähnlich wie in den Sozialwissenschaften, aber immer auch die Frage, zu welchem Zeitpunkt es überhaupt sinnvoll sein könnte, von einem Vergessen zu reden: Etwa, wenn „Gedächtniszellen" nicht angemessen ausgebildet oder afunktional werden, z. B. weil eine notwendige Stimulation in Form bestimmter Rezeptoren, sog. costimulatorischer Moleküle, fehlt? Oder wenn sie zufällige Mutationen (▶ Mutation) erfahren und auf vergleichbare Reize nicht mehr ansprechen bzw. diejenigen Reize, auf die sie selektiv ansprechen, „signifikante" Änderungen aufweisen? Oder aber wenn der Aspekt des Zusammenwirkens von körpereigenen und körperfremden Substrukturen im Vordergrund steht, wobei bekannt ist, dass ein solches Aufeinandertreffen generell durch einen bestimmten engen Korridor mutueller Akzeptanz für unterschiedliche Modifikationen gekennzeichnet ist?

In all den genannten Beispielsfällen wird ein Vergessen von etwas immer nur dann als eine Möglichkeit erwogen, wenn bereits eine *Kopie* von etwas angelegt wurde, also eine Abschrift der Urform, die sich später aber aus diversen Gründen als ungeeignet erweist. Eine solchermaßen als mangelnde Passung beschriebene Situation – hier des Vergessens – kann für das Überleben des Individuums nachteilig sein, muss dies aber nicht. Das so skizzierte Vergessen mag sich z. B. dann als sinnvoll erweisen, wenn dadurch diejenigen Energie und Stoffwechselressourcen beanspruchenden Bindungen von (Außen-)Reiz und (Immun-)Reaktion minimiert werden, die keine potenzielle Gefahr für das Individuum mehr bilden, gewissermaßen vom physiologischen System als „verjährt" betrachtet werden. Da jedoch für psychologisch relevante Kommunikationsformen, anders als für das Immunsystem, lediglich Interaktionen von körper- bzw. gehirneigenen, nicht aber solche von körpereigenen mit körperfremden Molekülen relevant sind, drängt sich auf dieser Betrachtungsebene subzellulärer Kleinteiligkeit erneut die Frage auf, warum ein solcher, detailversessen anmutender, Ansatz von fachübergreifender Bedeutung sein könnte.

Was also ist bei einer Konzentration auf bestimmte membranständige Rezeptoren und ihre (sub-)zellulären Erkennungsstrukturen an Aussagen möglich, die über die Grenzen der Immunbiologie hinausreichen? Als einer der Hauptgründe dafür, eine psychologisch motivierte Auseinandersetzung mit einem so verstandenen „immunologischen Vergessen" zu führen, gilt, dass sich beide Fachgebiete letztlich mit einer ähnlichen Grundproblematik befassen. Es geht u. a. immer darum herauszufinden, wie sich der Organismus aufgrund bestimmter „genetisch variabel vorprogrammierter Systeme" flexibel an eine sich verändernde Umwelt anzupassen *und* sich gleichzeitig von der Außenwelt, dem Nicht-Ich, erfolgreich abzugrenzen und durchzusetzen vermag. Die dahinter stehende Frage „Was kann, was soll oder was muss ich ohne erkennbaren Schaden für mich dabei vernachlässigen, d. h. vergessen, um erfolgreich überleben zu können?" stellt sich somit im Prinzip in beiden Wissenschaftsbereichen.[1]

## 9.2 Möglichkeiten einer gemeinsamen inhaltlichen Ausgestaltung des Vergessensbegriffs

Was die inhaltliche Ausgestaltung des Begriffs des Vergessens angeht, so scheinen dessen ungeachtet zunächst einmal Welten zwischen den beiden Disziplinen zu liegen. Zumindest verspricht ein immunologisches Vergessen in der schlicht anmutenden Gestalt einiger „(Zufalls-)Modifikationen von Reserveabschriften bisher erfolgreicher Skripte" im Vergleich zum Vergessen hochkomplexer Gedächtnisleistungen im ZNS (vgl. Tulving und Craik 2000) auf den ersten Blick kaum zusätzliche Anregungen für Psychologen. Erst bei näherer Betrachtung fällt z. B. auf, dass nicht von allen (immun-)relevanten Vorgängen und nicht in allen Phasen (der Immunisierung) zur Unterscheidung von Ich und Nicht-Ich gedächtnisrelevante Zellen ausgebildet werden, sondern dass dies nur ganz selektiv geschieht. Einschränkungen wie diese sind z. B. auch in der Psychologie geläufig. So ist etwa bekannt, dass nicht alle Formen von Reizen und Reaktionen assoziierbar sind, besonders nicht in jedem Lebensalter.

Des Weiteren wird in der Immunologie auch nur dann von Vergessen gesprochen, wenn sich intakte Kopien immunkompetenter Zellen als inadäquat erweisen, und zwar inadäquat im

---

[1] Dass dieses Thema nicht das einzige gemeinsame ist, zeigt auch die Vielfalt inhaltlicher Verknüpfungen zwischen beiden Disziplinen und deren gemeinsame Interaktion mit der Hirnforschung (Boulanger und Shatz 2004; Habibi et al. 2009; Hilschmann et al. 2000; Goncharow und Tarakanov 2007; Quan und Banks 2007) im Rahmen der Psychoneuroimmunologie (Überblick in Schedlowski und Tewes 1996).

## 9.2 · Möglichkeiten einer gemeinsamen inhaltlichen Ausgestaltung

Hinblick auf die Erkennung von nichtkörpereigenem Neuen, z. B. durch B-Gedächtniszellen und CD4-T-Gedächtniszellen, bezüglich der Abwehr von Fremdmolekülen, z. B. durch CD8-T-Gedächtniszellen, oder die Bewertung der Angemessenheit körpereigener Antworten betreffend, z. B. durch CD8-T- und CD4-T-Gedächtniszellen. Andernfalls handelt es sich um eine nicht in Termini des Vergessens zu beschreibende Störung des (Auto-)Immunsystems →Autoimmunität. Auch dabei sind Ähnlichkeiten zur Psychologie offenkundig, da hier ebenfalls z. B. zwischen Begrifflichkeiten der Störung von Wahrnehmungs- oder Aufmerksamkeitsvorgängen (▶ Wahrnehmung, ▶ Aufmerksamkeit) und Vergessen stets sorgfältig zu unterscheiden ist.

Bemerkenswert, wenn auch bislang noch ohne erkennbares psychologisch relevantes Pendant, ist ferner, dass im Immunsystem diverse membrangebundene Erkennungsstrukturen (▶ Rezeptoren) von immunkompetenten Zellen anders zusammengesetzt oder aufgebaut sind als bei denjenigen Immunzellen, die keine Gedächtnisfunktionen innehaben. Dabei handelt es sich z. B. um einzelne, in die Membran integrierte zusätzliche Rezeptoren, wodurch eine ganz bestimmte räumliche Anordnung dieser ▶ Adhäsionsmoleküle entsteht, oder um ein genetisch codiertes Auftreten ganz bestimmter Rezeptortypen. Letztere codieren bestimmte Merkmale für einen bestimmten Zeitraum auf eine Weise, die sie in ihrer jeweiligen zeitlich-räumlichen Konstellation für die erfolgreiche Auseinandersetzung mit der Umwelt zeitweilig unabdingbar macht.

Problematisch bleibt indes, dass ungeachtet möglicher Anregungen in Einzelfragen (Moynihan und Santiago 2007) und o. g. genannter Übereinstimmung in übergreifenden Themen immunologische Antworten zum Thema „Vergessen" auf spezifisch für das Immunsystem geltenden genetischen Antwortmöglichkeiten gründen, die auf Bedingungen im neuronalen System kaum zu übertragen sind. Denn hier gilt, anders als für das Gehirn, dass verschiedene Gene geradezu eine „Unzahl" segmentaler Umstrukturierungen verschiedener Varianten von (antikörperspezifischen) Rezeptormolekülen (▶ Rezeptoren) zulassen, was letztlich dazu führt, dass Abermillionen verschiedener Antigene jeweils ein passendes (Teil-)Gegenstück – hier in Form von ▶ Immunglobulinen oder T-Zell-Rezeptoren (▶ T-Zell-Rezeptor) – mit einer spezifischen Antigenbindungsstelle (Antigenbindung) zur Verfügung stellen.

Dieses gigantische, zufallsbedingte Revirement und die daraus resultierende Rezeptorvielfalt nährt immer ein gewisses Maß an Skepsis gegenüber der Bedeutung eines immunologischen Vergessens für psychologische Fragestellungen. Die Bereitschaft, sich um der wenigen mit der Immunologie geteilten Problemstellungen des Gedächtnisses willen auch auf einen gemeinsamen „Vergessensbegriff" einzulassen, könnte aber in dem Maße zunehmen, in dem sich Prinzipien „räumlich-zeitlicher" Bindung erworbener Reaktionsbereitschaft darstellen lassen. Und hier geht es um Bindungen, die gekennzeichnet durch verschiedene Erkennungsmerkmale für und von Zellen zu Erinnern oder Vergessen führen und somit jenseits aller fachspezifischen Unterschiede für die Psychologie von Bedeutung sein könnten.

So könnte zum Beispiel der Befund, dass bestimmte gedächtnisrelevante Zellen, anders als ihre Nachbarzellen, mit ganz spezifischen Merkmalen ausgestattet sind (s. unten), Merkmale, die bestimmte Verknüpfungen von Reiz- und Reaktionsparametern eindeutig und schnell auch in geringer räumlicher Dichte „erkennen", auch für psychologische Denkmodelle wesentlich seien. In ähnlicher Weise könnte, wie weiter unten noch eingehender dargestellt, das in der Immunologie gut eingeführte Konzept der Superantigene ein sozialwissenschaftlich motiviertes Interesse wecken. Dient doch diese Vorstellung zur Erklärung dafür, warum Gedächtniszellen, die ohne weiteres Zutun Informationen mühelos überdauernd zu speichern scheinen, tatsächlich periodisch immer wieder „reizübergreifend" stimuliert werden müssen, um ihre besonderen costimulierenden Moleküle zu behalten. Denn diese gestatten es, die Zelle ohne spezifische Reizung in Form eines bestimmten Antigens jahre- oder jahrzehntelang in Aktionsbereitschaft zu halten.

Wesentlich könnte auch die bereits angesprochene Erkenntnis sein, dass es immer nur wenige oder geringfügig erscheinende Modifikationen in der Lokalisation von Rezeptoren und/oder ihrem Aufbau sind, die hinreichen, um deren funktionelle Eigenschaften gerade so lange zu verändern, als durch ▶ Genexpression die dafür notwendigen ▶ Proteine zur Verfügung gestellt werden. Und zu guter Letzt könnte z. B. auch von Bedeutung sein, dass immunkompetente Zellen erst ab einem gewissen Entwicklungsstand ein Gedächtnis und deshalb auch ein Vergessen in Form bestimmter membranständiger Erkennungsstrukturen abzubilden vermögen.

Nachstehend ausgewählte Prinzipien der Arbeitsweise des Immunsystems zur Gewährleistung einer überdauernden Präsenz erworbener Informationen dienen der begründeten Darstellung dieser Anregungen.

## 9.3 Grundprinzipien von Gedächtnis und Vergessen innerhalb des Immunsystems

Das immunologische Gedächtnis – und damit auch dessen Kehrseite, das Vergessen – baut auf Grundprinzipien überdauernder Anpassungsfähigkeit von Immunreaktionen auf und stellt dadurch eine gut dokumentierte (Vitetta et al. 1991; Mackay 1993) Schlüsseleigenschaft der erworbenen oder adaptiven Immunität dar. Letztere bildet eine Art Gegenpol zur natürlichen, d. h. unspezifischen, Resistenz gegenüber körperfremden Substanzen (▶ Killerzellen), die – obschon eng mit dem adaptiven Immunsystem verknüpft – ohne ein solches „Gedächtnis" auskommt.

Die Fähigkeit, mittels des immunologischen Gedächtnisses Reaktionen auf ein bereits einmal erkanntes Fremdmolekül bzw. Peptidfragment (▶ Peptide), also ein Antigen, spezifisch zu speichern, beinhaltet eine Reihe weiterer charakteristischer Eigenschaften. Zu diesen gehören z. B., dass eine in der Form beliebige und der Menge nach oben offene Anzahl unterschiedlichster Fremdmoleküle die, wie z. B. Bakterien, in flüssigkeitsgefüllte Räume des Körpers (z. B. Blutgefäßsystem, Lymphsystem) oder, wie Viren, in Körperzellen eindringen, bei einem Zweit- und allen weiteren Kontakten nicht nur eine *gezielte*, sondern auch eine *schnelle* und ebenso *vielgestaltige* und den Umständen *angemessene Antwort* in Form einer raschen Vermehrung „maßgeschneiderter" körpereigener Erkennungsmoleküle hervorrufen. Diese Moleküle kursieren zum einen als frei flottierende Antikörper im Blutstrom (sog. humorale Immunität). Hierbei werden sie von einem Subtyp sog. ▶ B-Zellen (z. B. B2-Gedächtniszellen, im Folgenden als B-Gedächtniszellen bezeichnet) exprimiert und ausgeschüttet und markieren die dort befindliche Eindringlinge zur Vernichtung durch andere Zellen des Immunsystems. Oder aber sie werden im Rahmen der zellulären Immunität von immunkompetenten ▶ T-Zellen (s. unten) erkannt. An deren Oberfläche wiederum werden bestimmte Oberflächenmarker, die T-Zell-Rezeptoren (TCR) (▶ Rezeptoren), exprimiert, wobei je nach Art dieser „Marker" eine andere Form der Zerstörung der Fremdsubstanzen erwogen wird. Dies geschieht beispielsweise durch CD8-T-Gedächtniszellen, auch als cytotoxische Lymphocyten bezeichnet (TCL, Tc1- und Tc2-Zellen). Oder aber die Vernichtung erfolgt indirekt, z. B. durch eine gezielte Ausschüttung von löslichen Peptidmediatoren, den Cytokinen, welche die B-Gedächtniszellenzellen des Immunsystems gezielt zur Antigenbildung anregen (Male 2005). Hierfür steht eine weitere Subpopulation von T-Zellen bereit, die CD4-Th2-Gedächtniszellen, im Folgenden verkürzt als CD4-T-Gedächtniszellen bezeichnet.

Das immunologische Gedächtnis umfasst somit ein rasches Erkennen von Antigenen, das u. a. durch die konzertierte Aktion der CD4-T- und B-Gedächtniszellen gewährleistet ist. Damit ist allerdings nur ein erster von vielen ms geWeiteren nicht weiter ausgeführten er CD4-T- und B-Gedächtniszellen gewährleistet ist. Damit ist allerdings nur ein erster B. die gedächtnisrelevante Aktivität der CD8-T-Gedächtniszellen, die mit den CD4-T-Gedächtniszellen die Eigenschaft der

## 9.3 · Grundprinzipien von Gedächtnis und Vergessen innerhalb des Immunsystems

Suppression teilen: Das bedeutet, beide dienen u. a. auch dazu, die Reaktionsbereitschaft des adaptiven Immunsystems zu regulieren, und stellen dadurch eine Art haft der Suppression teilen: Das bedeutet, beide dienen u.n (Male 2005). Hierfür steht eine weitere Subpopulation von T-Zellen bereit, diegen und unmittelbaren Erkennens, Bewertens und ggf. Vernichtens des Fremden" wirft natürlich Fragen danach auf, wie es überhaupt gelingen kann, ein System, das von der Konzeption her prinzipiell auf einen ständigen Ab-, Auf- und Umbau angelegt ist (Übersicht in Janeway und Travers 1995) und das darüber hinaus individuell einen ebenfalls in permanentem Wandel begriffenen Immunitätsstatus anzeigt, hierbei adäquat abzubilden, und zwar adäquat im Hinblick darauf, dass auf eventuelle Zweitkontakte mit jedem beliebigen der einmal erkannten Antigene bzw. antigenen Proteine in *ausgewogener Antwortbereitschaft* schneller und effizienter reagiert werden kann als das erste Mal.

Insgesamt gesehen stellen nämlich die als Gedächtnisträger agierenden immunkompetenten Zellen nur eine verschwindend kleine Subpopulation zweier Typen von ► Lymphocyten dar. Als solche führen sie zwar – wie die jeweiligen ► Effektorzellen auch – die Kurzbezeichnung entsprechend ihres Ursprungs- bzw. Prägungsortes. Das heißt, sie laufen, je nachdem ob sie aus dem Knochenmark (dem Bursa-Äquivalent) hervorgegangen sind oder unter einem sich daran anschließenden weiteren Einfluss des ► Thymus auf Antikörpererkennung (► Antikörper) spezifisch geprägt wurden, unter der oben verwendeten Bezeichnung der B- bzw. T-Gedächtniszellen. Diese Differenzierung sagt allerdings über die besonderen Eigenschaften dieser kleinen Truppe nur wenig aus. Sie stellt z. B. lediglich sicher, dass diejenigen T-(Gedächtnis-)Zellen, die keine funktionsfähigen Rezeptoren zur Antigenerkennung entwickelt haben oder nicht auf bestimmte körpereigene Erkennungsstrukturen, von ► MHC-Molekülen (MHC = *major histocompatibility complex*, Haupthistokompatibilitätskomplex) anderer Zellen ansprechen, bereits im Rahmen der o. g. Vorüberprüfung aussortiert wurden.

Bedeutsam für die angesprochene überdauernde Präsenz einmal erfolgreicher Reaktionen wird es aber, sobald Adhäsionsmoleküle, die sog. Oberflächenmarker, und damit verschiedene Antigenbindungsstellen ins Spiel kommen. Solche Marker bilden jeweils ein bestimmtes Gesamtprofil (► CD = Cluster of Differentiation) und geben insofern Auskunft über ihre ► Bindung an spezifische Antikörper. Hierbei weisen gedächtnisrelevante Zellpopulationen des Immunsystems Besonderheiten in Ausprägung und Dichte ihrer Adhäsionsmoleküle auf und können entsprechend ihres spezifischen Gesamtprofils von Markern von effektorischen Zellen unterschieden werden. So exprimieren z. B. die B-Gedächtniszellen eine große Auswahl von Antigenrezeptoren und sprechen auch besonders gut auf die T-Zell-abhängigen Antigene und eine Costimulation durch einen bestimmten Marker (CD40) an, der von aktivierten T-Gedächtniszellen exprimiert wird. Damit zeichnen sie sich im Vergleich zu effektorischen B-Zellen nicht nur durch eine besonders hohe ► Affinität – hier der Bindungsstärke zwischen Epitop und Paratop – aus. Sie weisen auch eine ausgeprägte ► Avidität auf – hier verstanden als Gesamtstärke der Antigen-Antikörper-Bindung. Die Avidität ist meist umso höher, je verschiedenartiger die sich ausbildenden Bindungen sind. Möglich wird diese zweifach abgesicherte Zunahme an Effektivität nicht zuletzt deshalb, weil sich – wie weiter unten noch dargestellt wird – B-Gedächtniszellen von B-Effektorzellen durch bestimmte ► posttranskriptionale Mechanismen einer selektiven Genexpression bei der Erzeugung spezifischer Oberflächenmarker, der Immunglobuline, unterscheiden.

Bei T-Gedächtniszellen wird, anders als bei B-Gedächtniszellen, die Bedeutung der Oberflächenmarker z. B. dadurch ersichtlich, dass aufgrund kleiner Veränderungen in ihrem Aufbau ganz unterschiedliche Aufgaben gelöst werden können. Die CD4-T-Gedächtniszellen, also solche, die den Oberflächenmarker CD4 aufweisen, verfügen z. B. über einen MHC-Rezeptortyp (MHC II), der ihre gedächtnisrelevanten Funktionen auf Zellen des Immunsystems beschränkt. CD8-T-Gedächtniszellen hingegen sprechen mittels des von ihnen exprimierten (► Genexpression)

MHC-Rezeptors (MHC I) nur auf Körperzellen außerhalb des Immunsystems an (Übersicht in Male 2005). Das immunologische Gedächtnis unterscheidet somit durch kleine Unterschiede zweier Oberflächenmarker zwischen gedächtnisrelevanten Aufgaben innerhalb und außerhalb des Immunsystems: In einem Falle ist die Intensität der Immunantwort festzulegen, um infizierte Körperzellen ggf. rasch abzutöten, im anderen sind andere immunkompetente Zellen, z. B. B-Zellen, unverzüglich über Eindringlinge zu informieren und zur Antikörperbildung anzuregen.

Nachdem B- und T-Gedächtniszellen z. B. mittels spezifischer Oberflächenmoleküle die Abwehr eines spezifischen Antigens einmal angestoßen haben, bleibt die weitere Verteidigung einem komplexen Zusammenspiel anderer Zellen des adaptiven (spezifischen) Immunsystems und des unspezifischen Immunsystems überlassen und vollzieht sich in Form autonomer, sich selbst steuernder Vorgänge (► Makrophagen). Durch das immunologische Gedächtnis wird somit lediglich mittels kleiner Veränderungen – hier minimaler Unterschiede im Aufbau bestimmter membrangebundener Rezeptoren sowie durch Varianten in ihrem Zusammenspiel – ein dem entwicklungsgeschichtlichen Druck zugesprochenen Spielraumes zur variablen Bewertung dessen ausgeschöpft, was zum Erhalt eines Systems unabdingbar bzw. bedingt erforderlich ist. Agiert wird innerhalb dieser Spanne sowohl durch „Erkennen" und „Bewerten" als auch durch „Unterdrücken" und „Vernichten".

Wie aber können die angesprochenen „kleinen Unterschiede", die überdies einen als Gedächtnis bezeichneten Vorgang nur anzuregen scheinen, letztlich bewirken, dass komplexe Reaktionen schneller, effizienter und angemessener vonstattengehen? B-Gedächtniszellen unterscheiden sich z. B. von immunkompetenten B-Zellen, die nicht zur Gedächtnisbildung vorgesehen sind, dadurch, dass sie andere ► Isotypen (isotypos = gleichgestaltet) von Immunglobulinen (Ig) aufweisen und darüber hinaus ein *isotope switching* vornehmen können. Darunter versteht man einen Vorgang, der es einer Zelle erlaubt, die Ig-Klasse, die sie produziert, zu ändern und dabei ihre Antigenspezifität entweder zu behalten oder, wie im Falle der B-Gedächtniszellen, sogar zu erhöhen.

Im Unterschied z. B. zu B-Lymphocyten, die bestimmte Immunoglobuline (IgD und IgM) auf ihrer Oberfläche tragen, exprimieren B-Gedächtniszellen eher die Antigenrezeptoren IgG und IgA. (Dies geschieht unter Umständen auch in Coexpression von IgM.) Die beiden von B-Gedächtniszellen exprimierten Immunglobuline weisen aufgrund einer ► Hypermutation der entsprechenden Gene (Vitetta et al. 1991) auch eine höhere Affinität zum spezifischen Antigen auf; sie reagieren also schneller auf geringe Mengen des Antigens und behalten gleichzeitig ihre ursprüngliche Spezifität an ihren peripheren bzw. zentralen Wirkungsorten. Kurz gesagt, sie erhöhen ihre Effizienz. Wann es genau bei B-Gedächtniszellen zu einem solchen *isotype switching* kommt, ist letztlich zwar noch nicht geklärt, als wahrscheinlich wird aber angesehen, dass sich B-Gedächtniszellen bereits als Mutanten (► Mutation) aus naiven B-Zellen rekrutieren und nach einem ersten Kontakt mit einem Antigen als eine Art langlebige Reaktionsmatrix bestehen bleiben, ohne – wie die Effektorzellen – zur antigensezernierenden Plasmazellen (► Effektorzellen) auszudifferenzieren (Vitetta et al. 1991).

Anders als für effektorische B-Zellen typisch, weisen B-Gedächtniszellen auch keine ausgeprägte Abhängigkeit durch die Anregung von Cytokinen, den löslichen Peptidmediatoren (► Peptide), auf. Während z. B. eine bestimmte Stimulation durch diese löslichen Signale für naive B-Zellen bei Erstkontakt ganz wesentlich ist, scheinen B-Gedächtniszellen weitaus weniger auf diese sie anregende T-Zell-vermittelte Aktivität angewiesen zu sein. Anders gesagt, sie geraten bereits durch eine Präsenz weniger aktiver T-Zellen, d. h. durch ein geringeres Maß an Anregung, in eine angemessene Aktionsbereitschaft (Vitetta et al. 1991). Schließlich ist auch die Lebenszeit der Gedächtniszellen, gleichbedeutend mit der Dauer der jeweiligen Immunität, im ewigen

### 9.3 · Grundprinzipien von Gedächtnis und Vergessen innerhalb des Immunsystems

Auf und Ab der Erneuerung des Immunsystems von entscheidender Bedeutung. Gewährleistet wird das erforderliche Überdauern von Gedächtniszellen offenbar durch ihre permanente latente Aktivierung. Um diese zu gewährleisten, bleiben entweder Antigene in geringer, aber überlebenswichtiger Stimulation der B-Zellen erhalten, oder es kommt aufgrund der Bildung von ▶ Superantigenen, also kreuzreaktiven Antigenen, zu einer Art übergeordneter Stimulation, die ebenfalls für die lang anhaltende Überlebensdauer der B-Gedächtniszellen sorgen könnte (Gray 1992).

Insgesamt gesehen bedarf es somit, um die Aufgaben der B-Gedächtniszellen zu lösen, jenes besonderen Zelltyps, der durch die (Co-)Aktivität eines bestimmten, die Antigenerkennung steigerndes *isotope switching*, gekoppelt mit einer überdauernden latenten Aktivierung (Gray und Skarvall 1988), z. B. durch Superantigene, und einer bestimmten Konzentration T-Zell-vermittelter Cytokine, schnell einsetzende, zwischen Subsystemen des Körpers differenzierende im Einzelnen hochspezifische und gleichzeitig Ressourcen sparende Eigenschaften aufweist (Gray 1992). Ob ein Gedächtnis über etwas gebildet wird oder ob es zu Vergessen kommt, hängt somit von bestimmten Passungsvorgaben ab – hier z. B. vom Auftreten einer genetischen Variante der Immunglobuline (*isotope switching*), davon, wie ausgeprägt eine B-Zelle auf eine bestimmte Konzentration T-Zell-vermittelter Cytokine anspricht und ob sie sich durch kreuzreaktive Antigene ausreichend stimulieren lässt.

T-Gedächtniszellen verfügen im Vergleich zu B-Gedächtniszellen über einen größeren Reichtum von Passungsvarianten, allerdings gibt es auch eine weitaus größere Vielfalt immunkompetenter Gedächtniszelltypen. Ähnlich wie für B- gilt zunächst auch für T-Gedächtniszellen, dass sie über eine lange Lebensdauer verfügen, die ebenfalls durch intermittierende kreuzreaktive Antigenpräsentationen aufrechterhalten werden muss (Gray und Matzinger 1991). Ferner reagieren sie aufgrund einer unterschiedlichen Zusammensetzung der relevanten Adhäsionsmoleküle – hier einer Mischung der ▶ Interleukine Il-7 und Il-15 –, verglichen mit anderen T-Zellen, bereits auf eine wesentlich geringere Konzentration des entsprechenden Antigens (Sanders et al. 1988). Ermöglicht wird diese verstärkte Ansprechbarkeit u. a. durch eine erhöhte Oberflächendichte an Adhäsionsmolekülen, was einer höheren Affinität für ein spezifisches Antigen gleichkommt.

Darüber hinaus kann sich die Anzahl immunkompetenter T-Gedächtniszellen als Folge homöostatischer Regelprozesse, z. B. infolge einer primären Immunreaktion, zulasten der effektorischen T-Zellen erhöhen (Surh und Sprent 2008). Generell lösen T-Gedächtniszellen ihre Aufgaben somit dadurch, dass Antigene, die in prozessierter („bearbeiteter") Form auf der Oberfläche von Wirtszellen präsentiert werden, bei einem Zweitkontakt sowohl durch eine Erhöhung der Zahl gedächtnisrelevanter Zellen als auch mittels kleiner Modifikation der Adhäsionsmoleküle und ihrer größeren Oberflächendichte schnell und zuverlässig erkannt werden.

Was im Einzelnen geschieht, hängt indes, wie bei naiven T-Zellen auch, davon ab, ob die entsprechende Wirtszelle dem Immunsystem selbst zugehörig ist oder nicht. Entstammt sie ihm, dann treten u. a die mit dem CD4-Oberflächenmolekül ausgestatteten T-Gedächtniszellen auf den Plan, welche B-Zellen, die sich in geschützten Orten des Immunsystems befinden, zur Teilung, Differenzierung und Induktion der Antikörperproduktion anregen. Handelt es sich um andere Körperzellen, so reagieren darauf die CD8-T-Gedächtnisezellen, die körperfremde Zellen erkennen und ggf. abtöten. Hierbei wird im Sinne einer Gedächtnisbildung durchaus relevanten Vorgängen – und dies zum Teil aufgrund einer bestimmten Konfiguration der Oberflächenmarker von T-Gedächtniszellen – der Zugang zu bestimmten Organen wie Haut, Lungen oder Eingeweiden Grenzen verwehrt (Überblick in Woodland und Kohlmeier 2009). So sind z. B. in den ▶ lymphatischen Organen, anders als in der Peripherie, bestimmte Adhäsionsmoleküle allein nicht ausreichend, um T-Zellen als Gedächtniszellen auszuweisen (Kassiotis und Stockinger 2004). Einzelne Orte im Körper machen ein Vergessen *von etwas* somit wahrscheinlicher als andere.

## Schlussbetrachtung

Betrachtet man die Ergebnisse im Überblick, so ergeben sich in der Tat mehrere Möglichkeiten, bestehende Modelle des Vergessens in der Psychologie durch Kenntnis der Vorgänge im Immunsystem zu bereichern.

Das Immunsystem baut – auch wenn es zunächst so scheint, als würde ein bestimmter Prozentsatz von Zellen als „Gedächtniszellen" zur Entdeckung bestimmter Antigene auf Dauer und ortsungebunden dafür abgestellt sein – darauf auf, dass auch beliebig langfristig abrufbare Gedächtnisleistungen latent immer wieder durch die den ursprünglichen Antigenen ähnlichen Fremdmoleküle angeregt werden. Eine antigeninduzierte oder im Stillen wirkende Aktivierung von Gedächtniszellen, etwa in Form der Superantigene, ist jedoch nicht in allen Bereichen des Körpers gleichermaßen erfolgreich, denn manche Strukturen stehen einer möglichen Gedächtnisbildung mehr oder weniger restriktiv gegenüber.

Des Weiteren bleibt, dem Prinzip eines homöostatischen Ausgleichs folgend, die Gesamtzahl von Effektorzellen und Gedächtnisträgern in etwa konstant. Das bedeutet, ein Abbau der Effektorzellen ist von der Zunahme der Gedächtnisträger gefolgt und umgekehrt. Vergessensresistente Immunzellen sind somit eine variable Größe des Immunsystems, die zum Erhalt einer bestimmten andauernden latenten Anregung bedürfen und die ihre Wirkung in Abhängigkeit von Signalen vor Ort entfalten. Zu diesen in Zeit und Raum eingegrenzten Möglichkeiten, Vergessen entgegenzuwirken, gehören neben der obligatorischen „schnelleren Erkennung" auch eine Bewertung, einschließlich der möglichen Suppression der Immunantwort, bzw. die eventuelle Vernichtung des Antigens.

Dass solche differenzierende Leistungen möglich werden, hängt maßgeblich von antigenspezifischen Oberflächenmarkern der Gedächtniszellen ab, die im Vergleich zu denen anderer Immunzellen durch leichte Abweichungen im molekularen Aufbau und durch Variation in der räumlichen Anordnung gekennzeichnet sind. Diese Eigenheit lässt Adhäsionsmoleküle von Gedächtniszellen geringere Konzentrationen von Fremdmolekülen rascher und mit größerer Wahrscheinlichkeit entdecken, als es Oberflächenmarker von Effektorzellen vermögen. Dabei bedingen sowohl eine unterschiedliche Lokalisation als auch Abweichungen im Aufbau eines Rezeptors letztlich eine unterschiedliche Passung von Epitopen mit den ihn erreichenden löslichen Signalen.

Da die für Zeitdauer und räumliche Konfiguration solcher Epitope verantwortlichen Rezeptortypen einer überdauernden translationalen Kontrolle bedürfen, liegt es des Weiteren nahe, die zeitbegrenzte Wirksamkeit vergessens- bzw. gedächtnisrelevanter (Sub-)Strukturen in engem Zusammenhang mit auslösenden Momenten einer Genexpression zu betrachten. Immunkompetente Gedächtniszellen stellen so gesehen nur einen geringen Bruchteil eines hochkomplexen aus vielfach interagierenden genetisch variablen und durch Erfahrung modifizierbaren Teilen eines physiologischen Systems dar und übernehmen lediglich einige wenige ausgewählte Schlüsselaufgaben, z. B. die Erkennung von Fremdsubstanzen und die Festlegung der Intensität der Abwehr. Alle nachgeschalteten Aktivitäten – und diese sind weitaus zeit- und energieaufwendiger – werden durch die von ihnen angestoßenen, sich selbst steuernden Teilsysteme des Immunsystems übernommen.

## Literatur

Boulanger, L., & Shatz, C. (2004). Immune signalling in neural development, synaptic plasticity and disease. *Nature Reviews Neuroscience, 5*, 521–531.

Exner, S. (1894). Entwurf zu einer physiologischen Erklärung der psychischen Erscheinungen. Leipzig und Wien: Franz Deuticke.

# Literatur

Goncharow, L., & Tarakanov, A. (2007). Molecular networks of brain and immunity. *Brain Research Reviews*, *55*, 155–166.
Gray, D. (1992). The dynamics of immunological memory. *Seminars in Immunology*, *4*, 29–34.
Gray, D., & Matzinger, P. (1991). T-cell memory is short-lived in the absence of antigen. *Journal of Experimental Medicine*, *174*, 969–974.
Gray, D., & Skarvall, H. (1988). B-cell memory is short-lived in the absence of antigen. *Nature*, *336*, 70–73.
Habibi, L., Ebtekar, M., & Jameie, S. (2009). Immune and nervous systems share molecular and functional similarities. Memory storage mechanism. *Scandinavian Journal of Immunology*, *69*, 291–301.
Haken, H. (1996). *Principles of brain functioning*. Berlin: Springer.
Hebb, D. O. (1949.) *The organization of behavior*. New York: Wiley.
Hilschmann, N., Barnikol, H. U., Barnikol-Watanabe, S., Götz, H., Kratzin, H., & Thinnes, F. P. (2000). *Das Immun- und das Nervensystem. Vorprogrammierte Systeme zur Reaktion auf das Unerwartete*. (= Nachrichten der Akademie der Wissenschaften zu Göttingen. I. Philologisch-Historische Klasse - Jahrgang 2000/Nr. 5) (S. 3–67). Göttingen: Vandenhoeck und Ruprecht.
Janeway, C. A., & Travers, P. (1995). *Immunologie*. Heidelberg: Spektrum.
Kandel, E. R. (1976). *Cellular basis of behavior*. San Francisco: Freeman.
Kassiotis, G., & Stockinger, B. (2004). Anatomical heterogeneity of memory CD4-cells due to reversible adaptation to the microenvironment. *Journal of Immunology*, *173*, 7292–7298.
Mackay, C. (1993). Immunological memory. *Advances in Immunology*, *53*, 212–265.
Male, D. (2005). *Immunologie auf einen Blick*. München: Urban und Fischer.
Moynihan, J., & Santiago, F. (2007). Brain behavior and immunity. Twenty years of T cells. *Brain, Behavior and Immunity*, *21*, 872–880.
Peper, M., & Markowitsch, H. J. (2001). Pioneers of affective neuroscience and early conceptions of the emotional brain. *Journal of the History of Neuroscience*, *10*, 58–66.
Quan, N. & Banks, W. (2007). Brain-immune communication pathways. *Brain, Behavior and Immunity*, *21*, 727–735.
Sanders, M., Makgoba, M., & Shaw, S. (1988). Human naïve and memory T-cells: Reinterpretation of helper inducer and suppress or inducer subsets. *Immunology Today*, *9*, 195–199.
Schedlowski, M. & Tewes, U. (Hrsg.). (1996). *Psychoneuroimmunologie*. Heidelberg: Spektrum, Akademischer Verlag.
Schiepek, G. (Hrsg.). (2003). *Neurobiologie der Psychotherapie*. Stuttgart: Schattauer.
Schiepek, G., & Tsacher, W. (Hrsg.). (1997). *Selbstorganisation in Psychologie und Psychiatrie*. Braunschweig: Vieweg
Surh, C., & Sprent, J. (2008) Homeostasis of naive and memory T cells. *Immunity*, *29*, 848–862.
Tulving, E., & Craik, F. I. M. (Hrsg.). (2000). *The Oxford handbook of memory*. Oxford: Oxford University Press.
Vitetta, E., Berton, M., Burger, C., Kepron, M., Lee, W., & Xiao-Ming, Y. (1991). Memory B and T cells. *Annual Review of Immunology*, *9*, 193–217.
Woodland, D., & Kohlmeier, J. (2009). Migration, maintenance and recall of memory T cells in peripheral tissues. *Nature Reviews Immunology*, *9*, 153–161.

# Schlussbetrachtung: Plädoyer für ein neues Verständnis des Vergessens

**Zusammenfassung**
In diesem zusammenfassenden Schlusskapitel wird aufgezeigt, dass Vergessen zum Leben in dieser Welt, sei es als Individuum, als Teil eines Kollektivs oder der vom Menschen geschaffenen virtuellen Welt, als unverzichtbarer Bestandteil schlichtweg dazugehört. Allerdings erwächst in der gelehrten Welt gerade aus dieser Alltäglichkeit des Geschehens eine Vielfalt an Fragestellungen, verbunden mit immer neuen Antwortversuchen. Dass es angesichts dieser Unvermeidlichkeit von den einen als (krankhafte?) Leistungseinbuße angesehen wurde, von den anderen als Teil evolutionärer Anpassung begriffen wird oder wurde, liegt in unterschiedlichen wissenschaftlichen Grundüberzeugungen begründet.

In Abwandlung der letzten beiden Zeilen („Den Teufel wird man nie erwischen, er steckt von Anfang an dazwischen") von Eugen Roths (1964, S. 66) Gedicht *Das Böse* könnte man den Erkenntnisgewinn aus den vorherigen Kapiteln etwa wie folgt auf den Punkt bringen: „Das Vergessen wird man nie ganz erwischen, es steckt immer irgendwo dazwischen!" Was aber lässt sich gegebenen- und bestenfalls „erwischen", wo sich doch dieses Phänomen in den angebotenen natur- oder kulturwissenschaftlichen Deutungsmustern als ebenso vielfältig wie undurchsichtig dargestellt hat – und zwar ganz unabhängig davon, welche der Interpretationen man eher akzeptiert bzw. kritisiert oder verwirft. Was in bzw. trotz aller Varianten wissenschaftlicher Betrachtung dennoch immer deutlich wurde, klingt zunächst trivial, nämlich dass Vergessen zum Leben in dieser Welt – sei es als Individuum, als Teil eines Kollektivs oder der vom Menschen geschaffenen virtuellen Welt –, ein unverzichtbarer Bestandteil ist, mit dem man sich *nolens volens* arrangieren muss.

Allerdings erwächst in der gelehrten Welt gerade aus dieser Alltäglichkeit des Geschehens eine Vielfalt an Fragestellungen, verbunden mit immer neuen Antwortversuchen: Man kann ja auch hier ein Vergessen weder mehr als nur vorübergehend verschämt verschweigen, noch in einem passiven Sinne vermeiden oder aktiv zu verhindern suchen. Dass es angesichts dieser Unvermeidlichkeit von den einen als (krankhafte?) Leistungseinbuße (McNally 2006) angesehen wurde, von den anderen als Teil evolutionärer Anpassung begriffen wird (Mery 2013) oder wurde (Roth 1989), zeigt lediglich die verschiedenen Gesichter des Phänomens, die durch unterschiedliche wissenschaftliche Grundüberzeugungen zum Ausdruck gebracht werden. Auch dass wieder andere meinen, alle Ereignisse seien nun einmal in der sie vermittelnden Struktur gespeichert, weshalb sie sich mit dieser formten und ggf. auch verformten, sprich dem Vergessen anheimfielen, und man mit Ideen eines „Ausblendens der Realität", einem „Nicht-wahrhaben-Wollen" etc. nicht weiterkommen könne, verdeutlicht lediglich die Widersprüche, die in der Vielfalt der Herangehensweisen an dieses Thema liegen, ohne dass das Puzzle deshalb letztlich gelöst würde.

Ein Problem, das sich z. B. „stabil-strukturellen" ebenso wie „flüchtig-dynamischen" Ansätzen gleichermaßen stellt, ist die Erklärung des Graubereichs zwischen Anwesenheit und Abwesenheit von Gedächtnisinhalten, denn ein Vergessen muss ja keinesfalls auf Dauer angelegt sein. So vermag sich z. B. das verloren Geglaubte, Aufgegebene unversehens wieder zu den abrufbaren Inhalten zu gesellen (vgl. Lucchelli et al. 1995), ohne dass die in Anspruch genommene Theorie dies notwendigerweise vorhersagen würde. Lange vergessen Geglaubtes kann auch durch bestimmte Hinweisreize, durch Hypnose oder nach Injektion einer „Wahrheitsdroge" (Natriumamytal-Abreaktion) wieder zum Vorschein kommen (Stuss und Guzman 1988). Ein Vergessen ist somit kaum je nur gleichbedeutend damit, das Unverfügbare als still in der Ereignislosigkeit versickernden, gewissermaßen unvermeidlichen Schwund abzuschreiben.

Wie in diesem Buch deutlich zu machen gesucht wurde, ermöglicht ein Vergessen, abhängig davon, welchen wissenschaftlich begründeten Standpunkt man einnimmt, z. B. Erkenntnisse darüber, *warum* wir etwas *zu einem ganz bestimmten Zeitpunkt in der Gegenwart* tun

(▶ Teil I, II), *wie* wir das Zusammenleben mit anderen gestalten, *worüber* wir dabei nachdenken bzw. was wir dabei auslassen (▶ Teil III) und *weshalb* wir überhaupt künftige Ereignisse planen zu können glauben (▶ Teil I). Nicht zuletzt erlaubt ein Vergessen auch, danach zu fragen, *welche* physiologischen Funktionsprinzipien dafür stehen, wer also ggf. „tätig" ist, um unser Verhalten durch ein Nichterinnern zu strukturieren (▶ Teil IV). Dass solche Fragen gewöhnlich nur unter anderen gestellt werden und dass sie selbst dann eher am Ende als am Anfang einer Suche nach sinnvollen Zusammenhängen menschlichen Denkens und Handelns stehen, liegt in der Natur des Problems – in diesem Fall dem Versuch, aus dem Ausbleiben von Handlungen, Aussagen, Kenntnissen etc. Vorhersagen zu generieren.

Um zu einem besseren Verständnis von Phänomenen des Vergessens zu gelangen, mag es somit helfen, sich Folgendes vor Augen zu halten: Zum einen handelt es sich in der Regel um einen vielgestaltigen Vorgang, weshalb sich auch durch Fragen nach dem Wann, Wie, Warum und Weshalb vielfältige Zugangsmöglichkeiten eröffnen und dadurch verschieden begründete Ursachen mnestisch begründeten Unvermögens eingegrenzt bzw. von Unwillen, Unwahrheit und Unkenntnis abgegrenzt und in Relation zu Handlungszielen gesetzt werden können. Zum anderen haben sich gerade deshalb, weil kaum ein wissenschaftlicher Bereich hierbei ohne differenzierende Fragen auskommt, ganz unterschiedliche fachspezifische Vorstellungen von der „Natur" des Vergessens entwickelt, die es zu berücksichtigen gilt.

Das Phänomen selbst, so könnte man sagen, steckt also nur so lange scheinbar zwischen verschiedenen Gewichtungen verschiedener Antwortversuche in verschiedenen Ansätzen fest, als man selbst auf einem Antworttyp und einer wissenschaftlichen Ausrichtung beharrt.

## 10.1 Die Vielgestaltigkeit des Vergessens eröffnet eine Vielfalt möglicher Fragen und Antworten

Gelehrte und Wissenschaftler haben seit vielen Jahren, ja seit Jahrhunderten, nicht nur Erkenntnisse und Erfahrungen darüber zu Papier gebracht, was Menschen in bestimmten Situationen erinnern, sondern auch, was sie vergessen (▶ Teil I). Sie haben deutlich gemacht, inwiefern das Hervorrufen von Erinnerungen von äußeren Umständen abhängig ist (▶ Teil II), und auch Indizien dafür gesammelt, dass bzw. wie dieser Prozess mit der physiologischen Verfasstheit beim gesunden und kranken Menschen in Beziehung steht (▶ Teil II, IV).

Sich mit Vergessen näher zu befassen, bedeutet deshalb immer auch, nach Grenzbedingungen des Warum, Wann und Wie des Erinnerns zu fragen und sich mit mentalen bzw. physiologischen Veränderungen auseinanderzusetzen (▶ Teil IV). Dabei sind sowohl gesellschaftlich vorgegebene (▶ Teil III) als auch psychische (▶ Teil II) und mit Letzteren u. a. auch neuronale bzw. (epi-)genetische (▶ Teil IV) *Vorfestlegungen* des „erkenntnisgewinnenden Apparats" mitzuberücksichtigen.

Der Gewinn der damit verbundenen raumzeitlichen Erweiterung der Suche nach möglichen Ursachen des Vergessens jenseits des Augenblicks vergeblichen Memorierens, liegt darin, dass durch Antworten auf Fragen nach dessen Warum, Wann und Wie sprachliches und tätiges Handeln besser ausgelotet und deshalb auch eher vorhersagbar wird. Wäre es anders – würden wir beispielsweise in einer gegebenen Konstellation äußerer und innerer Umstände *nichts oder so gut wie nichts vergessen*, d. h. alle jemals erfahrenen Handlungsvarianten als mögliche Eventualitäten einer konkreten Sachlage berücksichtigen, jeden Einzelnen der daran Beteiligten mit allem, was wir über ihn oder sie wissen, einzubeziehen suchen und ferner alles mitbedenken, was wir über die jeweilige Problemstellung je gelesen oder gehört haben –, so wiese das Ergebnis unseres Tuns uns bestenfalls als *hypermnestischen Sonderling* aus (Parker et al. 2006; Luria 1968; LePort et al. 2012) (▶ Hypermnesie). Es hätte also gleichermaßen alles und jedes und vor allem seit jeher berücksichtigend, vermutlich auch kaum noch Ähnlichkeit mit jenem Verhalten, das wir *normalerweise* an den Tag legen.

„Normalerweise" heisst hier aber u. a., dass wir in einer bestimmten *raumzeitlichen Konstellation* und angesichts der uns *gerade dann* zur Verfügung stehenden Gedächtnisinhalte auch nur über eine ganz bestimmte Auswahl an Verhaltensalternativen verfügen. Gegebenenfalls treffen wir somit zwar Entscheidungen, bei denen das meiste dessen unberücksichtigt bleibt, was durchaus auch als Fundament hätten dienen können (▶ Kap. 1). Gleichwohl weist die so getroffene Wahl eine beachtliche Verlässlichkeit auf (Schooler und Hertwig 2005). Dass dabei manches des Nichteinbezogenen lediglich momentan nicht verfügbar war, anderes durch vorbereitendes aktives Zutun zu vergessen versucht wurde, z. B. durch den Genuss von Alkohol (▶ Teil II), das eine oder andere dem bewussten Zugriff unzugänglich blieb, weil es augenscheinlich aktiv „unterdrückt" wurde (▶ Teil II) und bestimmte Inhalte in Untiefen des Gehirns stecken geblieben zu sein schienen (▶ Teil IV), macht eine Vorhersage also keinesfalls unmöglich.

Im Gegenteil, unser explizites Wissen um die allgemein gültigen und die ganz persönlichen *Spielregeln mentalen Geschehens* (▶ Teil III), verbunden mit – einer uns nicht zu Bewusstsein kommenden – Eigendynamik der *Spielregeln körperlichen Geschehens* (▶ Teil IV) gestalten unser Alltagsdenken und -handeln auch durch das Vergessene, das nicht zum Ausdruck Gekommene, das Unbestimmte und das Unmögliche aktiv mit. Wir wissen z. B. nicht nur, wann und wie wir uns am besten etwas einprägen, *damit* wir es möglichst überdauernd präsent haben. Wir wissen zumindest bezüglich mancher Inhalte auch – oder haben eine vage Ahnung davon –, dass wir sie bald vergessen bzw. dass wir sie nicht oder wenigstens nicht lange behalten werden (Anderson und Bell 2001; Anderson und Spellman 1995; Anderson et al. 1994). Und weil darüber hinaus in unserem Körper alles Erlebte in Aufbau und Funktion seiner (Ultra-)Struktur laufend eingeschrieben wird (▶ Teil IV), sind wir in unserer Suche auch in gewisser Weise festgelegt und können nicht anders, als nur auf ganz bestimmte Inhalte zurückzugreifen. Aus Erfahrung weiß deshalb auch derjenige, der uns gut kennt, wie in Sachen Vergessen und Vergesslichkeit mit uns umzugehen ist. Kurzum, die Beziehung eines Menschen zu seinen Mitmenschen wird durch das im Gedächtnis Behaltene ebenso geprägt wie durch das Vergessene.

Dass unter „im Gedächtnis Behaltenen", dem ▶ Gedächtnis, nicht alle, insbesondere nicht alle Wissenschaftler, das Gleiche verstehen, hat u. a. mit Eigenheiten der akademischen Zugangsweise zu tun. So meint etwa ein Geowissenschaftler, der von einem *geologischen Gedächtnis* spricht, wenn er eine bestimmte Gesteinsschichtung mittels einer Probebohrung der oberen Erdkruste auswertet und dieses dann in das „Kollektiv" eines Bohrkernarchivs[1] einfügt, mit Gedächtnis etwas anderes als ein Entwicklungsbiologe, der sich Fragen der ▶ infantilen Amnesie, d. h. dem Bedeutungswandel von Träger*strukturen* für mnestische Funktionen, verschrieben hat. Es scheint somit zweifellos, dass es eines anderen Verständnisses von Gedächtnis bedarf, um eine Millionen Jahre alte Stabilität mit einer in Stunden oder Tagen gemessenen ▶ Plastizität in eine sinnvolle Beziehung zu setzen. Wie man unschwer erkennen kann, lässt sich Unbelebtes – sei es eine Gesteinsschicht, sei es ein gesellschaftliches System (▶ Teil III) oder die von ihr geschaffene virtuelle Realität (▶ Kap. 1) – mit Belebtem im Hinblick auf ein Gedächtnis *von etwas* nicht ohne Weiteres über einen Kamm scheren. Dies gelingt nicht einmal – man denke etwa an Vergleiche von Invertebraten und Säugetieren oder von realen und virtuellen kulturellen Gedächtnisspeichern – innerhalb der Grenzen belebter bzw. unbelebter Gegenstände (▶ Teil I III, IV). Vorsicht ist auch bei einem Vergleich von offenbar wahrhaft stabil Geschichtetem wie Bohrkernen, Monumenten oder Alltagsgebäuden mit Vorgängen geboten, die einer selbstorganisierten Prozessdynamik zu folgen scheinen, seien es Gesellschaften,

---

1 In Bohrkernarchiven lagern die Kernbohrungen des jeweiligen Landes, die z. B. Auskunft über Erdöl- oder Erdgasvorkommen oder über Möglichkeiten der geothermischen Nutzung des Untergrundes geben.

## 10.1 · Die Vielgestaltigkeit des Vergessens

Individuen oder physiologische Abläufe. Kurzum, dass auch ein mit Gedächtnisvorgängen verknüpfter Vorgang – hier das Vergessen – sehr wahrscheinlich mehr umfasst als nur das *unverschuldet Unverfügbare* im Augenblick des Zugriffs auf das hypothetische Ganze, ja, dass angesichts der Vielgestaltigkeit des Vorgangs entstehende Gegensätze durchaus auch weiterhin unlösbar bleiben, ist deshalb nicht ungewöhnlich.

Deutlich wird diese vertrackte Gemengelage etwa, wenn verschiedene Ideen eines hypothetischen Fassungsvermögens des funktionierenden Ganzen mit solchen des Überdauerns (▶ Kap. 1) von darin befindlichen vergänglichen Gegenständen, wie es Gedächtnisinhalte nun einmal sind, kombiniert werden. In diesem Falle wäre ein Vergessen u. a. die Folge von „zu viel" und/oder „zu lang". Ein oft erwähntes Beispiel dafür ist die Überzeugung, potenzielle Speicher, z. B. solche im Großhirn, dürften *nicht überlastet* werden. Hier ist zu bedenken, dass jedes Festhalten von etwas, das, wie das Gedächtnis, bewegt zu denken ist, geradezu scheitern muss, denn einer Begrenzung dieses dynamisch gedachten Vorgangs (van Gelder 1998) mit dem Ziel, seinen Inhalt zu bewahren, wohnt eine gewisse Zerstörung – hier ein Vergessen – bereits inne.

Immer dann also, wenn davon die Rede ist, ein Zuviel an Information würde den Geist bzw. das Gehirn „überladen" und müsse deshalb – bestimmte Reserven (Stern 2002) eingerechnet – eingeschränkt werden, stellt sich die Frage, wie man ein plastisch gedachtes System (LeDoux 2003) überhaupt angemessen einschränken sollte, um „Platz für Neues" zu schaffen bzw. dieses zu integrieren. Denn gerade weil mnestische Vorgänge immer auch dynamische Prozesse beinhalten, birgt jedes Anhalten, jeder „Stabilisierungsversuch", das Problem in sich, dadurch ungeahnte und unerwünschte Verzerrungen hervorzurufen (Routtenberg 2013). In diesem Sinne „verzerrt", d. h. in der Gewichtung verändert, werden kann z. B. das Zusammenspiel von belastenden, d. h. emotionalen und rationalen Anteilen des zu erinnernden Geschehens. Erstere sind im Gegensatz zu letzteren über längere Zeit hinweg relativ immun gegenüber einem Vergessen, gleichzeitig aber schwieriger zu verbalisieren (▶ Kap. 1).

Nicht nur, aber auch weil jedes der hier beteiligten (Sub-)Systeme eine bestimmte Eigenzeit der Gegenwart hat (▶ Kap. 2), verliert das Vergessene unter Umständen die Neutralität des Unverschuldeten und erhält stattdessen einen anderen – hier einen *emotional wertenden* – *Beigeschmack*, ohne dass man deshalb bereits einer tiefenpsychologischen Interpretation das Wort reden muss (vgl. Ricoeur 1995; Loftus und Ketcham 1994; Good 1994).

Ob man sich also durch eine künstliche Begrenzung eines „genug ist genug" von möglichen als „Ballast" eingestuften Gedächtnisinhalten befreien kann, ist keinesfalls sicher. Allein das Wissen um potenzielle Wirkmechanismen des Vergessens erlaubte es z. B. nicht, unbeschwert von der Bedeutung vergangener Ereignisse auf eine wünschenswerte Zukunft hin zu steuern, *ohne* sich gleichzeitig Gedanken über die Bedeutung der Begrenzung der Inhalte zu machen. Diese führen ggf. zu einem *systemisch bedingten Vergessen*, das aus der spezifischen Zusammensetzung der Inhalte resultiert.

Ebenso wenig hilfreich, wie auf *geistige Barrieren* zu bauen, erscheint es, die Vorstellung eines Schutzes vor Vergessen auf die *physiologische Maschinerie* – hier auf die begrenzt gedachte Kapazität mnestisch relevanter Gehirnregionen – zu übertragen. Auch dann bliebe ungeklärt, inwieweit eine scheinbar klare Verhältnisse schaffende künstliche Begrenzung von Gedächtnisinhalten, etwa durch eine *Pille des Vergessens*, tatsächlich „Platz für Neues" ermöglichte. Denn so wie im ersten Falle in den jeweils abrufbaren Gedächtnisinhalten bereits eine potenzielle neue Last steckte – die Frage „Was wurde dabei möglicherweise vergessen?" lässt das Individuum ggf. ja nicht los –, verringerte im zweiten Falle jedes Sinnieren über vermeintliche Grenzen der Integrationskraft des Gehirns unweigerlich die gedachte Kapazität des neuronalen Netzwerks. Man könnte ja nicht anders, als weitere möglicherweise dringend benötigte Ressourcen beanspruchend gerade darüber nachdenken! In beiden Fällen wohnte somit dem Versuch der (künstlichen) Bewahrung eines fragilen, wandelbaren Inhaltes dessen Zerstörung bereits inne.

Daraus aber zu schließen, dass bereits ein *systemisch angelegtes Vergessen*, also Vorfestlegungen jeder Art, dieses vielgestaltiges Phänomen erschöpfend erklärte, wäre zu kurz gegriffen. Denn indem man lediglich behauptet, dass die Mittel, derer man sich als gesellschaftliches System (▶ Teil III), als denkender Mensch (▶ Teil II) oder derer sich die Natur (▶ Teil IV) bediente, um das Zusammengetragene mental bzw. strukturell zu stabilisieren, bereits Vorhandenes in gewisser Weise auch zersetzten, würde man der Vielfalt des Vergessens nicht gerecht. Hinzu gesellen sich auf jeden Fall die bekannten Regeln für die Gedächtnisbildung, die darauf abzielen, das jeweils Verfügbare auch abrufbereit zu halten (Rubin und Wenzel 1996). Dazu gehören solche, welche die Anzahl der Wiederholungen, die Bedeutung des zu Merkenden etc. betreffen und im Umkehrschluss auch Informationen über das Bedingungsgefüge des Vergessens zulassen. Aus dieser *einfachen Umkehr ins Gegenteil* – einem „je weniger geübt, desto mehr vergessen" – jedoch zu schließen, dass Vergessen nur aus dem Gedächtnis an bestimmte Inhalte heraus zu begreifen sei, wäre ebenfalls nur wenig befriedigend.

Beide zusammen – sowohl die zersetzende Kraft, die bereits dem Festhalten an einer geistigen bzw. physiologischen Struktur von etwas innewohnt, das ständig in Bewegung ist, als auch die Energie, die es braucht, um die jeweiligen Inhalte zu rekapitulieren – sind nur im Zusammenspiel mit anderen, außermnestischen Variablen (Wixted 2005) wirksam. Diese vermögen sowohl die Vorjustierungen der für Vergessen relevanten physiologischen Vorgänge vorzunehmen, z. B. indem sie Angst und Schrecken verbreiten, als auch physische Stellgrößen im Nachhinein zu verändern, indem sie z. B. Einfluss auf den epigenetischen Anmerkungsapparat ausüben (▶ Teil IV). Gedacht ist also an solche, die aus einer Interaktion von personenspezifischen Kenngrößen, z. B. psychische Verfassheit, Alter, Gesundheitszustand, und Umweltfaktoren entstehen, z. B. indem sie Stress auslösen (Akirav und Maroun 2013).

Erst alle gemeinsam bewirken sie ein Vergessen – hier verstanden als eine *vielfältig begründete Abkehr ins Ungewisse* –, bedingt durch die Komplexität des Ursachengeflechts, das im Kontext des Augenblicks wirksam wird. Dadurch wiederum vermag sich letzlich weder mental noch physiologisch ein besonderes Aktivitätsmuster von allen anderen abzuheben.

## 10.2 Ungeklärte Schnittstellen: Mit „Vergessen" umschreibt man jeweils nur ansatzweise, was währenddessen geschieht

In Anbetracht der Vielfältigkeit im Zusammenwirken verschiedener Vergessen bedingender Einflüsse sind auch bestimmte Bruchstellen in der Behandlung des Themas bereits vorgegeben. Wie bei der Betrachtung anderer Phänomene auch, gilt es zunächst, sich eine ganz grundlegende Trennung zu vergegenwärtigen und das Phänomen des Vergessens als Alltagserfahrung auf der Ebene des *Story Telling* vom Vergessen als einem wissenschaftlichen Untersuchungsgegenstand zu separieren. Während im privaten Bereich so ziemlich alles vergessen werden kann, was zu denken überhaupt möglich ist, befasst man sich akademisch mit dem Thema ausschließlich unter Zugrundelegung bestimmter Grundannahmen und Theorien und grenzt es dadurch von vornherein auf ganz bestimmte Aspekte des rational Nachvollziehbaren, des Beweis- bzw. Falsifizierbaren, methodisch Erfassbaren etc. ein. Man lässt, wie in den vorausgegangenen Kapiteln immer wieder deutlich wurde, in einem Fall nur das experimentell Erfassbare, aus Abbildungsvorschriften Erkennbare des Vergessens zu und betrachtet es im anderen unter Aspekten der aktiven Abwehr, hier etwa der ▶ Verdrängung, Leugnung der Realität oder der Verkehrung ins Gegenteil. Wieder andere Auffassungen stellen Prinzipien der Selbstorganisation in den Vordergrund und betrachten ein Vergessen eher unter dem Gesichtspunkt, dass manche Beziehungen des Organismus zur Umwelt zu manchen Zeiten und in manchen Situationen den Aspekt einer nachvollziehbaren Rekonstruktion vermissen lassen, ohne deshalb bedeutungslos sein zu müssen.

Allerdings – und das ist das Vertrackte an der Sache – kann man sich zwar in kaum einem Bereich der Wissenschaft mit Fragen des Vergessens befassen, ohne Rückgriff auf Kenntnisse anderer Teildisziplinen zu nehmen (▶ Teile I–IV), gleichzeitig aber sind die jeweiligen daraus resultierenden Vorstellungen über den Gegenstand nur begrenzt von einem auf einen anderen akademischen Bereich übertragbar. Mögliche Probleme mit ▶ Ordnungsübergängen, sprich theoretisch wirksame Schnittstellen, die dabei deutlich werden, zeigen sich z. B. bei der Übertragung vom Vergessen im individuellen Bereich des Geistigen auf die des Körperlichen. Denn immer dann, wenn man eine solch undefinierbare Leere im bewusst zugänglichen Bereich des geistigen Großen und Ganzen mit Vergessen zu beschreiben trachtet, baut man unausweichlich auf eine ebenso gleichzeitig ablaufende wie emsige Geschäftigkeit in der physiologischen Kleinteiligkeit des Körperlichen (▶ Teil IV).

Diesem arbeitsteiligen Prinzip des *„some must watch while some may sleep"* folgend, erweist es sich als unmöglich, das geistige Ganze und das körperlich Partikulare im Hinblick auf ein Vergessen, verstanden als ein „Nichts", eine „undefinierbare Leere", vergleichen zu wollen. Das lassen die Gegensätze zwischen natur- und geisteswissenschaftlichen Denkmodellen – hier einem als Entschwinden aus dem *subjektiven Zeithorizont* verstandenen Verlust von Inhalten und da *physikalisch-objektive zeitliche Veränderungen* (Scharnowski et al. 2013; Eichenbaum 2013) in der neuronalen Codierung durch einzelner Zellen – schlichtweg nicht zu (▶ Kap. 2). Physiologische Realisierungsbedingungen des Vergessens müssen aber phänomenal nicht einsichtig sein, um dennoch aus der gegenwärtigen Dominanz naturwissenschaftlichen Denkens neue Einsichten in den gesamten Vorgang zu gewinnen. Bekanntermaßen werden in diesem Wissenschaftsbereich ja nur die Ergebnisse als erkenntnisgewinnend akzeptiert werden, die sich mittels bestimmter mathematisch-naturwissenschaftlicher Methoden messen, d. h. in diesem Falle zeitlich und räumlich erfassen lassen (▶ Teil II).

Man muss also, um sich in einem anatomisch-physiologischen Sinne mit Vergessen auseinandersetzen zu können, dieses zunächst messbar machen. Etwas Entschwundenes, Entfallenes, etwas, das „nicht mehr ist", ermitteln zu wollen, kommt dabei als Forschungsgegenstand nicht infrage (▶ Teil IV). Um sich der Problematik zu nähern, befasst man sich stattdessen mit dem *Vorgang des Vergessens* in Abhängigkeit vom zuvor Gelernten – hier der *Reduktion* einer bestimmten Gedächtnis*leistung* (z. B. im Rahmen der Interferenztheorie; vgl. Anderson 2003) innerhalb eines definierten Messbereichs und bezüglich ausgewählter Einflussgrößen, z. B. in Abhängigkeit von der emotionalen Bedeutung des zu Memorierenden (Hurlemann et al. 2005). Auf diese Weise reduziert man zwar die Vielfalt des Vergessens auf einige wenige Varianten möglicher Abweichung von einem vorgegebenen, die Gedächtnisleistung abbildenden Kurvenverlauf (Wixted und Ebbesen 1991; Brown und Lewandorsky 2011), ermöglicht damit aber ein Verständnis von Vergessen als einer Leistungseinbuße. Und da diese Reduktion ihrerseits wiederum mit *Veränderungen in der Aktivität* in bestimmten Hirnregionen einhergeht, kann man z. B. versuchen, Fehlermeldungen zu erfassen, d. h. Veränderungen in der elektrophysiologischen (Taylor et al. 2007; Wiber et al. 2008) oder pharmakologischen (Buss et al. 2004; Bussiere et al. 2005; de Jongh et al. 2007; Breuer 2004) Aktivität aufzuspüren, die darauf hinweisen, dass ein bestimmter Inhalt vergessen wurde oder vergessen werden wird (Wagner et al. 1998; Levy et al. 2011).

Untersuchungen, die den Vorgang des Vergessens „sichtbar" machen, werden häufig bei neurologisch kranken Menschen gemacht (▶ Teil II). In diesen Fällen zeigt sich vermutlich besonders deutlich – weil mittels bildgebender Verfahren (▶ funktionelle Bildgebung) auch für den Laien erkennbar –, was vermutlich in ähnlicher Weise auch für neurologisch unauffällige, aber dennoch amnestische (▶ Amnesie) Patienten zutrifft, nämlich dass eine Veränderung von Gehirnfunktionen – sei es z. B. durch eine neurologisch klar erkennbare Schädigung, eine lediglich physiologisch zu ermittelnde Dysfunktion oder eine nur molekulargenetisch erfassbare Veränderung (epi-)genetischer Anweisungen – bereits entscheidend über eine erhöhte Wahrscheinlichkeit des Vergessens mitbestimmt, weil dadurch mnestisch relevante Vernetzungen innerhalb des Gehirns unzugänglich werden.

Und so wie auf der einen Seite die Aufgaben eines physiologisches Subsystems darin bestehen können, zum Vergessen des Individuums aktiv beizutragen, ohne dass man ihnen ein Vergessen zuschreiben könnte (▶ Teil IV), so kann man auf der anderen Seite auch in der Welt des Geistes zeigen, dass ein Vergessen selbst und das gedankliche Werkzeug, mittels dessen man darüber kommuniziert, jeweils anderen Regeln folgen. Kann z. B. durch die Sprache die Vergangenheit – also der Kern- und Angelpunkt allen Vergessens – nicht lebendig erhalten werden, so bedeutet dies keinesfalls, dass die Betroffenen ebenfalls stets in der Gegenwart leben, also nicht vergessen können, beispielsweise die Menschen, deren Sprache keine uns geläufige Form der Vergangenheit hat, in der man sich also über das Vergangene gemäß unseres Denkens nicht austauschen kann. Dies demonstrierte etwa der Anthropologe Everett (2005, 2008) bei den Piraha-Indianern am Amazonas.

Deutlich wird diese Notwendigkeit zur Unterscheidung von Mittel und Resultat auch, wenn, wie in unserem Kulturkreis, die Sprache schlechthin *das* Mittel ist, um sich über Vergessen auszutauschen. Man kann damit lediglich die mit einem Vergessen verbundenen Schwierigkeiten beschreiben, nicht aber das Vergessen selbst in die Wege leiten.[2] Das bedeutet, man kann lediglich jene Probleme benennen, die sich auftürmen, wenn man z. B. die Idee des Vergessens vom Bereich des Persönlichen in den des Kollektiven (Übersicht in Ertl 2005; ▶ Teil III) übertragen will. Dabei zeigt sich, dass die Bedingungen, unter denen man jeweils von einem Gedächtnis spricht, in beiden Bereichen *prinzipiell andere* sind (▶ Teil III). Während sich z. B. ein Vergessen im gesellschaftlichen Rahmen im Nachhinein ggf. durch einen Vergleich verschiedener Quellen über die kulturelle Verhandlungsgeschichte nachvollziehen bzw. auflösen lässt (vgl. Rosenfeld 1997; Domansky 1992), gilt es im persönlichen Bereich als ohne therapeutisches Handeln kaum erfassbar, wird gewissermaßen als Preis für eine beständige Umgestaltung bzw. Neufassung der Vergangenheitserzählung (Ross 1989) gesehen, in der die Grenze des rational noch Nachvollziehbaren zugunsten einer in sich stimmigen Lebensgeschichte zu verschwimmen droht.

Eine Vergemeinschaftung „vergessener Inhalte", also all dessen, was in einer Gesellschaft nicht thematisiert wird, kann somit kaum je „ohne Rest" individualisiert werden, während wiederum gleichzeitig ein kollektives Vergessen ohne ein Vergessen des Individuums undenkbar ist. Dass sich allerdings darüber hinaus Vorstellungen des Vergessens auch innerhalb der jeweiligen Disziplin – unabhängig davon, welche Gedächtnis- bzw. Kulturtheorie man im Einzelnen bevorzugt – *keinesfalls als einheitlich* erweisen, unterstreicht lediglich die angesprochene Vielfalt möglicher Bruchstellen (Flaig 1999; Wixted 2004; Frank und Rippl 2007; Leonhard 2007).

Alles in allem ergibt die Gemengelage aus einem alltäglichen Vergessensollen, -müssen oder -dürfen, einem Nicht-anders-Können, als zu vergessen etc. – eingebettet in konkurrierende wissenschaftliche Grundüberzeugungen damit verbundener, ganzheitlicher bzw. partikularer, stabiler oder dynamischer Prozesse *und* der weiterführenden Entscheidung darüber, ob und in welchem Ausmaß nichtbelebten Gegenständen ein Vergessen zugeordnet werden kann – auf den ersten Blick ein komplexes Nebeneinander von Problemstellungen. Dieses kann sowohl auf Ebene des Individuums als auch auf der des Kollektivs am ehesten durch die Annahme eines Zusammenspiels von aktiven, also *selbst nicht vergessenden* Stellgrößen und davon abhängigen, diese Aktivität nicht abbildenden und somit „vergessenden" Variablen, beschrieben werden.

---

2  Das klassische Beispiel dafür ist die Notiz auf dem Nachttisch von Kant, auf dem stand: „Der Name Lampe muss vergessen werden" (Weinrich 2005).

# Literatur

Akirav, I., & Maroun, M. (2013) Stress modulation of reconsolidation. *Psychopharmacology*, 226, 747–761.
Anderson, M. (2003). Rethinking interference theory: Executive control and the mechanisms of forgetting. *Journal of Memory and Language*, 49, 415–445.
Anderson, M., & Bell, T. (2001). Forgetting our facts: The role of inhibitory processes in the loss of propositional knowledge. *Journal of Experimental Psychology*, 130, 544–570.
Anderson, M., & Spellman, B. (1995). On the status of inhibitory mechanisms in cognition: Memory retrieval as a model case. *Psychological Review*, 102, 68–100.
Anderson, M., Björk, R., & Björk, E. (1994). Remembering can cause forgetting. Retrieval dynamics in long term memory. *Journal of Experimental Psychology*, 20, 1063–1087.
Breuer, H. (2004). Pille des Vergessens. *Gehirn und Geist*, 5, 62–65.
Brown, G., & Lewandorsky, S. (2011). Forgetting in memory models. In S. Della Salla (Hrsg.), *Forgetting* (S. 49–76). Hove: Psychology Press.
Buss, C., Wolf, O., Witt, J., & Hellhammer, D. (2004). Autobiographic memory impairment following acute cortisol administration. *Psychoneuroendocrinology*, 29, 1093–1096.
Bussiere, J., Beer, T., Neiss, M., & Janowsky, J. (2005). Androgen deprivation impairs memory in older men. *Behavioral Neuroscience*, 119, 1429–1437.Domansky, E. (1992). „Kristallnacht", the Holocaust and German Unity: The meaning of November 9 as an anniversary in Germany. *History and Memory*, 4, 60–94.
Eichenbaum, H. (2013). Memory on time. *Trends in Cognitive Sciences*, 17, 81–88.
Ertl, A. (Hrsg.). (2005). *Kollektives Gedächtnis und Erinnerung*. Stuttgart: Verlag J. B. Metzler.
Everett, D. L. (2005). Cultural constraints on grammar and cognition in Piraha. *Current Anthropology*, 46, 261–634.
Everett, D. L. (2008). *Don't sleep, there are snakes*. New York: Vintage.
Flaig, E. (1999). Soziale Bedingungen des kulturellen Gedächtnisses. In W. Kemp, G. Mattenklott, M. Wagner & M. Warnke (Hrsg.), *Vorträge aus dem Warburg-Haus* (Bd. 3, S. 31–100). Berlin: Akademie Verlag.
Frank, M., & Rippl, G. (Hrsg.). (2007). *Arbeit am Gedächtnis*. Paderborn: Fink.
Gelder, T. van (1998). The dynamical hypothesis in cognitive science. *Behavioral and Brain Sciences*, 21, 615–665.
Good, M. (1994). The reconstruction of early childhood trauma: Fantasy, reality and verification. *Journal of the American Psychoanalytic Association*, 42, 79–101.
Hurlemann, R., Hawellek, B., Matusch, A., Kolsch, H., Wollersen, H., Madea, B., Vogeley, K., Meier, W., & Dolan, R. (2005). Noradrenergic modulation of emotion-induced forgetting and remembering. *Journal of Neuroscience*, 25, 6343–6349.
Jongh, R. de, Bolt, I., Schermer, M., & Olivier, B. (2007). Botox for the brain: Enhancement of cognition, mood and pro-social behavior and blunting of unwanted memories. *Neuroscience and Biobehavioral Reviews*, 32, 760–776.
LeDoux, J. (2003). The self. Clues from the brain. *Annals of the New York Academy of Sciences*, 1001, 295–304.
Leonhard, N. (2007). Gedächtnis und Kultur – Anmerkungen zum Konzept der „Erinnerungskulturen" in den Kulturwissenschaften. *Forum: Qualitative Social Research*, 8, 1–11.
LePort, A. K. R., Mattfeld, A. T., Dickinson-Anson, H., Fallon, J. H., Craig, E. L., Stark, C. E. L., … & McGaugh, J. L. (2012). Behavioral and neuroanatomical investigation of Highly Superior Autobiographical Memory (HSAM). *Neurobiology of Learning and Memory*, 98, 78–92.
Levy, B., Kuhl, B., & Wagner, A. (2011). The functional neuroimaging of forgetting. In S. Della Salla (Hrsg.), *Forgetting* (S. 135–164). Hove: Psychological Press.
Loftus, E., & Ketcham, K. (1994). *The myth of repressed memory. False memories und allegiations of sexual abuse*. New York: St Martin's Griffin.
Lucchelli, F., Muggia, S., & Spinnler, H. (1995). The „Petites Madeleines" phenomenon in two amnestic patients. Sudden recovery of forgotten memories. *Brain*, 118, 167–183.
Luria, A. (1968). *The Mind of mnemonist*. New York: Basic Books.
Mery, F. (2013). Natural variations in learning and memory. *Current Opinion in Neurobiology*, 23, 52–56.
McNally, R. (2006). Debunking myths about trauma and memory. *Canadian Journal of Psychiatry*, 50, 817–828.
Parker, E., Cahill, L., & McGaugh, J. (2006). A case of unusual autobiographic remembering. *Neuroscience*, 12, 35–49.
Ricoeur, P. (1995). Memory – forgetfulness – history. *ZIF- Mitteilungen*, 2, 3–12.
Rosenfeld, A. (Hrsg.). (1997). *Thinking about the Holocaust after half a century*. Indianapolis: Indiana University Press.
Ross, M. (1989). Relation of implicit theories to the construction of personal histories. *Psychological Review*, 96, 341–357.
Roth, E. (1964). Das Böse. In: *Der letzte Mensch. Heitere Verse*. München: Hanser.
Roth, M. S. (1989). Remembering forgetting: Maladies de la mémoire in nineteenth-century France. *Representations*, 26, 49–78.

Routtenberg, A. (2013). Lifetime memories form persistently supply synapses. *Hippocampus, 23,* 202–206.

Rubin, D., & Wenzel, A. (1996). One hundred years of forgetting: A quantitative description of retention. *Psychological Review, 103,* 734–760.

Scharnowski, F., Rees, G., & Walsh, V. (2013). Time and the brain: Neurorelativity. The chronoarchitecture of the brain from the neuronal rather than the observer's perspective. *Trends in Cognitive Sciences, 17,* 51–52.

Schooler, L. J., & Hertwig, R. (2005). How forgetting aids heuristic interference. *Psychological Review, 112,* 610–628.

Stern, Y. (2002). What is a cognitive reserve? Theory and research application of the reserve concept. *Journal of the International Neuropsychological Society, 8,* 448–460.

Stuss, D. T, Guzman, D. A. (1988). Severe remote memory loss with minimal anterograde amnesia: A clinical note. *Brain and Cognition, 8,* 21–30.

Taylor, S., Stern, E., & Gehring, W. (2007). Neural systems for error monitoring: Recent findings and theoretical perspectives, *Neuroscientist, 13,* 160–172.

Wagner, A., Schacter, D., Rotte, M., Koutstaal, W., Maril, A., Dale, A., Rossen, R., & Bruckner, R. (1998). Building memories: Remembering and forgetting of verbal experience as predicted by brain activity. *Science, 281,* 1188–1191.

Weinrich, H. (2005). *Lethe. Kunst und Kritik des Vergessens.* München: Beck.

Wiber, M., Bäuml, K.-H., Bergström, Z., Markopoulos, G., Heinze, H.-J., & Richardson-Klavehn, A. (2008). Neural markers of inhibition in human memory retrieval. *Journal of Neuroscience, 10,* 13419–13427

Wixted, J. (2004). The psychology and neuroscience of forgetting. *Annual Review of Psychology, 55,* 235–269.

Wixted, J. (2005). A theory about why we forget what we one knew. *Current Directions in Psychological Science, 14,* 6–9.

Wixted, J., & Ebbesen, E. (1991). On the form of forgetting. *Psychological Science, 2,* 409–415.

# Erklärung ausgewählter Fachbegriffe

© Springer-Verlag GmbH Deutschland 2017
M. Pritzel, H.J. Markowitsch, *Warum wir vergessen*,
DOI 10.1007/978-3-662-54137-1_11

- **Aborigines**

Unter dem Begriff der (australischen) Aborigines (lat. *ab origene* = vom Ursprung an) fasst man die verschiedenen, vorwiegend als Jäger und Sammler lebenden Stämme und Clans, die Australien vor der Ankunft britischer Strafgefangener im späten 18. Jahrhundert und der späteren Kolonisation der Ureinwohner seit mehreren Zehntausend Jahren besiedelten.

- **Adhäsionsmoleküle**

Unter Adhäsionsmolekülen fasst man eine Gruppe von Membranproteinen zusammen, die es einer Zelle ermöglichen, Stoffwechselvorgänge in und zwischen Zellen zu vermitteln. Diese Aufgabe nehmen sie mittels einer Rezeptor-Liganden-Komplexbildung wahr, d. h. indem sie mit einem ▶ Rezeptor eine chemische Verbindung eingehen und dadurch ihre Wirkung auf die jeweilige Zielzelle ausüben.

- **Affinität**

Die Fähigkeit von Antikörpern reversibel und spezifisch an bestimmte Epitope von Antigenen zu binden.

- **Aktionspotenzial**

Ein Aktionspotenzial entsteht auf einer kurz dauernden Erhöhung der Membranpermeabilität für $Na^+$. Der Natriumeinstrom depolarisiert die Membraninnenseite, und es kommt zu einem Überschießen des Potenzials in Richtung auf das Gleichgewichtspotenzial von Natrium. Nach Erreichen des Umkehrpotenzials führt die Inaktivierung des $Na^+$-Systems, zusammen mit einem verzögerten Anstieg der $K^+$-Permeabilität, zu einer Repolarisation, die nach einer kurzen Refraktärphase zu einer Wiederherstellung des ▶ Ruhepotenzials führt.

Der Schlüssel zum Verständnis des Aktionspotenzials liegt in der Spannungsabhängigkeit der Natrium- und Kaliumpermeabilität der Membran. Die *Ionenbewegungen*, die nötig sind, um die Membran während des Aktionspotenzials zu be- oder entladen, spielen im Vergleich zu den Ionenkonzentrationen im Inneren der Zelle keine Rolle. Ein Aktionspotenzial entsteht, weil Natrium- und Kaliumströme die Ladung der Zellmembran ändern und nicht weil die Ströme die Ionenkonzentration im ▶ Cytoplasma ändern. Wesentlich ist also, die Kapazität der Membran zu kennen, die ein Maß dafür liefert, wie viel Ladung bewegt werden muss, um die beobachtete Änderung des Potenzials hervorzurufen. Die Ionenprozesse leiten sich über die Nervenfaser fort, am markhaltigen Nerv geschieht dies saltatorisch.

Der Strom, der durch den Spannungssprung beim Schwellenpotenzial hervorgerufen wird, setzt sich zusammen aus
1. einem kurzzeitigen Auswärtsstrom von nur kurzer Dauer, während das Potenzial seinen neuen Wert annimmt,
2. einem vorübergehenden Einwärtsstrom und
3. einem verzögerten Auswärtsstrom.

Der erste Strom ist der kapazitive Strom (1). Er tritt auf, weil die ▶ Depolarisation eine Umladung der Membrankapazität vom „alten" (−40 mV) auf das „neue" (+60 mV) Potenzial erforderlich macht. Dies geschieht rasch und erfordert nur wenige Mikrosekunden. Sobald das neue Potenzial erreicht ist, fließt kein kapazitiver Strom mehr. Getragen von der Spannungsdifferenz fließt zunächst Natrium in die Zelle (2), gefolgt von einem Kaliumausstrom (3). Beide Ströme unterscheiden sich in ihrem Zeitverlauf recht deutlich. Der Natriumstrom steigt rasch an und fällt bereits dann auf null ab, wenn die Membran noch depolarisiert ist, denn der Inaktivierungsprozess ist vom Aktivierungsprozess unabhängig. Der Kaliumstrom setzt im Vergleich zum

Natriumstrom mit starker Verzögerung ein und bleibt hoch, solange die Depolarisierung dauert. Mit zunehmender Membrandepolarisation wird also zuerst die Natriumleitfähigkeit erhöht, dann wird dieser Mechanismus inaktiviert und schließlich die Kaliumleitfähigkeit erhöht.

- **Aminosäuren**

Aminosäuren sind die bisher gefundenen 20 organischen Verbindungen, die als Grundbausteine von Proteinmolekülen (▶ Proteine) dienen. Von diesen 20 müssen beim Menschen mindestens acht, die sog. essenziellen Aminosäuren (z. B. Leucin, Phenylalanin, Tryptophan, Lysin, Isoleucin, Methionin), mit der Nahrung aufgenommen werden. Die nichtessenziellen Aminosäuren hingegen können vom Organismus selbst synthetisiert werden. Die Aminosäuresequenz, die zum Bau eines Proteinmoleküls dient, wird durch die Folge der ▶ Nucleotide der Nucleinsäuren bestimmt.

- **Amnesie**

Der Begriff der Amnesie umfasst gemäß entsprechender Definitionen einschlägiger Quellen (z. B. Strube 1996; Pethes und Ruchatz 2001; Lexikonredaktion des Verlags F. A. Brockhaus 2009) eine (1) organisch und/oder psychisch (funktionell) bedingte, (2) durch zeitliche Charakteristika bestimmte, (3) domänen-, material-, modalitäts- oder zustandsabhängige spezifische Beeinträchtigung (4) gedächtnis(ab-)bildender Systeme (5) ohne nennenswerte weitere Verhaltensausfälle.
1. Durch die Differenzierung in *primär organische und primär psychische Ursachen* amnestischer Syndrome wird gedanklich eine Art Kontinuum zu bilden versucht, wobei *rein organische Ursachen*, z. B. Hirnverletzungen (organisch amnestisches Syndrom), und *rein psychische Ursachen*, etwa traumatische Erlebnisse (dissoziative Amnesie), am jeweils entgegengesetzten Ende angesiedelt sind. Zwischen den Extremata liegen diejenigen amnestischen Syndrome, bei denen entweder psychische und organische Ursachen erkennbar zusammenwirken, beispielsweise in Form von Gedächtniseinbußen durch chronische Aufnahme bzw. Missbrauch psychotroper Substanzen (z. B. Sedativa, Alkohol oder Drogen), oder organische und psychische Ursachen interagieren, etwa bei Erkrankungen, die zunehmend hirnorganische Störungen bewirken, die über die Zeit hin auch auf das ▶ Gedächtnis zurückwirken.
2. Die *zeitliche Dimension* erlaubt eine Unterscheidung verschiedener Amnesieformen bezüglich der Zeitachse auf mehrerlei Art und Weise: (a) bezüglich der *Störung der Merkspanne* in eine Amnesie, die primär das Kurzzeitgedächtnis betrifft, und eine, die den Inhalt des Langzeitgedächtnisses zum Inhalt hat, (b) bezüglich des Anteils der *physikalischen Zeitachse*, die mit der Lebenszeit eines Menschen deckungsgleich ist und durch einen gedachten „Nullpunkt" im Leben des Individuums, z. B. den Monat oder Tag des Ausbruch einer Krankheit, einer Verletzung oder eines Unglückes in zwei Epochen geteilt wird. Eine reicht von da aus in die Zukunft (anterograd) des Individuums, eine in dessen Vergangenheit (retrograd). (c) Nicht zuletzt ist für die Bestimmung einer Amnesie auch die Zeitdauer von Bedeutung, in der die entsprechend Person davon betroffen ist.
    a. Eine Störung des *Kurzzeitgedächtnisses* kann z. B. durch einen Missbrauch psychotroper Substanzen bedingt sein. Diese führen u. a. dazu, dass die Person das unmittelbar zuvor Gehörte oder Erlebte nicht wiederzugeben vermag, z. B. Zahlen nicht nachsprechen kann. Typischerweise aber beschreibt der Begriff der Amnesie eine Störung des *Langzeitgedächtnisses*, so auch beim Substanzmissbrauch. Dieser kann, abhängig von der Art der Droge, zu jeweils kennzeichnenden Beeinträchtigungen des Gedächtnisses im Langzeitbereich führen, wobei Gedächtnislücken nicht selten durch angebliche Erinnerungen (Konfabulationen) aufgefüllt werden.

b. Handelt es sich um eine für verschiedene Amnesieformen (s. auch Punkt 3) charakteristische *Störung des Langzeitgedächtnisses*, so können sich diese Ausfälle auf verschiedene Zeiträume beziehen: Eine als „global" charakterisierte Amnesie (s. auch Punkt 4) betrifft z. B. sowohl die anterograde als auch retrograde Zeitspanne. Das bedeutet, es sind hier sowohl neue Gedächtnisinhalte als auch die Erinnerungsfähigkeit für Vergangenes betroffen bzw. für das Individuum verloren. Der Begriff der *anterograden Amnesie* bezieht sich entsprechend auf Probleme bei der Bildung eines Neugedächtnisses *für etwas oder jemanden*, stellt also eine gestörte Neugedächtnisbildung, eine sog. Merkschwäche, dar. Eine *retrograde Amnesie* betrifft die Vergangenheit und beschreibt den Sachverhalt einer gestörten Erinnerungsfähigkeit *für etwas oder jemanden*. Hierbei gilt, je schwerer die Amnesie, desto länger erstreckt sich der Zeitraum der Gedächtnislücke(n) in die persönliche Ferne.

c. Eine Amnesie kann außerdem in allen Ausprägungen hinsichtlich des spezifischen zeitgebundenenen Gedächtnistyps (Kurz- oder Langzeitgedächtnis) und der Lebenszeit eines Menschen, die sie umfasst (global, bzw. anterograd und/oder retrograd verlaufend) zeitlich begrenzt sein, also *transient* verlaufen oder zeitlich unbegrenzt (*persistent*) sein.

3. Die inhaltliche Differenzierung von Amnesien erfolgt meist parallel zu einer *domänenspezifische Differenzierung* ausgewählter ▶ Gedächtnissysteme gängiger kognitionswissenschaftlicher und/oder neurowissenschaftliche Ansätze. So differenziert z. B. eine häufig getroffene Unterscheidung Störungen im Hinblick auf das *episodische bzw. autobiografische Gedächtnis* sowie das sog. *Kenntnissystem*, das eine gedachte Verbindung von semantisch-grammatikalischem Wissen und dem Wissen um allgemeine Zusammenhänge beschreibt. Andere Störungsbilder gängiger Gedächtnissysteme, z. B. die des *prozeduralen Gedächtnisses* – das ist eine hypothetische Zusammenführung erinnerter Fertigkeiten und der ebenfalls erinnerten Fähigkeit zu deren (emotional) angemessenen und angepassten motorischen Ausführung –, werden teils als eine Form „motorischer Amnesie" bezeichnet, teils unter dem Begriff der *Apraxie* abgehandelt, also als eine Störung bei der Ausführung zielgerichteter, willkürlicher Bewegungen betrachtet.

Wenig gebräuchlich schließlich ist die Verwendung des Begriffs der Amnesie im Falle eines ebenfalls häufig beschriebenen Gedächtnistyps, des ▶ Priming; darunter versteht man eine erhöhte kontextbezogene Wahrscheinlichkeit, einen Reiz wiederzuerkennen, dem man bewusst oder unbewusst zuvor bereits ausgesetzt war. Hier wird es als schwierig angesehen, zwischen bewusster und nicht bewusster Wahrnehmung und zwischen Aufmerksamkeits- und Gedächtnisvariablen zu unterscheiden. Der Begriff der Amnesie steht somit meist für eine *partielle Beeinträchtigung der Erinnerungsfähigkeit von Gegenständen des deklarativen Gedächtnisses*. Hierbei kann es aber durchaus zu einer *modalitätsspezifischen Differenzierung* kommen, d. h., die Amnesie kann sich auf Inhalte beschränken, die mittels eines bestimmten Sinnesorgans aufgenommen wurden. Eine Amnesie kann (darüber hinaus) auch *materialspezifisch* sein, sich also auf ganz bestimmte Themengebiete des eigenen Erlebens beziehen, z. B. solche, die im Zusammenhang mit einer besonderen Erfahrung stehen.

Und zu guter Letzt kann sie auch *zustandsabhängig* sein, d. h. nur Inhalte umfassen, die während eines bestimmten Geisteszustands erfahren wurden.

4. Der Begriff der Amnesie umfasst neben den genannten Varianten einer Beeinträchtigung, die zwischen *globaler*[1] *und partieller Merk- und Erinnerungsschwäche* meist deklarativer

---

1 Heute verzichtet man allerdings meist auf den früher üblichen Ausdruck der *globalen Amnesie*, der einen vollkommenen, zeitüberdauernden anterograden und retrograden Gedächtnisverlust bezeichnet, zugunsten einer Vielfalt von Begrifflichkeiten, die bestimmte *partielle Amnesien* (s. Punkt 3) beschreiben (vgl. Markowitsch und Staniloiu 2012).

Erklärung ausgewählter Fachbegriffe

Gedächtnisinhalte denkbar sind, auch weitere mögliche Ursachen. So werden Ausfälle z. B. auch verschiedenen Ursachen zugeschrieben, etwa *Störungen* bzw. *zeitweisen Blockaden* des *Abrufes oder der Reproduktion*, oder sie werden auf Interferenzen in gedachten, sog. *verteilten dynamischen neuronalen Netzwerken* innerhalb des Gehirns zurückgeführt. Die Beschreibung einer Amnesie erfolgt somit – anders als die des „normalen Vergessens" – im Rahmen der experimentellen oder kognitiven Psychologie nicht allein durch eine möglichst genaue Erfassung der jeweils „gestörten" Gedächtnisleistung.

Zur Beschreibung von Amnesien werden auch Begrifflichkeiten einer „Negativsymptomatik" – verschiedene Formen von Erinnerungslücken, z. B. einer lakunären Amnesie, einer psychogenen oder dissoziativen Fugue bzw. einer posthypnotischen Amnesie – verwendet und durch Termini einer „Positivsymptomatik" – *false memories* und/oder Konfabulation – ergänzt. Sowohl positive und als auch negative Symptome werden als *Formen oder Versuche der Kompensation des jeweiligen systembedingten Störungsbildes* angesehen und weisen so dem Begriff der Amnesie immer auch eine Bedeutung jenseits des alltäglichen Vergessens zu.

5. In dem Maße, wie der Begriff der Amnesie (auch) zur Beschreibung von ungewöhnlichen oder krankhaften Geisteszuständen verwendet wird, ist auch eine Abgrenzung von Begrifflichkeiten anderen Störungsbildern nötig. So sind z. B. im Unterschied zu Demenzpatienten bei amnestischen Personen andere Dimensionen der Persönlichkeit nicht primär betroffen. Das bedeutet, dass sowohl die Intelligenz als auch die ▶ Aufmerksamkeit sowie das Bewusstsein des Individuums oft als unbeeinträchtigt angegeben werden.

- **Antigen**

Ein Antigen ist ein in der belebten oder unbelebten Natur vorkommendes Molekül partikulärer Substanz, das den Körper über Verdauungstrakt, Atemwege oder Haut erreicht und gegen das eine ▶ Immunantwort gebildet wird. Zu Antigenen gehören z. B. ▶ Proteine, Kohlenhydrate, Polymere, ▶ Aminosäuren, Lipide und Nucleinsäuren. Die Region eines Antigens, die an einen einzelnen ▶ Antikörper bindet, die antigene Determinante, bezeichnet man als ▶ Epitop. Hier erfolgt die Assoziation von Antigen und Antikörper zu einem Antigen-Antikörper-Komplex (AAK).

- **Antigenpräsentation**

Eine Antigenpräsentation geschieht durch antigenpräsentierende Zellen (*antigen-processing cells*, APC). Darunter fasst man alle Zellen, die in Verbindung mit einem ▶ MHC-Molekül ▶ Antigene auf ihrer Oberfläche der Plasmamembran präsentieren und diese T-Lymphocyten zur Erkennung anbieten. Zu antigenpräsentierenden Zellen gehören ▶ Makrophagen und *dendritische Zellen*, zu denen eine nicht phagocytierende, sich u. a. durch eine hohe Konzentration von MHC-Klasse-II-Molekülen (▶ MHC-Moleküle) auszeichnende Untergruppe antigenpräsentierender Zellen gehören.

- **Antikörper**

Die humorale ▶ Immunantwort wird durch Antikörpermoleküle vermittelt, die von Plasmazellen, d. h. ▶ Effektorzellen, die der Produktion und Sekretion von Antikörpern dienen, sezerniert werden. Die ▶ Bindung eines ▶ Antigens an den B-Zell-Rezeptor wirkt auf die ▶ B-Zelle zunächst wie ein Signal der Differenzierung zur Plasmazelle. Indem nämlich das Antigen in ▶ Peptide zerlegt wird, werden ▶ T-Helferzellen aktiviert, sodass die B-Zelle proliferiert und sich zu Plasmazellen differenziert, die dann spezifische Antikörper sezernieren.

Antikörper können
- die toxischen Effekte oder die Infektiosität von Pathogenen hemmen, indem sie sich an diese binden (*Neutralisierung*),
- durch ein Einhüllen der Pathogene es den *akzessorischen Zellen* ermöglichen, das Pathogen aufzunehmen und abzutöten (*Opsonisierung*), und
- die *Komplementkaskade* von ▶ Proteinen auslösen, welche die Opsonisierung verstärkt und die Bakterienzellen direkt zerstören kann.

- **Archaisches Erbe**

Darunter versteht man eine ererbte Disposition zu bestimmten Gedankengängen und Vorstellung, die sich aus den Erfahrungen der Vorfahren ableiten. Sie werden im kollektriven Unbewussten jedes Einzelnen aufbewahrt und beeinflussen von dort aus Träume, D

Darunter versteht man eine ererbte Disposition zu bestimmten Gedankengängen und Vorstellungen, die sich aus den Erfahrungen der Vorfahren ableiten. Sie werden im kollektiven Unbewussten jedes Einzelnen aufbewahrt und beeinflussen von dort aus Träume, Denken und Handeln (vgl. Peters 1997).

- **Arousal**

Unter Arousal versteht man in der Psychologie das neuronale Erregungsniveau eines Subjekts, gemessen in der Veränderungsbereitschaft des Verhaltens im Wachzustand, der ▶ Aufmerksamkeit und der Energiemobilisierung für geplante Handlungen.

- **Assoziation**

Der Begriff der Assoziation (lat: die Verknüpfung zweier oder mehrerer Erlebnisbestandteile) beschreibt die Tendenz, mit einem Erlebnis andere, früher im Zusammenhang mit ihm aufgetretene Erlebnisse wieder ins Bewusstsein zu rufen. Der Ausdruck steht allgemein für die Grundhaltung, jeglichen Erfahrungszuwachs, also jegliches Lernen, auf eine Verknüpfung einzelner Elemente zurückzuführen.

- **Atrophie**

Mit Atrophie bezeichnet man einen erkennbaren Gewebeschwund, bedingt durch Absterben von Nervenzellen mit oder ohne weitere Veränderung der Zellstruktur. Dies geschieht z. B. in Form der Abnahme der Nervenzellzahl, der Verästelung der ▶ Dendriten oder Anzahl der Dornen der verbleibenden ▶ Neuronen. Zu den möglichen Ursachen zählen, Störung der Blutversorgung, Innervationsstörungen, altersbedingte Störungen, Alkoholismus etc.

- **Aufmerksamkeit**

Aufmerksamkeit beschreibt den Prozess der Selektion aus einer Vielfalt aus Wahrnehmungsinformationen. In der Psychologie wird die funktionale Bedeutung von Aufmerksamkeit auf verschiedene Weisen gedeutet, z. B. mit der Zuweisung begrenzter Ressourcen des Bewusstseins auf bestimmte Handlungen. ▶ Wahrnehmungen sind somit immer verbunden mit einer entsprechenden Unaufmerksamkeit den Gegenständen gegenüber, die nicht im Fokus der Aufmerksamkeit liegen.

- **Autoimmunität**

Mit Autoimmunität beschreibt man den Sachverhalt, dass der Organismus aufgrund einer Fehlregulation innerhalb des ▶ Immunsystems nicht in der Lage ist, Teile des eigenen Körpers als solche zu erkennen. Deutlich wird diese Unfähigkeit daran, dass ▶ Antikörper produziert werden, die sich gegen körpereigenes Gewebe richten.

Erklärung ausgewählter Fachbegriffe

- **Autopoesis**

Das Kunstwort „Autopoesis" (gr. *Autos* = selbst, gr. *Poein* = schaffen, erzeugen) hat der chilenische Neurobiologe Humberto Maturana (Varela und Maturana 1972) geprägt, um damit Autonomie und zirkuläre Organisation lebender im Unterschied zu unbelebter Materie zu charakterisieren. Der Begriff beschreibt somit die Eigenschaft biotischer Systeme, sich selbst durch die sog. Selbstorganisation und Selbstanordnung unter Beibehaltung der Struktur und deren Eigenschaften neu zu verorten. Dazu gehört z. B. das ZNS bzw. das Gehirn, das sich auch in wechselnden Beziehungen zur Umwelt voll funktionsfähig erhalten und entwickeln kann. Das entscheidende Charakteristikum autopoetischer Systeme ist aber nicht nur, dass sich ein (Teil-)Organismus über die Herstellung seiner Komponenten zirkulär selbst erzeugt. Es liegen auch immer von vornherein die Grenzen fest. Das bedeutet, ein möglicher Strukturwandel entfaltet sich in den vom Organismus selbst definierten Möglichkeiten.

Autopoetische Systeme sind somit am ehesten als *strukturplastische, aber organisationsinvariante Systeme* zu betrachten, d. h., die Identität bleibt so lange gewahrt, wie es eine bestimmte Organisation invariant hält. In der Psychologie sind autopoetische Systeme auf Ebene der Selbstreferenz und Kognition – diese arbeiten nach systemimmanenten Gesetzen – als geschlossen zu betrachten. (Energetisch gesehen werden sie hingegen als offen bezeichnet, da Energie und Materie aus der Umwelt aufgenommen werden müssen.)

Viele Prozesse unseres kognitiven Apparats lassen sich z. B. auf diese Weise verstehen. Das bedeutet, dieser „Apparat" erzeugt die Bedingungen seines Bestehens immer wieder selbst, eignet sich an, was diesem Funktionieren dienlich ist, und schließt aus, was diesem Prozess zuwiderläuft. Erklärt werden soll damit die inhärente Tendenz von uns Menschen,
▶ Wahrnehmungen von Gegebenheiten, die nicht in unser Konzept passen, auszuschließen bzw. durch
▶ Aufmerksamkeit manche besonders hervorzuholen.

- **Avidität**

Die Avidität ist Ausdruck für die funktionelle Bindungskraft zwischen Antikörper und Antigen. Diese Bindungsfestigkeit zwischen Antigenen und Antikörpern wird durch multivalente Antigene, also solche mit *mehreren* Epitopen, und durch multivalente Antikörper verstärkt.

- **Bindung**

Das Problem (neuronaler) Bindung, durch das (irgend-)ein physiologischer Prozess in ein *kohärentes sensorisches Perzept* umgewandelt wird, wirft verschiedene Fragen auf:
— Wie werden z. B. gerade die relevanten Elemente (unter vielen anderen) ausgewählt (*parsing*)?
— Wodurch wird markiert, dass sie nun zusammengehören (*encoding*)?
— Wodurch wird sichergestellt, dass die einzelnen Elemente, einmal markiert, auch in dieser Konfiguration verbleiben (*mapping*)?
— Wie können sie unter anderen Aspekten in andere Systeme eingebunden werden, ohne dass sie ihre Spezifität verlieren (*flexibility*)?

Mit „Bindungsproblem" bezeichnet man somit die Schwierigkeit *und* gleichzeitige Notwendigkeit einer gemeinsamen Verarbeitung der in verschiedenen Arealen/Strukturen des Gehirns vorliegenden Teilinformationen, da mögliche Kombinationen immer eine große Mehrdeutigkeit aufweisen können und es *irgendeiner (sich selbst organisierenden) Kraft* bedarf, welche die Inhalte aus Gegenwart, Vergangenheit und prospektiver Zukunft so zusammenfügt, dass etwas Wahrgenommenes in eine sinnvolle Beziehung zur Erfahrungen und Wünschen eines Individuums gebracht werden kann.

Als eine Lösungsmöglichkeit für das Problem wird eine *präzise Synchronisation* der Aktionspotenziale derjenigen Nervenzellen angenommen, die zusammengehörige Teilinformationen repräsentieren, wobei je nach Wahrnehmungsvorgang (z. B. bei bistabilen Bildern) die gleichen Zellen durchaus im Kontext verschiedener Bedeutungen aktiv sein können. Das Bindungsproblem liegt in diesem Fall in der Frage begründet, wie zusammengehörige Neuronenpopulationen im *Kontext des Augenblicks* zu Netzwerken zusammengefasst werden können, die ihrerseits wiederum Grundlage einer Weiterverarbeitung sind (z. B. der sprachlichen Erfassung dessen, was „gesehen" wurde).

Ein tragfähiges theoretisches Konzept wird in der Synchronisation von Schwingungen gesehen, der sog. 40–70-Hz-Oszillation. Die Vorgänge im Gehirn, die über diese Gamma-Oszillationen (Schwingungen zwischen 40 und 70 Hz) verbunden sind, kann man am ehesten mit der Bildung von Sätzen vergleichen. Nimmt man z. B. an, dass eine Gruppe von Nervenzellen für eine „Silbe" steht, dann gilt es, diese Gruppe mit anderen so zu verbinden, dass ein „Wort" gebildet wird. Die notwendigen Bindungsfunktionen, also die schnelle und beliebige Verbindung von einzelnen Neuronengruppen, erfordern *Synchronisation von Schwingungen*. (Schwingungen werden deshalb gefordert, weil es sehr viel leichter ist, schwingende Prozesse zu synchronisieren als stochastische.) Man kann sich nun vorstellen, dass in der Großhirnrinde, die mit einer großen Präzision im Millisekundenbereich arbeitet, die ▶ Neuronen, die für das gleiche Objekt codierend sind, auch ihre Entladungen synchron weitergeben. Dies ist für alle nachgeschalteten Zellen eine eindeutige Botschaft der Zusammengehörigkeit. Denn da synchrone Aktivität besonders stark wirkt, d. h. die vernetzten Neuronen, die gemeinsam schwingen, unterscheiden sie sich darin von der ungeheuren Vielfalt möglicher anderer Vernetzungen, d. h., sie setzen sich als *besonderes räumlich-zeitliches Erregungsmuster* davon ab.

- **B-Zellen**

B-Zellen sind Teil der Lymphocytenpopulation, der sich zu antikörperbildenden Plasmazellen ausdifferenziert. Konventionelle B-Zellen werden während des Lebens immer durch neue Zellen aus dem Knochenmark ersetzt. Diese sind nicht nur ihrerseits in mehrere Populationen zu unterteilen, sondern haben auch je nach Zelltyp im lymphatischen Gewebe einen charakteristischen Standort. Durch Umordnung von Genketten wird ein Rezeptorrepertoire hergestellt, das im Wesentlichen zufällig ist und unabhängig vom Zusammentreffen mit ▶ Antigenen. Während unreife B-Zellen, die die im Knochenmark Antigene binden, absterben, wird durch *reife B-Zellen* die Aufrechterhaltung der *Selbsttoleranz* durch deren Abhängigkeit von Signalen von ▶ T-Helferzellen sichergestellt. Reife B-Zellen, die ▶ Immunglobuline exprimieren, verlassen das Knochenmark und zirkulieren durch die lymphatischen Organe. Sie sammeln sich in Lymphfollikeln und bilden Keimzentren. Dort proliferieren sie, und ihre Immunglobuline erfahren durch Hypermutationen weitere Veränderungen. B-Zellen differenzieren sich zum großen Teil zu Plasmazellen, die große Antikörpermengen freisetzen, wobei auch noch während der Differenzierung der aktivierten B-Zelle im Antikörpermolekül verschiedene Veränderungen auftreten können. Die Aktivierung von B-Zellen durch die Antigene erfordert meist nicht nur die Bindung des Antigens an Oberflächenimmunglobuline der B-Zelle, sondern gleichzeitig auch eine Wechselwirkung mit antigenspezifischen T-Helferzellen. Ein kleiner Teil der B-Zellen differenziert sich zu langlebigen Gedächtniszellen (▶ immunologisches Gedächtnis), die dem ständigen Immunschutz gewidmet sind.

- **Calciumionen**

Calciumionen ($Ca^{++}$) sind für die Funktion des Zentralnervensystems (ZNS) unverzichtbar. Der Einstrom von Calciumionen durch regulierte Ionenkanäle der Membran beeinflusst viele neuronale Stoffwechselprozesse und löst u. a. die Ausschüttung von Neurotransmittern aus.

Erklärung ausgewählter Fachbegriffe

- **CD (Cluster of Differentiation)**

Mit CD werden Zellen bezeichnet, die mit bestimmten immunphänotypischen Zelloberflächenkennzeichen versehen sind, die als Leukocytendifferenzierungsantigene bezeichnet werden. Bei den Oberflächenmerkmalen handelt es sich um Moleküle, meist membrangebundene Glykoproteine, die zellspezifisch exprimiert werden und die sich durch bestimmte Rezeptor- bzw. Signalfunktionen auszeichnen. Dies erlaubt eine funktionelle Einteilung z. B. in CD-4-Zellen (T-Helferzellen,), CD-8-Zellen (T-Suppressorzellen).

- **Chromatin**

Mit Chromatin (gr. *Chroma* = die Farbe) bezeichnet man das färbbare Material im Inneren des Zellkerns, bestehend aus zwei Komponenten: einem DNA-RNA-Gemisch und ▶ Proteinen, hauptsächlich ▶ Histonen, also Eiweißen, die den DNA-Faden adaptiv und variabel verpacken.

Die langen, dünnen Chromatinfäden von etwa 8 cm Länge liegen normalerweise als eine Art locker zusammengeknüllter Codestreifen im Nucleolus von etwa einigen Tausendstel Millimeter Durchmesser und sind eingebunden in die Grundverpackungseinheit des Chromatins, das ▶ Nucleosom. Durch die Umwickelung der Histonkerne reduziert sich die Länge des DNA-Fadens auf etwa ein Drittel. In dieser als Ruhezustand bezeichneten Form ist das ▶ Chromosom nicht arbeitsfähig. Dazu muss die Faltung zu der stäbchenartigen Form gelockert werden, in der man Chromosomen gemeinhin darstellt. Beides, das *genetische Baumaterial* und das *epigenetische Umfeld*, das Nucleosom, sind somit strukturell und funktionell aufs Engste miteinander verknüpft. ▶ DNA und Nucleosom, also Genetik und ▶ Epigenetik, stehen zueinander etwa im Verhältnis wie eine Festplatte eines Computers und dessen Betriebssystem. Ohne dieses „System" – hier das Nucleosom – könnte die DNA-Maschinerie nicht funktionieren, ohne die DNA aber würden die Methylierungen, verstanden als das Interaktionsnetzwerk des Chromatins, und die etwa 30 Mio. menschlichen Nucleosomen mit all ihren Modifikationen, Markierungen und Varianten nichts bewirken können. Nur im Chromatin vereint steuern sie einen an die Umwelt angepassten Prozess, der aus einer einzigen Zelle schließlich ein funktionierendes überlebensfähiges Lebewesen formt.

Die Gesamtheit des Chromatins enthält heutiger Lesart nach unter Umständen drei verschiedene Codes:
1. Der klassische ▶ genetische Code enthält in Gestalt der Basensequenz der DNA die Informationen für den Bau von Proteinen (und ▶ RNA), wobei ein Basentriplett jeweils eine ▶ Aminosäure codiert. Diese proteincodierenden Sequenzen machen allerdings nur einen geringen Teil des ▶ Genoms aus.
2. Ein weiterer Code, der ebenfalls in der DNA-Sequenz enthalten ist, steuert die Positionierung der ▶ Nucleosomen.
3. Der Histoncode entsteht durch den Einbau von Histonvarianten (und die Modifikation der sog. Histonschwänze).

Somit leiten sich RNA und Proteine zwar von der DNA ab, sie tragen aber durchaus die Möglichkeit späterer Modifikationen in sich. Innerhalb gewisser Grenzen zumindest kann diese Modifikation einen Abgleich mit bestimmten Umwelterfordernissen ermöglichen, ohne dass dazu die Sequenz der DNA angetastet wird (▶ Epigenetik).

- **Chromatinstruktur**

Die Chromatinstruktur hat eine direkte Auswirkung auf die Transkriptionskontrolle von Genen. Entsprechend sind Änderungen dieser Struktur, z. B. in der elektrostatischen Wechselwirkung zwischen ▶ DNA und Chromatinstruktur, immer auch für die Bindung von Transkriptionsfaktoren an regulatorische Einheiten eines Gens von Bedeutung. So führt z. B. eine Histonacetylierung (▶ Histone) zu einer Verringerung dieser elektrostatischen Wechselwirkung und damit zu einer gewissen Öffnung der Chromatinstruktur, wohin eine Methylierung sowohl positiv als auch negativ mit der Öffnung der Chromatinstruktur korrelieren kann, je nachdem welche Methylierungszustände vorherrschen.

- **Chromosomen**

Chromosomen (gr. *Chroma* = die Farbe, gr. *Soma* = der Körper) sind Strukturen, in denen sich das *Erbmaterial einer Zelle* befindet. Chromosomen eukaryotischer Zellen, also Zellen von Lebewesen, deren Zellen einen Zellkern besitzen, können im Zellkern mittels eines Lichtmikroskops sichtbar werden, was den Namen „farbiger Körper" erklärt. Chromosomen bestehen aus Chromatiden. Damit bezeichnet man eine elementare, in der Zelle nicht unterteilbare Längeneinheit des Chromosoms, die eine DNA-Doppelhelix enthält. Menschen besitzen 22 solcher Paare *autosomaler Chromosomen*, hinzu kommt ein Paar Geschlechtschromosomen. Entsprechend heißen auch genetische Erkrankungen, die nicht an das Geschlechtschromosom gebunden sind, *autosomale Erkrankungen*.

Jedes Exemplar eines neu verdoppelten Chromosoms von einem Chromosomenpaar kann während der Meiose ein Crossing-over mit einem Chromatid eines homologen Chromosoms aufweisen. Jedes Chromosom besitzt ein *Centromer* (gr. *Kentron* = der Mittelpunkt, gr. *Meros* = der Teil), die *Spindelansatzstelle des Chromosoms*. (Dabei wird bei jedem Chromosom der sog. *kurze Arm* oberhalb des Centromers mit *p*, der sog. *lange Arm* unterhalb des Centromers mit *q* bezeichnet.) Erleichtert wird eine Identifikation bestimmter Genorte auf dem Chromosom durch sog. *Banden*. Diese entstehen durch jeweils charakteristische Querbandenmuster und werden zur Identifikation des Chromosoms und zur Beschreibung von Genen verwendet. Insgesamt können dadurch bestimmte Chromosomenabschnitte mittels der Chromosomennummer, des Chromosomenarmes und der Bande charakterisiert werden. So weist z. B. die Bezeichnung 1p36 auf die Bande 6 in Region 3 des *p*-Armes von Chromosom 1 hin.

Chromosomen enthalten neben den Strukturen der ▶ DNA, in denen die Gene lokalisiert sind, immer auch Substanzen (▶ Histone), die das Gerüst der Doppelhelix bilden, das ▶ Chromatin. Man könnte sagen, sie bestehen gewissermaßen zu gleichen Teilen aus ▶ Proteinen *und* aus den festen Basenpaarungen, Adenosin + Thymin, Cytosin + Guanin, der DNA. Alle genetisch relevanten Veränderungen in einer Zelle, die den DNA-Code unberührt lassen und sich nur auf das „Eiweißgerüst" beziehen, bezeichnet man als epigenetische Vorgänge (▶ Epigenetik).

- **Cytokine**

Zellen des ▶ Immunsystems stimulieren einander oder betroffene Körperzellen durch Cytokine. (Früher bezeichnete man diese Gruppe von Molekülen, die von ▶ Lymphocyten gebildet werden und bei der Kommunikation von Zellen aktiv sind, als *Lymphokine*, weil man annahm, nur sie sorgten als humorale Faktoren für eine Kooperation zwischen den einzelnen Lymphocytenpopulationen. Heute bezeichnet man diese Moleküle als Cytokine, da sie nicht ausschließlich von Lymphocyten produziert werden.) Cytokine gehören zu einer Gruppe löslicher Polypeptide, die generell Wachstum, Funktion und Differenzierung vieler Zellen kontrollieren und koordinieren, so z. B. bei der Zellproliferation und der Zelldifferenzierung während der Hirnentwicklung des Embryos. (Der Nervenwachstumsfaktor, Nerve Growth Factor [NGF], gehört zu den Cytokinen.) Cytokine dienen u. a. als *Mediatoren bei entzündlichen Prozesse*, indem sie auf der Oberfläche ihrer jeweiligen Zielzellen über spezifische Rezeptoren Signale übermitteln.

Erklärung ausgewählter Fachbegriffe

Zu den bekanntesten Cytokinen gehören spezifische Gruppen von Interleukinen, Interferon und der Tumornekrosefaktor. *Interleukin 1* wird hauptsächlich von ▶ Makrophagen freigesetzt. Es aktiviert T-Helferzellen und B-Zellen. *Interleukin 2* wird von cytotoxischen T-Lymphocyten gebildet, aber auch von T-Helferzellen vom Typ TH1 und TH2. Interleukin 2 ist nicht nur wesentlich für die T-Zell-Proliferation, sondern auch für die Aktivierung von B-Zellen und Makrophagen sowie die Differenzierung von natürlichen ▶ Killerzellen stimuliert aber auch Suppressorzellen und TH2-Zellen. Es nimmt also auch gegenregulatorische Maßnahmen wahr. *Interleukin 4* wird im Wesentlichen von TH-2-Zellen gebildet. Es wirkt hemmend auf die T-Helferzellen vom Typ TH1 und Makrophagen, unterstützt aber andererseits die Differenzierung von B-Lymphocyten. *Interleukin 10* wird von Helferzellen des Typs TH2 freigegeben und ist in seiner Wirkung sowohl hemmend als auch aktivierend auf T-Helferzellen vom Typ TH1.

- **Cytoplasma**

Mit Cytoplasma bezeichnet man die Gesamtheit dessen, was sich innerhalb der Zellmembran einer Zelle befindet, also alle gelösten (z. B. im Cytosol gelöste Proteine) und festen Stoffe (z. B. das Cytoskelett) inklusive der Organellen (z. B. Mitochondrien), die sich im Inneren der Zelle befinden.

- **Cytotoxische Zellen**

Cytotoxische Zellen haben die Möglichkeit, andere Zellen zu zerstören (▶ Killerzellen, natürliche Killerzellen, cytotoxische ▶ T-Zellen, ▶ Makrophagen). Die Cytotoxizität kann antikörperabhängig erfolgen (sog. antikörperabhängige zellvermittelte Cytotoxizität), indem spezifische ▶ Antikörper, also humorale Abwehrmechanismen, und Killerzellen, also zelluläre Abwehrmechanismen, gemeinsam aktiv werden. Spezifische Antikörper binden sich an Membrandeterminanten der K-Zellen, die ihrerseits einen Rezeptor für den sog. Fc-Teil der Antikörper besitzen. Dadurch wird die zu vernichtende Zielzelle fest an die ▶ Effektorzelle (die K-Zelle) gebunden und kann von dieser durch cytotoxisch aktive Verbindungen vernichtet werden.

- **Dendriten**

Dendriten sind astartige Fortsätze des reizaufnehmenden Teiles der Nervenzelle. Durch sie werden Informationen zum Soma weitergeleitet. Je nach Anzahl und Verzweigung der Dendriten erhöht sich dadurch die informationsaufnehmende Oberfläche. Eine zusätzliche Vergrößerung bieten die sog. Dornen an den Dendriten, d. h. kleine Auswölbungen, die u. a. in Abhängigkeit von der Aktivität eines ▶ Neurons gebildet werden und damit ggf. zu einer Verstärkung einer synaptischen Verknüpfung führen. Dornen gelten als *die* plastischen neuroanatomischen Substrukturen, die überdauernde Verhaltensänderungen abzubilden vermögen.

- **Depolarisation**

Unter Depolarisation versteht man eine reizbedingte Verringerung des ▶ Ruhepotenzials. Bedingt wird diese Reduktion der Membranspannung in der Regel durch die Ausschüttung einer Transmittersubstanz an der ▶ Synapse, denn dadurch kommt es u. a. zu einer spannungsgesteuerten Öffnung von Natrium-Ionen-Kanälen. Ab einem bestimmten Schwellenwert der dadurch verursachten Depolarisation wird ein Aktionspotenzial ausgelöst.

- **Dissoziative Störungen**

Unter diesem Begriff fasst man ein verändertes Identitätsbewusstsein, mitbedingt durch eine Veränderung in der Kontrolle der ▶ Wahrnehmung, des ▶ Gedächtnisses und der Kontrolle von Körperbewegungen. An sich zusammengehörende Informationen über ▶ Empfindungen

Gedanken, Erinnerungen etc. können deshalb im Bewusstsein der Person unter Umständen nicht mehr zusammengefügt werden.

- **DNA (Desoxyribonucleinsäure)**

Bereits im 19. Jahrhundert wurde entdeckt, dass sich im Zellkern „Säuren", die „Kernsäuren", befinden, die sich in vier verschiedene Bausteine, ▶ Nucleotide genannt, zerlegen ließen. Jedes Nucleotid besteht aus einer von vier Kernsäuren (Guanin, Cytosin, Thymin, Adenin), einem Zucker und einer Phosphatgruppe. Im Jahr 1953 schlugen James Watson und Francis Crick für die DNA eine molekulare Struktur, die ▶ Doppelhelix, vor, die erklären kann, wie Gene sich selbst verdoppeln und auf welche Weise die DNA ▶ Proteine codiert. Die genetische Information des Menschen ist auf 23 fadenförmige DNA-Molekülen (Chromatiden) verteilt, die etwa 250 Mio. Nucleotidpaare umfassen und einzeln, wären sie nicht verknäuelt, zwischen 1,7 und 8,5 cm lang sind. Die typische gewundene Form erreicht die Dann, indem sie um kugelförmige Proteine, ▶ Histone genannt, gewickelt wird. Der Chromatinfaden, bestehend aus DNA-bindenden Proteinen, umhüllt die DNA.

- **Doppelhelix**

Die Doppelhelix beschreibt die Organisation der (Pyridin-)Basenpaare der ▶ DNA als Stufen der hypothetischen „Wendeltreppe" dieses Polynucleotids, die aus einer festliegenden Zweierverbindung der Kernsäuren Adenin + Thymin oder Cytosin + Guanin entstehen und durch Wasserstoffbrücken zusammengehalten werden. Eine Sequenz von drei Basenpaaren, ein sog. Triplett, gilt als Codierungseinheit. Auf diese Weise wird u. a. die Abfolge bestimmter ▶ Aminosäuren codiert, die der Proteinherstellung dienen. Eine besondere, psychologisch relevante Bedeutung im Rahmen der ▶ Epigenetik kommt dabei Cytosin zu: Bestimmte Methylgruppen heften sich bevorzugt an Cytosin und können so die Aktivität des entsprechenden ▶ Gens beeinflussen, es gewissermaßen *aus-* bzw. *anschalten*.

- **Dorn**

Kleiner Fortsatz an den dendritischen Endigungen von Nervenzellen auf den die Synapsen anderer Nervenzellen aufschalten.

- **EEG (Elektroencephalografie)**

Das EEG ist eine Summenpotenzialableitung, die sich den Stromfluss durch den Extrazellulärraum zunutze macht, der an großen Zellen entsteht. Gemessen wird die durch den transmembranen Stromfluss verursachte Spannungsdifferenz zwischen Mess- und Referenzelektrode. Bei dieser Standardmethode werden an definierten Positionen (dem 10/20-System) an der Kopfhaut Oberflächenelektroden angebracht, um Potenzialdifferenzen (meist unter 100 mV) zu erfassen. Spannungsunterschiede werden entweder gegen eine Referenzelektrode (z. B. am Ohr) – man spricht dann von *unipolarer Ableitung* – oder gegen eine andere EEG-Elektrode bzw. gegen gemittelte benachbarte Elektroden erfasst – man spricht dann von *bipolarer Ableitung* bzw. Quellenableitung.

In das EEG gehen Wellen mit unterschiedlicher Frequenz ein, weshalb man verschiedene Frequenzbänder unterscheidet:
— Beta: 14–30 Hz
— Alpha: 8–13 Hz
— Theta: 4–7 Hz
— Delta und Subdelta: Unter 4 Hz

Bei 80 % der gesunden Erwachsenen überwiegt im entspannten Wachzustand ein Alpha-Rhythmus, der während Aufmerksamkeitsvorgängen unterdrückt wird. Aufgrund der komplizierten räumlichen Struktur der leitenden Medien (Hirn, Liquor, Hirnhäute, Knochen, Bindegewebe und Muskeln) sind Zuordnungen vom Ort der EEG-Veränderungen und pathologischen Prozessen nur annäherungsweise möglich.

- **Effektorzellen**

Effektorzellen sind Immunzellen, die sich an der Abwehr gegen ▶ Antigene beteiligen. Sie können eine Vielfalt von Funktionen ausüben. Zu ihren wichtigsten gehört das Töten infizierender Zellen durch cytotoxische CD8-T-Zellen und die Aktivierung von ▶ Makrophagen durch inflammatorische CD4-T-Zellen. Eine ausdifferenzierte ▶ B-Zelle, Plasmazelle genannt, ist z. B. eine Effektorzelle. Die Lebensdauer einer Plasmazelle – sie teilt sich nicht mehr – beträgt etwa vier bis fünf Tage. Plasmazellen sind die „effektivsten" Antikörperproduzenten (▶ Antikörper).

- **Ekphorie**

Mit Ekphorie wird ein Prozess charakterisiert, durch den Abrufreize mit gespeicherter Information so in Wechselwirkung treten, dass ein Bild oder eine Repräsentanz der fraglichen Information auftaucht. Abrufreize können dabei durch andere Gedankenassoziationen entstehen oder die Form von Umweltreizen haben. Sind die Abrufreize sehr verschieden von den eingespeicherten Reizen, kommt es zu Erinnerungsverfälschungen. Hierfür ist auch verantwortlich, dass wir uns als Erwachsene kaum mehr an Ereignisse aus unserer frühen Kindheit erinnern (▶ infantile Amnesie).

- **Elektrophysiologie**

Im Rahmen der Elektrophysiologie untersucht man die Eigenschaften von Nervenzellen bei der elektrochemischen Signalübertragung.

- **Embodiment**

Der Begriff des Embodiment beschreibt die Idee, dass sich *der Geist nur vom Körper her begreifen lässt*. Dies bedeutet z. B., dass jede Form der Intelligenz einen Körper benötigt, durch den sie zum Ausdruck kommen kann. Diese Auffassung ist der klassischen Interpretation der Intelligenz als „Computation" diametral entgegengesetzt und wird als „neue Wende" in der Kognitionswissenschaft betrachtet. Die Einbeziehung einer Wechselwirkung zwischen Körper und Psyche in das Konzept intelligenten Verhaltens unterstreicht somit die Auffassung, dass sich sowohl psychische Zustände im Körper ausdrücken, z. B. durch eine bestimmte Mimik, Gestik, Prosodie oder Körperhaltung, als auch bestimmte Körperzustände auf Kognitionen, z. B. auf Urteile und Einstellungen, zurückwirken können (vgl. Storch et al. 2006).

- **Empfindung**

Mit Empfindung ist jener psychische Eindruck gemeint, der entsteht, wenn die sensorische Ausstattung eines sensiblen Organismus durch physische Einwirkungen erregt wird. Meist werden dabei Empfindungen als „nicht weiter zerlegbare Einheiten" aufgefasst. Das bedeutet, jede adäquate Stimulation eines Sinnesorgans durch physikalisch wirksame Reize ruft auf sensorischer Stufe eine Empfindung hervor. Erst auf einer nachfolgenden „perzeptuellen Stufe", innerhalb des Wahrnehmungsprozesses wird diese dann entweder bewusst erlebt oder fließt unterschwellig in die ▶ Wahrnehmung mit ein.

Empfindungen unterscheiden sich voneinander hinsichtlich ihrer Qualität, Intensität und Dauer, was letztlich durch die spezifische Beschaffenheit der sensorischen Rezeptoren und die Art der Reizung bestimmt wird. Mögliche Korrelationen zwischen auslösenden Reizen und Empfindungen werden mittels Messmethoden erfasst, die Inbegriff der Psychophysik sind. Die Unterscheidung zwischen (sinnlicher) Empfindung und (sinnlicher) Wahrnehmung ist allerdings nicht immer eindeutig geklärt. Oft umfasst auch der Begriff der Wahrnehmung den gesamten sensorischen Umsetzungsprozess von physischen Ereignissen in psychische Erlebnisse, wohingegen sich der Begriff der Empfindung auf einfache/einfachste psychische Inhalte richtet, die in diesem Prozess eine Rolle spielen. Fast immer aber geht man, wie oben erwähnt, davon aus, dass Empfindungen nicht isoliert ins Bewusstsein treten, sondern in komplexe Wahrnehmungssituationen eingebettet sind.

- **Engramm**

Der 1904 von Richard Semon geprägte Begriff des Engramms (gr. *Gramma* = Buchstabe) wurde später von Karl Lashley und Donald O. Hebb als Inbegriff einer *Gedächtnisspur* bekannt gemacht. Jedes Engramm, also jede neuronale Codierung eines Ereignisses, zeichnet sich entsprechend durch eine verstärkte Konnektivität zwischen den ▶ Synapsen aus, die ein neues Verbindungsmuster konstituieren. Engramme – sie können sowohl flüchtiger (prozessgestützt, störungsanfällig) als auch dauerhafter (strukturgestützt, widerstandsfähig gegen Störungen) Natur sein – tragen somit unserem heutigen Verständnis nach wesentlich dazu bei zu repräsentieren, was wir erleben. Die meisten Engramme müssen sich jedoch zu einem bestimmten Zeitpunkt in einem inaktiven Zustand befinden, d. h nur potenziell auf Erinnerungen ansprechen, weil sie in einem bestimmten Augenblick der Gegenwart nicht abgerufen werden. Eine angemessene Beschreibung des ▶ Gedächtnisses durch Engramme muss deshalb erklären, welche Einflüsse es bestimmten Engrammen ermöglichen, handlungsrelevant und evtl. bewusst zu werden.

- **Enzyme**

Enzyme sind Eiweiße, die im Körper als Biokatalisatoren wirken, d. h. chemische Reaktionen beschleunigen können.

- **Epigenetik**

Das Forschungsgebiet der Epigenetik befasst sich mit jenen Prozessen, die über die genetische Codierung hinaus für die Ausprägung eines Verhaltens verantwortlich sein könnten. Die Epigenetik hat das psychologische relevante Wissen um ein Zusammenspiel von Evolution und Entwicklung maßgeblich mitgeprägt, weil fast alle epigenetischen Mechanismen darauf zurückzuführen sind, dass die ▶ DNA im Zellkern teils variable Verbindungen mit anderen Molekülen eingeht. Beispielhaft genannt wird hierbei die Bindung einer Methylgruppe an die Kernsäure Cytosin, die auf ihre Transkriptionswahrscheinlichkeit zurückwirkt.

- **Epigenom**

Man differenziert gegenwärtig mindestens zwei Programmiercodes: einen *genetischen* und einen *epigenetischen*. Über letzteren, das Epigenom, wirke, so glaubt man, „die Umwelt" (z. B. Stress) auf die Gene des Zellkerns ein. Die Aktivität dieser epigenetischen Stellschrauben, die auf die der Gene zurückwirken, kann u. U. auch *generationenübergreifend* geprägt sein, etwa indem bestimmte Teile des genetischen Codes (Adenin oder Cytosin) mit Methylgruppen versehen werden, die sie auch in der Nachgeneration für deren ‚genetischen Leseapparat' unzugänglich machen. Das individuelle Epigenom ist somit mehr als lediglich eine oberflächliche Anpassung an Variationen in möglichen Umweltbedingungen.

Vergleicht man z. B. zu einem bestimmten Zeitpunkt die aktivierten genetischen Programme zweier Menschen miteinander, so sind bis zu einem Viertel aller Erbanlagen, welche das sog. Aktivitätsprofil des Genoms konstituieren, bei einem Menschen „angeschaltet" oder „ausgeschaltet".

Es bedarf deshalb – um das Verhalten eines Menschen zu erklären, z. B. warum er alkoholabhängig ist oder depressiv – grundsätzlich neben dem Genom immer auch einem Epigenom.

- **Epitop**

Unter einem Epitop versteht man den Bereich der Oberfläche eines ▶ Antigens, an den sich u. a. ▶ Antikörper heften können; genauer gesagt, an ein passendes Epitop auf dem Antigen bindet jeweils u. a. das Paratop des Antikörpers. Ein ▶ Lymphocyt trägt, auch wenn er sich im Ruhezustand befindet, etwa 100.000 Rezeptoren mit identischen Bindungsstellen, die für ein passendes Epitop des Antigens parat stehen. Die meisten Lymphocyten (etwa 98 %) geben jedoch keine Antikörper ab, da sie sich in einem Ruhezustand befinden und erst zur sog. Plasmazelle (▶ B-Zelle) ausreifen müssen. Die Nachkommen jedes einzelnen Lymphocyten bilden dann aber eine einheitliche Zelllinie, einen Klon, der sicherstellt, dass die Rezeptoren identisch sind. Ein Lymphocyt im Ruhezustand, der noch keine Antikörper sezerniert, produziert somit bereits „Antikörpermoleküle", die auf der Oberfläche seiner Membran verankert werden. Diese Antikörpermoleküle fungieren ihrerseits als „Rezeptoren" der Zelle für ein „passendes Epitop". Wenn das der Fall ist, es also zu einem Epitopkontakt kommt, dann wird der Lymphocyt entweder stimuliert oder gehemmt. Letztere Vorgänge hängen u. a. von der Anwesenheit anderer Lymphocyten ab, die eine ▶ Immunantwort unterstützen („Helferzellen") oder hemmen („Suppressorzellen") können.

- **Erinnerung**

Der Begriff der Erinnerung wird vielfach als gleichbedeutend mit einer mentalen Wiederbelebung, d. h. einer Aktivierung des ▶ Gedächtnisses vergangener Ereignisse, gesehen, die sich als Erinnerungsbilder verstanden – absichtlich oder unabsichtlich – ins Bewusstsein drängen. Die geistige Tätigkeit bzw. Fähigkeit, durch die eine bestimmte Erinnerung ins Bewusstsein tritt, um unbewusste Gedächtnisinhalte bewusst zu machen, nennt man Erinnerungsvermögen.

- **ERPs (ereigniskorrelierte Potenziale)**

Durch häufige Vorgabe eines bestimmten Reizes definierter Dauer können die vom Betrachter erzeugten EEG-Wellen (▶ EEG) auf einen Zeitpunkt, z. B. Reizbeginn, bezogen und einem Subtraktionsverfahren unterworfen werden. Zufällige, nach Reizbeginn auftretende Aktivitätsänderungen des EEG, so die Annahme, neutralisieren einander, systematische bleiben erhalten. Diese werden ereigniskorrelierte Potenziale genannt. Reizamplitude (positiv/negativ) und Latenz ihres Auftretens (in Millisekunden) nach Reizbeginn (z. B. P300) werden mit kognitiven Erklärungsansätzen der Reizverarbeitung in Zusammenhang gebracht. Einander widersprechende Theorien in der Psychologie und methodische Artefakte (Muskel-, insbesondere Augenmuskelbewegungen) haben bislang verhindert, dass die Verwendung evozierter Potenziale eine weit verbreitete Anwendung findet. Ein besonderes Problem ist die Reizdauer. Ist sie zu kurz, ist der „kognitive Informationswert" zu gering. Wird die Reizdauer verlängert, interferieren Variablen der ersten Reizbeurteilung und der nachfolgenden Kognition.

- **Extinktion**

Mit dem Begriff der Extinktion bezeichnet man in der Verhaltenstherapie sowie in der klassischen und operanten ▶ Konditionierung den *Abbau eines gelernten Verhaltens*. Der konditionierte Stimulus (CS) muss hierbei so oft ohne unkonditionierten Stimulus (UCS) vorgegeben werden, bis die unkonditionierte Reaktion (UCR) nicht mehr auftritt. Extinktion ist kein „einfacher Vorgang" des allmählichen Verlöschens, der etwa mit einem Vergessen gleichzusetzen wäre. Es handelt sich hierbei vielmehr um einen dynamischen Lernprozess des Nichtreagierens. Für die Dynamik und Komplexität des Vorgangs sprechen:

- Das Phänomen der ▶ Spontanerholung, was bedeutet, dass auch nach einer „erfolgreichen Löschung" ohne jegliches Training die konditionierte Antwort wieder auftreten kann.
- Hinzu kommen *Savings*, d. h., dass ein erneutes Training, verglichen mit dem ursprünglichen, rascher Erfolge zeitigt.
- Es kann nach Darbietung des Reizes zu einem *Reinstatement* kommen, d. h. zu einer sofortigen – wenn auch oft nur teilweisen – Antwort.

Insgesamt bedeutet dies, dass klassisches und/oder operantes Konditionieren die Möglichkeiten dessen, was vom Individuum in diversen Versuchsdurchgängen nicht weiter in Erwägung gezogen, sprich gelöscht, wird, nicht erschöpfend beantworten können. Sie geben aber Auskunft darüber, was unter Bedingungen zunehmender Unsicherheit über den Ausgang einer Reizsituation an Verhaltensalternativen entwickelt wird.

- **fMRT (funktionelle Magnetresonanztomografie)**

Durch die Methode des BOLD-abhängigen MRT, also des Blood Oxygenation Level Dependent MRT, fMRT genannt, soll eine reiz-oder aufgabenbedingte Aktivierung von Hirngewebe sichtbar werden. Das Verfahren beruht auf einer Verschiebung des Gleichgewichts zwischen oxygeniertem (sauerstoffreichem) und desoxygeniertem (sauerstoffarmem) Hämoglobin, was zu einer messbaren Veränderung der lokalen Magneteigenschaften führt. So steigt z. B. durch neuronale Aktivierung der Sauerstoffbedarf, der durch vermehrte kapilläre Durchblutung überkompensiert wird, sodass letztlich ein Überschuss an oxygeniertem Hämoglobin im Blut vorliegt. Das führt zu Magnetfeldinhomogenitäten, die mittels fMRT erfasst werden. (Magnetfeldhomogenitäten beschreiben magnetische Induktionslinien parallel zur magnetischen Flussdichte. Trifft dies nicht zu, verlaufen sie also antiparallel, ist das Magnetfeld inhomogen.)

- **Frondienst**

Frondienst bezeichnet in Leibeigenschaft geleistete Arbeiten unfreier Bauern für unterschiedliche Herrschaftsträger, d. h. Besitzer ausgedehnten Grundeigentums. Dazu gehören alle Leistungen im Rahmen der Agrarproduktion (z. B. Pflügen, Säen, Ernten), der gewerblichen Produktion (z. B. Produktion und Reparatur landwirtschaftlicher Geräte, Weben, Spinnen, Brauen, Backen, Errichten von Zäunen und Gräben), des Transportwesens (z. B. Beförderung von Agrarproduktion mit einem Wagen oder Schiff) und allgemeine Dienste (z. B. Hilfe beim Jagen und Fischen), die einem bestimmten Grundherrn geschuldet waren.

- **Funktionelle Bildgebung**

Unter funktionellen bildgebenden Verfahren fasst man diejenigen Methoden zusammen, die eine Veränderungsmessung erlauben. Da sich der Stoffwechsel wechselnden funktionellen Anforderungen rasch anpasst, werden durch funktionelle Verfahren, z. B. durch Xenon, ▶ PET oder ▶ fMRT, NMR-Spektroskopie und Infrarotspektroskopie, ausnahmslos Stoffwechselvariablen ermittelt und mit Verhaltensvariablen korreliert.

Mit bildgebenden Verfahren beschreibt man somit Techniken, die Aktivitäten im Körper – hier im Gehirn – sowie krankhafte Veränderungen davon ohne operativen Eingriff, also nichtinvasiv, abbilden und so Strukturen und Funktionen des lebenden Gehirns darstellen. Die Verfahren verwenden als Maße insbesondere die Dichte von fester/flüssiger Materie, von Luft, Durchblutungsvolumen und -geschwindigkeit sowie den Sauerstoff- oder Glucoseverbrauch.

- **Gamma-Oszillation**

Eine Gamma-Oszillation bezeichnet ein hirnphysiologisches Signal des Elektroenzephalogramms im Frequenzbereich über 30 Hz.

# Erklärung ausgewählter Fachbegriffe

- **Gedächtnis**

Mit Gedächtnis umschreibt man die Fähigkeit der Einspeicherung, der ▶ Konsolidierung, der Ablagerung (Abspeicherung) und des Abrufs von gelernten Inhalten über verschieden lange Zeitspannen, subsumiert unter den Begriffen des Kurz- bzw. Langzeitgedächtnisses (s. auch ▶ immunologisches Gedächtnis, ▶ zelluläres Gedächtnis, ▶ Gedächtnissysteme).

- **Gedächtnissysteme**

**Individuelle Gedächtnissysteme** Innerhalb des Gedächtnisses eines Individuums unterscheidet man in der Regel mehrere Unterformen:
- Zum *deklarativen Gedächtnis* zählt u. a. das episodisch-autobiografische Gedächtnis, welches das Wissen über die persönliche Vergangenheit, festgemacht an der ▶ Erinnerung von zeitlich-räumlich definierten individuellen bedeutsamen Ereignissen, subsumiert.
- Das *Kenntnissystem* enthält das Allgemein- bzw. Weltwissen, das Wissen um allgemeine Zusammenhänge und das semantisch-grammatikalische Wissen.
- Zu den *nondeklarativen Gedächtnissystemen* gehört u. a. das prozedurale Gedächtnis. Darunter versteht man erinnerte Fertigkeiten und die Fähigkeit zu deren Ausführung, das sog. *skill memory*. Inhalte des prozeduralen Gedächtnisses sind im Gegensatz zu solchen des deklarativen Gedächtnisses nur schwer verbalisierbar (Ski fahren, Rad fahren etc.).
- Der Begriff des ▶ Priming schließlich bezieht sich auf eine erhöhte kontextbezogene Wahrscheinlichkeit, einen Reiz wiederzuerkennen, dem man bewusst oder unbewusst zuvor bereits ausgesetzt war.

**Supraindividuelle Gedächtnissysteme** Überindividuelle Gedächtnissysteme können sich sowohl wenig differenziert auf eine Gruppe als Ganze beziehen (kollektives Gedächtnis) als auch auf bestimmte Aspekte von zu erinnernden Gemeinsamkeiten (soziales Gedächtnis, kulturelles Gedächtnis, kommunikatives Gedächtnis):
- Unter dem Begriff des *kollektiven Gedächtnisses* versteht man, kulturanthropologische und sozialwissenschaftliche Gedächtnismodelle zugrunde legend, in dem hier gewählten Zusammenhang ein aus rituellen Handlungen und semantischen Anteilen zusammengesetztes Gedächtnis von Mitgliedern einer Gruppe. Durch das kollektive Gedächtnis, das Voraussetzung für die Erinnerungsfähigkeit in einer Gruppe ist, werden zu einem bestimmten Zeitpunkt der Gegenwart nur bestimmte Aspekte der Vergangenheit rekonstruierbar. Der Begriff des kollektiven Gedächtnisses, der von Maurice Halbwachs eingeführt wurde, bezeichnet somit das auf Langzeit angelegte Gedächtnis einer Körperschaft oder Gruppe mithilfe von Zeichen und Praktiken. Es entsteht nicht als einfacher Analogieschluss nach Art einer Vervielfachung des individuellen Gedächtnisses, sondern wird im Wesentlichen von Variablen bestimmt, die nicht gedächtnisspezifisch sind (z. B. sozialen Hierarchien, gesetzlich verankerten Ver- und Geboten, zeitentsprechenden Vorstellungen von Anstand bzw. Nestbeschmutzung) und der gesellschaftlichen Strukturierung des Erinnerns von etwas, z. B. durch Erbauen oder Vernichten von Artefakten. Mit dem Begriff des kollektiven Gedächtnisses wird somit immer auch dessen Bedingtheit angesprochen, d. h., Kollektive „haben" keines, so wie es bei Individuen aufgrund ihrer genetischen Prädisposition zur Verankerung von Erfahrungen angenommen wird, sie „machen" eines.
- Das *soziale Gedächtnis* (*collaborative recall*) beschreibt den Befund, dass Menschen, die zu einem bestimmten Anlass (z. B. einem Festessen) interagieren, in ähnliche emotionale Zustände versetzt werden und deshalb ähnliche Inhalte zur Sprache kommen. *Kollaborative Gruppen* erinnern deshalb immer anders als *nominale Gruppen*, da Erinnerungen der anderen eigene abweichende „Erinnerungen" an ein bestimmtes Ereignis hemmen.

Sobald die Gruppenmitglieder jedoch außerhalb der *collaborative group* sind, so die Hypothese, werde diese Hemmung aufgelöst; man spreche unter Umständen abfällig über Menschen, mit denen man gerade noch geplaudert habe. Gleichwohl habe jedes kollaborative Gedächtnis Einfluss auf das Individualgedächtnis. In kollaborativen Gruppen könne auch die Möglichkeit eines induzierbaren Vergessens (*retrieval induced forgetting*, RIF) mit der Idee eines *social forgetting* verknüpft werden, z. B. in Form eines *socially shared RIF* (SS-RIF). Dadurch wird versucht, der Erfahrung Rechnung zu tragen, dass im Gespräch mit bestimmten Personen auch nur ganz bestimmte Ereignisse ins Gedächtnis kommen.

— Für beides zusammen, das sprachlich manifestierte und das in (Kunst-)Gegenständen zum Ausdruck kommende Bewahren des Vergangenen, prägte Pierre Nora (1998) den Begriff des *kulturellen Gedächtnisses*. Dieser Ausdruck, der u. a. auch von Jan Assmann (1992; J. Assmann und Hölscher 1988) und Aleida Assmann (1999, 2002) aufgegriffen wurde, dient dazu, die gesellschaftlichen Bedingungen der Erinnerungspolitik zu erforschen bzw. zu hinterfragen. Die Vorstellung eines kulturellen Gedächtnisses beruht – anders als ein psychologisches Individualgedächtnis – nicht auf einer Art gesellschaftlicher „Lerntheorie", sondern auf einer bestimmten Kulturtheorie (J. Assmann 1992; J. Assmann und Hölscher 1988). Man versucht z. B. den *sozialen Sinnrahmen einer Gesellschaft als Ganzes* zu erfassen, insofern deren Vergangenheit bis in die Gegenwart hinein wirkt. Das kulturelle Gedächtnis vermittelt immer eine klare Wertperspektive, d. h., es ist identitätskonkret, also auf bestimmte Völker, Parteien oder Gruppen oder Staaten bezogen, und es ist rekonstruktiv, also nicht „voraussetzungslos wahrheitsorientiert", sondern ein bestimmtes Identitätsbedürfnis befriedigend und somit selbstwertstabilisierend. Ob mittels eines kulturellen Gedächtnisses tatsächlich ein bestimmtes historisches Faktum „rekonstruiert" oder eher mythisch umgewidmet, d. h. verklärt bzw. bedauert, wird, ist für den Bestand des so gebildeten kulturellen Gedächtnisses zunächst zumindest unerheblich. In Anlehnung an den französischen Soziologen Claude Lévi-Strauss kann man das kulturelle Gedächtnis des Weiteren hinsichtlich „heißer" und „kalter" Erinnerung differenzieren. Sogenannte *kalte* Gesellschaften konstruieren ihr kulturelles Gedächtnis so, dass es bestimmte geschichtliche Veränderungen durch *Verschweigen* fernhält, „kaltstellt". Die Vergangenheit soll in erster Linie beweisen, dass nichts Wesentliches eingetreten ist, das die momentan herrschenden Eliten von einer bestimmten Handlungsweise oder Ansicht abzuhalten in der Lage wäre. Sogenannte *heiße* Erinnerungen werden ebenfalls „produziert", in diesem Fall aber, um durch das kulturelle Gedächtnis beständig *aktiv* an bestimmte Ereignisse zu binden und so kollektiv Emotionen „anzuheizen". Nicht zuletzt gelingt es mittels der Deutungskraft, die dem kulturellen Gedächtnis innewohnt, auch, eine Kultur auf ganz bestimmte kanonische Schriftwerke auszurichten, die im Laufe der Zeit nicht mehr nur wiederholt, sondern auch „ausgelegt" werden. Durch gängige Interpretationen und Kommentare gelangt das kulturelle Gedächtnis unter Umständen auch in den Rang einer schicksalsdeutenden Kraft mehrerer Kulturen, z. B. ist der Tempelberg in Jerusalem sowohl heiliger Ort von Muslimen als auch von Juden.

— Das *kommunikative Gedächtnis* ist wie das kulturelle eine Spielart des *kollektiven Gedächtnisses*. Eine als kommunikatives Gedächtnis bezeichnete Erinnerungskultur fußt primär auf der mündlichen Alltagskommunikation und reicht so etwa drei Generationen zurück. Alles zuvor rangiert unter „graue Vorzeit" dieses Gedächtnistyps. Als kulturelles Gedächtnis wird auf diese Weise Weitergetragenes und Erinnertes erst dann bezeichnet, wenn es sich zu einem *objektivierbaren Bestandteil der Kultur* manifestiert hat. Die Quellen, die dann dieses kulturelle Gedächtnis konstituieren, werden entsprechend auch nicht wie beim kommunikativen Gedächtnis durch eine Art *oral history* gespeist, sondern durch

Erklärung ausgewählter Fachbegriffe

*Kulturträger* (z. B. Priester, Schamanen, Philosophen) weitergetragen oder schulmäßig vermittelt (z. B. im Geschichtsunterricht, an der Universität).

- **Gedächtnistechniken**

Gedächtnistechniken, unter ihnen die Mnemotechniken, waren seit der Antike überlieferte Versuche einer oft emotional stark aufgeladenen Bindung an gut visualisierbare Objekte, z. B. ein Schloss mit vielen Türmen, Haupt- und Seitengebäuden, Winkeln und Gärten, um darin bestimmte geistige Inhalte ablegen zu können (vgl. Blum 1969).

- **Gen**

*Ein Gen ist eine DNA-Sequenz, die transkribiert wird, um ein funktionales Produkt herzustellen.* In der klassischen Genetik ist es die Bezeichnung für eine Erbanlage, in der Molekulargenetik Bezeichnung für einen funktionellen Abschnitt der →DNA mit einer Länge von mindestens 1000 Basenpaaren. Ein Gen ist also „ein Stück DNA". Gene greifen durch die Bereitstellung von Enzymen, zu der sie ihrerseits aktiviert werden müssen, in die Merkmalsbildung mit ein. Die Bildung von Strukturproteinen ist somit genabhängig. Nur ein geringer Bruchteil der Gene (etwa 3–5 %) kommen gleichzeitig zur Expression.

- **Genetischer Code**

Der genetische Code legt fest, wie in der Natur eine DNA-Sequenz in der Reihenfolge der Bausteine übersetzt wird, aus denen ein ▶ Protein besteht. Jeweils eine Folge von drei Basen, ein Triplett, codiert eine ▶ Aminosäure.

- **Genexpression**

Unter Genexpression versteht man Ablesung und Umsetzung der genetischen Information in eine ▶ RNA und ein entsprechendes ▶ Protein. Gene können reguliert werden, d. h., sie sind nicht immer und zu allen Zeiten in Funktion, werden also nicht immer exprimiert. Zu einem Zeitpunkt wird nur ein Bruchteil aller möglichen Genexpressionen umgesetzt. In allen Organismen wird die Genaktivität durch DNA-bindende Proteine reguliert, die mit anderen Proteinen interagieren und die u. a. durch Umweltfaktoren beeinflusst werden. In eukaryotischen Zellen, d. h. Zellen, in denen ▶ Transkription und ▶ Translation durch Nucleoli getrennt sind, wie z. B. bei allen Säugern, gibt es neben der Regulation (post-)transkriptionaler Schritte eine davon räumlich getrennte Möglichkeit für eine translationale und posttranslationale Kontrolle der Genexpression. Initiationsfaktoren (Enzyme) katalysieren die Interaktion von mRNA und Ribosomen auf translationaler Ebene. Dieser Vorgang ist besonders in der Embryogenese von Bedeutung. Die letzte Möglichkeit zur Kontrolle der Genexpression ergibt sich nach der Translation. Häufig werden z. B. Polypeptide nach ihrer Synthese durch die Ribosomen noch zu einem „aktiven Produkt prozessiert"; ein Beispiel dafür ist die posttranslationale Prozessierung des Hormons Insulin. Manchmal müssen bestimmte Signalpeptide, die anzeigen, wo ein Protein gebraucht wird, entfernt werden.

Jeder dieser Schritte (Verarbeitung zum aktiven Produkt, Wegmarkierung) ist Teil einer posttranslationalen Kontrolle der Genexpression und kann durch intrazelluläre Vorgänge (Enzyme) katalysiert oder inhibiert (Repression) werden. Um zu beschreiben, wie Vorgänge, durch die Transkription oder Translation genetischer Informationen gehemmt werden können, benutzt man den Begriff des Gen-Silencing. Dies geschieht wie im Falle eines transkriptionellen Gen-Silencing z. B. durch Methylierung eines Genabschnitts oder durch die spezielle Bindung von Repressoren an einen als *Silencer* bezeichneten Genabschnitt. Am posttranskriptionellen Gen-Silencing, das während und nach einer Translation stattfinden kann, sind u. a. spezielle RNA-Moleküle beteiligt,

z. B. die RNAi (RNA-Interferenz). Dadurch werden regulatorische Prozesse eingeleitet, die eine Translation unterbinden.

- **Genom**

Mit dem Begriff des Genoms bezeichnet man das gesamte genetische Material eines Organismus. Das Genom einer menschlichen Zelle umfasst etwa 23.000 Gene. Es enthält codierende und nichtcodierende Abschnitte, also solche, die in ▶ RNA überschrieben werden, und solche, bei denen das nicht der Fall ist. Die codierenden Genabschnitte liegen ihrerseits nicht als zusammenhängende Basenfolgen vor, sondern sind durch lange nichtcodierende Sequenzen, die *Introns*, gekennzeichnet. Diese werden zwar, zusammen mit den codierenden Sequenzen, den *Exons*, in RNA übertragen, aber nachträglich doch wieder durch den Vorgang des Spleißens mittels eines bestimmten Enzymkomplexes wieder „herausgeschnitten". Nur ein geringer Anteil von etwa 1–3 % der Gene codiert letztlich bestimmte ▶ Proteine, die Bedeutung der verbleibenden 97–99 % ist nur in Ansätzen verstanden. Gene können auch „überlappend" wirksam werden, sodass ein und dieselbe Sequenz für unterschiedliche Genprodukte genutzt werden kann. Dies geschieht auf ähnliche Weise, wie man z. B. aus dem Wort „Hauptbahnhof" sowohl den (Kunst-)Begriff „Hauptbahn" als auch den Begriff „Bahnhof" bilden könnte.

- **Gliazellen**

Gliazellen stellen ein in vieler Hinsicht unverzichtbares unterstützendes Gewebe für das Nervensystem dar, das in seiner Gesamtheit etwa 90 % aller Zellen im Gehirn ausmacht. Gliazellen sind darüber hinaus u. a. an der Entwicklung des Nervensystems beteiligt, sie bilden die Myelinscheiden im zentralen (Oligodendrocyten) und peripheren (Schwann-Zellen) Nervensystem, dienen dem Stoffwechsel und der Regulation des neuralen Mikromilieus und sind an der Bildung der Blut-Hirn-Schranke beteiligt (Astrocyten).

- **Glutamat**

Glutamat (L-Glutamat) ist eine häufig vorkommende ▶ Aminosäure im Gehirn und gehört zu den wichtigsten erregenden ▶ Transmittern im Gehirn. Glutamat bildet u. a. drei wichtige Rezeptorklassen: zwei Klassen ionotroper Rezeptoren, die ▶ NMDA-Rezeptoren und Non-NMDA-Rezeptoren, und eine Klasse metabotroper Rezeptoren. Glutamat gilt als zuständig für die Bewegungssteuerung, Sinneswahrnehmung und ▶ Gedächtnis.

- **Grundherrschaft**

Mit diesem historisch-juristischen Ordnungsbegriff umschreibt man den eine bestimmte Standesqualität und damit politische Position einnehmenden Personenkreis, der nicht nur über Grund und Boden, sondern auch über die darauf ansässigen Menschen verfügen konnte. Aus der Verbindung von Grundeigentum *und* politischem Einfluss wurde somit auch eine Art öffentlich-rechtliches Verfügungsrecht über die dort lebenden und arbeitenden Personen abgeleitet, sofern letztere nur eingeschränkte Persönlichkeitsrechte besaßen.

- **Habituation**

Habituation ist der Inbegriff einer erlernten Gewöhnungsunterdrückung und gilt als einfachste Form des Lernens, denn dazu müssen ständig bestimmte Reizmuster ausgeblendet werden. Habituation beinhaltet somit, anders etwa als die Adaptation, keine systemimmanente Abschwächung einer Antwort im Sinne einer Erschöpfung, sondern eine gezielte Auswahl des nicht zu Beachtenden.

Erklärung ausgewählter Fachbegriffe

- **Hippocampus**

Der Hippocampus als phylogenetisch alter Hirnteil (*Archicortex*) ist eine im medialen Temporallappen gelegene komplexe Struktur, die in einer frontalen Schnittachse „eingerollt" erscheint und so in etwa der Gestalt eines Seepferdchens (gr. *Hippokampos* = pferdähnliches Fabelwesen in der griechischen Mythologie) ähnelt. Aufgrund seiner Lage und seiner Verbindungen zu anderen Strukturen wird er dem ▶ limbischen System zugerechnet. Der Hippocampus gilt als wichtige Struktur für die Gedächtnisbildung – seine Zerstörung interferiert entsprechend mit der Neubildung von Gedächtnisinhalten

- **Histologie**

Gegenstand der Histologie ist die Erforschung von Gewebe. In der Neurowissenschaft spielt die Neurohistologie eine wichtige Rolle, um Auskünfte über subzelluläre Erscheinungen, Zellen, Zelltypen, Zellansammlungen etc. sowie Größe und Verlauf von Faserverbindungen zu erforschen und das Ausmaß von Schädigungen zu erfassen. Dies geschieht an Gehirndünnschnitten, die mittels diverser Färbetechniken so präpariert werden, dass o. g. Strukturen im Licht- bzw. Elektronenmikroskop erkennbar sind.

- **Histone**

Histone sind gewebsunspezifische niedermolekulare basische Eiweißkörper des Zellkernplasmas, deren Zusammensetzung in speziellen Histongenen codiert ist. Sie kommen auch in einer engen Assoziation an die ▶ DNA in den ▶ Chromosomen vor. Mit diesen bilden sie *irreversible Komplexe*, sog. *Nucleohistone* (Komplexe aus Nucleinsäuren und Histonen) und wirken hierbei vermutlich, der Hypothese des Histoncodes folgend, auch als nichtspezifische *Genrepressoren*. Dabei wird angenommen, dass das Muster der chemischen Modifikation von Histonproteinen innerhalb des ▶ Nucleosoms verschiedene zelluläre Aktivitäten beeinflussen kann.

Im Prinzip können sich Histonkomplexe an jede beliebige Stelle der DNA anlagern, allerdings ist die Genomsequenz von hohem Vorhersagewert für die Organisation der Nucleosomen. Das heißt, bestimmte Basenfolgen der DNA wirken als positive (viele Nucleosomen) oder negative (wenige Nucleosomen) Positionierungssignale. Die Basenfolge der DNA enthält somit nicht nur Informationen für die Codierung der Aminosäuresequenz von ▶ Proteinen, sondern – als weiteren Code – auch Informationen über ihre eigene Ausstattung mit Nucleosomen. So verhindern z. B. bestimmte Signalsequenzen die Anlagerung von Histonkomplexen. Das heißt, es gibt regulatorisch wirksame DNA-Sequenzen, z. B. ▶ Promotoren, Enhancer oder Transkriptionsfaktoren-Bindungsstellen, die für regulatorische Proteine relativ gut zugänglich sind, und solche, bei denen dies nicht der Fall ist.

Da sich Gene über Hunderte von Nucleosomen erstrecken können, müssen die Enzyme, die es regulieren, auch an beliebigen Stellen andocken können, d. h., das System der zu Nucleosomen verpackten Histone muss außerordentlich variabel angeordnet sein. Entsprechend gehen die Histone der Nucleosomen und die DNA keine echte (kovalente) ▶ Bindung ein, sie werden vielmehr an weit über 100 Kontaktstellen lediglich durch relativ schwache Kräfte zusammengehalten.

Von den verschiedenen Histonvarianten, die zur Verfügung stehen, blockiert z. B. eine bestimmte Variante (macroH2A) beim Säugetierweibchen die Aktivität bestimmter *Remodeling-Komplexe* und verhindert so ein „Verschieben der Nucleosomen". Das wiederum könnte möglicherweise dazu führen, dass eine Methylierung der DNA unterbunden wird und deshalb ein bestimmter Chromosomabschnitt „verstummt". Andere Histonvarianten wiederum (z. B. das Histon H2) werden in der Nähe von Promotoren „eingebaut", wo sie die Aktivierung der betroffenen Gene, also eine ▶ Transkription erleichtern. Auf diese Weise könnte eine Art ▶ zelluläres Gedächtnis entstehen. Insgesamt gesehen unterstützt die Vielfalt von Histonvarianten die Vorstellung eines *epigenetischen Histoncodes*, der (neben dem ▶ genetischen Code) bestimmt, welche Merkmale zum Tragen kommen.

- **Hormone**

Unter Hormonen versteht man diverse Boten- oder Signalmoleküle, die der Regulation von jeweils bestimmten Körperfunktionen dienen. Hormone werden nicht nur, aber sehr häufig im hormonbildenden Gewebe, den Hormondrüsen, gebildet. Dazu gehören z. B. die Nebennieren. Zu den bekannten Hormonen zählt z. B. die Gruppe der Steroidhormone und hier das Cortisol, das u. a. bei der Stressverarbeitung von Bedeutung ist.

- **Hypermnesie**

Unter Hypermnesie versteht man ein gesteigertes Erinnerungsvermögen. Es kann z. B. bei Drogenkonsum oder bei Nahtoderlebnissen beobachtet werden. Charakteristisch für eine Hypermnesie ist u. a., dass sich eine Person zu einem späteren Zeitpunkt an mehr Einzelheiten einer Begebenheit erinnert als unmittelbar danach. Charakteristisch ist auch, dass es im Zustand der Hypnose unter Umständen zu einer gesteigerten Erinnerungsfähigkeit kommt, die ansonsten nicht zu beobachten ist. Ein Zusammenhang zwischen Hypermnesie und Intelligenz scheint nicht zu bestehen. Mit dem Begriff der Hypermnesie wird auch auf abnorme psychische Zustände abgehoben, z. B. auf das Savant-Syndrom als Beispiel einer krankhaften detailfokussierten Inselbegabung bei gleichzeitiger Entwicklungsbeeinträchtigung in vielen Bereichen

- **Hypermutation**

Hypermutation beschreibt einen genetischen Differenzierungsvorgang, der eine Erhöhung der Bindungsaffinität der B-Lymphozyten zu Antigenen zur Folge hat.

- **IEGs (*immediate early genes*)**

Der Begriff der IEGs geht auf Ergebnisse der Virologie zurück, wo nach einer Virusinfektion die ersten Veränderungen der ▶ Genexpression bereits innerhalb von Minuten bis zu etwa einer Stunde zu entdecken sind. Im Gegensatz dazu stehen die *delayed early genes* (DEGs), die etwa nach 3 h registrierbar sind, und die *late response genes* (LRGs), die etwa 6–7 h nach der Infektion in Aktion treten. IEGs haben im Gegensatz zu den beiden anderen allerdings auch nur eine relativ kurze Wirkdauer (im Bereich von etwa 10 min).

Manche IEGs codieren ▶ Transkriptionsfaktoren (TFs), also intrazelluläre ▶ Proteine, die die Genexpression kontrollieren (z. B. c-Fos oder c-Jun und Mitglieder der CREB-Familie). Manche der genannten Transkriptionsfaktoren, die auf die eine oder andere Weise ständig exprimiert werden, gelten als *konstitutive TFs*, während andere, z. B. c-Jun, nur nach entsprechender Stimulation exprimiert werden (*induzierbare TFs*). IEGs werden insgesamt als mögliche „Schalter" angesehen, der kurzfristige in langfristige plastische Veränderungen überführen kann.

- **Imagination**

Die Imagination (lat. *Imaginatio* = Einbildung) entsprach in der Philosophie des Mittelalters der Idee eines *inneren Abbildes* von etwas und kommt dem heutigen Begriff der *Vorstellung* nahe. Der Vorstellung von etwas liegt wiederum der Gedanke zugrunde, dass im Bewusstsein aufgrund einer vorausgegangenen Sinneswahrnehmung ein „Bild" eines Gegenstands in der Außenwelt entsteht, (eine Erinnerungsvorstellung), das man als Verbindung von Wahrnehmungsbestandteilen früherer ▶ Wahrnehmungen betrachten und als mehr oder weniger vollständig reproduziertes Wahrnehmungsbild ansehen kann.

In der sog. älteren Psychologie galt die Imaginationsfähigkeit als Grundlage geistigen Lebens und wurde durch ▶ Assoziationen erklärt. Erst Wilhelm Wundt (1908–1911) setzte dieser

Auffassung die heute ebenfalls veraltete Vorstellung der *Apperzeption* entgegen. Gegenwärtig hat die Idee der *imagery*, verstanden als eine mentale Vorwegnahme von Handlungen, im Bereich der Rehabilitation wieder viele Befürworter.

- **Immunantwort**

Eine Immunantwort besteht aus einer *unspezifischen* (natürlichen), quasi angeborenen, und einer *spezifischen* (erworbenen) Immunantwort. Die Abwehrfunktionen werden jedoch nur traditionsgemäß diesen beiden Kategorien zugeordnet, tatsächlich stehen sie in enger Beziehung. Entwicklungsgeschichtlich betrachtet dienen alle Mechanismen der adaptiven Immunität dazu, diejenigen der natürlichen Resistenz zu verstärken. Die Phagocytose, Inbegriff der unspezifischen Immunantwort, ist letztlich auch für die erworbene Immunität von zentraler Bedeutung.

**Spezifische Immunantwort**   Jeder „ungeprägte", reife, naive Lymphocyt, der im Körper vorhanden ist und noch keinen Kontakt mit einem ▶ Antigen hatte, trägt einen Rezeptor für ein spezifisches Antigen. ▶ Lymphocyten mit Rezeptoren für körpereigene Antigene, sog. Autoantigene, werden während der frühen Entwicklungsphase beseitigt, bevor es zu einer Immunreaktion kommen kann (Gewährung der Selbsttoleranz). Tritt ein Antigen mit dem Rezeptor eines gereiften Lymphocyten in Wechselwirkung, wird die Zelle aktiviert und entwickelt sich zu einem Lymphoblasten, der sich zu teilen beginnt. Dadurch entsteht ein Klon von identischen Zellen, deren Rezeptoren alle an dasselbe Antigen binden. Diese Antigenspezifität bleibt bei der Proliferation und Differenzierung zu ▶ Effektorzellen erhalten. Sobald das Antigen durch solche Effektorzellen beseitigt ist, hört die Immunantwort auf. Einige Zellen werden nicht zu Effektorzellen, sondern zu Gedächtniszellen, die es dem Organismus ermöglichen, bei einem erneuten Auftreten desselben Antigens schneller und nachhaltiger zu reagieren. Gegen viele Bakterien (z. B. Streptokokken und Straphylokokken) und Viren sind nur *spezifische Abwehrsysteme* wirksam, wobei ▶ Makrophagen, humorale ▶ Antikörper (▶ Immunglobuline) und verschiedene Typen von Lymphocyten zusammenarbeiten.

**Unspezifische Immunantwort**   Das unspezifische System umfasst vor allem Granulocyten und Makrophagen, die eine unspezifische Abwehr gegen Fremdeiweiß bilden und *gegen niedermolekulare Erreger wirksam* sind. Neutrophile Granulocyten töten Erreger z. B. durch oxidierende Sauerstoffverbindungen, Makrophagen durch die Sekretion von sog. *Komplement*. Eine Komponente dieses Komplements (die C3b-Komponente) reagiert mit den bakteriell gebundenen Antikörpern und erleichtert so die Phagocytose durch *Opsonisierung*. Diese unspezifische zelluläre angeborene Abwehr ist der erste Schritt, um Mikroorganismen, die in Zellen eingedrungen sind oder im Blut zirkulieren, aufzuspüren und abzutöten. Der unspezifischen Abwehr von Fremdstoffen dienen in erster Linie bestimmte *Leukocyten*, die im Knochenmark gebildet werden und in das Blutgefäßsystem einwandern können. Dazu gehören Monocyten (▶ Makrophagen) und Granulocyten, insbesondere neutrophile Granulocyten als phagocytierende Blutzellen mit cytotoxischen Eigenschaften

- **Immunglobuline**

Immunglobuline gehören zu den sog. *Globulinen*. Das ist eine Sammelbezeichnung für eine Eiweißgruppe, zu denen die meisten ▶ Proteine in Zellen und Körperflüssigkeiten gehören. Diese bestehen aus denjenigen Plasmaproteinen, die sich durch eine antigenspezifische Bindungseigenschaft auszeichnen. Man unterscheidet fünf verschiedene Klassen: Immunglobulin A (IgA), Immunglobulin M (IgM), Immunglobulin G (IgG), Immunglobulin E (IgE) und Immunglobulin D (IgD) mit ihren jeweiligen Subklassen. Mit einem antigenbindenden Bereich bindet der ▶ Antikörper spezifisch an die Erregeroberfläche.

IgG und IgM herrschen im Plasma vor, wobei IgG den Hauptbestandteil des Plasmas darstellt und 75 % aller Immunglobuline ausmacht. Es spielt eine wichtige Rolle bei der Anlagerung (Opsonierung an die Erregeroberfläche) von Bakterien, der Antigenpräsentation (▶ Antigen) und der Aktivierung des klassischen Komplementweges.

IgA macht etwa 15–20 % aller Immunglobuline im Plasma aus. Es ist für den Darm- und Atmungstrakt sowie für andere sekretorische Oberflächen (z. B. Tränenkanäle) zuständig. IgD wirkt an der Oberfläche von ▶ B-Zellen. IgA, IgD und IgG dienen im Wesentlichen dazu, das sog. Komplementsystem und Rezeptoren von ▶ Makrophagen und neutrophilen Zellen zu aktivieren. IgM und IgA werden von einem Rezeptortyp transportiert, der in sekretorischen Epithelien vorkommt.

Gegenstand der Aktivierung von IgE, der geringsten Konzentration aller Globuline, sind Mastzellen, denn immer wenn Pathogene die epitelieren Barrieren überschreiten und eine lokale Infektion hervorrufen, muss eine Abwehr mobilisiert und an den Ort diriegiert werden, wo der Erreger sich vermehrt. Mastzellen sind große Zellen, die charakteristische, cytoplasmatische Granula enthalten mit dem vasoaktiven Amin Histamin und manchmal auch Serotonin. Eine lokale Aktivierung von Mastzellen führt zu einer stärkeren Durchblutung und zu einem Anstieg des Durchtritts von Flüssigkeit in das umgebende Gewebe, wodurch Proteine und Zellen, die das Pathogen angreifen können, dorthin gelangen. Mastzellen werden durch Antikörper aktiviert, die an IgE-spezifische Rezeptoren gebunden sind. Eine Aktivierung tritt aber erst dann ein, wenn gebundenes IgE durch die Anlagerung an multivalente Antigene vernetzt wird. Eine solche Vernetzung bringt die Mastzellen dazu, den Inhalt ihrer Granula freizusetzen, und löst eine lokale inflammatorische Antwort aus. Dadurch werden innerhalb von wenigen Minuten mehr Antikörper und Phagocyten an den Ort einer Infektion gebracht. Histamin und Serotonin sind nur kurzlebige Mediatoren, denn ihr Effekt geht nach der Mastzelldegranulierung schnell verloren. Durch weitere Stoffwechselwege, z. B. durch die Bildung von Leukotrienen, wird eine länger andauernde vaskuläre Antwort erreicht. Außerdem synthetisieren die Mastzellen nach ihrer Aktivierung auch eine Vielzahl von ▶ Cytokinen.

- **Immunologisches Gedächtnis**

Eine der wichtigsten Folgen einer adaptiven ▶ Immunantwort ist die Ausbildung eines immunologischen Gedächtnisses. Darunter versteht man die Fähigkeit des ▶ Immunsystems, schneller und effektiver auf einen Krankheitserreger zu reagieren, dem es zuvor bereits begegnet ist. Das immunologische Gedächtnis beruht auf einer klonal expandierenden Population antigenspezifischer langlebiger T- oder B-Zellen, sog. Gedächtniszellen.

Die Antworten von Gedächtniszellen sind unter Umständen andere als die primären Immunantworten. Das bedeutet, die Antikörperreaktion einer sekundären oder weiteren Reaktion unterscheiden sich ggf qualitativ von denen der primären Reaktion der ▶ Antikörper gegen dasselbe ▶ Antigen.: Gedächtniszellen exprimieren den Marker CD45R0, eine Variante des leukocytären Antigens, und weisen damit eine *erhöhte Oberflächendichte an Adhäsionsmolekülen* wie LFA-3 und VLA-4 auf. Sie scheinen auch eine *gewisse Kapazität zur Reproduktion* zu haben. Das immunologische Gedächtnis beruht somit auf der Entstehung von Gedächtniszellen und der Zunahme ihrer Zahl als Folge der primären Immunreaktion.

Auch wenn es darüber, wie das immunologische Gedächtnis aufrechterhalten wird, mehrere konkurrierende Vorschläge gibt, so gilt dessen ungeachtet das künstliche Erzeugen einer schützenden Immunität mithilfe von Impfstoffen als eine der herausragenden Errungenschaften der Immunologie im Bereich der Medizin: Der Kontakt mit Antigenen führt zunächst zur Bildung von T-Effektorzellen (▶ Effektorzellen) *und* langlebigen Gedächtniszellen. Die meisten T-Effektorzellen, die sich aus stimulierten naiven ▶ T-Zellen entwickeln, sind allerdings relativ kurzlebig. Sie gehen entweder an einer „Überladung mit Antigenen" oder wegen fehlender Stimulierung durch Antigene zugrunde. Einige wenige aber differenzieren sich zu langlebigen T-Gedächtniszellen, die auch direkt aus aktivierten T-Zellen entstehen können. Es wird vermutet, dass eine Stimulierung durch Antigene notwendig ist, damit diese Zellen längere Zeit überleben können.

▶ B-Zellen differenzieren sich ebenfalls zum großen Teil zu Plasmazellen, die große Antikörpermengen freisetzen, wobei auch noch während der Differenzierung der aktivierten B-Zelle im Antikörpermolekül verschiedene Veränderungen auftreten können. Die Aktivierung von B-Zellen durch die Antigene erfordert meist nicht nur die ▶ Bindung des Antigens an Oberflächenimmunglobuline der B-Zelle, sondern gleichzeitig auch eine Wechselwirkung mit antigenspezifischen T-Helferzellen. Ein kleiner Teil der B-Zellen differenziert sich wiederum zu langlebigen B-Gedächtniszellen, die dem ständigen Immunschutz gewidmet sind.

- **Immunsystem**

Das die Immunität bewirkende System besteht aus drei Funktionskreisen:
1. dem Knochenmark als Nachschubbasis für Immunzellen,
2. den zentralen oder primären Immunorganen, z. B. ▶ Thymus und darmnahe Lymphorgane, und
3. den peripheren oder sekundären Immunorganen, z. B. Milz und Tonsillen.

Sämtliche Immunzellen stammen, wie andere Blutzellen auch, von *pluripotenten Stammzellen* ab, die (außer während der frühen Keimentwicklung) im Knochenmark lokalisiert sind.

Während die ▶ B-Zellen sich im Knochenmark ausdifferenzieren, wachsen die ▶ T-Zellen im Thymus heran. Nachdem B-Zellen sich im Knochenmark ausdifferenziert haben, treten sie in die Blutgefäße über und patrouillieren durch den Körper und die Lymphorgane. T-Zellen, lassen sich anhand von sog. Oberflächenmarkern, die den Hilfsrezeptoren CD4 und CD8 (▶ Killerzellen, T-Helferzellen) und dem T-Zellrezeptor, erkennen. Zelllinien, deren Rezeptoren sich an ▶ MHC-Moleküle der Klasse II heften, werden zu T-Helferzellen. Binden sie sich an solche der Klasse I, werden aus ihnen größtenteils ▶ Killerzellen. T-Zellen erkennen, anders als B-Zellen, ▶ Antigene nur, wenn diese von Zellen „aufbereitet" und dann auf der Zelloberfläche von MHC-Molekülen präsentiert werden. T-Zellen, die auf körpereigene Antigene reagieren oder körpereigene MHC-Moleküle, gehen (normalerweise) unter.

Die „Psyche" eines Menschen vermag, so die derzeitige Auffassung, via Gehirn und vegetatives ▶ Nervensystem das Immunsystem zu beeinflussen. Nervenfasern des Sympathikus z. B. reichen in Organe des Immunsystems, etwa Knochenmark, Thymusdrüse und Lymphknoten, hinein. Über das Nebennierenmark kann der Sympathikus ferner hohe Mengen von *kurzfristig wirksamem* Adrenalin und Noradrenalin ausschütten. Diese binden als „Stresshormone" an Immunzellen, die Rezeptoren dafür besitzen. Über eine Signalkette verhindern oder fördern diese Substanzen das Ablesen bestimmter Gene und steuern so, welche und wie viele ▶ Cytokine hergestellt werden.

Ferner regt der Hypothalamus über die Hypophyse die Nebennierenrinde auch zur Produktion des *langfristig wirksamen* entzündungshemmenden Stresshormons Cortisol (▶ Hormone) an. Auch dieser Stoff wird über spezielle Rezeptoren des Immunsystems – hier ▶ Makrophagen und T-Lymphocyten – erkannt. Entsprechend steigern kurzfristige Stressbelastungen das Immunsystem, langfristige unterdrücken es. Bei letzteren, so die Hypothese, würde die Zellteilung zu viel Energie verbrennen, die für die „Abwehr" benötigt wird.

- **Infantile Amnesie**

Mit infantiler oder frühkindlicher Amnesie bezeichnet man die Unfähigkeit, sich als erwachsene Person an Erlebnisse aus der frühen Kindheit (in der Regel im Alter unter vier Jahren) bewusst zu erinnern.

- **Interleukine**

Interleukine sind niedermolekulare Substanzen, die von Leukozyten freigesetzt werden, um in die Regulation des Immunsystems einzugreifen. Interleukine liegen im Zellgranulat der Lymphozyten bereit, um auf ein Signal hin ausgeschüttet zu werden. Ihre Halbwertszeit ist aber oft kurz und sie wirken auch nur über kurze Distanzen, das bedeutet, ihre Wirkung bleibt im Großen und Ganzen auf den Raum der Immunantwort beschränkt.

- **Isotyp**

Isotyp (isotypos = gleichgestaltet) beschreibt u. a. die Heterogenität der fünf verschiedenen Klassen von Immunglobulinen.

- **Killerzellen**

Killerzellen gehören zu den *Nullzellen*, also Non-T- und Non-B-Zellen. Sie umfassen eine Population von etwa 5–10 % aller mononucleären Zellen im Blut. Ihnen fehlen zwar typische Antigenrezeptoren, sie exprimieren aber sowohl einige T-Zellmarker als auch einige der mononucleären Phagocytenlinien. Von ihrer Funktion her trennt man sie in *natürliche Killerzellen* (NK-Zellen) und *Killerzellen* (K-Zellen). NK-Zellen, sog. große ▶ Lymphocyten, können virusinfizierte oder transformierte Zielzellen abtöten, wobei Zellen, die eine *reduzierte oder fehlende Expression des MHC-Klasse-I-Moleküls* aufweisen, besonders leicht angreifbar sind. Bestimmte killerzellenhemmende und -aktivierende Rezeptoren dienen NK-Zellen zur Erkennung ihrer Zielzellen. NK-Zellen reagieren so auf die die Gesamtheit bestimmter Signale, die über hemmende und erregende Rezeptoren vermittelt wird. Dieser Zelltyp stellt somit eine Art „zweite Abwehrfront" für diejenigen infizierten Wirtszellen dar, die aufgrund der geringen (oder fehlenden) MHC-Klasse-I-Dichte der Erkennung von ▶ T-Zellen entgangen sind. NK-Zellen töten ihre Zielzellen mit ähnlichen Mechanismen wie cytotoxische T-Zellen (Tc-Zellen), u. a. mittels Perforin. K-Zellen sind somit Leukocyten, die Zielzellen mit oberflächengebundenen ▶ Antikörpern, also durch eine antikörperabhängige, zellvermittelte Toxizität, abtöten können. Die Erkennung wird gewährleistet mittels ihres Rezeptors zur Erkennung konstanter Teile (Fc-Teile) des ▶ Immunglobulins. Das erlaubt es, mit IgG beladene Mikroorganismen zu erkennen und zu zerstören.

- **Koevolution**

Unter Koevolution versteht man ganz allgemein Selbststeuerungsprozesse in der Entwicklung bzw. Anpassung aufgrund von Wechselbeziehungen zwischen zwei unterschiedlichen Systemen. Im evolutionsbiologischen Sinne verstanden steht dieser Begriff für eine Wechselbeziehung von Mensch und Tier, Jäger und Beutetier, Parasit und Wirt etc., also ohne dass irgendeine Art der Verwandtschaft zwischen ihnen bestehen muss.

- **Koinzidenzdetektoren**

Die Vorstellung der Koinzidenz, also des zeitgleichen Auftretens von zwei Ereignissen, verbunden mit dem Gedanken, dass es für solche Fälle eine Art „Detektoren" im ▶ Neuron geben könnte, beschäftigt die Gehirnforschung spätestens seit Hebbs (1949) Modell des *Lernens als Inbegriff des gemeinsamen Auftretens zellulärer Erregung* (*cell assembly theory*). Ein heute viel diskutiertes Modell eines Koinzidenzdetektors sieht z. B. die Möglichkeit vor, dass durch ▶ Second Messenger eine *zeitlich befristete Koppelung* bestimmter Proteine (▶ Transkriptionsfaktoren) an sog. CRE-Sequenzen (CRE = *cAMP response element*) von ▶ Promotoren derjenigen Genen gebunden wird (CREB = *cAMP response element binding protein*), deren Expression durch cAMP beeinflusst wird (z. B. c-Fos).

Eine weitere Möglichkeit zur Koinzidenzerkennung bietet eine Untergruppe von Glutamatrezeptoren, die ▶ NMDA-Rezeptoren, deren Erregung von einer (Vor-)Depolarisation der Membran (durch AMPA-Rezeptoren) abhängt. (Wird dadurch die blockierende ▶ Bindung von Mg-Ionen an den NMDA-Rezeptor aufgehoben, erhöht sich der als Second Messenger wirkende Calciuminflux.)

- **Konsolidierung**

Der Begriff der Konsolidierung bezeichnet eine in der Post-Akquisitionsphase entstehende zunehmende Stabilisierung des ▶ Engramms (Bartlett 1932; Schacter et al. 1998; Berman und Dudai 2001). Bereits seit der Antike ist bekannt, z. B. durch Quintilian, dass ein „frisches Gedächtnis" Zeit benötigt, um sich zu stabilisieren, und dass diese Phase entsprechend durch psychoaktive Substanzen verändert werden kann. Manche Inhalte benötigen also durchaus Monate oder Jahre dazu, wobei sie sich zunehmend festigen und vergessensresistent werden.

In der Neurowissenschaft wird Konsolidierung hingegen häufig mit *zellulärer Konsolidierung* gleichgesetzt und umfasst dann einen Zeitraum von Minuten bis Stunden nach dem Lern-/Trainingsvorgang. Das ist die Zeitspanne, die als nötig dafür angesehen wird, dass das neuronale System ein Langzeitgedächtnis von etwas erlangen kann, d. h. elektrische Aktivität (▶ LTP) in Veränderungen der Proteinsynthese umgewandelt wird. Letzteres geschehe im Zuge einer *posttranslationalen Modifikation*, die durch intrazelluläre Signaltransduktionskaskaden ausgelöst werden und die zur Proteinsynthese nötige Veränderung der ▶ Genexpression in die Wege leiten. Dadurch, so die Hypothese, verändere sich letztlich die Kommunikation zwischen ▶ Neuronen, wobei neu gebildete ▶ Proteine als „Verkörperung" lerninduzierter morphologischer ▶ Plastizität für die notwendigen Veränderungen stehen.

Auf die Frage, warum neurowissenschaftlich betrachtet überhaupt eine Konsolidierungsphase von Informationen nötig ist, warum also etwas nicht gleich mit der notwendigen Festigkeit verankert wird, wird in erster Linie argumentiert, dass neu gebildete Netze gegen *sensorische und metabolische Interferenzen* abgesichert werden müssen. Darüber hinaus, so heißt es, ermögliche eine Konsolidierungsphase von Ereignissen, die in einem *gemeinsamen Zeitfenster* ablaufen, dem System mehr Möglichkeiten zu *übergeordneter Kategorisierung* und damit *„sparsamer"* Registrierung.

- **Körpergedächtnis**

Die Vorstellung, wonach auch die Außenwelt im Körper Markierungen (*somatic markers*) hinterlässt, die dann dauerhaft gespeichert werden können, geht bis in die Antike zurück. Seit dem 20. Jahrhundert hatte sich zwar der Gedanke, dass jede Form der Einprägung auf das Gehirn zu beziehen ist, also (nur) dort „stattfindet", Modellcharakter gewonnen. Darüber hinaus blieb aber in dieser immer wieder variierten Form einer *Einschreibungsmethaphorik* auch in der modernen Variante die Idee eines ▶ Embodiment erhalten (z. B. in Form von Gedächtniszellen des ▶ Immunsystems) und gewinnt heute immer mehr an Zulauf. Das Körpergedächtnis, verstanden als Embodiment, bedeutet somit, dass die mentalen Kräfte eines Menschen nur im Zusammenhang mit dem Körper betrachtet werden können, dem sie zuzuordnen sind. So bestimmt z. B. die uns genetisch vorgegebene Art und Weise, wie unsere Sinnesorgane funktionieren, im Wesentlichen mit, welche Form von Intelligenz wir entwickeln können. Die Idee des Embodiment ermöglicht auch ein Nebeneinander von verschieden Formen des ▶ Gedächtnisses, z. B. solche, die das vegetative Nervensystem ermöglicht, solche, die das Immunsystem entwickelt, und solche, die auf verschiedenen Gehirnfunktionen beruhen.

- **Konditionierung**

Mit Konditionierung (lat. *Conditio* = Beschaffenheit, Zustand, Bedingung) bezeichnet man heute einen auf Assoziationsbildung beruhenden Lernvorgang. Abhängig von Art und Kombination der beteiligten Reize und Reaktionen werden verschiedenen Lernprinzipien unterschieden, so

z. B. die *Klassische Konditionierung* (Pawlow), die *instrumentelle Konditionierung*, die an Verhalten anknüpft, das im Verhaltensrepertoire enthalten ist (Thorndike), oder die instrumentelle Konditionierung erweiternde *operante Konditionierung* (Skinner). Letztere geht nicht nur spontan, sondern initiativ vom Individuum aus, mit dem Ziel, eine Kontrolle über das eigene Umfeld zu erlangen. Als eine Möglichkeit, das Verhalten von Tieren zu ändern, hat die Konditionierung eine lange Tradition in der Dressur von Tieren, die mit dem Menschen zusammenleben (z. B. Hunden und Pferden), und in der Dressur zur Vorführung (z. B. von Kunststücken von Zirkuselefanten).

- **Lamarckismus**

Jean-Baptiste de Lamarck schuf ein neues Tiersystem mit den Großgruppen „Wirbeltiere" und „wirbellose Tiere", für deren Systematik er neue Grundlagen legte. Als Anhänger der *Stufenleitertheorie der Phylogenese* legte er den Betrachtungsschwerpunkt auf die *Veränderungen der Lebensbedingungen*, die eine Umwandlung der bestehenden Arten herbeiführen können. Im Zuge der Auseinandersetzung des Für und Wider der Deszendenztheorie Darwins in den 1860er und 1870er Jahren wurde Lamarck als Evolutionstheoretiker „wiederentdeckt", insbesondere was seine Ideen über die Wechselwirkung zwischen den Lebewesen und der Umwelt anging. Seine *Theorie der Arttransformation* durch ein gesetzmäßig angelegtes Hauptprinzip der Höherentwicklung und als – einen ergänzenden Faktor – das Nebenprinzip der Anpassung durch „neuartigen Gebrauch" von Organen und „Änderungen von Gewohnheiten" wurde allerdings zum Anlass dafür genommen, dass die *Evolution an sich* von ihm „falsch gedacht" war. Erst durch die Fortschritte auf dem Gebiet der ▶ Epigenetik zu Anfang des 21. Jahrhunderts gewannen die Gedanken Lamarcks erneut an Bedeutung

- **Limbisches System**

Mit dem Begriff des limbischen Systems umschreibt man eine Interaktion von Strukturen des ▶ Telencephalons (Endhirns) und des Diencephalons (Zwischenhirns), die der Verarbeitung von emotional codierten Informationen dienen. Zu den als bedeutend erachteten Strukturen, die in den limbischen Funktionskreis eingebunden sind, gehören u. a. der (anteriore) Gyrus cinguli, der ▶ Hippocampus, der Fornix, die Mamillarkörper, die Amygdala sowie anterior-ventrale Kerngebiete des ▶ Thalamus.

- **LTP (Langzeitpotenzierung)**

Unter LTP (*long-term potentiation*) versteht man eine Verstärkung der Effektivität erregender synaptischer Übertragung als Folge einer mehrfachen hochfrequenten Reizung. Das Phänomen ist besonders gut im ▶ Hippocampus untersucht und gilt als Zeichen neuronaler ▶ Plastizität. Eine solch überproportionale Erregbarkeit einer postsynaptischen Nervenzelle kann die Dauer der Reizung um ein Vielfaches übertreffen. Eine LTP kann ihre Wirkung sowohl homosynaptisch (d. h. an der gleichen ▶ Synapse) als auch heterosynaptisch (d. h. an anderen als der stimulierten Synapse) entfalten. Diese erhöhte Erregbarkeit wird als mögliche elektrophysiologische Basis von Lernvorgängen angesehen.

- **Lymphatische Organe**

Man versteht darunter all jene Gewebestrukturen, in denen sich Lymphozyten differenzieren oder vermehren. Man unterscheidet primäre und sekundäre lymphatische Organe. In den primären, dem Knochenmark und der Thymusdrüse, reifen B-Zellen bzw. T-Zellen, in den sekundären, z. B. Lymphknoten und Milz, findet der Antigenkontakt statt und es kommt zu einer klonalen Vermehrung der Lymphozyten.

Erklärung ausgewählter Fachbegriffe

- **Lymphocyten**

Lymphocyten sind spezialisierte Zellen des ▶ Immunsystems zur Erkennung von ▶ Antigenen, die darauf auf verschiedene Art und Weise reagieren. Eine Gruppe (▶ B-Zellen) beginnt als ▶ Antikörper bezeichnete ▶ Proteine zu bilden und sie ins Blut und in Körperflüssigkeiten abzugeben. Dort verbinden sich diese mit Antigenen und tragen zu deren Zerstörung bei. Andere Lymphocyten können zwar keine Antikörper ausbilden, aber Parasiten oder deren Fragmente präsentierende Zellen erkennen und direkt zerstören (▶ Killerzellen). Eine weitere Gruppe von Lymphocyten produziert Substanzen, die andere Zellen aktivieren (▶ T-Zellen).

Lymphocyten befinden sich in der eiweißreichen Flüssigkeit der Lymphgefäße, die der Zell- und Gewebsernährung und dem Transport von Lymphocyten vom Bildungsort zum Blut dient, der Lymphe, und machen etwa 20 % der weißen Blutkörperchen aus. Viele davon tragen an ihrer Oberfläche spezielle Rezeptormoleküle, was sie befähigt, mit Antigenen spezifisch zu reagieren.

*Kleine Lymphocyten* gehören entweder zur Gruppe der T-Zellen oder zur Gruppe der B-Zellen und dienen der Erkennung von Antigenen oder Antigenfragmenten. Die meisten Lymphocyten (etwa 98 %) geben keine Antikörper ab, da sie sich in einem Ruhezustand befinden und erst zur *Plasmazelle* ausreifen müssen. T-Zellen machen etwa 70–80 % der im Blut zirkulierenden Lymphocyten aus. Sie sind darauf spezialisiert, mit immunkompetenten Zellen – den mit Erreger beladenen ▶ Makrophagen – zu reagieren. Ungefähr 10–20 % der im Blut zirkulierenden Lymphocyten sind B-Lymphocyten. Sie sind als Träger der spezifischen, humoralen oder sekundären ▶ Immunantwort und als Vorläufer von Plasmazellen anzusehen. Ein B- Lymphocyt im Ruhezustand, der noch keine Antikörper sezerniert, produziert dennoch welche und verankert sie auf der Oberfläche seiner Membran. Diese „Antikörpermoleküle" fungieren als „Rezeptoren" der Zelle. So trägt ein Lymphocyt bereits etwa 100.000 Rezeptoren mit identischen Bindungsstellen, die für ein passendes ▶ Epitop parat stehen. **Wenn es also zu einem Epitopkontakt kommt, dann wird der B-Lymphocyt entweder stimuliert oder gehemmt, was u. a. von der Anwesenheit anderer T-Lymphocyten abhängt, die eine Immunantwort unterstützen („Helferzellen") oder hemmen („Suppressorzellen") können.**

*Große granuläre Lymphocyten* (*large granular lymphocytes*, LGLs) registrieren Änderungen in Wirtszellen, die durch Infektionen hervorgerufen werden. Zu dieser Gruppe gehören u. a. die NK-Zellen (▶ Killerzellen). Die Nachkommen jedes einzelnen Lymphocyten bilden eine einheitliche Zelllinie, einen Klon.

- **Makrophagen**

Makrophagen sind pluripotente ▶ Effektorzellen und antigenpräsentierende Zellen, die aus *Monocyten* hervorgehen. Monocyten zirkulieren als mononucleäre phagocytäre Zellen relativ kurzfristig (etwa 24 h) im peripheren Blut und treten dann ins Gewebe über. Dort differenzieren sie sich zu Makrophagen. Diese sind als „Fresszellen" auf die Erkennung von Bakterienzellen spezialisiert, besonders solche, die einen äußeren Belag von ▶ Antikörpern und/oder Komplementpeptiden, d. h. eine *Opsonierung*, aufweisen. Ihre Aktivität wird auf verschiedene Art und Weise kontrolliert. So bilden inflammatorische CD4-T-Zellen verschiedene ▶ Cytokine, die infizierte Makrophagen aktivieren, alternde Makrophagen töten und gleichzeitig frische Makrophagen an den Ort der Infektion locken. Inflammatorische CD4-T-Zellen sind somit wichtig bei der Kontrolle und Koordinierung gegen intrazelluläre Pathogene.

- **Merkzeichen**

Mit Merkzeichen sind in der Gedächtnisforschung überdauernde Besonderheiten in einem speziellen Natur- und/oder Kulturraum gemeint. Sie können als langfristig bedeutsame Hinweisreize, sog. *Tags*, für den Erhalt kollektiver Gedächtnisinhalte der dort jeweils lebenden Menschen angesehen werden. Im Gegensatz dazu haben etwa Schriftstücke, wie Bücher oder Flugblätter, zwar einen größeren Verbreitungsradius, denn sie können im Gegensatz zu besonderen Bäumen oder Gebäuden transportiert werden und somit mehr Menschen als Gedächtnisstütze dienen. Sie sind jedoch meist weniger langlebig, dienen somit nur eine begrenzte Zeit dem Erhalt des ▶ Gedächtnisses.

- **Methylierung**

Unter Methylierung versteht man „den Einbau einer aktiven Methyl-Gruppe" (CH3-Gruppe) in organische Verbindungen mittels einer *Methyltransferase*, d. h. einer *enzymatischen Reaktion*. Eigenständig kann eine solche Verbindung nicht existieren, wohl aber als Anhang oder Teil größerer Moleküle. In ihrer Eigenschaft als Katalysatoren von Enzymen haben solche Methyltransferasen nicht nur für den Grundstoffwechsel einer Zelle eine große Bedeutung. Sie sind auch für neuronenspezifische Stoffwechselschritte unerlässlich. Eine Methylierung, also die Bindung einer Methylgruppe an die DNA, erfolgt bei Wirbeltieren nur an der Base *Cytosin* und auch hier nur dann, *wenn auf Cytosin ein Guanin* folgt. Eine Methylierung von Cytosin tritt bei Wirbeltieren in etwa 10 % der Fälle ein, wobei man zwei Arten der Methylierungsaktivität unterscheidet: die sog. *Erhaltungsmethylierung*, die sicher stellt, dass an den Positionen, die nach der Genomreplikation für die Anheftung von Methylgruppen an den neu synthetisierten DNA-Strang vorgesehen sind, auch eine Methylierung stattfindet – dass also die Tochter DNA-Moleküle das Methylierungsmuster der Elternmoleküle beibehalten. Die zweite Aktivität, die *de novo-Methylierung*, beinhaltet, dass Methylgruppen in völlig neuen Positionen auftauchen, das Methylierungsmuster an einer bestimmten Position des Genoms verändert wird. Durch eine Methylierung kann insofern u. u. eine bedeutende Veränderung der Genomaktivität erfolgen, als Gene *weniger wahrscheinlich abgelesen* werden können.

- **MHC-Moleküle**

Das ▶ Immunsystem verfügt über zwei Klassen von MHC-Molekülen (MHC = *major histocompatibility complex*, Haupthistokompatibilitätskomplex):

MHC-Moleküle der Klasse I können ▶ Peptide binden, die beim Abbau von ▶ Antigenen im Zellkörper entstanden sind. Es kommt zur Vernichtung der präsentierenden Zelle.

MHC-Moleküle der Klasse II binden Peptide, die von den Antigenen abstammen, die sie in zellulären Vesikeln abbauen und die dann von der ▶ T-Zelle exprimiert werden. Diese regt ihrerseits ▶ B-Zellen an. Zur Erkennung von MHC-Molekülen der Klasse II, zusammen mit den dargebotenen Antigenen, bedarf es einer *besonderen T-Zellentwicklung*.

Beim „Prozessierungsweg" der Klasse I werden degradierte cytosolische ▶ Proteine zerkleinert, und diese Peptidfragmente werden in das endoplasmatische Reticulum eingeschleust. Dort binden diese Fragmente an MHC-Klasse-I-Moleküle. Sie werden an der Oberfläche exprimiert und sind dort CD-8 positiven cytotoxischen T-Zellen zugänglich. Beim Prozessierungsweg der Klasse II verschmelzen die phagocytierten Proteine mit Lysosomen, was zu einer Zerkleinerung der phagocytierten Proteine führt. Verschmelzen diese Vesikeln mit solchen, die MHC der Klasse II exprimieren, dann kommt es zu einer ▶ Bindung von Peptidfragmenten an MHC II, das dann auf der Zelloberfläche exprimiert wird.

- **Molekulargenetik**

Die Molekulargenetik, eine Teildisziplin der Biologie, widmet sich der Erforschung von Verschlüsselung und Weitergabe von Erbinformationen auf molekularer Ebene.

Erklärung ausgewählter Fachbegriffe

- **Mutation**

Unter Mutation (lat. *Mutare* = verändern) versteht man die Veränderung der Erbsubstanz. Diese Veränderung kann spontan auftreten oder durch das Einwirken einer chemischen Substanz bzw. energiereichen Strahlung verursacht werden. Unter einer Mutation verstand man ursprünglich eine sprunghafte Veränderung im Erscheinungsbild eines Organismus. Heute erfasst man damit zum einen alle Möglichkeiten, mit denen die ▶ DNA einer Zelle variiert werden kann, etwa durch Deletion, Duplikation, Inversion oder Translokation. Zum anderen beschreibt man damit auch Mutationen, die das ▶ Genom betreffen und wobei es zu einer numerischen Chromosomenaberration kommt. So sind z. B. manche ▶ Chromosomen nicht doppelt, sondern dreifach (z. B. Trisomie 21) oder nur einfach (Monosomie; beim Turner-Syndrom z. B. kommt nur ein X-Chromosom vor) vorhanden.

- **Nervensystem**

Mit Nervensystem beschreibt man die Gesamtheit eines morphologischen Subsystems, bestehend aus zellulären Funktionseinheiten, das befähigt ist, mittels elektrischer Impulse Reize aufzunehmen und weiterzuleiten. Unter topografischen Gesichtspunkten betrachtet, teilt es sich in ein *zentrales*, im Gehirn und Wirbelkanal liegendes Nervensystem und ein *peripheres* Nervensystem, das außerhalb davon liegt.

Das periphere Nervensystem kann man funktionell unterteilen in eines, das der Willkür unterliegt (*somatisches Nervensystem*) und für die Übertragung sensorischer und motorischer Informationen Reize zuständig ist, und eines, das weitgehend unwillkürlich funktioniert (*vegetatives Nervensystem*) und mittels Sympathikus und Parasympathikus die Gesamtheit der lebenswichtigen Funktionen des Körpers steuert, z. B. Atmung und Herzschlag. Das *enterische Nervensystem*, das sog. Bauchgehirn, ist ein weitgehend eigenständiges Regelsystem des Magen-Darm-Traktes, dessen komplexes Neuronengeflecht in der Summe der Zellen etwa dem Rückenmark entspricht. Es gilt als autonomer, wenn auch durch Sympathikus und Parasympathikus beeinflusster Teil des vegetativen Nervensystems.

- **Neuronen**

Neuronen sind auf Erregungsweiterleitung spezialisierte Zellen des ▶ Nervensystems, die u. a. aufgrund ihrer Funktion bzw. ihrer Morphologie in verschiedene Gruppen eingeteilt werden, z. B. als motorische oder sensible Zellen oder als Inter- oder Projektionsneurone bzw. als uni- oder multipolare Zellen. Hinzu kommt eine Einteilung bezüglich verschiedener Überträgersubstanzen und eine Einteilung in Neurone, die mit anderen Neuronen in Verbindung stehen bzw. mit verschieden Typen nichtneuronaler Zellen kommunizieren, z. B. im Bereich des peripheren Nervensystems. Da die Erregungsleitung in einer Nervenzelle nur eine Richtung verlaufen kann, z. B. vom ▶ Dendriten zum Soma und von dort über das Axon zur ▶ Synapse, liegt auch die Reihenfolge fest, in der ein Reiz von einer Zelle zur anderen weitergeleitet wird. *Präsynaptisch* liegt die Zelle, aus der jeweils eine Erregung auf eine bestimmte Zelle trifft, *postsynaptisch* liegt die Zelle, an die ein Reiz weitergeleitet wird.

- **Neurovaskuläre Koppelung**

Das Phänomen der neurovaskulären Koppelung beruht darauf, dass aktivierte ▶ Neuronen mehr Sauerstoff und Glucose zum Stoffwechsel benötigen als inaktive. Um das zu ermöglichen, wird das Kapillarbett „weitgestellt", und es kommt unabhängig von dieser Weitstellung zu einer Änderung des regionalen cerebralen Blutflussvolumens (rCBV) und des regionalen cerebralen Blutflusses (rCBF). Aufgrund des heraufgesetzten Energiebedarfs wird bei erhöhtem rCBV und rCBF vermehrt Sauerstoff ausgeschöpft, d. h., die regionale cerebrale Sauerstoffextraktionsrate steigt. Mit ihr erhöht sich auch der regionale cerebrale Sauerstoffmetabolismus.

- **NMDA-Rezeptor**

Der NMDA-Rezeptor ist ein Rezeptortyp an der postsynaptischen (▶ Neuronen) Membran einer Nervenzelle, der spezifisch durch N-Methyl-D-Aspartat (NMDA), einen Glutamatagonisten (▶ Glutamat), aktiviert werden kann. In diesen Rezeptoren liegt – wenn sie denn erregt werden – die Permeabilität für ▶ Calciumionen etwa 50fach höher als in Non-NMDA-Rezeptoren. Der NMDA-Rezeptor spielt vermutlich deshalb eine entscheidende Rolle bei der neuronalen Entwicklung der ▶ LTP, weil er für $Ca^{++}$ permeabel ist. NMDA kommt normalerweise im ▶ Nervensystem nicht vor, wird aber wie Kainsäure, AMPA (α-Amino-3-hydroxy-5-methyl-4-isoxazol-Propionsäure) und Quisqualat zur Identifizierung von Glutamatrezeptorsubtypen eingesetzt.

- **Nucleosom**

Der Begriff des Nucleosoms beschreibt die strukturelle Grundeinheit des ▶ Chromatins, bestehend aus einem Histonkomplex (▶ Histone) und der ▶ DNA. Letztere, die DNA-enthaltende Region eines Nucleosoms, bezeichnet man als ▶ Nucleotid. Jede Veränderung der Konformation eines Nucleosoms, das *Nucleosom-Remodeling*, verändert indes den Zugang zur DNA, die mit dem Nucleosom untrennbar verbunden ist. Das kann u. a. durch Methylierungs- oder Deacetylierungsvorgänge von Histonkomplexen geschehen.

- **Nucleotide**

Nucleotide sind Makromoleküle, welche die „Bausteine" der ▶ DNA oder ▶ RNA bilden. Ein Nucleotid besteht aus einem Zuckermolekül (Desoxyribose in der DNA oder Ribose in der RNA), einer von vier Säuren und einer Phosphorsäure. Viele Millionen Nucleotide, auch Polynucleotide genannt, ergeben ein DNA-Molekül. Zu den genannten Säuren (Basen) gehören in der DNA Guanin und Cytosin sowie Adenin und Thymin, in der RNA Guanin und Cytosin sowie Adenin und Uracil. Dabei werden jeweils komplementäre Basenpaare gebildet. In der DNA wird Guanin und Cytosin bzw. Adenin und Thymin gepaart, in der RNA wird Guanin und Cytosin bzw. Adenin und Uracil (statt Thymin) gepaart. Die Basenpaare werden jeweils durch (relativ schwache) Wasserstoffbrücken zusammengehalten.

- **Oralität**

Oralität meint die erzählende Weitergabe von Information, sei sie historischer, allgemeinbildender oder religiöser Art. Völker, die allein durch Geschichten, Sagen, Mythen und Märchen ihre Tradition bewahren (sog. illiterate Gesellschaften), haben oft eine besonders ausgeklügelte Organisation ihres von Generation zu Generation weitergegebenen Wissenschatzes.

- **Ordnungsübergang**

Unter Ordnungsübergang versteht man eine Änderung bestimmter Kontrollparameter, wodurch die bestehende Ordnung eines Systems zunächst destabilisiert und dann in ein anderes Ordnungssystem überführt wird. Man nimmt an, dass sich dieser Übergang aufgrund von Selbstorganisationsvorgängen vollzieht.

- **Paratop**

Ein Paratop bezeichnet die Antigenbindungsstelle eines Antikörpers an ein passendes Epitop auf dem Antigen.

Erklärung ausgewählter Fachbegriffe

- **Peptide**

Peptide (Polypeptide) sind Makromoleküle, die aus Aminosäureverbindungen (Disulfidbindungen) bestehen. Der Übergang zu ▶ Proteinen ist fließend; Peptide enthalten meist weniger als 50 ▶ Aminosäuren.

- **PET (Positronenemissionstomografie)**

Bei der PET werden *Radionuclide* eingesetzt, die eine besondere Zerfallsart aufweisen, einen Beta-Zerfall von positiv geladenen Elektronen, den *Positronen*. Hierbei wird mittels eines Zyklotrons im Atomkern ein Proton in ein Neutron und ein Positron (eine quasi massefreie separate Ladung des entstandenen Neutrons, ein „Antielektron") gespalten. Nach der Emission des Positrons aus dem Kern, der *Positronenemission*, trifft dieses, durch Anziehungskräfte bedingt, auf seinen komplementären Partner, das *Elektron*. Es erfolgt eine Annihilation (Paarvernichtung) durch die beiden Gamma-Strahlen, die im 180°-Winkel auseinanderfliegen. Durch die künstlich hervorgerufene Kernumwandlung nimmt die Protonenzahl im Kern ab, und es entsteht ein „zusätzliches Neutron". Dieses zerfällt in ein Proton und ein Elektron, und es kommt zu einem Beta-Zerfall des Radionuclids.

*Radionuclide* setzen somit bei ihrer Abweichung vom Grundzustand, dem sog. Springen von Protonen oder Neutronen (Alpha-Zerfall) bzw. Elektronen (Beta-Zerfall) aus der Atomhülle heraus, Ionisierungsenergie in Form von Strahlung frei. Die in der Natur vorkommenden radioaktiven Stoffe (terrestrische, kosmische Strahlung) können Alpha- und Beta-Strahlung aussenden – Gamma-Strahlung ist meist die Folge davon. Je dichter die Materie ist, welche die Strahlen durchdringen, desto mehr Atome davon werden ionisiert. Durch diese Ionisation können Gewebeschäden entstehen, die beim Menschen insbesondere dichte Gewebe mit hoher Zellteilungsrate, z. B. Knochenmark oder Embryonen, am nachhaltigsten treffen, da hier der Multiplikationsfaktor am größten ist. Eine Bestrahlung der Keimdrüsen kann z. B. zu genetisch relevanten Strahlenschäden in Form von ▶ Mutationen führen.

- **Phänotyp**

Phänotyp (gr. *Phainomenon* = das Erscheinungsbild, gr. *Typos* = die Gestalt) ist die Bezeichnung für das Erscheinungsbild eines Organismus, das durch den Genotyp und Umwelteinflüsse geprägt wird.

- **Phosphorylierung**

Eine Phosphorylierung ändert die Konformation und damit in der Regel auch die Aktivität eines ▶ Proteins, indem unter ATP-Verbrauch ein Phosphorrest an ein Protein gefügt wird, denn bei der Übertragung eines Phosphats wird Energie für biochemische Prozesse frei, d. h., die Enzyme werden „reaktionsfreudig". Meist wird das phosphorylierte Protein selbst wieder Substrat für eine nachfolgende Reaktion. Dies geschieht im Sinne einer *energetischen Koppelung* innerhalb eines zielgerichteten Syntheseweges.

- **Plastizität**

Mit Plastizität (gr. *Plastikos* = formend) beschreibt man die Fähigkeit eines biologischen Systems, sich durch Erfahrung dynamisch an wechselnde Lebensbedingungen anzupassen. Dies geschieht, indem in begrenztem Umfang morphologische und physiologische Vorgänge überlebenstauglich verändert werden können, etwa indem die Oberfläche des reizaufnehmenden Teiles eines ▶ Neurons bestimmten Umwelterfordernissen folgend selektiv erhöht werden kann.

- **Posttranskriptionale Mechanismen**

Veränderungen von Proteinen nach der Translation, die u. a. durch umweltabhängige Modifizierungsgene beeinflusst werden.

- **Posttraumatische Belastungsstörungen**

Mit posttraumatischen Belastungsstörungen werden psychologisch relevante, durch Diagnoseschemata definierte Folgereaktionen, z. B. Vermeidung von bestimmten Gedanken, Aktivitäten, Orten oder Menschen, beschrieben, die u. a. mit veränderter Erregung, z. B. Konzentrationsstörungen, Fluchttendenzen und Hilflosigkeit, verbunden sind und durch außergewöhnliche Belastungen, etwa durch Naturkatastrophen oder Kriegsereignisse, hervorgerufen wurden sowie über einen Zeitraum von mehr als einem halben Jahr auftreten.

Eine zentrale Methode bei der Behandlung der posttraumatischen Belastungsstörungen besteht darin, sich das traumatische Erlebnis möglichst detailliert auf allen Sinneskanälen wieder in Erinnerung zu rufen. Dies geschieht nicht zu dem Zweck, sich an diese immer wiederkehrenden Bilder zu „gewöhnen". Vielmehr besteht der Grundgedanke darin, dass nur das, was konkret als nicht mehr gegenwärtig erlebt wird, auch vergessen werden kann und darf. Techniken, sich die Szene z. B. wie einen Film vorzuspielen und an beliebiger Stelle das Anhalten des Filmes zu erlernen, gehören deshalb zum Repertoire dieser Form des Vergessenlernens.

- **Präfrontalcortex**

Der Präfrontalcortex umfasst den anterioren Teil des Frontalcortex. Gegliedert wird der Präfrontalcortex in einen orbitofrontalen, medialen und lateralen Anteil, wobei letzterer noch in einen dorsolateralen und einen ventrolateralen Bereich unterteilt wird. Der Präfrontalcortex ist mit allen corticalen Assoziationsgebieten, dem ▶ limbischen System und den Basalganglien verbunden, empfängt also Signale, die ihn emotionale Bewertung, Bewegungssteuerung und Gedächtnisinhalte in komplexe Bezüge setzen lassen. Entsprechend wird dieser Teil des Cortexes oft in Zusammenhang mit übergeordneten assoziativen Aufgaben, d. h. Handlungsplanung, und einer emotional angemessenen, d. h. situationsangemessenen, Handlungssteuerung gebracht.

- **Priming**

Unter Priming (Bahnung) versteht man eine verstärkte Übertragung von Transmittersubstanzen aufgrund einer erhöhten präsynaptischen Aktivität (Kurzzeitplastizität). Werden Priming-Effekte an der gleichen ▶ Synapse beobachtet, spricht man von Autofaszilitierung, betrifft sie mehrere Synapsen, liegt eine Heterofaszilitierung vor.

- **Promotor**

Unter Promotor versteht man den Abschnitt eines Gens, der den Beginn für die RNA-Polymerase signalisiert.

- **Proteine**

Proteine sind Verbindungen von bis zu Tausenden von Aminosäuremolekülen, die zu mehrfach gefalteten Ketten verbunden sind, wobei die Anzahl der möglichen, verschiedenen Anordnungen von ▶ Aminosäuren ins Unermessliche geht. Die Aminosäuresequenz bestimmt durch ihre Primärstruktur (Verteilung von Seitengruppen) die einzigartige räumliche Gestalt eines Proteins. Organismen nutzen diese Vielfalt, indem jede Spezies u. a. Proteine besitzt, die nur ihr zukommen. Proteinmoleküle können sehr groß sein, wodurch gelöste Proteine kolloidale Lösungen bilden. Proteine sind oft mit anderen Substanzen, insbesondere Nucleinsäuren (Nucleoproteiden), Kohlenhydraten (Glykoproteinen) oder Fetten (Lipoproteiden) verbunden. Proteine können als

Polymere, die aus mehr als 50 Aminosäuren zusammengesetzt sind, auch andere funktionelle Stoffgruppen enthalten. Sie haben des Weiteren immer ein hohes Dipolmoment, da bei Molekülen mit Atomen unterschiedlicher Elektronegativität die Schwerpunkte der negativen und positiven Ladungen räumlich nicht zusammenfallen. Das Proteinmolekül ist deshalb ein permanenter elektrischer Dipol. Aus intermolekularen Wechselwirkungen entstehen polare Moleküle, die eine starre lokale Ordnungsstruktur bedingen.

- **Proteinkinase**

Proteinkinasen sind eine bestimmte Gruppe von Enzymen, die ▶ Proteine phosphorylieren (▶ Phosphorylierung). Dazu gehören u. a.:
- *Proteinkinase A (PKA):* Die PKA ist das wichtigste Substrat von cAMP. PKA phosphoryliert Ionenkanäle, Enzyme nach der Translokation in den Zellkern und auch ▶ Transkriptionsfaktoren.
- *Proteinkinase C (PKC):* Die Aktivierung von PKC benötigt Calcium und Diacylglycerol (DAG) als ▶ Second Messenger. DAG entsteht zusammen mit Inisitoltriphosphat (IP$_3$) aus der Spaltung von Phosphatidylinositol.
- *cGMP-abhängige Proteinkinase (PKG):* Die Bildung des zyklischen Nucleotid-Second-Messenger cGMP wird durch die Guanylatcyclase katalysiert, die membranständig oder löslich im ▶ Cytoplasma vorliegt. CGMP hat große Bedeutung als Mediator von NO (Stickoxid).

- **Regulatorgen**

Ein Regulatorgen enthält Information für ein ▶ Protein, das als Repressor an der Regulation des ▶ Strukturgens beteiligt ist. Durch die ▶ Bindung des Repressors kann die RNA-Polymerase nicht zum Strukturgen gelangen, um dort die Transkription einzuleiten.

- **Regulatorische Moleküle**

Unter dem Begriff „regulatorische Moleküle" fasst man die Gesamtheit von Molekülen, die auf verschiedenen Ebenen in die ▶ Genexpression eingreifen können. Zu den grundlegenden Prinzipien der Wirkungsweise regulatorischer Moleküle gehört, dass sie sich an bestimmte Bereiche eines Gens anlagern und dort dessen Expression beschleunigen oder hemmen können.

- **Rezeptoren (Rezeptormoleküle)**

Als Rezeptoren bezeichnet man Moleküle, meist ▶ Proteine, die sich in der Membran einer Zelle oder der Kernmembran befinden und durch ihre spezifische Passform ihrerseits auf ganz bestimmte Moleküle, die Liganden, reagieren und bei Erregung zu spezifischen zellulären Reaktionen führen.

- **Reziproker Altruismus**

Nach dem Konzept von Trivers (1971) versteht man unter reziprokem Altruismus in der Psychologie ein auf Gegenseitigkeit beruhendes, unterstützendes Verhalten, mit dem für beide Seiten soziale Vorteile verbunden sind.

- **Ribosomen**

Ribosomen sind Organellen des ▶ Cytoplasmas, die als „Granulae" dem rauen endoplasmatischen Reticulum anhaften. Ribosomen, die sich aus einer großen Untereinheit und verschiedenen kleinen Untereinheiten zusammensetzen, bestehen etwa zu 20 % aus ▶ Proteinen, die mit wenigen Ausnahmen nur einmal in jedem Ribosom vorkommen, und zu 80 % aus ribosomaler ▶ RNA (rRNA),

- **RNA (Ribonucleinsäure)**

Wie die Bezeichnung nahelegt, besteht der Unterschied zwischen RNA und ▶ DNA im Zuckermolekül, der Ribose: RNA-Moleküle sind einsträngig, wobei Thymin (T) durch Uracil (U) ersetzt wird. Neben der als Bote agierenden mRNA (das m steht für messenger), die durch Poren der Zellmembran des Nucleus entweicht, und einer die Umwandlung in eine Aminosäurenkette ermöglichenden tRNA (das t steht für transfer), die jeweils aus einem Triplett (z. B. GAG) besteht, das sich an eine ▶ Aminosäure binden kann, gibt es weitere Typen der RNA, z. B. ribosomale RNA (rRNA), die im Wesentlichen das Ribosom darstellt. Insgesamt reagiert die RNA vielseitig und komplex, um genetische Information in Anweisungen zur Bildung von Eiweißen zu übertragen. Als Boten-RNA (mRNA) enthält sie Informationen zum Bau eines Proteinanteils einer Polypeptidkette, als Transfer-RNA (tRNA) sorgt sie für den korrekten Einbau der Aminosäuren in ein Protein nach Maßgabe des ▶ genetischen Codes, und als ribosomale RNA (rRNA) – als Baustein der Zellorganellen – hilft sie, den Ort zu bereiten, an dem sich die Synthese eines Proteins vollzieht.

Über diese klassischen RNA hinaus kennt man heute eine „neue Generation" von RNA, durch die um ein Vielfaches mehr an Information von diesen kleinen RNA-Molekülen abgelesen werden kann, als die Zahl der Gene vermuten lässt. Das gilt z. B. für die microRNA (miRNA). Diese wird nicht mehr direkt an den Genen abgelesen, sondern „in zweiter Instanz" aus den vorhandenen RNA-Molekülen herausgeschnitten, um anschließend bereits laufende Proteinsynthesen anzuhalten. Mit dem Sammelbegriff RNAi (i = interferieren) fasst man all diejenigen Zellphänomene zusammen, bei denen sich RNA Moleküle einschalten.

Durch nachträgliche Veränderungen der RNA (RNA-Editing) können neue Botschaften entstehen, die zur Bildung anderer Proteine führen als derjenigen, die durch die DNA festgelegt sind. RNA-Veränderungen, die durch posttranskriptionelles Editing erzeugt werden, lassen sich durch verschiedene Arten erreichen: sequenzspezifische Deletion von ▶ Nucleotiden, sequenzspezifische Insertion von Nucleotiden (die nicht in der DNA codiert sind), enzymatische Veränderungen von Nucleotiden (Konversion von Basen). Möglich ist auch eine reverse Transkriptase, ein Verfahren, bei dem mittels eines Enzyms RNA zunächst in DNA umgeschrieben und dann vervielfältigt wird.

- **Ruhepotenzial**

Mit Ruhepotenzial bezeichnet man das elektrische Potenzial über einer Nervenzellmembran im unerregten Gleichgewichtszustand von etwa $-70$ bis $-75$ mV.

Dieses Gleichgewicht wird durch die Konzentration verschiedener Ionen im Innen- und Außenraum der Zelle gewährleistet. Nervenzellen enthalten Kalium, Natriumchlorid und große Anionen sowie Calcium und Magnesium. Da im Verhältnis zum Zellinnenraum der Extrazellulärraum als „unendlich groß" angesehen werden kann, haben die Ionenbewegungen aus der Zelle heraus auf das umgebende Milieu keinen nennenswerten Einfluss, wohl aber Ionenbewegungen in die Zelle hinein. Damit eine Zelle existieren kann, müssen jedoch die intrazelluläre und die extrazelluläre Lösung elektrisch neutral und die Zelle im osmotischen Gleichgewicht sein. Ansonsten dringt so lange Wasser hinein oder heraus, bis das osmotische Gleichgewicht erreicht ist, die Zelle schwillt oder schrumpft. Wasser und permeable Ionen müssen sich in der Zelle also im Gleichgewicht befinden. Auch wenn aus der Ladungstrennung über die Membran im Ruhezustand folgt, dass an der Membraninnenseite ein Überschuss an Anionen herrscht, wird das Ionengleichgewicht insgesamt dadurch aber nicht verletzt, denn die Ionen, die an der Membran anliegen, machen nur einen winzigen Bruchteil der Anionen in der freien intrazellulären Lösung aus. Jeder weitere Influx von Ionen sowie die Konstanthaltung eines bestimmten Ruhepotenzials werden durch aktiven Transport von Ionen durch eine Natrium-Kalium-Pumpe wieder ausgeglichen.

## Second Messenger

Unter Second Messenger („zweiter Bote") versteht man Substanzen, die in der Zelle als eine Reaktion auf die ▶ Bindung eines Neurotransmitters oder ▶ Hormons erzeugt werden. In Nervenzellen wird ein solcher zweiter Botenstoff erzeugt, wenn der Neurotransmitter als „erster Bote" an ein Mitglied der großen Rezeptorfamilie mit sieben membrandurchspannenden Domänen bindet und eine Kaskade molekularer Wechselwirkungen auslöst. Dabei spielen GTP-bindende ▶ Proteine (G-Proteine), welche die enzymatische Synthese oder Ausschüttung des Second Messenger stimulieren, eine wichtige Rolle, z. B. bei der Bildung von cAMP durch die Adenylatcyclase oder cGMP durch die Guanylatcyclase. Second Messenger können auf verschiedene Weise wirken: cAMP und cGMP können direkt an Ionenkanäle oder an intrazelluläre Rezeptoren binden und sie aktivieren, oder sie können indirekt via Calcium-Proteinphosphorylierung (▶ Phosphorylierung) wirken, indem sie spezifische Kinasen stimulieren, etwa die cAMP-abhängige Proteinkinase A und die cGMP-abhängige Proteinkinase C (▶ Proteinkinase).

$Ca^{++}$, das durch spannungs- oder ligandengesteuerte Kanäle in die Zelle eindringt oder zwischen verschiedenen intrazellulären Membrankompartimenten verschoben wird, ist ebenfalls als Second Messenger zu bezeichnen, weil es Kaskaden molekularer Ereignisse auslöst, darunter die Aktivierung der $Ca^{++}$/Calmodulin-abhängigen Proteinkinase.

## Seele

In der Alltagspsychologie ist die „Seele" (gr. *psyche*) Inbegriff aller Bewusstseinsregungen eines Lebewesens und wird als Gegenpol der Materie, dem „Leib", aufgefasst. Wissenschaftlich verstanden ist die Seele Inbegriff der mit einem Organismus verbundenen Erfahrungen, insbesondere der Gefühle und der Triebe, und wird im Unterschied zum Geist eines Individuums betrachtet. Die Psychologie vermeidet sowohl die Verwendung des Seelenbegriffs als auch die des Geistes, indem sie sich auf das Beobachtbare davon, das Verhalten eines Menschen und dessen schriftliche/mündliche Äußerungen des Erlebten, konzentriert. Die so verstandene Entwicklung des „Seelenlebens" (Psychogenese) wird sowohl phylogenetisch als auch ontogenetisch untersucht, etwa im Rahmen der Entwicklungspsychologie, der Ethnopsychologie und der vergleichenden Psychologie.

In der Neurologie gab es im vorletzten Jahrhundert die Differenzierung zwischen ‚Rindenblindheit' und ‚Seelenblindheit' (Anton 1899; Lissauer 1890). Als Rindenblindheit wurde vor allem eine Wahrnehmungsunfähigkeit auf Grund von Schädigungen primärer sensorischer Cortexregionen verstanden; als Seelenblindheit dagegen eine Erkennensunfähigkeit auf Grund von Schädigung corticaler Assoziationsregionen (Wahrnehmungen integrierender Regionen). Freud (1901) ersetzte den Begriff der Seelenblindheit durch Agnosie.

Die wissenschaftliche Theorienbildung über sog. Seelenstörungen stellt bis weit ins 19. Jahrhundert sowohl ein eher paralleles Nebeneinander als auch eine zeitlich versetzte Verkettung verschiedener Grundauffassungen über eine Leib-Seele-Beziehung dar, in der psychologische Ansichten durch Befürworter der verschiedensten Lager vertreten waren. Heutzutage wird die historisch wirksame Flüchtigkeit des Gegenstands der Seele in den Vordergrund gestellt, d. h., man ist der Auffassung, dass auch aberrante seelische Erscheinungen von ihrer Beschreibung nicht zu trennen und deshalb im Rahmen einer Seelenlehre im psychologischen Sinn aufgrund der Subjektivität methodisch kaum erfassbar sind.

## Selbstorganisation

Selbstorganisation bezeichnet das Entstehen neuer ‚Strukturen' in dynamischen Systemen (Autopoesis) und beruht auf der Zusammenarbeit von Teilsystemen. Diese Fähigkeit spezieller Materieformen unter gegebenen Randbedingungen selbstproduktive Strukturen hervorzubringen, beschreibt auch einen Vorgang des Entstehens von Ordnung und Komplexität aus dem System selbst heraus. Zum Beispiel wird die Entstehung des Lebens auf der Erde durch Selbstorganisation erklärt. Geistige Inhalte werden entsprechend naturwissenschaftlicher Vorstellungen durch die *Verbindungsstärke* (Gewichtung) zwischen Myriaden von Synapsen repräsentiert und spiegeln so direkt deren physikalische Struktur und Dynamik wider. Das Gehirn arbeitet dadurch selbstorganisierend. Das bedeutet, niemand weist einzelnen Symbolen eine bestimmte Bedeutung zu, diese entsteht durch *die von ihnen gebildete Konfiguration*. Diese Konfiguration wirkt im Sinne einer ‚*back propagation*' wiederum auf die sie konstituierenden Teile zurück, wodurch sich bestimmte aktivierte oder aktivierbare ‚Netze' bilden, ohne dass dazu ein sog. Masterplan nötig ist. Diese Fähigkeit eines Systems *mit den eigenen Zuständen rekursiv oder zirkulär zu interagieren*, bezeichnet man auch als Selbstreferenz. Aus dieser hat sich, so vermutet man, z. B. beim Menschen die *Fähigkeit zur Selbstreflexion* entwickelt.

- **Spontanerholung**

In der Lern- und Gedächtnispsychologie bedeutet Spontanerholung, dass eine extinguiert geglaubte, weil längere Zeit nicht ausgelöste konditionierte Reaktion auf einen konditionierten Reiz spontan wieder ausgelöst werden kann.

- **Strukturgen**

Ein Strukturgen enthält Information zur Herstellung von Enzymen und Strukturproteinen, hat aber keine Aufgaben bei der Regulation (▶ Regulatorgen) der ▶ Genexpression.

- **Stimulus-Transkriptions-Koppelung**

Unter Stimulus-Transkriptions-Koppelung versteht man Prozesse der Informationsverarbeitung, die von der extrazellulären Stimulation ausgehen und über die Aktivierung von ▶ Second Messenger und ▶ Enzymen schließlich im Zellkern die ▶ Genexpression verändern.

- **Superantigen**

Ein Superantigen erlaubt unabhängig von der Antigenspezifität von T-Lymphocyten, d. h. unter Umgehung der Prozessierung durch antigenpräsentierende Zellen, eine Freisetzung von ▶ Cytokinen Dies kann zu einer ausgeprägten Entzündungsreaktion im Organismus führen und macht Superantigene zu den potentesten ▶ Antigenen überhaupt.

- **Suppression**

Im Bereich der Genetik bezeichnet man mit Suppression die Unterdrückung oder Unterbrechung der Expression eines Gens (Gen-Silencing) auf transkriptionaler (▶ Transkription) oder translationaler (▶ Translation) Ebene.

- **Synapse**

In der Hirnforschung bezeichnet man mit Synapse eine der Informationsübertragung dienende Kontaktstelle zwischen zwei ▶ Neuronen von einem Durchmesser von nur wenigen Nanometern (etwa 3–4 nm). Man unterscheidet hierbei elektrische Synapsen, bei denen der Zell-Zell-Abstand sehr gering ist und die Übertragung fast verzögerungsfrei und bidirektional sein kann, von chemischen Synapsen, deren synaptischer Spalt etwas breiter ist (etwa 10–20 nm) und dem Transport von Transmittersubstanzen dient. Die Energieübertragung ist etwas langsamer, dafür aber je nach Menge und Art der ausgeschütteten Transmittersubstanz variabel. Die Informationsübertragung verläuft hierbei im Wesentlichen unidirektional vom präsynaptischen zum postsynaptischen Neuron.

Erklärung ausgewählter Fachbegriffe

- **Telencephalon**

Das Telencephalon (gr. *Tele* = groß, gr. *Enképhalos* = Gehirn) bildet den differenziertesten und größten Teil des menschlichen Zentralnervensystems (ZNS). Es ist aus zwei Hemisphären aufgebaut und wird in vier Lappen unterteilt: den Frontal-, den Parietal-, den Temporal- und den Okzipitallappen. Zum Telencephalon gehören die graue (corticale Rinde) und weiße Substanz (Marklager) sowie die Basalganglien („Großhirnkerne").

- **Thalamus**

Der Thalamus ist eine paarige Struktur, die den größten Teil des Diencephalons (Zwischenhirn) einnimmt. Er setzt sich aus diversen sog. spezifischen und unspezifischen Kerngebieten zusammen, die, mit Ausnahme des olfaktorischen Systems (Riechbahn), Information aus den Sinnesorganen verarbeiten, ehe diese einer bewussten Aufnahme in der Großhirnrinde zugeführt werden.

- **Thymus**

Der Thymus ist ein hinter dem Sternum gelegenes lymphatisches Organ, das den Höhepunkt seiner Ausprägung in der Pubertät erfährt und sich dann im Laufe des Lebens zurückbildet. Das Organ dient der Ausreifung und Differenzierung der T-Lymphocyten. Während der Fetalzeit wandern unreife ▶ Lymphocyten aus dem Knochenmark ein und erhalten im Thymus ihre immunologische Prägung

- **Totem**

Mit dem Begriff des Totems bezeichnet man in der Ethnologie bestimmte Symbole der Natur, oft Nachahmungen von Tiergestalten, die eine Beziehung des Trägers zu mythologisch verankerten Schutzgestalten herstellen sollten. Oft leiten sich daraus auch bestimmte Verhaltensvorschriften ab.

- **Tradition**

Der Begriff der Tradition ist nicht nur Synonym für eine mündliche oder schriftliche Weitergabe von Kenntnissen und Fertigkeiten des Kulturbesitzes und der Moralanschauung auf die folgende Generation, sondern wird auch als Ausdruck einer ständig neu auszuhandelnden Besitzstandswahrung von Gewohnheiten und Rechten an Gütern verstanden, die sowohl von bäuerlicher Seite aus als auch seitens der Herrschaft aus der Vergangenheit abgeleitet wurde.

Neben den klassischen Traditionsquellen, den Chroniken und Annalen, die mit der Absicht hergestellt wurden, „Zeugnis von der Vergangenheit zu geben", spielte die mündliche Überlieferung immer auch eine bedeutende Rolle. Dies u. a. deshalb, da geschriebenen Texten bis weit ins Mittelalter hinein keinesfalls eine höhere Bedeutung beigemessen wurde als dem gesprochenen Wort. Die Sorge „um den rechten Text", sprich die Angst vor Fälschungen handschriftlicher Überlieferungen, auf der einen Seite und die Sorglosigkeit im Umgang mit dem geistigen Eigentum anderer relativierte bzw. verwischte die Unterschiede zwischen dem geschriebenen und dem gesprochenen Wort (vgl. z. B. Fuhrmann 2000).

- **Transkription**

Mit Transkription (lat. *Trans* = über, lat. *Scribere* = schreiben) wird die Übertragung des ▶ genetischen Codes von einem DNA-Matrizenstrang auf eine einsträngige ▶ RNA durch eine sog. semikonservative (halbseitig erhaltende) Replikation bezeichnet, bei der die Base Thymin durch Uracil ersetzt und die in der ▶ DNA gespeicherte Information für ein ▶ Protein auf die RNA „überschrieben" wird. Die Gesamtheit aller RNA-Moleküle einer Zelle, die zu einem bestimmten Zeitpunkt durch Transkription der DNA entstanden sind, bezeichnet man als Transkriptom.

Eine bestimmte Nucleotidsequenz (▶ Nucleotide) der DNA, ▶ Promotor genannt, markiert den Beginn, an dem der jeweilige Ableseprozess beginnt. Hier wird auch die Ableserichtung festgelegt. Außerdem wird nur ein Strang der DNA abgelesen, und zwar der codogene Strang, den man auch als „Sinnstrang" bezeichnet. Die Transkription kann in reifenden Eizellen von Wirbeltieren elektromikroskopisch gut beobachtet werden, da in einer bestimmten Phase der Meiose an den ▶ Chromosomen sog. Schleifen ausgestülpt werden, in denen fortlaufend RNA produziert wird. Durch das Enzym *RNA-Polymerase* (▶ Transkriptionsfaktor) wird so an der DNA die mRNA hergestellt, wobei die Zelle in der Regel nur Teilstücke ihrer Erbinformation ablesen lässt. Das bedeutet, dass der entstehende mRNA-Faden mit 50 bis 1000 Nucleotiden viel kürzer ist als ein DNA-Faden mit Nucleotiden einer Anzahl im Millionenbereich. Die Vorstellung, dass sich am Ende des Gens die *Polymerase* von der DNA wieder ablösen, die produzierte RNA freigeben und die DNA sich wieder zu ihrem üblichen Doppelstrang vereinigen muss, existiert jedoch nur als Idealvorgang. Tatsächlich scheint eher eine Art Kontinuum von Transkripten zu bestehen, da statt wohldefinierter Moleküle eine Vielzahl von RNAs unterschiedlicher Länge und aus unterschiedlichen, sich überlappenden Strängen der DNA gleichzeitig vorliegen, sodass weder Anfang noch Ende eines Transkriptionsvorgangs eindeutig zu bestimmen ist.

Transkriptionen sind auch nicht nur in DNA-RNA-Richtung möglich. Auch der umgekehrte Weg, die sog. reverse Transkriptase, kommt vor. Manche Viren z. B. besitzen RNA als Erbsubstanz und kopieren durch eine reverse Transkriptase, also eine RNA-abhängige DNA-Polymerase, ihre Erbinformation in die DNA der Wirtszelle, wodurch eine cDNA (copy-DNA) erstellt wird. Des Weiteren findet eine Transkription nicht nur der Gene statt, die bestimmte Eiweiße codieren – das wäre etwa nur 1 % der Gene –, sondern es werden auch zwischen 74 und 93 % „nichtcodierender" Gene abgelesen. Anders ausgedrückt, von den 99 % aller Gene, deren Funktion im Einzelnen nicht bekannt ist, die sog. Junk-DNA, wird ebenfalls ein Großteil transkribiert. Schließlich kommt es zu einer Polymerase auch nicht nur direkt am Promotor eines Gens, sondern an vielen Stellen „davor" und „dahinter". Das bedeutet, es gibt neben den klassischen Startpunkten für eine Überschreibung von DNA- in RNA-Informationen, noch viele Hunderte von Möglichkeiten, um einen Ablesevorgang zu beginnen. Zu guter Letzt finden sich in vielen Gentranskripten auch Bestandteile von Genen, die aus weiter entfernt liegenden Genomregionen stammen, und es gibt immer einen Anteil der RNAs, die keinerlei Bezug zu bekannten Genen aufweisen, denen also auch keine klare biologische Rolle zuzuweisen ist.

- **Transkriptionsfaktor**

Unter Transkriptionsfaktor versteht man ein ▶ Protein, das an spezifische nichtcodierende DNA-Sequenzen bindet und mit dem Transkriptionskomplex interagiert. Induzierbare Transkriptionsfaktoren (z. B. c-Fos) müssen nach einem Reiz erst exprimiert werden, während konstitutive Transkriptionsfaktoren (z. B. CREB) innerhalb von Minuten posttranslational exprimiert werden. Allgemein werden alle Proteine, die die ▶ RNA braucht, um an die ▶ DNA zu binden, als Transkriptionsfaktoren bezeichnet. Sie gehören zu den bei der Genomanalyse am häufigsten gefundenen Genen.

- **Translation**

Mit Translation (lat. *Translatio* = Übertragung, Übersetzung) meint man die Übersetzung der genetischen Information in ▶ Aminosäuren und deren Verknüpfung zu ▶ Proteinen, die *Bioproteinsynthese*. Dieser, nach der ▶ Transkription zweite Teil der Proteinsynthese läuft an den Ribosomen ab, wobei die einsträngige mRNA (▶ RNA), welche die Kopie der Erbinformation

Erklärung ausgewählter Fachbegriffe

von der ▶ DNA abgelesen hat, sobald sie im ▶ Cytoplasma angelangt ist, von Untereinheiten der ▶ Ribosomen besetzt wird. Jede mRNA beginnt mit einem Startcodon, dem AUG, und bringt dadurch die tRNA in die passende Startposition, wobei an den genannten Untereinheiten immer zwei tRNA-Moleküle gleichzeitig Platz haben und durch ein Anticodon, also ein Triplett, das komplementär zum Codon der mRNA ist, mit einem Codon der mRNA paaren. Jedem Basentriplett ist eine bestimmte Aminosäure zugeordnet, aufeinanderfolgende Aminosäuren werden durch Ausbildung einer Peptidbindung verknüpft. Diese Peptidbindungen erfolgen, bis auf der mRNA ein oder mehrere Stoppcodons erscheinen. Dann wird das fertige Protein vom Ribosom gelöst. Alle anderen Komponenten trennen sich voneinander und stehen für eine neue Vorlage zur Verfügung, sodass ein Protein festgelegter Aminosäuresequenz in hundertfachen Kopien hergestellt werden kann. Die Translation erfordert neben der aminosäurebeladenen tRNA eine große Anzahl zusätzlicher Proteine, die für die Initiation, Elongation und Termination der Synthese von Proteinen sorgen.

- **Transmitter**

In der Neurowissenschaft wird mit Transmitter eine chemische Substanz umschrieben, die von einer präsynaptischen Nervenzelle an ihrer ▶ Synapse ausgeschüttet wird, an postsynaptischen ▶ Rezeptoren bindet und den Ionenfluss durch die Membran der postsynaptischen Zelle verändert. Die inhibitorische oder exzitatorische Wirkung eines Transmitters hängt nicht von seiner chemischen Beschaffenheit ab, sondern von den chemischen Eigenschaften des Rezeptors. Neurotransmitter lassen sich in zwei Kategorien einteilen:

Neurotransmitter mit niedrigem Molekulargewicht, sog. niedermolekulare Transmitter (z. B. ▶ Glutamat, GABA, Acetylcholin und Glycin), die sich meist von ▶ Aminosäuren ableiten, sind Transmittersubstanzen, deren enzymatischer Aufbau eine relativ kurze Synthesestrecke umfasst und deren Vorläufer hauptsächlich aus Stoffwechselzyklen im ▶ Neuron entstehen. Begrifflich werden sie neuroaktiven ▶ Peptiden gegenübergestellt, die aus Aminosäuresequenzen unterschiedlicher Länge bestehen und immer Makromoleküle sind. Alle neuroaktiven ▶ Hormone im Gehirn sind Peptide, die ihre spezifischen Effekte an neuronalen Membranen ausüben und oft in Koexistenz und Wechselwirkung mit niedermolekularen Transmittoren aktiv sind. Man bezeichnet sie als *neuroaktive Peptide*, und sie zählen zu einer zentralen Klasse chemischer Botenstoffe im Gehirn.

Peptidtransmitter (z. B. Enkephalin, Substanz P und Cholecystokinin) werden vom ▶ Genom einer Zelle codiert und an den Ribosomen zu sog. Vorläuferpeptiden synthetisiert. Diese ▶ Proteine erfahren im Golgi-Apparat eine weitere Übersetzung und Reifung. Sie werden in großen Vesikeln gespeichert, und ihr Abbau erfolgt über Enzyme. Ihre Wirkung ist im Vergleich zu der von niedermolekularen Transmittern eher langsam und anhaltend.

- **T-Zellen**

T-Zellen sind ▶ Lymphocyten, die (vom Knochenmark ausgehend) im ▶ Thymus ihren jeweiligen spezifischen T-Zell-Antigenrezeptor (TCR) entwickeln. Ihre Hauptaufgabe ist es, ▶ Antigene zu erkennen, die in prozessierter Form auf der Oberfläche der jeweiligen Wirtszelle präsentiert werden. Sie differenzieren sich in die die beiden Hauptuntergruppen peripherer T-Zellen (eine Gruppe trägt das Molekül CD8, die andere das Molekül CD4 auf der Zelloberfläche), eine weitere Gruppe trägt keinen spezifischen Marker:

1. *Cytotoxische T-Zellen (Tc):* T-Zellen, die das Molekül CD8 exprimieren, können virusinfizierte Körperzellen oder körperfremde Zellen in Verbindung mit dem MHC-Klasse-I-Molekül erkennen und abtöten. Je nach Cytokinproduktion werden sie der Subpopulation Tc1 und Tc2 zugeordnet.

2. *T-Helferzellen (TH0, TH1, ThH2):* Die meisten TH-Zellen exprimieren CD4 und erkennen auf der Oberfläche von antigenpräsentierenden Zellen (APC) in Verbindung mit dem MHC-Klasse-II-Molekül ein Antigen.
3. Einige TH-Zellen unterstützen die B-Zellen bei Teilung, Differenzierung und Induktion der AK-Produktion. Andere aktivieren ▶ Makrophagen, die daraufhin in die Lage versetzt werden, phagocytierte Pathogene abzutöten. TH0, TH1 und TH2 sind Subpopulationen von T-Helferzellen, die nach den von ihnen synthetisierten ▶ Cytokinen unterschieden werden: TH1 produziert Interferon-gamma, was Makrophagen aktiviert, TH2 produziert verschiedene Interleukine, was für die Differenzierung von B-Zellen nötig ist.

### Unfreie

Allgemeines Kennzeichen unfreier Menschen des Mittelalters, z. B. zu Frondiensten verpflichteten Bauern, war, dass sie keine Freizügigkeit besaßen. Sie mussten z. B. auf den Besitzungen des jeweiligen Grundherrn wohnen bleiben und konnten nach Erlaubnis des Grundherrn nur innerhalb des Hofverbandes eine Ehe eingehen.

### Unterdrückung

Der Begriff der (psychoanalytisch verstandenen) Unterdrückung ist uneindeutig, weil in seinem Gebrauch nur wenig codifiziert: Im Englischen spricht man z. B. von *suppression*, im Französischen von *répression*. Man bezeichnet damit ganz allgemein eine psychische Operation, die danach trachtet, einen unangenehmen, unangebrachten Inhalt aus dem Bewusstsein verschwinden zu lassen, z. B. einen bestimmten Einfall oder eine Affekthandlung. Etwas Unterdrücktes scheint somit nur gehemmt oder evtl. auch gelöscht, aber nicht ins Unterbewusste „verschoben" zu werden.

### Verdrängung

Verdrängung stellt in der Psychoanalyse den klassischen Abwehrmechanismus dar, welcher der Abwehr von ▶ Erinnerungen z. B. an spezifische traumatische Erlebnisse dient, indem diese ins Unterbewusste abgedrängt werden.

Das Freud'sche Konzept der Verdrängung (engl. *repression*) gehört zusammen mit dem der Janet'schen Dissoziation, also der isolierten, vom eigenen Ich abgespaltenen Speicherung von Inhalten, zu den wichtigsten Mechanismen, die es erlauben, (Teile von) Erinnerungen aktiv zu vergessen. Hierbei unterschied Freud zwei Formen:
1. Die Urverdrängung (*repression barrier*) dient der Abwehr unerlaubter Triebimpulse im Rahmen des Ödipus-Komplexes und wird in der frühkindlichen Entwicklung durchlaufen. Ein Resultat davon ist die Kindheitsamnesie (▶ infantile Amnesie).
2. Die Verdrängung im eigentlichen Sinne (*repression proper*) bezieht sich auf die Abwehr von Erinnerungen an spezifische traumatische Erlebnisse. Das Resultat davon sind Freuds Ansicht nach hysterische (dissoziative) Störungen.

Heute gilt die Existenz von Verdrängung als eigenständigem Mechanismus allerdings als umstritten (Pohl 2007, S. 211).

### Vermögen

Der Begriff „Vermögen" steht für verschiedene *selbstständige Leistungsdispositionen* wie z. B. das Erkenntnisvermögen, das Denkvermögen und das Empfindungsvermögen, wobei die aus der Antike stammende Unterteilung in verschiedene Seelenvermögen (lat. *Facultas* = das Vermögen), das *Denken, Wollen und Fühlen*, weitergeführt und damit eine Differenzierung vorgenommen wird, die letztlich auch der heutigen Aufteilung der *Psychologie* in die heutigen Teildisziplinen (Kognition, Emotion, Motivation und ▶ Wahrnehmung) zugrunde liegt. Die Unterscheidung der Vermögen des Menschen vollzog sich bis ins ausgehende 19. Jahrhundert auf einer *abstrakt-anthropologischen Ebene*; sie besagte somit zunächst nichts anderes, als dass zum Menschsein eine bestimmte Grundausstattung an Fähigkeiten gehöre. Was eine mögliche Wechselwirkung dieser Konstituenten des Menschseins anging, so waren sie als Größen bzw. Kategorien gedacht, die weder ineinander aufgelöst noch voneinander abgeleitet werden konnten. Das erschwerte eine theoretische Weiterentwicklung und minderte eine mögliche praktische Umsetzung des zusammengetragenen Wissens.

- **Wahrnehmung**

Mit dem Begriff der Wahrnehmung bezeichnet man alle Bereiche des psychischen Geschehens und Erlebens, die sich – sei es *bewusst* oder *unbewusst* – auf die Koppelung des Organismus an (funktional) relevante Aspekte der physikalischen Umwelt beziehen. Zu diesen Bereichen zählt in der heutigen Psychologie die Wahrnehmung durch Exterozeptoren (Gehör, Geruch, Gesichtssinn), durch Propriozeptoren (Somatosensorik, Schmerz, Bewegungswahrnehmung) und Interozeptoren (Viscera).

Erkenntnistheoretische Fragen, die sich damit beschäftigen, wie Wahrnehmung von *Sinnesempfindungen* einerseits und von den sie vermittelten *Affekten* andererseits abgrenzbar sein könnte, durchziehen die Wissenschaftsgeschichte von den Philosophen der Antike über die klassischen „Rationalismus-versus-Empirismus-Debatten" bis hin zur Psychophysik des 19. Jahrhunderts, die u. a. mit Hermann von Helmholtz und Gustav T. Fechner den Beginn einer systematischen Untersuchung markiert, auf den sich die heutige Psychologie beruft.

Alle Formen der Wahrnehmung, die ohne Beteiligung der klassischen Sinnesorgane auftreten (Vorahnungen, Telepathie, Gedankenübertragungen, Hellsehen etc.), bezeichnet man als *außersinnliche Wahrnehmung*. Da deren Existenz wissenschaftlich bisher nicht durchgehend widerlegt worden ist, kann sie auch nicht vollkommen ausgeschlossen werden. Als prominentester Vertreter des 20. Jahrhunderts gilt Hans Bender.

- **Weistum**

Der Begriff des Weistums steht für eine ganze Gruppe von Rechtsquellen des Mittelalters, die trotz unterschiedlichen Inhalts – ein Weistum konnte die Ausübung der hohen Gerichtsbarkeit ebenso betreffen wie das Landrecht oder die Königswahl – Gemeinsamkeiten in ihrer äußeren Form aufweisen: Sie kamen durch die Auskunft, die *Weisung*, rechtskundiger Personen im Rahmen einer hierzu einberufenen, feierlich gestalteten Zusammenkunft zustande. Seit den Forschungen der Gebrüder Grimm, die eine *Edition der Deutschen Weisthümer* ab 1840 in Umlauf brachten, wurde der Begriff des Weistums auf Rechtssatzungen aus dem bäuerlich-dörflichen Umkreis innerhalb der ▶ Grundherrschaft, das *Hofweistum*, eingeschränkt. Hofweistümer sollten die Beziehungen zwischen Grundherrschaft und bäuerlicher Gemeinschaft in einem räumlich und besitzrechtlich klar definierten Bezirk *weisen*, also regeln (vgl. Volkert 1999, S. 285; Blickle 1977; Hinsberger 1989; Krämer und Spieß 1986).

- **Zeit**

Was die Zeitmessung betrifft, so setzt man in der Wissenschaft, ähnlich wie im Alltagsleben, den Begriff der Zeit als einer *Grundwahrnehmung von unidirektionaler Dauer und Veränderung* meist dem mit einer kalendarischen Chronologie gleich und steht somit in direkter Tradition eines alten (Stonehenge, Kalenderstein der Azteken etc.), wenn auch heute „atomzeitgemessenen" Abgleichversuchs von Naturgegebenheiten und -erscheinungen (Sonnenuhr, Sternenuhren,

Monduhr). Unser heutiger Kalender basiert z. B. auf dem ägyptischen Sonnenjahr (von Sonnwende bis Sonnwende), das mit 365 Tagen angegeben wurde, und fügt diverse Korrekturen (Dauer der Monate, Schaltjahre) ein, um dem heute ermittelten Wert von 365, 2422 Tagen gerecht zu werden.

Ferner misst jede Kultur die Zeit auf ihre Weise. Für westliche Naturwissenschaftler z. B. ist heute die Zeit eine eigene Dimension zusätzlich zu den drei Raumdimensionen. Im sprachlichen Bereich gibt z. B. die grammatische Struktur Auskunft darüber, welche Unterschiede der Gegenwart, Vergangenheit und Zukunft eine Gesellschaft macht. Die Gegenwart ist so gesehen immer relativ. Für empirische Sozialwissenschaften, z. B. die experimentelle Psychologie, sind neben der obligat zu erfassenden *objektiven Zeit* (der zu messenden oder gemessen Zeit mittels Uhren) auch die *biologische Zeit* sowie die *mentale Zeit* von Bedeutung. Mit biologischer Zeit ist die Körperzeit gemeint, also jene, die auf den verschiedenen Rhythmen von Zellteilungsraten (Intervallmessungen) bzw. Alterungs- oder Krankheitsprozessen etc beruht.

Der Begriff der mentalen Zeit umschreibt unser subjektives Gefühl für Zeit, d. h., die Erfahrung von Zeitdauer ist nach heutiger Auffassung ein psychologisches Konstrukt. Demnach bemerken wir (bewusst) weder Zeitlücken, die durch die Funktionsweise des Gehirns vorgegeben sind, noch können wir den Augenblick des Agierens dann erspüren/erfassen, wenn er sich ereignet. Die bewusste Entscheidung darüber, *was gerade geschieht*, erfolgt vielmehr zeitversetzt als nachträgliche Interpretation dessen, was bereits abgelaufen ist, und erreicht durch die Größe des Zeitfensters bewusster Erfassung von Inhalten den Eindruck von Gegenwart. Mental entsteht also unter Umständen der Eindruck vom *Fluss der Zeit*, wo es sich tatsächlich um Sprünge handelt, z. B. bei Sakkaden, mit denen wir ruckartig von einem Fixationspunkt zum nächsten springen. Das Gehirn vermag somit Eindrücke, sofern sie innerhalb eines bestimmten Zeitfensters auftreten, gewissermaßen nochmals zu überarbeiten. Dazu reicht die „Größe des Zeitfensters", ehe der Vorgang bewusst wird.

Die Zeit, insbesondere *die Zeit in der Vergangenheit*, gibt es nach Ansicht der mit diesem Thema vertrauten Philosophen, anders als in der Naturwissenschaft, nicht als objektiven Begriff, sondern nur in der subjektiven Erinnerung. Unabhängig davon ist für das Individuum keine Vergangenheit denkbar. Im Vordergrund des *subjektiven Zeitbegriffs* steht somit das Erinnerte. Erst in Ableitung davon können bestimmte Zeitmomente beschrieben werden, zu oder in denen das geschah, was erinnert wurde, d. h., die Zeit in der Vergangenheit wird anhand des Erinnerten erfahren.

Die *Körperzeit*, verstanden als Summe biologischer Uhren, die sich u. a. am Wechsel von Tag und Nacht, an Mondphasen oder Jahreszeiten ausrichten (Circadian-, Circalunar-, Circannualperiodik), bestimmt zusammen mit der *mentalen Zeit*, also dem Empfinden dafür, wann bestimmte Ereignisse auftreten, wie lange sie dauern und in welcher Reihenfolge sie sich abspielen, unser *Gefühl für Zeit*.

Wie diese Größen zusammenwirken, ist ebenso unbekannt wie das Zusammenwirken dieser mit anderen Variablen der Zeiterfassung, z. B. der Zeiterfassung durch Alterung und verschiedener Gedächtnisfaktoren. Letztere betreffend gilt gleichwohl, dass ein das *diachrone Bewusstsein* abbildendes (autobiografisches) Gedächtnis ohne die Idee eines Zeitempfindens überhaupt nicht denkbar ist. Dazu reicht aber das Wissen um eine physikalische oder eine biologische Zeit nicht aus. So verdeutlichen z. B. ▶ Amnesien, die den Aufbau eines Gedächtnisses über die mentale Zeit verhindern, dass das ▶ Körpergedächtnis allein, ohne bestimmte Instanzen der mentalen Zeit, das Bewusstsein für Zeit kaum aufrechterhalten kann.

Viele Physiker meinen auch, anders als z. B. Sozialwissenschaftler, dass Zeit weder fließt, noch verrinnt, sondern *einfach existiert*, da jede etwaige „Flussbewegung" der Zeit nicht in Relation zu einer anderen Größe gemessen werden könne so wie etwa die Geschwindigkeit von Objekten

Erklärung ausgewählter Fachbegriffe

(m/sec). Der „Fluss" der Zeit beziehe sich vielmehr immer auf die Zeit selbst: Sie verrinne, so heißt es, gewissermaßen „mit einer Sekunde pro Sekunde", und dies erlaube keine weiteren sinnvollen Aussagen. Entsprechend sei nur die Gegenwart real und die Zeit und ihr „Fluss" als eine Illusion des menschlichen Geistes zu betrachten. Vergangenheit und Zukunft hätten nur insofern eine physikalische Grundlage, als die Ereignisse in dieser Welt eine gerichtete asymmetrische Folge bildeten. Wenn z. B ein Ei zu Boden falle, so handele es sich um einen unumkehrbaren, also asymmetrischen, Vorgang, bei dem die Entropie, verstanden als Ausmaß der Unordnung, zunehme, Das heißt, ein zerbrochenes Ei weise nicht nur ein höheres Maß an Unordnung auf als ein intaktes, es könne sich auch nicht wieder in ein intaktes Ei „zurückverwandeln". Diese Asymmetrie, abbildbar über den „Zeitpfeil", sei jedoch als eine Eigenschaft der Entropie verschiedener Weltzustände – hier der Eizustände in intaktem/zerstörten Zustand – aufzufassen, nicht aber als eine Eigenschaft der Zeit an sich.

- **Zeitreise**

Der Begriff der Zeitreise steht als Sammelbezeichnung für alle Bewegungen (Chronomotion) in der ▶ Zeit, die asynchron zu einem konventionell gedachten, d. h. sowohl gleichmäßig linearen als auch irreversibel progressiven Zeitablauf angenommen werden. Mittels gedachter Zeitmaschinen oder Zeitsprüngen sind in der Fantasie oder durch das ▶ Gedächtnis sowohl Zeitreisen in die Zukunft (prospektives Gedächtnis) als auch solche in die Vergangenheit (episodisches, autobiografisches Gedächtnis) denkbar, auch wenn der Beweis einer physikalische Umsetzbarkeit noch aussteht. Zeitreisen, z. B. solche, die man unternimmt, um eine Episode aus der eigenen Biografie ins Gedächtnis zu rufen, ermöglichen es, Geschehnisse der Vergangenheit durch selektive Betonung einzelner Aspekte oder der Umdeutung von bestimmten Gegebenheiten im Hier und Jetzt der Gegenwart neu zu arrangieren und als Basis für spätere Zeitreisen zu verwenden (Nahin 1998).

- **Zelluläres Gedächtnis**

Mit dem Begriff des zellulären Gedächtnisses wird die Summe aller epigenetischen Vorgänge (▶ Epigenetik) beschrieben, die es jenseits einer genetischen Codierung erlauben, Informationen im „biochemischen Anmerkungsapparat" des ▶ Chromatins so zu verankern, dass das Überleben des Individuums – und möglicherweise auch seiner Nachkommen – besser gesichert wird. Wie groß ein solches epigenetisches Fenster zur Außenwelt ist, wann es geöffnet und wann, wie und warum es geschlossen wird (*zelluläres Vergessen*), ist indes noch ebenso ungewiss wie die Spannbreite der Bedeutung, die es einzunehmen vermag.

Von einem zellulären Gedächtnis wird insbesondere im Zusammenhang mit der Methylierung gesprochen. Mittels des Methyloms – das jeweils spezifische Verteilungsmuster der an die ▶ DNA gebundenen Mythylgruppen wird in Anlehnung an die Bezeichnung des ▶ Genoms als *Methylom* bezeichnet – versucht man u. a. zu erklären, warum bei bestimmten Zelltypen nur auf einen kleinen Teil des Geninventars zurückgegriffen wird und andere Teile durch „Stummschaltung" auf null reguliert bzw. reduziert werden.

Diese zweite, der DNA-Basensequenz nachgeordnete Prägung, die *epigenetische Programmierung*, geht auch während der Entwicklung bei der Zellteilung nicht verloren. Ihr Erhalt ist deshalb möglich, weil ggf. mittels eines Enzyms einer sog. Erhaltungsmethyltrasferase dafür gesorgt ist, dass die sich in einem DNA-Doppelstrang gegenüberliegenden CG/GC-Basen immer beide methyliert sind. Das Enzym „erkennt" nun einseitig methylierte CG-Sequenzen und ergänzt den fehlenden Molekülanhang. Ein so verstandenes zelluläres Gedächtnis kann, abgesehen von Nervenzellen, die sich nur in Ausnahmefällen teilen, in verschiedenen Regionen des Körpers unter Umständen ein ganzes Leben lang bestehen bleiben.

- **Zustandsabhängige Erinnerung**

Unter zustandsabhängigem Erinnern (*state-dependent retrieval*) versteht man die Abhängigkeit des Abrufs vom „psychischen Zustand" des Individuums. Allgemein wird angenommen, dass der Abruf am sichersten gelingt, wenn Einspeicher- und Abrufzustand sich weitgehend ähneln. Beispiel: Ist man in euphorischer Stimmung bei der Einspeicherung, sollte man auch beim Abruf in euphorischer Stimmung sein.

**Literatur**

Anton, G. (1899). Ueber die Selbstwahrnehmung der Herderkrankungen des Gehirns durch den Kranken bei Rindenblindheit und Rindentaubheit. *Archiv für Psychiatrie und Nervenkrankeheiten, 32,* 86–127.
Assmann, A. (1999). *Erinnerungsräume. Formen und Wandlungen des kulturellen Gedächtnisses.* München: Beck.
Assmann, A. (2002). Vier Formen des Gedächtnisses. *Erwägen, Wissen, Ethik, 13,* 183–190.
Assmann, J. (1992). *Das kulturelle Gedächtnis. Schrift, Erinnerung und politische Identität in frühen Hochkulturen.* München: Beck.
Assmann, J., & Hölscher, T. (Hrsg.). (1988). *Kultur und Gedächtnis.* Frankfurt: Suhrkamp.
Bartlett, F. C. (1932). *Remembering. A study in experimental and social psychology.* Cambridge: Cambridge University Press.
Berman, D. E., & Dudai, Y. (2001). Memory extinction, learning anew, and learning the new: dissociation in the molecular machinery of learning in cortex. *Science, 291,* 2417–2419.
Blickle, P. (Hrsg.). (1977). *Deutsche ländliche Rechtsquellen. Probleme und Wege der Weistumsforschung.* Stuttgart: Klett-Cotta.
Blum, H. (1969). *Die antike Memotechnik.* Hildesheim: Olms.
Freud, S. (1901). *Zur Auffassung der Aphasien. Eine kritische Studie.* Wien: Franz Deuticke.
Fuhrmann, H. (2000). *Einladung ins Mittelalter.* München: Beck.
Hebb, D. (1949). *The organization of behavior.* New York: Wiley.
Hinsberger, R. (1989). *Die Weistümer des Klosters St. Matthias in Trier.* Stuttgart: Fischer.
Krämer, C., & Spieß, K. H. (1986). *Ländliche Rechtsquellen aus dem Kurtrierschen Amt Cochem.* (Geschichtliche Landeskunde, Veröffentlichungen des Instituts für geschichtliche Landeskunde an der Universität Mainz, Band 23). Stuttgart: Franz Steiner.
Lexikonredaktion des Verlags F. A. Brockhaus (2009). *Der* Brockhaus *„Psychologie" – Fühlen, Denken und Verhalten verstehen* (2. vollständig überarbeitete Auflage). Mannheim: Brockhaus.
Lissauer, H. (1890). Ein Fall von Seelenblindheit nebst einem Beitrage zur Theorie derselben. *Archiv für Psychiatrie und Nervenkrankeheiten, 21,* 222–270.
Markowitsch, H. J., & Staniloiu, A. (2012). Amnesic disorders. *Lancet, 380,* 1429–1440.
Nahin, P. J. (1998). *Time machines, time travel in physics, metaphysics and science fiction.* New York: Springer/AIP Press
Nora, P. (Hrsg.). (1998). *Zwischen Geschichte und Gedächtnis.* Frankfurt: Fischer.
Peters, U. (1997). *Wörterbuch der Psychiatrie und medizinischen Psychologie.* Augsburg: Bechtermünz Verlag.
Pethes, N., & Ruchatz, J. (Hrsg.). (2001). *Gedächtnis und Erinnerung. Ein interdisziplinäres Lexikon.* Hamburg: Rowohlt.
Pohl, R. (2007). *Das autobiographische Gedächtnis.* Stuttgart: Kohlhammer,
Schacter, D. L, Norman, K. A., & Koustaal, W. (1998). The cognitive neuroscience of constructive memory. *Annual Review of Psychology, 49,* 289–318.
Storch, M., Cantieni, B., Hüther, G., & Tschacher, W. (2006). *Embodiment. Die Wechselwirkung von Körper und Psyche verstehen und nutzen.* Bern: Huber.
Strube, G. (Hrsg.), (1996). *Wörterbuch der Kognitionswissenschaft.* Stuttgart: Klett-Cotta.
Trivers, R. (1971). The evolution of reciprocal altruism. *Quarterly Review of Biology, 46,* 35–57.
Varela, F., & Maturana, H. (1972). Mechanism and biological expanation. *Philosophy of Science, 39,* 378–382.
Volkert, W. (1999). *Kleines Lexikon des Mittelalters. Von Adel bis Zunft.* Münschen: Beck'sche Reihe.
Wundt, W. (1908–1911). *Grundzüge der Physiologischen Psychologie* (Bd. 1–3, 6. Aufl.). Leipzig: Engelmann.

# Serviceteil

Stichwortverzeichnis – 276

© Springer-Verlag GmbH Deutschland 2017
M. Pritzel, H.J. Markowitsch, Warum wir vergessen,
DOI 10.1007/978-3-662-54137-1

# Stichwortverzeichnis

## A

Ablesevorgang 199, 202
Ablesewahrscheinlichkeit 189
Aborigines 100
Abruf 15
Abrufblockade 61
Abruftheorie, klassische 69
Abwehrmechanismen 19
Abwehrmuster 208
Acetylierung 201
Adhäsionsmolekül 211, 216
Affinität 213
Ahnen 106, 111
Aktionspotenzial 170
Aktivatorprotein 194
aktive Suppression 22
aktiver Rekonstruktionsprozess 118
Aktivierungsprofil 198
Aktivitätsmuster 155
Alkohol 66, 153
Alterungsprozess 44
Altruismus, reziproker 122
Alzheimer-Krankheit 15, 63, 70
Amnesie 15, 155
– anterograde 37, 54–55
– autobiografische 55
– disproportionale retrograde 72
– dissoziative 56
– funktionelle 72
– globale 55, 67
– infantile 36, 55
– materialspezifische 55
– partielle 55
– psychogene 78
– retrograde 37, 54–55, 73
– semantische 55
– transiente globale 56, 67
Amnesiesyndrom, epileptisches 67
Amygdala 59
Anderson, M. C. 22, 161
Anfall, epileptischer, transienter 67
Anmerkungsapparat 198
Anpassung 175
Anpassungsleistung 24
anterograde Amnesie 37, 54–55
Anthropologie 104
Antigen 208–209
Antigenbindung 211
Antigenpräsentation 215
Antikörper 209
Antikörperbildung 214

Arbeitsspeicher 156
archaisches Erbe 116
Aristoteles 5
Arousal 161
Assmann, A. 107
Assmann, J. 16
Assoziation 15
Assoziationscortex 58
Asymmetrie 37
Atrophie 152
Aufmerksamkeit 9
Aufmerksamkeitslenkung 153
ausbleibende Verhaltensänderung 169
Auslagerung 21
Auslassen von Verhaltensänderungen 169
Auslassungsfehler 26
australischer Ureinwohner 105, 115
autobiografisch-episodisches Gedächtnis 63, 118
autobiografische Amnesie 55
autobiografischer-episodischer Gedächtnisinhalt 8
Autoimmunität 211
autonoetisches Bewusstsein 20, 63
autonome Systeme 178
Autopoesis 46, 208
Avidität 213
Axon 78

## B

B-Gedächtniszelle 211
Balance 181
Ballast 223
basales Vorderhirn 66
belle indifference 75
Bellebaum, A. 120
Berndt, C. 123
Berndt, R. 123
Bewältigung 177
Bewältigungsstrategie 177
Bewegung 177
Bewegungsfolge 175
bewusste Verschwiegenheit 120
Bewusstsein 9
Bildgebung, funktionelle 171
Bindung 8, 13, 154, 159
Bindungsprozess 64
biologische Zeit 44
Biomarker 180

Blockadesyndrom, mnestisches 54, 56
blockiert 26
bodily forgetting 180
bodily memory 180
Bottom-up-Effekt 154
Bottom-up-Prozess 22

## C

Calciumspiegel 195
Capgras-Syndrom 55
Charakteränderung 78
Chatwin, B. 114
Chromatin-Remodeling 205
Chromatindichte 186
Chromatinfaden 200
Chromatinmarkierung 199
Chromosom 190, 199
Chronobiologie 35
Chronologie 40
chronologische Zeiterfassung 34
Chronomotion 161
Clan 123
Code, genetischer 158
Codierung 4, 187
Copingstrategie 74
Costimulation 213
CREB-Protein 194
Cytokin 209
Cytosin 200
cytotoxische Zelle 209

## D

Damasio, A. R. 120
Deckerinnerung 19
Decodierwerkzeug 199
Déjà-vu 57
Demenz 63
– frontotemporale 58
– semantische 70
demenzielle Erkrankung 36
Dendrit 79
Depression 64
Deutungshoheit 135
developmental amnesia 56, 68
Dichotomisierung 186
Dimbath, O. 18
disproportionale retrograde Amnesie 72

# Stichwortverzeichnis

Dissonanz, kognitive 57
dissoziative Amnesie 56
dissoziative Identitätsstörung 63, 73
dissoziative Störung 15, 54, 56
DNA 187, 191
DNA-Methylierung 204
Doppelhelix 191
Dorn, neuronaler 79, 153, 194
Dreaming 106
Dreamtime 102
Duerr, H.-P. 108, 110
Dynamik 159, 181
dynamisches Modell 17
Dysfunktion 225

## E

Effektorprotein 194
Effektorzelle 213–214
Eigenzeit, zyklische 41
eikon<k> 5
Eindeutigkeit 39, 43
Ekphorie 7
Elektrophysiologie 153
Embodiment 169
emergente Eigenschaft 28, 169
Empfindung 122, 173
empirische Untersuchung 20
Engramm 5, 156
Entgleiten 115
Entscheidungszeitraum 47
Enzym 152
Epigenetik 179
Epigenom 198
Epilepsie 66
epileptisches Amnesiesyndrom 67
Erbsubstanz 201
Erdverbundenheit 114
Erinnerung 7, 38, 134
– versteckte 61
Erinnerungsarbeit 19, 116
Erinnerungsgemeinschaft 120
Erinnerungshilfe 121
Erinnerungskultur 117
Erinnerungsmosaik 119
Erinnerungsprodukt 23, 126
Erinnerungsstrategie 104
Erinnerungstäuschung 9, 58
ERP (ereigniskorrelierte Potenziale) 161, 171
Erregbarkeit, neuronale 195
Erregungskonfiguration 195
Erregungsprofil 172
Erregungsübertragung 196
Esposito, E. 16
Evolution 180

evolutionärer Fortschritt 23
Evolutionsbiologie 45
Extinktion 41
Exzitotoxizität 70

## F

falsche Erinnerung 21
falsche Rekognition 60
false memory<k> 9
Fantasie 80
Fasciculus uncinatus 64
fehlerhaftes Abbild 152
Fehlerinnerung 56–57
Fehlermeldung 225
Fehlprozess 172
flashbulb memory 58
fMRT (funktionelle Magnetresonanztomografie) 171
Fremdmolekül 208
Freud, S. 15, 72
Frondienst 135
frontotemporale Demenz 58
funktionelle Amnesie 72
funktionelle Bildgebung 171

## G

(Fließ-)Gleichgewicht 27
Gamma-Oszillation 169
Ganzheit 168
Gedächtnis 14, 172
– autobiografisch-episodisches 63, 118
– immunologisches 178
– molekulares 187
– perzeptuelles 118
– prospektives 36
– prozedurales 71, 118
– semantisches 118
– soziales, kollektives 107
– zelluläres 187
Gedächtnisbruchstück 119
Gedächtniskultur 134
Gedächtnismodell 6
Gedächtnisort 121
Gedächtnisspur 160
Gedächtnissystem 5
Gedächtnistechnik 134
Gedächtnisträger 104
Gedächtnisverlust 16
Gedächtnisvorgang, löschungsresistenter 126
Gedächtniszelle 211
gedehnte Zeit 44
Gefäßmetaphorik 5

Gefühlsbindung 122
Gegenerinnerung 121
Gegenwart 25, 35
geheime Geschichte 173
Gehirn 168
Gehöfe 136
gekrümmte Zeit 44
Gen, modifizierendes 192
Gen-Silencing 191
Genaktivierung 190
Genetik 186
genetischer Code 158
Genexpression 43, 158, 187
Genom 187
Genotyp 204
Genprodukt 187
Geschichte, geheime 173
Gesellschaft 26
gestauchte Zeit 44
Gleichgewicht 193
Gleichgewichtsannahme 27
Gliazelle 153
globale Amnesie 55
Glucosestoffwechsel 73
Glutamat 194
Grenzbedingung 176
Grundherrschaft 135
Gruppendynamik 120

## H

Hajdu, H. 134
Halbwachs, M. 16
Handlung, rituelle 124
hartes Merkzeichen 121
Hebb, D. 7
Heiratsklasse 122
Hemmung 153, 170
Herpes-simplex-Encephalitis 70
Herrschaft 136
Herzinfarkt 68
Hiatt, L. 109, 111
Hippocampus 64, 152, 195
Hirninfarkt 63
Hirnreserve 71
Hirnschaden, hypoxisch-ischämischer 68
Hirnverletzung 155
Histologie 192
Histoncode 201
Histonkomplex 199
Histonmolekül 199
Histonprotein 202
Histonschwanz 200, 202
Histonvariante 205
histrionische Persönlichkeitsstörung 72

Hofhörige 135
Hofrecht 135
Hofweistum 135
homöostatischer Regelvorgang 28
Hormon 45, 178
humorale Immunität 212
Hypermnesie 13, 61
Hypermnestiker 62
Hyperthymestiker 62
Hypnose 220
Hypomethylierung 200
hypothetisches Konstrukt 47
Hypoxie 63
hypoxisch-ischämischer Hirnschaden 68
Hysterie 54

## I

Identitätsstörung, dissoziative 63, 73
Imagination 177
Immunglobulin 211
Immunität, humorale 212
Immunologie 210
immunologisches Gedächtnis 178
Immunsystem 45, 178
implizites Wissen 116
Inaktivität 170
infantile Amnesie 36, 55, 222
Infarkt 155
inferolaterales Stirnhirn 64
Informationssicherung 122, 157
Informationsübertragung 157
Intensität 195
intentionales Vergessen 42, 162
Interaktion 173
Intervallzeitmessung 45
Intrusion 56
Isotyp 214
isotype switching 214

## J

Jäncke, L. 153
Jetzt 47
Jetztzustand 40

## K

Kandel, E. R. 192
Kehrwert 26
Kernselbst 78
Killerzelle 212
klassische Abruftheorie 69

Koevolution 168
kognitive Dissonanz 57
kognitive Psychologie 176
kognitive Reserve 71
kognitive Täuschung 20
kognitiven Beeinträchtigung 70
Kohärenz 40
Kohlenmonoxidvergiftung 68
Koinzidenzdetektor 195
kollektive Merkhilfe 125
kollektives soziales Gedächtnis 107
kollektives Vergessen 17
Kommunikationsstruktur 109
Kompensationsvorgang 27
kompetente Zuhörer 117–118
Konditionierung 154
Konfabulieren 56
Konsolidierung 69, 116, 153
Kopiergenauigkeit 122
Körper 170
Körpergedächtnis 45, 175
Körperliches 168
Körperlichkeit 175
Körperzeit 178
Korsakow-Syndrom 56
Kraftentwicklung 177
Krämer, C. 135
Krämer, S. 18
krankhafter Vergessensprozess 155
Kryptomnesie 61
kulturelles Gedächtnis 16
kulturelles Vergessen 100
Kurzzeitgedächtnis 55

## L

Lamarckismus 189
Langzeitgedächtnis 55
Langzeitpotenzierung (LTP) 159
Langzeitspeicher 156
Le Goff, J. 115
Lebensraum 118
Leerstelle 24, 39
Legende 114
leichte kognitive Beeinträchtigung 70
Leistungseinbuße 225
Lern-und-Gedächtnis-Zyklus 120
Lernen 14
– zustandsabhängiges 120
limbisches System 152, 161
Loftus, E. 21
löschungsresistenter Gedächtnisvorgang 126
Lüge 56, 58
Lymphocyt 213

## M

Magnetstimulation, transkraniale 64
Makrophage 214
mamillothalamischer Trakt 65
Mammillarkörper 65
Mangelernährung 67
Markowitsch, H. J. 9
Masterplan 13, 154
materialspezifische Amnesie 55
Matrix 180
Mayer-Schönfelder, V. 18
medialer Schläfenlappen 54
mediodorsaler Thalamus 60
Medium 101
Memoria<k> 5
mentale Zeit 35
mentale Zeitreise 60
Mentalität 126
Merkfähigkeit 25
Merkhilfe, kollektive 125
Merkmalsfilter 154
Merkzeichen 100, 118, 121
Messverfahren 171
Metapher 8
Methylgruppe 200
Methylierung 200
Methylierungsmuster 200
Metzinger, T. 175
MHC-Molekül 213
Mittelalter 134
mnestisches Blockadesyndrom 54, 56
modifizierendes Gen 192
Möglichkeitsraum 39, 176
Molaison, H. 64
molekulares Gedächtnis 187
Molekulargenetik 180, 186
Morgan, M. 114
multiple Persönlichkeit 63, 73
multiple Repräsentation 124
Multiple-Trace-Theorie 69
multivariate Synchronisation 25
Mutation 189, 209, 214
Mythenkomplex 110
Mythenverständnis 108
mythische Landschaft 112
Mythos 104

## N

natürliches Vergessen 101
Nervensystem 14, 154
– vegetatives 177
Netzwerk 70, 156
Neuroanatomie 172
Neuromatrix 175

# Stichwortverzeichnis

Neuron 153
neuronale Erregbarkeit 195
neuronale Repräsentation 6, 8
Neurophysiologie 172
neurovaskuläre Koppelung 162
Neurowissenschaft 176
Nichtausführung 170
Nichterinnern 221
Nietzsche, B. F. 18
NMDA-Rezeptor 195
Non-NMDA-Rezeptor 196
Nucleosom 199, 202
Nucleotid 186, 192

## O

Oberflächenmarker 212
objektive Zeit 35
Oralität 101
Orbitofrontalhirn 60
Ordnungsgefüge 154
Ordnungsmoment 27, 190
Ordnungsprinzip 104
Ordnungsstruktur 39
Ordnungsübergang 171
ordnungsvermittelndes Vergessen 40
Organisationsprinzip 118
Organismus 178, 181

## P

Palimpsest 7
Paramnesie, reduplikative 55
Paratop 209
partielle Amnesie 55
Passung 46, 158
Passungsvariante 215
Passungsvorgabe 176
Peptidfragment 212
periodische Schwankung 178
Periodizität 44
Persönlichkeit, multiple 63
Persönlichkeitsstörung 71
– histrionische 72
perzeptuelles Gedächtnis 118
Phänotyp 198
Phantomempfindung 173
Phasenlänge 44
Phasensynchronisation 169
Phosphorylierung 194
physikalische Zeiterfassung 36
Plastizität 8, 40, 159
pleitotrope Interaktionsformen 189
Pneumalehre 6
polygene Interaktionsformen 189
Pöppel, E. 45

postsynaptische Zelle 197
posttranskriptuelle Modifikation 191
posttranslationale Modifikation 192
posttraumatische
   Belastungsstörung 60
Potenziale, ereigniskorrelierte
   161, 171
Präcuneus 58
Präfrontalcortex 71, 158
Präsident Bush 58
Priming 71, 153
prospektives Gedächtnis 36
Proteinbiosynthese 187
Proteingerüst 201
Proteinkinase 196
prozedurales Gedächtnis 71, 118
Pseudodemenz 56
Pseudogen 189
pseudomemories 160
Pseudoreminiszenz 57
psychogene Amnesie 78
Psychologie, kognitive 176

## R

Randbedingung 177
Raum 39
re-entrance<k> 23
Reaktion 176
Reaktionskaskade 44
Reaktionsmatrix 209
Reduktion 225
redundante Segmentierung 123
reduplikative Paramnesie 55
Regelkreis 161
Regulationsprozess 191
Regulatorgen 43, 188
regulatorisches Molekül 200
Rekognition, falsche 60
Rekonfiguration 154
Rekonstruktion 9
Rekonstruktionsprozess, aktiver 118
Rekonstruktionsversuch 115
remember–know 54
Repräsentation, multiple 124
Repression 60
Reserve, kognitive 71
Ressource 223
retrograde Amnesie 37, 54–55, 73
reverse Transkriptase 191
reziproker Altruismus 122
Rhythmus 45, 178
Ribot'sches Gesetz 65
Ritual 111
rituelle Handlung 124
RNA 191
RNA-Editing 191

RNA-Modifikation 191
Roediger-Deese-Paradigma 60
Roheim, G. 105
Roth, G. 187
Rückkoppelung 22
Rückkoppelungsgeflecht 177
Rückkoppelungsschleife 154

## S

Savant 13, 61
Schädel-Hirn-Trauma 63, 70
Schaltzentrale 175
Schiepek, G. 171
Schläfenlappen, medialer 54
Schmerz 175
Schöpfungslegende 102
Schöpfungsmythos 105
Schöpfungsphase 107
Schreckpsychose 72
Schrift 134
Schwankung 169
Schwingungsmuster 193
Second Messenger 195
secret life 126
Seele 11
Segmentierung, redundante 123
Selbstorganisation 13, 28, 159
Selbstreflexion 42
Selbstwertgefühl 22
semantische Amnesie 55
semantische Demenz 70
semantisches Gedächtnis 118
Semon, R. 7
Signal-Transduktions-Koppelung 179
Simulieren 56
Songlines 110
Spaltung 15
Speichersystem 16
Spieß, K. H. 135
Spontanerholung 41
Spontanremission 170
Spur 159
Squire, L. 192
Stanner, W. 109, 113
statisches Speichermodell 17
Stimulus-Transduktions-Koppelung 43
Stirnhirn 58, 64
Stoffwechselvorgang 181
Story Telling 224
Strehlow, T. 111
Stress 57
Strukturgeber 47
Strukturgen 43
Summation 153
Suppression 60, 179
Synapse 7, 78, 153

synchrone Aktivität 63
Synchronisation 39
systemadäquate Veränderlichkeit 46
Systemeigenschaft 154
Systemzustand 40

## T

T-Gedächtniszelle 211
T-Zell-Rezeptor 211
Täuschen 56
temporal binding 161
temporofrontaler Cortex 59
TGA (transiente globale Amnesie) 67
Thalamus 60, 161
Theory-of-Mind 63
Thymus 213
Tjukula 107
Top-down-Effekt 154
Totem 108
Totem-Clan 112
Totemahne 107
Tradition 4, 134
Trägersystem 46
Transformation 13, 153
Transformationsleistung 24
transgene silencing 204
transiente globale Amnesie 56
transienter epileptischer Anfall (TEA) 67
transkraniale Magnetstimulation 64
Transkriptase, reverse 191
Transkription 43, 189
Transkriptionsfaktor 43, 190
Transkriptom 191
Translation 189
Transmitter 152
Transposon 186, 191
Trauma 36
Traumzeit 104
Traumzeitgeschehen 117
Traumzeitinhalt 112
traumzeitliche Ordnung 116
Traumzeittotem 108
Traumzeitwissen 109
Tulving, B. 7
Tumor 155

## U

Über- und Umschreibung 28
Überlebensnachteil 46
Überlebenswahrscheinlichkeit 46
Überlieferungsgeschehen 134
Überschreiben 43
Umkehr 25

Umwelt 22, 45, 181
Umweltbedingung 186
Unfreie 136
unidirektionales Fließen 37
Unkenntnis 221
Unterbewusstsein 25
Unterdrückung 15, 60, 170
Unumkehrbarkeit 36, 44
Unverfügbare 223
Unwahrheit 221
Unwiderruflichkeit 36
Unwillen 221
Ureinwohner, australischer 105, 115

## V

Variation 169
vegetatives Nervensystem 177
Veränderung 43, 169
Veränderungsbereitschaft 27, 175
Verblasstes 172
Verdrängung 15
Verfall 16
Vergangenheit 114
Vergangenheitserzählung 226
Vergangenheitskonstrukt 23
Vergangenheitskonstruktion, zukunftssichernde 42
Vergessen
– beschleunigtes 77
– intentionales 42
– ordnungsvermittelndes 40
Vergessensleistung 161
Vergessensprozess, krankhafter 155
Vergessensresistenz 157
Vergesslichkeit 23
Verhaltensalternative 222
Verhaltensänderung 169
Verhaltensmerkmal 189
Verknüpfungsmatrix 154
Verlöschen 43
Vermögen 4
Vernichten 209
Verschlüsselung 111
Verschränkung 178
Verschweigen 113
Verschwiegenheit, bewusste 120
Versiegen 153
versteckte Erinnerung 61
verteiltes Netz 17
Verwandtschaftsbeziehung 123
Verwerfung 178
Vollmer, G. 37
Volumenschrumpfung 68
vorausschauendes Vergessen 23
Vorderhirn, basales 66

## W

Wachstafelmetaphorik 5
Wachstumsprozess 196
Wahrheit 43
Wahrnehmung 9
Walkabouts 108
Watson-Crick-Modell 191
Wehling, P. 18
weiches Merkzeichen 121
Weinrich, H. 25
Weißaustralier 105
Weistum 100, 102, 135
Weltwissen 115
Wiederholung 26
– zyklische 44
Wirtszelle 215
Wissen, implizites 116
Wissenssystem 68
Wixted, J. T. 224

## Y

Yates, F. A. 134

## Z

Zeichensprache 111, 124
Zeit 11
– biologische 44
– mentale 35
– objektive 35
– physikalische Erfassung 36
Zeit-Raum-Verschränkung 35
Zeitablauf 41
Zeitachse 35
Zeitenwende 127
Zeiterfassung 34
Zeitfenster 195
Zeitgeschehen 44
Zeitlosigkeit 34
Zeitmaß 36
Zeitmesssystem 45
Zeitmessung 25, 36
Zeitmuster 44
Zeitpfeil 36
Zeitreise 40, 160
Zeitspanne 37
Zeitstruktur 24
zeitübergreifende Stabilität 154
Zeitverlauf, zyklischer 127
Zellen
– cytotoxische 209
– postsynaptische 197
zelluläres Gedächtnis 187, 203

# Stichwortverzeichnis

Zerfall 157
Zerfallszeit 45
Zerfließen 43
Zerstörung 16
Zuhörer, kompetente 117
Zukunftsfähigkeit 35
zukunftssichernde
 Vergangenheitskonstruktion 42
Zungenphänomen 60
zustandsabhängiges Lernen 120
Zwischenhirn 67
zyklische Eigenzeit 41
zyklische Wiederholung 44
zyklischer Zeitverlauf 127

 springer.com

# Willkommen zu den Springer Alerts

**Jetzt anmelden!**

- Unser Neuerscheinungs-Service für Sie:
  aktuell *** kostenlos *** passgenau *** flexibel

Springer veröffentlicht mehr als 5.500 wissenschaftliche Bücher jährlich in gedruckter Form. Mehr als 2.200 englischsprachige Zeitschriften und mehr als 120.000 eBooks und Referenzwerke sind auf unserer Online Plattform SpringerLink verfügbar. Seit seiner Gründung 1842 arbeitet Springer weltweit mit den hervorragendsten und anerkanntesten Wissenschaftlern zusammen, eine Partnerschaft, die auf Offenheit und gegenseitigem Vertrauen beruht.

Die SpringerAlerts sind der beste Weg, um über Neuentwicklungen im eigenen Fachgebiet auf dem Laufenden zu sein. Sie sind der/die Erste, der/die über neu erschienene Bücher informiert ist oder das Inhaltsverzeichnis des neuesten Zeitschriftenheftes erhält. Unser Service ist kostenlos, schnell und vor allem flexibel. Passen Sie die SpringerAlerts genau an Ihre Interessen und Ihren Bedarf an, um nur diejenigen Information zu erhalten, die Sie wirklich benötigen.

Mehr Infos unter: springer.com/alert

If you have any concerns about our products,
you can contact us on
**ProductSafety@springernature.com**

In case Publisher is established outside the EU,
the EU authorized representative is:
**Springer Nature Customer Service Center GmbH
Europaplatz 3, 69115 Heidelberg, Germany**

Printed by Libri Plureos GmbH
in Hamburg, Germany